本书由以下项目资助

国家自然科学基金"黑河流域生态−水文过程集成研究"重大研究计划

国家出版基金项目
NATIONAL PUBLICATION FOUNDATION

"十三五"国家重点出版物出版规划项目

黑河流域生态-水文过程集成研究

"黑河流域生态-水文过程集成研究"重大计划最新研究进展

程国栋 傅伯杰 宋长青 等 著

科学出版社 龙门書局

北京

内 容 简 介

本书是国家自然科学基金"黑河流域生态–水文过程集成研究"重大研究计划最新研究成果的系统总结。黑河流域生态–水文过程集成研究以流域为研究单元,瞄准陆地表层研究的难点问题,建立系统研究的思路,以认识陆地表层多要素过程为核心,以集成研究为重点,以期达到区域水资源管理的目的。全书分6章,分别介绍了黑河计划的背景、天空地观测系统、数据制备手段与方法、生态–水文过程与驱动机制、生态–水文集成模型以及水资源管理决策支持系统。

本书写作过程中汇集国内流域生态水文研究的优秀专家,呈现了当前国内外最新的研究成果,展示了最新的流域生态水文的研究实践,是一部可供地理学、生态学和水文学研究人员、大专院校教师和研究生阅读的重要书目。

审图号:GS(2020)2684 号

图书在版编目(CIP)数据

"黑河流域生态–水文过程集成研究"重大计划最新研究进展 / 程国栋等著 . —北京:龙门书局,2020.11

(黑河流域生态–水文过程集成研究)

"十三五"国家重点出版物出版规划项目　国家出版基金项目

ISBN 978-7-5088-5804-3

Ⅰ . ①黑… Ⅱ . ①程… Ⅲ . ①黑河–流域–区域水文学–研究 Ⅳ . ①P344.24

中国版本图书馆 CIP 数据核字 (2020) 第 178948 号

责任编辑:李晓娟 / 责任校对:樊雅琼
责任印制:肖　兴 / 封面设计:黄华斌

科 学 出 版 社　龍門書局　出版

北京东黄城根北街 16 号

邮政编码:100717

http://www.sciencep.com

中国科学院印刷厂 印刷

科学出版社发行　各地新华书店经销

*

2020 年 11 月第 一 版　开本:787×1092　1/16

2020 年 11 月第一次印刷　印张:35 1/4　插页:2

字数:855 000

定价:528.00 元

(如有印装质量问题,我社负责调换)

《黑河流域生态-水文过程集成研究》编委会

《"黑河流域生态-水文过程集成研究"重大计划最新研究进展》撰写委员会

主　笔　程国栋

副主笔　傅伯杰　宋长青

成　员　（按姓氏笔画排序）

王彦辉　邓祥征　田　勇　冯　起

刘绍民　刘俊国　杨大文　杨文娟

李　双　李　新　李小雁　李弘毅

李红星　李慧林　吴　锋　何志斌

张　凌　张甘霖　张艳林　陈仁升

范闻捷　岳天祥　郑　一　郑元润

郑春苗　赵传燕　胡晓利　钟方雷

贾　立　高光耀　黄永梅　康绍忠

盖迎春　韩　峰　熊　喆

总　　序

20世纪后半叶以来，陆地表层系统研究成为地球系统中重要的研究领域。流域是自然界的基本单元，又具有陆地表层系统所有的复杂性，是适合开展陆地表层地球系统科学实践的绝佳单元，流域科学是流域尺度上的地球系统科学。流域内，水是主线。水资源短缺所引发的生产、生活和生态等问题引起国际社会的高度重视；与此同时，以流域为研究对象的流域科学也日益受到关注，研究的重点逐渐转向以流域为单元的生态–水文过程集成研究。

我国的内陆河流域占全国陆地面积1/3，集中分布在西北干旱区。水资源短缺、生态环境恶化问题日益严峻，引起政府和学术界的极大关注。十几年来，国家先后投入巨资进行生态环境治理，缓解经济社会发展的水资源需求与生态环境保护间日益激化的矛盾。水资源是联系经济发展和生态环境建设的纽带，理解水资源问题是解决水与生态之间矛盾的核心。面对区域发展对科学的需求和学科自身发展的需要，开展内陆河流域生态–水文过程集成研究，旨在从水–生态–经济的角度为管好水、用好水提供科学依据。

国家自然科学基金重大研究计划，是为了利于集成不同学科背景、不同学术思想和不同层次的项目，形成具有统一目标的项目群，给予相对长期的资助；重大研究计划坚持在顶层设计下自由申请，针对核心科学问题，以提高我国基础研究在具有重要科学意义的研究方向上的自主创新、源头创新能力。流域生态–水文过程集成研究面临认识复杂系统、实现尺度转换和模拟人–自然系统协同演进等困难，这些困难的核心是方法论的困难。为了解决这些困难，更好地理解和预测流域复杂系统的行为，同时服务于流域可持续发展，国家自然科学基金2010年度重大研究计划"黑河流域生态–水文过程集成研究"（以下简称黑河计划）启动，执行期为2011~2018年。

该重大研究计划以我国黑河流域为典型研究区，从系统论思维角度出发，探讨我国干旱区内陆河流域生态–水–经济的相互联系。通过黑河计划集成研究，建立我国内陆河流域科学观测–试验、数据–模拟研究平台，认识内陆河流域生态系统与水文系统相互作用的过程和机理，提高内陆河流域水–生态–经济系统演变的综合分析与预测预报能力，为国家内陆河流域水安全、生态安全以及经济的可持续发展提供基础理论和科技支撑，形成干旱区内陆河流域研究的方法、技术体系，使我国流域生态水文研究进入国际先进行列。

　　为实现上述科学目标，黑河计划集中多学科的队伍和研究手段，建立了联结观测、试验、模拟、情景分析以及决策支持等科学研究各个环节的"以水为中心的过程模拟集成研究平台"。该平台以流域为单元，以生态-水文过程的分布式模拟为核心，重视生态、大气、水文及人文等过程特征尺度的数据转换和同化以及不确定性问题的处理。按模型驱动数据集、参数数据集及验证数据集建设的要求，布设野外地面观测和遥感观测，开展典型流域的地空同步实验。依托该平台，围绕以下四个方面的核心科学问题开展交叉研究：①干旱环境下植物水分利用效率及其对水分胁迫的适应机制；②地表-地下水相互作用机理及其生态水文效应；③不同尺度生态-水文过程机理与尺度转换方法；④气候变化和人类活动影响下流域生态-水文过程的响应机制。

　　黑河计划强化顶层设计，突出集成特点；在充分发挥指导专家组作用的基础上特邀项目跟踪专家，实施过程管理；建立数据平台，推动数据共享；对有创新苗头的项目和关键项目给予延续资助，培养新的生长点；重视学术交流，开展"国际集成"。完成的项目，涵盖了地球科学的地理学、地质学、地球化学、大气科学以及生命科学的植物学、生态学、微生物学、分子生物学等学科与研究领域，充分体现了重大研究计划多学科、交叉与融合的协同攻关特色。

　　经过连续八年的攻关，黑河计划在生态水文观测科学数据、流域生态-水文过程耦合机理、地表水-地下水耦合模型、植物对水分胁迫的适应机制、绿洲系统的水资源利用效率、荒漠植被的生态需水及气候变化和人类活动对水资源演变的影响机制等方面，都取得了突破性的进展，正在搭起整体和还原方法之间的桥梁，构建起一个兼顾硬集成和软集成，既考虑自然系统又考虑人文系统，并在实践上可操作的研究方法体系，同时产出了一批国际瞩目的研究成果，在国际同行中产生了较大的影响。

　　该系列丛书就是在这些成果的基础上，进一步集成、凝练、提升形成的。

　　作为地学领域中第一个内陆河方面的国家自然科学基金重大研究计划，黑河计划不仅培育了一支致力于中国内陆河流域环境和生态科学研究队伍，取得了丰硕的科研成果，也探索出了与这一新型科研组织形式相适应的管理模式。这要感谢黑河计划各项目组、科学指导与评估专家组及为此付出辛勤劳动的管理团队。在此，谨向他们表示诚挚的谢意！

2018 年 9 月

前　言

　　"黑河流域生态-水文过程集成研究"是2010年启动的国家自然科学基金重大研究计划（以下简称黑河计划）。迄今为止，国家自然科学基金重大研究计划设立的宗旨是"围绕国家重大战略需求和重大科学前沿，加强顶层设计，凝炼科学目标，凝聚优势力量，形成具有相对统一目标或方向的项目集群，促进学科交叉与融合，培养创新人才和团队，提升我国基础研究的原始创新能力，为国民经济、社会发展和国家安全提供科学支撑"。黑河计划资助金额总计达1.9亿元，先后资助各类项目200余项，到目前为止，已获得一批高水平的研究成果。

　　充分的前期论证为成功立项奠定了扎实基础。黑河流域是我国第二大内陆河流域，也是人地关系冲突的流域之一，其核心冲突主要表现在水资源在生产、生活和生态之间的分配原则、管理规程、节水技术和水资源效益等方面。我国内陆河流域大部分地区年降水量低于200 mm，水资源仅为全国的5%，面积不到10%的绿洲（约 8.0×10^4 km^2）却养育着约1400万人口，在气候变化和人为因素影响下荒漠化、盐碱化、沙尘暴等生态环境问题直接威胁着区域可持续发展。针对我国西部内陆河流域由水引发的生产、生活和生态问题，科学技术部、中国科学院和国家自然科学基金先后投入大量经费开展研究。"十五"以来国家在内陆河已实施一系列项目。例如，中国科学院西部项目群之一"黑河流域水-生态-经济系统综合管理试验示范"项目、国家自然科学基金项目"我国西部生态环境重大科学研究计划"等。

　　以往的研究，主要针对黑河流域特殊的环境问题展开，从流域系统的角度开展研究尚有不足，基于水资源效益的研究涉及较少。黑河计划是在充分把握国际流域研究成果的基础上，选择我国西部内陆河的特殊问题、系统总结我国科学家已有的科研成果的基础上提出的。经过3~5年多方面论证形成了如下共识：第一，国内外流域研究和实践经验表明，开展流域综合系统研究和问题治理是当前国际趋势，成为合理开发、保护、治理的科学基础；第二，中国科学家在大量流域研究的实践过程中积累的大量成果，为开展系统集成研究奠定了先进的理念；第三，明确了黑河流域系统集成研究的目标和实施方案；第四，充分理解和认识了黑河流域自然和人文特征，使其具备开展系统集成研究的优势条件。

　　先进的科学思路奠定了黑河计划项目的高起点。随着陆地表层研究的不断深入，科学界开始将地球表层作为一个复杂系统进行研究，科学家深刻认识到各环境要素存在着本质的内在联系，人类活动已经成为驱动地理过程的不可忽视的重要因素。为此，以系统的思路，开展多要素耦合、由点至面的多尺度研究势在必行。陆地表层系统研究已成为国际地球和环境科学研究前沿，一些国家设立了相应的研究计划，如美国国家科学基金会（National Science Foundation，NSF）设立的耦合人与自然系统的研究计划（Coupled Human and Natural Systems，CHANS）。从整体出发的地球系统研究对于认识陆地表层系统中水、土、气、生、人相互作用，深入理解地球系统具有重要意义。

我国干旱内陆河流域虽然是一个复杂系统，但其空间界限明确，生物环境特征独特，水无论在自然环境各子系统间还是在自然–经济系统间的纽带作用突出，是开展陆地表层系统综合研究和建模的区域及系统性集成研究的理想"区域操作平台"。该计划的实施有望提升陆地表层系统集成研究的水平，形成干旱内陆河研究的方法、技术体系，保持我国在该领域的国际重要地位。

明确的科学目标成为引领流域集成的潮流。黑河流域生态–水文过程集成研究以流域为单元，瞄准陆地表层研究的难点问题，建立系统研究的思路，以认识陆地表层多要素过程为核心，以集成研究为重点，以期达到区域水资源管理的目的。为此，设立了如下研究目标：通过建立联结观测、实验、模拟、情景分析以及决策支持等环节的"以水为中心的生态–水文过程集成研究平台"，揭示植物个体、群落、生态系统、景观、流域等尺度生态–水文过程相互作用规律，刻画气候变化和人类活动影响下内陆河流域生态–水文过程机理，发展生态–水文过程尺度转换方法，建立耦合生态、水文和社会经济的流域集成模型，提升对内陆河流域水资源形成及其转化机制的认知水平和可持续性的调控能力，使我国流域生态水文研究进入国际先进行列。

卓越的管理是项目顺利实施的有效保障。第一，黑河计划在执行过程中，充分结合重大研究计划的项目特点，组建了高水平的专家组，对项目进行顶层设计，督促培育项目、重点项目和集成项目围绕科学目标展开。第二，黑河计划严格执行学术年会制，通过年会强化各类项目的内在联系，实行关键项目经费追加制度。第三，黑河计划根据研究内容实行梯次立项，先期启动数据获取类项目；中期启动地表自然和人文要素的过程演化类项目；后期启动综合集成类项目。建立了项目成果间传动机制，克服了以往大项目课题间联系不足的弊病。

全书共分6章，第1章由宋长青、程国栋、傅伯杰撰写；第2章由李红星、冯起、黄永梅、郑春苗、李新、刘绍民撰写；第3章由张甘霖、郑元润、范闻捷、贾立、岳天祥、熊喆、李新、胡晓利撰写；第4章由李弘毅、李慧林、陈仁升、杨大文、王彦辉、赵传燕、何志斌、杨文娟、康绍忠、郑春苗、刘俊国、高光耀、李小雁、李双撰写；第5章由杨大文、郑春苗、邓祥征撰写；第6章由李新、郑一、盖迎春、李小雁、杨大文、熊喆、吴锋、钟方雷、田勇、韩峰、张凌、刘俊国、李弘毅、张艳林撰写。全书由宋长青统稿。

作　者

2020 年 5 月 6 日

目　　录

第1章 | 黑河流域生态–水文过程集成研究重大研究计划的立项背景

重大研究计划是国家自然科学基金委员会设立的重要的项目类型之一。其宗旨是"围绕国家重大战略需求和重大科学前沿，加强顶层设计，凝炼科学目标，凝聚优势力量，形成具有相对统一目标或方向的项目集群，促进学科交叉与融合，培养创新人才和团队，提升我国基础研究的原始创新能力，为国民经济、社会发展和国家安全提供科学支撑"。"黑河流域生态–水文过程集成研究"重大研究计划（以下简称黑河计划）准确把握该项目类型的定位，以我国干旱区典型内陆河流域为研究靶区，建立完整的系统科学的思维体系，构建多重耦合研究工具，在理解多尺度生物过程、物理过程、化学过程和人文过程的基础上，以指导区域管理为目标，建立生态–水文–经济集成的决策支持系统。经过近十年、几百位科学家的努力，已经取得了科学界高度认同的研究成果。本章将围绕"黑河流域生态–水文过程集成研究"重大研究计划的实践意义及科学挑战、取得的主要成就、核心科学问题，以及科学目标进行扼要介绍。

1.1 黑河计划的实践意义及科学挑战

自 20 世纪后半叶以来，由水资源短缺所引发的生产、生活和生态等问题引起国际社会的高度重视，在世界个别水资源严重短缺的国家和地区，甚至演化成国家之间或地区之间的冲突。为此，各国政府和科学界积极开展区域水文过程及其资源环境效应研究，为合理规划和利用水资源提供科学依据。近年来，随着涉水问题影响面的扩大和水科学研究的不断深入，研究的重点逐渐转向以流域为单元的生态–水文过程研究，旨在为流域环境综合管理奠定更为坚实的科学基础。

1.1.1 流域生态–水文过程研究的社会意义及相应的国际行动计划

近年来，各国政府和科学界充分认识到资源和能源已成为区域可持续发展的重要基础，水作为一种多功能性的资源和多种环境过程的介质和纽带，备受关注。2002 年在约翰内斯堡召开的"世界可持续发展峰会"（World Summit on Sustainable Development，WSSD）将水列为可持续发展五大课题之首，会议强调了对水与发展、水与环境及水管理等问题的关注。国际水资源管理的实践证明，以流域为单元进行水资源管理是最为行之有效的管理方式。为此，许多国家针对一些重要流域设立了相应的管理机构，如美国田纳西河流域、澳大利亚墨累–达令河流域、欧洲的莱茵河流域等。另外，随着流域综合管理的需要，以流域为研究对象的流域科学开始逐渐形成，日益受到关注。

流域水资源管理遇到的重要难题之一是如何保证不同条件下的生态用水。众所周知，不合理的人类活动和高强度的开发利用，导致越来越多的生态环境问题，保护生态环境已成为各国政府面临的重要任务。在水资源短缺的今天，人们迫切要求了解不同生态保护水平下的生态需水量。要回答这些问题，必须从科学上更加深入地理解生态与水文过程的相互作用。流域水资源管理和学科发展的需求，为生态水文学迅速发展创造了良好条件，现已形成基本的学科框架。基于生态水文学在流域管理过程中的实用性，联合国教育、科学及文化组织/国际水文计划（United Nations Educational，Scientific and Cultural Organization/International Hydrological Programme，UNESCO/IHP）第五阶段计划特别强调以流域为基础，从河流系统与自然、社会经济的联系中，理解生物和物理过程的整体特征，从而提高流域水资源的管理水平。2007 年联合国教育、科学及文化组织/国际水文计划第 7 阶段计划将流域生态水文列为核心研究内容。

从科学发展的需要出发，一些国家先后建立了大型观测网络。欧洲典型试验流域生态−水文观测网（European Network of Experimental and Representative Basins，ENERB）、美国半干旱水文和河岸可持续性计划（Sustainability of Semi-arid Hydrology and Riparian Areas，SSHRA）等生态−水文观测试验计划是近年来生态水文学观测研究的代表。这些大型观测和研究计划的实施为认识和解决复杂的流域资源环境问题奠定了重要科学基础。

1.1.2 我国开展内陆河流域生态−水文过程研究的紧迫国家需求

占我国陆地面积 1/3 的内陆河流域集中分布在西北干旱区，地跨甘肃、宁夏、青海、新疆和内蒙古的西部地区。由于光热条件的优良组合，全国棉花和春小麦最高单产纪录均出现在该地区。该地区矿产资源丰富多样，居全国首位的矿种有 26 种，居前 5 位的有 62 种。显示了内陆河流域在我国经济发展中的重要地位。同时，该区域也是我国的生态脆弱区，在很大程度上成为我国，特别是华北地区生态安全的重要屏障。

内陆河流域大部分地区年降水量低于 200 mm，水资源量仅占全国的 5%，在气候变化和人为因素影响下荒漠化、盐碱化、沙尘暴等生态环境问题直接威胁着区域可持续发展。目前我国干旱内陆河流域出现的环境问题和未来的发展问题无一不与区域水文、水资源状况相关。在气候变暖加剧、经济快速发展的背景下，我国西北干旱区在 21 世纪中叶水资源尚有巨大的缺口（王浩等，2003）。

为了解决西北地区所面临的日益严峻的生存环境问题，国家先后投入巨资进行生态环境治理。据统计，国家在"十五"以来已先后在新疆塔里木河流域、黑河流域和石羊河流域、"三江源"甘南和青海湖流域投资近 400 亿元用于生态建设和水资源保护工程。这些重大战略举措表明国家对干旱区水问题、生态问题的高度重视，希望通过水利工程和生态工程措施缓解经济社会发展、生态环境保护和水资源短缺的矛盾。针对水利工程和生态工程措施的效果，急需进一步从科学上加以深入研究，并做出准确的判断。

水资源是联系经济发展和生态环境建设的纽带，理解水资源问题是解决水与生态之间矛盾的核心。但毋庸置疑，目前流域生态用水和生产用水矛盾突出，绿洲开发无序，导致流域生态环境特别是下游生态环境恶化。造成这种局面的根源之一是对流域水与生态的关系研究滞后，对干旱区水–气候–生态–经济的相互关系和演化规律的认识水平不能适应社会经济的快速发展，关键在于对水–气候–生态–经济系统中生态与水文规律缺乏系统性认识。

因此，开展内陆河流域生态–水文集成研究，探讨内陆河流域水循环及其在环境变化和人类活动下的响应模式，研究水资源的演变规律，为从水–生态–经济的角度管好水、用好水提供科学依据，已成为事关国家西部可持续发展的重大战略问题。

1.1.3　开展内陆河流域生态–水文过程集成研究的科学意义及学科引领地位

近年来，陆地表层系统研究作为地球系统中重要的研究领域，受到地球科学各分支学科研究者的高度重视。传统地理学以还原论的思维方式，将地表环境要素进行分解式研究，力求对单一环境要素进行基于物理机制的精确刻画，对环境空间分异予以静态的描述，对地理过程研究基于点上表达。随着学科发展，人们发现地球表层是一个复杂系统，环境要素存在着本质的内在联系，人类活动已经成为驱动地理过程的不可忽视的重要因素。为此，以系统的思路，开展多要素耦合、由点至面的多尺度研究势在必行。陆地表层系统研究已成为国际地球和环境科学研究前沿，一些国家设立了相应的研究计划，如美国国家科学基金会设立的耦合人与自然系统的研究计划。从整体出发的地球系统研究，对认识陆地表层系统中水、土、气、生、人相互作用和深入理解地球系统具有重要意义。

我国干旱内陆河流域虽然是一个复杂系统，但其空间界限明确，生物环境特征独特，水无论在自然环境各子系统间还是在自然–经济系统间的纽带作用突出，是开展陆地表层系统综合研究和模式的区域和系统性集成研究的理想"区域操作平台"。另外，"十五"以来国家在内陆河流域开展的一系列研究项目，如中国科学院西部项目群中的"黑河流域水–生态–经济系统综合管理试验示范"和"黑河流域遥感–地面观测同步试验与综合模拟平台建设"项目，国家自然科学基金"我国西部生态环境重大科学研究计划"项目等，在生态水文、生态恢复、同位素水文学、水环境、生态经济与持续发展等领域取得了阶段性研究成果，初步构建了数字流域、野外实验观测、试验示范平台，形成了一支致力于流域科学发展的科技创新队伍。通过该计划的实施，有望提升陆地表层系统集成研究的水平，形成干旱内陆河研究的方法、技术体系，保持我国在该领域的国际重要地位。

1.1.4　国内外研究现状、趋势与挑战

随着地理学、生态学等分支学科研究的不断深化，对区域单一环境要素物理、化学和生物过程的认识不断深入，为从流域角度开展系统研究提供了基础。同时，流域多要素相互作用研究在一定程度上引导着各分支学科的发展方向。

1. 干旱区流域水文、水资源过程研究得到了长足发展

近年来以流域为中心的干旱区水文过程研究已成为国际学界研究的前沿，一些学术组织和资助机构纷纷推出具有区域特色和全球代表性的研究计划。例如，半干旱热带地区水文大气先行性研究计划，半干旱区陆面–大气研究计划，以及黑河地区地气相互作用观测试验研究计划等。美国国家科学基金会于 2000 年实施的美国半干旱水文和河岸可持续性计划，以流域为单元重点强调三方面的研究，即流域尺度水量平衡、河流系统和集成模拟，强调水科学研究中的多学科交叉、强调区域模型集成耦合、强调流域尺度综合，从而为区域水资源可持续利用提供有力支持。在该计划的支持下，美国科学家对北方流域进行了地下水、土壤、冻土、积雪层、枯枝落叶层、林冠层和大气层之间的能量、水量和溶质通量交换过程的系统研究，推动了以流域为单元的综合观测、试验和模拟研究。

由于流域水文变量的空间变异大、资料缺乏以及多尺度水文过程并存，通过流域水文模拟是解决、理解和认识流域水文过程和水资源形成过程的主要手段。针对基本流域单元水文建模方法中的闭合关系确定方法问题，Lee 等建立了 CREW 水文模型，提出了确定闭合关系的理论推导和简化过程分析方法，成功地应用于小流域的降雨、径流和土壤动力学过程预测（Lee et al.，2007）。ATFLOOD 模型结合详细的观测数据可以对河川流量、土壤水分、蒸发、积雪融雪和地下水流量进行验证（Bingeman et al.，2006）。美国农业部农业研究局开发了能表达流域尺度水文过程的 SWAT 模型，模拟地表水和地下水水质和水量，预测土地管理措施对不同土壤类型、土地利用方式和管理条件的大尺度复杂流域的水文、泥沙和农业化学物质产量的影响（Abbaspour et al.，2007；Arnold et al.，2000）。

数字流域技术发展为流域模型开发创造了更好的条件。20 世纪 80 年代初期，O'Callaghan 和 Mark（1984）首先提出了利用网格型 DEM 表达区域地貌形态，按陡坡度方向确定地表汇流方向、生成河道网的方法。在此基础上，利用生成的河道网进行流域划分、地形特征和汇流特性分析（Tarboton，1991）。这些成果被 Arc/Info 及 ArcView 等地理空间分析软件采用，为分布式流域水文模拟带来了极大方便。另外，随着对地观测技术的进步，结合地表观测数据相继建成不同区域的地表环境数据库，对植被参数、蒸发量、土壤含水率及地表温度等基础数据有更加丰富的积累，为模型精度提高，模拟结果的验证创造了更好的条件。

我国的内陆河流域生态环境质量退化现状已引起政府和科学家的极大关注。面对区域发展对科学的需求和学科自身发展的需要，近年来，我国科学家围绕内陆河流开展了大量的水文、水资源方面的研究，并取得了一些可喜的成果。

自 1999 年以来，国家重点基础研究发展计划先后设立了多个与流域水文研究相关的项目，如"黄河流域水资源环境演化规律与可再生性维持机理""海河流域水循环演变机理与水资源高效利用"等。在此之前已完成了一批国家重点科技攻关项目，如"冰雪水资源和出山口径流量及其变化和趋势预测研究""河西走廊黑河流域山区水资源变化和山前水资源转化监测研究"等，"十五"期间国家自然科学基金在中国西部环境和生态科学研究计划项目等。这些研究大大地提高了我国流域水文、水资源研究的水平。从微观上，通

过植物根际–叶–气界面水分迁移试验与模拟研究，更加深入地理解了大气–土壤–植被的水文循环机理。从多要素的尺度出发，提出以水为纽带的水–生态–经济相依相制的定量分析方法和二元水循环模式。特别强调了人文因素在水循环中的关键作用。

正确认识和评价人类活动对流域水循环的影响是流域水文科学发展中的新课题。尤其是在一些欠发达干旱地区，人类活动正在成为或已成为驱动水循环方式的主要动力之一。二元水循环概念的提出为我们更好地理解水循环的过程特征提供理论基础。通过自然和社会水循环的综合研究，初步确定了以经济发展与生态保护双重目标的定量权衡方法，试图寻找内陆干旱区水资源开发利用中一系列"度"的科学依据（Xia and Wang，2001）。在干旱区的研究中已经形成以水资源配置为核心的生态经济研究方向（Xia and Tackeuchi，1999；Chen and Xia，1999）。

随着遥感技术、地理信息系统、同位素技术广泛应用到水文学的各个领域，水文学取得了突破性的进展。以黑河流域为例，通过多年的努力，已建立内陆河流域水文–土壤–植被–大气相互作用综合观测试验系统，完成流域典型区植被冠层、残留层、积雪层、冻土层、土壤层等的能水和物质传输物理过程的同步对比观测试验研究。开展了以植物生长量和植被盖度指数等作为目标函数，以水盐转化、土壤因子、气象因子函数等作为约束条件，结合水文过程，进行区域水文与生态过程耦合的研究。

挑战一：干旱区流域水文、水资源过程研究取得重要进展的同时，迫切需要理解人类活动影响下的流域复杂系统中的水文、水资源变异规律。

2. 干旱区流域不同尺度生态–水文过程的认识不断深化

内陆河流域的大部分地区为干旱区，研究发现，植物长期适应干旱环境形成了独特的水分利用方式和水分关系。例如，干旱区深根性植物可以将深层土壤水，甚至是浅层地下水通过根系提升到浅根系植物的根际圈后释放到土壤中供浅根系植物吸收利用（Richards and Caldwell，1987；Schulze et al.，1998）。有的植物通过利用地下水来抵抗干旱环境，如中亚荒漠关键种多枝柽柳和梭梭表现出不同的用水策略，根系功能型的不同决定了前者的生存依赖地下水，后者生存直接依靠大气降水（Xu and Li，2006）。有的植物具有独特的解剖结构和水分生理代谢方式来适应高温强光并获取高的生物量，如荒漠植物梭梭和沙拐枣具有花环结构，通过 C_4 光合途径而不是 C_3 途径利用水分固定 CO_2，表现出高的水分利用效率和生产力（Su et al.，2004）。

植物的水分对策是干旱区地下水–土壤–植物–大气连续体（groundwater- soil- plant- atmosphere continuum，GSPAC）水传输的核心问题。热脉冲技术及其他相关技术的应用，已经对地下水–土壤–植物–大气连续体中观测点尺度的不同界面水分传输过程有了基本的认识，对个体甚至群落尺度以下的植物的耗水规律也有了初步了解。但对植被覆盖度很小而又不连续的干旱区土壤与植被之间水文和微气候间反馈的了解仍然是初步的（Baird and Wilby，1998）。

景观生态学中景观格局与生态过程的理论在生态–水文过程研究中发挥了重要作用。这一理论可以应用在样地、坡面、小流域、流域直至区域等不同尺度上。景观格局是生态–

水文过程产生的基础，格局动态是生态–水文过程演变的重要诱因；干旱区植被格局则主要受生态过程和水文过程控制，两者相互作用强烈。生态–水文过程与景观格局的动力学研究是一个重要的研究热点（Ludwig et al.，2004）。现有的研究都是将生态过程与水文过程割裂进行，生态学家重视植被格局动态和更新（Montaña et al.，2001）及植物生产力（Freudenberger and Hiernaux，2001）等生态过程的研究，水文学家则重视土壤水分平衡、地表径流和坡面侵蚀过程的研究（Galle et al.，2001；Greene et al.，2001）。干旱半干旱景观是生态–水文耦合的系统，包括不同尺度上水平和垂直方向的能量流动和相互作用过程，非常需要进行耦合研究。带状植被（banded vegetation）和斑块状植被（patchy vegetation）是干旱区重要的植被格局，甚至在极端干旱和放牧压力条件下仍表现得相当的稳定，这种格局是干旱区水文和生态过程长期作用的结果。近年来，越来越重视生态格局的水文控制机理的研究，关注降水事件后带状植被和带间土壤对径流的影响及其土壤持水特征的变化研究。另外，更加关注不同降水条件下，土壤水的行为及其对植被生产力直接和间接的影响。基于生态过程与水文过程的深入认识，提出了带状植被形成的诱发–迁移–储备–脉动（trigger-transfer-reserve-pulse，TTRP）概念模型，很好地解释了干旱区水文控制的生态格局的形成过程（Ludwig et al.，2004）。在内陆河流域山区发育着典型森林生态系统，森林生态系统的分布不仅受降雨、温度的控制，而且山地地形效应的影响使这种格局变得更为复杂。近年来生态学的中性理论（Volkov et al.，2003）认为，群落中植物种的扩散特性决定了群落和生态系统的空间分布格局，这对传统生态位理论（Whittaker，1972）是一种极大地挑战（Chave et al.，2002）。生态–水文过程研究有可能通过降尺度研究解释两种理论的合理适用范围。

尺度问题一直是生态–水文过程的关键问题。生态水文学研究中必须要解决水文尺度和生态尺度在空间域上的对应问题，即将数据调查建立在既适用于生态学、又适用于水文学的尺度，而这一适宜尺度的确定需要多尺度的系统的工作。景观格局和生态–水文过程的尺度推绎同样存在困难。景观格局在不同尺度下主导因素不一，气候特征及变化在大尺度范围内主导景观格局的发生及发展动态，中小尺度上则更多地受地形地貌和土壤特性以及生物作用的影响。生态–水文过程发生的机制随尺度变动也发生明显的变化。针对这一问题，国际上相继开展了大量多尺度生态水文观测计划，并将蒸散过程作为重要的研究切入点予以关注。例如，美国大气海洋局和国家自然科学基金会联合启动的阿贡国家实验室边界层试验/陆面地气交换过程综合研究（Argonne National Laboratory Boundary Layer Experiment/Cooperative Atmosphere-Surface Exchange Study，ABLE/CASES）计划、德国气象部门 2003 年启动的林登伯格非均质陆面地气流长期研究（Lindenberg Inhomogeneous Terrain-Fluxes between Atmosphere and Surface：A Long-term Study，LITFASS）计划、栅格/像元尺度蒸散发观测（The Evaporation at Grid/Pixel Scale，EVA-GRIPS）计划、斯堪的纳维亚政府启动的北半球气候变化过程陆面试验（Northern Hemisphere Climate-processes Land-Surface experiment，NOPEX），以及澳大利亚研究理事会（Australian Research Council，ARC）资助的多尺度观测（Observations at Several Interacting Scales，OASIS）计划等。其中 2003 年德国气象机构开展了针对异质地表的网格（像元）多尺度蒸散项目，应用微气候通量站、闪烁仪结合地面遥感的设备获取了不同地表通量的数据，应用气象卫星数据同步获取地表通量，再应用土壤-植被-大气传输模型、大涡度模拟模型和中尺度模型研究了异质地表下的蒸散及其尺度转换问题。Cleugh 等（2005）利用澳大利亚多尺度观测计划期间获得的数据，应用连续边界收支的方法估算了 100 km^2 的区域内的蒸散发。Denmead 和 Raupach 利用航空观测和地表观测相结合的方法探讨了区域尺度的蒸散发（Beyrich and Mengelkamp，2006）。这些研究为开展内陆河流域多尺度生态-水文研究提供了宝贵的经验。

综上所述，从个体到多尺度的生态-水文过程的认识逐渐深化，对干旱区植被格局的生态-水文调控机理有了较深入了解，这些都为内陆河流域生态-水文集成研究奠定了基础。

挑战二：在理解干旱区植被对水文过程影响，水文条件对生态过程影响的基础上，迫切需要理解水文-生态的耦合作用关系，以及多尺度转化机理。

3. 水分垂向运移交换过程及生态效应建模研究取得初步成果

在研究水分循环和水分能量平衡过程中人们逐渐认识到，水循环的微观行为与宏观行为存在着较大的差异。不同空间尺度降水、径流、蒸发展现出复杂性质。土壤-植物-大气连续体系统用连续的、系统的、动态的观点和定量的方法来研究水分运移、热能传输的物理学和生理学机理，在一定程度能够阐明水分微观运移规律。

水分垂向运移作为水文学研究的重点，关注对地表水、土壤入渗-蒸散过程和地下水文过程规律的理解。不同专业领域的学者都以各自的学术背景为基础，进行水分垂向运移的试验研究，并开发出了能够在一定程度上解决特定区域地表水-地下水耦合过程的模拟模型。这些模型包括地表水文学领域提出的 TopModel（Beven and Kirlkby，1979）、SWAT（Arnold et al.，1993）、SHE（Abbott et al.，1986）、MIKE SHE、WEP（Jia et al.，2001；贾仰文等，2006）、WATLAC（Zhang and Li，2009；Zhang and Werner，2009），大气-土壤水领域提出的 VIC-Ground（Liang et al.，2003），水文地质领域提出的 MODFLOW（McDonald and Harbaugh，1988；Harbaugh and McDonald，1996）、PGMS（陈崇希等，2007）、GSFLOW（Markstrom et al.，2008）等。以上水文模型在处理地表水、土壤水、地下水方面实现了两个或三个因素的耦合模拟。对单点的水分垂向运移在地表以上已有相对完整的机理和过程的认识以及实测数据的验证，如基于能水平衡的地表蒸发，融雪、融冰过程等水热过程模拟有着完善的数学描述体系。一维水分垂向运移模拟的成功促使水分垂向运移研究由单点向区域尺度的发展。

土壤水分是"四水"转化的关键环节。研究较为复杂条件下的土壤水分运动最有效的办法是采用数值计算方法，非饱和土壤水动力学参数的确定是数值模拟工作的基础。因此，流域尺度土壤动力学参数的确定仍然是关键。通过数字高程模型结合回归分析对土壤参数的空间分布进行了大尺度的分析和预测，土壤水力参数精度的提高直接影响土壤体系的数值模拟结果准确性（van Alphen，2001）。关于土壤水-潜水相互作用研究方面，已经建立了相对完善非饱和一维流动方程（雷志栋等，1982；杨诗秀等，1985；康绍忠，

1997），人们尝试着非饱和土壤水二维流动数学模型（张思聪等，1985；杨金忠，1989；袁镒吾，1990；许秀元，1997），但内陆河流域复杂，二维非饱和流的数值模拟大多还停留在实验室阶段。因此，对人为因子造成的间歇性地表流影响下的土壤水−潜水相互转化和水分运动二维研究和模拟有待进一步加强。

在点尺度上，依据 Richards 方程的土壤水运动模型已从一维发展到三维，并与根系生长模型或植物生长模型进行耦合，来定量刻画不同生态系统土壤−植物−大气连续体系统中土壤水分、植物生长的动态。结合土壤水热条件，在田间实验的基础上对单点土壤非饱和方程进行了修正。近年来，在内陆河流域，开展了土壤水分与植被密度、生产力和多样性关系的探讨。在农田或生态系统斑块尺度上，由于土壤性质的空间变异性，基于点的土壤水运动模型，结合地统计学原理，建立了空间上随机土壤水分运动模型，来定量分析土壤水分时空演化动态。在流域尺度上，实现了点尺度模型与地理信息系统（geographic information system，GIS）的紧密结合，或与流域的水文模型结合，进行不同土地利用和覆盖下土壤水分动态的分析，确定流域最佳土地利用模式。

内陆河多个沉积盆地之间地表水、地下水的转换更是历经接触式与非接触式的多次转化，加剧了地表水−土壤水−地下水垂向运移的复杂性。针对内陆地区提出的地表水与地下水二元耦合模型，耦合"四水"转化模型和地下水数学模拟模型，充分发挥经验水文模型和地下水动力学模型的各自优点，并弥补各自的不足或缺陷，从而实现既可定量描述内陆河流域地下水的动态变化规律，又在一定程度上刻画大气降水、地表水、土壤水和地下水之间的相互转化关系，为流域水文模拟的发展奠定基础。

水分垂向运动的生态效应研究以水文−生态集成研究和模拟为主，在研究过程中既要考虑植物生理生态过程和光能效率等问题，又要考虑尺度问题，如从气孔、叶片、单株到全球尺度。以上集成研究决定生态效应模型的时间分辨率可从分至年的水平，有些可以实现与 GCM 模型的耦合。已建立的土壤水和植物生长的耦合动力模型，可以初步定量解释植被分布格局−功能的时空演化的动力学机制及其与降水或土壤水的关系，并正在应用于干旱区内陆河流域植被构建模式的定量分析研究中。

虽然水分垂向运移交换与生态效应建模方面研究取得了一定成果，但由于对地表水与地下水转换的多个界面了解少，界面水文过程建模理论缺乏，造成对水分垂向运移机理模糊。特别是内陆河地区地表水与地下水之间往往并非直接接触，两种水体之间存在一个包气带，厚达数十至上百米，其水分含量处于非饱和状态，导致地表水、地下水之间的转化存在滞后效应，给水分垂向运移交换认识和模拟带来困难。

挑战三：在理解和认识水分垂向交换过程的基础上，迫切需要揭示水分转化与循环的生态响应模式。

4. 相对完善的流域生态−水文观测网络和数据模型平台

目前，无论在内陆河流水文、水资源过程研究，不同尺度生态−水文过程的认识，还是在水分垂向运移交换过程及生态效应建模方面都取得了长足的进展。但面临观测体系的规范化、数据集标准与质量控制以及模型平台建设方面的不足仍然限制了包括过程理解、耦合机制、尺度转化等基础研究的深入乃至成为发展流域决策支持系统的瓶颈。全球大气和水文循环模型难以准确预测流域尺度的水文过程，既缺少高分辨率的遥感观测（Huntington，2006），又缺少地面试验，极大地影响了生态-水文过程认识和建模（Molotch et al.，2005a；2005b）。正如美国环境研究大型协同工程网络委员会（Committee on Collaborative Large-Scale Engineering Analysis Network for Environmental Research，CLEANER）（2006）科学计划指出，"我们还不明确如何设计最优观测站网和实施具体观测内容；我们还缺乏对水文和生物地球化学过程在流域尺度或更大尺度上进行空间和时间综合观测的能力"。为了满足流域综合研究的需要，CLEANER 科学计划着手建设大尺度综合环境观测站网，国际水委员会 2005～2015 年"生命之水"十年计划也着手建立水资源观测网，筹建一个数据采集、传输、发布的流域监测系统，澳大利亚联邦科学与工业研究组织（Commonwealth Scientific and Industrial Research Organisation，CSIRO）水土分部为未来的流域科学强调数据、模拟、软件工程和团队战略（Vertessy，2001）。

在地理学从经验科学走向实验科学的进程中，地表过程的定量科学实验推动了地球系统科学的快速发展，许多观测实验甚至成为一个阶段科学认识和研究方法进步的里程碑（Sellers et al.，1988）。我国科学家也非常重视观测系统建设，先后开展黑河试验、内蒙古半干旱草原土壤-植被-大气相互作用、黑河综合遥感联合试验（李新和程国栋，2008）等重要影响的观测项目。针对我国在地表热量与水分平衡、地理环境中的生物化学循环、生物群落与环境的关系以及景观格局与过程等方面都开展了长期观测，取得了显著成绩，建成了具有国际先进水平的生态系统联网观测系统。但是，到目前为止还没有建立针对流域综合的观测系统，严重影响了流域尺度上生态-水文过程研究进程。

随着数字计算、数据信息处理和网络环境建设以及计算机模拟技术的应用，在传统理论分析、实验观察两个经典的研究方法基础上，正形成基于现代技术支持下多要素、多尺度分析方法，可以对分布式、静态数据进行长期有效的管理和描述，建立描述流域数据、数据格式、质量控制、数据交换格式以及转换元数据系统，建立数据准备、融合、挖掘、发现和可视化的工具，建立陆面数据、实时多源遥感观测数据融合的同化系统，来生成高分辨率的、时空一致性的高质量数据集，保证科研团队跨时间、区域、跨部门甚至跨学科间实现共享和协作。

挑战四：在获取大量长期生态、水文观测数据的基础上，必须建立干旱区流域生态-水文观测范式和模型集成平台。

5. 形成了流域水-生态-经济系统研究的思路，集成流域管理研究成为趋势

目前，以流域为单元对水资源进行综合开发与统一管理，已为许多国际组织所接受和推荐。1968 年，欧洲议会通过的《欧洲水宪章》，提出水资源管理不应受行政区域管理的局限，以流域为基础，建议成立相应水资源管理机构。联合国环境与发展会议通过的《21世纪议程》全面阐述了流域水资源管理的目标和任务，强调根据各国的社会、经济情况，制定水资源管理的目标。

从可持续发展和资源优化管理的角度出发，国际上开展了流域科学相关研究，形成流域水–生态–经济系统研究的框架思路。回顾流域水管理的发展过程可分三个主流方向。20世纪80年代以前流域管理以水利工程、水电开发、水运等管理为主（Vertessy，2001）。80年代以后，为了应对全球变化、整合人与自然系统，Charles（1985）出版的《生命之河》（The Living River）之后，流域研究面向河道恢复、河流生态治理、洪水预报、休闲规划等综合治理，如美国内陆河特鲁基河洪水项目（Trukee River Flood Project）计划 2003年以来不懈地实施生命之河计划，推动了流域生态管理从理念走向实践。

20 世纪末提出集成流域管理理念，全球水伙伴计划（Global Water Partnership，GWP）提出的集成水资源管理着重建立以水权、水市场理论为基础的水资源管理体制，形成以经济手段为主的节水机制，以期提高水资源利用率，促进经济、资源、环境协调发展，公众参与的流域尺度水文、生态、经济综合的流域集成水资源管理已步入实质性的研究阶段。

集成流域管理注重水–生态系统管理和水–市场管理两个方面。前者重视水资源的生态价值，关注生态用水。以水为主线，采用多尺度的途径和综合分析相平衡的方法，认识流域生态过程与水文循环之间的关系，把握土壤–生物系统的作用机理，集成生态恢复技术体系。生态系统健康管理、生物多样性管理成为其中的重要主题。同时，流域水–生态管理力求衔接市场机制（Rockstriiml Gordon，2001）。水–市场管理结合行政立法、部门管理、利益分割追求流域福利最大化，运用水权、水价理论调控水资源内部分配效益，通过水资源社会化管理提高水资源外部分配效益，将自然资源稀缺问题转向克服社会资源短缺问题，注重公众参与理论、技术和组织形式。流域水–生态–经济系统的水循环、水平衡成为重要基础支撑（UNESCO，2003）。

集成流域管理的代表性工作有 2000 年底欧盟实施水框架指令（The EU Water Framework Directive，WFD）致力于流域规划、河道恢复和湿地保护，实施流域为单元的整体保护；澳大利亚墨累–达令河流域地表水、地下水水权私有化，实现农业、河流和市场有机结合，政府购水恢复断流河，三级流域管理机构（流域部长级会议、流域委员会和公众咨询协会）保证流域水资源平等、高效、可持续利用（Kevin，2003）。

然而，历经半个多世纪发展的流域管理仍然是出自于经验；主要以工程管理为主，生态管理处在起步阶段，市场机制还只是经验管理。可以说，没有适合各个国家通用的集成流域管理模式，只能客观地研究和分析某一种流域管理的特点和长处，在满足本国或本流域需求的前提下，逐步建立和发展流域科学的理论基础。

2007 年美国地质调查局提交了全球第一个流域科学的研究计划（CRS et al.，2007；MI，2001）。该计划将流域过程模拟与预测、环境流与河流恢复、沉积运移、地表水和地下水相互作用列为美国地质调查局流域科学优先领域，强调流域监测和数据集成等支撑体系。

我国流域水管理机构在代表水利部行使所在流域水行政主管职责中发挥了不可替代的作用，为促进流域内经济发展和社会进步做出重要贡献。我国现行的流域水资源管理体制是在计划经济体制下产生的，存在着许多的先天不足。随着经济社会的发展，社会主义市场经济体制的逐步建立，传统水利向现代水利、可持续发展水利的转变，以及水资源开发利用投资体制和利益格局的多元化，给流域水资源的统一管理带来了机遇的同时，也产生了一系列新问题、新矛盾。此外，在流域水资源管理的法制建设、经济运行机制、权属管理以及流域水资源管理的技术手段等方面也亟须按照社会主义市场经济体制的要求进行改革和完善。

针对内陆河出现的生态环境问题和科学研究与管理的需求，各国科学家开始面向流域多要素集成研究，力求寻找解决流域问题的科学途径。首先，力求从流域尺度探讨水循环规律，进一步理解流域水文系统的生态环境功能，以及流域水文过程、生态过程和经济过程的相互关系。其次，深入探索多尺度生态过程与水文要素的内在联系。针对科学研究的需要，努力建立以流域为出发点的立体观测系统。到目前为止，在一些典型流域已构建了以水、生态、人文活动等多方面的观测体系。

尽管世界各国结合自己的国情开展了大量研究，并对管理措施进行了改进，由于流域系统是一个动态、多变、非平衡、开放耗散的"非结构化"或"半结构化"系统，涉及自然和社会经济两大要素，对于流域的整体运行规律的认识存在明显不足，给流域水资源科学管理带来巨大困难。为此，需要对流域水–生态–经济系统变化规律进行深入理解。

挑战五：在流域水–生态–经济系统研究思路指导下，必须提高流域水资源合理配置能力，为流域集成管理提供技术支撑。

1.2　黑河流域生态–水文研究的研究基础

中国科学家围绕流域生态–水文研究开展了大量的研究工作，国家不同部门资助了一批重大、重点项目，建立了一系列的观测系统，形成了数据开放的管理系统，多年的积累形成了多个以生态–水文研究作为重要方向的优势研究机构，其研究成果在国际上产生了重要的影响。

1.2.1　相关重大研究计划的前期支持

国家历来重视西部环境研究，在"十五"期间设立了国家自然科学基金中国西部环境和生态科学研究计划。其目标就是回答三大基本科学问题：西部的现代环境格局是如何形成的？人类活动在西部环境和生态的演化中起什么样的作用？西部环境和生态今后的发展趋势如何？在过去的研究中，我国科学家先后在西北干旱区、黄土高原地区以及西南喀斯特等地区围绕西部环境系统的演化及未来趋势、西部水循环过程与水资源可持续利用、生态系统的可持续性和重大工程与环境四大领域开展大量的工作。与本计划相比，这些是从大区域、长时间跨度的生态与环境变化规划的研究。从流域尺度的系统性，多要素的复杂性等方面探索不够。

另外，中国科学院从区域示范的角度在"十五"期间支持了"黑河流域集成水资源管理研究"项目，该项目以提高水效益目标，形成绿洲农田生态系统水肥管理技术体系，集成灌区尺度水效益提高技术，试验示范灌区尺度水资源管理；提出绿洲水效益提高模式和居延海湿地保护对策，干旱区生态工程建设技术；明晰经济结构调整和经济增长方式转变途径，提出流域水管理决策依据和基本框架。对本计划所关注的科学问题涉及甚少。

1.2.2　国内有关单位的研究基础

在国家自然科学基金及其他部委重大项目的资助下，国内高等院校和研究所先后成长起一批围绕西部开展研究的团队和研究中心。如中国科学院寒区旱区环境与工程研究所、中国科学院新疆生态与地理研究所、中国科学院地理科学与资源研究所、中国科学院水利部水土保持研究所、中国科学院遥感应用研究所、中国科学院植物研究所、中国科学院西北高原生物研究所、中国科学院地球环境研究所、中国农业大学、北京师范大学、中国地质大学、兰州大学、中国水利水电科学研究院、中国气象科学研究院、中国林业科学研究院等，他们为实施研究计划奠定了良好基础。

中国科学院寒区旱区环境与工程研究所以黑河为基地开展了近 20 年的生态环境研究工作。对流域地表水文过程进行了较为深入的研究；在典型城镇区域探讨了人类活动对水文循环、水资源的影响过程；对高山典型森林生态系统、绿洲生态系统和荒漠生态系统植被与水分相互作用过程有了初步的认识。中国地质大学以黑河流域为基地开展了大量地下水运移规律的研究。在了解流域地质构造的基础上，探讨了黑河中游地区地下水与地表水的交换机制，并通过地下水与地表水联合模型进行了精细描述，为解译河岸林变化过程提供了科学依据。

中国科学院新疆生态与地理研究所长期从事干旱区环境与多尺度生态过程研究。通过野外观测和控制实验探讨了干旱区水分与植物地表形态的相互作用机制；研究了人为调控水分对河岸林种子萌发的影响及宏观生态格局形成的规律。中国农业大学对干旱区典型植物根系发育过程与水分条件的关系进行了深入研究，并建立了典型植物三维根系发育模式。

1.2.3　已有的观测数据基础

1. 黑河流域已有的数据基础

中国科学院寒区旱区环境与工程研究所建立了"数字黑河"信息系统，包括基础地理背景数据（DEM、流域边界、行政边界、水系、道路等）、遥感数据（长时间序列的 AVHRR、MODIS、SPOT Vegetation 数据，中分辨率的 Landsat 和 ASTER 数据，高分辨率的 QuickBird 数据）、基础观测数据（气象、水文、地下水及通量观测数据）、试验及野外考察数据（2008 年开展的黑河综合遥感联合试验，1990 年开展的"黑河地区地–气相互作用野外观测实验研究"等试验数据）和专题数据（土地利用、地质及水文地质、地下水水文埋深、黑河中游河道剖面图、黑河中游灌区分布、渠系分布及灌溉用水及黑河中上游水库分布等数据）。为了满足黑河流域综合集成研究的需求，不断地对黑河流域的基础数据资源进行了持续收集和更新，已收集和整理的数据达到 1TB，基本完成了对黑河流域现有历史资料的收集，是我国流域尺度上数据资源最丰富的和数据共享程度最高的信息系统。

2. 黑河流域构建了综合观测网络

黑河流域是我国内陆河流域的研究基地，具有良好的研究基础和试验设备，在黑河上游冰雪冻土带、山地森林植被带、中游人工绿洲和荒漠带内设立有观测站点，针对流域内的气候、土壤、水文、生物等环境要素进行长期的定位观测。并且与甘肃省气象局、青海省气象局、甘肃水文局及张掖市水务局等多家相关单位在项目合作和数据共享方面保持着密切联系；以科学研究为目标建立的野外观测站点，连同黑河流域内的14个业务气象站、75个业务水文站、41个区域站，以及50余个地下水井观测，形成了包括常规、重点和重点加强水文气象观测站的三位一体的黑河流域地面气象水文生态观测网，以满足不同层次分析和研究的需要。

3. 黑河流域开展了综合遥感联合试验

"黑河综合遥感联合试验"是由中国科学院西部行动计划项目"黑河流域遥感–地面观测同步试验与综合模拟平台建设"和国家重点基础研究发展计划项目"陆表生态环境要素主被动遥感协同反演理论和方法"共同组织支持。试验由寒区水文试验、森林水文试验、干旱区水文试验和水文气象试验组成，加强试验期在2008年3~9月间分阶段展开，共计120天，有28个单位280名科研人员、研究生和工程技术人员参加。航空遥感共使用了5类机载遥感传感器，分别是微波辐射计（L波段，K波段和Ka波段）、激光雷达、高光谱成像仪、热红外成像仪和多光谱CCD相机；累计飞行26次、110小时。在地面试验方面，布置了由12个加强和超级自动气象站、6个涡动相关通量站、2个大孔径闪烁仪以及大量业务气象站和水文站组成的加密地面观测网，使用了车载降雨雷达、地基微波辐射计、地基散射计等地面遥感设备和大量自动观测仪器，在流域尺度、重点试验区、加密观测区和观测小区4个尺度上展开了密集的积雪参数、冻土参数、土壤水分、地表温度、反射率和反照率、植被结构参数、生物物理参数、生物化学参数同步观测。在卫星遥感方面，获取了丰富的可见光/近红外、热红外、主被动微波、激光雷达等卫星数据。

1.3 黑河计划的核心科学问题

围绕"黑河流域生态–水文过程集成研究"重大研究计划的研究目标，设立如下4个重要科学问题。

1.3.1 干旱环境下植物水分利用效率及其对水分胁迫的适应机制

干旱区植物在长期适应干旱环境的演化过程中形成了独特的水分利用方式，了解不同空间尺度水分循环特征，植物个体、种群、群落、生态系统水分利用过程以及植物对水分胁迫的适应机制是提高干旱区水效益的重要基础。

1.3.2 地表–地下水相互作用机理及其生态水文效应

地表水与地下水是干旱区重要的环境要素，也是干旱区生态过程重要的控制因子之一。了解地表水与地下水运移规律和交换过程是认识干旱区水文、水资源的基础，同时，也是理解区域生态过程的核心。

1.3.3 不同尺度生态–水文过程机理与尺度转换方法

在干旱区内陆河流域，水文空间格局在一定程度决定了植被格局。特殊的植被格局深刻影响着地表水文过程。认识和理解不同空间尺度生态–水文相互作用过程，是揭示干旱区地表过程的关键。另外，由于不同学科研究尺度侧重点有所不同，造成研究结果的可比性差，表达的内涵不同，为此尺度转换已成为该研究领域关注的焦点，发展和完善尺度换技术和方法是开展流域集成研究的核心问题之一。

1.3.4 气候变化和人类活动影响下流域生态–水文过程的响应机制

气候变化与人类活动已成为影响地球表层系统运行的重要驱动力。从流域研究角度出发，人类活动的影响显得更为重要。认识人类活动的空间作用方式、空间作用强度，将其进行科学的空间参数化是深入认识干旱区域水、生态、社会经济过程的重要环节，在一定程度能够推进流域生态–水文耦合过程的深化。

1.4 黑河计划拟实现的科学目标

1.4.1 科学目标

通过建立联结观测、实验、模拟、情景分析以及决策支持等环节的"以水为中心的生态–水文过程集成研究平台"，揭示植物个体、群落、生态系统、景观、流域等尺度生态–水文过程相互作用规律，刻画气候变化和人类活动影响下内陆河流域生态–水文过程机理，发展生态–水文过程尺度转换方法，建立耦合生态、水文和社会经济的流域集成模型，提升对内陆河流域水资源形成及其转化机制的认知水平和可持续性的调控能力，使我国流域生态–水文研究进入国际先进行列。

围绕上述研究目标确定如下研究主题。

1. 干旱内陆河流域冰雪、冻土演化与水文、水资源变化过程

冰雪、冻土是内陆河流域重要水源区，认识干旱内陆河流域冰雪、冻土演化与水文、

水资源变化过程对理解流域水循环和水资源形成过程具有重要意义。其主要研究重点应以定位观测为基础，分析冰雪冻土水热过程空间演化特征及尺度效应，发展具有原型特点和基于物理过程的水文模型。需要关注如下科学问题。

- 山地冰川、积雪消融的物理过程及其冻土变化和相变机理；
- 山区复杂地形条件下冰川、积雪和冻土水热过程的时空分布特征、空间参数化及动态模拟；
- 冰雪、冻土时空分布变化及人类活动和气候变化影响的水资源效应；
- 发展基于冰川-积雪-冻土物理过程的水文模型。

2. 地表水与地下水转换过程及生态效应

内陆河流域地表水-地下水的转换关系一直是干旱地区水文学研究的重要内容，定量识别该区域不同形式的水转换规律及其在人类活动影响下的变化特征，回答干旱区水资源潜力和可利用地下水量相关的科学问题，为流域水资源统一调配与管理、流域生态环境建设提供基础依据。需要关注如下科学问题。

- 不同水文地质单元垂直与水平方向上水量的迁移转化规律；
- 基于生态效应的地下水与地表水之间的转化机制；
- 大气降水、地表水-地下水之间的转换过程及耦合模型；
- 不同水文情景下区域地表水与地下水水量和水质时空分布与趋势预测。

3. 不同尺度植被水分利用与耗水的生物学机制

干旱区植物在长期的适应演化中形成了特有的适应机制和水分利用方式，揭示干旱区植物的水分利用效率和耗水的生物学机制是提高干旱区水效益的重要基础。需要关注如下科学问题。

- 植物个体的水分代谢及其生物调控机理；
- 个体、种群、群落、生态系统水分利用效率及其群体效应；
- 不同尺度植被蒸散特征及耗水机制；
- 植物适应干旱、盐碱和风沙环境的机制和阈值；
- 荒漠植物的地下生物学过程、植物共生机制及水分效应；
- 绿洲作物对土壤水、热、盐、养分耦合运移影响及生产力形成机制。

4. 典型植被格局生态-水文过程的相互作用机制

斑块状植被格局是内陆河流域典型的自然植被格局，是适应气候、土壤、地貌的长期结果，具有特有的生态-水文作用方式和特定的生态-水文功能。人工绿洲生态系统是干旱区人类活动强烈影响下主要初级生产来源地。揭示典型植被生态-水文过程及格局演变规律，阐明人工绿洲水循环、水平衡过程及其调控机理可直接指导生态环境建设和生态系统管理。需要关注如下科学问题。

- 自然与人文作用于生态-水文过程的耦合方法；

- 典型小流域景观格局与生态-水文过程及效应；
- 人工绿洲结构与水循环和水平衡；
- 荒漠河岸林生态-水文过程与需水量；
- 山地-荒漠-绿洲生态-水文及其相互作用。

5. 流域经济-生态-水系统演变过程

在气候变化和人类活动双重驱动下，流域尺度水文过程和生态过程的巨变及其与社会经济系统的联动效应日益明显，认识和甄别流域水-生态-经济系统演变的气候变化背景、人类活动影响及其生态-水文过程效应是制订流域水资源管理对策的基础。需要关注如下科学问题。

- 过去 2000 年来水土资源开发利用的空间格局演变；
- 流域生态-水文系统变化的气候变化与人类活动驱动机制；
- 重大水利-生态工程对流域水-生态-经济系统的影响评价与趋势预测。

6. 流域生态-水文集成模型与决策支持系统

以模块化的集成思路，研究包括水文-生态-社会经济等多学科模型集成的机理和方法，以流域尺度水和生态问题为中心，对其自然过程的相互作用进行机理研究，实现流域尺度不同生态系统条件下地表能量-水文-生态相互作用的精确表达，提升对地表过程物理机制的理解、模型的综合应用水平和模拟预测能力，实现对流域水资源精细化管理的决策支持。需要关注以下科学问题。

- 流域生态-水文过程尺度转换方法与技术；
- 流域水-土-气-生-人综合模型（重点突破地表-地下水耦合、生态和水文过程耦合，自然和社会经济耦合）；
- 流域水资源管理空间决策支持系统；
- 高分辨率的流域尺度陆面/水文数据同化系统。

1.4.2　构建集成研究平台建设

1. 完善流域观测系统

主要围绕典型流域分布式生态水文模型和流域综合管理决策支持系统对数据的要求，建立遥感-地面观测一体化的、高分辨率的、能够覆盖流域水、生态及其他环境要素和社会经济活动等方面的流域观测系统。

2. 完善数据信息系统

主要围绕典型流域分布式生态水文模型的建立，开展数据集成，形成标准化的模型驱动数据集、参数数据集及验证数据集，发展流域数据信息系统，支撑模型开发、改进和评估。同时促进研究计划内共享科学数据，为流域科学及流域综合管理服务。

3. 构建集成研究平台

为实现上述科学目标，建立联结观测、实验、模拟、情景分析以及决策支持等环节的"以水为中心的生态-水过程集成研究平台"，是一条有效途径。这一集成研究平台的建设，以流域为单元，以生态-水文过程的分布式模拟为核心，重视生态、大气、水文及人文等过程特征尺度的数据转换和同化以及不确定性问题的处理。由于数据问题始终是集成研究平台建设的瓶颈，将按模型驱动数据集、参数数据集及验证数据集建设的要求，布设野外地面观测和遥感观测，并开展典型流域的地空同步实验。加强集成平台建设的学术组织工作，包括以下方面。

- 观测规范和观测计划的制定和发布；
- 标准数据集（包括驱动数据集和参数数据集）的建立、发布和更新；
- 模型的对比和评估。

1.4.3 预期成果

1）揭示干旱区内陆河流域不同尺度生态-水文过程。

2）认识干旱区内陆河流域绿洲空间过程的水文学机理。

3）建立干旱区内陆河流域生态-水文多尺度观测系统与数据同化方法。

4）发展干旱区内陆河流域人文-生态-水文过程集成方法与尺度转换技术。

5）开发流域经济-生态-水系统集成模型与流域水资源管理决策支持系统。

6）形成高水平科研队伍，培养高水平的人才，创建我国干旱区内陆河流域研究平台，使我国内陆河流域生态-水文过程集成研究的整体水平跻身国际前列。

第 2 章　黑河流域生态–水文集成研究观测系统与平台建设

开展流域生态–水文集成研究的关键是数据体系建设，在黑河流域生态–水文集成研究重大研究计划当中，数据建设围绕流域系统集成研究的需求展开，采取了样带调查、定位观测、航空遥感和卫星遥感，以及模型模拟等数据获取方式。为此，黑河计划从数据需求出发，建立了一系列观测系统与平台。本章将针对数据管理平台、样带调查、生态参数、地下水本底数据获取，以及流域生态–水文遥感实验、地表综合观测系统建设成果进行详细介绍。

2.1　黑河流域数据平台建设

2.1.1　流域科学数据平台发展现状、挑战与科学问题

科学数据平台是流域研究与管理的重要基础设施。通过建设流域数据信息平台，实现对数据的系统收集、管理与共享，是开展流域研究的基本保障（Committee on River Science at the U. S. Geological Survey，2007）。早在 20 世纪 80 年代美国水文科学委员会就开始水文信息系统的研究，旨在为相关的流域研究与管理提供数据支持。目前，国际上水文信息系统研究在技术方面已经比较成熟（Maidment，2002；Horsburgh，2008；Zaslavsky et al.，2009；Dangermond and Maidment，2010），其数据平台建设主要由政府主导，数据集成与共享程度较高，如美国地质调查局的水资源信息系统（https://waterdata. usgs. gov/nwis），该系统发布了全美多个流域约 190 万个观测站点的长时间序列水文数据用以共享，而且系统持续对观测站数据进行实时采集并快速发布，此外，还提供在线水文模拟预测服务；法国环境部管理的国家水情数据网（http://www. rnde. tm. fr）通过合作框架整合了分散在各部门的水文数据并面向公众发布，有效地消除了数据共享的弊端，目前已发布上万个观测站的水文数据；加拿大国家水情调查局（http://www. wsc. ec. gc. ca）专门负责标准化水文信息的采集、处理与发布，除了通过采集传输系统获取全国范围水文测站的实时数据以外，还发布归档及统计的水文数据（寇怀忠和牛玉国，2005）。此外，发达国家基于水文信息系统的模型与决策支持系统也已进入实用阶段，在流域水资源管理和水情预报等方面发挥了显著作用（刘家宏等，2006），如美国密西西比河流域的河流监测体系，集实时监测及水情预报为一体，可快速对水情作出响应并发出洪水预警。

我国的流域信息化研究起步稍晚。国内学者以地理信息系统和数据模型为基础，相继开展了流域水文信息系统开发的相关研究（彭盛华等，2001；陈华等，2005；吴小芳等，2007；年雁云等，2013），此外，在线水文模型服务（朱仕杰等，2010；任彦润等，2015）和基于 Web 可视化的数据共享（刘鹏等，2011）也初步应用于流域科学研究中。与此同时，流域管理机构先后在大江大河开展了以流域为单元的水文信息系统应用，"数字海河""数字黄河""数字长江"和"数字黑河"等数字流域的开展初步建立了我国流域监测网络、流域基础数据库和流域气象水文数据库，并为流域科学的研究奠定了基础。其中集成数据、模型及观测系统于一体的"数字黑河"是目前国内"数字流域"领域最有代表性的工作，是目前国内"数字流域"研究中数据量最大、数据类型最丰富的信息系统（李新等，2010a）。与其他"数字流域"不同的是，"数字黑河"不是仅面向水利管理的行业信息系统，而是更多面向流域科学研究，整合不同来源的多学科数据开展完全共享服务的系统。但是总体来看，我国目前流域数据平台建设还很不足，主要表现在：①我国目前科学数据共享机制尚不健全，行业数据壁垒没有打破，科学界数据共享氛围不浓厚，流域数据平台建设缺少足够的数据来源；②多学科、多来源的流域数据质量参差不齐、结构差异大，缺少数据质量控制和标准化的规范方法；③流域数据缺乏统一、完全的数据库管理，大多流域数据平台对数据仍采用文件管理方式，阻碍了数据的可视化及在线分析等服务的发展；④数据与模型集成不足，大多数观测数据并不能直接应用于各类模型，导致模型数据集缺乏。

综上所述，流域科学数据平台的建设已经取得了一定的进展，尤其发达国家其水文信息系统在数据自动采集与传输、数据模型与数据库构建、可视化在线分析与计算及数据集成与共享等方面都已经比较成熟，但却主要以水资源管理及水情预报等行业应用为主。然而，现今的流域研究已经不再是传统的以水文学及水资源管理为主题，而是依靠多学科交叉及地球观测技术和信息技术，将流域作为一个整体来考虑，从"水–土–气–生–人"的角度进行综合集成研究（李新等，2010b）。建设满足流域综合集成研究的科学数据平台是流域科学发展亟待跨越的门槛。结合我国现状，在数据共享大环境没有形成的情况下（黄如花等，2014），系统整合流域研究所涉及的生态、水文、经济、政治、法律、政策、文化等多方面数据是流域科学数据平台建设的最大挑战，其次多源数据质量控制和数据库管理，以及数据与模型的集成等都是数据平台建设需要解决的问题。故流域科学数据平台建设的主要科学问题归纳如下：①如何为流域生态–水文及可持续发展研究提供系统完整的科学数据；②如何进行数据质量控制和标准化，建设综合的流域科学数据库；③如何使数据与模型无缝对接，服务于生态–水文过程研究。

2.1.2 黑河流域科学数据平台建设取得的成果、突破与影响

黑河流域科学数据平台专门为黑河计划的顺利开展而建设。其建设目标是有效地利用黑河流域长期以来积累的生态、水文相关科学数据，给黑河计划的实施提供较为全面的基础数据支撑，同时对黑河计划新产出数据进行规范管理并开展数据共享，推动新产出数据

的交流和利用，为黑河生态–水文集成研究提供更丰富、质量更高的数据支持。黑河计划在第一批重点资助项目中设置数据项目"面向黑河流域生态–水文过程集成研究的数据整理与服务"，负责收集整理数据并搭建数据平台，通过数据平台实现数据的汇交、发布、管理与共享。截至目前，黑河流域科学数据平台建设已经取得显著成效，其核心成果主要包含以下方面。

1. 黑河流域已有数据的系统收集和深入整理

在对黑河流域已有的科学数据进行全面的调查和编目的基础上，系统收集已有数据，开展数据标准化处理及质量控制，并建立元数据库。此外，对生态–水文集成研究的关键数据集进行补充收集和制备，形成了一套系统的、规范化的、服务于生态–水文过程研究的流域综合数据集，并通过黑河流域科学数据平台发布，为黑河计划科研项目提供服务，解决了项目启动所遇到的数据门槛问题。具体成果包括：

- 撰写了300页（约75 000字）的《黑河流域数据清单》，对75个数据集进行了较为详细的介绍；并分发给黑河计划各参加项目，为用户了解数据发挥了重要作用。
- 对原"数字黑河"和"黑河综合遥感联合试验"进行了系统整理，根据ISO 19115—2003标准撰写元数据320条，经多轮评审和修改达到较高质量。数据实体从数据完整性、格式规范性及时空一致性等方面进行了一系列标准化处理，获得了完整性较好的黑河流域科学数据5.7 TB，数据主要包括黑河流域基础地理数据，土地利用、土壤、植被、沙漠、积雪、冰川、湿地、湖泊、水文地质、地貌等专题数据，长时间序列气象和水文观测数据，已有的科学试验数据，航空遥感和卫星遥感数据，社会经济数据等详细数据介绍请参见《黑河流域数据清单》或登录黑河计划数据管理中心网站（http://www.heihedata.org）查看。
- 对已整理数据进行质量控制，对数据的来源进行了说明，对部分数据（时间序列数据）的缺失情况进行了盘查和说明，相关成果反映在元数据中。
- 针对黑河计划其他科研项目的共性数据需求，重点对黑河流域水文和灌区数据进行收集和整理；对已有的土地利用数据进行修编，在保持土地利用分类不变的情况下，利用新的数据源，大大提高了原有数据的空间质量和数据质量；制备了新一期（2011年）全流域土地利用数据（图2-1）。
- 在数据系统收集和深入整理的基础上，利用综合制图方法，制作了一套集纸质地图、数字地图和论文插图为一体的，具有统一规范和标准的，形象直观和信息综合的黑河流域地图集，从流域的视角表现黑河流域生态–水文的现状特征，服务黑河计划不同研究人员的需求。《黑河流域生态–水文综合地图集》共包含6个篇章，83幅地图，主要涉及基础地理、气象气候、水文水资源、生态环境、社会经济及流域观测系统与科学试验等方面，将于近期由地图出版社正式出版，数字地图则已提前在数据管理与共享系统发布并共享。

2. 观测数据自动综汇系统

以黑河流域WSN（wireless sensor network）自动观测网络为基础，建立了目前国内信息化水平最高的观测数据管理应用系统——"黑河流域野外观测数据自动综汇系统"（图2-2）。

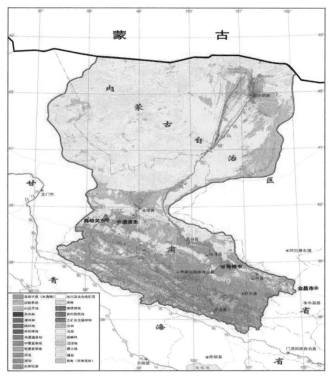

图 2-1　黑河流域 2011 年土地利用

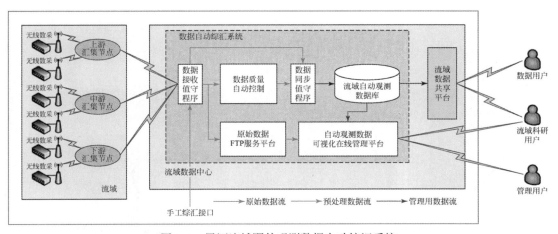

图 2-2　黑河流域野外观测数据自动综汇系统

观测数据自动综汇系统建立了针对野外自动观测数据的基于关系型数据库的完整自动化汇集入库与管理体系，彻底改变了以往以文件方式为基础的观测数据汇集管理模式，这种新的模式一方面可以兼容各种不同来源、不同标准的观测设备，另一方面可使观测效率和观测数据质量得到极大的提高。

系统主要包括以下组成部分：关系型观测数据库、自动接收及入库模块、数据质量自动控制模块、观测设备状态监控模块、数据在线管理模块。系统完成初始配置后整个观测数据汇集过程无须人工干预，完全自动运行，其中基于规则的数据质量自动控制模块实现了对观测数据的自动预处理，综合了数据转换和质量评价两个主要功能，兼容性、独立性强，可以显著降低观测人员工作强度、提高观测数据的质量和分析效率。

（1）面向流域自动观测数据管理的数据库的建设

为保证观测数据的安全性、可靠性及应用效率，从流域 WSN 数据的存储需求入手，运用面向对象技术设计和实现流域观测数据库。数据库设计满足灵活、节省存储空间、编程方便等要求。数据库实现过程中利用 PostgreSQL 的表继承机制实现了对观测数据的关系型多表存储，以及基于单表的查询，从而解决了存储容量和查询速度之间的矛盾，在不增加开发复杂性的情形下，大幅度提高了查询效率。

（2）数据远程传输及自动入库体系的设计与实现

设计和建立了归一化的设备数据接收接口和自动化的数据入库接口，系统可以灵活适应各种不同厂家的观测仪器所产出的数据，通过全自动化的数据接收与入库流程，自动完成数据的远程采集与入库功能，从而把观测人员从繁重的数据采集和整理工作中解脱出来。

（3）数据自动预处理方法体系研究与应用

流域观测中涉及种类繁多、数据巨大的 WSN 数据，为了使这些数据可以更有效地应用到地学专业分析研究中，针对 WSN 观测数据可能存在的异常数值、设备软硬件故障导致的数据失准、数据错误等问题，根据 WSN 数据的特点设计出了相应的质量元素，并分别给出每类质量元素的定义和判定算法，将这些质量元素判定方法应用到综汇系统中，这可以有效地解决流域观测中 WSN 数据的质量控制问题。依据质量元素，分别制定了对观测数据进行自动质量评价和预处理的知识规则体系，通过知识规则来实现观测数据自动质量控制（图 2-3）。同时，还发展了一种优化的时空数据异常检测算法，逻辑流程如图 2-4 所示。

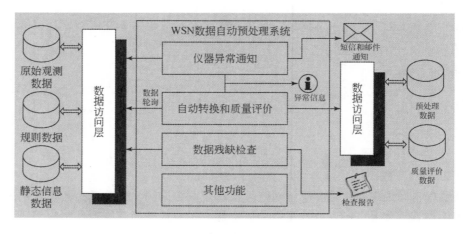

图 2-3 观测数据自动质量控制流程

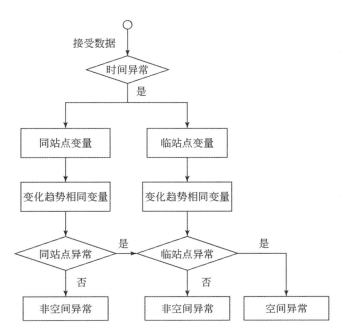

图 2-4 时空数据异常检测算法逻辑流程图

（4） 远程状态监控体系的设计及原型应用

基于硬件开放的开发接口支持，设计和建立了观测设备状态的远程监控体系，通过这一体系，管理人员可以远程了解野外观测设备的工作状态，如系统时钟、太阳能板电压、网络状态等，也可以远程调整观测设备的工作状态，如修正系统时钟、改变数据采样频率等。远程状态监控体系可以有效提升整个流域观测系统的维护水平和维护效率。

（5） 可视化观测数据管理应用在线平台的建设

流域内的 WSN 观测系统不断产出数量巨大、种类繁多的自动观测数据，为了有效管理和应用这些数据，需要设计并实现一个在线的可视化观测数据管理应用平台。整体工作从观测数据管理与可视化角度出发，对系统进行了详细的设计，系统包括观测数据可视化、静态信息录入、设备监控、管理、示范应用五大功能模块，提供地图、各种类型矢量图、拓扑图、列表、图片、视频等可视化手段。观测系统内的观测人员、数据管理人员、台站值守人员及数据用户，都可以通过直观的数据可视化手段对自动综汇入库的观测数据进行在线浏览及分析。

（6） 与数据中心共享平台数据共享业务流程的对接

通过与数据共享平台成功对接，对于保护期结束后的观测数据，数据用户可以通过数据中心共享平台直接申请、查询及下载数据。

黑河流域野外观测数据自动综汇系统的建立，实现了对流域野外 WSN 观测数据的全自动汇集、传输、质量控制、入库、在线可视化管理应用的观测数据服务流程，极大地提高了流域观测系统的数据质量、实时性及共享效率。基于观测数据库的观测日巡检报告功能也使以前需要 20 多个人时（人·h）才能完成的工作量减少为仅 0.1 个人时，极大地提升了对观测系统的维护效率。系统自 2012 年 5 月投运以来，平均每月入库 1000 万条数据，其中在 2012 年 5～10 月的黑河综合遥感联合试验的中游生态–水文观测期，共自动接收、处理及入库 5 亿多条数据，6～9 月每月超过 5000 万条，尤其 8 月加强观测期一个月的数据条数就达到了 3.4 亿条的惊人规模，这是传统观测模式根本无法完成的。

3. 数据管理与共享平台

建成一个全新的黑河计划数据管理与共享系统平台（http://www.heihedata.org），统一管理本项目收集整理后的数据，以及黑河计划产出的数据，为计划内数据共享与汇交服务提供持续的技术支持。平台主要功能包括以下部分。

（1）数据汇交系统

数据汇交的首要问题就是要为数据编写对应的元数据。依据 ISO 19115—2003 国际标准，定制了黑河计划项目的核心元数据及模版，并采用深度集成开源地学元数据网络编辑系统 GeoNetwork 的方法实现了元数据的编辑及底层数据库的同步、用户系统的权限控制、元数据的导入。如图 2-5 所示，将 GeoNetwork 仅作为一个后台的元数据编辑系统，避免用户接触具体的技术问题，确保汇交流程简单易操作。同时通过触发器实现 GeoNetwork 与汇交系统数据库的记录同步，实现了元数据版本的自动保存功能及版本间的对比及恢复到指定版本功能。数据实体通过指定的 FTP 帐号上传并自动与元数据相对应。汇交完成后数据进入到审核流程，该过程中还可以补充对应的数据文档、数据参考文献（包括建议参考文献以及用户使用此数据发表的文献），以丰富和完整数据的说明信息。

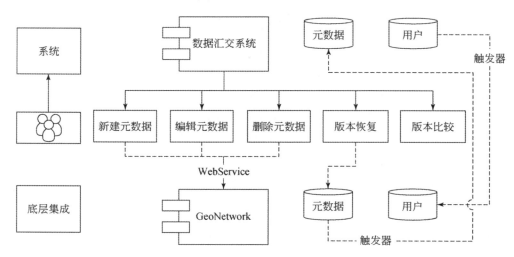

图 2-5 GeoNetwork 深度集成

（2）数据评审系统

数据审核主要是为了保证数据质量，促进数据更好地应用，挖掘更大的数据价值。数据审核系统采用邀请专家与普通用户共同参与的方式来审核数据质量。汇交数据经数据中心技术初审和修改，符合初步质量要求后通过电子邮件将元数据文件发送给邀请专家进行审核。邀请专家包括项目组的跟踪专家及数据方面的专家。普通用户可以通过数据评审的页面下载元数据文件。数据的评审意见都将反馈给项目组，项目组根据反馈意见修改其提交的元数据。

（3）数据申请审核系统

科学数据在管理过程中必须充分考虑到利益相关者的责、权、利，才能有效激励数据提供者汇交及共享数据的积极性。黑河计划产出的数据凝聚着项目组的野外辛苦工作及相关智力活动成果，黑河计划数据管理中心非常重视保护项目组的各种权益，主要包括：数据共享的知情权及审核权、公开发表成果的引用权及署名权、数据发布后的出版权及修改权。如图 2-6 所示，黑河计划数据管理中心将数据提供方的权益保护融合进数据的申请与使用流程中，用户在查看数据时保护了数据的出版权，数据在申请时提供电子申请表并发送给用户，要求用户了解并认可数据提供方要求的数据引用权或致谢权，在申请的审核阶段则保证了数据提供方的知情权和审核权，若用户申请尚在保护期内的数据就需要双方共同协商数据提供方的共同署名权，数据提供方在数据有更新的情况下可进行自主的数据修改或要求黑河计划数据管理中心进行修改，同时数据中心也会定期查询数据引用的情况并反馈给数据提供方。

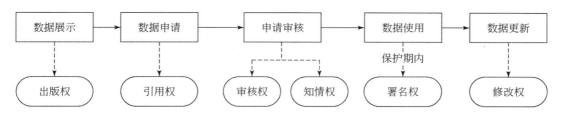

图 2-6　嵌入数据申请流程的数据权益保护

（4）数据共享系统

通过离线申请和在线下载两种方式实现数据共享：在线数据完全开放，用户在数据平台注册登录后填写个人信息和数据用途即可下载，离线数据则需要数据提供者对用户及其用途审核通过后方可提供。数据的共享方式主要依据黑河计划总体数据管理与共享政策并结合数据提供者意见来确定。共享过程中为了保证用户快捷、全面地了解、查询数据，设计了多种特色的数据导航浏览方式，如图 2-7 所示，包括根据汇交项目（汇交计划）浏览、根据数据的缩略图来浏览、根据数据的时空信息来浏览（包括时间轴导航及空间导航）、根据数据的关键词导航、根据数据的分类来导航（包括元数据中定义的分类及根据预定义的分类系统进行导航）、根据数据的文献文档来导航（由发表的文献文档来查看和其相关的数据）等方式。查询检索之后的申请流程，如用途信息填写、申请表生成与提交、申请表发送数据提供者审核、审核通过后提供数据下载链接或未通过发送通知等操作均已在线化，主要通过 Web 和 E-mail 模版技术实现，大部分操作可一键完成，大大简化了申请流程，缩短了申请周期。

元数据库
搜索
导航
特色浏览
类别
空间
时间轴
关键词
汇交项目
缩略图
发表文献

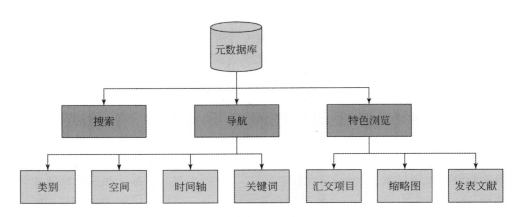

图 2-7　特色的数据共享功能

（5）知识挖掘

科学数据相互之间存在很大的关联性，可以从一个数据了解到更多的相关数据。科学数据和期刊文献也有很大的相关性，一种是利用此数据直接发表的文献，另一种就是和此数据主题相关的文献。科学数据和网络知识库也有很大的相关性，如科学数据在搜索引擎中的首要搜索结果。这些相关信息都能促使用户挖掘出科学数据更多的知识。黑河计划数据管理中心在进行数据展示的时候就很好地考虑了数据的知识挖掘。如图 2-8 所示，在数据页面同时显示了和其相关的科学数据（采用关键词比对技术）、相关的文献（包括在 CNKI 中的文献及在 Google Scholar 中的文献，采用网络抓取技术）、搜索引擎相关的内容（包括 Google 和 Bing，采用搜索引擎的 API 构建）。数据提供者发表的文献作为建议参考文献一项列出，其文献内容可以数据提供者自主维护。用户发表的文献也作为一项单独列出，信息来源于用户的反馈及黑河计划数据管理中心定期的查询更新。

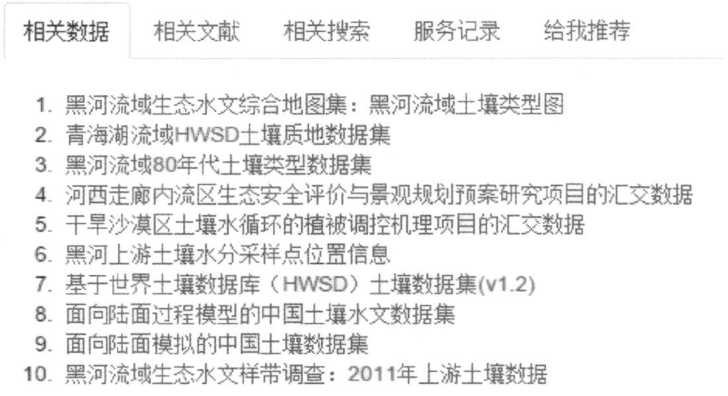

相关数据
相关文献
相关搜索
服务记录
给我推荐
1. 黑河流域生态水文综合地图集：黑河流域土壤类型图
2. 青海湖流域HWSD土壤质地数据集
3. 黑河流域80年代土壤类型数据集
4. 河西走廊内流区生态安全评价与景观规划预案研究项目的汇交数据
5. 干旱沙漠区土壤水循环的植被调控机理项目的汇交数据
6. 黑河上游土壤水分采样点位置信息
7. 基于世界土壤数据库（HWSD）土壤数据集(v1.2)
8. 面向陆面过程模型的中国土壤水文数据集
9. 面向陆面模拟的中国土壤数据集
10. 黑河流域生态水文样带调查：2011年上游土壤数据

图 2-8　数据的知识挖掘示例

4. 数据汇交与共享服务

数据管理与共享平台自黑河计划实施开始进行数据服务，并成立数据服务组指定专人负责相关事宜。数据服务包括汇交和共享两方面。汇交服务主要面向黑河计划研究项目，共享服务则依照优先面向黑河计划完全共享、部分数据延迟面向公众限制共享的原则展开。截至目前，黑河计划共汇交 737 条数据，数据量达 2304GB；所有黑河数据为黑河计划 60 个项目提供 205 人次数据服务，提供数据 2840 条次，为黑河计划以外的 262 个项目提供 689 人次数据服务，提供数据 5405 条次。数据服务的特色如下。

（1） 前置的科学数据汇交

黑河计划所有项目在立项后立即制定数据汇交计划，并由项目跟踪专家审核，项目执行期间，项目组即按照汇交计划将数据汇交至黑河计划数据管理中心，经数据评审后在数据管理与共享平台发布，并在计划内展开共享，使黑河计划产出数据能在计划内很好地流通和利用，促进学科交叉，避免重复建设，进而增强计划凝聚力，实现计划、项目多赢，使数据发挥更大的价值。而且，通过汇交使流域研究数据得到统一保存与管理，为流域科学发展积累宝贵的数据资料。

（2） 保护作者权益的科学数据共享

为了促进数据共享积极性，在数据共享过程中强调保护数据作者权益：由项目自主制定汇交计划并按计划执行汇交；汇交数据信息由数据作者自主管理，数据作者可随时修改和更新元数据，包括确定数据引用方式、参考文献和使用限制等直接涉及数据作者知识产权的重要信息；数据作者参与数据共享决策，审核数据共享申请，并有权决定数据共享与否及共享的数据内容与范围。

（3） 基于 DOI 的科学数据出版

联合中国科学技术信息研究所，为所有的汇交数据申请数字对象标识符（digital object identifier，DOI），进一步强调数据版权，维护数据引用，并希望与数据作者取得共识，促成数据正式出版，促进科学数据的正式引用，提高数据在科研成果中的显示度，进而激发数据作者的共享积极性，推动数据共享良好大环境的形成。

2.1.3 流域科学数据平台建设的前沿方向

随着观测系统和信息化技术的发展，流域科学数据平台在流域综合研究与管理中将发挥越来越重要的作用，数据平台对数据集成、处理、分析及再生产的能力需要进一步提升，未来数据平台建设应在以下 4 个方向重点开展研究。

1. 数据质量自动控制

流域科学数据来源多样，数据结构差异大，质量参差不齐，对数据进行标准化及质量控制是数据应用的前提。虽然黑河流域野外自动综汇系统实现了数据质量自动控制，但主要面向无线传感器观测数据，而且质量元素的判定算法多基于统计方法实现（刘丰等，

2013）。面向不同类型流域数据，基于物理意义的数据质量自动控制系统是进一步深入研究的方向。此外，借助高性能计算平台及大数据分析方法，发展新型算法及模型，建立效率更高的数据质量实时自动控制体系。

2. 高层次的数据集成

模型数据的缺乏仍是目前流域集成研究的主要瓶颈之一（李新等，2010b）。利用多来源、多分辨率的数据，将其整合成为服务于模型发展、验证和改进的数据集，这种数据内容层面的集成已经不能满足流域综合研究的需求。应用数据同化等方法，融合来自于地面观测、遥感观测、模型输出的多种数据，产生创新性数据产品是对模型数据的有益补充（程国栋和李新，2015），数据平台建设应加强这种数据再分析方法的研究。而且进一步针对非结构化的信息和知识进行集成，发展更通用、有效、操作性更强的综合集成方法。在方法研究的基础上实现模型数据集自动制备，数据尺度、格式自动转换等功能。

3. 数据–模型集成

在数据质量控制、数据集成的基础上，数据平台还需加强数据与模型的集成，实现无缝、自动、智能化的数据–模型对接（Koike et al.，2015），这需要对数据向模型推送技术展开研究（程国栋和李新，2015）。同时，结合可视化在线计算，人机交互模式设计等，为实现基于流域虚拟研讨厅或虚拟协同工作环境的流域综合研究与决策管理提供有力的支撑。

4. 流域数据共享框架

结合我国数据共享的现状，数据共享框架的建立是流域数据平台持续发展的保障。一方面通过联合水文、生态、经济等行业部门，创建数据共享框架，打破行业数据壁；另一方面加强推进数据出版、数据引用，提高科研工作者的数据共享热情，以构建流域数据共享的大环境，进而确保数据平台有稳定的数据来源。

2.2 黑河流域样带调查及数据采集

针对黑河流域科学研究和可持续发展的需要，为建立以流域为出发点的立体观测系统和流域生态观测范式和模型集成平台，解决基础数据在建立实验、模拟、情景分析以及决策支持等科学研究各个环节的瓶颈问题，黑河计划项目进行了流域生态水文样带调查工作。主要工作是按模型驱动数据集、参数数据集及验证数据集建设的要求，布设野外地面观测样带，围绕典型流域分布式生态水文模型和流域综合管理决策支持系统对数据的要求，建立黑河流域生态水文样带调查。整体的技术路线如图2-9所示。

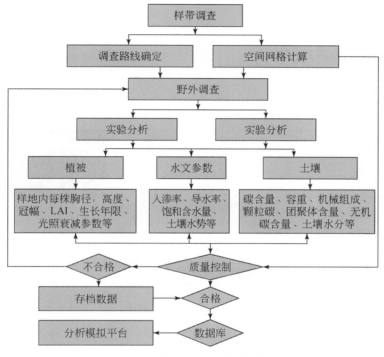

图 2-9　项目研究技术路线图

2.2.1　样带和样方的确定方法

（1）样带的确定

依据黑河流域上、中、下游自然地理条件以及流域研究站点的分布，从山区到平原，根据地貌单元变化进行样带分区；在同一地貌单元按主要生态系统类型划分样区；按不同生态系统和植被类型设计样带，确定不同网格尺度。从黑河流域源区开始到下游，共设置 4 条样带，其中 3 条主样带、1 条副样带；主样带分别为：祁连山海拔 2800 m 以上的寒区生态系统样带和海拔 1700～2800 m 森林–草原生态系统样带；农田–草地生态系统样带；荒漠森林–草地带和荒漠戈壁带。副样带为龙首山副样带。每条样带由不同的小样带或样地组成。

（2）样地及样方的确定

在相同生态系统类型分区中，依据环境状况以及植被的主要变化部署样地（图 2-10，图 2-11）。样地内样方的设置，尽量涵盖由于水分、土壤、光照等生态因子的分异而产生的植被差异。在山区样地内，依据植被垂直分布的特点，样地内样方设置以 50 m 海拔高差为间隔；同一样地选择不同的坡向；样地间每 1 km 设置样方 1 个。样地的大小分别为：乔木样地设置大小为 100 m×100 m，沿对角线取 20 m×20 m 的样方 5 个，进行样方内的详细调查；灌木样方大小为 50 m×50 m，沿对角线在其中选取 10 m×10 m 的样地 5 个；草本样地的大小为 5 m×5 m，在里面随机选取 1 m×1 m 的样方 5 个，进行各指标的调查。并在每个样地内挖 1 m 深土壤剖面，共分为 6 层，0 ~ 10 cm、10 ~ 20 cm、20 ~ 40 cm、40 ~ 60 cm、60 ~ 80 cm、80 ~ 100 cm；每层取样 3 个。

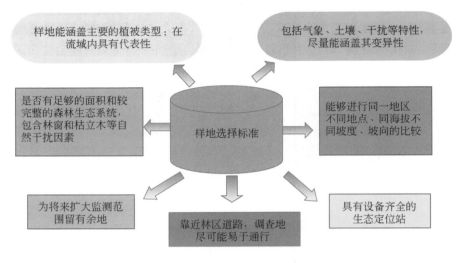

图 2-10　样地的选择标准

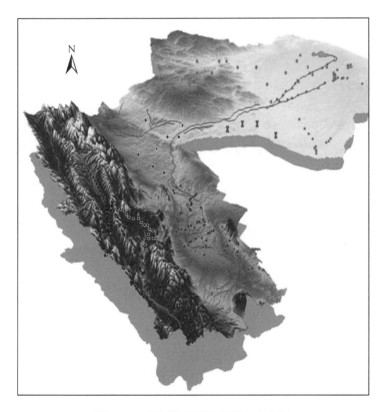

图 2-11　黑河流域样地及样点分布图

（3）调查指标

乔木：经纬度、海拔、坡度、坡向、群落类型、干扰状况、林窗状况、盖度、胸径、高度、冠幅；灌木：经纬度、海拔、坡度、坡向、群落类型、林窗状况、干扰状况、盖度、地径、高度、冠幅、地上/地下生物量；草本：经纬度、海拔高度、坡度、坡向、群落类型、干扰状况、盖度、高度、地下生物量、地上生物量；农田：经纬度、海拔高度、当季作物、作物延续时间、降雨量、无霜期、年均温度、土壤类型、灌溉方式、土层深度。

土壤调查指标：土壤常规八离子（K^+、Na^+、Mg^{2+}、Ca^{2+}、CO_3^{2-}、SO_4^{2-}、Cl^-、HCO_3^-）、土壤 pH、土壤养分（氮、磷、钾、有机质）、土壤容重、土壤粒径、土壤含水量、土壤饱和含水量、田间持水量、土壤水分特征曲线。

2.2.2　野外数据采集成果

项目执行的 4 年内，调查行程超过 5 万公里，全面、系统地调查了黑河流域样带的生态、水文和土壤特征（表 2-1），这些数据的获得为整个黑河流域计划系统开展流域尺度上的气候植被的相互作用、生态系统的结构功能与动态、生物多样性与气候变化的关系等研究提供生态−水文基础数据，满足了为获取综合、全面、高精度的观测资料和黑河流域计划项目集成的基础和前提的需求。

表 2-1　黑河流域样带调查的样方、剖面及水文参数的数量　　　（单位：个）

流域典型样带	植被样方数	土壤剖面	土壤样品	水文参数
上游样带	292	145	462	462
中游主样带	114	50	65	65
中游副样带	66	17	44	24
下游样带	325	65	224	224
合计	797	279	795	775

在各个样带，调查的不同植被类型样方、土壤剖面所占的比例见图 2-12。

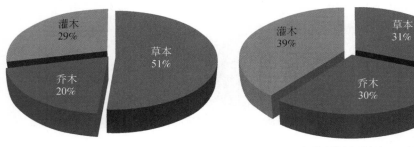

上游样方类型统计(292个)　　　　上游土壤剖面统计(145个)

（a）上游样带

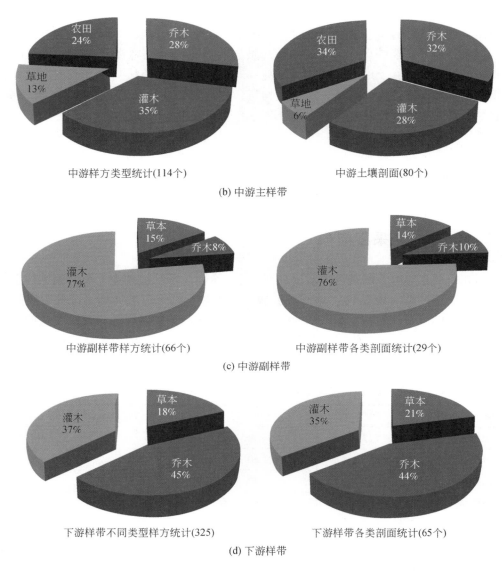

中游样方类型统计(114个)　　　　　中游土壤剖面(80个)

(b) 中游主样带

中游副样带样方统计(66个)　　　　中游副样带各类剖面统计(29个)

(c) 中游副样带

下游样带不同类型样方统计(325)　　下游样带各类剖面统计(65个)

(d) 下游样带

图 2-12　黑河流域样带不同植被类型样方、土壤剖面所占比例

2.2.3　黑河样带植被群落分析

由于植被观测数据量较大，人们通常难以发现植被分布的内在联系和规律性。数量分类法是进行植物群落多样性研究的基础，为客观准确地揭示植物群落间的生态关系提供了合理有效的途径。

林下植被虽然占了森林等木本植物群落总生物量较小的比例，但是它们对群落物种多样性的贡献却很大。通过对研究区木本植物群落的划分，比较不同群落间下层植被物种组成差异，旨在为该区域生物多样性保护提供一定的理论依据。

1. 黑河上游样带植被多样性及植物区系分区

研究区 188 个样地共记录维管植物 159 种，各类植物的生活型见图 2-13；植被类型多样，包括：阔叶落叶林、常绿针叶林、灌丛、高寒草甸和高山垫状植被；根据中国植物区系分区，该研究区属泛北极植物区青藏高原植物亚区唐古特地区，植物科、属、种的分布比例见图 2-14，其中蕨类植物 1 科 1 属 2 种；种子植物 157 种，分属 39 科 110 属；其各科、属的地理属性见图 2-15、图 2-16。

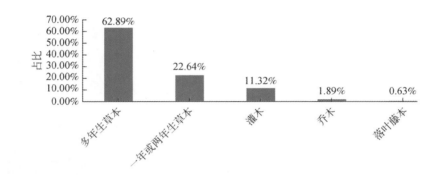

图 2-13 植物的生活型

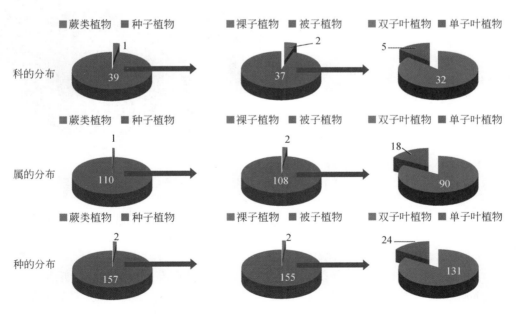

图 2-14 黑河上游植物科、属、种的分布比例

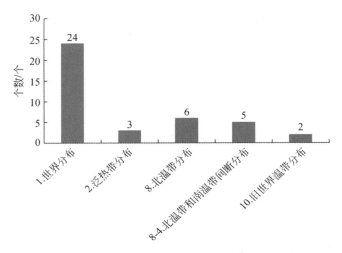

图 2-15　上游样带所调查主要植被科的地理分布

- 1.世界分布
- 2.泛热带分布
- 8.北温带分布
- 8-2.北极–高山分布
- 8-4.北温带和南温带间断分布
- 8-5.欧亚和南美洲温带间断分布
- 9.东亚和北美洲间断分布
- 10.旧世界温带分布
- 10-1.地中海、西亚和东亚间断分布
- 10-3.欧亚和南非洲间断分布
- 11.温带亚洲分布
- 12.地中海、西亚至中亚分布
- 12-1.地中海至中亚和南非洲、大洋洲间断分布
- 12-3.地中海至温带、热带亚洲,大洋洲和南美洲间断分布
- 14(SH).中国–喜马拉雅分布
- 15.中国特有

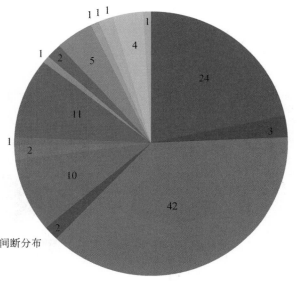

图 2-16　黑河上游植物属的地理成分

植物科和属的分布类型中,北温带分布占据了主导地位,另外还有一些青藏高原和中亚成分,体现出该区植物明显的温带性质。植物生活型方面,祁连山北坡植物组成中地面芽植物占优势(60%),其次是高位芽植物(17.6%)、一年生植物(11%)、隐芽植物(6.5%)和地上植物(4%)。海拔 1470～2300 m,是以荒漠植被红砂、盐爪爪、合头草(*Sympegma regelii*)等为主的荒漠草原带和山地荒漠草原带;海拔 2100～2500 m 的浅山区,分布有干性灌丛草原;海拔 2400～2900 m 是以山杨为主的温带植被;海拔 2600～3200 m,分布以针茅属、芨芨草等禾本科为主的典型草原;海拔 2600～3400 m,分布以青

海云杉和祁连圆柏为主的暗针叶林；海拔 2800 ~ 3700 m，分布有小叶金露梅、鬼箭锦鸡儿、杯腺柳、银露梅（*Potentilla glabra*）和高山绣线菊（*Spiraea alpina*）等高山灌丛植被；海拔 3000 ~ 3900 m 是以嵩草属、薹草属（*Carex* spp.）、委陵菜属（*Potentilla* spp.）、风毛菊属（*Saussurea* spp.）为主的高寒草甸；海拔 4000 m 以上为高山冰缘植物。

黑河上游植物群落数量分类及群落林下植被差异分析如下。

植物的聚类分析的方法基于物种的重要值（important value，IV）建立样方—物种矩阵。根据样方—物种矩阵，采用聚类分析对研究区乔木群落和灌木群落进行数量分类。

由于稀有种代表了较大的随机性，会对分析结果产生一定影响。因此，在进行植物群落数量分类和典范对应分析前，先将出现频度小于 5% 的植物种进行剔除。最后，乔木群落中用于分析的物种为 45 种，剔除的物种有 25 种，灌木群落中用于分析的物种为 56 种，剔除的物种有 51 种。

1）乔木群落聚类分析。对 35 个乔木样地进行聚类分析，图 2-17（a），展示了当信息保留约 40% 时的两种乔木群落类型，划分结果在 NMDS 排序图上得到了很好的验证 [图 2-17（b）]。根据群落中主林层的优势种对每个群落进行命名，各乔木群落特征见表 2-2。

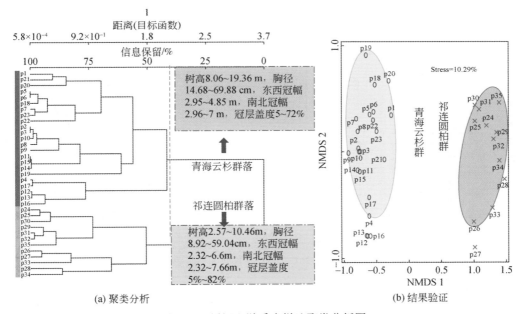

图 2-17　黑河上游乔木样地聚类分析图

表 2-2　乔木群落基本特征

群落类型	样方数	分布海拔/m	科数	属数	记录物种数
青海云杉群落	23	2663 ~ 3451	17	29	38
祁连圆柏群落	12	2720 ~ 3570	17	38	52

青海云杉群落包含 23 个样地（编号 p1 ~ p23），共记录物种 38 种。该群落分布在海拔 2663 ~ 3451 m 的阴坡、半阴坡。乔木层物种单一，为青海云杉。乔木层高 8.06 ~ 19.36 m，

胸径 14.68~69.88 cm，东西冠幅 2.95~4.85 m，南北冠幅 2.96~7 m。灌木层有少量鬼箭锦鸡儿、小叶金露梅、杯腺柳和银露梅分布。林下草本物种较少，主要为珠芽蓼（*Polygonum viviparum*）、甘肃薹草（*Carex kansuensis*）和藓生马先蒿（*Pedicularis muscicola*），另有黄花棘豆（*Oxytropis ochrocephala*）和草地早熟禾（*Poa orinosa*）分布。

祁连圆柏群落包含 12 个样地（编号 p24~p35），共记录物种 52 种。该群落分布在海拔 2720~3570 m 的阳坡、半阳坡。常形成纯林，乔木层物种为祁连圆柏，乔木层高 2.57~10.46 m，胸径 8.92~59.04 cm，东西冠幅 2.32~6.6 m，南北冠幅 2.32~7.66 m。灌木层物种主要为小叶金露梅，另有少量银露梅、鬼箭锦鸡儿和高山绣线菊。草本层主要分布有甘肃薹草、嵩草、珠芽蓼、唐松草（*Thalictrum uncatum*）、冰草（*Agropyron cristatum*）、草地早熟禾和高原毛茛（*Ranunculus tanguticus*）等。

2）灌木群落聚类分析。对 52 个灌木样地进行聚类分析，图 2-17 展示了当信息保留约 40% 时的五种灌木群落类型，划分结果在 NMDS 排序图上得到了很好的验证（图 2-18）。根据群落中主林层的优势种对每个群落进行命名，各灌木群落基本特征见表 2-3。

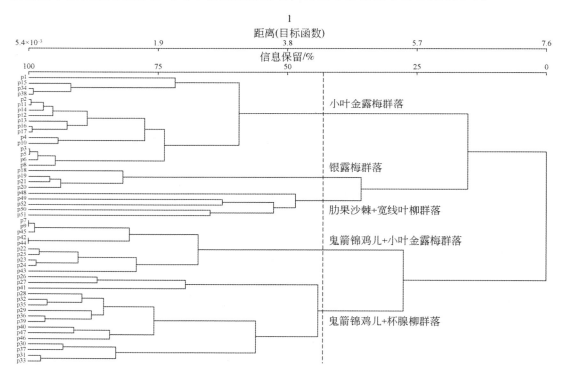

图 2-18　黑河上游灌木样地聚类分析图

表 2-3　灌木群落基本特征

群落类型	样方数	分布海拔/m	科数	属数	物种数
小叶金露梅群落	17	2736~3864	21	40	56
鬼箭锦鸡儿+小叶金露梅群落	10	3315~3945	13	26	31

续表

群落类型	样方数	分布海拔/m	科数	属数	物种数
银露梅群落	4	2800~2946	18	28	35
鬼箭锦鸡儿+杯腺柳群落	16	2834~3802	24	47	55
肋果沙棘+宽线叶柳群落	5	3004~3250	20	37	47

A. 小叶金露梅群落包含17个样地（编号p1~p6、p8、p10~p17、p34和p38），共记录物种56种。该群落主要分布在海拔2736~3864 m的阳坡、半阳坡。小叶金露梅是灌木层有绝对优势的物种，除该物种外，个别样地中还出现少量高山绣线菊和杯腺柳。灌木层高11.98~48.46 cm，地径0.3~0.64 cm，东西冠幅30.16~119.55 cm，南北冠幅29.76~80.58 cm。草本主要有嵩草、丝叶嵩草（*Kobresia filifolia*）和草地早熟禾。

B. 鬼箭锦鸡儿+小叶金露梅群落包含10个样地（编号p7、p9、p22~p25、p42~p45），共记录物种31种。该群落在海拔3315~3945 m处的阴坡、阳坡均有分布。灌木层优势种是鬼箭锦鸡儿和小叶金露梅，此外还有少量高山绣线菊。灌木层高19.12~47.67 cm，地径0.54~1.61 cm，东西冠幅33.36~81.49 cm，南北冠幅27.86~77.57 cm。草本主要有膨囊薹草（*Carex lehmanii*）、丝叶嵩草、圆穗蓼（*Polygonum macrophyllum*）、小大黄（*Rheum pumilum*）、珠芽蓼。

C. 银露梅群落包含4个样地（编号p18~p21），共记录物种35种。该群落分布在海拔2800~2946 m，阴坡、阳坡均有分布。灌木层优势种为银露梅，偶见小叶金露梅分布。灌木层高46.2~92.33 cm，地径0.56~0.97 cm，东西冠幅35.68~91.5 cm，南北冠幅39.23~79.44 cm。草本主要有嵩草、冰草、狼毒（*Euphorbia fischeriana*）和百脉根（*Lotus corniculatus*）。

D. 鬼箭锦鸡儿+杯腺柳群落包含16个样地（编号p26~p33、p35~p41、p46和p47），共记录物种55种。该群落主要分布在海拔2834~3802 m的阴坡、半阴坡，阳坡也有少量分布。灌木层优势种为鬼箭锦鸡儿和杯腺柳，此外伴生有小叶金露梅及少量高山绣线菊。灌木层高8.79~110.47 cm，地径0.66~1.56 cm，东西冠幅13.79~128.69 cm，南北冠幅13.42~108.74 cm。草本主要有甘肃薹草、嵩草、甘肃马先蒿、草地早熟禾和圆穗蓼。

E. 肋果沙棘+宽线叶柳群落包含5个样地（编号p48~p52），共记录物种47种。该群落分布在海拔3004~3250 m的半阳坡。肋果沙棘和宽线叶柳（*Salix wilhelmsiana*）是灌木层的主要物种，此外还有窄叶鲜卑花和小叶金露梅。灌木层高87.56~176.73 cm，地径0.94~6.61 cm，东西冠幅93.19~125.01 cm，南北冠幅95.09~137.54 cm。草本层主要分布有甘肃薹草、珠芽蓼、草地早熟禾、冰草和野草莓（*Fragaria vesca*）。

乔木群落和灌木群落中都包含有种类繁多的稀有种，其中乔木群落有25种，灌木群落有51种，这些稀有种对群落物种多样性有较大贡献。植被物种组成中，寡种属和单种属较多，占总属数的比例为96.15%，一定程度上反映了研究区植物的多样性和复杂性。

根据聚类分析，本书将研究区35个乔木样地和52个灌木样地分别划分为两种乔木群落类型和五种灌木群落类型，符合实际的生态意义。整体来看，灌木群落分布的海拔要高于乔木群落分布的海拔，且分布范围也比后者广。与已有的研究结果相比，本书中划分出的乔木群落类型相对较少，这是因为我们调查的区域和范围还存在一定的局限性。划分的灌木群落中，银露梅群落和肋果沙棘+宽线叶柳群落在以往的研究中还未出现，这进一步完善了黑河上游祁连山区的木本植物群落类型。

两种乔木群落具有明显的坡向分布，青海云杉群落分布在阴坡或半阴坡，而祁连圆柏群落分布在阳坡。在北半球，南坡（阳坡）较北坡（阴坡）有更高的温度、光密度和更低的湿度。林下植被对温度、光照和水分因子不同的耐受程度决定了它们对某一特定植物群落的选择。青海云杉群落指示种最少，只有珠芽蓼一种，似乎表明这一群落类型林下生境并不利于植物生长。寒冷阴湿的林下生境作为一种环境过滤器，使许多不耐阴的草本植物无法在青海云杉冠层下生长。祁连圆柏群落的指示种主要为旱中生物种，如小叶金露梅、冰草、垂穗披碱草、甘青针茅、狼毒，高寒物种，如火绒草、唐松草和高原毛茛。青海云杉群落和祁连圆柏群落分别记录了31个物种和54个物种；五种灌木群落记录的物种数分别为：小叶金露梅群落56种，小叶金露梅+鬼箭锦鸡儿群落31种，银露梅群落35种，鬼箭锦鸡儿+杯腺柳群落55种，肋果沙棘+宽线叶柳群落47种。由于一些物种特定地分布在某一群落类型中，因此，任意一种群落类型的丧失将导致这些群落下层物种的丧失。灌木群落中，肋果沙棘+宽线叶柳群落与小叶金露梅群落和银露梅群落间的林下植被组成差异均不显著。小叶金露梅群落没有指示种，这可能是因为这类灌木群落林下草本物种分布广泛，具有较宽的生态幅。

2. 中游样带土壤及植被特征分析

（1）中游植被类型特征

根据调查，矮灌木荒漠群落分布的海拔范围为1684～2300 m，样地数目10个。除海拔在1684 m的样地的植被组成结构为合头草和珍珠猪毛菜，物种丰度为2，且物种合头草为优势种，该群落的香农-维纳指数为0.052，合头草的平均高度为14.5 cm，但是珍珠猪毛菜的平均高度为33.5 cm。相反，样点分布在1893～2090 m，植被组成结构为珍珠猪毛菜，平均高度约为15 cm，香农-维纳指数为0。矮灌木荒漠群落主要分布在龙首山山前带和莺落峡附近的荒漠带。在海拔2300 m的荒漠类型植被组成为珍珠猪毛菜、红砂和茵陈蒿3种。中游植被的群落类型和特征见（表2-4～表2-6）。

表 2-4　中游样带植被及群落类型

植被类型	群落类型	植被类型	群落类型
农田	制种玉米田	湿地	线叶眼子菜群落
	玉米田		水菖蒲群落
农田防护林	人工梭梭林		沼针蔺群落
	人工杨树林		沼针蔺—水葱群落
	人工樟子松林		芦苇群落
荒漠灌木	柽柳群落		镳草—水烛群落
	泡泡刺+红砂群落		浮叶眼子菜群落
	沙拐枣+泡泡刺群落		黑三棱群落
山地森林	青海云杉		小花灯芯草—泽泻群落

表 2-5　旱地落叶乔木林地群落特征表

样地号	海拔/m	群落类型	密度	高度/m	h-标准差/m	胸径/cm	X-标准差/cm	群落丰度	Q-分度	Q-优势种	Q-香农-维纳指数	C-丰度	C-优势种	C-香农-维纳指数
1	1712	青海云杉	18	7.8	1.4	20.47	3.72	11	1	青海云杉	0	9	赖草	1.557
2	1411	沙枣	15	6.2	1.9	21.48	5.44	7	1	沙枣	0	6	碱蓬	2.288
3	1323	沙枣	54	6.5	0.59	7.18	1.7	5	1	沙枣	0	4	芦苇	1.333
4	1352	沙枣	11	8.1	1.2	17.86	4.12	6	3	小叶杨	1.029	3	赖草	0.25
5	1369	沙枣	14	9.5	2.5	35.64	9.28	3	1	沙枣	0	2	猪毛	0.672
6	1676	小叶杨	55	15	4.45	15.97	5.34	4	1	小叶杨	0	3	旱熟禾	0.537
7	1462	小叶杨	68	6.4	1.2	9.65	2.96	5	1	小叶杨	0	4	狗尾草	0.612
8	1395	小叶杨	27	19.4	3.8	19.60	5.17	6	2	小叶杨	0.776	4	谷草	0.883
9	1351	小叶杨	17	9.2	2.4	16.78	4.08	8	2	小叶杨	0.485	6	赖草	1.332
10	1560	小叶杨	46	11.8	4.0	17.63	7.75	5	1	小叶杨	0	4	赖草	0.693
11	1364	新疆杨	28	12.6	2.3	13.06	3.35	5	1	新疆杨	0	4	赖草	0.562
12	1470	新疆杨	15	13.4	3.6	13.34	7.59	8	2	新疆杨	0.523	6	狗尾草	1.257

注：h: 高度, X: 胸径, Q: 乔本层, C: 草本层。下同

表 2-6　草地群落的特征

样地号	群落类型	海拔/m	群落丰度	植被	密度	高度/cm	C-丰度	C-优势种	C-香农-维纳指数	植被	密度	高度/cm
1	湿地群落	1426	9	扎屁股草	1075	3.55	9	扎屁股草	1.159	赖草	184	7.2
2	湿地群落	1369	3	扎屁股草	763	1.8	3	扎屁股草	0.823	赖草	125	7
3	草地群落	1451	5	芦苇	227	8.5	5	芦苇	1.349	赖草	180	10
4	草地群落	1357	3	芦苇	375	13.8	3	芦苇	0.372	曲麦菜	21	3.2

落叶乔木林地群落包括两种，分别为湿地落叶乔木林地群落和旱地落叶乔木林地群落。实际调查样地 21 个。湿地落叶乔木群落有两种植被组成，小叶杨湿地林地群落和沙枣湿地林地群落。小叶杨湿地林地群落单位样方内小叶杨的数目为 15，平均高度为 15 m，平均胸径为 22.85 cm，高度标准差和胸径标准差分别为 1.9m 和 3.74 cm，物种丰度为 8。乔本层丰度为 2，优势种为小叶杨，其香农–维纳指数为 0.337；草本层的丰度为 6，优势种为芦苇，香农–维纳指数为 1.349。沙枣湿地林地群落单位样方内小叶杨的数目为 24，平均高度为 7.8m，平均胸径为 22.38 cm，高度标准差和胸径标准差分别为 1.8m 和 5.34 cm，物种丰度为 3。乔本层丰度为 1，草本层丰度为 2，其优势种为赖草，香农–维纳指数为 0.466。旱地落叶乔木林地群落的植被结构特征如表 2-5 所示。

灌木林地群落，包括两种类型，分别为湿地灌木林地群落和旱地灌木林地群落，样地数目为 6 个。湿地灌木林地群落有两种，分别为柳树灌木林地群落和红柳灌木林地群落，单位样方柳树和红柳数目为 19 与 13，柳树的平均高度为 6.5 m，红柳的平均地径为 57.3 cm。柳树湿地林地群落的丰度为 6，草本层的丰度为 4，其香农–维纳指数为 1.146；灌木层的丰度为 2，其香农–维纳指数为 0.667。红柳湿地林地群落的丰度为 4，草本层丰度为 3，其香农–维纳指数为 1.02，灌木层丰度为 1。旱地红柳林地灌木群落，单位样方红柳数目为 67，平均高度 1.46～1.7m，群落丰度为 1。

草地群落，调查草地样地 5 个，包括湿地草地群落和普通草地群落两种类型，湿地草地群落有两种植被组成结构：芦苇和黄花菜组合群落，扎屁股草和赖草组合群落。单位样方芦苇、黄花菜数目为 63 和 34，它们的平均高度为 4.64 cm 和 6.05 cm，芦苇和黄花菜组合群落的物种丰度为 5，优势种为芦苇，香农–维纳指数为 1.769。扎屁股草和赖草组合湿地群落和普通草地群落的特如表 2-6 所示。

（2）中游土壤水分物理特征

生态–水文过程涉及水分在土壤中的入渗、迁移及地表径流的产生和地下水的补充及循环过程，这些水文过程间接或直接影响着生态系统的整体结构和功能。土壤的相关水分物理属性密切影响着水文过程，通过研究区域内土壤的这些物理特性，可以了解区域内土壤物理特性的空间特征及土地利用类型间的差异，并且可以用于模型的计算及生态–水文过程的模拟。

针对已获得的 77 个土壤剖面资料进行垂向和水平空间异质性分析。以土地利用类型为对象，分析了土壤水分、土壤容重和田间持水量三个指标，比较其中的特点和土壤坡面垂向分异。

湿地类型包括有湿地林地和湿地草地两种类型。从图 2-19（a）可知，土壤田间持水量在土地利用类型间存在明显的差异，同时其在地下土壤 1 m 的空间内具有较强的变动性。并且还可以从图 2-19（a）知，荒漠类型的土壤田间持水量相对于其他土地利用类型在各个土层上都具有较大的标准差，即其田间持水量变动性较大，相反，草地、林地、耕地和湿地的田间持水量的变动性较小。

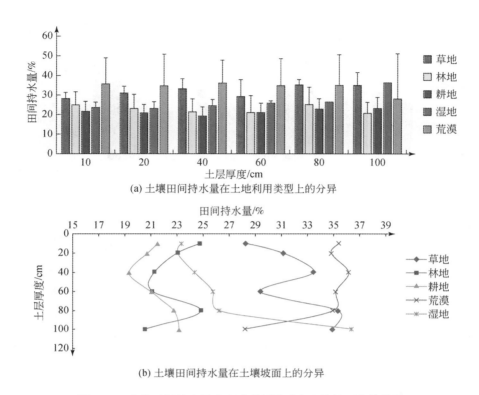

(a) 土壤田间持水量在土地利用类型上的分异

(b) 土壤田间持水量在土壤坡面上的分异

图 2-19　土壤田间持水量在土地利用类型和土壤坡面上的分异

从图 2-19（b）可以看出，五种土地利用类型土壤田间持水量的取值范围相对分开，只是在 80 ~ 100 cm 的土层，各土地利用类型土壤田间持水量的值较上层土层发生较大的变化，可见较深层次可能受到了地下潜水的影响。假如不计 80 ~ 100 cm 土层土壤田间持水量值，在 80 cm 以上的土壤空间内，荒漠的值最大，然后是草地，其次是湿地、林地和耕地。湿地中 0 ~ 10 cm 土层的田间持水量较耕地的对应值低。

由图 2-20 可以看出，从整体上的平均值角度讲，湿地的土壤容重最大，耕地的土壤容重次之，然后是林地，荒漠的土壤容重最小。同样的，荒漠土壤容重在各层的标准差都较大，在采样区域内变化幅度大。各种土地利用类型的土壤平均容重具有各自的取值区域，在 40 ~ 60 cm 土层上，草地和荒漠的土壤容重值较为接近，在 0 ~ 10 cm 土层上，草地和林地的土壤容重值几乎相同，而在 20 ~ 40 cm 土层上，林地和耕地的土壤容重值很接近，湿地土壤容重明显高于其他土地利用类型。

由图 2-21 可知，土壤含水量在类型间的差异非常明显，除去湿地类型，草地的土壤含水量在 40 cm 以上土壤最高，但同时其变异幅度也是最大的。荒漠的土壤含水量最小同时变异幅度次小。林地和耕地的平均土壤含水量较为接近。

土壤饱和持水量的总体分布规律是龙首山和祁连山山前高、中部绿洲区低、不同土层有一定差异；对于土壤容重而言，有从西向东减小的趋势、山前荒漠土壤容重较小；而土壤含水量则受灌溉的影响，绿洲农田集中的区域是高值区，并且空间格局相对复杂。

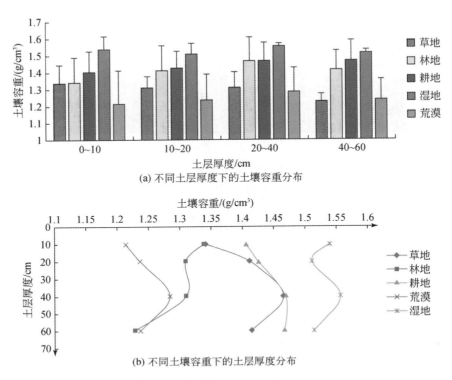

(a) 不同土层厚度下的土壤容重分布

(b) 不同土壤容重下的土层厚度分布

图 2-20 各土地利用类型在土壤空间上的土壤容重

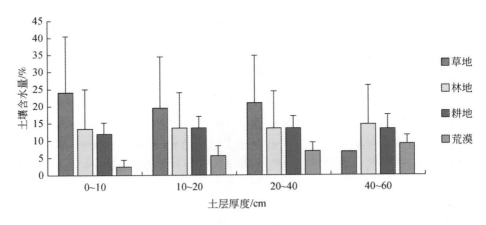

图 2-21 各土地利用类型在土壤空间上的土壤含水量

3. 黑河下游植被征研究

(1) 物种构成及重要值

根据调查的 65 个样方资料记录的 30 个种，额济纳绿洲植被群落的物种组成以杨柳科、柽柳科、豆科、禾本科、藜科植物为主，剔除频度<5%的物种后，只剩15个物种，物种较为单一。重要值是综合衡量物种在群落中地位和作用的有效指标，通过对物种重要值的分析可以了解群落种群的变动情况。由表2-7可以看出，重要值最大的前3位物种为柽柳、胡杨和苦豆子。

表2-7 主要植物种的重要值及生态位宽度

中文名	拉丁文名	科属	重要值	物种编号	生态位宽度
柽柳	*Tamarix hohenackeri* Bge.	柽柳科柽柳属	28.17	6	0.503
胡杨	*Populus euphratica* Oliv.	杨柳科杨属	23.00	1	0.377
苦豆子	*Sophora alopecuroides* L.	豆科槐属	15.59	8	0.327
芦苇	*Phragmites australis* Trin.	禾本科芦苇属	10.59	9	0.181
白刺	*Nitraria tangutorum* Bobr.	蒺藜科白刺属	7.49	5	0.165
梭梭	*Haloxylon ammodendron*（C. A. Mey.）Bge.	藜科梭梭属	6.12	2	0.102
戈壁霸王	*Zygophyllum rosovii* Bge.	蒺藜科霸王属	6.00	15	0.098
骆驼蓬	*Peganum harmala* L.	蒺藜科骆驼蓬属	4.93	11	0.142
甘草	*Glycyrrhiza uralensis* Fisch.	豆科甘草属	4.11	14	0.093
沙拐枣	*Calligonum mongolicum* Turcz.	蓼科沙拐枣属	3.79	3	0.069
骆驼刺	*Alhagi camelorum* Fisch.	豆科骆驼刺属	3.50	13	0.085
黑果枸杞	*Lycium ruthenicum* Murr.	茄科枸杞属	3.49	7	0.098
红砂	*Reaumuria soongarica*（Pall.）Maxim.	柽柳科红砂属	3.49	4	0.084
芨芨草	*Achnatherum splendens*（Trin.）Nevski	禾本科芨芨草属	2.93	10	0.138
花花柴	*Karelinia caspia*（Pall.）Less.	菊科花花柴属	2.80	12	0.076

根据15×65的物种–样方二元数据矩阵计算额济纳绿洲植物群落总体关联性。由表2-8可知，群落种间总体关联性的方差比率 VR=1.208>1，表明在独立零假设条件下，物种间总体表现为正关联。计算统计量 W 检验 VR 的显著性，$\chi^2 0.95$，$N<W<\chi^2 0.05$，N，说明额济纳绿洲植物群落物种间关联性不显著（$P>0.05$），物种分布相对独立。

表2-8 多物种间总体联结性检验

S	σ	VR	W	χ^2 临界值（$\chi^2 0.95$，61，$\chi^2 0.05$，61）	检验结果
2	2	1.208	73.691	（44.035，80.238）	不显著正相关

种对间关联性体现了物种之间的依赖性与排斥性。χ^2 检验能较准确的度量种对的关联显著程度。105个种对中，χ^2 检验呈显著关联的有8对，占总的种对数的7.62%，其中1对呈显著正关联，其余7对均呈显著负关联。中性联结的种对有97对，占总数的

92.38%。Ochiai 关联指数为 0~0.3 的种对数占总种对数的 90.48%，说明物种间联结松散，对资源的竞争较弱，分布格局相对独立，这与群落总体关联性的趋势一致。负关联种对 80 对，远多于正关联种对 25 对，且显著关联的种对极少，说明植物群落还不稳定，容易受外界因素干扰而发生波动。

通过对 Pearson 积矩相关系数和 Spearman 秩相关系数的分析发现，柽柳、胡杨、苦豆子和其他物种显著相关的对数较多，在调查区内广泛分布，说明这些植物的成熟度较高，与其他物种可以稳定共存，以获得物种间对资源的充分利用。

（2）物种生态位宽度和重叠分析

本书对物种生态位宽度和生态位重叠进行了测算（图 2-22）。生态位宽度主要反映物种对资源利用的程度和对环境的适应情况。对 61 个样地 15 个主要物种生态位测度指标进行计算发现，群落中生态位宽度最大的是柽柳（0.503），然后依次为胡杨（0.377）、苦豆子（0.327），均在 0.3 以上，说明这 3 个物种分别是黑河下游额济纳绿洲乔木、灌木和草本层的优势种，它们的生态幅较宽，具有较强的资源利用能力和环境适应能力，在干旱区各种土壤条件下均能很好地生长，在植物群落构建中起着重要的作用。从分布上看，这些物种数量较多，出现频率较高，更倾向于泛化种。这与实际调查的情况基本相符，以这些物种为优势种的群落在额济纳绿洲属于较稳定的生态系统类型。生态位宽度在 0.1~0.3 的有 5 个种，分别是芦苇、白刺、骆驼蓬、芨芨草和梭梭；甘草、沙拐枣、骆驼刺、黑果枸杞、红砂、芨芨草、花花柴的生态位宽度均小于 0.1，只在个别样方中出现，说明这些植物在该区域内空间分布极不均匀，对环境的要求较高，适宜的生境较少，更倾向于特化种。

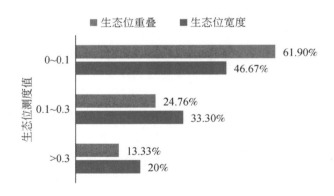

图 2-22　生态位测度值分布格局

物种间生态位重叠值>0.3 的有 14 对，0.1~0.3 有 26 对，0~0.1 有 65 对，分别占总种对数的 13.33%、24.76% 和 61.90%。种间生态位重叠程度总体偏低，说明物种均出现了不同程度的生态位分化，对资源利用的相似程度低，种间竞争较弱。生态位宽度与生态位重叠之间并不存在直接的线性关系，梭梭–沙拐枣、梭梭–红砂，虽然它们的生态位宽度较窄，但它们之间的生态位重叠较大，说明它们对生境的需求具有相似性；胡杨、柽柳和苦豆子作为该区生态位宽度最大的物种，生态位重叠也较大，说明它们有着相似的资源利用策略。

植物间的促进作用在群落物种组成和多样性的维持及生态系统功能的发挥中起着很大作用。种间的正负关联主要由物种的生态学特性、生态适应性和生态位分化所致，在一定程度上衡量了种间的相互关系和植物对环境综合生态因子反应的差异。额济纳绿洲植物群落中，梭梭-沙拐枣、梭梭-红砂、胡杨-苦豆子、梭梭-戈壁霸王、沙拐枣-戈壁霸王、甘草-芨芨草种间均表现出显著的正关联，可能是因为这些物种对环境条件有相似的适应和反应而生长在一起。从系统发育过程看，成熟度越高，植物种类组成越趋于完善和稳定，种间关系也趋于正联结，以达到物种间的稳定共存。本书中所有种对间的正负关联比小于 1，群落很可能处于演替的前期阶段。植物群落中中性联结的种对数比例较大，表明种间独立性较强，能够较好地利用共处生境中的不同的非限制性资源。

生态位宽度较大的物种之间的生态位重叠也大，黑河下游植被如胡杨-苦豆子、柽柳-苦豆子，可能是资源利用谱宽，对资源和环境要求不严，当它们在同一适宜生存空间共存、竞争时资源需求容易得到满足，生态重叠较大；生态位宽度较小的物种之间也有较高的生态位重叠，如梭梭-沙拐枣、梭梭-红砂、梭梭-戈壁霸王、沙拐枣-戈壁霸王、黑果枸杞-骆驼蓬，生态位宽度与重叠之间并不存在直接的线性关系，这与王祥福等（2008）的研究结果一致，可能与适宜斑块以外的空间物种的分布较为贫乏，导致物种在总体环境空间生态位宽度较小有关。群落物种间生态位重叠与 Ochiai 联结指数呈极显著正相关，这与史作民等（1999）、李帅锋等（2011）的研究结果一致。

2.3 黑河流域典型生态系统生态参数构建

2.3.1 生态参数研究现状、挑战与科学问题

陆地生态系统的生态-水文过程主要关注以地表径流为主的水平通量和以蒸散、入渗、渗漏、土壤水分等为主的垂直通量变化及其影响机制，以及由这些通量变化引起的生态和水文过程的变化（Wilcox and Newman，2005；赵文智和程国栋，2008）。影响上述水文过程的植被生态参数包括群落结构特征（覆盖度、叶面积、生物量、根系形态等）、生理生态特征（气孔导度、根系吸水能力等）等。研究表明，随着植被覆盖度增加，尤其是森林植被覆盖度增加，土壤的入渗和储水能力增大，地表径流减少，并由于植被能增加蒸散耗水从而导致总产流量降低（Sun et al.，2006；Wang et al.，2011）。在干旱区，绝大部分降水用于蒸散耗水，植被结构直接影响蒸散的大小和组成（植被截持、植被蒸腾和土壤蒸发），植被覆盖度增加使降水截持和蒸腾耗水增大，但土壤蒸发减少，总蒸散量非线性升高（Wang et al.，2011）。不同生态系统的植被特征与水文过程的相互作用各不相同，对植被生态参数进行精细刻画，量化其与生态-水文过程之间的关系，揭示生态系统结构的水文影响规律，是生态水文学的研究热点之一。随着生态水文模型的发展，生态参数的获取

和共享也迫在眉睫。在流域水文模型中，为提高运算速度经常简化生态系统结构，如DHSVM 模型简化了植被结构层次（Wigmosta et al., 1994）、3-PG 模型简化了土壤层次（Landsberg et al., 2003）等；同时，大多数水文模型未将植被看作动态变量（Prentice et al., 1992），限制了对生态–水文过程的动态刻画。随着计算能力的增强，精细刻画生态系统结构及其水文影响是必然趋势（Asbjornsen et al., 2011）。30 多年来，随着遥感和 GIS 技术的发展，高时空分辨率的遥感产品可刻画多尺度的植被结构参数，特别是叶面积指数的遥感产品已发展成熟，同时航空遥感数据也可生产冠层高度、植被叶面积指数、覆盖度等生态参数的空间连续分布参数。但遥感产品时空分辨率和相关技术还是限制了对植物群落结构的精细刻画和参数提取，例如，群落的物种组成和优势种对群落功能具有重要作用，但遥感还不能准确获取这类参数。还需要结合地面观测数据，发展全面的生态参数，推动生态–水文过程的模型模拟和预测。

在全球尺度，个体水平的植物生态参数研究也就是植物功能属性研究，得到了蓬勃发展。21 世纪初，Chapin 等（2000）提出了通过植物属性来研究生态系统功能的框架。随后，有关植物属性和生态系统功能关系的研究迅速成为研究热点（Díaz and Cabido, 2001；He et al., 2008；Kattge et al., 2011；Díaz et al., 2016）。在最近的 30 多年里，植物属性成为生态学新的研究领域。全球植物属性数据库（TRY）已有超过 300 个数据集（Kattge et al., 2011），其中不仅包括原始数据集，也包括西北欧植物区系属性数据库（LEDA）和全球植物属性网络数据库（GlopNet）等综合性数据库，汇聚了全球范围内 93 个数据库的植物属性数据，涵盖全球 300 000 种植物中的 69 000 种（Reich et al., 2007；Kleyer et al., 2008）。最近，根系数据库（Iversen et al., 2018）的发表弥补了其他数据库中植物地下部分属性较少的不足。我国的植物属性数据库也已发表并共享，目前包括来自 122 个样地的1215 个物种（Wang et al., 2018），但该数据库在青藏高原地区的数据十分缺乏（He et al., 2006；Qi et al., 2015）。目前最常用到的植物属性包括比叶面积（specific leaf area，SLA）、叶干物质含量（leaf dry matter content，LDMC）、叶片氮含量、种子重量、植物高度和茎密度等（Levine, 2016）。随着属性数据库的发展，更加简单与标准的测量方式也正在发展（Knevel et al., 2003；Wright et al., 2004），为植物属性的分布从点状向面状转换提供可能。结合全球最大的植物属性数据库（TRY）（Kattge et al., 2011）和现代贝叶斯空间统计建模方法（modern Bayesian spatial statistical modeling techniques），基于植物属性和环境因子之间的关系，有研究开始绘制比叶面积、叶片氮和磷含量的全球分布图（Butler et al., 2017）。所以说，目前物种水平的生态参数已有很多全球尺度上的结果，但群落水平的研究通常在更小的空间尺度上进行。因为研究群落水平的植物属性，除了需要植物属性数据之外，还需要有关群落结构的数据。由于缺乏在较大空间尺度上匹配的这两套数据，全球尺度上群落属性的空间分布格局研究受到一定限制。

植物属性研究的发展，为全球变化下碳循环过程的模拟和陆面模式的发展带来新的机遇和挑战（Reich et al., 2014）。传统的植物地理学根深蒂固的观念是以物种为研究对象，21 世纪植物地理学的巨大挑战之一则是将物种组成与生态功能与服务相联系，如用植物属性代替物种来解释世界上的物种多样性机制，并基于植物属性来预测未来全球气候变化下的物种迁移（Levine，2016）。有研究表明，裸子植物针叶属性的种间差异反映了其沿纬度梯度对温度和湿度的适应，该研究从植物属性出发进一步解释了植物分布和植物对环境适应的生理机制，为全球变化下的针叶林碳循环过程的精确模拟提供了基础（Reich et al.，2014）。地球科学模型直接关注在全球尺度下生物地球化学循环的变化，但在大多数情况下只用了极简化的生物多样性模式，即基于少量的植物功能型和平均的生理生态学特征来模拟每个生物群区的生物地球化学循环过程对全球变化的响应（van Bodegom et al.，2014）。已有的生物多样性-生态系统功能研究表明，一个生态系统的物种组成是生态系统功能的关键驱动因子，生物多样性的功能组成，如形态和属性多样性，是生物多样性类型和生物地球化学循环之间的重要联系，而且也许是生态系统服务的核心驱动力（Violle et al.，2014），这将进一步推动全球变化对生物多样性和生态系统服务的影响模拟。

所以说，要完成流域乃至区域或更大尺度的生态-水文过程的精确刻画，植被结构参数、生产力参数、生理生态参数和水文参数缺一不可，对其进行精细量化并确定关键参数，改变以往模型中简化植被结构的现状，是促进流域生态-水文综合模型的发展的关键科学问题。

2.3.2 黑河流域典型生态系统生态参数研究取得的成果、突破与影响

通过多方调研，包括对国内外相关研究的总结分析、黑河计划生态-水文模型研究的需求，构建了黑河流域典型生态系统的生态参数指标体系和生态参数集，可满足目前全球生态水文模型的生态参数需求。本参数集已实现了数据共享，推动了黑河流域生态水文过程的模型模拟研究。

1. 构建了完整的黑河流域典型植被类型生态参数指标体系

该体系包括四组生态参数，共 15 类 74 个指标。其中植被结构参数包括盖度、高度、密度、叶面积指数和物候期，共 5 类 25 个指标，植被生产力参数包括地上生物量、根生物量和其他生物量共 3 类 17 个指标，生理生态特征参数包括生物量分配、元素含量、叶片形状、气体交换特征，共 4 类 24 个指标，植被水文参数包括降雨再分配、产流和蒸发散，共 3 类 9 个指标（表2-9）。

表 2-9 黑河流域典型植被类型生态参数指标体系

组别	类别	指标
植被结构	盖度	总盖度，乔灌草三层分盖度，乔灌层冠幅平均直径
	高度	乔灌草三层高度，冠层厚度，凋落物厚度，苔藓层厚度，最大根深
	密度	乔木层密度，乔木层平均胸径

续表

组别	类别	指标
植被结构	叶面积指数	乔灌草三层最大叶面积指数，乔灌草三层最小叶面积指数
	物候期	开始展叶期，盛叶期，开始落叶期，完全落叶期
植被生产力	地上生物量	总生物量，乔灌草三层茎生物量、乔灌草三层叶生物量
	根生物量	根生物量，0~5 cm、5~15 cm、15~30 cm、30~50 cm、50~100 cm、100~250 cm 深度细根生物量
	其他生物量	凋落物层、苔藓层生物量和碳储量
生理生态特征	生物量分配	根茎叶分配比例
	元素含量	根茎叶碳含量，根茎叶氮含量，根茎叶碳氮比，凋落物碳含量，苔藓碳含量
	叶片形状	比叶面积，叶片长宽，叶倾角
	气体交换特征	叶水势，净光合速率，气孔导度，蒸腾速率，气温，胞间 CO_2 浓度，光合有效辐射等
植被水文参数	降雨再分配	最大截留能力，冠层截留，穿透雨，树干茎流
	产流	产流量，产流系数
	蒸发散	植物蒸腾量，土壤蒸发量，土壤蒸发深度

2. 建立了黑河流域典型植被类型生态参数集

本生态参数集中典型植被类型的基本单位定位植物群系，因为植物群系的建群种明确，在生产参数集时可操作性强。典型植物群系的选取主要依据黑河流域1:100万植被图，进行流域典型植被类型的统计分析。研究发现，黑河流域的自然植被主要包括11个植被型，约占流域面积的93%，在每个植被型中选取该流域分布面积最大最具代表性的植物群系作为该植被型的代表群系（表2-10）。基于这11个植物群系完成黑河流域典型植被类型的生态参数集。

表2-10 黑河流域主要植被型和典型植物群系

序号	植被型	典型植物群系（占该植被型比例）
1	山地针叶林	青海云杉林（79.6%）
2	高山灌丛	金露梅灌丛（15.5%）
3	高寒草甸	小嵩草高寒草甸、矮嵩草高寒草甸（32.3%）
4	山地草原	紫花针茅草原（15.6%）
5	高山稀疏植被	水母雪莲-风毛菊稀疏植被（60.0%）
6	温带半灌木、矮半灌木荒漠	红砂荒漠（59.5%）
7	温带灌木荒漠	泡泡刺荒漠（50.1%）
8	温带矮半乔木荒漠	琐琐荒漠（77.0%）

续表

序号	植被型	典型植物群系（占该植被型比例）
9	温带多汁盐生矮半灌木荒漠	尖叶盐爪爪荒漠（36.8%）
10	温带落叶小叶疏林	胡杨疏林（100%）
11	温带落叶灌丛	多枝柽柳灌丛（100%）

通过梳理整合黑河计划已完成项目的相关数据，共收集了黑河计划数据管理中心的 29 个数据库、196 篇正式出版物的相关数据，并进行了必要的野外调查和实验，完成了黑河流域典型植被类型的生态–水文参数集。参数集包括上游植被、荒漠植被、天然绿洲植被 3 个子集。上游植被子集共获取优势乔灌植被生态–水文参数 2100 条。荒漠植被子集共获典型荒漠植被得生态–水文参数 528 条；天然绿洲植被子集共获得河岸林胡杨、柽柳生态–水文参数 455 条。

该生态参数集参数指标体系完整，可精确刻画生态系统的生态–水文过程（图 2-23）。冠层截留主要受植被盖度和叶面积指数的影响，土壤水分的空间分布受根系垂直分布和土壤性质的影响，植物蒸腾受气孔导度、冠层高度、叶面积指数和盖度等参数的综合影响，土壤蒸发受植被盖度和土壤性状的综合影响。参数集中包括了生态–水文过程中所有关键生态参数，植被水文参数还可为生态–水文模型的验证服务。

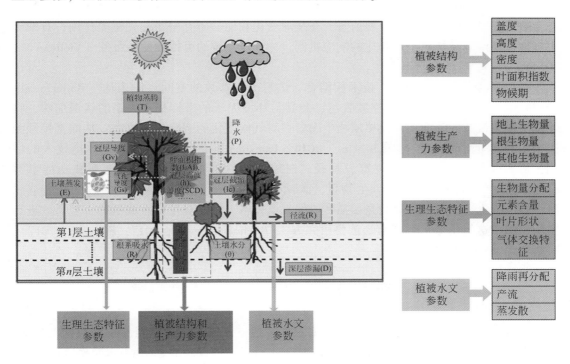

图 2-23　生态参数对生态–水文过程的刻画

3. 实现数据共享，推动区域生态水文学特别是生态–水文模型模拟研究

参数集已经在黑河计划数据管理中心的数据平台发布，可为国内外所有相关研究人员服务。基于生态参数的黑河流域典型生态系统的生态适应性研究已取得一些新认识，包括上游植被分层结构特征及环境影响下的时空变化规律识别其关键影响因素并量化阈值、天然绿洲植被结构分布的规律、荒漠植被的多尺度多要素生态适应性等。对黑河流域生态系统结构特征和关键生态–水文过程的整体认识和定量刻画做出了一定的贡献。

参数集已被黑河流域集成的生态–水文模型应用，提高了模型中对植被生态过程的模拟，为黑河计划多尺度生态–水文过程相互耦合作用研究服务。

2.3.3　植被生态参数研究的前沿方向

定量刻画环境驱动下的生态系统结构特征及动态变化规律，将复杂的植被结构动态过程进行参数化表达，建立植被类型关键生态参数集，是发展流域生态–水文综合模型亟待解决的基础性科学问题。应对全球气候变化，实现地球系统的可持续发展首先要求实现全球变化对地球系统影响的准确预测，其基础是模拟植被在陆地生态系统能量流动、水和碳循环中所起的重要作用（Suding and Goldstein，2008；van Bodegom et al.，2014）。植物生态参数研究具有广阔的未来发展前景，在全球变化和地学研究中将起到重要作用，有助于更好地认识地球系统对全球变化的响应机制，为地球系统的可持续发展服务（Violle et al.，2014）。

在未来急需与遥感和 GIS 技术相结合，进行生态参数的空间连续表达（Butler et al.，2017）。植物生态参数的空间连续表达，及其与环境因子的直接相互关系的认识加深，将使基于生态参数的陆面模式模拟植物生态参数对气候变化的响应成为可能，从而直接预测碳、水和能量流动过程（Reich et al.，2014；Lamanna et al.，2014）。激光雷达技术的应用，可实现森林结构参数（树高、胸径、树冠结构）的提取和森林生态系统功能参数（叶面积指数，材积和蓄积量，生物量，碳储量）的反演（郭庆华等，2014）。随着遥感科学技术的迅猛发展，借助激光扫描和成像光谱技术，可以直接对区域植物生态参数进行空间制图，这将是未来生态学的重要研究方法（Schneider et al.，2017；Su et al.，2017），必将快速推动生态参数的研究。

2.4　黑河流域高精度地下水本底数据

通过系统资料收集和模型模拟，本书获得了地下水流系统的高精度本底数据，包括：流域地下水水位数据、地下水补给数据、地下水蒸发数据以及地表–地下水交换数据。

2.4.1 地下水水位数据

已校正模型可输出地下水水位图，如图2-24所示，流域地下水埋深小于2 m的区域占流域总面积11.13%，小于10 m的浅层含水层地下水埋深超过流域面积的40%。同时，根据分析需要，模型可提供1 km逐月地下水埋深动态变化时空数据。

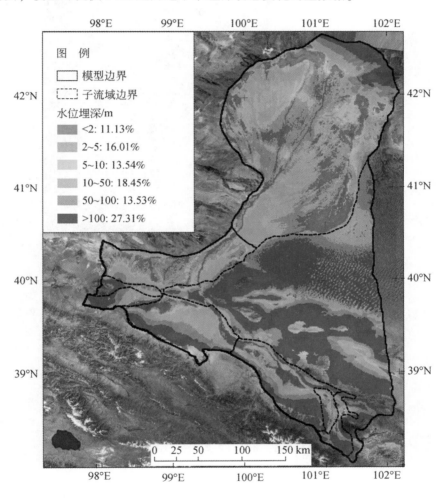

图 2-24　黑河流域 1 km 地下水水位埋深分布图（Yao et al. ，2018）

2.4.2 地下水补给数据

地下水补给是指降水或地表径流通过入渗作用最终到达地下水面的量（Scanlon et al.，2006）。这部分量由于直接测量的难度，很难获得其在空间上的变化量。通过流域耦合模型，可产出 1 km 地下水入渗补给分布图，如图 2-25 所示，地下水补给主要集中在中游冲击盆地和绿洲区域，年最大补给量可超过 500 mm，而在荒漠戈壁地区，地下水较难获得补给。

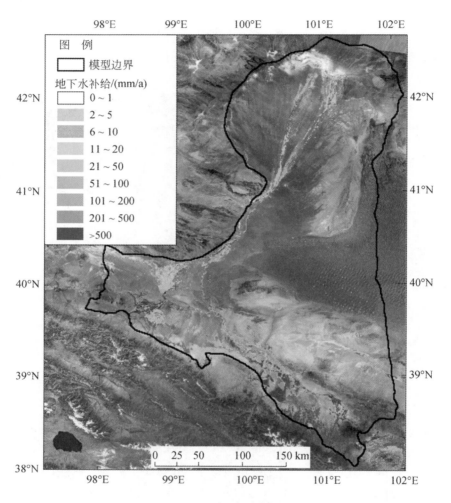

图 2-25　黑河流域 1 km 地下水年补给量分布图（Yao et al.，2018）

2.4.3　地下水蒸散发数据

地下水蒸发是指从地下潜水含水层自由水面蒸发的量。从总的蒸散发量中分离地下水蒸散发的贡献是地下水研究的难点和热点。传统方法，如同位素分离，很难获得空间尺度的地下水蒸散发信息。通过黑河流域耦合模型，可产出 1 km 地下水蒸散发数据，如图 2-26 所示：地下水蒸散发集中在河岸带和地下水位埋深较浅的区域，河岸带年地下水蒸发可高达 500 mm，而水位埋深大于 10 m 的戈壁地区则地下水蒸发较少。

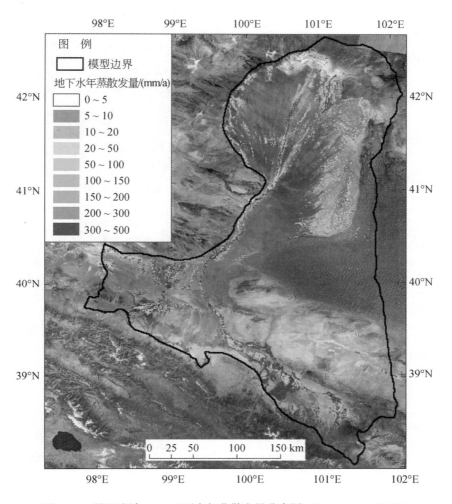

图 2-26 黑河流域 1 km 地下水年蒸散发量分布图（Yao et al.，2018）

2.4.4 地表–地下水交换数据

地表–地下水交互过程贯穿黑河流域中下游，而传统野外测量方法很难获取其区域空间信息。通过流域耦合模型，可产出 1 km 流域地表地下水交互量分布图，如图 2-27 所示，地下水入渗表示河流入渗补给地下水的量（正值），地下水出露表示地下水排泄到河道的量（负值）。地下水入渗区域集中在山前地带和下游荒漠平原地带，而地下水出露区域集中在中游细土平原地区。

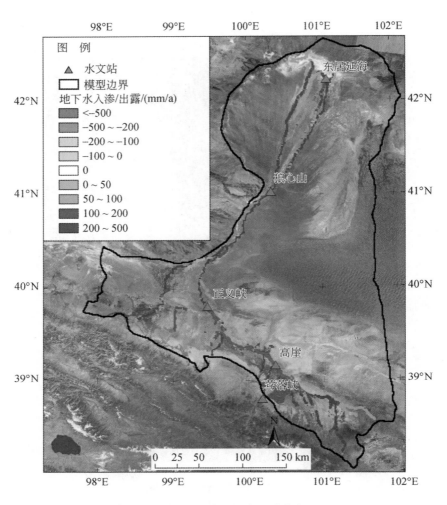

图 2-27 黑河流域 1 km 地表–地下水空间交互量分布图（Yao et al.，2018）

2.5 黑河流域生态水文遥感试验

许多试验已经成为地球表层系统科学认识和研究方法进步的里程碑。以流域为单元建立遥感–地面一体化的观测系统是当前地球表层系统科学研究中的一个重要趋势。中国西部内陆河流域，具有全球独特的以水为纽带的"冰川/冻土/积雪–森林–草原–河流–湖泊–绿洲–荒漠"自然景观，是在流域尺度上开展地球表层系统科学研究的理想场所（Cheng et al.，2014；程国栋和李新，2015）。

"黑河流域生态–水文综合遥感试验"正是在这样的背景下开展的。它是在"黑河流域生态–水文过程集成研究"重大研究计划支持下，围绕黑河流域生态–水文集成研究中的核心科学目标，以黑河流域已建立的观测系统及 2007~2009 年开展的"黑河综合遥感联合试验"（李新等，2008；Li et al.，2009）成果为基础，于 2012～2017 年在黑河流域开展的一次卫星和航空遥感及地面观测互相配合的多尺度综合观测试验。试验的目标是显著提升对流域生态和水文过程的观测能力，建立国际领先的流域观测系统，提高遥感在流域生态−水文集成研究和水资源管理中的应用能力（李新等，2012；Li et al.，2013）。

试验的英文名称命名为 HiWATER（Heihe Watershed Allied Telemetry Experimental Research），名称中的 Hi 既代表了研究区黑河流域（Heihe）；也表示 Hello，寓意是大家的试验，是一次联合试验；同时，Hi 更代表着 High，寓意更高、更强。

黑河生态水文遥感试验以黑河计划的 5 个关键科学问题为导向建立综合观测试验平台，而其自身则重点关注流域生态−水文遥感观测和遥感应用中的方法论问题。这些问题包括以下方面。

1）遥感在多大程度上可以提高我们对流域生态−水文过程的认识？哪些流域生态−水文过程可以通过遥感监测？其精度如何？如何通过观测试验而发展更成熟的生态和水文遥感方法？

2）流域生态−水文集成研究中迫切需要的遥感产品有哪些？如何针对内陆河流域（寒旱区）的特点发展更高质量和更高分辨率的水循环和生态过程遥感产品？

3）地面观测如何更好地捕捉到观测对象在流域尺度上各自的时空变化特征？各种观测的最佳密度和尺度是怎样的？

4）如何设计针对遥感真实性检验的地面观测方案？如何针对异质性地表，获得像元尺度"真值"以作为遥感真实性检验的标准？

5）生态−水文集成研究中有效利用遥感观测和遥感产品的途径有哪些？遥感产品在内陆河流域生态−水文集成研究的关键问题上可以发挥哪些作用？

6）如何集成遥感、地面观测和模型模拟，来更准确地估计水循环和生态过程的状态变量和通量？并提高流域水文和生态模拟与预报精度？

黑河生态水文遥感试验从 2012 年正式开展到 2017 年，历时 6 年，在试验遥感、流域综合观测、生态水文遥感方法与产品、尺度转换、模型−观测集成及生态水文应用方面开展了系统的创新，在国内外产生了重要学术影响，是黑河计划的标志性成果之一。本节将概述黑河生态水文遥感试验的概貌及主要成果；试验的重要组成部分及其延续——黑河流域地表过程综合观测网则在 2.6 节介绍。

2.5.1　试验概貌

1. 试验组成

黑河生态水文遥感试验由基础试验、专题试验、应用试验、产品与方法研究和信息系统组成。基础试验是以建设观测系统，提供基础数据，提升观测能力，发展观测方法为目标的观测试验。包括：航空遥感试验、流域水文气象观测网、生态水文无线传感器网和定标与真实性检验。

专题试验是针对特定的水文或生态过程，而组织开展的综合性加强试验。

应用试验的目标是针对流域上、中、下游各具特色的生态–水文过程，以综合观测试验为手段，检验和标定生态–水文模型，实证遥感产品和其他观测数据在流域生态–水文集成研究和水资源管理中的应用能力。应用试验包括：上游寒区遥感水文试验、中游灌区遥感支持下的灌溉优化配水试验和下游绿洲生态耗水尺度转换遥感试验。

产品与方法研究。在基础试验、专题试验和应用试验的支持下，开展全流域生态–水文关键参量的遥感产品生产，发展尺度转换方法，开展多源遥感数据同化研究。

信息系统。包括卫星遥感数据获取、数据质量控制和自动综汇系统和数据发布与共享系统。

2. 主要观测变量和参数

从流域集成模型的角度，将需观测的变量/参数划分为 3 大类，分别是水文与生态变量（模型状态变量和通量）、驱动数据、参数（包括植被参数、土壤参数、地形参数、水文参数、空气动力参数等）。参考现有的一些典型分布式水文模型、地下水模型、作物生长模型和动态植被模型、陆面过程模型，并根据黑河流域发展的生态–水文模型的需求，确定了观测参量。所选择的主要观测参量包括：降水、蒸散发、径流、地下水、土壤水分与地表冻融、雪深/雪水当量、植被类型、土地覆被、种植结构、植被覆盖度、叶面积指数、植被结构参数（冠顶高度、冠幅等）、生物量、数字高程模型（DEM）。关于模型所需的所有观测量的列表，可参考试验网站（http://hiwater.westgis.ac.cn）及文献（李新等，2012）。

3. 试验区

在黑河流域选择 3 个重点试验区开展加强和长期观测试验（图 2-28）。重点试验区选择的原则是：一是要有代表性，应该具有鲜明的生态水文问题；二是具有较好的研究基础和观测设施，同时适合于开展航空遥感试验。

上游寒区试验区：选择黑河主干流上游（10 009km²）为重点试验区。在干流山区流域、子流域（八宝河流域）、小流域（包括葫芦沟和冰沟）三个尺度上开展观测试验。其中，核心观测区包括以下部分。

1）八宝河流域，是黑河流域干流的上游子流域之一，面积约 2452 km²。植被覆盖以天然草地为主，4200 m 以上有常年积雪和永久冰川；冻土现象相当发育。八宝河流域是结合遥感开展积雪水文和冻土水文研究的理想流域。

2）葫芦沟流域，位于黑河流域上游西支。该流域内分布有几乎所有的寒区典型下垫面类型。流域内已建立黑河上游生态水文试验研究站，主要开展寒区水文、寒区生态和寒区生态水文研究工作。

3）冰沟小流域，位于黑河上游东支二级支流上，流域源头的年平均气温为 -7℃，季节性积雪厚度约为 0.5 m，最深达 0.8 ~ 1.0 m。主要开展积雪水文过程观测试验。

中游人工绿洲试验区：在中游的人工绿洲–河岸生态系统–湿地–荒漠复合体内，选择

30 km×30 km 范围内的两个典型灌区，即盈科灌区与大满灌区作为核心观测区。盈科与大满灌区位于黑河流域中游张掖市黑河主干道以东沿岸，是流域中游人工绿洲区域灌溉基础设施最完备的灌区，以河灌为主、井灌为辅。灌区内密布干、支和斗渠等各级灌溉渠系。

下游天然绿洲试验区：在下游沙漠戈壁-额济纳胡杨林-戈壁-尾闾湖区，选择额济纳核心绿洲至西北方向的乌兰图格嘎查为试验区，其中，额济纳核心绿洲二道桥东至七道桥典型河岸林区域为核心观测区。下游额济纳旗属于极端干旱气候区，多年平均降水量不足45 mm，多年平均潜在蒸发量为 3755 mm，下游额济纳绿洲是天然的绿洲生态系统，植被稀疏，以分布于河道两岸的乔木胡杨和灌木柽柳为主。

在以上 3 个重点试验区内，按不同的试验目标嵌套布置核心观测区、观测小区和观测（采样）单元，开展多尺度观测试验（图 2-28）。

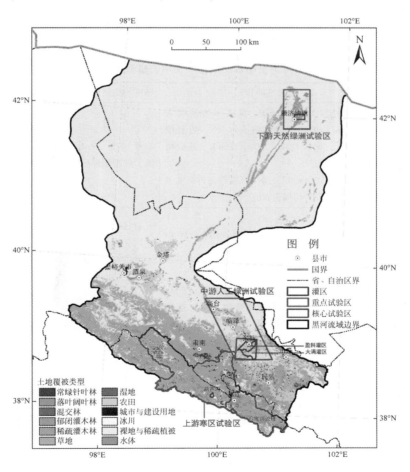

图 2-28　黑河生态水文遥感试验的试验区分布

2.5.2 试验亮点

1. 航空遥感试验

航空遥感试验是黑河生态水文遥感试验中最重要的基础试验之一，为内陆河流域生态–水文过程的理解，模型的发展、改进和验证，以及衔接地面台站观测与卫星遥感观测提供试验手段。试验中搭载微波辐射计、成像光谱仪、热像仪、激光雷达等遥感设备，开展了一系列关键生态和水文参量的观测，发展了针对主要生态水文参量的遥感正向模型及反演和估算方法，制备了适于流域尺度研究的高分辨率、高质量航空遥感数据产品，发展了更加成熟的遥感尺度转换方法。

航空遥感试验中搭载的遥感传感器包括激光雷达、成像光谱仪、热像仪和微波辐射计，这些仪器的具体性能指标、精度与空间分辨率、观测目标等信息见表2-11。

表2-11 黑河生态水文试验中使用的机载遥感传感器

传感器	主要性能指标	精度与空间分辨率要求	观测目标
激光雷达+CCD 相机	1. 型号为 Leica ALS70，最大飞行高度为 5000 m（AGL），最大扫描角 75°，内置数码相机，记录1，2，3 次回波强度，高程精度 5~30 cm 2. Riegl LMS-Q680i，最大可操作飞行高度为 1600 m，最大扫描角 60°	高程精度 2 cm，全波形，波型采样间隔 1 ns	森林结构参数、农田结构参数、中游核心观测区及上游 4 个小流域 DEM
AISA 成像光谱仪	光谱范围400~1 000 nm，244 通道，FOV 40 度，线阵推扫成像，1 600 像素	光谱分辨率 3.3 nm，空间分辨率 0.4 m（相对飞行高度 1000 m）	下游植被分类、土地覆盖/土地利用类型、种植结构、反射率、反照率
CASI 1500 成像光谱仪	光谱范围380~1 050 nm，每行像元数1 500，连续光谱通道数 48，光谱带宽 7 nm，帧频（全波段）14，垂直航线方向视场角40°	光谱分辨率≤5 nm，空间分辨率 1~5 m	生态参数、植被分类、土地覆被、种植结构、反射率、反照率
SASI 600 成像光谱仪	光谱范围950~2 450 nm，每行像元数600，连续光谱通道数 101，光谱带宽 15 nm，帧频（全波段）100，垂直航线方向视场角40°	光谱分辨率 ≤10 nm，空间分辨率 1~30 m	雪粒径、反射率、反照率
TASI 600/32 热红外成像光谱仪	光谱范围8 000~11 500 nm，通道数 32，空间像元数600，光谱采样间隔 110 nm，视场40°	等效噪声温度 0.2 K，空间分辨率 5~10 m	地表温度、植被冠层温度、雪表面温度、河水温度、发射率
机载红外广角双模式成像仪（WiDAS）	覆盖 5 个可见光波段，1 个热红外波段；热红外相机：波长 8 000~12 000 nm，320×240 像元；视场角80°，记录7 个角度；CCD 相机视场50°，记录7 个角度	等效噪声温度 0.2 K，空间分辨率 5~10 m	地表 BRDF、反照率、地表温度、植被冠层温度

续表

传感器	主要性能指标	精度与空间分辨率要求	观测目标
PLMR （ Polarimetric L-band Multibeam Radiometer）	双极化 L 波段微波辐射计：中心频率 1.413 GHz，带宽 24 MHz，垂直与水平极化，分辨率 1 km（相对航高 3 km），入射角可调，为 ±7°，±21.5°，±38.5°，灵敏度<1K	空间分辨率 100 ~ 1 000 m	土壤水分、地表冻融

应对上、中、下游不同特色的生态-水文问题和观测目标，航空遥感任务在 2012 ~ 2014 年，共执行 20 个有效航次，获取了一批高质量、高分辨率的航空遥感数据，航次信息及数据都已在黑河计划数据中心公开（http://heihedata.org）。其中，航空热红外数据、激光雷达数据，其质量和空间分辨率、光谱分辨率、多角度分辨率都远高于相应的卫星遥感数据，图 2-29 和图 2-30 分别是黑河流域上游 3 个小流域的高分辨率 DEM 及中游河道的热红外图像。同时，针对航空遥感数据高空数据共同覆盖的优势，进行了新产品算法的开发，并进行了产品生产，这些产品也都通过黑河计划数据管理中心发布共享。

航空遥感试验对于促进遥感在流域生态-水文过程集成研究中的应用及定量遥感科学起到了重要作用，具体体现在以下方面。

(a) 葫芦沟

(b) 冰沟

(c) 天姥池

图 2-29　黑河流域上游 3 个小流域的高分辨率 DEM

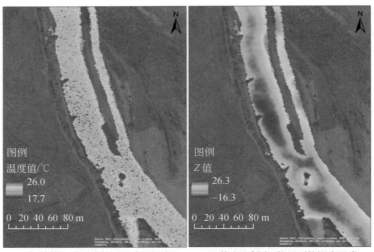

(a) 机载热红外反演的河道水面温度   (b) 热点分析中Z值识别的温度异常

(c) 河段现场照片

图 2-30　黑河流域中游河道的热红外图像及其在地表–地下水相互作用研究中的应用（Liu et al.，2016a）

　　航空遥感为流域生态–水文模型提供了精细参数。获取了一套超高分辨率遥感数据，生产了核心试验区和核心试验小流域的 DEM 产品（1 m 分辨率），以及试验区土壤水分、叶面积指数、作物高度、反照率、地表温度等重要生态水文变量的产品。为各种研究的开展提供了可靠的下垫面信息，为各种模型的输入提供了准确的输入。

　　航空遥感为地面和卫星观测的尺度效应与尺度转换方法研究提供了桥梁。航空遥感获取的高分辨率影像一方面为地面真实性检验场的采样优化提供必不可少的先验信息，还可为地面观测值升尺度为卫星遥感像元尺度"真值"提供转换桥梁或空间辅助信息。通过结合地面测量信息的反演模型，能够从航空遥感数据获得高分辨率的遥感产品，同样通过尺度扩展技术，获得像元尺度的"真值"。

　　航空遥感试验为未来相关卫星计划和载荷设计提供了仿真试验。黑河航空遥感的数据为我国未来计划发射的卫星方案设计提供了有利支持，如 L 波段的微波辐射计数据支持了全球水循环观测卫星计划（WCOM）中土壤水分载荷三频全极化综合孔径微波辐射计（IMI）的设计；我国正在研发"全球能量平衡观测卫星计划"（Energy Balance Observation Mission-EBOM）科学卫星，其中的两个重要的载荷：多角度多光谱偏振成像仪和多角度多波段红外成像仪的设计论证工作，就是基于黑河航空遥感中 WIDAS 数据展开的。

2. 非均匀下垫面多尺度地表蒸散发观测试验

非均匀下垫面多尺度地表蒸散发观测试验的目标是：通过非均匀下垫面多尺度地表蒸散发及其影响因子的天空地一体化的密集观测，刻画非均匀地表–大气间水热交换的三维动态特征，捕捉地表蒸散发的时空异质性，揭示绿洲–荒漠系统间水热相互作用机理，为非均匀下垫面上地表蒸散发遥感估算模型、地表通量尺度扩展方法的发展与验证提供多尺度观测数据（Li et al.，2013；Liu et al.，2018）。

试验于 2012 年 5~9 月在黑河流域中游甘肃张掖甘州区以南的盈科灌区和大满灌区及其周边荒漠开展，试验区包括了 30 km×30 km、5.5 km×5.5 km 两个嵌套的矩阵。其中，大矩阵主要监测绿洲–荒漠系统的地表蒸散发特征及其水热相互作用，特别是荒漠和绿洲之间的平流交换（Liu R et al.，2020）。矩阵中心的大满站布设了 1 套气象要素梯度观测系统与 2 层涡动相关仪。绿洲周围构建"一横一纵"观测系统，共有 4 个观测站，包括了张掖湿地站、神沙窝沙漠站、花寨子荒漠站和巴吉滩戈壁站，各配置一台涡动相关仪与自动气象站（AWS），周围 4 个站至少有 2 层风温湿观测（Liu et al.，2018）（图 2-31）。

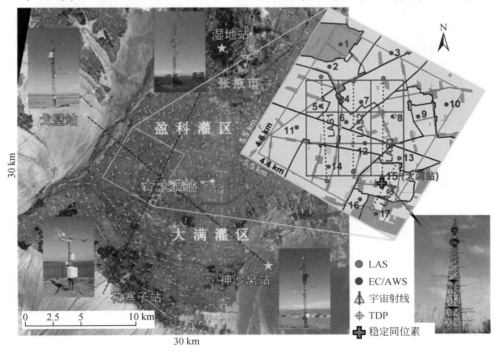

图 2-31　非均匀下垫面多尺度地表蒸散发观测试验的仪器布置

　　针对局地尺度（如绿洲内农田、村庄、防护林等）上目标地表的蒸散发，设置5.5 km×5.5 km的小矩阵。在小矩阵内，根据作物结构、防护林朝向、村庄、渠道与道路分布、土壤水分与灌溉状况等将试验区分成17个小区（Liu et al.，2016b）。小矩阵内17个小区包括了14个玉米田小区以及蔬菜、村庄、果园下垫面各1个。在每个小区内架设1台涡动相关仪和1套自动气象站。在小矩阵中心3×3 MODIS像元区域，各布设一组大孔径闪烁仪 LAS1/2/3，贯穿3个3×1像元，另有一组 LAS4 横跨超级站所在的2×1 MODIS像元，以观测矩阵内 MODIS像元尺度的通量（图2-32）。利用稳定同位素技术开展土壤蒸发与植被蒸腾的拆分，在15号点采用原位连续观测系统进行连续观测。选择防护林附近的测点，采用植物液流仪（TDP）观测不同高度与胸径防护林的蒸腾量，以此代表整个小矩阵区域防护林的蒸腾量。采用宇宙射线土壤水分测定仪监测农田区域土壤水分（观测直径大约700 m）。

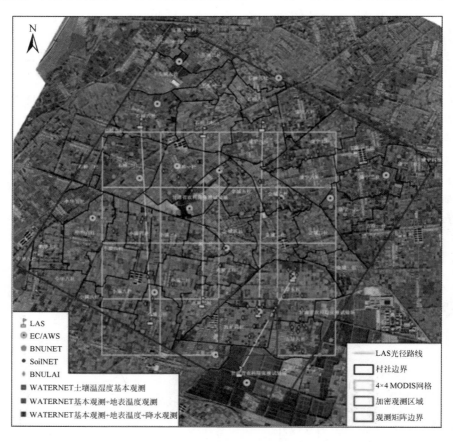

图 2-32　中游无线传感器网络布置图

LAS：大孔径闪烁仪；EC/AWS：涡动相关仪/自动气象站；BNUNET：北师大土壤水分传感器网络；SoilNET：土壤水分传感器网络（德国设计）；BNULAI：北师大叶面积指数传感器网络；WATERNET：土壤水分传感器网络（国内设计）

　　核心区小观测矩阵5.5 km×5.5 km试验区内，以能够捕捉多个尺度的空间异质性为原则，采用优化采样方案，布设了土壤水分和温度（4 cm、10 cm、20 cm和40 cm）（Jin et al.，2014；2017）、地表温度、叶面积指数（LAI）传感器网络（Qu et al.，2014）。这些传感器网络成功地捕捉了土壤水分、LAI 等参量的空间异质性，经过尺度上推得到了这些参量的像元尺度真值，在遥感产品验证中发挥了重要作用（Kang et al.，2015，2017a，2017b；Qu et al.，2014；Wang et al.，2014，2015；Fan et al.，2015；Gao et al.，2014；Shi et al.，2015；Yu and Ma，2015）。

同时，开展多传感器、多角度、多波段（可见光、近红外、热红外、微波和激光雷达）的航空遥感飞行，获取不同分辨率的多种地表参数的细致空间分布（详见航空遥感试验）。在地面开展同步观测实验，进行多点的物候期、植物株高、土壤参数、灌溉情况，以及地物光谱、发射率、冻土和积雪微波辐射特征、植被覆盖度的观测，并且用风温廓线仪和 GPS 探空等同步观测区域上空大气边界层条件。

在观测试验开展前，选择相对均匀的下垫面，对所用的同类仪器进行比对，如地表通量观测仪器（涡动相关仪、大孔径闪烁仪、辐射仪等）、不同型号的雨量计等。并且对涡动相关仪、土壤水分探头等进行标定，以便评估观测仪器的一致性与可靠性，指导仪器的优化布设（Xu et al.，2013）。

3. 应用试验

重点研究了试验数据在流域生态–水文模型改进与发展、综合观测与模型融合方法及其在山区径流模拟与预报、灌溉配水优化等方面的应用方法。

在流域生态–水文集成模型发展方面，综合观测数据发挥了关键作用。在上游，基于综合观测，发展了积雪–冻土水热过程模拟方法，并将之耦合到分布式坡面水文模型中，实现了寒区流域水文过程的完整描述。对于积雪模块，发展了积雪表面受到风扰动的分层参数化方案。通过该项方案，可更好地反映高海拔地区高风速对积雪表面热传导过程的重要影响（Li et al.，2019）。对于冻土模块，将水热耦合的冻土模拟方案与分布式水文模型 GBHM 进行了耦合，验证结果表明，耦合模型能够较好地模拟土壤冻融、未冻土含水量和雪深（Zhang et al.，2013）。在中游，基于作物生长模型（WOFOST）和包气带水文模型（HYDRUS-1D）构建作物生长–水文耦合模型（WOFOST-HYDRUS），该耦合模型考虑了生态系统和水文过程间的交互作用，量化作物在生长过程中对水的需求量和蒸腾量，利用综合观测数据验证表明，耦合模型提高了土壤水分的模拟精度。利用综合观测数据直接发展了渠道蒸散发估算模型，可有效估算灌溉渠道蒸发损失量，补充了灌区尺度水平衡计算中的渠道蒸散发模块（Liu et al.，2016c）。总之，黑河综合观测以多种形式应用于上游生态–水文模型 GBEHM 和中下游生态–水文集成模型 HEIFLOW 的验证、改进和发展中。

在综合观测与模型融合方法方面，发展了流域多源遥感水文数据同化系统，实现了对多源遥感数据、无线传感器网络观测数据、宇宙射线土壤水分观测数据的同化（Zhang et al.，2017；Han et al.，2012；2015；Huang et al.，2016a），实现了与地统计的结合，研究表明，通过空间相关结构有助于改善观测未覆盖网格单元的同化效果（Han et al.，2012）。发展了高时空分辨率陆面蒸散发估算方法，基于时空适应性反射率融合模型（STARFM），融合高时间分辨率 MODIS 数据和高空间分辨率 ASTER 数据，生成高时空分辨率的地表参数，利用 SEBS 模型，估算逐日 90 m 分辨率的陆面蒸散发（Li et al.，2017a）。利用顺序滤波算法，基于 WOFOST- HYDRUS 耦合模型，通过同化 CHRIS 反演的 LAI，明显改善了作物生长模拟结果，提高了玉米的产量预报精度（Wang et al.，2013）。

基于遥感和模型，建立了灌溉配水优化系统，从时间和空间上来优化不同灌溉轮次下每个灌溉单元的灌溉时间和灌溉水量。根据对水资源供需状况和农作物长势的监测和短期预测，结合帕雷托等最优化方法，优化灌溉配水计划，初步实现了灌区尺度上的灌溉多目标智能优化管理（程帅和张树清，2015）。

2.5.3　成果与影响

黑河生态–水文遥感试验显著提升了流域生态–水文观测能力，有力地支持了一系列的生态、水文、遥感模型研发和相关成果产出，其亮点与特色主要体现在以下方面。

1）构建了我国第一个流域尺度多要素–多尺度–网络–立体–精细化综合观测系统，显著提升了流域表层系统综合观测能力（Li et al.，2013；Liu et al.，2018）。

2）提出了非均匀下垫面地表参数多尺度观测试验的设计原理，开展了国际领先的通量观测矩阵和生态–水文传感器网络试验，实现了非均匀下垫面生态、水文、大气过程的多尺度观测；发展了相应参数单点–斑块–像元多尺度观测方法，突破了台站观测与遥感像元之间空间尺度不匹配的瓶颈。

3）系统地发展了生态–水文遥感的新方法，特别是形成了多源遥感数据（多传感器、主被动、多分辨率、极轨和静止）协同反演的新方法。例如，在蒸散发方面，发展了融合高时间分辨率和高空间分辨率遥感数据的方法，将蒸散发估算的分辨率提高到田间尺度和逐日，从而为水资源管理提供了精细的蒸散发产品（Li et al.，2017a；Ma et al.，2018）；在森林、作物、湿地植物的生物量估算方面，融合 LiDAR 和光学遥感数据显著提高了其估计精度，同时，该方法也具有同时估计地上和地下生物量的潜力（Cao et al.，2018；Luo et al.，2017）；在植被参数方面，发展了利用多种传感器反演 LAI 和 FPAR 的通用方法（Liu et al.，2018），利用多角度遥感提高了植被覆盖度的估计精度（Mu et al.，2018）。

4）制备了一套生态–水文集成研究迫切需要的遥感产品，其精度和时空分辨率整体上优于国际同类产品。实现了流域尺度土地覆被图时间分辨率从逐年到逐月的跃升（Zhong et al.，2015），植被指数和植被覆盖度产品 5 天/30 m 的业务化生产（Li et al.，2015），通过在中尺度天气模型框架内同化微波遥感和地面多普勒雷达观测得到流域尺度逐小时、5 km 高分辨率降水产品（Pan et al.，2015），将蒸散发产品的分辨率提高到逐日 90 m（Li et al.，2017a），制备了流域复杂地形条件下逐日 1 km 土壤水分产品（Kang et al.，2017）。

5）提出了遥感尺度转换理论框架，形成了从异质性分析、采样设计、多尺度观测到尺度扩展及其不确定性评价的遥感尺度转换方法体系（李新等，2016）。以测度论和随机微积分（伊藤过程）为理论基础，严谨定义了空间尺度及代表性误差，提出了尺度转换新的数学框架（Li，2014；Liu and Li，2017）；系统实证和定量估计了太阳短波辐射、地表蒸散发、碳通量、地表温度、土壤水分单点观测的空间代表性误差，提出了纠正代表性误差的新方法（Huang et al., 2016; Ran et al., 2016）。发展了用于遥感真实性检验的空间采样（Ge et al., 2015a; Wang et al., 2014a; Ran et al., 2017）和尺度上推方法，将线性尺度上推方法推广至利用协同信息、面到面、时空克里格、不等精度观测等情形（Wang et al., 2014b; Kang et al., 2015; Ge et al., 2015b; Hu et al., 2015; Gao et al., 2014; Fan et al., 2015; Kang et al., 2017）；将先验统计及模型物理信息用于非线性尺度上推，显著提高了单点-像元尺度的升尺度估计精度（Liu and Li, 2017）。

6）以黑河生态-水文遥感试验为原型，提出了中国遥感产品真实性检验网的构想并实现了原型（Ma et al., 2015; Wang et al., 2016b; 晋锐等, 2017）。

7）显著提高了遥感和综合观测在流域集成模型和水资源管理中的应用能力。黑河生态-水文遥感试验数据在黑河上游和中下游生态-水文集成模型 GBEHM（Yang et al., 2015）和 HELFLOW（Tian et al., 2018）的验证中发挥了关键作用（第六章）。综合观测被全面应用于流域生态-水文集成模型，在流域、灌区、河道多个尺度上精细估算了流域水循环的各分量，闭合了流域水循环（Li et al., 2018）。建立了多源、多要素黑河流域水文数据同化系统（Han et al., 2012; 2015; Huang et al., 2016; Zhang et al., 2017），流域尺度高分辨率同化系统的实现以及对无线传感器网络、宇宙射线土壤水分观测的同化和与地统计的结合均有较高创新性。

据统计，黑河生态-水文遥感试验共支持了发表研究论文近 500 篇，在 *Journal of Geophysical Research- Atmospheres*、*Agricultural and Forest Meteorology*、*IEEE Geoscience and Remote Sensing Letters*、*Remote Sensing* 出版多个专刊。被国际同行评价为"中国的综合流域科学""21 世纪最为重要的水文和微气象试验之一""世界级的观测"，为"在全球范围内构建系统的山区观测体系提供了非常好的范例和重要的灵感来源，特别是如何将山区观测系统与遥感观测、模型模拟结合方面，具有重要的科学价值"。*Water Resources Research* 50 周年特辑上，德国于利希农业圈研究所所长 Vereecken 博士撰写的综述论文将黑河遥感试验与美国关键带观测、美国国家生态观测网络、丹麦水文观测系统、澳大利亚陆地生态系统研究网络等国际重要观测并列（Vereecken et al., 2015）。

黑河生态-水文遥感试验共发布中文数据集 282 个、英文数据集 214 个。这些数据集经过质量控制标准进行了定标、校正、质量检查与修正、质量标识等处理后在黑河计划数据管理中心（http://www.heihedata.org）发布共享。据不完全统计，已为 8000 多人次提供超过 20TB 的数据服务。

2.5.4 黑河流域生态-水文遥感试验前瞻

黑河生态-水文遥感试验的开展，是回答黑河计划的核心科学问题，完成其科学目标，保障其顺利实施的重要环节。试验建立了技术先进的多尺度-网络-立体-精细化的黑河流域综合观测平台，开展了国际领先的通量观测矩阵及生态-水文无线传感器网络试验，实现了综合观测和生态-水文模型的深度结合，在国内外产生了重要学术影响；也支撑了黑河计划内一系列其他研究项目，促进了多学科交叉研究。黑河生态-水文遥感试验的所有试验任务已于 2017 年结束，但其数据资产（Li et al.，2017b）和基础设施——黑河流域综合观测网（Liu et al.，2018），将继续在流域科学研究中发挥重要作用。

当前，地球观测技术快速进步，与陆地表层系统科学的结合也更加紧密。面临这样的机遇和挑战的情况下，未来黑河流域综合观测系统的建设，应该既要更加顺应新的技术进步，也应该更深刻响应流域科学集成研究中新的需求。

1）探索和应用新的观测技术。黑河流域应该继续成为新的观测技术的试验场。这些技术包括物联网、地下浅表层（subsurface）遥感、荧光遥感等，它们将给流域观测带来新的生机（李新等，2016）。

2）加强对人类活动过程的观测。传统上，水–土–气–生–人各要素中，对人类活动的观测和模拟都是最薄弱的，但目前物联网和大数据技术的快速发展，已使社会感知越来越现实。

3）尺度问题有待真正的突破。黑河生态–水文遥感试验在点观测–像元尺度尺度转换方案初步的突破。然而，更具有挑战性地是如何建立异质性地表的遥感模型，并将多尺度观测应用于流域生态–水文模型的宏观律的发展和检验，最终发展起尺度显式的生态–水文模型（Li et al.，2011；Cheng and Li，2015）。

4）针对能量闭合这一基础性科学问题开展更加系统的专题试验。能量闭合一直是困扰通量观测甚至整个陆地表层系统科学的一个基础性科学问题（王介民等，2009）。黑河生态–水文遥感试验，承继自 20 世纪 80 年代后期的黑河地气交换试验（HEIFE），积多年观测及理论分析，初步定量描述了能量闭合率和热力异质性、湍流动能的关系（Zhou et al.，2018a，2018b）。但真正解决能量闭合问题，还有待于更加精心设计的试验。

5）内陆河生态–水文的一些关键过程还有待试验去揭示。例如，水循环中最关键的变量——降水，在寒区一直存在测量显著偏低的问题，荒漠植被的叶面积指数还没有成熟的遥感方法，荒漠植被的地下生物量和呼吸过程的遥感方法还有待去全新探索。

总之，黑河流域是流域科学的试验场，而观测试验——作为流域科学研究方法论的基石，将继续孕育观测的新概念、新技术，也将更好地服务于流域科学的探索和实践。

2.6 黑河流域地表过程综合观测网

2.6.1 流域观测系统的现状、挑战和科学问题

地表过程（陆表过程）是地理学的研究对象，是一个地理综合体，由大气圈、水圈、岩石圈、冰雪圈和生物圈相互作用、相互渗透而形成。从整体出发，深入认识与理解陆表过程中水、土、气、生、人相互作用具有重要意义。为改善对陆表过程的认识与理解，需要在全球不同的气候区进行全面、系统的观测试验。地表过程观测试验的发展主要经历了三个阶段：20 世纪 80~90 年代开展的大型野外观测试验，20 世纪 90 年代起构建的区域或全球通量观测网络（FLUXNET），以及 21 世纪以来兴起的流域观测系统。

自 20 世纪 80 年代以来，在水文−大气先行性试验（Hydrologic Atmospheric Pilot Experiment，HAPEX）、国际地圈−生物圈计划（International Geosphere-Biosphere Programme，IGBP）、世界气候研究计划（World Climate Research Programme，WCRP）的全球能水交换计划（Global Energy and Water Exchanges，GEWEX）、国际卫星−陆面−气候研究计划（International Satellite Land Surface Climatology Project，ISLSCP）等研究项目的组织协调下，以大气环流模式（General Circulation Model，GCM）网格为基本尺度，在全世界不同地区进行了一系列大型野外观测试验，如第一次国际卫星陆面过程气候计划野外试验（First International Satellite Land Surface Climatology Project Field Experiment，FIFE）（Sellers et al.，1988）、法国西南部和尼日尔分别开展的水文大气先行性试验（HAPEX-MOBILHY，André et al.，1986；HAPEX-Sahel，Goutorbe et al.，1994）、北半球气候变化陆面过程试验（Northern hemisphere climate Processes land surface Experiment，NOPEX）（Halldin et al.，1999）、加拿大北部生态系统−大气研究试验（Boreal Ecosystem- Atmosphere Study，BOREAS）（Sellers et al.，1995）等。我国的大型野外观测试验研究也居于世界前列。自 20 世纪 80 年代末开始，国内陆续在西北干旱区、青藏高原区、东部季风区和农牧交错带开展了黑河地区地气相互作用野外观测试验（Heihe River Basin Field Experiment，HEIFE）、青藏高原试验（Gewex Asian Monsoon Experiment-Tibet，GAME-Tibet）、淮河试验（Huaihe River Basin Experiment，GAME-HUBEX）和内蒙古半干旱草原土壤−植被−大气相互作用（Inner Mongolia Semi- Arid Grassland Soil- Vegetation- Atmosphere Interact ion，IMGRASS）等（王介民等，1999）。这些大型野外观测试验主要以大陆或区域尺度作为试验区，在局地精细观测研究的基础上，由点及面为区域尺度 GCM 网格点提供有代表性的陆面过程参数化方案，偏重于地气相互作用研究，是短期、某个典型区域的观测试验。

在 20 世纪 90 年代中后期，全球通量观测网络成立，包括北/南美洲、欧洲、亚洲、大洋洲、非洲等区域，涵盖森林、农作物、草原、丛林、湿地、苔原等下垫面类型（Baldocchi et al.，1996）。主要是测量地气间碳、水、能的交换，并为净初级生产力、蒸散发等遥感产品提供验证数据。截至 2017 年 2 月总计注册站点达到 914 个，7479 站年，实现从单站观测到多站联网、长期连续观测的转变，但其仍然是松散的观测联盟。

水文科学虽然有试验流域的悠久传统，但系统地将综合观测思路引入流域水文与生态研究，则始于 21 世纪以来以流域为单元建立的分布式的观测系统。其主要特点是多变量、多尺度的协同观测、传感器网络技术的应用、观测平台与信息系统相结合以及观测系统的优化设计，并强调卫星遥感数据，尤其是航空遥感是尺度转换的桥梁（Liu and Xu，2018）。过去 10 多年来，以流域为单元建立分布式的观测系统蔚然成风（Cheng et al.，2014，2015），主要的流域观测系统有：美国国家科学基金会发起的关键带观测平台（Critical Zone Observatory，CZO）（Anderson et al.，2008）、推进水文科学大学联盟的观测网（The Consortium of Universities for the Advancement of Hydrological Sciences，Inc.，CUAHSI）在美国不同区域设置的 11 个试验流域（CUAHSI，2007）、水与环境研究系统网络（Water and Environment Research Systems，WATERS）的流域基础建设项目（NRC，2010），丹麦水文观测系统（Hydrological Observatory，HOBE）（Jensen and Illangasekare，2011），以及德国的欧洲陆地环境观测平台（Terrestrial Environmental Observations，TERENO）（Zacharias et al.，2011）等。

综上所述，虽然国内外已经进行了一系列地表过程观测试验，但在生态脆弱的干旱地区进一步优化和完善现有的各类观测站点，构建以流域为单元天地空一体化的观测系统，是当前陆表过程观测与研究面临的重要挑战。涉及的主要科学问题有：①如何更好地捕捉到观测对象在流域尺度上各自的异质性、尺度效应与不确定性？各种观测的优化布设和最佳观测尺度是怎样的？②如何集成地面、航空和卫星遥感观测，构建天地空一体化的监测系统？③如何获得多要素、多尺度、立体且连续的、质量可靠的观测数据集？

2.6.2 黑河流域地表过程综合观测网取得的成果、突破和影响

黑河流域位于中国西部干旱半干旱区，是我国第二大内陆河流域。从上游到中、下游，随着海拔的降低，气温、降水量等呈现明显地带性。黑河流域的景观地带性也十分明显，以水为纽带，从上游到中、下游形成了"冰雪/冻土—森林—草甸—绿洲（农田+防护林、河岸林）—荒漠—湖泊"的多元自然景观。黑河流域内寒区和干旱区并存，山区冰冻圈和极端干旱的河流尾闾地区形成了鲜明对比，是开展陆表过程观测与科学研究的理想场所。黑河流域由于处于丝绸之路经济带的核心地段，因此其观测与研究成果也对"一带一路"乃至泛第三极地区上的内陆河具有很高的借鉴和推广应用价值。

黑河流域地表过程综合观测网始建于2007年开始的黑河综合遥感联合试验（WATER，2007～2011）（李新等，2008；Li et al.，2009；Liu et al.，2011）；在国家自然科学基金重大研究计划"黑河流域生态–水文过程集成研究"支持下，建成于2012年启动的"黑河流域生态–水文过程综合遥感观测联合试验"（HiWATER，2012～2015年）期间（李新等，2012；Li et al.，2013；Liu et al.，2018）。黑河流域地表过程综合观测网主要的目标为：①构建国际领先的多要素–多过程–多尺度–分布式–立体的流域综合观测系统，显著提升对流域地表过程的观测能力；②建设寒旱区典型下垫面像元尺度的遥感试验场，形成从单站到航空像元到卫星像元尺度转换的综合观测能力；③长期开展地面与遥感结合的流域尺度综合观测，积累长时间序列观测数据集，服务于寒旱区流域地表过程集成研究，增强遥感在流域地表过程集成研究和流域综合管理中的应用能力。

1. 综合观测网

在黑河流域上、中、下游布设了多尺度嵌套的水文气象观测网、生态–水文无线传感器网络，配合卫星遥感监测，形成多要素–多过程–多尺度–分布式–立体的综合观测平台。

（1）水文气象观测网

水文气象观测网包括3个超级站和20个普通站，覆盖黑河流域上、中、下游区域，涵盖林地、草地、农田、湿地、荒漠、沙地、裸地等主要地表类型。上游包括1个超级站

（阿柔超级站）和 9 个普通站（景阳岭站、峨堡站、黄草沟站、阿柔阳坡站、阿柔阴坡站、垭口站、黄藏寺站、大沙龙站、关滩站），中游包括 1 个超级站（大满超级站）和 6 个普通站（张掖湿地站、神沙窝沙漠站、黑河遥感站、花寨子荒漠站、巴吉滩戈壁站、盈科站），下游包括 1 个超级站（四道桥超级站）和 5 个普通站（混合林站、胡杨林站、农田站、裸地站、荒漠站）。2016 年起，精简与优化为 11 个观测站，包括上游 4 个站点（阿柔超级站、景阳岭站、垭口站、大沙龙站）、中游 4 个站点（大满超级站、花寨子荒漠站、张掖湿地站、黑河遥感站）、下游 3 个站点（四道桥超级站、混合林站、荒漠站）。流域水文气象观测网上、中、下游的观测站点的相关信息见表 2-12，各个观测站点的分布图如图 2-33 所示。

表 2-12　水文气象观测网的观测站点

序号	站点名称	位置	站点类型	观测期	植被类型
1	景阳岭站	上游	普通站	2013.8 ~	高寒草甸
2	峨堡站	上游	普通站	2013.6 ~ 2016.10	高寒草甸
3	黄草沟站	上游	普通站	2013.6 ~ 2015.4	高寒草甸
4	阿柔阳坡站	上游	普通站	2013.8 ~ 2015.8	高寒草甸
5	阿柔超级站	上游	超级站	2008.1 ~	亚高山山地草甸
6	阿柔阴坡站	上游	普通站	2013.8 ~ 2015.8	高寒草甸
7	垭口站	上游	普通站	2013.12 ~	高寒草甸
8	黄藏寺站	上游	普通站	2013.6 ~ 2015.4	小麦
9	大沙龙站	上游	普通站	2013.8 ~	沼泽化高寒草甸
10	关滩站	上游	普通站	2018.1 ~ 2012.4	青海云杉
11	花寨子荒漠站	中游	普通站	2012.6 ~	盐爪爪荒漠
12	神沙窝沙漠站	中游	普通站	2012.6 ~ 2015.4	沙地
13	黑河遥感站	中游	普通站	2014.8 ~	草地
14	张掖湿地站	中游	普通站	2012.6 ~	芦苇
15	大满超级站	中游	超级站	2012.5 ~	玉米
16	盈科站	中游	普通站	2018.1 ~ 2012.4	玉米
17	巴吉滩戈壁站	中游	普通站	2012.5 ~ 2015.4	红砂荒漠
18	混合林站	下游	普通站	2013.7 ~	胡杨和柽柳
19	裸地站	下游	普通站	2013.7 ~ 2016.3	裸地
20	四道桥超级站	下游	超级站	2013.7 ~	柽柳
21	农田站	下游	普通站	2013.7 ~ 2015.11	瓜地
22	胡杨林站	下游	普通站	2013.7 ~ 2016.4	胡杨
23	荒漠站	下游	普通站	2015.4 ~	红砂荒漠

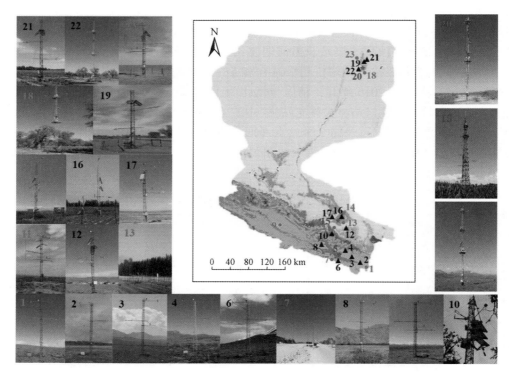

图 2-33　黑河流域地表过程综合观测网站点分布图

站点序号见表 2-1，黑色序号为已拆除站点，粉色及红色为正在运行的站点

1）通量与水文气象要素。超级站主要由多尺度地表通量（感热、潜热与二氧化碳通量）和多尺度土壤水分以及气象要素梯度观测系统等组成［图 2-34（a）］。多尺度地表通量与水分分别为：蒸渗仪（米级尺度）—涡动相关仪（百米级尺度）—闪烁仪（公里级尺度）、单点土壤水分与温度廓线（米级尺度）—宇宙射线土壤水分测定仪（百米级尺度）—土壤温湿度无线传感器网络（公里级尺度）。气象要素梯度系统包括了 6～7 层风速/风向、空气温湿度以及降水、气压、红外辐射温度、四分量辐射、光合有效辐射、土壤热通量、土壤温湿度廓线、平均土壤温度等［图 2-34（b）］；闪烁仪安装的路径长度要大于一个半 MODIS 像元（大于 1.5 km），在其源区内安装无线传感器网络（如土壤温湿度、叶面积指数等）。超级站的气象塔一般高 30～40 m。以大满超级站（40 m 塔）为例，该站安有一套蒸渗仪，一套涡动相关仪（4.5 m），一套双波段闪烁仪（有效高度 22.45 m，路径长度1854 m），一台宇宙射线土壤水分测定仪，10 个土壤温湿度无线传感器网络节点，28 个节点叶面积指数传感器网络；一套气象要素梯度观测系统，包括 7 层气温、湿度、风速与风向、CO_2 浓度与水汽密度（3 m、5 m、10 m、15 m、20 m、30 m、40 m）、四分量辐射（12 m）、光合有效辐射（3 个，12 m；2 个，0.5 m）、红外辐射温度（2 个，12 m）、气压、降水量、土壤热通量（3 块、6 cm）、土壤温湿度廓线（2 cm、4 cm、10 cm、20 cm、40 cm、80 cm、120 cm、160 cm，表层安有土壤温度探头）、平均土壤温度（2 cm、4 cm）、

物候相机（10 m）和植被叶绿素荧光（25 m）等（Xu T R et al., 2018; Xu Z W et al., 2020）。普通站由涡动相关仪、自动气象站以及物候相机等构成 [图2-34（c）]，用于测量地表通量（感热、潜热和碳通量，张掖湿地站安有甲烷观测系统）以及风速/风向、空气温湿度、降水、气压、红外辐射温度、四分量辐射、光合有效辐射、土壤热通量、土壤温湿度廓线、植被物候与覆盖度等，一般为10 m的气象塔。以中游花寨子荒漠站（10 m塔）为例，该站包括2层空气温湿度（5 m、10 m）和风速（5 m、10 m）以及风向（10 m）、四

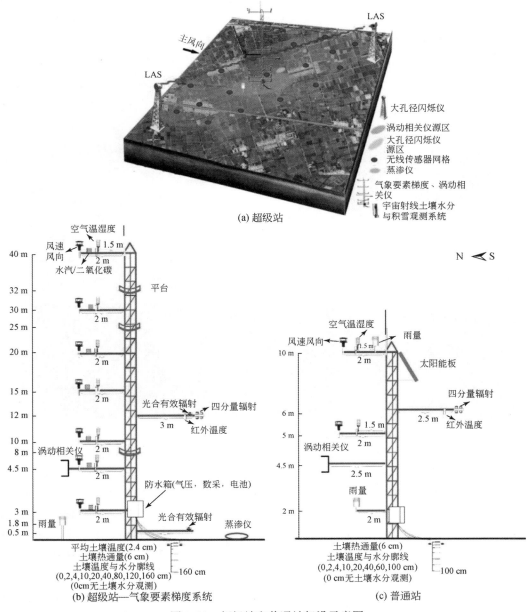

图 2-34　超级站和普通站架设示意图

分量辐射（6 m）、红外辐射温度（2 个，6 m）、气压、降水量、土壤温湿度廓线（2 cm、4 cm、10 cm、20 cm、40 cm、60 cm、100 cm，表层安有土壤温度探头）、和土壤热通量（3 块，6 cm）等，以及 1 层涡动相关仪（4.5 m）。

2）积雪和冻土。为了准确地捕捉上游高寒地区积雪消融过程，在上游垭口站设立了积雪观测场（图 2-35），包括积雪自身物理属性、物质和能量交换过程的观测仪器。其中积雪自身物理属性观测仪器包括 GMON 伽马射线雪水当量仪（测量范围 100 m²）、SPA 积雪属性分析仪（可自由移动，配合 GMON 的连续观测，获取 GMON 观测范围内的水平和垂直的雪层廓线密度及含水量）以及全球导航卫星系统（GNSS）的积雪观测系统（测量积雪深度）；积雪物质与能量交换过程观测仪器包括国际上标准的双栅式对比用标准雨量计（Double Fence Intercomparison Reference，DFIR）（测量降雪量）、涡动相关系统（测量雪升华量）、FlowCapt 风吹雪粒子测量仪（测量风吹雪粒子的通量及摩擦速度）（Che et al.，2019）。

图 2-35　垭口站的积雪观测场

上游阿柔超级站设有冻融观测系统，包括土壤温湿度观测系统（0 cm、2 cm、4 cm、6 cm、10 cm、15 cm、20 cm、30 cm、40 cm、60 cm、80 cm、120 cm、160 cm、200 cm、240 cm、280 cm、320 cm）、土壤水势和导热率（4 cm、10 cm、20 cm、40 cm、80 cm、120 cm）、雪深、宇宙射线土壤水分测定仪（测量范围为 700 m 直径圆形区域）以及双栅式雨雪量计。另外，上游景阳岭站、大沙龙站也布设了称重式雨雪量计，上游其余各站土壤温湿度观测深度均达 1.6 m。

3）植被生理与生态参数。2013 年 8 月起，在下游四道桥超级站、混合林站与胡杨林站安装有植物液流仪（胡杨林站 2016 年 4 月拆除），2019 年 4 月将观测点均移动到混合林站旁（有 3 个观测点），用于测量胡杨树蒸腾量；2013～2017 年对植被物候（2013～2017年，整个流域）、覆盖度（2013～2014 年，中游）、株高（2013～2017 年，整个流域）、叶面积指数（2013～2015 年，中下游）、生物量（2013～2014 年，中游）、光合作用（2014 年，下游）、土壤呼吸（2014 年，下游）进行了定期人工观测。2018 年 5 月在阿柔、大满、四道桥超级站以及混合林站安装了物候相机，在黑河流域中游大满超级站（6个上节点、28 个下节点）、下游四道桥（1 个上节点、6 个下节点）和混合林站 1 个上节点、5 个下节点）安装了叶面积指数传感器网络，用于连续测量长时间序列的植被物候/覆盖度与叶面积指数。

4）径流与地下水位。在中游主河道加密布设水文断面，利用声学多普勒流速剖面仪、超声水位仪等观测设备开展精细的径流观测。2012～2015 年分别在黑河中游 213 国道黑河桥、312 国道黑河桥、兰新铁路桥、乌江桥、板桥、高崖水文站、平川桥、高台桥 8 个水文断面监测黑河中游流量变化过程（河流水位和流速）。

下游植被用水主要依靠深层土壤水和地下水，2013 年 8 月起在下游四道桥超级站、混合林站和胡杨林站开展了针对胡杨与怪柳的地下水位观测，2016 年 4 月起在下游四道桥超级站、混合林站和胡杨站附近，布设了胡杨林下、林间的土壤水分廓线对比观测（10 层，2 cm、4 cm、10 cm、20 cm、40 cm、60 cm、100 cm、160 cm、200 cm、240 cm）。

5）其他参数。主要包括土壤参数（土壤质地、孔隙度、容重、饱和导水率和土壤有机质含量等）与地表辐射特征（地物光谱、地表发射率与组分温度、微波辐射特征以及荧光光谱）的观测。

2012 年对上游阿柔站和中游各个观测站进行了土壤参数观测；2013～2016 年开展了地物光谱（2014 年，下游）、地表发射率（2014～2015，整个流域）与组分温度（2014～2016 年，下游）、微波辐射特征（2013 年，上游与中游）的观测。2017 年 5 月在大满超级站、2019 年 5 月在阿柔超级站安装了植被叶绿素荧光观测系统，用于连续、自动测量地物光谱和叶绿素荧光。

（2）生态–水文无线传感器网络

在黑河流域，有 3 类无线传感器网络：第 1 类在超级站上，即安装在大满（2012.5 至今）、阿柔超级站（2014 年 7 月至今）的闪烁仪源区内，目标是为揭示地表蒸散发与影响因子的空间异质性提供基础观测数据，已在超级站布设中提及；第 2 类为 2012 年"非均匀下垫面多尺度地表蒸散发观测试验"期间，布设在 5.5 km×5.5 km 小矩阵区域内的无线传感器网络，核心目标是土壤水分航空遥感产品的真实性检验，在 2.5 节中已介绍；第 3类为安装黑河流域上游八宝河流域的生态水文无线传感器网络（2013 年 6 月至今），下面介绍此类无线传感器网络。

为度量流域尺度土壤水分与温度等的时空动态、空间异质性和不确定性，为微波土壤水分产品真实性检验、流域水文模拟和同化提供观测数据，2013 年 6～8 月在黑河上游八宝河流域（2495 km²）安装了共计 40 套 WATERNET 土壤水分无线传感器网络节点（图 2-36），主要分为三种：①土壤水分和土壤温度观测（21 个节点）；②土壤水分、土壤温度和地表温度观测（8 个节点）；③土壤温度、土壤水分、地表温度、雪深和降水（11 个节点）。

这些节点用于长期测量高寒草甸、农田和裸地的 4 cm、10 cm 及 20 cm 土壤水分和温度、地表温度、雪深及降水等变量。

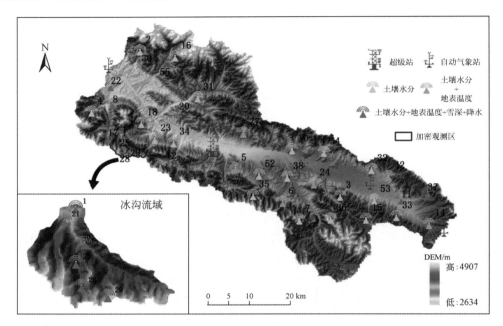

图 2-36 　八宝河流域无线传感器网络的布设

图中数字为数采编号

（3）卫星遥感监测

全球遥感产品空间分辨率多大于 1 km，时间分辨率多为 8 天、16 天或更低。如何利用多源遥感数据，在航空遥感和地面观测的支持下，生产出可用于流域生态–水文研究的高质量、高时空分辨率遥感产品，是一个大的科学挑战。因此，黑河遥感试验发展了高时空分辨率的 9 类关键生态–水文变量的遥感产品（植被类型/土地覆被、物候期、植被覆盖度、净初级生产力、叶面积指数、积雪面积、土壤水分、降水、蒸散发）。其空间分辨率多为 1 km 或优于 1 km；积雪面积、土壤水分、地表蒸散发等产品的时间分辨率为逐日（表 2-13）。

表 2-13 　卫星遥感产品

产品名称	空间分辨率	时间分辨率	时间
植被类型/土地覆被	30 m	1 月	2011～2015 年
物候期	1 km	6 幅/1 个生长期	2012～2015 年
植被覆盖度	30 m，250 m，1 km	5 天、16 天、1 月	2011～2015 年
净初级生产力	1 km	5 天	2012～2015 年
叶面积指数	30 m，1 km	5 天、1 月	2010～2015 年
积雪面积	500 m	1 天	2000～2015 年

产品名称	空间分辨率	时间分辨率	时间
土壤水分	1 km	1 天	2008~2015 年
降水	0.05 度	1 小时	2000~2016 年
蒸散发	1 km	1 天、1 月	2000~2016 年

2. 观测网的维护、数据处理与质量控制

(1) 观测仪器的比对和标定

在观测系统布设之前，需要对所用仪器进行比对，尤其是地表通量观测仪器（涡动相关仪、闪烁仪、辐射仪等）、不同型号雨量计及多层风温湿传感器等。

在非均匀下垫面多尺度地表蒸散发观测试验和上、中游水文气象观测网实施之前，在张掖城西巴吉滩戈壁开展了地表通量仪器的比对试验［图 2-37 (a)］。仪器比对场为一个相对均匀、平坦、开阔的红砂荒漠下垫面，时间为 2012 年 5 月 14~24 日，涉及 20 台涡动相关仪、18 台辐射仪和 7 台大孔径闪烁仪等。大孔径闪烁仪分为四组（两两一组）排列在相距 606 m 的南北两侧，每组大孔径闪烁仪之间相距约 80 m，为防止每组的两台大孔径闪烁仪之间产生干扰，将每组的两台大孔径闪烁仪发射与接收端对调；涡动相关仪和辐射仪比对场设置在整个比对场的中间位置。结果表明：各类辐射仪观测的短波/长波辐射、净辐射均有较好的一致性（平均回归斜率为 0.2%），优于美国开展的 FIFE 试验结果，与德国开展 EBEX-2000 试验结果相当。各种涡动相关仪测量的感热、潜热通量比较一致（平均回归斜率：感热通量为 3.21%，潜热通量为 10.94%），优于 EBEX-2000 试验的结果。各类大孔径闪烁仪测量的感热通量比较一致（平均回归斜率为 4.4%），与 Kleissl 等（2008，2009）结果类似。大孔径闪烁仪观测值与涡动相关仪的差异在 3% 以内，具有较好的可比性（Xu et al.，2013）。

在下游水文气象观测网布设之前，2013 年 6 月 27 日至 7 月 3 日在相对均匀的灌丛下垫面开展了地表通量观测仪器的比对试验［图 2-37 (b)］，包括 6 台辐射仪、6 台涡动相关仪和 2 台大孔径闪烁仪，比对场的长度约 515 m，宽度约 300 m。结果表明：观测仪器之间有较好的一致性。其中 6 台涡动相关仪测量的感热通量差异（回归斜率）在 3% 左右，潜热通量差异在 7% 左右，涡动相关仪和大孔径闪烁仪测量的感热通量差异在 9% 左右，6 台辐射仪观测净辐射差异为 0.3%（Li et al.，2018）。

针对具有双层、多层风温湿观测的站点，安装之前对同类传感器在相同高度上进行比对。在黑河中游张掖上头闸村、大满超级站设置了自然降水、人工降水条件下不同型号雨量计的比对试验场，以便分析降水量测量误差的来源，获取降水量的校正公式。

同时，涡动相关系统在安装之前及每年春季对 CO_2/H_2O 红外气体分析仪进行统一的标定，土壤水分探头在安装之前也进行了干、湿极点的标定。

通过观测仪器间的一致性比对和标定，可定量评价仪器的系统误差，同时也可以指导仪器的布设，并有助于后续观测数据的分析。

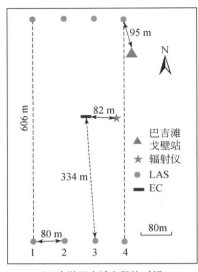

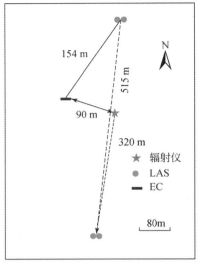

(a) 中游巴吉滩戈壁比对场 　　　　　(b) 下游灌丛比对场

图 2-37　比对试验场的布设

（2）观测系统的维护

综合观测网内所有观测站点的数据均通过无线传输方式传输到数据综汇系统进行管理。数据综汇系统包括数据自动采集、数据存储与管理、仪器设备状态监控、实时数据可视化等功能（图 2-38）。

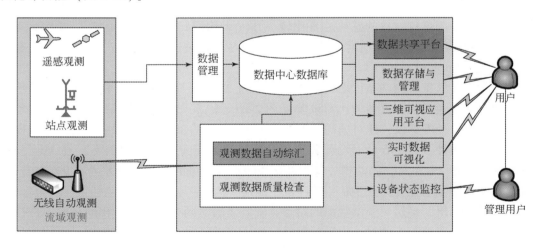

图 2-38　数据综汇系统

黑河流域综合观测网的站点横跨青海、甘肃和内蒙古三个省（自治区），纵横千余公里。为保证观测网内各站点仪器的正常运行，本书制定了综合观测网的维护流程（图 2-39），分为日—旬—月—年的时间尺度，具体为：每日浏览观测网内各个站点无线传输到数据综汇系统的实时数据，查看观测数据的质量、连续性与仪器运行状况（如查看涡动相关仪的感热通量、潜热通量、二氧化碳通量、三维风速、信号诊断值等；闪烁仪的空气折射指数结构参数、信号强度等；自动气象站风温湿压、辐射、降水、土壤温湿度等各要素的数值）；每旬由数据综汇系统绘制观测站点的每个观测要素的连续变化图，通过这些要素变化图进一步查看观测数据质量（如绘制涡动相关仪、闪烁仪、自动气象站等仪器获取的各观测要素连续变化图）；每月实地到观测站点进行巡检，包括现场采集数据，检查仪器设备状况，擦拭易受外部环境影响的传感器，观测场景拍照以及植被物候、株高、下垫面状况等的测量与记录；每年初对前一年观测数据进行预处理与检查。在上述站点维护过程中，如发现问题，及时前往观测站点对仪器进行检修与更换。每年春、秋季（植被生长开始、结束时）会对观测网内仪器进行全面的检修和标定。

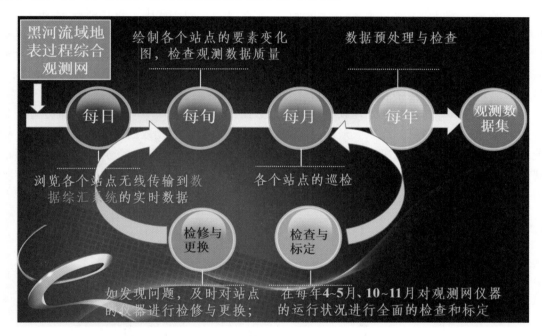

图 2-39　综合观测网的维护流程

（3）观测数据的处理与质量控制

制定了一套针对综合观测网数据集完整、具有可操作性的数据处理与质量控制规程，包括闪烁仪、涡动相关仪、自动气象站、宇宙射线土壤水分测定仪、植物液流仪、物候相机、叶面积指数传感器网络等。首先，针对不同的观测数据集制定详细的数据处理方案，进行严格的数据处理与质量控制。如大孔径闪烁仪，采用北京师范大学开发的大尺度水热通量观测系统数据处理与分析软件进行处理，主要是结合气象数据（风速、空气温度、气压等），基于莫宁–奥布霍夫相似理论通过迭代计算得到感热通量，进而结合地表能量平衡方程，得到潜热通量。观测数据的质量控制主要包括：①剔除空气折射指数结构参数（C_n^2）达到饱和的数据；②剔除解调信号强度较小的数据；③剔除降水时刻及其前后 1 小时的数据。涡动相关仪观测数据的处理主要采用美国 Licor 公司开发的 EddyPro 软件（http://www.licor.com/env/products/eddy_covariance/software.html）进行后期处理。处理的主要步骤包括：野点值剔除、延迟时间校正、角度订正（针对 Gill 型号三维超声风速仪）、坐标旋转、频率响应修正、超声虚温修正和密度修正等，最后得到 30 分钟的通量值。同时对各通量值进行质量评价，主要是大气平稳性和湍流相似性特征的检验，每 30 分钟通量值对应一个质量标识。在此基础上，针对处理后的 30 分钟通量值进行筛选：①剔除仪器出错时的数据；②剔除降水前后 1 小时的数据；③剔除 10Hz 原始数据每 30 分钟内缺失率大于 10% 的数据。自动气象站观测数据的处理与质量控制主要是检查和整理的过程，剔除明显超出物理含义的观测数据。宇宙射线土壤水分测定仪的观测数据主要处理与质量控制步骤包括，数据筛选（剔除电压小于等于 11.8V 的数据、剔除空气相对湿度大于 80% 数据、剔除采样时间间隔不在 60±1 分钟内数据、剔除快中子数较前后一小时大于 200 的数据）、数据校正（去除气压、空气湿度和太阳活动对快中子数的影响）、仪器率定以及土壤水分的计算等。植物液流仪数据处理与质量控制首先根据探针之间的温度差计算液流速率和液流通量，然后根据观测点的林地面积和树木间距，计算得到林地单位面积的蒸腾量，并对计算的速率和通量值剔除明显超出物理意义或超出仪器量程的数据。其次，数据的三级审核。包括数据处理人员针对每个数据集进行自检，不同观测数据集处理者进行交叉检查，以及专家的终审。最后，撰写每个观测数据集的元数据，包括站点描述、处理过程、表头说明、注意事项、参考文献、项目信息等。在进行上述步骤后，将处理后的观测数据集以及元数据交由数据共享平台发布与共享，具体数据处理与质量控制规程如图 2-40 所示。

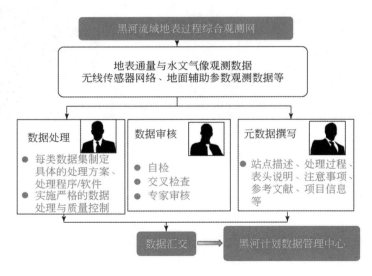

图 2-40　数据处理与质量控制流程

（4）数据共享与产出

在黑河计划数据管理中心（http://www.heihedata.org/）、寒区旱区科学数据中心

（http://westdc. westgis. ac. cn/）、国家青藏高原科学数据中心（http://data. tpdc. ac. cn/zh-hans/）上发布中文数据集 848 个、英文数据集 514 个。为 30 000 多人次提供 200TB 的数据服务，支持各类科研项目 500 多个，开创了国内科学数据共享的新模式，被认为"改变了数据共享的文化"。通过观测数据的共享，保障了国家自然科学基金重大研究计划"黑河流域生态-水文过程集成研究"的顺利实施，为寒旱区生态-水文和定量遥感的发展起到重要的支撑作用。

基于发布的观测数据集产生了观测变化趋势分析、高时空分辨率遥感产品生产、尺度转换与真实性检验、模型-观测集成与生态-水文应用等一系列研究成果。截至 2019 年 12 月，观测数据集共支持发表 SCI 论文 700 余篇，其中 11 篇文章入选 ESI 高被引论文。

黑河流域地表过程综合观测网是我国第一个流域尺度多要素-多过程-多尺度-分布式-立体综合观测系统，得到国内外同行的高度评价，如国际知名的水文学家、道尔顿奖获得者 Vereecken 教授等在水文学 TOP 期刊 *Water Resources Research* 50 周年专辑上撰文认为：黑河观测系统与美国关键带观测、国家生态观测网络、丹麦水文观测系统、澳大利亚陆地生态系统研究网络、欧洲碳综合观测网等并列为国际上重要观测系统（Vereecken et al.，2015）。黑河流域被遴选成为联合国教科文组织国际水文计划干旱区水与发展全球信息网络（UNESCO IHP G-WADI）、GEWEX 跨领域研究项目国际高山流域水文研究网络（INARCH）的试验流域，并成为国际土壤水分网络（ISMN）的重要组成部分。

2.6.3 干旱区流域观测系统的前瞻

在 WATER、HiWATER 试验的框架下开展的密集、立体的通量观测矩阵试验，构建的多要素-多尺度-网络化-立体-精细化的流域综合观测网，可以捕捉非均匀下垫面地表参数的异质性、尺度效应与不确定性等，提升了黑河流域陆表过程的综合监测能力。

今后，干旱区流域观测网将朝着基于物联网的、以"地面观测网-无人机-多源卫星"为主的智能观测系统方向发展，实现观测数据的在线处理、实时传输与共享，以及仪器工作状态的远程监控与预警；应加强地表的大气-生态-水文过程与地下的生物地球化学过程的耦合研究，将开展绿洲-荒漠关键带，乃至内陆河关键带的观测，实现多尺度-多界面-多过程-多要素-多学科交叉的综合监测；更加重视地面、遥感观测与大尺度模型的集成，增强干旱区流域陆表过程的预测能力，提升在气候变化和人类活动加剧情况下干旱区内陆河流域应对水资源短缺和生态环境恶化的能力。

第 3 章 | 黑河流域生态–水文过程集成研究格网数据制备

黑河流域生态–水文过程集成研究的重要特点是开展全流域的以模型为基础的系统集成研究，其重要目标是为建设流域决策支持系统服务，为此，建立格网数据是必不可少的重要基础。本章主要介绍多要素过程模型的本底数据以及参数测定成果，即流域高分辨率土壤、植被本底数据和高分辨率植被关键参数、水分蒸发以及气象、气候再分析数据等。

3.1 黑河流域高分辨率土壤本底数据

3.1.1 土壤数据的需求与现状

近年来，流域水资源配置、面源污染、生态恶化、土地退化等问题日益凸显，严重影响了流域内生产生活和经济社会可持续发展（程国栋和赵传燕，2008）。要应对这些问题，需通过生态–水文过程模拟等深刻理解流域内水文、生态和人类活动等过程及其相互作用，建立流域资源管理和经济社会发展决策支持系统（李新和程国栋，2008）。土壤是生态和水文过程的重要参与者，生态–水文过程模拟工作需要土壤信息作为基本输入，当前对土壤信息的精细和准确程度都提出了更高的要求。

当前广泛使用的土壤数据是 2009 年联合国粮食及农业组织构建的 1∶100 万世界土壤数据库（Harmonized World Soil Database，HWSD）（FAO/IIASA/ISRIC/ISS- CAS/JRC）。全球约有 68% 的国家完成了 1∶100 万或更小比例尺的土壤图，完成制图的面积仅占全球陆地面积的 31%（Nachtergaele and Van Ranst，2003）。我国当前主要使用的是全国 1∶100 万土壤类型图，土壤属性图的生成，采用多边形链接方法，将土壤调查点理化性质数据与对应多边形图斑链接，用一个调查点的理化性质数值或多个点的均值赋给整个图斑生成，不能反映图斑内部土壤变异，粗略且准确性不高。在黑河流域，全流域覆盖的有 1988 年中国科学院沙漠所绘制的黑河流域土壤类型图和 1995 年中国科学院南京土壤研究所编制的中国土壤类型图，均为发生分类系统，制图比例尺 1∶100 万。以上土壤数据均基于二三十年前调查资料，以类别多边形进行制图表达，在空间和属性上比较粗略，准确性不高，没有不确定性信息，比水文模型其他参数数据粗略得多，造成模拟结果的较大不确定性，甚至得出错误研究结论，成为模型参数制备的瓶颈（王书功，2010）。

3.1.2　土壤制图研究现状与挑战

传统上土壤图数据是由土壤调查制图方法生成。传统土壤制图沿袭"收集资料—室内预判—野外调查—室内判读—野外校核—定界成图"方法，调查者通过野外调查建立制图区土壤与景观之间的关系，再依据航空影像、地形图或卫星影像等信息通过手工将不同的土壤类型或类型组合的分布范围归纳成制图单元勾绘成土壤图（全国土壤普查办公室，1992）。这种方法存在明显不足：依赖土壤调查者个人经验的思维模型、用类别多边形进行制图表达以及手工勾绘不同土壤空间范围，导致了准确性和效率低、成本高、难以估算不确定性和制图结果的不可重复（朱阿兴，2008）。为克服这些不足，得益于地理信息系统和遥感等地理信息技术的发展，数字土壤制图（digital soil mapping），亦称预测性土壤制图逐渐发展起来。它利用成土因素数据和从野外土壤调查获取的数据资料，建立定量土壤景观模型，在计算机平台上自动计算生成栅格数据格式的土壤类型和属性图，其在准确性、精细度和制图效率都有较大提高，且成本低。

数字土壤制图已成为土壤科学的前沿（Sanchez et al.，2009；Zhang G L et al.，2016；Minasny and McBratney，2016），目前主要有数理统计、空间统计、专家知识、机器学习等方法。数理统计方法是通过建立土壤与环境因素之间的统计关系进行土壤推测制图，主要方法有判别分析、线性回归、广义线性模型、广义附加模型等（Thompson et al.，2006），需建立在大量实测数据基础上，模型应用局限在模型建立区域。空间统计方法是利用土壤空间自相关进行土壤推测制图的方法。其中克里格系列方法近 30 年来使用广泛，它基于区域化变量结构信息（半方差函数），根据未知点邻域内样本，对未知点进行无偏最优估计，有普通克里格、协同克里格、回归克里格、面点克里格等（Hengl et al.，2004；Goovaerts，2011；Kerry et al.，2012），要求样本数量多、分布均匀且满足二阶平稳假定。地理加权回归也是一种空间统计，它将土壤数据空间结构嵌入回归模型，回归系数在每个空间数据位置利用权重矩阵分别估计，该方法主要作为探测土壤空间非平稳性的工具使用，但也可用于制图（Li and Zhao，2010；Kumar et al.，2012；Song X D et al.，2016）。专家知识方法是从土壤专家获取土壤与环境要素关系知识，将专家知识和语义模型相结合，借助地理信息技术完成土壤制图，如模糊逻辑推理方法（Zhu and Band，1994；朱阿兴等，2005）。机器学习方法是数据驱动的学习算法的统称，通过对样本数据的训练学习建立目标变量与解释变量之间关系的模型，实现未知样本预测。该方法近年已广泛应用于多个领域，在土壤制图上也有较好表现（Brungard et al.，2015；Yang et al.，2016；Hengl et al.，2017）。

当前数字土壤制图研究大多集中在小区域范围（土壤环境关系相对简单），对大区域范围（景观多样、多成土因素综合作用）制图方法缺少研究。现有研究主要面向农业应用，探讨针对表层土壤的二维制图方法，缺乏对三维土壤制图方法的研发。另外，现有制图工作多满足于现有技术算法在土壤制图上的简单应用，忽视了对土壤发生学知识的运用融合，导致模型过于复杂，难以解译和外推。黑河流域面积大，景观复杂，多因素综合作用显著，是开展复杂地区数字土壤制图的典型案例区。因此，本书的研究目标，一是研发适用于复杂景观区域多因素综合作用条件下的数字土壤制图方法，为西北干旱区大型流域土壤制图和"全球数字土壤制图计划（GlobalSoilMap. net）"提供范例；二是研发覆盖全流域高空间分辨率的系列土壤类型和属性分布图，为黑河流域重大研究计划提供土壤信息支撑。

3.1.3　黑河流域数字土壤制图成果、突破与影响

1. 黑河流域最新最全面的土壤调查资料

黑河流域原有的土壤调查数据来源于 20 世纪 80 年代第二次全国土壤普查，流域内调查点数量非常有限且集中在河西走廊的绿洲区域。同时，这些调查数据反映的是 30 年前土壤状态，早已陈旧过时。

黑河流域面积大，自然环境较为恶劣，上游高山峡谷，中下游多为荒漠戈壁，路网密度低，区域可达性差，土壤调查难度大、成本高。基于适用于大区域复杂景观的分区、代表性和逐步的土壤调查方案设计，从 2012~2014 年组织开展了三次野外土壤调查，共采集剖面 250 个，覆盖全流域不同土壤景观类型（图 3-1）。野外测定了土体厚度、砾石含量，土壤入渗速率等，判别了土壤类型。实验室测定了土壤理化属性（颗粒组成、有机碳、容重、pH、阳离子交换量、碳酸钙），完成了土壤水分曲线测定。调查获得了最新的全面的第一手实地描述资料、土壤形态学描述、大量土壤样本，加深了对流域土壤变异及其与环境关系的理解，为重大研究计划提供了土壤调查基础。

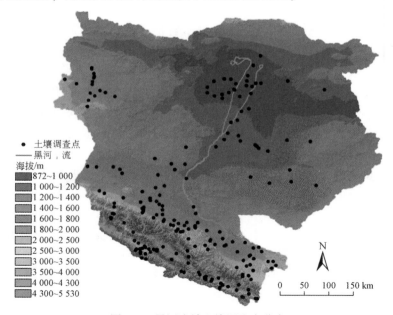

图 3-1　黑河流域土壤调查点分布

2. 基于改进案例推理方法的土壤类型数字制图

常规案例推理在解释变量数量较多的情况下基于欧式距离的相似度算法对案例的区分能力较差，解释变量权重定义主要依靠主观经验，限制了案例推理的准确性和推广应用。对此，采用高斯函数计算相似度，用交叉验证优化算法确定各解释变量权重，基于改进的案例推理方法对黑河流域土壤亚类进行了推测制图。主要步骤是：①根据景观类型划分制图区域；②将土壤剖面样点视为包含土壤景观关系的案例，基于上述成土环境变量定量计算未观测位置与所有案例之间的环境相似程度；③对相似度较高的多个案例进行综合，推测未观测位置的土壤亚类，得到栅格表达的土壤亚类分布图（上游 100 m 中下游 250 m 分辨率）；④将栅格亚类图层转为矢量多边形格式，参考黑河流域各土壤景观类型和现有图件的地理边界进行制图综合和图形编辑；⑤根据土壤景观特征和相关制图原则制作图例，设置制图要素，制图输出（图 3-2）。独立验证结果显示，黑河流域各景观区的土壤亚类的准确率达 75%，土类级别预测准确率达 85%。黑河流域各土纲占流域总面积的百分比为：干旱土约 51%，新成土 26%，雏形土 13%，盐成土 8%，人为土 1%，其他 1%。

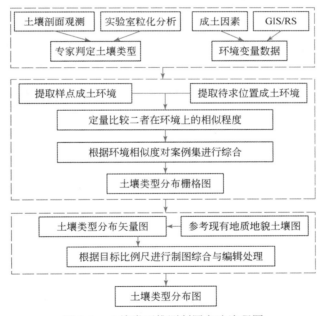

图 3-2 土壤类型推测制图方法流程图

3. 生存分析与条件推理树结合的土壤厚度制图

土壤厚度是影响生态-水文过程的重要属性，但其定义与使用比较混乱，缺乏科学界定与统一的划分标准，而且受采样深度限制，土壤厚度观测或为具体数值或为数据范围（或称删失数据），对于这种数据没有现成的制图方法。为此，对土壤厚度定义、划分标准和制图方法进行研究，取得了三方面成果。

第一，提出了土壤厚度的定义、划分标准和野外识别方法（图3-3）。基于黑河流域等土壤调查，从土壤发生、根系生长、水分运移和耕作性能等方面综合考虑，将土壤厚度分为土体厚度、土壤有效厚度和土壤表层厚度，明确了其定义、发生学意义及其划分标准。

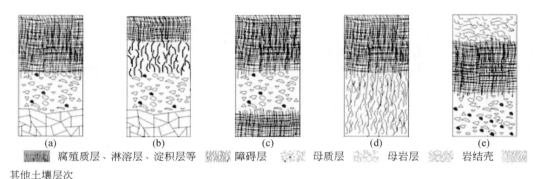

腐殖质层、淋溶层、淀积层等 障碍层 母质层 母岩层 岩结壳 其他土壤层次

图 3-3 土体厚度及有效土层厚度示意图

第二，提出了一种综合环境变量筛选方法。现有环境变量筛选方法（如皮尔逊相关分析、广义可加模型、随机森林模型等）各有优缺点，提出了一种发生学知识与多模型集成的综合环境变量筛选方法，首先根据土壤发生学知识选取候选变量，然后采用多种常规变量筛选方法生成各自最优变量组合，最后对所有组合进行综合计算各变量的重要性等级和出现频率，产生最终变量组合（图3-4）。验证表明，与常规方法相比，RMSE 和 R^2 分别改进了 2.25 ~ 7.64 cm 和 0.08 ~ 0.26。

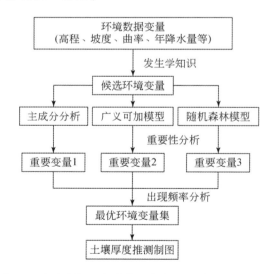

图 3-4 发生学知识与多模型集成的环境变量筛选方法

第三，将医学上生存分析引入并与条件推理树结合进行上游祁连山区土壤厚度制图（图3-5 和图3-6）。使用 129 个土壤厚度样本（45 个为删失数据），选取高程、坡向、植

被指数、距离河道垂直距离、TM 波段、年降水量和年均温为变量。结果表明,生存分析与条件推理树结合可有效处理删失数据,预测精度为 $R^2 = 0.65$,RMSE $= 47$ cm,远高于不考虑删失数据的做法。海拔、年降水量、距河道垂直距离和植被指数对预测土壤厚度具有较大重要性(图 3-7)。该工作成果发表在农业工程学报(芦园园等,2014)。

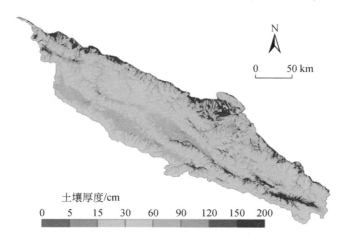

图 3-5　基于条件推理树的土壤厚度制图结果

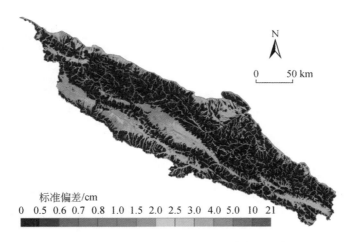

图 3-6　土壤厚度预测结果的不确定性分布

4. 基于增强回归树和随机森林的土壤草毡层制图

草毡表层在黑河上游分布广泛,是高寒地区独特的土壤诊断层,目前没有草毡层制图相关的研究报道,且对于草毡层发生发育认识较为薄弱。为此,对黑河上游草毡表层发育程度和厚度等进行了数字制图研究,使用年降水量、年均温、TM 波段、地形属性、土地覆被等环境因子进行建模,对四种机器学习算法[分类回归树(CART)、随机森林(RF)、增强回归树(BRT)和支持向量机(SVM)]进行了比较与集成分析。结果发现,

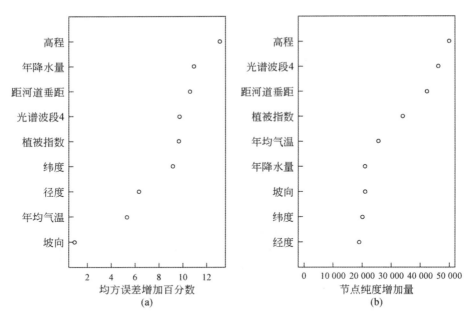

图 3-7 环境因子对预测土壤厚度的重要性分析

BRT 模型的预测精度最高，CART 精度最低（表 3-1）。

表 3-1 分类回归树 CART、随机森林 RF、增强回归树 BRT 和支持向量机 SVM 性能比较

模型性能	分类回归树	随机森林	增强回归树	支持向量机	独立验证
总体精度/%	77.3±1.1[b]	83.9±0.7	84.6±1.1	83.9±0.9	84.7
Kappa 系数	0.605±0.023	0.664±0.014	0.672±0.029	0.662±0.024	0.683
AUC[a] 指数	0.784±0.012	0.908±0.013	0.921±0.012	0.906±0.006	

注：AUC[a]. 接收机操作特性曲线的面积；b. 均值±标准差

　　草毡层空间分布具有较为明显聚集特征，少量零散分布海拔下限或西部降水较少地区，在海拔 3000 m 以上随海拔降低呈较为明显的条带状分布，发育的厚度逐渐增大（图 3-8）；自西北向东南，草毡发育程度逐渐增高，与年降水量趋势一致（图 3-9），地形及植被所体现的水分条件在空间上的分布不均造成了草毡表层发育程度的空间分异。相关工作成果已发表在 *Pedosphere*（Zhi et al., 2018）、*Geoderma Regional*（Zhi et al., 2017）和《生态学报》上（金成伟等, 2017）。

5. 基于统计/空间统计的土壤有机碳制图

　　近年使用频率比较高的统计/空间统计方法有多元线性回归（MLR）、地理加权回归（GWR）、外部漂移克里格–全局回归（KED-GLS）、地理加权回归克里格（GWRK）、外部漂移克里格–最大似然估计（KED-REML），见表 3-2。以黑河流域中上游为例，通过比较应用检验了它们对于复杂景观区土壤有机碳数字制图的适用性，采用留一交叉验证法评价制图结果。

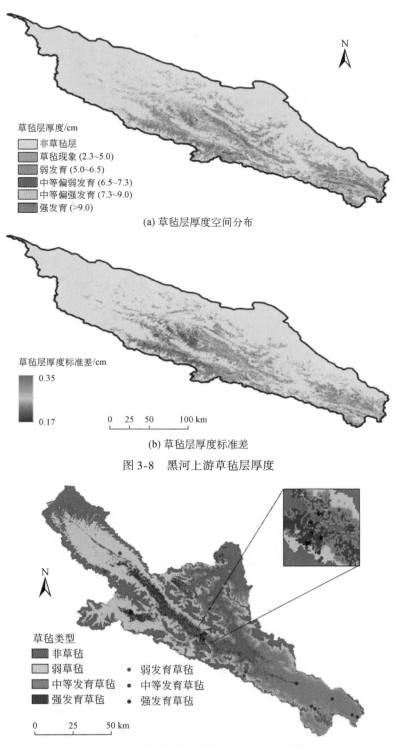

草毡层厚度/cm

非草毡层
草毡现象 (2.3~5.0)
弱发育 (5.0~6.5)
中等偏弱发育 (6.5~7.3)
中等偏强发育 (7.3~9.0)
强发育 (>9.0)

(a) 草毡层厚度空间分布

草毡层厚度标准差/cm

0.35

0.17

0   25   50   100 km

(b) 草毡层厚度标准差

图 3-8   黑河上游草毡层厚度

草毡类型

非草毡
弱草毡
中等发育草毡
强发育草毡

· 弱发育草毡
· 中等发育草毡
· 强发育草毡

0   25   50 km

图 3-9   不同发育程度草毡表层空间分布

表 3-2 多元统计/地统计方法的主要特点

方法	数据/残差	回归系数
多元线性回归（MLR）	独立假定	全局
外部漂移克里格–全局回归（KED-GLS）	存在空间依赖	全局
外部漂移克里格–最大似然估计（KED-REML）	存在空间依赖	全局
地理加权回归（GWR）	独立假定	局部
地理加权回归克里格（GWRK）	存在空间依赖	局部

比较结果见图 3-10，误差最大的方法是 MLR，误差最小的是 KED-REML；GWR 方法的两个误差指标均显著小于 MLR，说明在考虑随机效应的模型中利用局部固定效应可以比全局固定效应得到更好的土壤有机碳含量推测结果；KED-REML 误差指标显著小于 KED-GLS，说明 REML 方法比 GLS 方法更好地估计模型参数；KED-REML 误差显著小于 GWRK，说明如已考虑随机效应，无需再用局部固定效应替代全局固定效应，也说明局部效应最好模拟为随机效应而不是固定效应。该工作成果发表在 *Geoderma*（Song X D et al., 2016）。

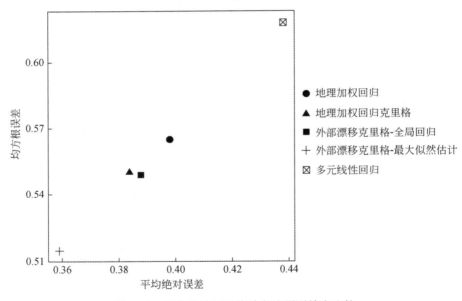

图 3-10 经典统计和地统计方法预测精度比较

6. 研发了三维土壤属性数字制图方法

现有三维制图方法是各土层分别建模的二维方法，忽略了土壤剖面的垂直约束导致土壤预测准确性不高，忽视土壤发生学知识导致过于依赖数据样本，在样本数量较少或分布不均衡时，预测误差较大。对此，进行了方法研发，克服了这些问题，实现了真正的三维数字土壤制图，生成了多个土壤属性（有机碳、无机碳、砂粒/粉粒/黏粒、砾石含量，容重，pH 等）的三维空间分布。

1）开发了三维混合线性制图模型，模型公式如下所示。

$$Y(s,d) = \sum_{j=1}^{p} x_j(s,d)\beta_j + \varepsilon(s,d),$$

其中 Y 是土壤属性预测值，s 代表水平方向地理位置，d 代表深度，x_j 代表第 j 个协同变量，β_j 是变量的回归系数，ε 代表与空间有关的残差。该模型同时估计水平方向上土壤变异和垂直深度方向上土壤变异，水平变异通过环境协同变量的线性组合进行模拟，垂直变异通过将深度作为预测因子进行模拟，通过加入变量相乘项模拟变量间的交互效应。以土壤有机碳三维制图为例，与常规二维方法进行了比较。结果显示，二维方法在深度较大时预测精度明显变差而三维方法精度随深度的衰减要小，二维方法协同变量回归系数随深度变化较大，而三维方法因为考虑了垂直方向约束回归系数变化较小（图 3-11，图 3-12）。该工作成果发表在 *Catena*（Brus et al.，2016）。

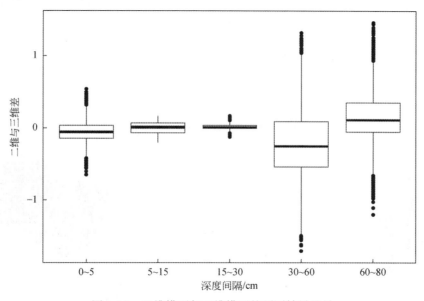

图 3-11 二维模型与三维模型的预测结果差异

2）开发了融合发生学知识的三维制图方法。首先，根据土壤属性在土壤剖面形成和累积的发生学机制，将其归纳为一种或多种剖面分布模式（如递增、递减、先增后减等），分别建立各模式的深度函数（如指数函数和幂函数等）；然后采用相似推测或随机森林等模型对深度函数的参数进行空间推测；最后根据深度函数公式和参数分布计算任意深度层次土壤属性的分布模式，实现三维制图（图 3-13）。以无机碳制图为例，图 3-14 显示了 1 m 土体无机碳三种剖面模式，图 3-15 是预测得到的无机碳垂直分布情况，图 3-16 显示了土壤无机碳在不同深度层次的空间分布。结果表明，基本形式的指数函数难以准确地描述黑河流域上游地区土壤无机碳的深度分布，结合了土壤形成过程知识的分类指数函数可获得更为准确的三维制图结果。相关工作发表在 *Science of the Total Environment*（Yang et al.，2017）和 *Geoderma*（Liu F et al.，2016）。

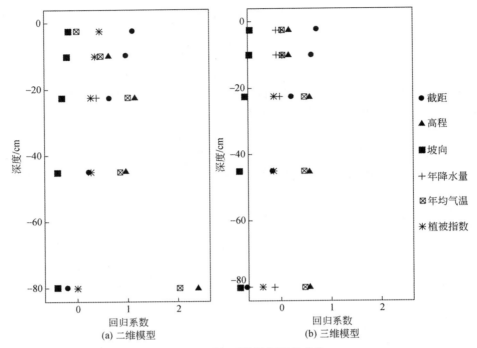

图 3-12　回归系数随深度的变化

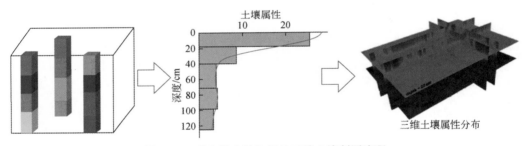

图 3-13　融合发生学知识的三维土壤制图流程

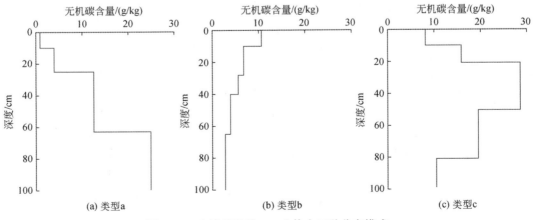

图 3-14　土壤无机碳 1 m 土体内三种分布模式

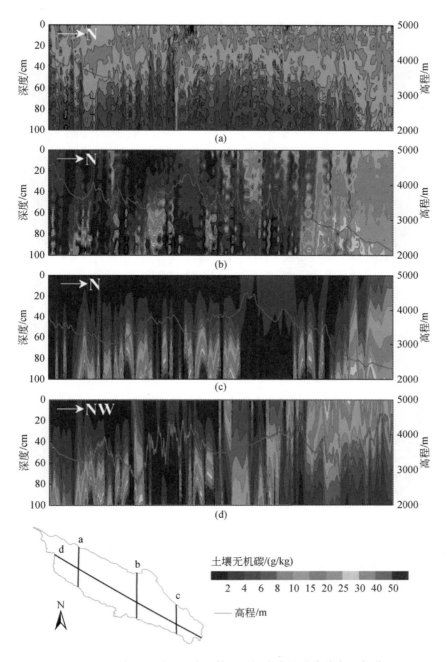

图 3-15　土壤无机碳含量在土体 1 m 深度内的垂直分布（部分）

　　3）开发了自适应深度函数拟合方法。样条函数是三维制图中使用最频繁的深度函数，对于土壤属性剖面分布突变时（相邻土层属性值差异大），容易出现较大偏差，产生不合理拟合。自适应方法能够对土壤属性沿深度方向的变化特征进行自动识别，自适应地进行曲线拟合，减少了拟合误差，自适应深度函数拟合方法效果更合理，拟合误差也小得多

（图 3-17），部分成果已发表在 *Soil Science Society of American Journal*（Liu F et al.，2013）。

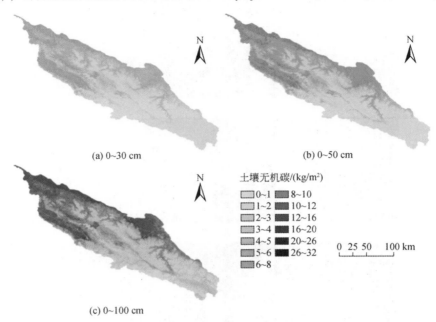

(a) 0~30 cm

(b) 0~50 cm

(c) 0~100 cm

图 3-16 土壤无机碳储量在 0 ~ 30/0 ~ 50/0 ~ 100 cm 深度的空间分布

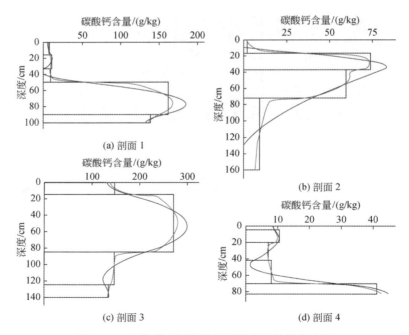

(a) 剖面 1

(b) 剖面 2

(c) 剖面 3

(d) 剖面 4

图 3-17 土壤碳酸钙含量剖面深度函数拟合比较

蓝色表示常规方法的拟合曲线，红色表示自适应方法的拟合曲线

7. 发展了基于土壤转换函数和机器学习的水文参数数字制图

许多土壤水文参数（如饱和导水率、土壤持水能力等）的野外或室内测定耗时费力，难以大量测定，样本数据往往很少，而且这些参数往往难以由环境因素直接推测得到。对此，通过对难以大量测定的有限土壤属性样本与易于测定的基本土壤属性进行统计分析，建立二者之间的经验模型，即土壤转换函数，用以推导水文参数数据。以土壤饱和导水率的推导为例，将主成分分析与多元逐步非线性回归结合建立了饱和导水率转换函数（图 3-18）。独立样本验证发现，开发的转换函数与实测值最为接近（表 3-3）。基于开发的土壤转换函数和前面基本土壤属性制图结果，对土壤饱和导水率进行了推测制图。

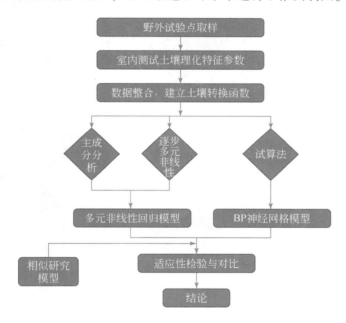

图 3-18　土壤转换函数/模型的建立

表 3-3　不同土壤转换函数预测值统计特征与实测值的比较

项目	均值	标准差	中值	最小值	最大值	变异系数
实测值	28.30	19.73	26.43	0.82	80.95	0.70
Campbell 和 Shiozawa（1994）	1.13	0.82	0.79	0.14	3.06	0.73
Dane 和 Puckett（1994）	74.28	33.48	60.56	23.92	161.47	0.45
Puckett 等（1985）	23.67	14.85	17.08	4.78	65.55	0.63
Cosby 等（1984）	26.05	0.42	25.87	25.71	27.23	0.02
主成分+逐步多元非线性模型	28.30	10.26	26.64	11.84	44.53	0.36
BP 神经网络模型	27.58	10.69	26.13	12.06	44.93	0.39

基于土壤转换函数得到的田间持水量和萎蔫含水量样本数据，探讨了机器学习算法（随机森林模型、增强回归树模型）对这两个目标变量进行推测制图效果。以海拔、坡度、

地形湿度指数、年均降水量、年均气温、植被指数和 TM 波段影像为环境变量。根据模型随机运行 100 次的标准差评估预测的不确定性。结果显示，增强回归树模型比随机森林模型制图精度更高，不确定性更小（图 3-19，图 3-20）；两个水文参数空间分布格局主要受到高程、年均温、地形湿度指数和反映地表水分的遥感影像近红外波段这些因子的控制。

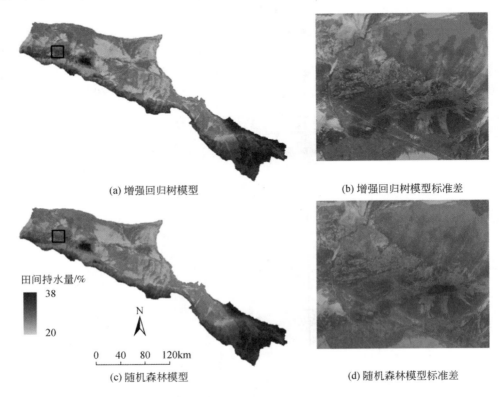

(a) 增强回归树模型

(b) 增强回归树模型标准差

田间持水量/%

38

20

N

0　40　80　120km

(c) 随机森林模型

(d) 随机森林模型标准差

图 3-19　田间持水量预测结果

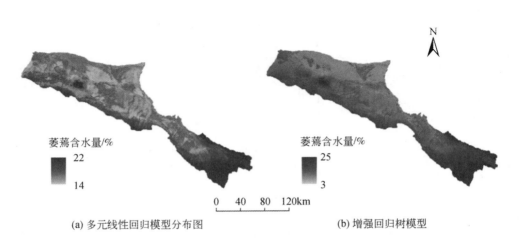

萎蔫含水量/%

22

14

N

0　40　80　120km

萎蔫含水量/%

25

3

(a) 多元线性回归模型分布图

(b) 增强回归树模型

图 3-20　萎蔫含水量预测结果

8. 提出了考虑土壤分类距离的制图精度评价方法

评估土壤分类精度时采用的都是二元方法，不同误分类的权重均为1。然而，考虑到土壤分类的实际应用，一些分类错误显然比另一些要严重。对此，提出了应考虑土壤分类距离的土壤类型预测精度评估方法（图3-21），比较了不同土壤分类距离的计算方法（专家打分、基于土壤属性的数值距离、基于土壤类型层级的分类距离、基于误差损失函数）。结果表明，通过分类距离对传统分类精度的调整，校正后的精度体现了不同误分类的差异（表3-4 和表3-5）。该工作为"客观"地评定土壤类型制图精度提供了方法，结果发表在 *Geoderma*（Rossiter et al., 2017）。

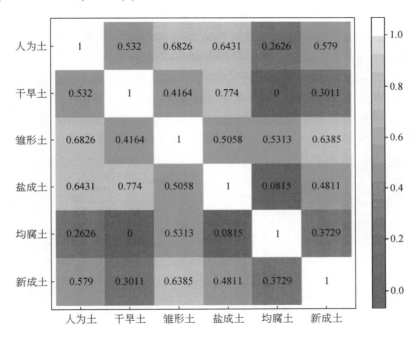

图 3-21　基于光谱相似性的分类距离矩阵

表 3-4　基于专家经验的分类精度比较

土壤类型	用户精度	用户精度（加权）	制图精度	制图精度（加权）
正常新成土	0.25	0.35	0.22	0.33
水耕人为土	0.85	0.88	0.81	0.84
湿润淋溶土	0.35	0.44	0.53	0.6
湿润雏形土	0.9	0.92	0.87	0.89
潮湿变性土	0	0.12	0	0.14
潮湿雏形土	0.73	0.79	0.75	0.81

表 3-5　基于光谱相似性的分类精度比较

土壤类型	用户精度	用户精度（加权）	制图精度	制图精度（加权）
人为土	0.67	0.83	0.67	0.87
干旱土	0.54	0.76	0.82	0.89
雏形土	0.81	0.91	0.71	0.83
盐成土	0.5	0.73	0.4	0.83
均腐土	0.5	0.79	0.5	0.79
新成土	0.86	0.91	0.5	0.73

9. 研发了土壤数据标准化集成软件工具

重大研究计划内其他与土壤相关项目的土壤调查数据，在土壤采集方法、剖面完整性、数据记录表达、实验室测定方法上存在诸多不一致的问题。为了集成利用其他项目的调查数据，研发了一套土壤数据标准化管理系统。该系统能够对土壤数据采样层次的连续性、完整性、位置信息进行检验，提供常规统计描述、不同采样层次的土壤数据、多种函数拟合方法、多种标准化方法、不同经纬度格式的批量转换，能够提升土壤数据的标准化检验与转换操作（图 3-22）。目前该软件系统已登记国家软件著作权：2015SR104077。

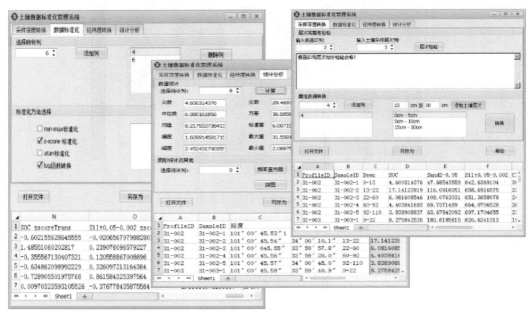

图 3-22　土壤数据标准化管理软件系统主要界面

10. 生成了覆盖全流域的高空间分辨率系列土壤信息产品

在上述成果基础上，参照"全球土壤制图计划"（GlobalSoilMap.net）土壤信息产品标准规范，生成了覆盖全流域的系列土壤类型/土壤属性数字分布图，包括土壤类型、土体厚度、砾石含量、有机碳含量、砂粒含量、粉粒含量、黏粒含量、容重、pH、碳酸钙含量等基本土壤信息产品；基于基本土壤属性数据集，利用其与土壤水文参数之间的转换函数关系，生成了覆盖全流域的土壤田间持水量、萎蔫含水量和饱和含水量等水文参数分布图，图件清单见表3-6。

表3-6 全流域系列土壤图清单

序号	图件名称	标准或测定方法
1	土壤亚类分布图（图3-23）	《中国土壤系统分类（第三版）》
2	土体厚度分布图（图3-24）	挖掘剖面观测
3	有机碳含量分布图（图3-25）	重铬酸钾-硫酸消化法
4	砾石含量分布图（图3-26）	挖掘剖面观测
5	砂粒含量分布图（图3-27）	美国农业部土壤质地分级标准
6	粉粒含量分布图（图3-28）	美国农业部土壤质地分级标准
7	黏粒含量分布图（图3-29）	美国农业部土壤质地分级标准
8	土壤容重分布图（图3-30）	环刀法
9	土壤pH分布图（图3-31）	电位法（1:2.5H$_2$O）
10	土壤碳酸钙密度图（图3-32）	气量法
11	土壤电导率分布图（图3-33）	电极法
12	草毡层发育程度与厚度分布图（图3-34）	野外测定
13	饱和导水率分布图（图3-35）	野外圆盘入渗仪
14	田间持水量分布图（图3-36）	原状土、压力膜仪
15	萎蔫含水量分布图（图3-37）	原状土、压力膜仪
16	饱和含水量分布图（图3-38）	原状土、压力膜仪

以上成果，进一步发展了数字土壤制图理论方法，为我国西北干旱和半干旱区的大尺度土壤制图提供了范例，也引起了国内外学者的广泛关注，应邀与国际同行合作制定了"全球数字土壤制图"的框架和规范，该规范结合了黑河流域土壤制图实践，已产生广泛的国际影响。截至2017年底，项目研究已发表SCI论文37篇，出版英文专著1部，完成《黑河流域土壤》专著初稿1部，授权发明专利5项，登记软件著作权2项，举办国际数字土壤制图学术会议1次，其中1篇论文获得了 Pedometrics 2017年最佳论文提名，杨飞博士获得了国际土壤学会 Dan Yallon 青年科学家奖。

覆盖全流域的高分辨率系列土壤分布数据集，是目前黑河流域空间分辨率最高和准确性最好的土壤数据，根本上改变了黑河流域源于"二普"调查土壤数据内容粗略、准确性不高、时效性差和数据不完整的现状，为生态-水文模拟提供了有力的土壤数据支持，该数据集现已在多个黑河计划项目（生态、水文和大气等）的研究中产生了良好的应用效果，该数据也是对"全球土壤数字制图计划"亚洲节点的重要补充。

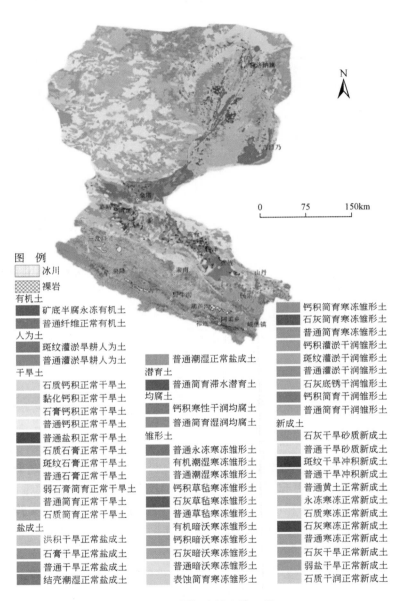

图 3-23　黑河流域土壤亚类

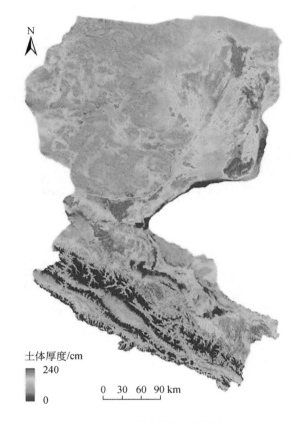

土体厚度/cm

240

0

0   30   60   90 km

图 3-24   黑河流域土体厚度

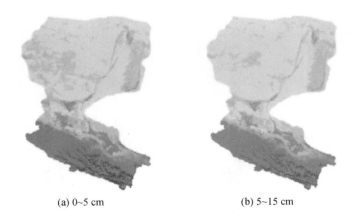

(a) 0~5 cm   (b) 5~15 cm

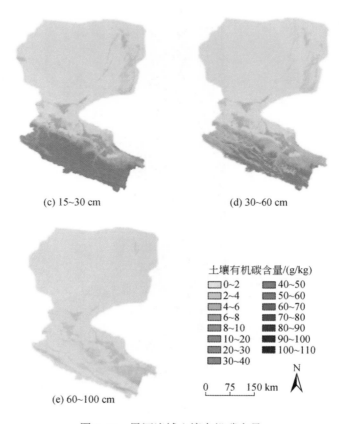

(c) 15~30 cm　　　　　　　(d) 30~60 cm

土壤有机碳含量/(g/kg)

- 0~2
- 2~4
- 4~6
- 6~8
- 8~10
- 10~20
- 20~30
- 30~40
- 40~50
- 50~60
- 60~70
- 70~80
- 80~90
- 90~100
- 100~110

0　75　150 km

N

(e) 60~100 cm

图 3-25　黑河流域土壤有机碳含量

(a) 0~5 cm　　　　　　　(b) 5~15 cm

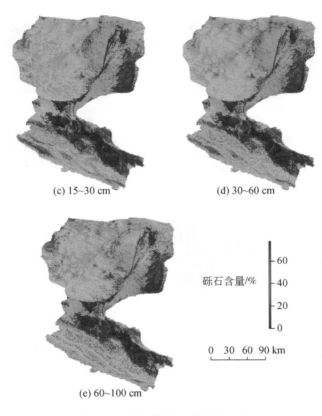

(c) 15~30 cm　　　　　　　　　　(d) 30~60 cm

砾石含量/%

(e) 60~100 cm

图 3-26　黑河流域土壤砾石含量

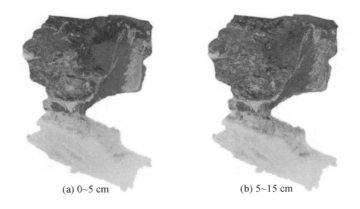

(a) 0~5 cm　　　　　　　　　　(b) 5~15 cm

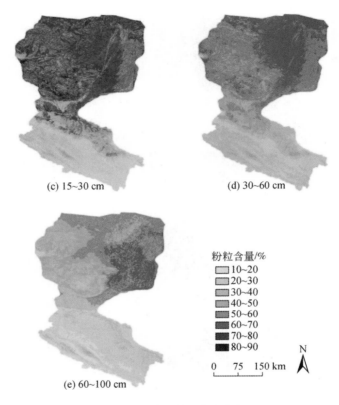

粉粒含量/%
- 10~20
- 20~30
- 30~40
- 40~50
- 50~60
- 60~70
- 70~80
- 80~90

0   75   150 km

N

图 3-27   黑河流域土壤砂粒含量

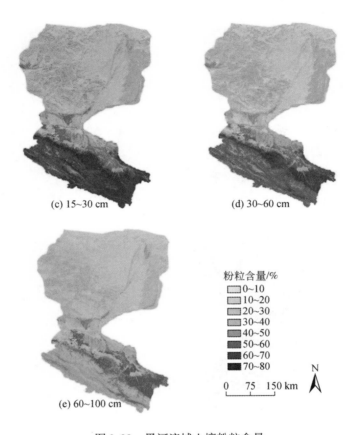

(c) 15~30 cm   (d) 30~60 cm

(e) 60~100 cm

粉粒含量/%
- 0~10
- 10~20
- 20~30
- 30~40
- 40~50
- 50~60
- 60~70
- 70~80

0　75　150 km

N

图 3-28　黑河流域土壤粉粒含量

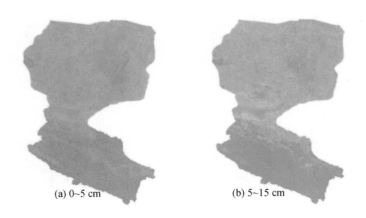

(a) 0~5 cm   (b) 5~15 cm

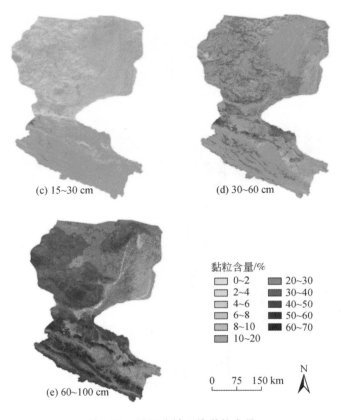

(c) 15~30 cm　　　　　　　　(d) 30~60 cm

黏粒含量/%
0~2　　20~30
2~4　　30~40
4~6　　40~50
6~8　　50~60
8~10　　60~70
10~20

0　75　150 km

N

(e) 60~100 cm

图 3-29　黑河流域土壤黏粒含量

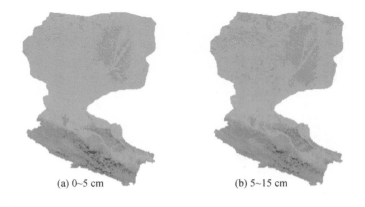

(a) 0~5 cm　　　　　　　　(b) 5~15 cm

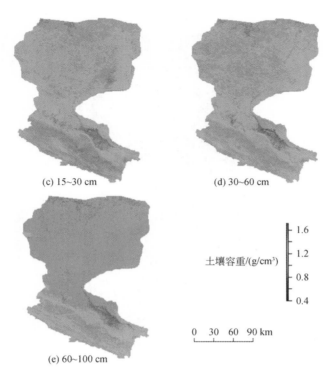

(c) 15~30 cm

(d) 30~60 cm

(e) 60~100 cm

土壤容重/(g/cm³)

图 3-30　黑河流域土壤容重

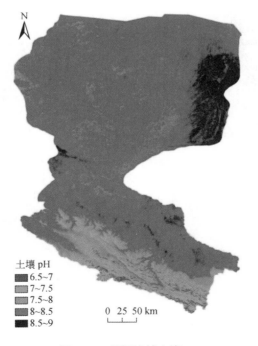

土壤 pH
6.5~7
7~7.5
7.5~8
8~8.5
8.5~9

图 3-31　黑河流域土壤 pH

碳酸钙密度/(kg/m²)

322

0

0 25 50 km

图 3-32　黑河流域土壤碳酸钙密度（1 m 土体）

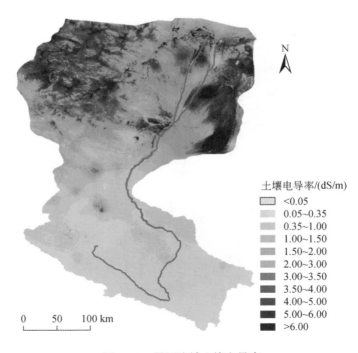

土壤电导率/(dS/m)
- <0.05
- 0.05~0.35
- 0.35~1.00
- 1.00~1.50
- 1.50~2.00
- 2.00~3.00
- 3.00~3.50
- 3.50~4.00
- 4.00~5.00
- 5.00~6.00
- >6.00

0   50   100 km

图 3-33　黑河流域土壤电导率

图 3-34　黑河流域上游区域草毡层发育程度与厚度分布

图 3-35　黑河流域土壤饱和导水率

田间持水量/%
44
20

0 25 50 km

图 3-36 黑河流域土壤田间持水量

萎蔫含水量/%
25
15

0 25 50 km

图 3-37 黑河流域土壤萎蔫含水量

N

饱和含水量/%

66

43

0　25　50 km

图 3-38　黑河流域土壤饱和含水量

3.1.4　数字土壤制图研究的前沿方向

数字土壤制图在过去近三十年取得了较大进展，国内外学者开展了大量研究，未来前沿方向主要有以下几个方面。

1）改进土壤调查采样技术。土壤采样是获取土壤数据的重要途径，有基于设计和基于模型的两类采样方法（De Gruijter et al.，2006）。对于制图验证目的，宜选用基于设计的方法；对于建模训练，发展了地统计、条件拉丁立方、基于聚类的目的性采样等多种方法（Minasny and McBratney，2006；Brus and Heuvelink，2007；Yang et al.，2013），但是这些方法都不同程度地存在野外可操作性问题，未来需开发更为灵活有效的采样方法。

2）发展新的环境协同变量。环境变量是土壤制图的重要支撑。母质信息相对难以获取，多用地质岩性与地貌单元替代，其信息获取是个重要问题。平缓地区土壤制图是个难题，问题在于缺乏有效环境变量，国内研究者提出了地表动态反馈思路方法（刘峰等，2009；Zhu et al.，2010；Liu et al.，2012），近年取得了新的进展（Wang D C et al.，2012；Zhao et al.，2014；Gao et al.，2015；Zeng et al.，2017；Liu et al.，2020）。

3）发展融合土壤发生学知识的制图模型与方法。机器学习等方法在土壤制图中已得到应用，但过于依赖样本数据，需要土壤发生学知识介入辅助建立建模，未来土壤发生学知识与机器学习结合是一个重要方向。观测和分析技术快速发展提供了丰富的数据信息，开发集成利用多源数据（卫星遥感、近地传感和历史土壤资料等）的模型方法将是一个重要问题。

此外，未来将从仅关注表层的二维制图走向整个土体的三维制图，完整揭示土壤分布模式，近年取得较大进展（Liu F et al.，2016；Brus et al.，2016；Yang R M et al.，2017）。

4）完善计算模式与土壤制图服务。全球变化研究对全球或区域尺度的土壤属性数据提出了较高的要求，然而处理全球尺度的大批量数据对计算模式提出了新要求，未来需要研发更为高效的大数据计算模式与相应制图服务平台。

5）未来数字土壤制图将从小面积实验区走向省级、国家和全球的大区域及多尺度制图，从简单景观走向复杂及人为作用强烈地区，从农业生产应用走向生态服务和地表过程研究领域（Zhang G L et al.，2017）。

3.2 黑河流域高分辨率植被本底数据

植被是一定地区中植物群落的总体。由于植被在固定太阳能、为其他生物提供第一性生产，以及为人类社会提供最基本的供给、支撑、调剂和文化服务功能等方面的巨大作用，植被本底数据的观察、获取和记录很早就受到人类社会的重视。植被本底数据包括多种类型，其中植被分布数据与环境资源管理和可持续利用密切相关，成为最基本的植被本底数据。为方便而直观地呈现植被分布数据，采用合适的植被分类体系和符号，以图件的形式反映植被空间分布成为植被分布数据的主要表现形式。

3.2.1 流域高分辨率植被制图研究现状、挑战与科学问题

1. 数据获取

随人类科学技术的进步，植被数据获取技术与方法发生了巨大变化。以往主要通过人工野外调查的方式获取植被分布数据。这种方法的优点是能够兼顾植物生态学研究的其他需求，采用样方和样带调查的方法尽可能详细地记录植物群落学数据，数据相对准确；缺点是需要耗费大量人力、物力，需时较长，对于一些人工难以到达的区域数据获取困难。其次由于野外调查人员专业水平不一，对植物和植物群落的认知存在差异，导致获取的数据质量不一，影响后期植被分布数据的质量。随着遥感技术的发展，间接获取植被分布数据的方法得到了越来越多的重视，如通过航空影像数据、气球观察数据、卫星遥感数据等获取的方法。著名的遥感数据来源有 Landsat TM、Landsat ETM+、SPOT、MODIS、AVHRR、IKONOS、QuickBird、ASTER、AVIRIS、Hyperion（Xie et al.，2008）。遥感数据的优点是能够快速且在较短时间内对大范围植被进行重复观察，从而获得不同时间尺度的观察数据，对理解植被的时空动态十分有益。缺点是其数据分辨率仍然较低，对一些难以区分的植被类型辨识效果欠佳，特别是在缺少人工观察数据的区域，应用效果不确定性较大。近年来出现的三维激光雷达数据分辨率较高，且能给出三维植被分布数据，但其覆盖区域小，使用成本较高，且仍存在遥感数据普遍存在的不能有效区分部分植被的问题。近期出现的人工智能和无人机技术可望在较大程度上减少遥感数据对部分植被区分困难的问题。

　　综上，植被数据获取方面的科学问题是如何提高各类遥感数据的植被辨识能力，如何充分发掘各类传感器的潜力，开发高效植被识别方法。因而，植被数据获取面临的挑战是人类日益增长的对植被变化快速准确监测的需求，如面向紧急需求的临时监测，这就需要很好融合传统植被野外辨识知识及现代遥感观察手段，研发针对不同目标需求的综合性的植被数据获取体系和网络。

　　2. 植被分类

　　获取植被数据后，以准确易读的形式呈现植被数据十分必要。要准确地表示数量众多、类型复杂的植被，建立合理的植被分类体系极为关键。植被分类是植被生态学研究中长期存在争议的领域之一（中国科学院中国植被图编辑委员会，2007）。在过去的 1 个世纪，发表了大量关于植被分类的文献，产生了一些具有国际影响的植被分类体系。在欧洲，以北欧的 Uppsala 学派和北欧的 Braun- Blanquet 学派为代表（European Environment Agency，2014）。其中，Uppsala 学派由一个生物多样性较低的地区发展而来，在植被分类中强调植物群落优势种和生活型的作用；Braun- Blanquet 学派强调群落中特征种和区别种的作用，植被分类依赖详细而准确的植被调查，因而，这一学派的群落学调查数据较为详细。欧洲学派的植被分类包括 4 级：纲（Class）、目（Order）、联合（Alliance）、群丛（Association）。苏联的列宁格勒学派、莫斯科学派关于植被分类的研究在国际上产生了重要影响，他们不仅考虑群落的种类成分，也考虑生态环境的不同及稳定程度与历史变化。以 F. F. Clements 为代表的美国学派基于他们发展的群落演替理论和单顶级学说，发展了具有美国植被特点的植被分类体系。部分美国学者提出潜在自然植被的概念，强调在无人类干扰，以及气候和土壤的共同影响下可能形成的顶级群落，并以此作为植被分类的基础。中国地形复杂多样，加之地球第三极的存在，植被变化剧烈，上述单一植被分类系统难以准确反映中国的植被状况。综合分析国际植被分类系统和中国植被状况，中国的植被分类体系采用了多元化策略，在全国尺度的高等级植被分类水平，难以对所有的地区进行详细研究，因而采用生态外貌的原则进行分类，而对于低级植被分类水平则考虑群落的种类组成，同时考虑植被的动态特点。中华人民共和国植被图（1∶100 万）的植被分类系统明显受到国际三大植被分类学派的不同影响，中国植被分类的高、中等级分类单位包括植被型组、植被型、植被亚型、群系组、群系、亚群系 6 级，中国植被分类的低等级分类单位包括群丛组、群丛等（中国科学院中国植被图编辑委员会，2007）。

　　欧洲、美国和苏联学派植被分类体系的产生与区域植被状况、研究重点和历史背景密切相关，分类体系各有所长，但目前仍无全球统一的植被分类体系，各国植被分类原则、单位、各分类单位的含义均存在较大差异，难以对全球植被的分布和时间动态进行准确比较和分析，制约了植被分类科学的交流。因此，全球植被分类面临的最大挑战是如何综合全球植被分布特点、植被结构和动态理论，建立全球统一的高、中、低等级植被分类系统。这不仅涉及植被理论的交叉融合，而且由于植被分布，特别是低等级分类单位植被分布涉及国家资源秘密，这一挑战在相当的历史时期内将长期存在。面对这一挑战，主要的科学问题是如何在不同尺度上构建植被分布及其驱动因子的关系，建立更加完善的植被分类体系。

3. 植被制图

欧洲是植被制图发展最早的地区, 早在 1447 年在意大利博洛尼亚出版的《托勒米地理志》中, 就采用图案表示了部分树丛, 其后在德国、俄国、法国等国的区域地图中出现了采用符号表示的与经济和生产密切相关的经济林等重要植被的信息, 但这些信息缺乏分布边界, 不属于真正意义的植被图 (Rodwell et al., 2002)。

真正的植被图始于 19 世纪中叶, 并在 20 世纪得到迅速发展, 主要是由于这一时期迅速发展的植物区系、植物地理和植被科学研究。1854 年德国植物学家 O. Sendtner 出版了斯巴因斯植被图, 并在地图上用封闭曲线表示了不同类型植被的分布界线, 被称为第一个真正的植被图。由此开始至 20 世纪初, 美国逐步出版了 20 多个州的植被图, 引领了当时世界植被制图的发展。1898 年德国植物学家 A. F. W. Schimper 出版了世界植被图, 对后来的植被制图影响深远, 其植被名称至今仍在广泛使用 (Küchler and Zonneveld, 1988; George et al., 1998)。20 世纪最初的几年陆续出版了影响较大的植被图, 如 1:2300 万的《全俄植被图》、意大利植被图等。但此时对植被的了解不够深入, 对于中、低等级分类单位植被制图需要的植被组成的认识仍很粗浅, 因此, 这一阶段的植被仍属于高等级分类单位的植被制图。进入 20 世纪中期, 植被科学研究不断深化、国际会议及国际植被科学杂志的出版极大推动了植被制图的进步, 植被制图进入充分发展的时期。如 1959 年在施拖尔策瑙、1961 年在图卢兹、1975 在彼得斯堡、1990 年在华沙、1996 年在格勒诺布举办的相关会议均极大促进了植被制图的发展。这期间出版了许多区域植被图, 具有代表性的如 1954 年出版的 1:400 万《苏联植被图》、1980 年出版的 1:400 万《中国植被图》、联合国粮食及农业组织和联合国植被制图委员会于 20 世纪 60 年代出版的 1:500 万《世界植被图》等 (European Environment Agency, 2014)。

进入 21 世纪, 植被制图进一步发展, 2000 年出版了《欧洲植被图》, 来自欧洲 31 个国家的 100 位植被学者参与完成了这个植被图。该图包括 9 张, 比例尺为 1:250 万, 覆盖 19 个群系和 700 多个制图单位, 每个制图单位均包含总体介绍, 涉及植被种类组成和结构等信息 (European Environment Agency, 2014)。2007 年出版了《中华人民共和国植被图 1:100 万》及《中国植被及其地理格局——中华人民共和国植被图 (1:100 万) 说明书》。该图由中国二百余位科学家历经三十多年完成, 包括: ①《中国植被图 (1:100 万)》64 幅; ②《中国植被区划图 (1:600 万)》1 幅; ③图件说明书即《中国植被及其地理格局——中华人民共和国植被图 (1:100 万) 说明书》两卷 (上卷和下卷); ④中国植被类型图、植被区划图及其说明书电子版; ⑤相关数据库 (植被类型图、植被区划图、地理环境数据库); ⑥植被信息管理系统 (VIS)。该图集主要以 20 世纪 80 年代前的调查数据为主 (中国科学院中国植被图编辑委员会, 2007)。印度学者 (Roy et al., 2015) 基于 IRS 1C、IRS 1D 和 P6 LISS-III 及 Landsat 遥感数据、数字高程模型 (SRTM DEM)、地形图 (1:5 万)、15 000 多个地面观察点数据、温度和降水数据编制了 1:5 万的印度植被图, 但该图的植被分类等级较粗, 大部分类型仅相当于中国植被分类系统的植被型。南非、莱索托和斯威士兰王国植被图是在 2006 年通过整合部分原有区域植被图, 并在大部分区域通过气候、地形、地貌和土地类型和遥感数据推测的基础上形成的，并在 2009 年和 2012 年进行了两次少量修正（Mucina and Rutherford，2011；Dayaram et al.，2017），但该图在小尺度上的精度不确定性较大。2015 年美国农业部组织专家出版了 *Existing Vegetation Classification，Mapping，and Inventory Technical Guide*，*Version* 2.0，该书从植被制图所涉及的野外调查、数据收集、植被分类体系、制图方法等方面进行了全面总结，有助于植被制图研究的发展（Nelson et al.，2015）。

　　总体来看，欧洲、美国、苏联和中国在植被制图领域的国际影响突出。欧洲作为植被制图的先驱，在植被制图理论、方法和成果方面均取得较大进展，且对植被区系组成在植被制图重要性方面的研究较深入。美国作为近现代科学技术的主要中心，在植被制图领域，特别是植被动态理论、潜在植被分布理论和制图方面影响较大。苏联曾在植被科学、动态地植物学及大尺度植被制图方面产生过全球性的重大影响。中国的植被制图理论和方法受欧洲、美国和苏联影响较大，尽管起步相对较晚，但立足中国特有多样化植被类型，在植被分类和制图领域形成了鲜明的特色，先后完成了 1∶400 万和 1∶100 万全国尺度植被图，在国际上处于先进水平。

　　目前植被制图的最新进展主要是采用不同来源的航空、卫星等遥感数据进行植被制图，由于此类数据来源多样，光谱波段和分辨率不一，发展相应的遥感数据解译方法成为近 30 年来的研究热点。遥感反演是根据遥感信息和遥感模型求解或推算描述地物特征的应用参数，即从携带地物信息的电磁信号中提取地物特征，其基础是描述遥感信号或遥感数据与地表应用之间的关系模型，反演模型越准确，得到的反演结果也越准确。遥感反演在植被中的具体应用很多，植被分类和制图是其中之一，具体方法包括非监督分类、监督分类和目视解译，均为从遥感图像中提取信息的有效方法。非监督分类是以不同影像地物在特征空间中类别特征的差别为依据的一种无先验类别标准的图像分类，是以集群为理论基础，通过计算机对图像进行集聚统计分析的方法。它根据待分类样本特征参数的统计特征，建立决策规则来进行分类，而不需事先知道类别特征，是无需采用训练样板的分类技术，或没有先验知识的分类方法。监督分类是根据已知训练区提供的样本，通过计算选择特征参数，求出特征参数作为决策规则，建立判别函数以对各待分类影像进行图像分类，是一种有已知类别标准或具有先验知识的分类方法。目视解译又称目视判读，指专业人员通过直接观察或借助辅助判读仪器在遥感图像上获取特定目标地物信息的过程。

　　上述三种方法有各自的优点，但其结果仍存在一定局限，在区分相当于中国植被分类体系中的植被型组、植被型等高等级分类单位方面效果较好，但在区分群系等中等级分类单位方面精度明显降低（Zhou J H et al.，2016）。因此，目前的多数遥感数据对群丛级别的分类效果较差，尤其是在植被类型相似、地形较为复杂的区域，对于高等级分类单位的区分效果也较差。这可能与遥感数据分辨率低有关，也与植被识别的复杂性有关。对于有些相似群丛，即使采用人工调查也需要在不同的时期进行多次仔细观察才能判别。这就需要不断研发新类型的遥感数据，如激光雷达数据、高光谱数据等，并尽可能提高数据扫描时间分辨率，增加不同季节数据，提高植被类型的可分度。另外，应根据不同制图目的和要求，采用不同方法。对于中、高级别的植被制图，应尽可能使用遥感数据，而对于群丛等低级别的植被制图，则应更多结合人工观察数据和新型高分辨率遥感数据。

随着人类社会对自然植被分布理解需求的增加，特别是在植物保护、环境规划、军事方面的特殊需求，对于低等级分类单位制图的需求迅速增加，且图件更新频率需求提高，因此，植被制图领域面临的挑战：一是如何整合不同分辨率的遥感数据，以满足不同尺度植被制图的数据需求；二是发展遥感数据的自动分类方法，提高分类精度、降低错分率；三是在传统分类专业萎缩的形势下，如何保持一定数量的植物分类专家，确保植被识别的准确性。

基于此，目前植被制图的突出科学问题是不同植被类型与光谱及其组合特征的关系是什么，即如何通过不同光谱及其组合及不同季节数据，用数学方法表达不同植被类型与光谱特征的关系，这是进行遥感数据植被自动制图的关键。另外，植被制图也有赖于植被科学理论的发展。例如，在进行植被制图时需要采用不同的闭合多边形表示不同植被，相邻的两个植被类型是间断分布的，还是连续分布的？这决定了如何在植被图上表示植物群落的位置。现实状况是这两种情况同时存在，特别是群落分布交错区，连续分布的情况十分普遍。因此，植物群落边界的准确确定有赖于植物群落理论发展的支持（Pedrotti，2013）。

3.2.2 黑河流域高分辨率植被制图研究取得的成果、突破与影响

之前，黑河流域植被图的比例尺为 1∶100 万，难以满足构建空间分辨率为 1 km×1 km 的流域生态–水文综合模型的要求。编制全流域 1∶10 万植被图，可为构建流域生态–水文综合模型提供更精确的植被数据，也可为后续生态、环境、水资源研究及管理提供基础数据。

植被制图数据来源主要以地面观察数据为主、综合各类遥感数据、1∶100 万植被图、气候、地形、地貌、土壤数据进行交叉验证，编制 1∶10 万黑河流域植被图。首先收集现有各类数据，初步分析后确定需要野外补充观察的区域，之后进行野外补充观察，整合所有观察数据，作为植被制图基础数据。

1. 数据收集与整合

收集的主要资料包括：2007 年 1∶100 万中国植被图，1988 年黑河流域 1∶100 万草场分布数据集，黑河计划生态水文样带调查数据（3 条主样带、1 条副样带），各类发表文献中有植被分布记录的数据，2012 年 1∶10 万黑河流域土地利用图，2011 年黑河流域中游土地利用土地覆被数据集，中国第二次冰川编目数据，2010 年黑河流域道路数据，2008 年 1∶100 万黑河流域行政边界数据，2009 年黑河流域居民点数据，2009 年 1∶10 万河流数据、地形图（30 m 空间分辨率的 ASTER GDEM），黑河计划气候数据、土壤数据、遥感影像资料（15 m 空间分辨率 Landsat 系列影像，包括 2000～2014 年可用的多季节影像；Google earth 影像，部分区域空间分辨率可达到 1 m，最低空间分辨率为 30～100 m）。

现有数据分析处理工作一是遥感影像处理。下载黑河流域 2000～2014 年多季节 15 m 空间分辨率 Landsat 影像（数据云量不超过 10%），所有下载的遥感影像经过地形图几何校正后镶嵌而成。主要步骤包括：波段组合、地形图几何配准（采用多项式几何校正方法）、投影变换、数字镶嵌等处理工作。利用均方根误差法评价单景影像几何配准精度，利用采样法

评价数字镶嵌影像精度,完成黑河流域遥感影像数字镶嵌图,包括 30 m 空间分辨率波段 7 个,15 m 空间分辨率波段 1 个。二是植被分布数据矢量化。收集整理生态水文样带数据和植被分布文献资料数据,获取植物群落的地理坐标,在 Arcgis10.0 中,通过坐标对植物群落信息进行数字化处理,包括类型、地理坐标、海拔、地名、优势种等属性。三是数据评估分析。对比分析 1∶100 万植被图,生态水文样带数据、植被文献数据、Google earth 数据、Landsat 数据、地形图,再根据 1∶10 万植被制图需求,确定需要进行野外补充调查的区域。

野外补充调查路线的确定主要依据以下三个原则:一是根据现有数据分析结果,选取贯穿制图区域东西向的 5 条路线和南北向的 4 条路线,以尽可能多地覆盖制图区植被类型及补漏为原则。二是对遥感影像中所显示的特殊颜色和纹理且通过现有资料难以判定的类型进行野外补充调查。三是对于 1∶100 万中国植被图在黑河流域出现的所有群系,收集资料与野外补充调查资料结合,每个群系至少应有 5 个以上的地面观察数据,确保在进行 1∶10 万黑河流域植被制图时有足够的观察资料,用于无观察资料而采用遥感资料制图区域制图的准确性。

野外调查于 2013 年 4 月、6～7 月、2014 年 8～9 月、2015 年 6～8 月实施。对拟定的野外补充调查区域的植物群落进行调查,样方大小分别为:乔木 20 m×20 m、灌木 5 m×5 m、草本植物 1 m×1 m。记录样地基本状况和群落特征,包括样地经纬度、海拔、生境、地貌和土壤等属性,以及植物种类、多度、频度。

整合植被分布文献数据、黑河计划生态水文样带调查数据、本项目野外补充调查数据,形成系统的植物群落分布地面观察数据。

2. 植被分类标准、图例单位和系统

采用《中华人民共和国植被图(1∶100 万)》的分类标准、图例单位和系统,包括植被型组、植被型、群系、亚群系四个单位(中国科学院中国植被图编辑委员会,2007)。

比例尺和空间分辨率。主要底图地形图的分辨率为 30 m,TM 数据的空间分辨率为 15 m 和 30 m,Google earth 数据空间分辨率最高为 1 m,最低为 30～100 m。综合考虑,本图的空间分辨率至少可达到 100 m。

3. 制图原则

1)尽量使用地面观察数据制图,遥感数据主要用于植物群落边界的确定和地面观察数据缺乏区域的制图,1∶100 万植被图作为重要参考,综合考虑地形、气候、土壤资料进行辅助校正。

2)由于上游和中下游地形、地貌差异巨大,因而分别采用不同的制图策略。中上游山区海拔垂直变化剧烈,植被变化明显。采用地面观察数据,遥感影像、坡向、海拔、土壤、气候等资料相结合的方法制图。中下游荒漠区海拔变化小,植被稀疏,采用地面观察为主,遥感数据为辅的方法制图。

3)对于无地面观察资料区域的制图,采用目视解译遥感影像,结合 1∶100 万植被图、地形、地貌、土壤、气候等资料综合判别的方法制图。

4）最小图斑原则。根据制图精度，图斑面积大于或等于 1000 m²，对于面积小于 1000 m² 的图斑，使其与相邻图斑融合。

4. 植被图编制方法

（1）目视解译标志建立

根据地面观察数据，确定植物群落和特殊地物在遥感影像中的具体位置，判读其在遥感影像上所显示的形状、色调及纹理特征，建立目视解译标志。

（2）特殊地物与植物群落提取和制图

使用 30 m 空间分辨率地形图、Landsat 高精度遥感影像、Google earth 数据、冰川数据，以及前述各类数据，提取全流域易于识别的地物，主要包括冰川、裸露沙漠、裸露戈壁、裸露盐碱地、居民地、道路、水系及水体等地物，以及青海云杉、祁连圆柏、胡杨荒漠河岸林、栽培植被等植物群落。

（3）上游植被制图

黑河上游海拔、坡向为决定植被分布的主要因子。在黑河上游海拔、坡向特征分析的基础上，将分为 25 个区间的海拔图和分为 5 类的坡向图叠加，生成超过 17 万个斑块的上游干流区海拔坡向图，将其作为植物群落制图单元。除上面已经完成制图的部分植物群落和特殊地物外，优先根据地面观察资料确定每个单元的植物群落类型。在无地面观察数据的区域，结合全国 1:100 万植被图、Landsat 资料、Google earth 数据、气候数据、土壤数据等逐一对植物群落分布单元进行分析，确定每一个单元的植物群落类型，形成初步的黑河上游植被图。

（4）中下游植被制图

以 30 m 空间分辨率地形图为底图，将制图区域分为河西走廊区域、走廊北山中山区域、黑河沿河区域和额济纳盆地四个区域。黑河中下游降雨差异较大，且随距河道距离远近植被差异较大，因而，根据雨量图、距河道距离，结合考察路线进一步细分区域。在此基础上，确定 1 km 为制图区间隔导线。以前述所有地面观察数据，结合 1:100 万黑河流域植被图，15 m、30 m 空间分辨率 Landsat 遥感数据，1:10 万土地利用图和 Google earth 影像填图。根据生态相关原则，经判断分析后连接群落边界，完成制图区填图，形成初步的黑河中下游植被图。

（5）一致性检查

对于初步的黑河流域植被图，再一次利用现有全部资料进行一致性检查，确保 1:10 万植被图和气候、土壤、地形、现有相关图件和遥感资料逻辑相符。

（6）植被图整饰

与 1:100 万中国植被图一致，采用图斑和数字相结合的方法，表示不同植被类型和制图单位，使之达到清晰易读、重点突出的要求。为便于与 1:100 万中国植被图比较，以及本图的独立性与易读性，提供两种序号标注方式，一是序号与 1:100 万中国植被图保持严格一致；二是按照黑河流域的群落分布重新确定植被类型序号。

（7）植被制图结果

黑河流域 1:10 万植被图基本分类单位为群系（亚群系），主要包含 9 个植被型组、

22 个植被型、67 个群系（图 3-40）；而 1∶100 万中国植被图在黑河流域包含 9 个植被型组、20 个植被型、58 个群系。与 1∶100 万植被图相比，1∶10 万植被图共增加了 2 个植被型、9 个群系、3 种无植被地段类型。其中，2 个植被型为亚高山常绿针叶灌丛和一年一熟短生育期耐寒作物（无果树）；9 个群系为锦鸡儿灌丛、沙地柏灌丛、唐古特白刺灌丛、芦苇盐生草甸、苦豆子盐生草甸、花花柴盐生草甸、芦苇沼泽，以及青稞、春小麦、马铃薯、圆根、豌豆、油菜（祁连县增加类型）和蜜瓜、棉花、玉米（额济纳旗增加类型）；3 个无植被地段为裸露盐碱地、裸露沙漠和居民地（张晓龙等，2018）。

黑河流域 1∶10 万植被图为我国流域尺度大中比例尺植被制图的代表成果之一（图 3-39），与现存其他植被图相比，更好地反映了区域植被分布特征和植物群落分布边界，群系和亚群系斑块数目从 1∶100 万植被图的 786 个增加到 1∶10 万植被图的 13 151 个。与传统植被制图相比，采用高分辨率遥感数据，相对准确地提取和确定了植物群落边界。与纯遥感反演形成的植被图相比，制图准确性更高。由于黑河上游地形地貌复杂，采用坡向和海拔作为控制因素之一，使植被图与自然条件更为吻合。例如，在 1∶100 万中国植被图中，青海云杉在阴坡、半阴坡所占比例为 60% 左右，祁连圆柏在阳坡、半阳坡所占比例为 70% 左右，不能很好反映植被随坡向变化的分布规律；而在 1∶10 万植被图中，青海云杉在阴坡、半阴坡所占比例为 80% 左右，祁连圆柏在阳坡、半阳坡所占比例为 95% 以上，比较符合实际植被随坡向变化的分布规律。

自黑河流域 1∶10 万植被图（2.0 版）提交黑河数据中心后，截至 2018 年 12 月，共下载 50 次，浏览 1068 次，并在黑河流域重大研究计划及其他有关黑河流域科学研究中得到普遍应用，预期将在未来的相关研究中继续得到关注。

3.2.3 干旱区流域高分辨率植被数据研究的前沿方向

植被高分辨率数据获取的前沿方向应该是建立满足不同时间和空间分辨率要求的遥感观测体系。如以高空间和高光谱分辨率为主的高光谱卫星，在获取植被分布数据的同时，获取植被多光谱数据，用以分析植被的生长和健康状况；以激光雷达数据为基础的功能和局域特需观察，用以解决特殊地域的特殊需求。可将全国尺度的观察分为不同的小区，采用人工智能控制无人机自主低高度飞行，全面获取高分辨率植被四季分布数据。在上述三类遥感数据中，近期，应将人工智能与无人机结合的高分辨率数据获取作为主要前沿突破方向。

植被分类方面的前沿方向是整合全球各学派的主要特点，建立全球统一的植被分类体系，这一工作具有很强的挑战性。在欧洲，2002 年，荷兰国家农业、自然和渔业参考中心资助出版的《欧洲植被多样性》，把欧洲植被分为 928 个联合、233 个目和 80 个纲（Rodwell et al.，2002），近年来又进一步更新为 1028 个联合、276 个目和 80 个纲，但仍缺乏群丛级别植被的详细描述。因此，全球植被分类系统的统一需要全球植被科学工作者达成广泛共识，这有助于野外数据观察、植被分类及植被制图工作的标准化，有助于准确认识全球植被的格局和过程及其对全球变化和人类干扰的响应与适应。

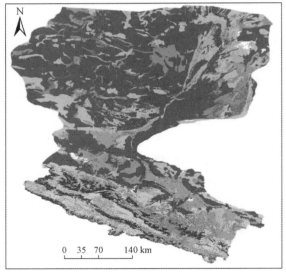

<table>
<tr><td>

Ⅰ 针叶林
(1)寒温带和温带山地针叶林
- 1 青海云杉林
- 2 祁连圆柏林

(2)温带针叶林
- 3 油松林

Ⅱ 阔叶林
(3)温带落叶小叶疏林
- 4 胡杨疏林

Ⅲ 灌丛
(4)温带落叶阔叶灌丛
- 5 肋果沙棘灌丛
- 6 锦鸡儿灌丛
- 7 多枝柽柳灌丛

(5)亚高山落叶阔叶灌丛
- 8 吉拉柳灌丛
- 9 毛枝山居柳灌丛
- 9a 毛枝山居柳、金露梅灌丛
- 10 金露梅灌丛

(6)亚高山常绿针叶灌丛
- 11 沙地柏灌丛

Ⅳ 荒漠
(7)温带矮半乔木荒漠
- 12 梭梭荒漠
- 12a 梭梭沙漠
- 12b 梭梭砾漠
- 12c 梭梭盐漠

(8)温带灌木荒漠
- 13 膜果麻黄荒漠
- 14 白皮锦鸡儿荒漠
- 15 蒙古沙拐枣荒漠
- 16 多花柽柳荒漠
- 17 刚毛柽柳荒漠
- 18 泡泡刺荒漠
- 19 西伯利亚白刺荒漠
- 20 齿叶白刺荒漠
- 21 唐古特白刺荒漠
- 22 裸果木荒漠

(9)温带草原化灌木荒漠
- 23 半日花、矮禾草荒漠

</td><td>

(10)温带半灌木、矮半灌木荒漠
- 24 红砂荒漠
- 24a 红砂沙漠
- 25 珍珠猪毛菜荒漠
- 26 离叶猪毛菜荒漠
- 27 合头草荒漠
- 27a 合头草沙漠
- 28 短叶假木贼荒漠
- 29 无叶假木贼荒漠
- 30 沙蒿荒漠
- 31 籽蒿荒漠
- 32 漠蒿荒漠
- 33 灌木亚菊荒漠
- 34 细枝岩黄芪、白沙蒿、沙鞭荒漠

(11)温带多汁盐生矮半灌木荒漠
- 35 尖叶盐爪爪荒漠
- 36 细叶盐爪爪荒漠
- 37 盐爪爪荒漠

Ⅴ 草原
(12)温带丛生禾草典型草原
- 38 克氏针茅草原
- 39 疏叶针茅草原
- 40 短花针茅、长芒草草原
- 41 冰草草原

(13)温带丛生矮禾草、矮半灌木荒漠草原
- 42 沙生针茅荒漠草原
- 43 米蒿、矮禾草荒漠草原

(14)高寒禾草、苔草草原
- 44 紫花针茅高寒草原

Ⅵ 草甸
(15)温带禾草、杂类草草甸
- 45 拂子茅高禾草草甸
- 46 苔草、杂类草草甸

(16)温带禾草、杂类草盐生草甸
- 47 芦苇盐生草甸
- 48 含盐生半灌木的芦苇盐生草甸
- 49 芨芨草盐生草甸
- 50 苦豆子、大叶白麻、胀果甘草、骆驼刺、花花柴盐生草甸
- 51 苦豆子盐生草甸
- 52 胀果甘草盐生草甸

</td><td>

- 53 花花柴盐生草甸

(17)高寒嵩草、杂类草草甸
- 54 小嵩草高寒草甸
- 55 矮嵩草高寒草甸
- 56 细叶嵩草高寒草甸
- 57 西藏嵩草、苔草沼泽化高寒草甸
- 58 垂穗披碱草、垂穗鹅观草高寒草甸
- 59 圆穗蓼、珠芽蓼高寒草甸

Ⅶ 沼泽
(18)寒温带、温带沼泽
- 60 芦苇沼泽
- 60a 芦苇、水烛、杉叶藻沼泽

Ⅷ 高山植被
(19)高山垫状植被
- 61 垫状蚤缀垫状植被
- 62 藏菊苔藓垫状植被

(20)高山稀疏植被
- 63 水母雪莲、风毛菊稀疏植被
- 64 风毛菊、红景天、垂头菊稀疏植被

Ⅸ 栽培植被
(21)一年一熟短生育期耐寒作物(无果树)
- 65 青稞、春小麦、马铃薯、园根、豌豆、油菜

(22)一年一熟粮食作物及耐寒经济作物、落叶果树园
- 66 春小麦、水稻、大豆；糖甜菜、向日葵、枸杞；苹果(小地形)、梨
- 67 蜜瓜、棉花、玉米

无植被地段
- Bs 裸露沙漠
- Bg 裸露戈壁
- Bl 裸露盐碱地
- Gs 冰川积雪
- Rs 居民地
- Ws 水系

</td></tr>
</table>

图 3-39 黑河流域 1：10 万植被图

植被制图的前沿方向主要包括以下几个方面：一是针对目前植被制图空白区域，或各类资料缺乏，仅通过模型、统计推断或经验判断进行制图的区域进行精确制图。二是针对区域和全球的低等级分类单位植被制图，目前全球主要植被图为相当于我国植被分类中群系水平的制图，急需开展群丛水平的植被制图研究。三是目前主流植被遥感数据植被分类信息提取理论与方法研究，以及新型传感器研发，捕捉群丛级别植被信息的差异。四是各类植被专题图的研制，如在植被图中增加更多生态数据、生境制图、满足特定应用需求的制图，如生物多样性保护制图、土地利用规划制图、生境影响和评价制图等（Pedrotti，2013）。

3.3 黑河流域高分辨率生态关键参数反演

3.3.1 黑河流域高分辨率生态关键参数反演现状、挑战与科学问题

遥感数据具有面状、准实时的优势，作为陆面模型的初始参数，优化参数和输入变量，具有不可替代的重要作用。遥感数据对于黑河流域生态–水文过程集成研究的作用主要有以下四个方面（黄春林和李新，2004）：①确定陆面过程模型初始参数；②作为陆面模型的输入变量；③优化陆面模型参数；④估计和优化模型状态变量。高分辨率、高质量、系统化的遥感数据集是开展流域综合集成研究的前提和基础。可见光/近红外波段遥感发展最早，已获取的数据量最多，是生态–水文过程研究的常用数据。但是由于黑河流域地理条件复杂，已有的定量遥感产品精度不足以满足陆面过程模型和综合集成研究的需要。为了更好地满足黑河计划研究需求，选择地表反照率、LAI、FAPAR 三个生态–水文过程模拟研究需求最大且反演原理相近的参数，针对黑河流域的地理特征，克服地形等复杂要素的影响，着力建立关键生态参数的定量反演算法，并生产 2012 年 30 m 空间分辨率和 2000 ~ 2014 年 1 km 空间分辨率全黑河流域的关键生态参数遥感产品。

1. 生态关键参数模型与参数反演概述

随着美国国家航空航天局对地观测（EOS）计划的实施，以及我国环境小卫星、高分卫星、欧洲哨兵系列等卫星的相继发射，目前可用的遥感数据种类繁多，具有高时间分辨率、高空间分辨率、高光谱分辨率等特性，从不同角度记录了地表多种有用信息。很多传感器都能周期性地生产不同类型遥感参数产品。其中以 MODIS（Moderate- resolution Imaging Spectroradiometer）的多种陆面参数产品应用最广，MISR（Multi- angle Imaging SpectroRadiometer）、ASTER（Advanced Spaceborne Thermal Emission and Reflection Radiometer）等传感器也根据自身特点和数据周期提供陆面参数产品。现有的 MODIS 产品虽然在全球尺度上获得了巨大成功，但是应用于局部地区却经常被报道存在较大误差。由于黑河流域的特殊地理环境，现有的地表参数产品在精度和时间、空间分辨率上还不能以满足流域生态–水文过程研究的需求。下面将分别从地表反照率反演、LAI 反演、FAPAR 反演三个方面介

绍国内外研究现状。

2. 地表反照率反演

地表反照率定义为地表对半球空间太阳辐射的反射总能量与入射总能量的比值，反映了地表反射太阳辐射的能力。地表反照率的时空变异信息对于不同时空尺度的能量平衡、生态水文循环、气候预测、陆面模式等科学研究尤为重要（Loew and Govaerts, 2010；Lawrence et al., 2011；陈洪萍等, 2014）。黑河流域作为我国西部干旱半干旱区的一个典型内陆河流域，地表反照率研究具有重要意义。如图 3-40 所示，干旱区地表反照率对气候系统有复杂的反馈机制。地表反照率的增加，会造成净辐射的减少，相应地，感热通量和潜热通量减少，进而造成大气辐合上升减弱，云和降水减少，土壤湿度减少的结果又使得地表反照率增加，形成一个正反馈过程。云量的减少会使得太阳辐射增加，净辐射加大，形成一个负反馈作用。在正负反馈作用并最终形成稳定状态的过程中，地表反照率起着关键作用。

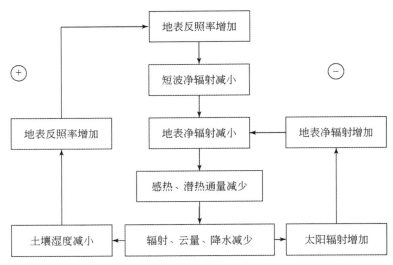

图 3-40　干旱半干旱地区地表反照率和气候的反馈作用

资料来源：王介民和高峰, 2004

目前长时间序列的地表反照率产品以面向大尺度的低空间分辨率数据产品为主（Moody et al., 2008；王开存等, 2004；王艺等, 2011）。高空间分辨率的数据产品往往受到数据源观测角度不足、数据过境周期较长和处理工作的限制，难以形成高时间分辨率和长时间序列数据集。再者黑河流域具有地形复杂、地表类型丰富的特点，较低的空间分辨率且忽略地形的影响，其地表反照率的估算误差可达到近 15% 以上（Lin et al., 2018），无法满足流域科学研究的需求。因此，高分辨率数据源角度数据有限和复杂地形影响带来了地表反照率反演困难，如何攻克其关键技术，高精度反演高分辨率地表反照率是其关键。

3. LAI 反演

叶面积指数（leaf area index，LAI）定义为单位地表面积上绿叶表面积总和的一半，是衡量植被浓密程度和长势的基本参数（Chen and Black，1992）。植被在干旱区陆面水文过程中起着重要作用，植被叶面积指数则是描述干旱、半干旱区植被结构和长势的关键指标。

目前 LAI 的遥感反演方法大致可分为两类。第一类方法利用光谱植被指数建立 LAI 与植被指数之间的回归模型；或根据 Boolean 原理建立半经验模型（Price and Bausch，1995；Clevers，1989）。因为这种方法简单灵活，所以应用广泛（Turner，1999；Qi et al.，2000；Haboudane et al.，2004；Wang et al.，2005；Berterretche et al.，2005）。但植被指数受土壤背景、大气效应和植被本身的 BRDF 特征的影响难以较好地消除，各种 VI 和 LAI 的经验关系具有地域性和时效性。因此该方法缺乏普适性，很难用于大尺度遥感分析研究。

第二类方法是在生物学、物理学基础上建立植被冠层二向反射率模型，建立不同植被反射率和叶面积指数的关系，并利用数学方法进行定量反演 LAI（Fang et al.，2003；Meroni et al.，2004；Qi et al.，2000）。这类方法具有较强的物理基础，不依赖于植被的具体类型或背景环境的变化，因而具有普适性。但多数情况下，要求输入较多难以获得的参数。目前主要的遥感模型可以分为几何光学模型、辐射传输模型（Verhoef，1984）以及混合模型。黑河流域植被类型复杂多样，空间异质性强，采用传统的 BRDF 模型显然不能满足需求。有必要针对连续植被、行播作物和离散植被建立一体化的、易于反演的 BRDF 模型（金慧然等，2007；闫彬彦等，2012；Xu et al.，2017）。

有许多业务运行的卫星传感器，如 MODIS、MISR、MERIS、POLDER 以及 VEGETATION，都能提供不同空间分辨率和时间分辨率的 LAI 产品（Bacour et al.，2006；Deng et al.，2006；Fang and Liang，2005）。美国 EOS 利用 TERRA/AQUA 平台上的 MODIS 及 MISR 数据生产 1 km 空间分辨率的 8 天 LAI 数据产品。但是 MODIS/MISR 的 LAI 产品在黑河流域缺失数据的情况较多，且由于其使用的地表分类信息不准确和缺少对复杂地形的考虑，很多像元的 LAI 产品明显不合理。因此如何根据黑河流域地理特征，建立高精度 LAI 反演算法和高时空分辨率的 LAI 产品生产也是需要解决的关键问题。

4. FAPAR 反演

植被光合有效辐射吸收比率（FAPAR）定义为植被对波长在 400~700nm 间太阳辐射能量的吸收比率（Gower et al.，1999）。作为表征植被吸收太阳辐射能量能力的参量，FAPAR 对于描述黑河流域的植被光合作用和碳循环过程具有重要作用。

遥感估算 FAPAR 根据基本原理可分为经验方法和基于植被结构与辐射传输模型的物理方法两大类。经验方法一般基于 FAPAR 和各类植被指数之间的经验关系建立相关算法。但是经验方法估算 FAPAR 在应用于空间尺度较大、地表异质性较强的研究区域时误差较大，往往无法达到精度要求。物理方法一般基于植被结构或冠层辐射传输方程模拟太阳光在冠层中的吸收、反射、散射过程，最终求解或估算 FAPAR 的值。模型虽然能较好地适应不同环境和背景辐射条件下的 FAPAR 估算要求，但由于输入参数复杂且不易求解，方法精度受地表分类精度、叶片反射率等因素的影响，存在着一定的不确定性。目前大多数的 FAPAR 数据产品都是使用物理方法生产的。

近年来，FAPAR 产品越来越多，利用 MERIS（Gobron et al., 1999, 2007）、SeaWiFS（Gobron et al., 2001）、MODIS（Knyazikhin et al., 1998; Gobron et al., 2006）、SPOT/VEGETATION（Baret et al., 2007, 2013）等传感器数据，生产了多套冠层 FAPAR 数据产品，得到了广泛的应用。但各种 FAPAR 产品在不同植被覆盖类型区域表现不同（Tao et al., 2015），在黑河流域的农田和森林地区分别表现出了明显的高估或低估。且在黑河计划开始之时，国内尚没有任何一种 FAPAR 产品。因此非常有必要根据黑河流域地理特征，建立高精度 FAPAR 反演算法，并进行 30 m/1 km 空间分辨率的 FAPAR 产品生产。

3.3.2 黑河流域高分辨率生态关键参数反演研究取得的成果、突破与影响

在分析已有研究进展基础上，充分考虑黑河流域内多样化地理单元和复杂地形的影响，利用可见光/近红外遥感数据，进行了 2012 年全流域的 30 m 和 2000～2014 年 1 km 空间分辨率地表反照率产品、LAI 产品和 FAPAR 产品生产，并利用地面实测数据和机载数据相结合，进行了地表反照率产品、LAI 产品和 FAPAR 产品地面实验验证，为流域计划的相关项目进行能量交换与水分循环研究提供了较高时空间分辨率的遥感源数据。

为了能够生产出 30 m 和 2000～2014 年 1 km 空间分辨率高精度地表反照率产品、LAI 产品和 FAPAR 产品，分别从野外数据获取与卫星数据处理、模型与反演算法、精度检验等几个方面着手进行研究。建立了中分辨率复杂山区地形校正模型、适用于积雪和沙漠地区以及混合像元的光谱和二向反射半经验模型、近似解析的植被 BRDF 统一模型，并以此为基础分别建立了复杂地形和混合像元条件下的地表二向反射半经验模型和宽波段地表反照率反演算法，以及适用于多种植被类型的高效 LAI、FAPAR 反演算法。下面将从遥感数据处理、地表反照率反演、LAI 反演和 FAPAR 反演四个方面进行介绍。

1. 遥感数据处理

（1）卫星数据处理

为了生产全流域高空间分辨率的地表反照率、LAI 和 FAPAR 产品，选用我国环境减灾小卫星（HJ）获取的 30 m 空间分辨率遥感图像。环境减灾小卫星星座 A、B 星于 2008 年 9 月 6 日成功发射，各装载的两台 CCD 相机，联合完成对地刈幅宽度为 700 km、地面像元空间分辨率为 30 m、4 个谱段的推扫成像。双星联合大约每 2 天能够对全流域观测一次。剔除受云影响的低质量数据，并经过辐射定标、几何校正和镶嵌处理，形成

了 2012 年全年每月一景的大气层顶高质量观测数据集和大气纠正后高质量地表反射率数据集。

由于地形影响，改变了太阳–地物–视角之间的相对位置，分析了太阳直射辐射、大气漫射辐射和周围像元的临近散射受地形影响的机制，以 HJ-CCD 数据为基础，以像元为单位分析了低分辨率和中分辨率遥感数据内的地形影响机制并进行了参数化描述。考虑太阳–地表–传感器间地气耦合过程，基于 6S 辐射传输模型和地表方向反射的方向–方向反射、方向–半球反射、半球–方向反射和双半球反射四种反射率，发展了基于地表方向反射的地形影响消除和地表反射率计算模型。并利用黑河流域环境卫星数据关于黑河流域地表方向反射率计算进行模型精度实证（图 3-41）。

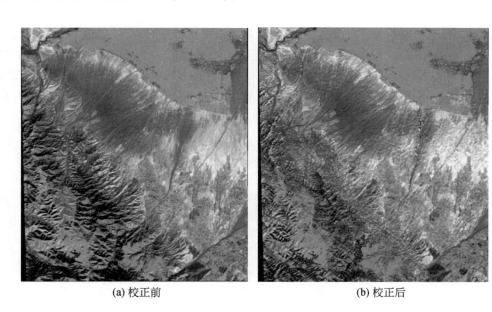

(a) 校正前　　　　　　　　　　　　　　　　(b) 校正后

图 3-41　环境卫星复杂地形辐射校正前后对比

（2）地面数据获取

为了获取参数反演需要的参数，并为验证产品提供地面真值，本研究分别在 2011 年和 2012 年 6、7 月在黑河中游和下游地区采用利用多角度观测架和 SVC 光谱仪在农田、荒漠、湿地等典型地表类型进行了 BRDF 观测和与航空遥感实验同步观测，并配合开展了航空遥感试验地表 BRDF 和地表反照率、LAI、FAPAR 同步观测。

利用净辐射表 CNR4、短波辐射表 CMP6 等仪器分别在在黑河流域中下游的荒漠、戈壁、农田等典型地物进行了多样方地表反照率观测。利用 ASD 光谱仪、LAI2000、HEMIVIEW 系统和 SUNSCAN 等仪器在黑河的上、中、下游进行了 LAI、PAR、FAPAR 多样方观测实验。获取了上游云杉林、山地草甸，中游盈科灌区、临泽等地玉米、人工林、果园，下游胡杨、柽柳等典型植被类型的叶片及冠层光谱、结构参数、LAI、FAPAR 观测数据。

2. 地表反照率反演

（1）全流域 30 m 分辨率地表反照率反演

由于 HJ 卫星观测角度信息有限，很难利用多角度观测信息来估算地表反照率。单一观测角度的角度格网化（Angluar Bin，AB）算法（Liang et al., 2005；Qu et al., 2014b），解决了单一观测角度卫星传感器的地表反照率估算问题。AB 算法充分考虑地表的二向反射特性，基于 POLDER-3/PARASOL BRDF 数据集和 6S 分别模拟不同大气状况下大气层顶、地表方向反射率和地表宽波段反照率，将太阳天顶角、观测天顶角和相对方位角空间划分为若干网格，在不同网格上建立大气层顶、地表方向反射率和地表宽波段反照率之间的统计回归关系进行反演。根据输入数据的不同，AB 算法可以分为 AB1 和 AB2 两个子算法，其中 AB1 算法由地表方向反射率直接估算地表宽波段反照率，AB2 算法由大气层顶方向反射率直接估算地表宽波段反照率。为了减小大气校正、核驱动函数拟合和窄波段向宽波段转换三个过程产生的累计误差对地表反照率估算的影响，采用针对 HJ 卫星数据的 AB2 算法（孙长奎等，2013）来进行 30 m 空间分辨率地表反照率反演，具体算法流程如图 3-42 所示。

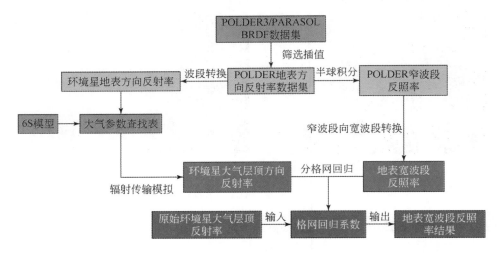

图 3-42　针对环境卫星数据的 AB2 算法流程图

首先 POLDER-3/PARASOL BRDF 数据集经过筛选和插值生成 POLDER 地表方向反射率数据集，进行波段转换得到环境星地表方向反射率，使用 6S 辐射传输软件包生成的大气参数查找表（LUT）进行大气辐射传输模拟，得到环境星大气层顶方向反射率数据。

然后由采用改进的线性核驱动模型拟合 BRDF 数据集，并进行角度积分，获得 POLDER 窄波段反照率，再根据窄波段向宽波段转换公式得出地表宽波段反照率。

最后，通过分格网回归方法建立环境星大气层顶方向反射率与地表宽波段反照率的统计回归关系，建立回归系数查找表。将查找表应用于大气层顶的 HJ 星数据，生成地表宽波段反照率产品。

采用了 2012 年 6～8 月黑河流域气象观测站辐射通量数据集对 HJ 卫星地表反照率精度进行初步验证。总共 19 个自动气象观测站，地表覆盖以农田、果园、菜地、村庄、沙漠、湿地下垫面为主。图 3-43 显示了黑河流域 HJ 卫星地表反照率和气象观测站实测地表反照率散点图，88.6% 的点绝对误差在 0.05 以内，均方根误差为 0.025，这表明 HJ 卫星地表反照率具有较高精度。但同时可以看出，HJ 卫星估算的地表反照率相对于实测地表反照率偏高，主要是因为观测数据以植被覆盖区域为主，而 AB 算法作为统计回归的结果，具有对高反照率值低估、低反照率值高估的趋势。

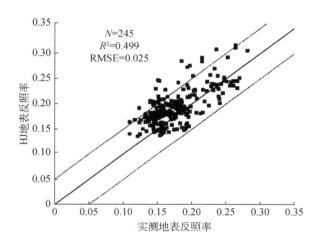

图 3-43 HJ 卫星地表反照率和实测值对比

（2）长时间序列 1 km 空间分辨率地表反照率反演

长时间序列的地表反照率产品采用 MODIS 数据生产。基于 MODIS 数据的地表反照率反演同样使用 AB 算法。因为 NASA 发布了质量可靠的 MODIS 地表反射率产品，所以存在两种可行的反演地表反照率的方式：①使用大气层顶反射率反演（即 AB2 算法）；②使用地表反射率反演（即 AB1 算法）。为了增加反演结果的稳定性，同时使用 AB1 和 AB2 算法反演，然后通过时空滤波算法（Liu N F et al., 2013）把两套算法反演的结果融合，并在时间轴上聚合为 8 天分辨率的产品，形成了覆盖全流域的 2000～2012 年 1 km 空间分辨率数据集。

因为黑河流域地表异质性高，很难用地面直接观测的数据来验证 1 km 空间分辨率的地表反照率遥感产品，因此采用经过验证的 30 m HJ 卫星地表反照率来间接分析 1 km 地表反照率的精度。首先利用基于高斯分布空间响应函数的统计方法（Peng et al., 2015）评价影像几何配准造成的不确定性，挑选出地表均匀点，并利用地表反照率产品的 QA 云标识字段去除云的影响，然后对 HJ 卫星地表反照率进行升尺度转换，得到空间分辨率为 1 km、时间相同的 HJ 卫星和 MODIS 地表反照率。通过在 2012 年 12 个月份对比升尺度的 HJ 卫星地表反照率和同时期的 MODIS 地表反照率可以看出，经过升尺度转换后的 HJ 卫星地表反照率和 MODIS 地表反照率一致性较好,除 2 月和 12 月受到云和雪的干扰外,R^2 均大于 0.7。MODIS 地表反照率相对于 HJ 卫星地表反照率存在整体性偏低,但差异较小,RMSE 小于 0.015。这表明这两种来自不同数据源和具有不同时空分辨率的地表反照率具有较高的一致性,能够满足流域尺度不同时空尺度地表反照率研究精度需求。

同目前绝大多数地表反照率反演模型一样,AB 算法适用于无地形起伏影响的地表。为了能让 AB 算法可以直接应用于山区崎岖地表进行地表反照率估算,基于等效坡面概念对 AB 算法进行了改进,称之为地形 AB 算法,即 TAB 算法 (Wen et al., 2014),即计算流程和原理示意图如图 3-44 所示。

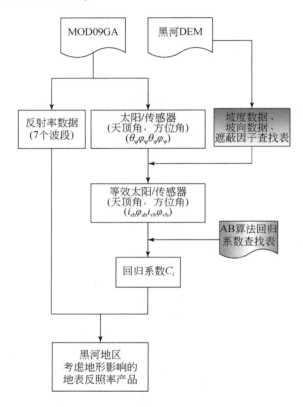

图 3-44　黑河流域 TAB 地表反照率计算流程及其黑空反照率

使用 TAB 算法和 2011 年第 206~239 天的 MODIS 数据,估算了黑河流域地表反照率。在黑河流域选择了 4 种统计的平均坡度,分别是平坦地表(平均坡度为 1.81°)、平缓地形起伏地表(平均坡度为 10.58°)和两种陡峭地形起伏的地表(平均坡度分别为 20.81°和 35.68°)。图 3-45 显示了 MCD43B3、AB 算法和 TAB 算法的晴空条件黑空反照率在上述四种平均坡度下的对比。由于平坦地表和平缓地表的地形影响较弱,因此 TAB 算法相比于 AB 算法并没有明显的改进,TAB 算法和 AB 算法的黑空反照率表现了较好的一致性。与 MCD43B3 黑空反照率产品相比,两者的偏差都小于 0.02。在陡峭地形起伏区域,由于 MCD43B3 和 AB 算法黑空反照率估算中没有考虑像元的地形影响,因此与 TAB 算法黑空反照率相比有了较大的不同，两者的偏差大于 0.03，且 TAB 算法的黑空反照率小于 MCD43B3 和 AB 算法的黑空反照率。总体趋势是在地形陡峭区域 TAB 算法的反照率小于 AB 算法的反照率，这与理论分析结果一致，说明 TAB 算法的反照率能较好反映山区的地表反照率变化情况。

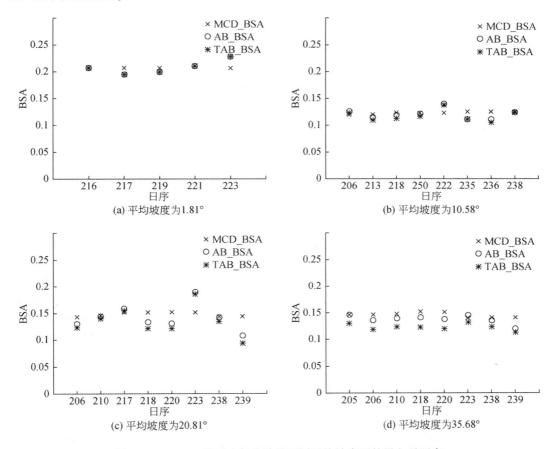

图 3-45　MODIS 像元内部统计的不同平均坡度下的黑空反照率

　　为了验证山区地表反照率的估算精度，我们发展了多尺度的验证方法，以解决地表异质性带来的地表反照率尺度问题。该验证方法主要包括两个重要的步骤：一是山区高空间分辨率地表反照率的估算，二是如何将验证的高空间分辨率的地表反照率升尺度到 1 km 尺度，进而完成地表反照率产品的验证。对于高空间分辨率地表反照率估算，选用 30 m 空间分辨率的 HJ 卫星数据，利用 BRATC 模型（Wen J G et al., 2015），进行了 HJ 卫星坡面反射率的精确估算；然后基于 AB 算法，进行地表反照率的估算，其 RMSE 在山区大约为 0.062。在此基础上，利用基于辐射传输的升尺度转换方法（Lin et al., 2018），升尺度 HJ 卫星地表反照率至 1 km 尺度，以其作为参考相对真值，验证 TAB 算法在黑河流域山区地表的估算结果。图 3-46 显示的是黑河流域上游山区高山草地–冰雪地表（左）和中游草地地表的反照率随时间变化，可以看出在山区第 5 版本的 MCD43B3 黑空反照率产品与 HJ

卫星升尺度的黑空反照率偏差较大，而 TAB 估算的黑空反照率与 HJ 卫星升尺度后的黑空反照率接近，其精度 RMSE 为 0.025。

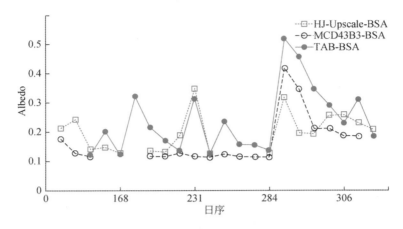

图 3-46 TAB 估算的地表反照率与 HJ 卫星反照率升尺度结果比较

(3) 黑河流域地表反照率的空间分布和时间变化特征

30 m 空间分辨率可以很好反映地表反照率空间分布的细节特征（图 3-47），可以看出，2012 年黑河流域的地表反照率时空分布变化显著，间接反映了积雪、地表植被覆盖的周期变化，1～4 月黑河流域出现了降雪导致地表反照率上升，然后出现积雪融化，地表反照率降低的过程，尤其以上游区域最为明显。5～9 月全流域地表反照率较低，这与夏季植被覆盖度高以及积雪覆盖低有关。其中 6、7 月反照率低值区域的面积全年最大。10 月进入冬季，积雪开始逐渐增加，流域地表反照率也逐渐上升，11 月积雪覆盖度最高。

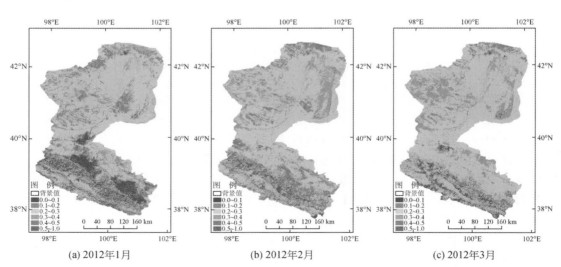

(a) 2012年1月   (b) 2012年2月   (c) 2012年3月

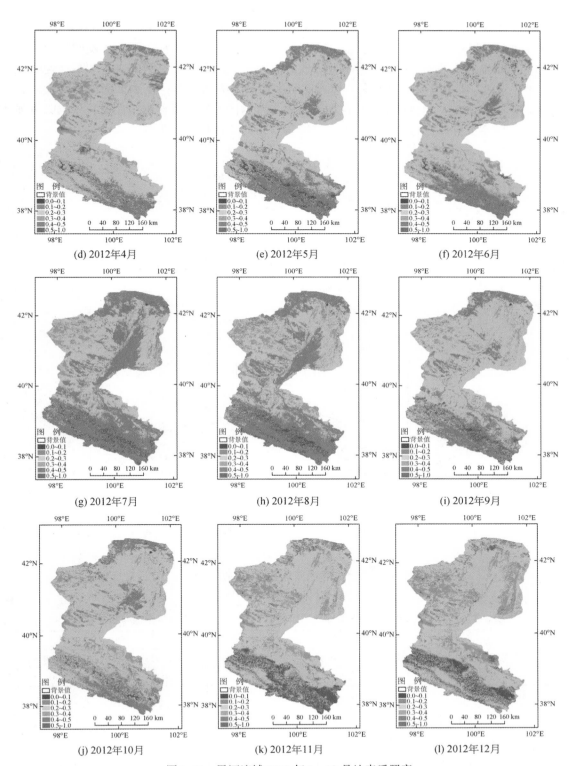

图 3-47　黑河流域 2012 年 1～12 月地表反照率

1 km 空间分辨率的数据集可用于分析流域反照率的时间变化特征。图 3-48 显示了 2000～2011 年冬季地表反照率变化和 2000～2012 年春季、夏季和秋季地表反照率变化趋势图。冬季地表反照率最高,春季和秋季次之且相近,夏季最低。从表 3-7 季节线性变化趋势看,这 13 年来黑河流域各季节地表反照率均呈下降的趋势,夏季下降速度最快,春季次之,秋季、冬季和全年最慢。这主要是因为秋季作物收割后地表粗糙度、冬季降雪强度和频度时空变异大,造成地表反照率呈震荡状态,变化趋势不明显。

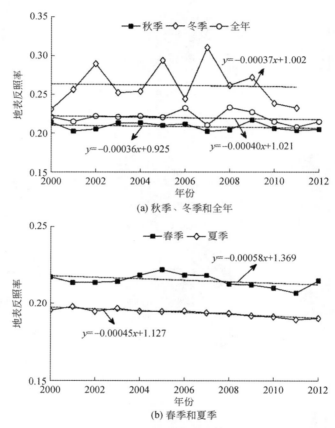

图 3-48　黑河流域不同季节地表反照率年际变化

资料来源:吴胜标等,2015

表 3-7　黑河流域 2000～2012 年地表反照率不同季节线性变化趋势系数和相关系数

季节	春季	夏季	秋季	冬季	全年
变化趋势系数	−0.000 45	−0.000 58	−0.000 36	−0.000 37	−0.000 40
决定系数	0.203 1	0.829 9	0.075 3	0.002 7	0.041 0

3. 全流域 LAI 反演

(1) 植被 BRDF 统一模型的构建

传统的 BRDF 建模方法将连续植被和离散植被的关系割裂开,对连续植被采用辐射传输模型，对离散植被采用几何光学模型，不适用于离散植被与连续植被并存的复杂地表。植被 BRDF 统一模型将几何光学模型与再碰撞概率结合起来，可以同时适用于离散和连续植被，能够满足在复杂植被条件下进行 LAI 反演的需要（徐希孺等，2017）。为了满足黑河流域高精度 LAI 反演的需求，非常有必要建立适用于不同植被类型的 BRDF 统一模型。

植被冠层 BRDF 统一模型将冠层辐射分为两部分：单次散射贡献项（ρ^1）和多次散射贡献项（ρ^m）。单次散射贡献项是指入射光与植被冠层和地表发生一次碰撞就被反射出去的部分，它与树冠内叶子的聚集度和树冠形态分布有关，是非各向同性的，表现出热点和碗边效应；多次散射贡献项是指光子在植被冠层内经过多次反射和吸收之后从冠层表面出去的部分，可以看作是各向同性的。在这个模型下，冠层发射率被表示为

$$\rho = \rho^1 + \rho^m \tag{3-1}$$

对于单次散射贡献项，可以借助几何光学模型进行求解，将整个冠层的反射分为四个部分：光照冠层、光照地表、阴影冠层和阴影地表，分别计算各部分在视场中的面积比例，从而计算单次散射项的反射率贡献。引入 K_g、K_c、K_z 和 K_t，其中 K_g 和 K_c 分别表示光照地表和光照冠层的面积比例，K_z 和 K_t 分别表示阴影地表和阴影冠层的面积比例，β 表示天空散射光比例，S' 表示天空散射光对地面的贡献比例，则 ρ^1 可以表示为

$$\rho^1 = (1-\beta)K_g\rho_{g,1} + (1-\beta)K_c\rho_{v,1} + S'\beta K_z\rho_{g,1} + (1-S')\beta K_t\rho_{v,1} \tag{3-2}$$

式中，$\rho_{g,1}$ 和 $\rho_{v,1}$ 分别表示土壤背景和叶片的反射率。四分量面积比例 K_g、K_c、K_z 和 K_t 可以通过 LAI、聚集指数 ζ（Nilson，1971）、G 函数（Xu，2005）、太阳入射角度和传感器观测角度计算得出，详细计算过程发表在 2017 年的《中国科学》上。

多次散射贡献项 ρ^m 表示在冠层和土壤之间多次散射后到达传感器的反射贡献，之前的很多研究用辐射传输模型来描述多次散射反射项，结果通常表示为积分形式，造成计算方面的困难。植被 BRDF 统一模型引入了再碰撞概率的概念（Smolander and Stenberg，2005；Mõttus and Stenberg，2008；Chen G et al.，2014），它将多次散射反射率分为六个部分：ρ_1^m 表示太阳直射在冠层之间经历多次散射后进入传感器的部分；ρ_2^m 表示天空散射光在冠层之间经历多次散射后进入传感器的部分；继续考虑土壤和冠层之间的相互作用，对于太阳直射，ρ_3^m 表示光子先入射到地表，经地表反射和在冠层和地表间的多次散射，进入传感器的部分，而 ρ_4^m 表示光子先入射到冠层，同样经冠层和地表间的多次散射，进入传感器的部分；ρ_5^m 和 ρ_6^m 分别与 ρ_3^m、ρ_4^m 相对应，光子经历的散射过程相同，只是入射光为天空散射光。

以光子的散射路径为依据，多次散射贡献项的六个部分可以合并为 ρ_1，ρ_2 和 ρ_3，其中 $\rho_1 = \rho_1^m + \rho_2^m$，表示直射和散射光在冠层之间多次散射后进入传感器的贡献；$\rho_2 = \rho_3^m + \rho_5^m$，表示光子先入射到地表，之后经历冠层和地表间多次散射进入传感器的贡献；$\rho_3 = \rho_4^m + \rho_6^m$，表示光子先入射到冠层，之后经历冠层和地表间多次散射进入传感器的贡献。当天空散射光比例较小时，ρ_5^m 和 ρ_6^m 的贡献可以忽略，此时 ρ_1，ρ_2 和 ρ_3 表示为

$$\rho_1^m = \left(\frac{i_0}{2} + \beta\left(\frac{\widetilde{i_0}}{2} - S'\frac{\widetilde{i_0}}{2} - \frac{i_0}{2}\right)\right)\frac{\omega_1^2 p\ (1-p)}{1-\omega_1 p} \cdot \frac{1}{2\pi} \tag{3-3}$$

$$\rho_2^{\mathrm{m}} = (1-\beta)(1-i_0)\frac{\rho_{\mathrm{g}}\widetilde{i_0}r_{\mathrm{c}}^*}{1-\rho_{\mathrm{g}}\widetilde{i_0}r_{\mathrm{c}}^*}(1+\rho_{\mathrm{g}}(1-\widetilde{i_0}))\frac{1}{2\pi} \tag{3-4}$$

$$\rho_3^{\mathrm{m}} = (1-\beta)\frac{i_0}{2}\frac{\omega_1(1-p)}{1-\omega_1 p}\cdot\frac{\rho_{\mathrm{g}}}{1-\rho_{\mathrm{g}}\widetilde{i_0}r_{\mathrm{c}}^*}\left(1-\widetilde{i_0}\left(1-0.5\frac{\omega_1(1-p)}{1-\omega_1 p}\right)\right)\frac{1}{2\pi} \tag{3-5}$$

式中，ω_1 表示单叶片反照率；p 表示再碰撞概率；i_0 和 $\widetilde{i_0}$ 分别表示冠层拦截率和冠层半球拦截率。

（2）全流域 LAI 反演方法

全流域 LAI 反演包括 30 m 空间分辨率 LAI 反演和 1 km 空间分辨率 LAI 反演，其中 30 m 空间分辨率反演的数据采用环境星数据，重访周期 2 天，包含 0.43 ~ 0.9 μm，蓝、绿、红和近红外 4 个波段；1 km 空间分辨率采用 MODIS 反射率数据，时间分辨率 8 天，包含 7 个波段。

在已有的植被 BRDF 统一模型的基础上，采用查找表（LUT）方法对 LAI 进行反演。利用该模型将冠层反射率表示为 LAI、波长、土壤和叶片反射率、聚集指数、入射和观测角度等一系列参数的函数，并从理论分析和数值模拟实验出发，研究 LAI 反演的影响因素。反演流程大致如下：①确定太阳和传感器的天顶角和方位角；②建立 G 函数、叶片反射率 ρ_v 和地表反射率 ρ_g 的查询参数表；③确定植被类型，获取相应的 G 函数、叶片和地表反射率；④确定叶面积指数 LAI、聚集指数 ζ，以及天空散射光比例 β 取值范围和取值间隔；⑤将所有参数输入到模型中计算对应的反射率 ρ，建立反射率查找表；⑥提取卫星影像像元反射率的值，利用最小二乘法原理找到与像元反射率差值最小时反射率所对应的 LAI，将此 LAI 赋值给像元；⑦整幅影像 LAI 反演。

需要指出，ζ 和 β 也很难通过实测获取，所以在代入植被冠层统一模型求取的时候，共有 LAI、ζ 和 β 三个参数作为未知量出现，用遥感研究中常用的三个波段（近红外、红和绿）可以构建三个独立方程，对三个未知量求解

$$\begin{cases}\rho_{\mathrm{green}} = (1-\beta_{\mathrm{green}})K_c\rho_{\mathrm{v,L,green}}+(1-\beta_{\mathrm{green}})K_g\rho_{\mathrm{g,L,green}}+(1-S')\beta_{\mathrm{green}}K_t\rho_{\mathrm{v,L,green}}+S'\beta_{\mathrm{green}}K_g\rho_{\mathrm{g,L,green}}+\rho_{\mathrm{green}}^{\mathrm{m}}\\\rho_{\mathrm{red}} = (1-\beta_{\mathrm{red}})K_c\rho_{\mathrm{v,L,red}}+(1-\beta_{\mathrm{red}})K_g\rho_{\mathrm{g,L,red}}+(1-S')\beta_{\mathrm{red}}K_t\rho_{\mathrm{v,L,red}}+S'\beta_{\mathrm{red}}K_g\rho_{\mathrm{g,L,red}}+\rho_{\mathrm{red}}^{\mathrm{m}}\\\rho_{\mathrm{nir}} = (1-\beta_{\mathrm{nir}})K_c\rho_{\mathrm{v,L,nir}}+(1-\beta_{\mathrm{nir}})K_g\rho_{\mathrm{g,L,nir}}+(1-S')\beta_{\mathrm{nir}}K_t\rho_{\mathrm{v,L,nir}}+S'\beta_{\mathrm{nir}}K_g\rho_{\mathrm{g,L,nir}}+\rho_{\mathrm{nir}}^{\mathrm{m}}\end{cases}$$

$$\tag{3-6}$$

由于求解方法复杂，想通过式（3-6）直接对未知量求解是相当困难的，可以通过建立参数表的方法对各个参数进行赋值，进而确定不同 LAI 下对应的 $\rho_{\mathrm{green},i}$、$\rho_{\mathrm{red},i}$ 和 $\rho_{\mathrm{nir},i}$，从而建立 LAI 与反射率之间的查找表，对于一个像元，利用最小二乘法反演，将相应波段的反射率代入下式，当 D_i 取最小时，对应的一组 LAI、ζ 和 β 为该像元的反演结果：

$$D_i = (\rho_{\mathrm{green}}-\rho_{\mathrm{green},i})^2+(\rho_{\mathrm{red}}-\rho_{\mathrm{red},i})^2+(\rho_{\mathrm{nir}}-\rho_{\mathrm{nir},i})^2 \tag{3-7}$$

反演算法的流程图如图 3-49 所示。

（3）黑河流域 LAI 的空间分布和时间变化特征

通过对黑河流域 30 m 空间分辨率和 1 km 空间分辨率的反射率影像进行反演，获得了 2012 年生长季黑河流域 LAI 的反演结果。图 3-50 显示了 2012 年各月黑河流域 LAI 的空间

分布情况。可以看到，LAI 的分布情况与上、中、下游的植被类型分布一致：中游平原区有大量农田，在生长季具有最高的 LAI 值；而上游的草地、森林区和下游戈壁、稀疏草原区的 LAI 较低。

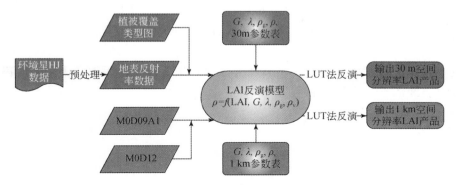

图 3-49　黑河流域 LAI 反演算法流程图

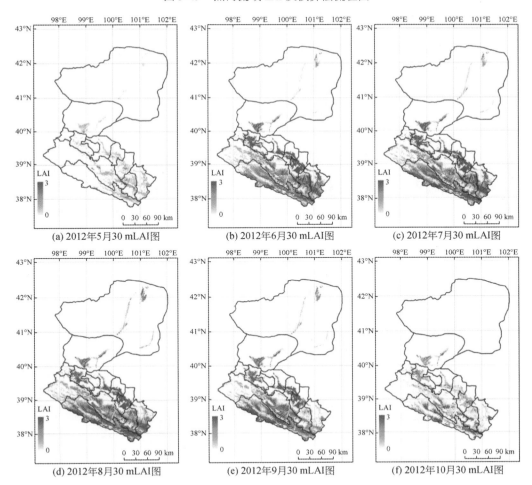

图 3-50　2012 年生长季各月 LAI 空间分布

依据 1 : 100 000 黑河流域植被分类图从森林、农田和稀疏草原中选取代表性像元，提取其在生长季中 LAI 的平均值，绘制 LAI 在生长季的变化趋势（图 3-51），可以看到，无论是森林、农田还是稀疏草原，LAI 都随着生长季的变化先增加后减少，呈现出倒 V 字形的变化趋势。三种植被类型 5 月的 LAI 值均在 1 以下；进入生长季后，三者的 LAI 迅速增加，其中以农田的 LAI 增速最快，考虑到该区域农田种植的主要是玉米，在生长季 LAI 可以达到 3 以上，相对而言，稀疏草原和森林的 LAI 值较小，为 2～3，以胡杨林为主的稀疏草原 LAI 与森林的 LAI 相差不大；在 7 月 LAI 达到最大值，其后 LAI 下降，农田 LAI 到 9 月、10 月已经低于森林和稀疏草原。

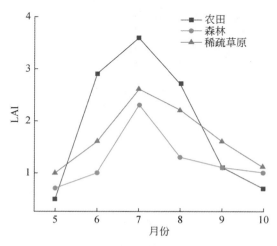

图 3-51　三种植被类型生长季 LAI 变化趋势

为了验证 30 m 空间分辨率 LAI 产品的质量，利用地面测量数据对 LAI 产品进行真实性检验。由于 30 m 的分辨率较高，像元内植被分布较为均匀，可以直接用地面测量 LAI 验证它所在 30 m 像元的 LAI 反演值。地面测量数据包括 9 个森林样方、20 个农田样方和 14 个疏林草地样方。地面测量 LAI 与反演结果 LAI 的验证散点图如图 3-52 所示，散点均匀

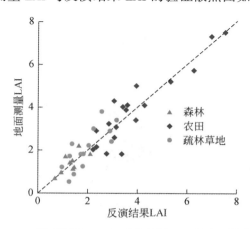

图 3-52　地面测量 LAI 与反演结果 LAI 的验证散点图

地分布在 45°线上下，误差基本小于 1，在误差允许范围内。结果表明，平均误差均小于 0.6，反演结果与地面测量结果吻合得很好。这表明本书的 LAI 反演算法是可靠的，利用该算法能够生产出高质量的 LAI 产品。

由于 30 m 空间分辨率 LAI 产品经验证可靠，将其融合到 1 km 尺度，用于验证 1 km 空间分辨率 LAI 产品，同时与 MODIS LAI 产品进行对比验证。选取 2012 年 7 月黑河流域上游和中游部分的 30 m 空间分辨率 LAI 产品，融合后分别与 2012 年第 193 天的 1 km 反演产品和 MOD15 产品做差，得到图 3-53 所示的差值图。可以看出，反演产品与融合 LAI 吻合得更好，绝大多数像元的误差均在±1 范围内；而 MODIS LAI 产品的差异略大，尤其在黑河中游的作物区，LAI 值明显低于 30 m 空间分辨率融合 LAI，这与其他 MODIS LAI 产品的验证结果一致。融合 LAI 与 1 km 空间分辨率反演 LAI 的平均误差只有 0.29，可见本算法生产的 1 km 空间分辨率 LAI 产品具有较高的精度和质量。

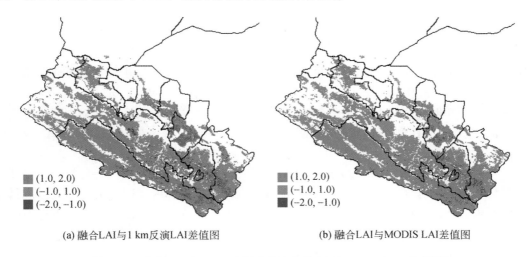

(a) 融合LAI与1 km反演LAI差值图　　　　　　　(b) 融合LAI与MODIS LAI差值图

图 3-53　融合 LAI 与 1 km 空间分辨率反演 LAI、MODIS LAI 差值图

4. 全流域 FAPAR 反演

（1）FAPAR-P 模型构建

鉴于已有的定量反演 FAPAR 的模型比较复杂，不易求解，且大多模型不适用于有云条件。因此，针对黑河流域的实际情况，建立一个具有普适性、求解简单的 FAPAR 模型具有重要的意义。

FAPAR 分为两部分：直接入射到冠层被吸收的比例和从地表反弹后再入射到冠层被吸收的比例。同时，FAPAR 是植被对 400~700nm 光谱范围内的太阳辐射（即光合有效辐射）的吸收比例，因此应该对 400~700nm 的所有波段进行积分，得到的才是总吸收比例 FAPAR，式（3-8）是 FAPAR 模型的出发方程。

$$FAPAR = \int_{400\sim700nm} a(\lambda)d\lambda = \int_{400\sim700nm} (a_1(\lambda) + a_2(\lambda))d\lambda \qquad (3-8)$$

式中，λ 表示电磁波长；$a(\lambda)$ 是植被冠层对波长为 λ 的太阳辐射的总吸收；$a_1(\lambda)$ 和 $a_2(\lambda)$ 分别是植被冠层对辐射的直接吸收和地表多次反弹造成的植被冠层对辐射的吸收，二者的具体计算公式如式（3-9）和式（3-10）所示。

$$a_1(\lambda) = i_0 \cdot \frac{1-\omega_1(\lambda)}{1-p\omega_1(\lambda)} \cdot (1-\beta) + \tilde{i}_0 \cdot \frac{1-\omega_1(\lambda)}{1-p\omega_1(\lambda)} \cdot \beta \tag{3-9}$$

$$a_2(\lambda) = (f_1+f_2) \cdot \frac{r_g}{1-r_g r_c^* \tilde{i}_0} \cdot \tilde{i}_0 \cdot \frac{1-\omega_1(\lambda)}{1-p\omega_1(\lambda)} \tag{3-10}$$

式中，i_0 是植被冠层对太阳直射光的拦截概率，指入射光子中与植被冠层发生碰撞的光子的比例，计算公式如式（3-11）所示；$\tilde{i}_0$ 是植被冠层对天空散射光的拦截概率，它表示为 2π 空间方向上拦截概率的平均值，其经验公式如式（3-12）所示（Fan et al., 2014）。

$$i_0 = 1 - \exp\left(-\frac{G_i}{\mu_i}\mathrm{LAI}_e\right) \tag{3-11}$$

$$\tilde{i}_0 = 1 - \exp(-0.8\mathrm{LAI}_e^{0.9}) \tag{3-12}$$

式中，G_i 是 G 函数，其物理意义是每单位地表面积上的叶片到入射太阳光的垂直面上的平均投影值，本研究中只考虑 $G_i = 0.5$ 的球形分布情况。$\mu_i = \cos\theta_i$，θ_i 是入射太阳天顶角。

$\omega_1(\lambda)$ 是单叶片在波长 λ 时的单次散射反照率，包括单叶片的半球反射率与半球透射率。β 是天空散射光比例。r_g 为土壤反射率。p 为再碰撞概率，p 的经验公式如式（3-13）所示：

$$p = 0.71\exp(0.014\mathrm{LAI}_e) - 0.66\exp(-0.78\mathrm{LAI}_e) \tag{3-13}$$

f_1 是植被冠层对直接入射到地表再经地表一次或多次反弹的太阳直射光和天空散射光的辐射的吸收，f_2 是直射和散射的光子在植被冠层内发生一次或多次散射后向下透射的部分穿出冠层到达地表，由地表一次或多次反弹再被植被冠层吸收的部分，可通过植被冠层内部的总散射来计算。f_1 和 f_2 的表达公式如式（3-14）和式（3-15）所示。

$$f_1 = (1-i_0) \cdot (1-\beta) + (1-\tilde{i}_0) \cdot \beta \tag{3-14}$$

$$f_2 = \frac{(1-p)\omega_1(\lambda)}{1-p\omega_1(\lambda)} \cdot \frac{q_2}{1-p}\left[i_0 \cdot (1-\beta) + \tilde{i}_0 \cdot \beta\right] \tag{3-15}$$

q_2 是植被冠层内散射向下投射到地表的平均透过率。经过一次碰撞被散射向上击穿冠层的概率为 q_1，向下击穿冠层的概率为 q_2，经过一次碰撞后仍留在冠层中发生再碰撞的概率为 p，则有式（3-16）和式（3-17）存在。

$$q_1 = q_2 \tag{3-16}$$

$$p + q_1 + q_2 = p + 2q_2 = 1 \tag{3-17}$$

r_c^* 为植被冠层的漫反射率，其计算公式如式（3-18）所示。

$$r_c^* = (f_1+f_2) \cdot \frac{(1-p)\omega_1(\lambda)}{1-p\omega_1(\lambda)} \cdot \frac{q_2}{1-p} \tag{3-18}$$

（2）山区 FAPAR-PR 模型

FAPAR-P 模型假定地面为水平面，而实际黑河流域地形复杂多样，上游山区多存在地形起伏，这会导致一部分天空散射光被周围地形遮挡，并且使太阳光线入射地面的实际角度不同于太阳天顶角，因而需要根据影像对应区域的地形条件，对天空散射光所占比例 β 和太阳天顶角 θ 进行修正。

β 表示天空散射光在全部天空辐射中的比例。初始假定下，地面为平面，利用 6S 模型求解各可见光波段的太阳直射光强度和天空散射光强度，将其各自加总后，即可求得地面为平面情况下的天空散射光比例。再引入地形影响，地形的起伏会遮挡太阳光，使某些区域没有太阳直射光，这些地方的太阳散射光比例为 1。在其他区域，由于周围地形会遮挡部分天空散射光，β 值变小。遮挡程度需要借助遮蔽因子 V 进行定量描述。在假定天空散射光各向同性的情况下，遮蔽因子指坡面一点所接收的天空漫散射与未被遮挡的水平表面所接收的漫散射之比。

$$V = \frac{1}{2\pi} \int_0^{2\pi} \left[\cos\theta_p \sin^2 H_\rho + \sin\theta_p \cos(\varphi - \text{Asp})(H_\rho - \sin H_\rho \cos H_\rho) \right] d\varphi \tag{3-19}$$

式中，θ_p 是指坡面的坡度；H_ρ 是指 ρ 方向最大天空张角；φ 是指太阳方位角；Asp 是指坡面的坡向。

引入地形影响前后，太阳可直射区的直射光强度不变，因而有

$$L_d = L \times (1 - \beta) = L_{\text{new}} \times (1 - \beta_{\text{new}}) \tag{3-20}$$

并且平面上像元接收的总辐射等于坡面上像元接收的总辐射加上被周围地形遮挡的天空散射光：

$$L = L_{\text{new}} + (1 - V) \times \beta \times L \tag{3-21}$$

根据上述平面和坡面辐射状况的改变和相互联系，得到

$$\beta_{\text{new}} = \frac{V \times \beta}{1 + V \times \beta - \beta} \tag{3-22}$$

即在太阳始终可直射区，由平面情况下天空散射光所占比例向坡面情况下天空散射光比例的转换公式，其中 L_d 为太阳直射辐射，L 和 L_{new} 分别为平面和坡面情况下的总辐射。

地面为平面时，θ 值由太阳位置唯一确定，一定范围内各像元具有同一 θ 值。在引入地形影响后，各像元所处坡面由于具有不同的坡度和坡向，因而具有不同的等效太阳天顶角。像元所在坡面的法线和太阳入射光线是大地坐标系中的两个向量，可以表示为

$$\vec{F} = \cos\varphi_f \cdot \sin\theta_f \cdot \vec{X} + \sin\varphi_f \cdot \sin\theta_f \cdot \vec{Y} + \cos\theta_f \cdot \vec{Z} \tag{3-23}$$

$$\vec{S} = \cos\varphi_s \cdot \sin\theta_s \cdot \vec{X} + \sin\varphi_s \cdot \sin\theta_s \cdot \vec{Y} + \cos\theta_s \cdot \vec{Z} \tag{3-24}$$

式中，φ_f 是坡面的坡向；θ_f 是坡面的坡度；φ_s 是太阳方位角；θ_s 是太阳天顶角。等效太阳天顶角正是两向量的夹角，可用空间向量夹角公式计算。

（3）全流域 FAPAR 反演

以 MODIS 与 HJ-CCD 为数据源进行 FAPAR 反演时，需要输入的参数包括：LAI、尼尔逊（Nilson）参数、G 函数、叶片反射率、叶片透过率、土壤反射率、太阳天顶角、再碰撞概率及天空散射光比例。考虑黑河全流域各种植被类型特点，针对几个关键参数建立了参数表，并结合 LAI 产品建立了 FAPAR 反演算法，技术路线图见图 3-54。FAPAR 可直接根据 FAPAR-P 模型进行计算，不需要建立查找表，反演简单迅速。反演结果如图 3-55 所示。

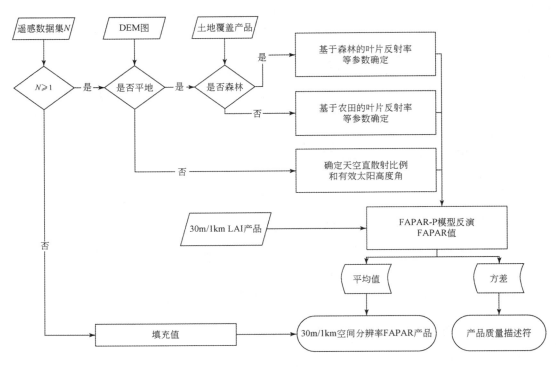

图 3-54 FAPAR 反演技术路线图

图 3-55 2012 年 7 月 8 日黑河中游 30m 空间分辨率 FAPAR 分布图

    采用甘肃省张掖市盈科灌区测量的玉米冠层 FAPAR 数据进行算法验证。2012 年 7 月 8 日 HJ-1B 卫星是在上午 11:52 过境，野外观测是在 13:00～17:00 进行，共测量了 18 个点。为获得卫星同步观测数据，需要根据下午观测的数据推算得到卫星过境时间的 FAPAR 结果。根据 7 月 5 日观测的 FAPAR 日变化的结果采用多项式拟合得到与卫星过境时间对应的 FAPAR 值，如图 3-56 所示。然后根据观测地点经纬度，从图像中获得 FAPAR 反演结果，与测量值进行对比，FAPAR 实测值和 FAPAR 观测值的散点图如图 3-57 所示，反演值和实测值很接近，表明了该算法的有效性。1 km 空间分辨率 FAPAR 产品也通过与 30 m 空间分辨率 FAPAR 产品进行了验证，同时与 MODIS 产品进行了对比，结果如图 3-58 所示。

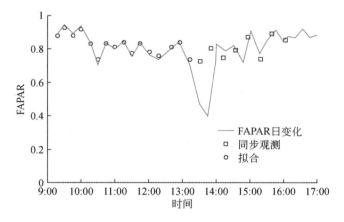

图 3-56　FAPAR 日变化及同步观测拟合

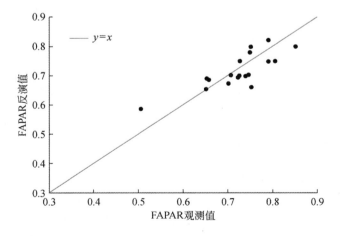

图 3-57　FAPAR 实测值和 30 m FAPAR 产品对比

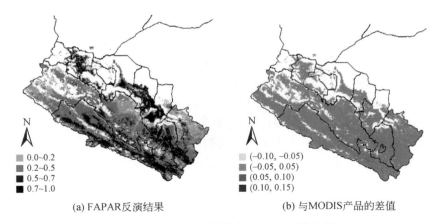

(a) FAPAR反演结果   (b) 与MODIS产品的差值

图 3-58　1 km 空间分辨率 FAPAR 反演产品

（4）黑河流域 FAPAR 的空间分布和时间变化特征

从黑河上游至下游，植被 FAPAR 整体下降，说明植被类型由森林草原向荒漠过渡，植被覆盖度逐渐降低，因而光合有效辐射比例逐渐降低。即使同在上游，针叶林最大值相差可达 0.2，而在下游地区的草地 FAPAR 最大值也有一定差异。这是由于黑河流域是一个非常广阔的区域，即使是分布在同一流域的同一植被类型，也会因为地区光照、降水、水文等因素造成植被长势有所差异，进而影响 FAPAR。

黑河流域不同植被类型间 FAPAR 季相变化的总体趋势相似，季节性明显。3～6 月，FAPAR 逐渐上升，这是因为该时期气温升高，雨水充沛，植被大面积生长，覆盖度增加。6～8 月，FAPAR 普遍较高，此时植被生长达到旺盛期。9～11 月，FAPAR 又逐渐下降，因为该时期气温下降，部分非常绿植被死亡，植被覆盖度降低，光合作用减弱。但是，不同植被类型的 FAPAR 在某些时间段却表现出不同的变化规律。草地和阔叶林 FAPAR 季节性变化较明显，从春季至夏季，草地和阔叶林覆盖度增加，FAPAR 急剧升高，进入秋冬季节，大部分树木落叶、草类枯萎，FAPAR 急剧下降。

与阔叶林相比，针叶林 FAPAR 季相变化幅度较小，因为黑河流域针叶林树种主要是青海云杉、祁连圆柏，均为常绿针叶林，叶的生长期较长，而阔叶林多为落叶林，叶片生长期较短，所以从 12 月至次年 4 月，针叶林的 FAPAR 值一般比阔叶林高。但是，在植被生长较旺盛的夏秋季，阔叶林的 FAPAR 比针叶林高，因为阔叶林叶片较宽而针叶林的叶呈针状，在相同的光照条件下，阔叶林的光合利用率较高。

3.3.3　生态关键参数反演的前沿方向

为了在流域尺度上获得既有高空间分辨率又有高时间分辨率的地表参数产品，必须尽可能地扩充我们能够利用的遥感数据源。航天和遥感技术的高速发展为我们提供了机会，尤其是我国发射的高空间分辨率和宽视场的传感器，如 HJ 卫星的 CCD 传感器，高分 1 号卫星的 WFV 传感器以及大量的新型微小卫星数据，都可以成为潜在的定量遥感数据源。

但是目前国产卫星数据应用开发不足，辐射定标和几何校正等基本数据处理困难成为制约国产卫星数据定量化的瓶颈。

我国是一个多山国家，山地和高原占我国陆地面积的 2/3 以上，而目前用于定量遥感参数反演的模型和算法几乎都没有考虑复杂地形的影响。复杂地形区的天空云量较大，对于地表 BRDF/参数反演研究来说，地形的影响十分复杂，目前尚没有公认的解决方案。我们也只是在黑河流域进行了初步尝试。为了定量描述单一或复合坡面条件下的地表反射特性，需要从模型甚至是参数定义上仔细梳理（Zhao P et al., 2016；Wen et al., 2018）。

黑河流域土地覆被类型多样，地形复杂也为遥感产品的真实性检验方法带来了不小的难题。但是目前复杂地形区观测数据少，数据管理自动化水平低和与遥感观测数据尺度不匹配等问题也严重制约了生态关键参数遥感的研究，特别是遥感产品真实性检验研究（Peng et al., 2013；Wang et al., 2015；Lin et al., 2017，2018）。我们基于黑河流域的观测数据和仿真场景开展了大量的理论分析和模拟研究（Wen J G et al., 2014，2015，2018；Hao et al., 2018a，2018b），初步为复杂地形区的 BRDF 建模/参数反演理清了思路，同时也希望能为遥感产品的尺度效应和真实性检验方法提供理论依据。

3.4　黑河流域水分蒸发过程识别与模拟

3.4.1　流域遥感蒸散发过程研究现状、挑战与科学问题

地表实际蒸散发（evapotranspiration，ET）（区别于潜在蒸散发或参考蒸散发）既包括土壤和植物表面的水分蒸发与冰雪表面升华，也包括植物表面和植物体内的水分蒸腾，是土壤–植物–大气连续体中水分运动的重要过程。地表蒸散发不仅是地表水分循环与能量平衡的重要组成部分，也是生态过程和水文过程的重要纽带，准确估算地表蒸散发对水循环研究及水资源科学管理意义重大。

地表蒸散发的地面观测方法中具有代表性的是蒸渗仪、波文比能量平衡观测系统、涡动相关仪和大孔径闪烁仪等，时空尺度不同，各具优势。相对于传统的水文气象学方法，遥感技术具有空间上连续和时间上动态变化的特点，遥感数据的多光谱信息能够提供与地表能量平衡过程、土地覆被及水分状况密切相关的参量。因此，利用遥感技术进行流域尺度非均匀下垫面地表蒸散发的估算，已成为遥感应用领域的重要研究方向（Li Z L et al., 2009）。当前典型的地表蒸散发遥感估算模型如表 3-8 所示。

表 3-8　地表蒸散发遥感估算模型

模型类型	主要优点	主要缺点	代表性工作
经验/半经验或非参数化方法	所需参数少、易操作	模型机理性弱； 算法中的参数和相关关系对遥感图像依赖性大； 主要用于长时间尺度平均值的估算	Carlson et al., 1995；Wang and Liang, 2008

模型类型	主要优点	主要缺点	代表性工作
特征空间模型	仅需输入遥感反演地表参数	特征空间干湿边的确定依赖于图像及经验； 主要适用于干旱/半干旱地区的农田、草地等下垫面类型且平坦地形	Jiang and Islam, 1999； Tang et al., 2010； Garcia et al., 2014； Li et al., 2015b
基于地表能量平衡方法的参数化模型	物理机制较为明确	不适用于植被稀疏、干旱/半干旱地区； 不适用于地气温差较小的情况（如冰雪下垫面）及高植被情况（森林）； 对地表温度的反演精度敏感，只能用于晴空条件下，时空不连续； 余项法累积误差最终都会传递到潜热通量（蒸散发）	Norman et al., 1995； Bastiaanssen et al., 1998； Kustas and Norman, 1999； Su, 2002； Jia et al., 2003
结合能量水分交换与植被生理的参数化模型	物理机制明确，直接计算蒸散发	土壤水分胁迫考虑不足； 冠层截留蒸发等的参数化方案过于简化	Cleugh et al., 2007； Mu et al., 2007, 2011； Fisher et al., 2008

地表蒸散发及其时空分布与气象条件、土壤水分、植被覆盖等因素彼此关联而又相互制约，遥感估算流域尺度地表蒸散发虽然取得了许多成果，但是对于非饱和地表的实际蒸散发过程以及由于下垫面的非均匀性，基于遥感观测估算流域地表实际蒸散发仍面临很多问题，尤其在模型发展及其参数化方面存在一定的局限性。以黑河流域为例，由于流域内地形地貌、水文气候和土壤植被条件等的多样性，地表温度-植被指数特征空间模型较适用于中游河西走廊平坦的绿洲区（Tang et al., 2010）；美国国家航空航天局（NASA）MOD16 蒸散发产品的估算方法更适用于上游祁连山山区自然植被条件，对于中游干旱地区，由于没有考虑绿洲灌溉的影响导致农田蒸散发明显低估（Hu and Jia, 2015）。因此，在流域尺度上需要发展适用于不同土地覆被类型和环境条件的多参数化方案地表蒸散发估算模型。而如何根据流域内不同下垫面的蒸散发过程来综合考虑主控地表能量和水分交换过程的能量平衡、水分平衡及植物生理过程，是流域尺度蒸散发遥感估算的一个重要科学问题。

由于黑河流域范围较大，很难获取同一时刻全流域晴空无云的卫星遥感数据。通过多期遥感数据合成可以在一定程度上去除云和大气的干扰，但是，如果在一个合成周期时间内所有图像都有云，就无法得到该周期的无云图像，导致遥感数据中仍然包含受云影响所产生的噪声，影响其在流域生态水文研究中的应用。此外，范围较大的流域需要多个轨道的极轨卫星（近极地太阳同步轨道卫星）遥感数据拼接而成，但对于地表温度等在一天当中随时间变化明显的参数会存在相位差，如相邻轨道的 MODIS 数据成像时间相差 1.6 小时。如何通过时间序列重建来去除云和云阴影的影响（Zhou J et al., 2015），并对相邻轨道的地表温度数据等进行时间归一化（Li Z L et al., 2013），获取全流域具有时空一致性的时空连续的地表参数，提高对蒸散发过程中重要参数具有科学意义的卫星遥感监测能力，也是流域尺度蒸散发遥感估算面临的重要问题，需要在相关研究方向进一步探索。

3.4.2 黑河流域蒸散发过程研究取得的成果、突破与影响

黑河流域位于中国西北干旱-半干旱地区，生活、生产用水挤占生态用水，区域自然水循环系统的平衡状态遭到严重破坏（肖生春等，2017）。为了在流域尺度上合理利用及分配水资源，迫切需要深入了解全流域不同植被覆盖和土地利用条件下的蒸散耗水情况，这对改善黑河流域生态环境、协调用水矛盾和合理配置水资源具有重要意义。

"黑河流域生态-水文过程集成研究"重大计划实施以来，在黑河流域开展了多项流域尺度地表蒸散发遥感估算研究，包括对现有地表蒸散发遥感估算模型进行改进，如 SEBS（Surface Energy Balance System）（周剑等，2014；Huang et al.，2015；Li Z S et al.，2015a；Ma Y F et al.，2015，2018；Wu X J et al.，2015）、SEBAL（Surface Energy Balance Algorithm for Land）（Li and Zhao，2010；周彦昭等，2014）、TSEB（Two-Source Energy Balance）（Song L S et al.，2015，2016）、基于 Penman-Monteith 公式的表面阻抗模型（Song Y et al.，2016）、LST-NDVI 特征空间模型（Tang et al.，2010；Yang et al.，2012；Tian et al.，2013；Li Z S et al.，2015b）等；同时也建立和发展了多种地表蒸散发遥感估算模型并生产发布了相关数据产品，如三温模型（Xiong et al.，2015；Wang Y Q et al.，2016）、ETWatch（Wu B F et al.，2011，2016；Xiong et al.，2011）、ETMonitor（Cui and Jia，2014；Hu and Jia，2015；Zheng et al.，2016，2019）等。此外，基于机器学习方法对黑河流域地表过程综合观测网的涡动相关数据进行升尺度，得到区域尺度逐日 1 km 分辨率栅格化地表蒸散发数据集 ETMap（Xu et al.，2018）。

地表蒸散发估算模型 ETMonitor 是考虑了地表能量-水分-植被生理过程的多参数化方案模型，以多源遥感数据为驱动，适用于不同土地覆被类型，克服了遥感模型中使用单一参数化方法在复杂下垫面的不适用性，克服了云的影响，能够生产长时间序列时空连续的地表蒸散发数据集，促进遥感估算地表蒸散发在生态、农业、流域水资源管理等业务部门的应用。基于 ETMonitor 模型研制的黑河流域地表蒸散发遥感数据产品通过黑河计划数据管理中心和全球变化科学研究数据出版系统进行发布共享；ETMonitor 地表蒸散发中国及亚洲范围的数据分别被收录到《第三次气候变化国家评估报告》和应用于中国科学院发布的遥感监测绿皮书《中国可持续发展遥感监测报告》（2016 年、2017 年、2019 年）、科学技术部国家遥感中心发布的《全球生态环境遥感监测 2017 年度报告》等相关水分收支状况的分析。因此，本节将具体介绍 ETMonitor 模型在黑河流域蒸散发估算中的相关成果。

1. ETMonitor 模型

（1）ETMonitor 模型原理

1）ETMonitor 模型框架。ETMonitor 模型利用风温湿压、辐射通量、降水等气象条件及多源遥感数据反演的地表参数作为驱动，以主控地表能量和水分交换过程的能量平衡、水分平衡及植物生理过程的机理为基础（Cui and Jia，2014；Hu and Jia，2015；Zheng et al.，2016，2019），其模型框架如图 3-59 所示。针对不同的下垫面类型，所计算的地表蒸

散发包括：①对于植被与土壤组成的混合下垫面，分别计算土壤蒸发、冠层降雨截留蒸发和植被蒸腾；②对于水体下垫面，计算水面蒸发；③对于冰雪下垫面，计算冰雪升华。

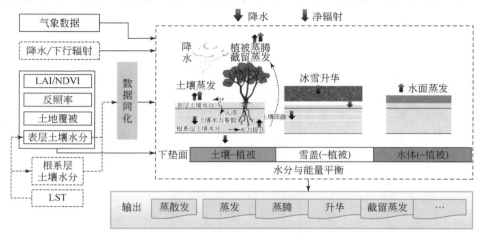

图 3-59　ETMonitor 模型框架示意

2）土壤–植被系统蒸散发估算原理。对于土壤蒸发和植被蒸腾，ETMonitor 模型主要基于 Shuttleworth-Wallace 双源模型框架来建立（Shuttleworth and Wallace，1985），并对冠层表面阻抗参数化方案进行了适当改进，引入冠层表面阻抗和土壤表面阻抗参数，建立了由植被冠层和冠层下土壤两部分组成的双源蒸散发模型（图 3-60）。模型中的阻抗参数包括空气动力学阻抗（$r_{a,s}$、$r_{a,c}$、$r_{a,a}$）、土壤表面阻抗 $r_{s,s}$ 和冠层表面阻抗 $r_{s,c}$，其中土壤表面阻抗和冠层表面阻抗的参数化方案是 ETMonitor 模型的核心内容。土壤表面阻抗的参数化方法考虑了土壤的水力学属性及表土层 0~5 cm 的土壤含水量，而冠层表面阻抗的参数化方法考虑了植物叶片气孔开闭对于外界环境中的太阳辐射、气温、饱和水汽压差及根系层土壤含水量的响应。

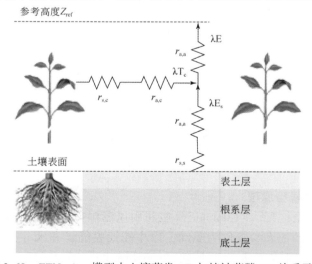

图 3-60　ETMonitor 模型中土壤蒸发 λE_s 与植被蒸腾 λT_c 关系示意

在黑河流域研究中，为充分考虑蒸散发对于土壤水分条件的响应，在 ETMonitor 模型中增加了一个三层土壤水分运移模型。考虑到绿洲农业灌溉的影响，基于集合卡尔曼滤波（Ensemble Kalman Filter，EnKF）同化卫星观测反演的地表温度转换形式来改善 ETMonitor 模型对于土壤水分条件的模拟效果（崔要奎，2015）。ETMonitor 模型为数据同化系统的动力学约束框架和模型算子，集合样本数取值为 50。同化变量与 ETMonitor 模型的预报变量一致，包括全流域表层土壤湿度和中下游绿洲区根系层土壤湿度。对于表层土壤湿度，结合 MODIS 光学遥感反演的植被指数、地表温度、反照率等将卫星微波遥感反演土壤水分数据由 25 km 降尺度至 1 km 分辨率（Song and Jia，2016），使其与需要估算的黑河流域地表蒸散发空间分辨率相匹配。对于黑河流域中下游绿洲区，基于 LST-NDVI 特征空间方法计算蒸发比与 ETMonitor 模型相结合来反推植被根系层土壤湿度。将上述表层土壤湿度和植被根系层土壤湿度同化进 ETMonitor 模型来改善黑河流域土壤水分的模拟效果，进而提高变化土壤水分条件下的地表蒸散发估算精度。

3）植被冠层降雨截留蒸发。大气降雨落到植被下的土壤表面之前，受到植被冠层叶、茎的截留和吸附作用。在降雨期间和降雨后，植被对降雨的截留和随后的蒸发是陆地生态系统水分平衡的重要组成部分，对于森林生态系统来说尤为重要。特别是当降雨不集中时，这部分截留水量是相当可观的。对于水量平衡的影响程度取决于植被覆盖的类型和密度、降雨特性、季节等因素。ETMonitor 模型中所采用的 RS-Gash 模型是对经典站点尺度 Gash 降雨截留模型的改进，可用于计算流域尺度非均匀植被冠层的降雨截留蒸发（Cui and Jia，2014；Cui et al.，2015）。其计算方法可归纳为：在 1 km 分辨率的 MODIS 像元尺度上，使用泊松分布（Poisson Distribution）描述植被在亚像元（次网格）尺度上的非均匀性；次网格内通过使用植被面积指数（vegetation area index，VAI）和植被覆盖度（fractional vegetation cover，FVC）来描述植被作为一个整体（包括树干、树枝、树叶等）对降雨的截留量；像元尺度的截留量是其内部各个次网格截留量之和。

4）水面蒸发及冰雪升华估算。水面蒸发是一种供水始终充分的蒸发，冰雪升华是水面蒸发的一种特殊情况，当冰雪上空的水汽压小于当时温度下的饱和水汽压时，冰雪升华就会发生。ETMonitor 模型中采用 Penman 公式计算水体表面蒸发，采用基于总体空气动力学方法（bulk aerodynamic method）的 Kuzmin 公式计算冰雪升华（Strasser et al.，2008）。

（2）驱动数据

除了多源遥感反演的地表状态参量，降水、辐射通量、风温湿压等是影响地表蒸散发的大气条件，并作为输入数据实现对 ETMonitor 模型的驱动。在估算黑河流域逐日千米级空间分辨率的地表蒸散发时，所需输入的数据既有从卫星遥感观测反演获取的地表状态要素，也有气象数据，采用的数据源主要包括以下几种。

1）气象数据，使用的是由黑河计划数据管理中心发布的"黑河流域大气驱动数据集（2000—2018）"（doi：10.3972/heihe.019.2013.db）（Pan and Li，2011；Pan et al.，2012）。该数据集是利用中尺度天气研究与预报模型（weather research and forecasting，WRF）通过动力降尺度方式制备的黑河流域逐时 5 km 分辨率近地面大气驱动数据，包括气温、地表气压、水汽混合比、风速、向下短波辐射、向下长波辐射、降水等，由 5 km 进行统计降尺度至

1 km，以考虑黑河流域上游祁连山山区地形起伏的影响，同时将逐时数据升尺度到逐日值。

2）遥感反演地表参数，包括基于 MODIS 光学遥感数据反演的黑河流域 1 km 分辨率地表反照率、植被指数、叶面积指数、地表温度、土地覆被类型以及微波遥感数据反演的 ESA CCI 25 km 分辨率土壤水分。对于光学遥感数据反演的地表反照率、植被指数、叶面积指数等，利用时间序列谐波分析模型（harmonic analysis of time series，HANTS）进行时间序列重建（Jia et al.，2011；Zhou J et al.，2015），以去除云和云阴影的影响，得到时空分布连续的地表参数产品。

2. 基于涡动相关通量观测的站点验证

遥感估算地表蒸散发已成为获取流域尺度非均匀下垫面地表实际蒸散发的一个有效途径，但该技术还存在一定的局限性。为了保证地表蒸散发遥感数据产品的准确性，利用涡动相关仪（eddy covariance，EC）观测地表潜热通量并将其转换成蒸发量，可以直接对遥感估算地表蒸散发进行验证。为了对基于 ETMonitor 模型估算的黑河流域 2000～2015 年逐日地表蒸散发进行验证和评价，选择黑河流域地表过程综合观测网涡动相关仪的潜热通量观测数据（Li X et al.，2017）进行真实性检验。

在利用涡动相关仪观测数据（"相对真值"）对 1 km 像元内的遥感估算蒸散发进行验证过程中，验证像元的选择方式是选取地面观测仪器所在位置的像元作为验证像元，直接比较卫星像元尺度的估算值与涡动相关仪的观测值。需要说明的是，涡动相关通量塔的通量源区范围通常小于 300 m，由于未对涡动相关仪观测数据进行尺度上推，在地表异质性较大的下垫面受尺度效应的影响较大。尤其黑河流域下游额济纳绿洲区景观格局较为破碎、地表异质性强烈，最好进行尺度上推得到 1 km 尺度像元的通量观测"地面真值"（Liu S M et al.，2016）。

由于涡动相关仪器本身问题（传感器损坏）、维护和标定、降水等原因，通常一年中有 17%～50% 的观测数据缺测与被剔除。对于时间分辨率为 30 min 的潜热通量数据缺失值，采用平均昼夜变化法（mean diurnal variation，MDV）进行插补处理，然后将 30 min 的潜热通量数据（W/m²）累加到逐日（mm/d）。若某日白天数据连续缺失大于 3 小时，或者经过 MDV 插补后白天仍存在缺失值的情况，验证时不采用该日数据。

在对遥感估算蒸散发进行精度评价时，主要通过相关系数（correlation coefficient）r 或判定系数（R^2）、均方根误差（root mean square error，RMSE）、偏差（Bias）等统计量作为精度检验的判据。其中，r 或 R^2 反映遥感估算蒸散发与涡动相关观测值时间序列变化趋势的一致性，RMSE（mm/d）反映遥感估算蒸散发相对于涡动相关观测值的偏离程度，Bias（mm/d）反映遥感估算蒸散发与涡动相关观测值之间的整体平均差异，计算公式如下

$$r = \frac{\sum\limits_{i=1}^{n} \left[(P_i - \bar{P})(O_i - \bar{O}) \right]}{\left[\sum\limits_{i=1}^{n} (P_i - \bar{P})^2 \sum\limits_{i=1}^{n} (O_i - \bar{O})^2 \right]^{1/2}} \tag{3-25}$$

$$RMSE = \sqrt{\frac{\sum_{i=1}^{n} (P_i - O_i)^2}{n}} \tag{3-26}$$

$$Bias = \overline{P} - \overline{O} \tag{3-27}$$

式中，P_i 为 ETMonitor 模型遥感估算蒸散发；$\overline{P}$ 为其平均值；O_i 为涡动相关观测值；$\overline{O}$ 为其平均值；n 为样本数。

地表蒸散发遥感数据产品与 EC 观测值之间的对比分析表明，ETMonitor 与地面观测之间具有较为一致的时间序列变化特征，能够较好地反映实际地表蒸散发的时空动态变化（图 3-61，表 3-9）。在黑河流域中上游草地、森林、农田等较为均一下垫面条件下估算与

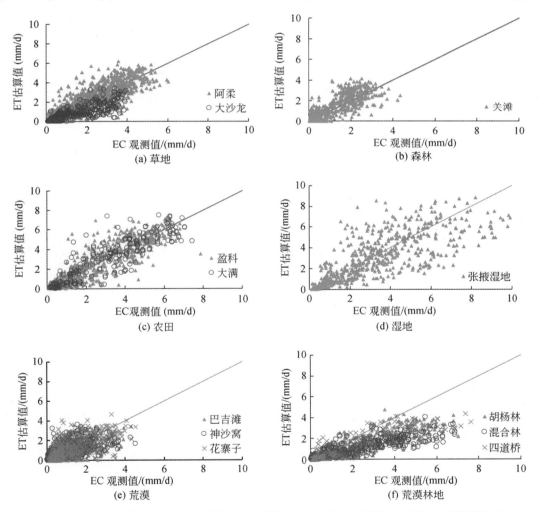

图 3-61　黑河流域 ETMonitor 遥感估算地表蒸散发 ET 与各实验站涡动相关 EC 观测值比较

数据取自 2009～2015 年

观测间的一致性较好［图 3-61（a）、（b）、（c）］，判定系数 R^2 达到 0.81，均方根误差 RMSE 小于 1 mm/d。在地表异质性较为强烈的黑河流域下游额济纳绿洲荒漠林地，由于尺度效应的影响，1 km 尺度的卫星像元估算值较 EC 站点观测数据系统性偏低，但判定系数 R^2 仍达到 0.75 以上［图 3-61（f）］。

表 3-9　黑河流域 ETMonitor 遥感估算地表蒸散发在各实验站点上的精度评价

下垫面类型	站点名	Bias/（mm/d）	R^2	RMSE/（mm/d）	时段
草地	阿柔	0.03	0.80	0.46	2009～2015 年
	大沙龙	−0.50	0.70	0.67	2014～2015 年
森林	关滩	0.16	0.68	0.68	2009～2011 年
农田	盈科	−0.06	0.81	0.87	2009～2011 年
	大满	−0.08	0.80	0.99	2012～2015 年
湿地	张掖湿地	−0.20	0.57	1.56	2013～2014 年
荒漠	巴吉滩	−0.03	0.47	0.62	2012～2015 年
	神沙窝	0.05	0.50	0.59	2012～2015 年
	花寨子	−0.03	0.55	0.63	2012～2015 年
荒漠林地	胡杨林	−0.75	0.76	1.22	2014～2015 年
	混合林	−0.95	0.75	1.49	2014～2015 年
	四道桥	−0.59	0.81	1.10	2014～2015 年

3. 与 NASA MOD16 蒸散发产品的对比

（1）MOD16 蒸散发产品

美国国家航空航天局的 MODIS/Terra 地表蒸散发产品 MOD16A2 V006 是国际上第一个公开发布的覆盖全球 500 m 分辨率的地表蒸散发产品（Mu et al.，2007，2011），时间分辨率为 8 天，时间范围为 2001 年至今。此外，MODIS/Aqua 地表蒸散发产品为 MYD16A2 V006，时间范围为 2002 年 7 月至今，时空分辨率与 MOD16A2 V006 相同。此研究中只采用了 MOD16A2 V006 地表蒸散发数据产品，下文除非特殊说明将用 MOD16 指代。

MOD16 只对全球植被覆盖地区进行地表蒸散发估算，中间过程计算土壤蒸发、植被蒸腾及冠层降雨截留蒸发，但最后只输出蒸散发总量，不输出各分量。MOD16 对于非植被覆盖地区，如水体、冰雪、裸地（荒漠）、湿地及城市等建设用地类型不进行地表蒸散发计算。此外，基于遥感产品业务化准实时性生产的需求，在 V006 版的 MOD16A2 产品中，模型输入的叶面积指数（LAI）数据没有进行时间序列重建。当 LAI 受到云的影响时，在输出的地表蒸散发产品中以无效值进行填充，与裸地（荒漠）的填充值相同。

美国国家航空航天局 MOD16 算法主要基于 Penman-Monteith 公式建立，针对其中的表面阻抗分别发展了土壤表面阻抗和冠层表面阻抗的参数化方案，并利用空气湿度来反映土壤湿度状况，以此来分别估算土壤蒸发和植被蒸腾。由于 MOD16 算法及其驱动数据是针对全球覆盖，在区域或流域尺度上的应用精度有待进一步提高。因此利用 MOD16 蒸散发产品与 ETMonitor 模型计算结果进行交叉对比验证，可以更好地理解相关模型的理论基础及参数化方案，为蒸散发遥感数据产品在流域相关研究中的应用提供参考。

（2）遥感蒸散发与涡动相关站点观测对比

由于 MOD16 蒸散发数据的时间分辨率为 8 天，所以将 ETMonitor 及涡动相关的逐日数据合成到 8 天（每 8 天取其日平均值，单位为 mm/d），以便与 MOD16A2 的蒸散发数据相匹配。通过在黑河流域农田（盈科站）、草地（阿柔站）、森林（关滩站）3 种具有代表性的下垫面上对 ETMonitor、MOD16 与涡动相关观测的地表蒸散发之间的对比分析表明（图 3-62，表 3-10），ETMonitor 的估算精度整体上好于 MOD16，即 ETMonitor 估算结果与涡动相关观测值更为接近，具有更大的判定系数（R^2）和更小的均方根误差（RMSE），而 MOD16 在植被生长季节存在一定的低估现象。

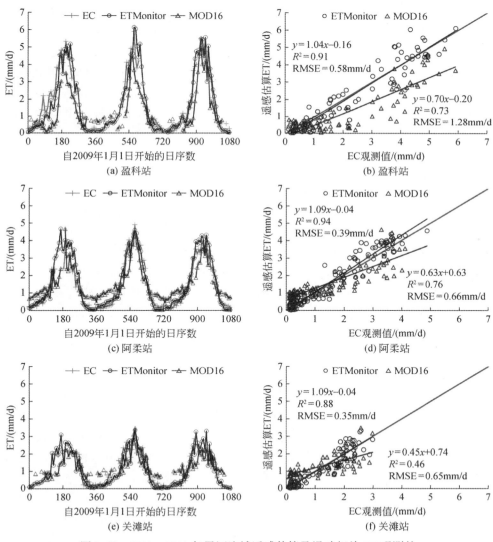

图 3-62　2009~2011 年黑河流域遥感估算及涡动相关 EC 观测的
地表蒸散发 ET 时间序列及其对比散点图

表 3-10　黑河流域典型下垫面上 ETMonitor 及 MOD16 估算的地表蒸散发与观测值比较

（单位：mm/d）

站点	R^2		RMSE		Bias	
	ETMonitor	MOD16	ETMonitor	MOD16	ETMonitor	MOD16
盈科（农田）	0.91	0.73	0.58	1.28	−0.07	−0.95
阿柔（草地）	0.94	0.76	0.39	0.66	0.07	0.10
关滩（森林）	0.88	0.46	0.35	0.65	0.01	0.02

注：数据取自 2009～2011 年

MOD16 蒸散发产品在黑河流域上述 3 个涡动相关站点上的植被生长季节都存在一定的低估现象，在盈科站绿洲区低估现象更为明显。由于 MOD16 是国际上第一个公开发布的覆盖全球 500 m 分辨率的地表蒸散发产品，因而全球很多地区也对 MOD16 产品进行了评估，如中国（Liu et al.，2015）、美国（Velpuri et al.，2013）、巴西（Ruhoff et al.，2013）、南非（Ramoelo et al.，2014）、西班牙（Hu G C et al.，2015）等，包括在不同陆地生态系统的地面通量观测站点上与涡动相关（EC）、大孔径闪烁仪（LAS）等观测数据的对比分析，也包括空间分布上不同时空分辨率的蒸散发产品之间交叉对比验证，相关研究结果表明，MOD16 产品在干旱、半干旱区均存在一定的对地表蒸散发的低估现象，尤其对这些区域灌溉农田的低估尤为显著。

在 MOD16 蒸散发算法中，假定土壤表层的水分条件能够由近地面大气中的水分条件来反映。因此，在土壤蒸发的计算过程中，利用大气相对湿度和饱和水汽压差对土壤蒸发的水分胁迫条件进行参数化。在计算植被蒸腾时，利用饱和水汽压差来反映叶面气孔阻抗（或气孔导度）对生长环境中大气和土壤水分条件的胁迫响应。在干旱气候条件下，由于春季冻土融化、夏季绿洲区农业灌溉等因素导致土壤含水量较高时，基于空气湿度所得到的土壤水分胁迫条件会高估土壤表面阻抗和植被冠层表面阻抗，从而导致土壤蒸发和植被蒸腾的低估。在黑河流域地表蒸散发遥感估算研究中，针对该区域的特点，我们在 ETMonitor 模型中发展了土壤水分运移模型，并基于集合卡尔曼滤波（EnKF）同化算法来改善 ETMonitor 模型对于土壤水分及蒸散发的模拟效果，更好地反映了蒸散发对于土壤水分胁迫条件的响应。

（3）流域尺度空间分布对比

在进行流域尺度空间分布对比交叉检验前，需要对 ETMonitor 和 MOD16A2 V006 产品进行预处理，以保证二者在数据格式、投影方式、时空分辨率、时空分布范围等方面的一致性。ETMonitor 能够估算时空分布连续的地表蒸散发，在 V006 版的 MOD16A2 地表蒸散发产品中，受到云影响的像元以无效值进行填充。因此，将 ETMonitor 和 MOD16A2 ET 数据累加到年总量时，均未统计 MOD16A2 受云影响时段的数据。

2010 年黑河流域植被覆盖地区 ETMonitor 和 MOD16 的蒸散发空间分布特征如图 3-63 所示，其中 MOD16 与 ETMonitor 之间的偏差（MOD16 ET 减去 ETMonitor ET）具有明显的区域分异性。在气候较为湿润的黑河流域上游祁连山山区偏差大于 0，MOD16 ET 明显高于 ETMonitor ET，与青藏高原黄河流域上游和长江流域上游基于水量平衡方法的 MOD16

ET 评估结果一致（MOD16 ET 高估）（Xue et al.，2013）。在黑河流域中下游绿洲区偏差小于 0，MOD16 ET 明显偏小，与盈科站的验证结果一致。

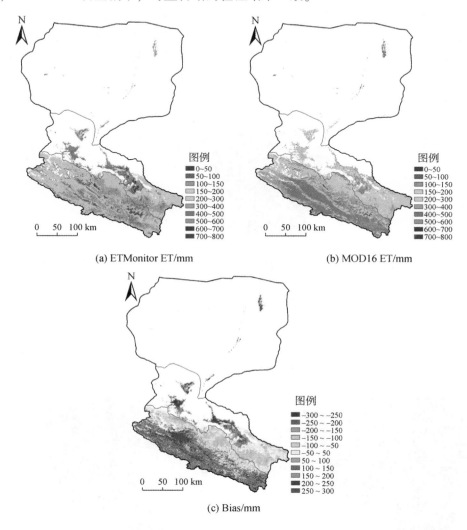

(a) ETMonitor ET/mm

(b) MOD16 ET/mm

(c) Bias/mm

图 3-63　2010 年黑河流域植被覆盖地区 ETMonitor、MOD16 遥感估算 ET 及其偏差（Bias）（MOD16 减去 ETMonitor）空间分布

图中为 2010 年所有有效数据的累积值，均未统计 MOD16A2 受云影响时段的数据

4. 黑河流域蒸散发及水分盈亏空间分布特征

（1）黑河流域蒸散发时空分布特征

基于多源遥感数据估算的黑河流域 2000～2014 年多年平均蒸散发空间分布特征如图 3-64 所示。黑河流域以山盆相间地貌格局为特点，地表蒸散发在上游和中下游之间的空间分布格局主要由不同气候条件下的区域水分条件与热量条件共同决定，具有明显的地

带性特征。黑河流域上游祁连山山区东南部年蒸散发可达 300～600 mm，而其西部山区年蒸散发少于 300 mm。沿黑河分布的中游绿洲区年蒸散发可达 500 mm 以上，至下游尾闾端的额济纳绿洲年蒸散发为 200～500 mm，与周围广阔的荒漠戈壁截然不同，呈现出独特的非地带性特征。在绿洲外围的荒漠区，年蒸散发由中游 200 mm 逐渐降低到下游 50 mm 以下。由于地处亚欧大陆腹地，黑河流域地表蒸散发具有明显的单峰型季节变化特征，在夏季水热状况和植被生长状况最好的条件下，蒸散发达到峰值（图 3-65，图 3-66），并且在夏季各下垫面类型之间的蒸散发差异性也最为显著。

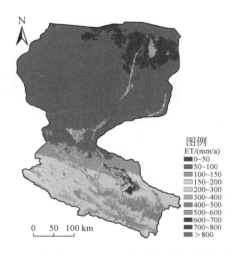

图 3-64　黑河流域 2000～2014 年多年平均蒸散发空间分布

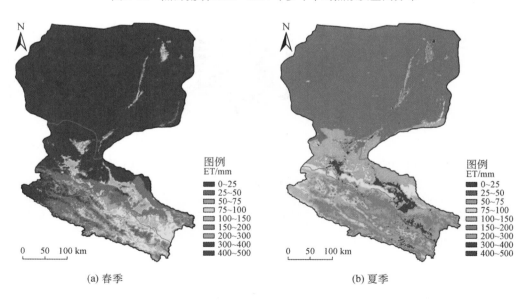

(a) 春季　　　　　　　　　　　　　　　　　　(b) 夏季

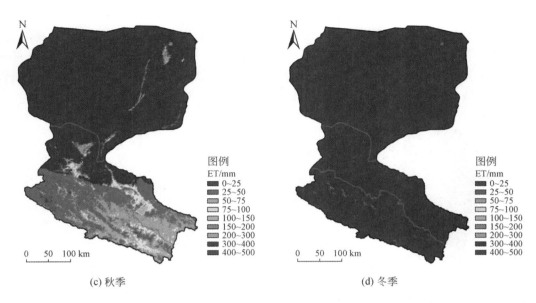

(c) 秋季　　　　　　　　　　　　　　　　(d) 冬季

图 3-65　黑河流域不同季节 2000~2014 年多年平均蒸散发空间分布

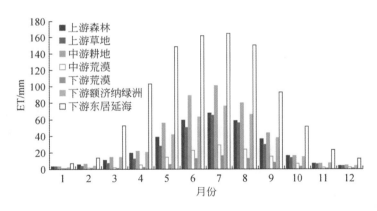

图 3-66　黑河流域不同下垫面 2000~2014 年多年平均蒸散发年内变化

(2) 黑河流域水分盈亏空间分布特征

降水、蒸散发和径流是流域水循环过程中的三个主要环节，决定流域水量动态平衡和水资源总量。降水和蒸散发是垂直方向上的水分收支交换过程，是水分在地表和大气之间循环、更新的基本形式。降水是水资源的根本性源泉（广义水资源），降水量扣除蒸散量以后所形成的地表水及与地表水不重复的地下水，就是通常所定义的水资源总量（狭义水资源）。因此，针对黑河流域水资源时空分布不均的基本特征，基于降水网格化融合数据（doi：10. 3972/heihe. 127. 2014. db，产品时段为 1960~2014 年）、ETMonitor 遥感估算蒸散发（产品时段为 2000~2015 年）及其二者之间的差值（称为水分盈亏，正值表示水分盈余，负值表示水分亏缺，反映了不同气候背景下大气降水的水分盈余、亏缺特征），对分析黑河流域水分收支特征具有重要意义。

黑河流域 2000～2014 年多年平均地表蒸散发、降水及水分盈亏（降水减去蒸散发）空间分布特征如图 3-64、图 3-67 所示。从图 3-64 和图 3-67 中可以看出，ETMonitor 遥感估算地表蒸散发、降水、水分盈亏能够较好地反映出流域内上、中、下游不同下垫面条件下的水分收支特征。

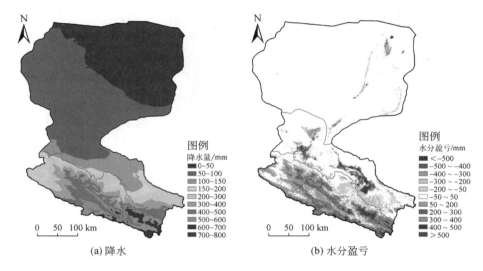

图 3-67 黑河流域 2000～2014 年多年平均降水、水分盈亏空间分布

1) 在黑河流域上游，东南部降水较为丰富，多年平均降水量达到 500 mm 以上，气候湿润，地表植被覆盖状况较好，年蒸散发可达 300～600 mm。流域上游的西部地区气候较为干燥，地表多数地区土壤裸露，年蒸散发少于 300 mm。因此，黑河流域上游祁连山山区以水分盈余为主，降水多于蒸散发，水分盈余空间分布特征与降水较为一致，是黑河流域主要的地表径流产流区和水资源的形成区。

2) 在黑河流域中游，生态景观类型主要为人工灌溉绿洲、河岸林及沿路渠构筑的防护林带、湿地和荒漠等。沿黑河分布的各大绿洲均为典型的农业型绿洲，农作物种类主要为玉米、春小麦和蔬菜瓜果等。作物生长主要依靠黑河的渠道引水灌溉，部分地区为抽取地下水的井灌或井渠结合灌溉，灌溉条件便利。绿洲内部植被生长状况良好，生长季充足的水热资源，有利于植物光合作用及蒸腾作用的进行，绿洲区年蒸散发可达 500 mm 以上。绿洲外围的荒漠区，由于气候干燥，植被盖度低，土壤湿度明显低于绿洲内部，年蒸散发少于 200 mm。黑河流域中游河西走廊地区多年平均降水量少于 300 mm，大气降水无法满足农田蒸散耗水需求，因此以水分亏缺为主，年水分亏缺量达到 200～600 mm。农田蒸散耗水主要来自灌溉补给，绿洲农业用水挤占生态用水，生产用水与生态用水之间矛盾突出。

3) 在黑河流域下游，黑河沿岸河岸林及尾闾端的额济纳绿洲年蒸散发为 200～500 mm，而在周围广袤的戈壁及裸岩石砾地年蒸散发少于 100 mm。在东居延海，由于黑河实施干流水量统一调度和生态输水，2004 年至今未见干涸，因而全年有水时年蒸散发高达 1300 mm 以上，2000~2014 年多年平均蒸散发达到 1000 mm。额济纳绿洲东南部的天鹅湖为季节性湖泊，年内和年际水域面积变化较大，多年平均蒸散发可达 400 mm 以上。黑河流域下游荒漠戈壁地区多年平均降水量小于 100 mm，部分地区不足 50 mm。大气降水无法满足河岸林及额济纳绿洲的蒸散耗水需求，年水分亏缺量达到 200~400 mm，因此，黑河流域下游以水分亏缺为主，蒸散耗水主要来自河流沿岸生态输水补给。额济纳绿洲内部耕地在生长季大量抽取地下水用于农业灌溉，导致区域季节性低水位，这对周边河岸林生长造成一定影响。

对于年降水量小于 200 mm 的黑河流域中下游农业灌区，假定降水量全部用于蒸散发，相应的水分亏缺量就是实际消耗的灌溉水量（灌入田间可被作物利用的水量），与灌区灌溉取水总量（地表水用水量、地下水抽取量）相结合即可评估灌区农田灌溉水有效利用系数（周剑等，2014；Wu X J et al.，2015；Ma Y F et al.，2018），进而可以衡量农业灌区灌溉水资源利用程度，综合反映灌区灌溉工程状况、用水管理水平和灌溉技术水平。

基于黑河流域整个区域平均统计分析，黑河流域 2000~2014 年多年平均降水量和蒸散量分别为 133.0 mm 和 133.2 mm，二者基本持平，较好地体现了内陆河流域的水分收支特征。黑河流域上游祁连山山区水分盈余量（出山径流总量）2000~2014 年多年平均值为 $34.3 \times 10^8 \mathrm{m}^3$，中游河西走廊和下游荒漠绿洲水分亏缺量分别为 $21.1 \times 10^8 \mathrm{m}^3$ 和 $13.0 \times 10^8 \mathrm{m}^3$，占上游祁连山区水分盈余量的 61.5% 和 37.9%。

3.4.3　干旱区流域蒸散发过程研究的前沿方向

在干旱–半干旱地区，土壤水分是影响蒸散发的主要因素，因此区域土壤水分数据的空间分辨率和精度至关重要。目前长时间序列遥感土壤水分数据产品大都来自微波遥感，然而微波遥感反演土壤水分产品（AMSR-E、AMSR2、ASCAT、SMOS、SMAP、FY-3 MWRI 等）空间分辨率均为数十千米，随着新型卫星传感器的发展以及土壤水分反演方法和降尺度方法的改进，土壤水分产品的精度和空间分辨率都将会有较大的提高（Shi et al.，2012）。此外，多种土壤水分产品在不同的条件下具有互补性，可通过发展和改进数据融合方法来降低单个遥感数据产品误差，实现多种土壤水分遥感数据产品相互融合优势互补（Dorigo et al.，2012）。上述相关技术的进步将有效促进地表蒸散发模型的发展和改进，进而生产出更高精度的地表蒸散发产品，并增强干旱地区降水、土壤水分、蒸散发等水循环变量遥感数据产品之间的一致性，促进相关遥感数据产品在水循环研究和水资源管理中的协同应用。

干旱地区蒸散耗水除了来自降水和人工灌溉外，地下水也是重要的水分来源，尤其对于干旱地区的胡杨、柽柳等植被，在估算地表蒸散发的过程中需要通过考虑土壤水与地下水之间的交互作用以及根系水力提升作用来全面考虑土壤水分平衡过程（程国栋等，2014）。此外，如何在蒸散发估算模型中充分考虑干旱地区荒漠植被的水分适应机制和叶面气孔调节机制，也是提高蒸散发模型区域适用性的重要研究方向。

干旱地区景观格局破碎，地表异质性较为强烈（于文涛等，2016），人工种植作物与自然植被交错分布，如黑河流域下游耕地多由绿洲内部林地开垦而来。因此，需要在遥感估算蒸散发过程中考虑地表异质性的影响并评估其不确定性，揭示不同尺度下蒸散发过程的特征和主控因子的尺度效应（陈琪婷，2017；Chen et al.，2019），分析不同尺度下模型参数的物理内涵，提高对不同尺度转换机理的认识水平。

3.5　黑河流域地表典型环境要素空间模拟

3.5.1　地球表层环境要素空间模拟现状、挑战与科学问题

地球表层环境位于岩石圈、水圈、大气圈和生物圈交界面（Phillips，1999），一个地球表层系统是一组相互联系地球表层环境要素的功能复合整体。地球表层建模是对一个地球表层系统或一个地球表层环境要素的栅格化描述过程（Yue，2011）。地球表层系统及其环境要素的栅格化描述可抽象为数学"曲面"。地球表层环境要素空间模拟，是把组成地球表层环境的各种要素进行模拟分析，综合研究各环境要素的整体、各组成要素及其相互间的结构、功能、演化与地域分异规律等等。由于曲面建模需要有效的软件和大量空间位置准确的数据，因此，地表环境要素曲面建模研究始于计算机可运用于科学计算和数据处理的 20 世纪 60 年代。其在 90 年代之前的发展很有限，主要进展包括趋势面分析（Ahlberg et al.，1967；Schroeder and Sjoquist，1976；Legendre L and Legendre P，1983）、数字地面模型（Stott，1977）、曲面逼近（Long，1980）、空间模拟（Sklar et al.，1985）、空间格局匹配（Costanza，1989）、空间预测（Turner et al.，1989）和景观建模（Costanza et al.，1990）。90 年代以来，随着遥感、地理信息系统和计算机科学的迅速发展以及空间数据的积累，地球表层环境要素曲面建模取得了长足发展。然而，地球表层环境要素建模面临着误差问题、运算速度慢、多尺度问题等多重挑战。

许多学者对地球表层系统建模的误差问题进行了长期不懈的研究。例如，Goodchild（1982）将布朗分形过程引入地面模拟模型以提高地球表层系统建模的精度。Walsh 等（1987）发现，通过识别输入数据的固有误差和运算误差，可以使总体误差达到最小。Hutchinson 和 Dowling（1991）为了构建反映流域自然结构的数字地面模型，引入了试图消除假深洼信息的流域强迫规则。Unwin（1995）在回顾了有关研究成果之后提出检验地理信息系统在运算过程中误差传播的通用工具有助于提高地球表层系统建模的精度。Wise（2000）认为，为提高地球表层系统建模的精度，当使用地理信息系统时，必须区分栅格模型和像元模型，存储在栅格中的信息只与网格的中心点有关，而存储在像元的值代表整个网格。Shi 等（2005）提出了减少地球表层系统建模误差的高次插值方法。Podobnikar（2005）认为，通过使用一切可用的数据源（甚至没有高程属性的低质量数据集），可以提高数字地面模型的精度。然而，所有这些方法都没能从根本上解决地球表层系统建模的误差问题。

20 世纪 60 年代，学者就注意到了尺度问题的重要性。90 年代以来，多尺度问题被称为地球表层系统研究的新前缘，受到高度重视。例如，为了认识生态格局、过程和尺度之间的关系和解决有关科学问题，美国国家环境保护局建立了多尺度实验生态系统研究中心（MEERC）。20 世纪 80 年代初，多尺度模拟成为地理信息系统的基本问题。1983 年美国国家航空航天局召集领衔科学家讨论了地理信息系统的研究重点，多尺度问题被遴选为研究重点之一。90 年代初，多尺度表达成为地理信息科学界的共同研究主题。1996 年，多尺度问题被确定为美国地理信息科学大学联盟（UCGIS）的十大研究重点之一。20 世纪 90 年代末，欧洲共同体的自动化综合新技术（AGENT）项目进一步推动了多尺度问题研究。2000 年，国际摄影测量与遥感协会（ISPRS）成立了多尺度问题工作组。2003 年，美国地理信息科学大学联盟将多尺度问题确定为长期研究重点之一。尺度转换、跨尺度相互作用、空间尺度与时间尺度相互关联和多空间尺度数据处理问题是多尺度问题需要研究的重要内容。

为了实现高分辨率地球表层环境要素模拟、解决三维实时可视化问题，亟待发展高速度、低内存需求模拟方法。目前，由于地球表层模型极其缓慢的运算速度和巨大的内存需求，全球尺度模拟在很低的空间分辨率下运行。由于空间分辨率过低，其运行结果在区域尺度误差太大，很难在实际中得到应用（Washington and Parkinson，2005），尤其是全球气候模型，几乎无法用来评估气候变化对区域尺度和局地尺度各种生态系统的影响（Raisanen，2007）。

21 世纪初，有关研究成果表明（Phillips，2002），地球表层系统由全局信息和局地信息共同决定，缺少任何一个方面信息都无法正确认识地球表层及其环境要素动态。事实上，根据曲面论基本定律（Somasundaram，2005），曲面由第一基本量和第二基本量共同唯一决定。第一基本量表达在地球表面之上观测到的细节信息，第二基本量表达在地表之外观测到的宏观信息（Yue et al.，2015）。

为了解决半个世纪以来困扰曲面建模的误差问题和多尺度问题，我们以曲面论、系统论和优化控制论为理论基础，建立了一个以全局性近似数据（包括遥感数据和全球模型低分辨率模拟数据）为驱动场、以局地高精度数据（包括监测网数据和调查采样数据）为优化控制条件的高精度曲面建模（high accuracy surface modelling，HASM）方法（Yue et al.，2007；Yue，2011），并在 20 多年大量应用研究基础上，提炼形成了地球表层系统建模基本定律（Yue et al.，2015，2016a；岳天祥，2017），并将这一理论用于黑河流域地表典型环境要素的空间模拟，包括数字地面模型、土壤质地制图、气候要素模拟、植被分类制图、森林生物量空间分布制图等。

3.5.2 黑河流域地表典型环境要素空间模拟研究取得的成果、突破与影响

在国家自然科学基金重大研究计划"黑河流域生态–水文过程集成研究"重点支持项目"黑河流域上游植被及其环境要素空间插值与动态模拟分析"的支持下，对现有野外样

点进行补充和完善，借助于高精度曲面建模方法及地统计技术，完成了黑河流域地形数据、土壤数据、气候数据及植被数据等的模拟，并提交数据中心数据集 20 套（表 3-11），超额完成项目研究目标。项目合计出版专著 1 部；发表论文 26 篇，其中 SCI/SSCI 论文 20 篇，全部论文中有 10 篇论文为项目第一标注；申请发明专利 3 项；依托本项目，先后有 3 位博士后出站，6 位博士生毕业，4 位硕士生毕业，另有 3 位博士生在读。

表 3-11   黑河流域地表典型环境要素数据

序号	数据名称	完成时间（年–月）
1	黑河流域日平均气温数据（500 m 分辨率）	2017–12
2	黑河流域日降水量数据（500 m 分辨率）	2017–12
3	黑河流域月平均气温数据（500 m 分辨率）	2014–12
4	黑河流域月降水量数据（500 m 分辨率）	2014–12
5	黑河流域月平均相对湿度数据（500 m 分辨率）	2016–12
6	黑河流域月平均日照时数数据（500 m 分辨率）	2016–12
7	黑河流域月平均蒸发数据（500 m 分辨率）	2016–12
8	黑河流域月平均风速数据（500 m 分辨率）	2016–12
9	2001～2011 年月均植被指数分布数据（500 m 分辨率）	2016–12
10	天姥池流域土壤质地数据（100 m 分辨率）	2016–12
11	黑河上游土壤质地数据（500 m 分辨率）	2016–12
12	黑河流域土壤质地数据（1 km 分辨率）	2016–12
13	黑河流域数字高程模型数据（500 m 分辨率）	2016–12
14	黑河流域坡度数据（500 m 分辨率）	2016–12
15	黑河流域坡向数据（500 m 分辨率）	2016–12
16	黑河流域气候情景数据（平均气温和降水）	2015–12
17	黑河流域植被覆盖情景数据（1 km 分辨率）	2016–12
18	黑河流域土地覆盖情景数据（1 km 分辨率）	2017–12
19	天姥池流域森林树高空间分布数据（1 m 分辨率）	2014–12
20	天姥池流域森林生物量数据（1 m 分辨率）	2017–12

1. 数字地面模型

数字地面模型（DTM）是裸地地形的数字表达。地形表面特征的描述、分析和信息提取是地球表层及其环境要素模拟分析的基础资料与基本信息源，数字地面模型是地表热量空间分配、降水空间变化与及物种及其生态系统空间分布等模拟的基础。任何数字地面模型都是真实世界连续地面的近似表达。数字地面模型的误差主要来自原数据、数据采集仪器、控制点转换、空间分辨率、定位和构建数字地面模型的数学模型。

研究运用 HASM 升尺度算法（岳天祥，2017），有效地融合多源和多尺度高程数据，并且进行数字地面模型的尺度转换。在对多源和多尺度高程数据融合的基础上，运用 HASM 升尺度算法，实现了黑河流域高精度 DTM 的升尺度转换（图 3-68）。利用 30 m 空间分辨率的 ASTER GDEM 和 90 m 空间分辨率的 SRTM 两种栅格数据，结合激光雷达点云数据（图 3-69）、气候观测站高程数据（图 3-70）、土壤样点高程数据、植被样方高程数据、独立测绘高程数据（不计激光雷达点云数据，共 638 个高程点）等，通过数据融合，升尺度获得 500 m 分辨率的 DTM 栅格数据（图 3-71），在此基础上，分别获得坡度与坡向的 500 m 分辨率栅格数据。作为对比，也运用了反距离权重（IDW）和克里金（Kriging）算法进行了数据融合。比较分析结果表明，HASM 升尺度算法精度较高，可有效地实现对多源高程数据的融合与尺度转换。

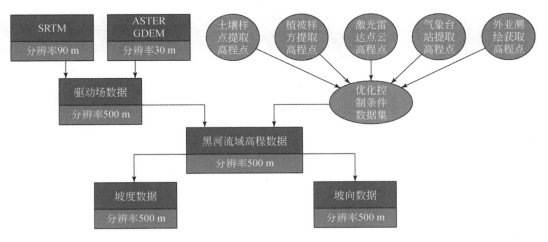

图 3-68　黑河流域 DTM 尺度转换技术流程

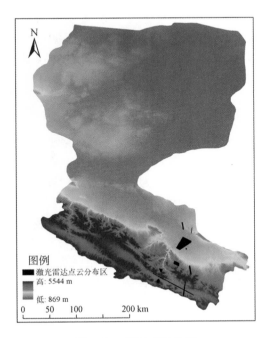

图 3-69　雷达点云分布

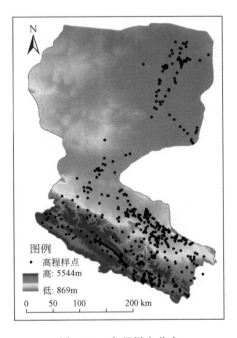

图 3-70　高程样点分布

图 3-71　DTM 融合结果

黑河流域地形复杂，有起伏的山地，平坦的平原，也有各种荒漠。各类高程数据的精度和来源不一、属性不一、尺度不一，数据融合难度较大。通过构建 HASM 升尺度算法，可有效地实现黑河流域数字高程数据的融合和尺度转换，对未来更广泛地进行卫星遥感数据、机载激光雷达数据和地面测绘数据等的融合与尺度转换有着重大意义。DTM 数据是进行黑河流域生态、水文和气候模拟的基础数据，其数据精度直接关系到生态、水文和气候等模拟的效果，该数据可以有效地为黑河流域的相关研究提供数据支撑。

2. 土壤粒径

土壤粒径作为土壤一项重要的物理特征，与母质、气候、地形、水文等诸多因素密切相关，对大多数土壤物理化学过程均有重要影响。同时，土壤粒径数据也是众多大型陆表过程模型中输入的重要基础参数，在农业、环境、地学等领域应用广泛。高精度的土壤粒径数据空间预测能够为这些领域的宏观决策提供技术支持与数据保障。

土壤粒径作为一种成分数据，各成分加和为 1 或 100%，其空间预测方法及其精度研究是计量土壤学（pedometrics）和"数字土壤"（digital soil）领域的重要研究方向。以往大多数研究将土壤粒径各成分分开预测，未能将土壤粒径作为一个整体进行研究，忽略了成分数据的特殊性。土壤粒径数据空间插值的相关技术国外研究中已经有较多介绍，但仍缺乏不同数据特征的方法适用性分析及不同尺度插值方法综合比较分析。

对于采样点难以获取的大区域，还需要考虑结合辅助变量的方法进行预测，对数比转换结合机器学习方法可同时结合类别和连续变量，在大区域土壤粒径组成空间制图上具有一定优势。

在黑河流域进行野外实地采样，并结合寒区旱区科学数据中心网站收集的目前已有土壤采样点数据，黑河流域土壤采样点共计 642 个（图 3-72），模拟获得了天姥池流域土壤质地数据（100 m 分辨率）、黑河上游土壤质地数据（500 m 分辨率）和黑河流域土壤质地数据（1 km 分辨率）（图 3-73）（Wang and Shi，2017，2018）。

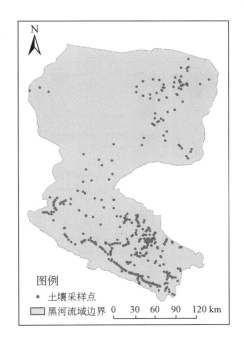

图 3-72　土壤粒径采样点空间分布

天姥池流域 100 m 分辨率土壤质地数据集选取土壤表层深度 0 ~ 20 cm 土壤机械组成数据，选择最优的土壤成分数据空间预测制图方法，制作土壤质地（粒径组成）空间分辨率为 100 m 的数据产品（图 3-74）。该数据集有助于提升天姥池小流域土壤粒径组成空间分布的认识，可有效服务于后续天姥池流域水文过程的研究。

黑河上游土壤质地空间分布数据分辨率为 500 m，通过不同方法的分析比较，选取精度最优的等角对数比转换结合稳健方差的协克里金方法进行模拟，有利于对上游土壤质地数据分布的理解和认识（图 3-75）。

黑河全流域土壤质地制图采用等角对数比转换方法结合机器学习进行制图，同时结合研究区多种环境变量数据，其结果符合实际，对于黑河整体环境数据的认识具有重要意义（图 3-76）。

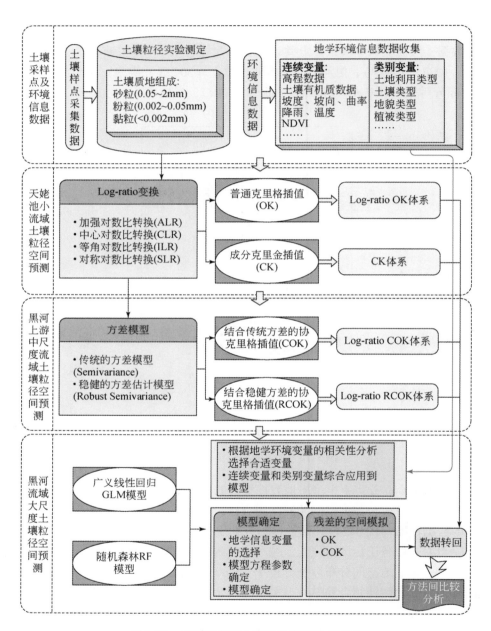

图 3-73　不同尺度下土壤粒径模拟技术流程

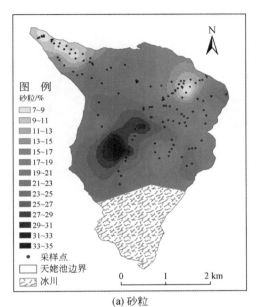

(a) 砂粒

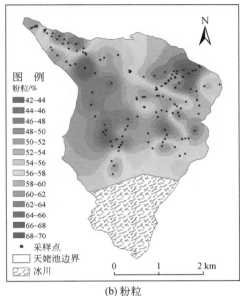

(b) 粉粒

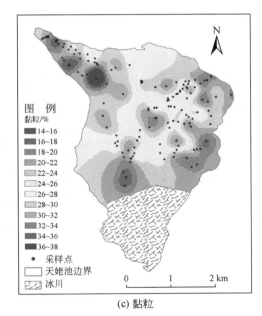

(c) 黏粒

图 3-74 天姥池流域土壤粒径模拟结果

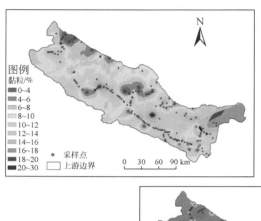
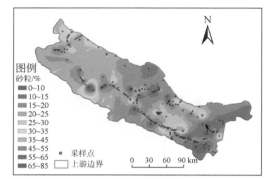
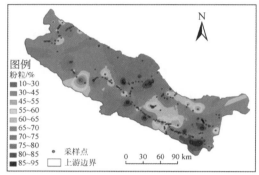

图 3-75　黑河上游土壤粒径模拟结果

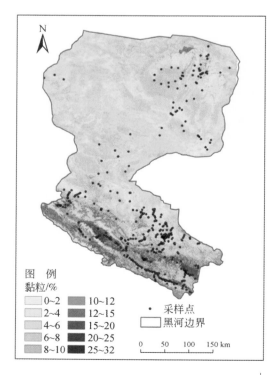
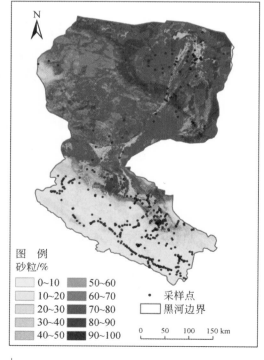

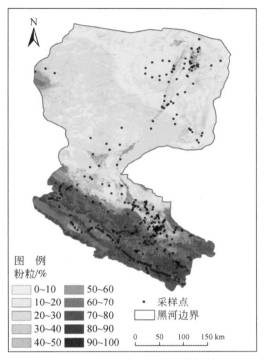

图 3-76　黑河流域土壤粒径模拟结果

3. 气候要素模拟

黑河流域是一个典型的站点稀疏且分布极不均衡的地区，其海拔最高达到 5542 m，最低为 865 m。共布局了 18 个气象观测站，降水台站主要分布在海拔 2800 m 以下区域，在 2860～3367 m 高程区间气象台站缺乏，3367 m 以上的区域无站点分布。黑河流域南部地形地势复杂，台站分布不均，北部与蒙古国接壤无可利用的观测数据。

研究获取了黑河流域内部及周边共 43 个气象站资料、32 个水文站资料（图 3-77），结合地形地理因素及植被因素等，构建了适合于黑河流域的气候要素空间分布模拟方法（图 3-78）。对于长时间尺度气候要素的模拟，通过构建变异系数，衡量空间平稳性和非平稳性，采用地统计与高精度曲面建模相结合的方法，给出气候要素的空间分布状况。对于空间变异性强的逐日气象要素模拟，采用了 WRF 与 HASM 相结合的方式，并将 HASM 发展成一种多源数据融合方法，将 WRF 的模拟结果与站点观测信息进行结合，构建了逐日气象要素模拟方法（Zhao N et al.，2015，2016；Yue et al.，2016b；李晗等，2017；赵娜等，2017）。

对观测站点稀疏和地形复杂地区的气候要素模拟，在进行详细的数据分析基础上，尽可能地把气象观测数据、地形数据及模式模拟数据等融合，再进行尺度转换，以便获得高精度的气候要素模拟结果。

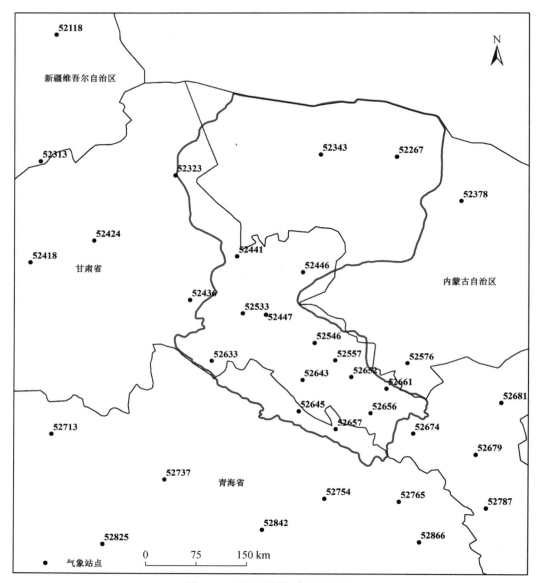

图 3-77　黑河流域气象站点分布

　　基于上述方法，我们研制了黑河流域日和月时间分辨率的气温和降水数据，月平均相对湿度、日照时数、平均蒸发和平均风速数据，气候情景数据等，有效地为研究黑河流域生态–水文过程集成研究提供高精度的气候基础数据。

4. 植被覆盖与土地覆被

　　植被为动物和人类提供食物与隐蔽所，并通过截留水分与养分循环来稳定土壤，它是气候、土壤、地形地貌和人类活动干扰等因素长期相互作用的结果，其相互作用体现在植

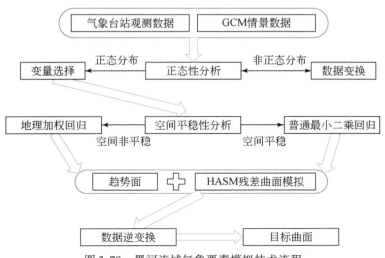

图 3-78 黑河流域气象要素模拟技术流程

被对于环境要素变化的适应性与植被对环境的反馈作用。植被还在气候和大气的相互关系中起着重要的作用，同时影响了水土保持和土壤形成及地表元素的循环等。同时，群落结构的空间分布与当地相应的环境条件密切相关，受到自然界多种环境因素、空间因素的梯度规律影响。分析植被与环境之间的关系是植物生态学研究的一个重要工作。

黑河发源于青藏高原东北部，干流长度超过了 820 km，流域总面积超过了 14 万 km²，是中国第二大内陆河。黑河流域是典型的大陆性干旱气候，从上游至下游，全流域的 0 ~ 30℃积温逐渐升高，降水量则逐渐减少，上游年降水量为 250 ~ 500 mm，中游年降水量为 100 ~ 250 mm，下游则不足 50 mm。黑河的上游流域主要为祁连山山区，海拔高、气候寒冷、降水较多，是黑河最主要的产流区，因此上游区段植被具有明显的垂直分布的规律性。根据海拔范围划分上游植被分布带，从上往下依次为高山垫状植被带（4000 ~ 4500 m）、高山草甸植被带（3800 ~ 4000 m）、高山灌丛草甸带（3200 ~ 3800 m）和草原化荒漠带（2000 ~ 3200 m）。中下游流域的蒸发率极其强烈，主要分布地带性的半灌木荒漠植被和温带小灌木植被等，而部分绿洲地区则主要是人工栽培作物和林网分布，下游的三角洲地带则主要稀疏分布有胡杨、沙枣、柽柳、白刺等荒漠植被。由于自然条件差异的影响，黑河上游形成了山地森林和山地草地等结构与功能各异的山地生态系统。山地森林生态系统地处青藏高原北缘，地形复杂，其组成、结构呈现多样性。草地是黑河上游覆盖面积最大的植被类型，由于山地北坡陡直的坡度变化对气候的影响，草地生态系统形成了明显的垂直分异特性，草地植被从山顶分水岭到河西走廊，从降水比较丰沛的草甸草地到干旱的荒漠草地，类型丰富多样。不同植被类型初级生产力差异明显，导致利用形式不同，黑河流域上游各生态系统之间存在着复杂的同质性和异质性。

近年来，黑河流域的生态环境呈现出系列退化现象。黑河流域上游山地草场超载导致大面积草场退化，肃南县的草地退化面积在 2005 年时已占总可利用草场面积的 50%，超过 1068 万亩①，而张掖市草地退化面积在过去的 20 年里从 78.6% 增加到 85.4%。额济纳旗沙漠化严重，最终影响到了西北、华北大部分地区的沙尘暴的发源地。因此，在多种因素的综合作用下，黑河流域形成了脆弱的生态环境，这种脆弱性随着人类活动干扰的加剧表现得更加明显。

与国际研究相比，当前国内研究大多还集中在对植被分布格局的定性分析、利用相关指数和国外成熟模型对植被类型及分布格局进行描述性研究等方面，对植被分布格局的形成机制尚不明确；研究尺度多为小尺度、小区域；根据研究区域特定的环境因素而提出新模型进行模拟和预测分析的研究几乎是一片空白。目前对环境因子分析的研究主要集中在气候因子的范围，对于其他因子的研究较少，多为定性描述其驱动和影响，或计算特定指数来寻找环境因子与分布之间的相关性。在黑河流域范围内，尤其是在小流域或者更小尺度上，已开展了大量的黑河流域植被变化观测和统计分析研究，但对整个黑河流域的植被类型变化，尤其是不同梯度上植被空间分布对环境要素变化响应的研究相对很少。

综上所述，在全球变化背景下，在厘清黑河流域植被类型及其空间分布的动态变化基础上，探索黑河流域植被类型空间分布现状与多种环境驱动因子间的关系，进行定量分析和刻画，并基于智能算法分别构建黑河流域各植被类型的空间分布模型，在此基础上对未来不同情景时期的植被类型空间分布进行模拟和预测，是研究人类活动和气候变化等对植被类型变化影响的有效方法，对于相关管理者与政策制定者选择应对环境变化的适宜性策略、制定规划及生态多样性保护战略措施，保持植被资源的可持续利用，实现生态系统与人类社会可持续发展具有重要意义。

自国际地圈-生物圈计划（IGBP）全球环境变化研究中的人文领域计划（IHDP）1995 年联合提出"土地利用与土地覆盖变化"（LUCC）核心研究计划以来，土地覆盖变化作为全球变化的重要组成部分和导致全球变化的主要原因，一直是全球变化领域的研究核心和焦点内容之一。土地覆盖变化作为全球环境变化的主要承载形式，直接影响着生物地球化学循环、水土流失和生物多样性，并引起生态系统服务功能结构的改变，从而影响生态系统满足人类需求的承载能力，进而影响生态系统与人类社会的可持续发展。土地覆盖变化是自然要素和人文要素在复杂地球表层共同作用和相互耦合的结果。如何深入分析和认识气候、地形、土壤、植被分布等自然要素与人口密度、经济水平、交通状况、生态保护政策规划等人文要素之间的相互作用机理和驱动机制，是构建土地覆盖变化空间预测模型的重要研究内容。

基于上述科学问题，在对黑河流域潜在植被生态系统类型与土地覆盖类型分布的空间相似性和一致性特征进行定量对比分析的基础上，提出一种适用于黑河流域土地覆盖未来变化的空间预测和模拟方法。该方法不仅考虑到现有土地覆盖变化模型的尺度问题，而且能够在自然气候变化驱动下考虑人口密度、交通状况、生态保护政策规划等人文因素对土地覆盖变化的影响，实现整个黑河流域土地覆盖变化的空间模拟和预测，同时具有很强的

---

① 1 亩 ≈ 666.7m²。

可操作性。该模型的构建及其模拟结果，对于黑河流域生态系统的未来保护政策修订及土地资源可持续开发利用的远景规划具有重要的理论及实践意义。

本书利用黑河上中下游 514 个植被样点数据（图 3-79）及多源遥感影像数据，结合 GIS 空间分析和遥感信息提取方法，实现了黑河流域 10 类植被类型组、22 种植被型及 70 种植被群系的植被空间分布的更新和动态变化信息提取。同时，在完成黑河流域植被垂直空间分布对气候变化响应分析的基础上，结合黑河流域平均气温和降水、土地覆盖、植被分布、土壤及 DEM 等环境驱动因子数据，选择 SVM（支持向量机）智能算法，初步构建了黑河流域植被类型空间分布模拟模型，并结合 CMIP5 未来气候情景数据，实现了黑河流域 2040 年、2070 年和 2100 年 3 个时段的植被覆盖情景模拟（周勋等，2017；范泽孟等，2018）。

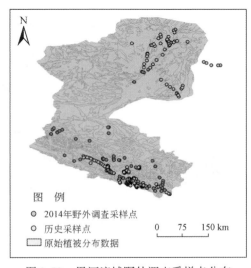

图 3-79　黑河流域野外调查采样点分布

在对黑河流域潜在植被生态系统类型与土地覆盖类型分布的空间相似性和一致性特征进行定量对比分析的基础上，提出一种适用于黑河流域土地覆盖未来变化的空间预测和模拟方法。基于潜在植被生态系统类型与土地覆盖类型分布的空间相似性和一致性特征进行定量统计分析，结合黑河流域社会经济和生态保护政策规划因子影响驱动，构建黑河流域土地覆盖变化情景模型，实现了 CMIP5 RCP2.6、RCP4.5、RCP8.5 这 3 种气候情景下的黑河流域土地覆盖变化情景模拟。

基于 MODIS 1 km 及 250 m 的 NDVI 产品，从 250 m 产品中提取黑河流域格点值作为精度控制点，对 1 km 产品利用 HASM 方法进行修正，在实现多源 NDVI 数据进行融合的基础上，实现了 500 m 分辨率的黑河流域 2001～2011 年的月均植被指数分布数据。该数据产品将为黑河流域生态系统季节性变化研究提供科学数据支撑（图 3-80）。

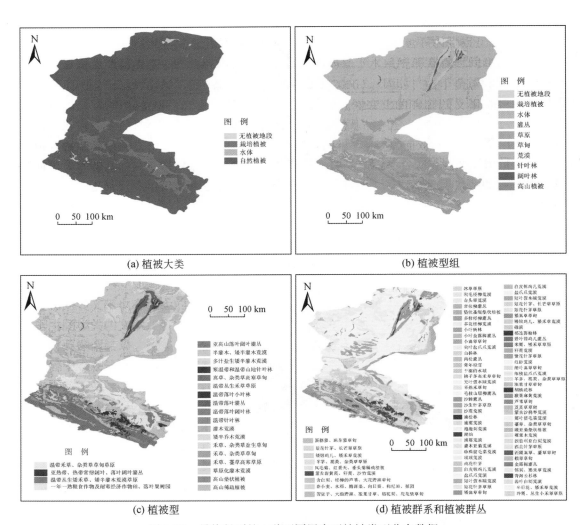

(a) 植被大类

(b) 植被型组

(c) 植被型

(d) 植被群系和植被群丛

图 3-80　最终得到的 4 种不同层次下植被类型分布数据

5. 天姥池流域 LiDAR 数据处理

激光 LiDAR 技术是近 60 年来遥感领域革命性的成就之一。自 20 世纪 80 年代后期以来，机载 LiDAR 数据在林业方面得到了广泛应用。例如，研究者利用机载 LiDAR 估测树冠高度、生物量和材积，刻画森林的垂直结构，用于森林叶面积指数和盖度的高空间分辨率测绘等。天姥池流域 LiDAR 点云数据的平均密度为每平方米 1 个激光脚点，我们采用 HASM-AD 并行算法生成空间分辨率为 1 m 的数字地面模型和数字表面模型，识别运算得到树冠高度模型，获得了较好的树高提取效果。在此基础上，获得了空间分辨率为 1 m 的生物量空间分布数据。从实验结果来看，激光 LiDAR 技术可以有效地用于小流域的森林调查（图 3-81 ~ 图 3-85）。

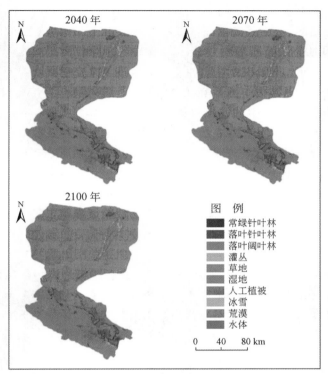

图 3-81　植被覆盖情景模拟结果

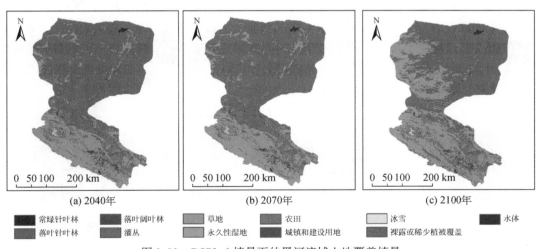

图 3-82　RCP2.6 情景下的黑河流域土地覆盖情景

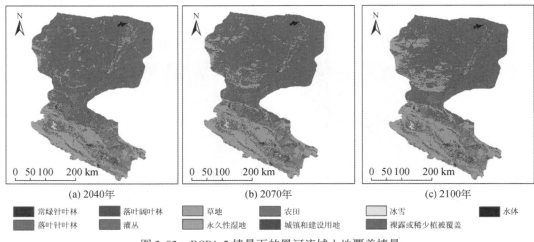

常绿针叶林	落叶阔叶林	草地	农田	冰雪	水体
落叶针叶林	灌丛	永久性湿地	城镇和建设用地	裸露或稀少植被覆盖	

图 3-83　RCP4.5 情景下的黑河流域土地覆盖情景

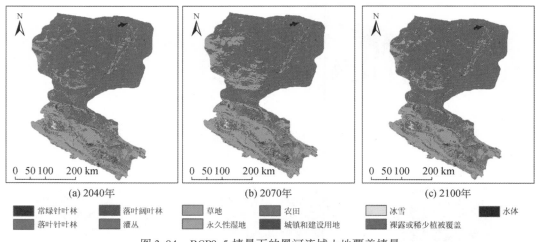

常绿针叶林	落叶阔叶林	草地	农田	冰雪	水体
落叶针叶林	灌丛	永久性湿地	城镇和建设用地	裸露或稀少植被覆盖	

图 3-84　RCP8.5 情景下的黑河流域土地覆盖情景

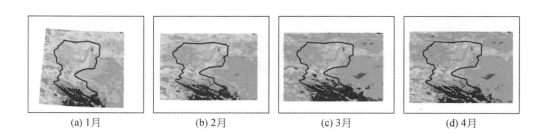

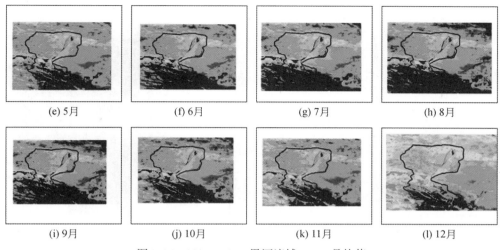

(e) 5月   (f) 6月   (g) 7月   (h) 8月

(i) 9月   (j) 10月   (k) 11月   (l) 12月

图 3-85   2001～2011 黑河流域 NDVI 月均值

通过在给定窗口内查找最大值的树顶识别算法能够较好地识别树顶点，尤其在排列整齐的人工林中，能够获得较准确的结果（王轶夫等，2014）。在获得天姥池流域 1 m 分辨率的树高空间分布数据（图 3-86）的基础上，以样地碳储量数据为优化控制条件（图 3-87），以克里金插值得到的生物量空间分布图（图 3-88）驱动场，采用 HASM 算法模拟获得了天姥池小流域 1 m 分辨率的森林生物量空间分布数据（图 3-89）。该数据可以有效地支撑天姥池小流域的森林–水文生态学研究。

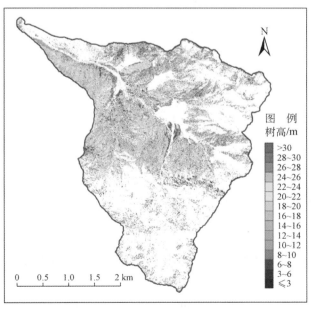

图 3-86   天姥池树高提取结果

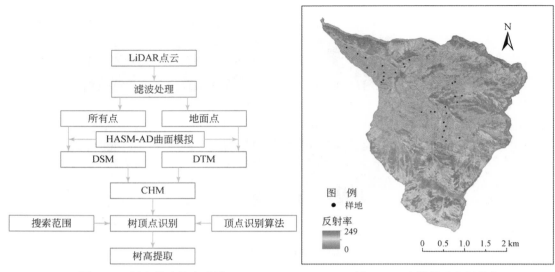

图 3-87 树高提取技术路线   图 3-88 森林样地空间分布

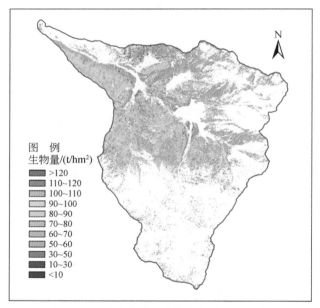

图 3-89 天姥池流域森林生物量空间分布

3.5.3 干旱地区流域尺度地表典型环境要素空间模拟的前沿方向

　　黑河流域是一个典型的站点稀疏且分布极不均衡的地区，地表观测有能力获取观测点的高精度高时间分辨率数据，但由于干旱区这些观测点密度太低，往往无法达到区域尺度模拟的需求。卫星遥感可频繁提供空间连续、地面观测/调查无法获取的地表信息，但卫星遥感无法直接获取过程参数信息。遥感观测/系统模型与地面观测的集成是地球表层建模最有效的方法，然而在大多数地球表层环境要素建模方法中，忽视了遥感观测/系统模型与地面观测的充分集成。为了解决这个问题，我们通过曲面论、系统论与优化控制论的有机结合，建立了以卫星遥感/全球模型输出的宏观近似信息为驱动场，以地面观测/空间采样数据为优化控制条件的高精度曲面建模（HASM）方法。近三十多年来，高精度曲面建模方法被广泛应用于数字高程、土壤属性、生态服务变化、生态系统变化驱动力等生态环境要素时空动态模拟（Yue et al.，2015）。在高精度曲面建模理论与方法发展及其应用过程中，我们提炼形成了地球表层建模基本定理（FTESM）：地球表层及其环境要素曲面由外蕴量和内蕴量共同唯一决定，在空间分辨率足够细的条件下，地球表层及其环境要素的高精度曲面可运用集成外蕴量和内蕴量的恰当方法（如 HASM）构建（Yue et al.，2016a）。

　　针对流域尺度地表典型环境要素空间模拟，基于地球表层建模基本定理，我们需要构建综合的地球表层环境要素系统模拟分析平台（图 3-90）。

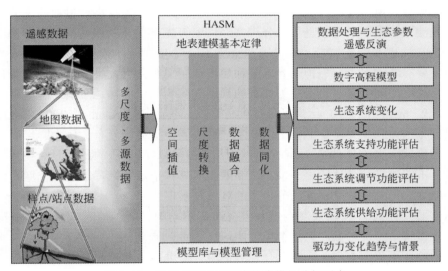

图 3-90　地球表层环境要素综合模拟分析平台

3.6　黑河流域高分辨率区域气候模式的构建与模拟

3.6.1　黑河流域高分辨率区域气候模式的现状、挑战与科学问题

　　黑河是我国第二大内陆河，黑河流域是河西地区最大的内陆河流域，也是西北干旱区最具有代表性的流域。黑河源于祁连山，北流穿越高山高原、森林区，山前中游穿过西北

干旱区最大的连片绿洲,下游流经以荒漠河谷林为主体的额济纳旗和阿拉善高原的戈壁沙漠。黑河流域集中了冰川、冻土、积雪、森林、草原、耕地、荒漠等主要地貌,具有全球独特的随海拔依次分布冰川—冻土—河流—绿洲—沙漠多元自然景观带,是一个体现水文、土壤、生态、大气和人类活动相互作用的典型区域,是陆气相互作用研究的理想场所。黑河流域水文-生态问题研究离不开一个重要的变量——降水的准确估算。研究表明,降雨相对于模型结构不确定性或参数不确定性而言,是水文模拟中最重要的不确定性因子,降雨时空变异性与观测站网固定点观测之间的矛盾是不确定性的主要来源。但是,人们对降雨的空间变异程度认识还不十分清楚,这从根本上增加了分布式水文模拟的不确定性(尹雄锐等,2006;高艳红,2008)。

尺度转换是获取高时空分辨率气象数据的关键问题,也是黑河流域生态-水文过程集成研究的核心科学问题之一。大尺度环流特征值并非若干小尺度值的简单叠加,小尺度值也通过简单插值或分解得到,在不同尺度之间建立某种尺度转换关系,主要针对缺少观测资料或无资料的地区,这种方法虽存在问题,但仍然具有重要意义。理论上,观测尺度、模拟尺度应该尽量与过程尺度相吻合,但是受到测量技术和模拟水平限制,实际上很难达到。区域气候模式由于考虑了中尺度大气动力和物理过程,具有物理过程明确、应用区域范围不受观测资料限制及便于进行多分辨率降尺度等优点,是一种具有很大发展前景的降尺度方法。

目前主要有两种途径。一种是寻求某种尺度转换关系,把大尺度空间气候变化资料系列转换到小尺度空间上,以得出更为详细的局地气候变化,也就是所谓的降尺度方法或尺度分解法。Wilby等(1997)给出了降尺度方法的总体思路。Salathe(2003)运用一个简单的降尺度方法得到了美国华盛顿中部亚基马河流域的降水场分布,认为降尺度方法可以抓住亚基马流域降水场分布的主要特征。然而,统计降尺度方法的最大弊端在于对历史资料的依赖,不能对极端事件做出外推,从而限制了其对全球变化背景下日益增多的极端事件的预估能力。另外一种是发展高分辨率的区域气候模式。

黑河流域只有18个气象观测台站并且分布极不均匀,由于地表信息具有高度的空间异质性,难以将站点资料推广到整个黑河流域,因此站点资料在黑河流域生态-水文过程集成研究中的使用范围有限。遥感综合观测试验可提供多尺度地面参数,但是限于飞行条件和观测成本,仅能用于流域局部地区短时间的观测(李新,2011;刘绍明,2011)。此外,全球再分析资料和全球气候模式可以获取全球大尺度信息,并且全球气候模式模拟也是进行未来气候预测的主要途径,但是,现有全球再分析资料和基于CMIP5不同气候情景全球气候模式模拟结果的水平分辨率比较低,不能满足黑河流域生态-水文过程集成研究重大计划对高分辨率高精度气象数据的要求。为此,引入尺度转换(即降尺度方法)获取黑河流域过去30年和未来50年高时空分辨率高精度气象数据是重大计划面临的关键问题之一,也是重大计划的核心科学问题之一。

最早的区域气候模式由Dickinson和Giorgi(1990)发展并应用于区域气候研究。区域气候模式已在不同地区得到广泛应用,如美国大陆、欧洲、亚洲、澳大利亚、非洲以及东亚地区。模拟结果显示,区域气候模式比GCMs能更好地模拟出区域气候变化特征。国际上，科学家用区域气候模式在美国（Dickinson，1993；Giorgi，1993；Giorgi and Mearns，1996；Anderson et al.，2002；Anderson et al.，2003）、欧洲（Giorgi et al.，1990；Christensen et al.，2001；Rainsanen，2001）、澳大利亚（Walsh and McGregor，1995）、非洲（Sun et al.，1999）、东亚（Giorgi et al.，1999）等地区做过模拟研究。我国许多学者也应用区域气候模式对东亚区域气候变化进行了研究（Liu et al.，1994；罗勇等，1997；熊喆等，2006，2009）。这些研究表明，由于区域气候模式比 GCMs 有更高精度的空间分辨率，能够更加细致地描述地形和海陆分布及地表植被分布特征，更好地刻画气候的区域特征，使区域气候模式的模拟更加接近于观测。以观测场作为边界条件的区域气候模拟显示，区域（$10^5 \sim 10^6 \text{ km}^2$）平均温度的偏差小于 2℃，降水的误差小于 50%。

国际上主要区域气候模式有：美国宾夕法尼亚州立大学（PSU）和美国国家大气研究中心（NCAR）的 MM4、MM5 和 WRF，意大利国际理论物理中心的 RegCM、RegCM2、RegCM3，美国国家大气研究中心（NCAR）的 RSM，美国科罗拉多州立大学（CSU）的 RAMS，澳大利亚联邦科学与工业研究组织（CSIRO）的 DARLAM，英国气象局（UKMO）哈德莱中心的 HadRM，德国马普研究所（MPI）的 DEMO、德国马普研究所和丹麦气象研究所（DMI）合作的 HIRHAM，日本气象厅（MRI）的 JSM_BAIN，韩国首尔大学（SNU）的 SNU_RCM。

在国内，为了建立适合东亚地区的区域气候模式（RCMs），我国学者开展了多项研究工作，并取得了丰硕的成果。中国气象局国家气候中心、南京大学、南京气象学院、浙江大学、中国气象科学研究院和中国气象局广东热带海洋气象研究所等在美国国家大气研究中心（NCAR）第二代区域气候模式 RegCM2（1996 年版本）的基础上，通过改进和发展，研制形成了一套高分辨率的东亚区域气候模式（RegCM_NCC）（刘一鸣等，2001）；南京大学发展了一个区域海气耦合模式（任雪娟等，2000）；中国科学院大气物理研究所东亚区域气候-环境重点实验室暨全球变化东亚区域研究中心建立了一个具有独立版权的区域环境系统集成模式（符淙斌等，2000）。

国外已经建成了高分辨率的区域气候模式，并应用于生态水文模拟的研究。Lakhatkia 等（1998）利用 MM5 模型研究发现，增加区域气候模式分辨率将增加降水的空间变异性；Leung 等（1996）将区域气候模式嵌套在全球模式中，并将得到的相对高分辨率输出结果直接应用于水文模式；Biljana，Music 等（2007）利用加拿大区域气候模式对密西西比河水文循环进行了评估，结果表明，采用区域气候模式模拟的降水和蒸发散有明显的提高；Takle 等（2007）采用多区域气候模式集成的方法为提高区域到全球尺度的水文循环和能量收支模拟提供了新的方法。国内已将区域气候模式应用于黑河流域的区域气候变化研究。高艳红等（2006，2007）、刘伟等（2007）利用 MM5 模式结合黑河流域土壤质地数据、土地覆盖数据等开展了区域气候模式在黑河流域模拟能力检验的研究；刘树华等（2008）利用区域尺度气象模式 RAMS 对黑河地区地表能量通量进行了研究；潘小多等（2011，2012）利用区域气候模式 WRF 对黑河流域进行了下垫面影响研究。但是，国内已有研究存在以下不足：①模拟时间短，一般短于 1 个月，没有进行年时间尺度数值模拟与验证；②模拟空间分辨率低，大部分研究采用空间分辨率在 5 km 以上；③采用模式和参数化方案都是来源于国际上知名的模式和参数化方案，对黑河流域的地理和环境特殊性考虑不够。由此可见，高分辨区域气候模拟将是黑河流域生态–水文模拟研究中获取高时空分辨率数据地面气象数据的必备工具之一。

3.6.2 黑河流域高分辨率区域气候模式构建

黑河流域高分辨率区域气候模式是以中国科学院大气物理研究所东亚区域气候–环境重点实验室发展具有独立版权的区域集成环境系统模式为基础，其中该区域气候模式是以美国国家大气研究中心和美国宾夕法尼亚州立大学发展的中尺度模式 MM5 为非静力动力框架，耦合了一些研究气候所需的物理过程方案。这些过程包括生物圈–大气圈输送方案、采用 Grell 积云参数化方案、MRF 行星边界条件和修改 CCM3 辐射方案等。利用黑河流域观测和遥感数据对该模式中的重要参数率定，实现模式本地化，建立黑河流域高分辨率区域气候模式。

1. 黑河流域植被类型分类数据的建立

目前国际上广泛用于全球/区域气候模式和陆面过程模式的植被分类数据是美国地质调查局（USGS）1990 年初综合了土地利用类型和植被类型融合出来的全球 24 类 30″分辨率数据。这套数据对美国境内的植被状况有比较精确的描述。在中国境内，尤其是在黑河流域存在很多无资料区和无人区，与实际有非常大的差异。对于整个黑河流域来说，仅有 2000 年 1∶10 万土地利用数据资料。中国科学院"八五"重大应用研究项目"国家资源环境遥感宏观调查与动态研究"组织了中国科学院所属 19 个研究所的遥感科技队伍，以航天遥感为手段，基于 Landsat MSS、TM 和 ETM 遥感数据得到中国 1∶10 万土地利用影像矢量和属性数据。但黑河流域土地分类标准与美国地质调查局分类主要有两大区别：黑河流域土地植被数据没有对森林再进行详细划分，只有"林地"一种；对城市、工矿、居民用地及未利用土地进行了详细划分。在 2000 年黑河流域土地利用中，将植被"林地"与美国地质调查局土地数据进行融合，将其分成常绿阔叶林、落叶阔叶林、常绿针叶林、落叶针叶林和混合林；将黑河流域土地利用分类中植被盖度小于 5% 的植被类型，如裸土、裸岩石地、盐碱地归类为稀疏植被；对于水体，冰雪、农田等类型作相应归类，将黑河流域土地利用中的城乡、工矿、居民用地归为美国地质调查局分类中的城市类型。

2. 陆面过程中土壤参数率定及其计算方案

区域集成环境系统模式中的陆面过程模型是 Dickinson 等（1993）描述生物圈–大气圈输送方案（BATS），为了描述植被在改变地表动量、热量和水汽通量输送作用设计的陆面参数化过程。BATS 中包含了 12 种土壤质地和不同土壤颜色。该陆面模式中土壤质地与植被类型有关，其参数都来自全球平均结果。对于黑河流域来说，无论采用哪种植被，土壤质地在短期内不会发生改变，因此，将模式中植被类型决定土壤质地方案进行修改，采用黑河流域土壤质地空间分布场作为输入场，并与植被类型没有关联，同时利用黑河流域观测资料和遥感信息对陆面模式能量与水分平衡有关的基本参数重新率定，使之符合黑河流域地表水平衡特征。陆面模式中的表征土壤水运动和土壤基本参数有土壤含水量、土壤水势、土壤导水率、田间持水量和萎点含水量。本节将利用采用国家自然科学基金委员会"中国西部环境与生态科学数据中心"（http://westdc. westgis. ac. cn）提供 1:1000 万土壤质地数据中顶层土壤沙含量（% sand）、顶层土壤淤泥含量（% silt）、顶层土壤黏土的含量（% clay）以及顶层土壤美国农业部土壤质地分类的数据，并采用下列方程对饱和土壤水势、饱和土壤导水率、田间持水量和萎点含水量、土壤孔隙度及用于计算土壤水势的参数 b 进行重新率定（表3-12）。

表 3-12　黑河流域土壤类型各成分含量及主要参数

成分		% sand	% silt	% clay	参数 b	饱和土壤水势/(10^{-3} m)	孔隙度	饱和导水率/(10^{-3} mm/s)	田间持水量/(cm³/cm³)	萎点含水量
砂土	率定前	>85		<30	3.5	30.0	0.33	20.0	0.404	0.095
	率定后	89	6	5	3.708	51.7	0.3768	21.195	0.2399	0.020
壤砂土	率定前	70~85		10~15	4.0	30.0	0.36	8.0	0.477	0.128
	率定后	82	8	10	4.503	63.9	0.386	16.56	0.2611	0.032
砂质壤土	率定前	50~70	<50	5~20	5.0	200	0.42	13.0	0.614	0.266
	率定后	76	16	8	4.185	76.6	0.393	13.407	0.2637	0.030
壤土	率定前	≤50	30~50	5~25	5.5	200	0.45	8.9	0.653	0.300
	率定后	34	41	25	6.888	272	0.446	3.0531	0.3534	0.086
粉砂壤土	率定前	20~25	50~80	0~25	6.0	200	0.48	6.3	0.688	0.332
	率定后	25	54	21	6.252	357	0.4575	2.2235	0.3603	0.083
砂质黏壤土	率定前	45~80	<30	0~35	6.2	200	0.51	4.5	0.728	0.378
	率定后	76	16	8	4.185	76.6	0.393	13.407	0.2637	0.030
黏土	率定前	<20	40~60	40~60	9.2	200	0.6	1.6	0.820	0.487
	率定后	15	29	56	11.817	482.5	0.4701	1.5633	0.4107	0.141
粉质黏土	率定前	<20	40~60	40~60	10.0	200	0.63	1.1	0.845	0.516
	率定后	10	43	47	10.386	561	0.4764	1.3108	0.4116	0.135

常见土壤含水量范围内，土壤水势经常采用下列公式

$$\varphi = \varphi_s \left(\frac{\theta}{\theta_s} \right)^{-b} \tag{3-28}$$

式中，φ 为土壤水势；φ_s 为饱和土壤水势；θ_s 是土壤孔隙度；θ 为土壤水含量；b 是参数。Cosby 等（1984）就饱和土壤导水率、饱和土壤水势、土壤孔隙度与参数 b 及土壤成分之间建立统计关系

$$\kappa_{sat} = 0.007\ 055\ 6 \times 10^{-0.884+0.0153(\% \text{sand})} \tag{3-29}$$

$$\varphi_s = -10.0 \times 10^{1.88-0.0131(\% \text{sand})} \tag{3-30}$$

$$\theta_s = 0.489 - 0.001\ 26\ (\% \text{sand}) \tag{3-31}$$

$$b = 2.913 + 0.159 \ (\% \ \text{clay}) \tag{3-32}$$

采用 Wetzel 等（1987）萎点含水量方法计算植被根区土壤水势降至 200 m 时的土壤含水量。采用 Hill（1980）计算方法计算田间持水量。这两个参数计算如下

$$\theta_{\text{ref}} = \theta_{\text{s}} \left[\frac{1}{3} + 2/3 \left(\frac{5.79 \times 10^{-9}}{\kappa_{\text{sat}}} \right)^{1/(2b+3)} \right] \tag{3-33}$$

$$\theta_{\text{w}} = 0.5 \ \theta_{\text{s}} \left(\frac{200}{\varphi_{\text{s}}} \right)^{-1/b} \tag{3-34}$$

式中，κ_{sat} 为饱和土壤导水率；θ_{ref}、θ_{w} 分别为田间持水量、萎点含水量。这些重新率定后的参数与 BATS 陆面过程模式中的参数有非常大的差别。从表 3-12 中可以清楚看出，每种土壤类型对应参数率定前后有所差别，主要在于饱和土壤水势、萎点含水量、田间持水量，这与黑河流域与全球土壤分类中含砂量差别有关。砂土类型田间持水量率定后饱和土壤水势几乎是率定前的 1.7 倍，田间持水量几乎是率定后的 4 倍；壤砂土类型率定后饱和土壤水势是率定前的 2 倍，田间持水量率定前几乎是率定后的 4 倍，饱和导水率率定前不到率定后的一半；砂质壤土类型率定后饱和土壤水势几乎是率定前的 1/3，田间持水量率定前几乎是率定后的 3 倍，萎点含水量率定后几乎是率定前的 1/10；壤土类型率定后饱和导水率几乎是率定前的 1/3，田间持水量率定前几乎是率定后的 2 倍，萎点含水量率定后几乎是率定前的 1/4；粉质黏土类型率定后饱和土壤水势几乎是率定前的 1/3，田间持水量率定前是率定后的 2 倍多，萎点含水量率定后几乎是率定前的 1/4。各类土壤孔隙度率定前后差别不太大。

3. 黑河流域高分辨率区域气候模式模拟分析

（1）实验设计和资料介绍

模式模拟区域的网格中心位于 40.3°N，99.5°E，水平分辨率为 3 km，模式的模拟网格点数为 181（经向）×221（纬向），垂直方向为 16 层，模式层顶气压为 50 hPa。积分时间为 2000 年的 1 月 1 日连续积分到 2000 年 12 月 31 日，采用美国国家环境预报中心水平分辨率为 1°×1°时间间隔为 6 小时的 NCEP-FNL 再分析资料（Kalnay et al.，1996）作为驱动场，驱动本地化后黑河流域高分辨率区域气候模式。模式中地形和植被数据来自于国家自然科学基金委员会"中国西部环境与生态科学数据中心"的黑河流域 30 m 分辨率地形数据（图 3-91）和黑河流域 2000 年土地利用数据，区域外地形和植被数据来自于美国地质调查局水平分辨率为 0.0833°×0.0833°的地形和植被数据。

用于检验模式的观测资料为同期黑河流域地区 18 个观测气象站点日降水资料，该数据来自于国家自然科学基金委员会"中国西部环境与生态科学数据中心"；同时，北京师范大学资源与环境科学学院采用薄盘平滑样条函数构建趋势方法提供同期中国地区高分辨率（0.05°×0.05°）卫星遥感数据反演的 3 小时降水数据（以下简称 BNU），以及利用全球气候数据提供全球高分辨率（1 km×1 km）气候数据（简称 WorldClim）中 1950~2000 年多年平均月降水空间分布作为气候背景场，进行模拟与观测空间分布相关分析。

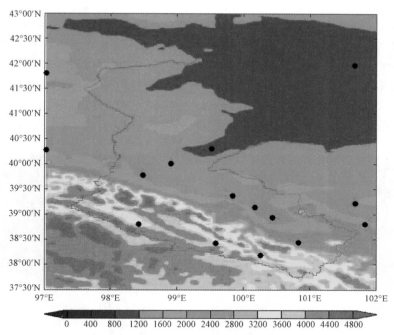

图3-91 黑河流域地形高度和气象观测站点空间分布

彩色为地形高度（m），黑点为主要气象观测站

为了更好地分析模拟效果，采取区域平均而不是直接比较个别观测站的观测值和模式模拟的结果，同时依据仵彦卿等（2010）的区域划分，将黑河流域观测气象站点分为3个区域：上游祁连山山区（祁连、野牛沟、托勒）、中游绿洲区（酒泉、民乐、山丹、临泽、高台）、下游荒漠区（金塔、鼎新、额济纳旗、拐子湖）。其主要原因有：①由于观测气象站点数据只是相对观测点来说，可能受局地影响，而模式模拟的结果为9 km²（3 km×3 km）上的平均值，因此更加具有代表性；②即使黑河流域观测格点降水数据最高水平分辨率（0.25°×0.25°）相对模式采用水平分辨率为3 km来说非常低，同时黑河流域气象站点不多，因此无法详细地描述降水空间分布，只能将模式模拟的结果采用最近插值法直接插值到观测站点上进行比较；③模式所用地形高度比真实地形高度更加平滑，模式与观测站海拔局地差别较明显，为了将观测与模式模拟数据不一致性降低到最小，我们采取区域平均来看区域观测站点的总体行为。

（2）对降水空间分布分析

关于黑河流域降水空间分布特征方面做了许多工作（丁永建等，1999；张杰等，2004；丁荣等，2009；孙佳等，2011；潘小多等，2012）。研究表明，黑河流域降水量主要集中在上游祁连山山区，年降水量为400～700 mm，中游绿洲灌溉区年降水量为100～200 mm，下游荒漠区年降水量仅为15～50 mm。从全球气候数据提供的多年平均年降水［图3-92（a）］可以清楚看出，在上游祁连山大部分地区降水在300～400 mm，中游绿洲区年降水在100～200 mm，下游荒漠区年降水量仅为20 mm。这一结果与孙佳等利用黑河流域气象观测站点资料和地形资料拟合的降水空间分布非常一致，但全球气候数据提供的降水较观测偏少。图3-92（b）为模式模拟的2000年降水空间分布。从图3-92（b）中可以清楚地看出，模式能够较好地模拟出年降水空间分布，降水大值中心主要集中在39.5°N以南的祁连山区，低值中心主要出现在下游荒漠地区。模式模拟与多年平均年总降水空间相关系数为0.8772，通过99%置信度检验。通过与流域内各个气象站点资料进行对比发现，模式对黑河流域下游山区和中游绿洲区来年降水模拟较观测偏少，在 -34.3% ~ -1.6%（表3-13）；黑河上游地区模式模拟降水较观测偏多，在8.21%左右。

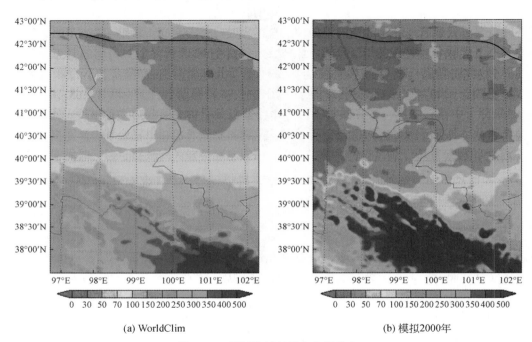

(a) WorldClim　　　　　　　　　　　(b) 模拟2000年

图 3-92　黑河流域年降水空间分布

表 3-13　黑河流域不同区域观测与模拟年降水及其偏差

区域	观测/mm	模拟/mm	偏差/%
上游地区	343.2	371.40	8.22
中游地区	170.11	111.69	-34.34
下游地区	35.83	35.25	-1.62

　　黑河流域上游祁连山山区降水主要在雨季的5～9月，占年降水的75.9%～97.2%（程国栋，2009）。从图3-93（a）可以看出，5～9月上游祁连山大部分地区降水为300～400 mm，中游绿洲区降水为100～150 mm，下游荒漠区降水量仅为20 mm。从图3-93（b）中可以看出，模式能够较好地模拟出雨季降水空间分布，特别是降水大值中心主要集中在39.5°N以南的祁连山区，低值中心主要出现在下游的荒漠地区。对流降水占总降水的比

例空间分布与降水空间分布相似，出现从东南向西北逐渐递减趋势，其中上游、中游、下游地区分别为 70%~90%、50%~70%、10%~20%。模式模拟的 5~9 月降水与多年平均的全球气候数据平均之间的空间相关系数为 0.8677，通过 99% 置信度检验。通过与黑河流域内观测资料进行对比发现，对于 5~9 月降水来说，模式模拟的黑河上游地区的降水较观测偏多，在 9% 左右；而黑河流域中游、下游地区模式较观测偏少，偏差在 23.87%~40% 左右（表 3-14）。这与 IPCC 2001（Houghton et al., 2001）报告在区域尺度 10^5~10^6 km^2 上降水偏差为 ±50% 左右较为一致。

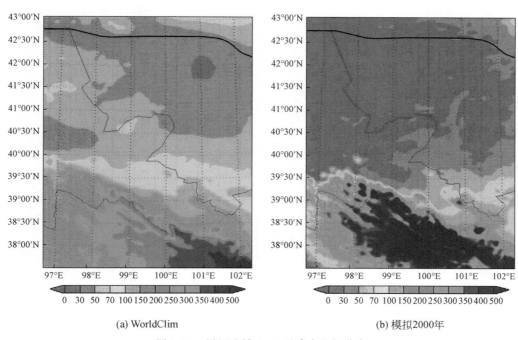

(a) WorldClim (b) 模拟2000年

图 3-93 黑河流域 5~9 月降水空间分布

表 3-14 黑河流域不同区域观测与模拟 5~9 月降水及其偏差

变量	观测/mm	模拟/mm	偏差/%
上游地区	326.07	355.62	9.06
中游地区	137.08	82.35	−39.90
下游地区	28.78	23.87	−17.06

图 3-94 为黑河流域不同区域候平均降水年变化。对整个黑河流域来说［图 3-94（a）］，降水主要集中 20~56 候，其中 31~37 候出现强降水，模拟能够模拟出候降水时间演变，降水强度接近观测，同时模式模拟候平均降水与观测之间的相关系数达到 0.7882，通过 99% 置信度检验。对于上游山区来说［图 3-94（b）］，降水主要集中在 31~55 候，其他候观测与模拟降水平均都小于 2 mm，降水强度除 31~55 候中少数几个候模拟降水较观测

模拟偏多外，其他大部分候模拟非常接近观测，并且与观测相关系数为 0.8123，通过99% 置信度检验。对于黑河中游绿洲区来说 [图 3-94 (c)]，降水主要集中在 31 ~ 37 候、43 ~ 55 候，降水最大出现在第 37 候，达到候平均降水为 4 mm 以上，其他候降水都在1 mm 以下，模式能够较好地模拟出降水随时间演变，并且模拟与观测候降水相关系数为0.506，通过 99% 置信度检验。对于黑河下游来说 [图 3-94 (d)]，候平均降水明显较黑河上游和中游降水偏小，候平均降水主要出现在 33 ~ 55 候，候平均降水大部分都小于1 mm，并且与观测候平均降水的相关系数为 0.7030。总之，模式模拟出黑河流域不同区域候平均降水随时间演变，与观测之间相关系数在 0.506 ~ 0.8123，都通过 99% 置信度检验。

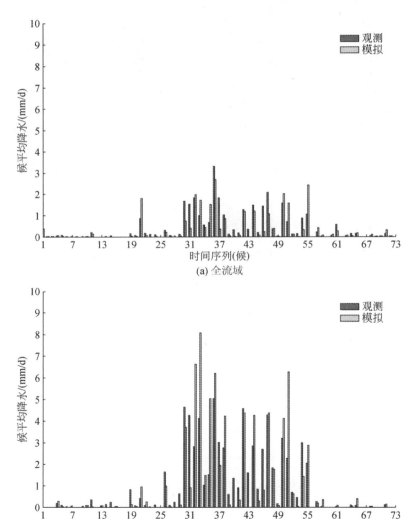

(a) 全流域

(b) 上游地区

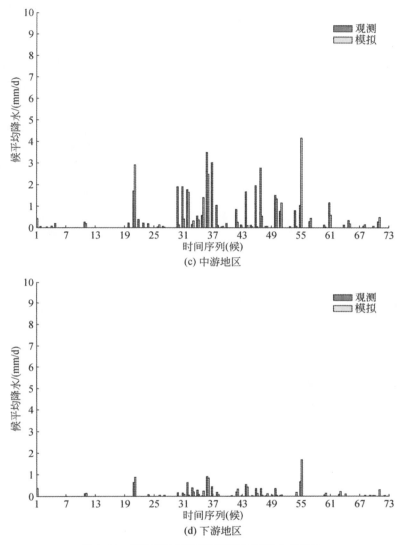

图 3-94　黑河流域不同区域候平均降水年变化

　　张立杰等（2008）利用黑河流域观测资料发现，日降水主要集中在 0 ~ 5 mm，日降水 ≤5 mm 天数占全年降水天数的 82%。图 3-95 为黑河流域不同区域日降水频次。从观测结果可以清楚看出，对于黑河流域上游 [图 3-95（a）]，日降水 ≤5 mm 天数占全年降水天数的 73.17%，日降水 5 ~ 10 mm 天数占全年降水天数的 17.51%，日降水 10 ~ 15 mm天数占全年降水天数的 5.56%，日降水>15 mm 天数占全年降水天数的 3.76%，模式能够很好地模拟出不同强度日降水频次，也能较好地模拟出日降水>20 mm 天数，但较观测偏多2%左右。对于黑河流域中游 [图 3-95（b）]，日降水 ≤5 mm 天数占全年降水天数的 78.55%，日降水 5 ~ 10 mm 降水天数占全年降水天数的 12.2%，日降水 10 ~ 15 mm降水天数占全年降水天数的5.4%，日降水>15 mm 降水天数占全年降水天数的3.85%，模式能够很好地模拟出黑河流域中游地区不同强度日降水频次，只是模拟的日降水≤5 mm 频次较观测偏多，大约为6%。对于黑河流域下游［图3-95（c）］，日降水≤5 mm 天数占全年降水天数的88.06%，日降水 5 ~ 10 mm 天数占全年降水天数的10.94%，日降水 10 ~ 15 mm天数占全年降水天数的1.0%，日降水>15 mm 降水天数没有出现，模式能够较好地模拟出不同强度日降水频次。无论黑河流域上游、中游还是下游地区，日降水≤5 mm 降水天数占全年降水天数的73.17%~88.05%；日降水 10 ~ 15 mm 天数占全年降水天数的5.56%~17.51%；总之，模式能够较好地模拟出黑河流域不同区域降水事件的频次，特别能够较好地模拟出日降水≤5 mm 降水占全年降水的频次和上游地区出现日降水>15 mm 占全年降水天数的频次，其他不同强度降水发生频次接近观测。

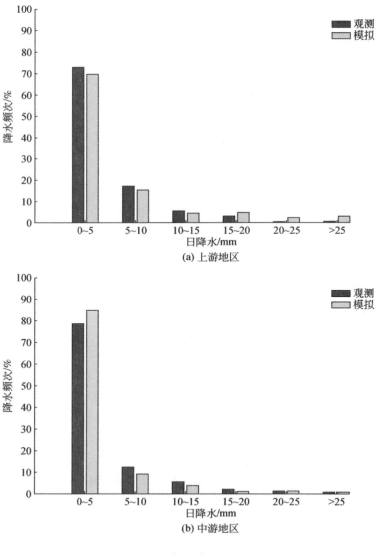

(a) 上游地区

(b) 中游地区

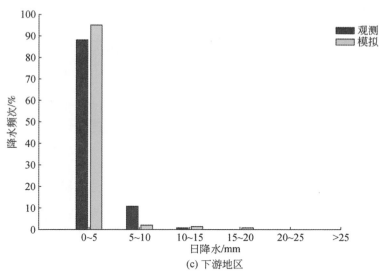

(c) 下游地区

图 3-95　黑河流域不同区域日降水频次分布

4. 结论与讨论

本文以中国科学院区域气候−环境重点实验室研制的区域环境集成系统模式为基础，利用黑河流域观测和遥感数据对区域气候模式中重要参数重新率定，进行模式本地化，从而建成了适合黑河流域的高分辨率区域气候模式。降水是黑河流域水资源的主要来源，其变化直接影响上游径流区水量、中游工农业生产和社会生活以及下游的生态安全。本节重点关注模式对黑河流域降水的模拟能力，特别对降水量、降水空间格局、降水频次等方面进行分析，得出以下结论：①模式能够较好地模拟出黑河流域降水的年、季节空间分布特征和不同区域降水年变化。上游地区模式模拟降水较观测偏多，中游和下游地区较观测偏少，降水偏差为−39.9%～9.6%，与 IPCC（2001）报告中在区域尺度 $10^5 \sim 10^6$ km^2 上降水偏差为 ±50% 左右较为一致；②模式模拟的黑河流域上游、中游和下游地区候平均降水与观测之间相关系数分别为 0.8123、0.5064、0.7033，都通过 99% 置信度检验；③模式能够较好地模拟出黑河流域不同区域降水事件发生频次；④建立高分辨率区域气候模式模拟黑河流域降水获得较好结果的原因主要在于采用黑河流域观测和遥感数据，对区域气候模式中影响能量与水文平衡的重要参数重新率定进行本地化，以及采用黑河流域真实地形和植被数据。

3.6.3　黑河流域高分辨率区域气候模式的研究前沿

尽管建立黑河流域高分辨率区域气候模式能够较好地模拟出黑河流域气象场的空间分布和时间演变，但是该模式模拟黑河流域中游绿洲区比其他区域模拟的偏差较观测大，可能与用于驱动区域气候模式的再分析资料和模式中积云对流参数化方案以及陆面过程中农田参数化方案有关。因此，需要进一步开展黑河流域观测特别是关于黑河流域土壤湿度、土壤质地、叶面积指数和反照率等地面观测，开展黑河流域高分辨率区域气候模式中积云对流参数化和陆面过程进一步优化，同时利用现有的国内外卫星遥感资料开展黑河流域数据同化，建立黑河流域高分辨率大气同化系统，并开展短期预报，以便为黑河流生态-水文预测和决策支持系统提供可靠的依据。

3.7 黑河流域长时间序列土地覆被数据

3.7.1 流域土地覆被数据制备的现状、挑战与科学问题

工业革命以来，人类活动正以前所未有的速度、幅度和空间规模影响着地球表层系统（Lambin et al.，2001），全球近 50% 的地表已被人类改造（史培军等，2002；Turner et al.，2007）。自 1850 年以来，大约有 $6.0×10^6$ km² 森林和 $4.7×10^6$ km² 草地被开垦为耕地（Lambin et al.，2001）。2000~2005 年，热带森林面积减少了 $0.27×10^6$ km²，全球森林覆盖面积减少了 $1.1×10^6$ km²（Hansen et al.，2008，2010）。人口的增加及社会经济的发展也加速了城市化的进程。2007 年，全球大约 50% 的人口生活在城市中，并且预测到 2050 年上升至 70%（Bloom，2011；Liu X P et al.，2017）。人为的土地利用和土地覆被变化是影响全球变化的关键因素，直接或间接影响着地球表层系统各大圈层中的物质和能量等循环过程（Houghton，1994；Lambin，1997）。

由于全球环境问题日益突出，土地利用和土地覆被变化研究逐渐受到重视。联合国粮食及农业组织（FAO）和联合国环境规划署（UNEP）建立了全球土地覆被监测网络（GLCN），旨在为全球、国家与区域的土地覆被制图与土地覆被监测项目提供信息交流，以推动土地覆被分类系统（LCCS）的标准化（Latham，2009）；荷兰环境评价局（PBL）建成了"全球历史环境数据集"（HYDE），用于历史时期环境研究；欧盟委员会联合研究中心（JRC）和欧洲航天局（ESA）分别利用 VEGETATION 和 MERIS 制作了全球土地覆被产品（GLC2000，GlobCover），实现了动态更新，用于满足全球变化的科学需求（Bartholome et al.，2002；Bontemps et al.，2011）；中国科学院建立了我国全国尺度的土地覆被数据集，并实现了 5 年一期的动态更新（刘纪远等，2014）；我国国家基础地理信息中心采用基于"像元—对象—知识"（POK）的方法，制作了全球土地覆被遥感产品 GlobeLand30，实现了全球尺度 30 m 分辨率高精度的土地覆被遥感制图与数据产品共享（Chen J et al.，2015）。

这些有代表性的全球或国家/区域土地覆被产品已经得到了广泛的应用，为气候变化和地球系统模型研究提供了重要的数据支撑。但是由于所使用的遥感数据及分类方法的差异，这些数据产品在流域尺度上的分类精度均较低，加之时空分辨率与分类系统的限制，难以满足流域水-生态-经济系统的集成模型模拟研究及其他应用的需求。

黑河流域是典型的干旱区内陆河流域，开发历史悠久。历史时期，人类对绿洲开发强

度较小，生态环境相对平衡，自然环境变化亦不显著。20 世纪以来，随着人口的增加和人类对绿洲的大规模开发，加之中上游大量水利工程的建设，进入下游的水资源日渐减少，土地覆被发生了巨大的变化：河道萎缩、植被衰亡、尾闾湖面积锐减甚至干涸，生态环境严重恶化。为了恢复流域内特别是下游地区的生态环境，1992 年国家计划委员会在"关于《黑河干流（含梨园河）水利规划报告》的复函"（计国地〔1992〕2533 号）中，批准了多年平均情况下的黑河干流（含梨园河）水量分配方案，即黑河"九二"分水方案；1997 年国务院批准了不同来水情况下的《黑河干流水量分配方案》（水政资〔1997〕496 号），即黑河"九七"分水方案，并于 2000 年正式挂牌成立黑河流域管理局，完成了 1999~2000 年度黑河流域水资源的统一管理和首次向下游的输水任务。黑河生态输水工程的实施使下游的水域面积增加，植被恢复，生态环境明显好转。然而，在下游生态环境得到显著恢复和改善的同时，黑河中游地区的生产、生活和生态用水之间的矛盾却更加突出，加之耕地面积持续扩张，黑河中游局部生态林死亡、湿地面积萎缩，威胁着黑河中游乃至整个黑河流域的社会经济可持续发展。

在这样一个生态环境脆弱、水资源短缺问题日益突出而又十分敏感的流域内，如何更加合理和高效地利用水资源是黑河流域诸多生态问题中最核心和重要的课题（程国栋和赵传燕，2008；Cheng et al.，2014）。因此，有必要以黑河流域水资源高效利用为核心，从"水-土-气-生-人"的角度开展流域综合集成研究（Cheng and Li，2015；Li X et al.，2018）。而如何充分利用多源数据融合形成更高精度、更高时空分辨率的长时间序列土地覆被数据，实现对流域环境演变过程的综合、连续动态监测，是提升对流域尺度上人和自然环境相互作用的认识水平、支撑流域生态-水文综合集成研究的关键。

3.7.2 黑河流域长时间序列土地覆被数据产品

黑河流域是我国内陆河研究的重要基地，自 2000 年以来，开展了大量的土地利用和土地覆被研究，建立了一系列以流域和亚流域为单元的土地覆被数据产品。本节介绍其中几个具有代表性的土地覆被数据产品，这些产品都在黑河流域生态-水文过程集成研究中发挥了重要作用。根据这些数据产品时间尺度，可分为历史时期土地覆被数据产品，以及现代土地覆被数据产品两大类。用于制备黑河流域长时间序列土地覆被数据产品的原始数据分别来自 1927~1933 年瑞典探险家斯文·赫定组织的"中瑞西北科学考察团"的额济纳考察地图、美国地质调查局地球资源观测系统（USGS EROS）数据中心的 Corona 影像、美国地质调查局的 Landsat TM/ETM+影像，以及中国资源卫星应用中心的国产卫星 HJ/CCD 数据。土地利用数据集的制备方法分别为人工目视解译和基于时间序列的土地利用自动分类。

1. 历史时期土地覆被数据产品

历史时期土地覆被数据产品是目前黑河流域唯一侧重历史时期植被和湖泊演变的土地覆被数据集，对认识历史时期生态环境的演变规律具有重要的意义。本数据产品提供了 20

世纪30年代和60年代初期两期土地覆被类型数据（表3-15，图3-96，图3-97）（Nian et al.，2017），数据源分别为额济纳考察地图和Corona影像。额济纳考察地图是瑞典探险家斯文·赫定组织的"中瑞西北科学考察团"在对中国西北各省份进行全面的科学考察期间获取的成果之一，于1965年出版，比例尺为1∶500 000。Corona影像由美国发射的第一代照相侦察卫星系统拍摄，由美国地质调查局（USGS）扫描后以数字格式存储，分辨率为7.6 m。对额济纳考察地图进行扫描、纠正及数字化后获得20世纪30年代的土地覆被类型空间分布数据；对Corona影像进行几何校准后，利用人工目视解译方法获得60年代的土地覆被数据。数据覆盖黑河流域下游的额济纳三角洲，位于99°30′E ～102°0′E，40°30′N ～42°30′N，面积约2.97×10⁴ km²。该区域主要景观为黑河终端湖（东、西居延海）、荒漠戈壁和干旱区植被，主要植被类型为胡杨、柽柳、梭梭和芦苇。

表3-15　历史时期土地覆被数据产品说明

数据集名称	比例尺/分辨率	覆盖范围	时间
20世纪30年代土地覆被数据	1∶500 000	黑河下游额济纳三角洲	1930年
20世纪60年代土地覆被数据	7.6 m	黑河下游额济纳三角洲	1961年

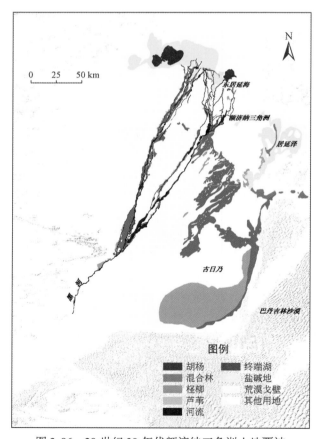

图3-96　20世纪30年代额济纳三角洲土地覆被

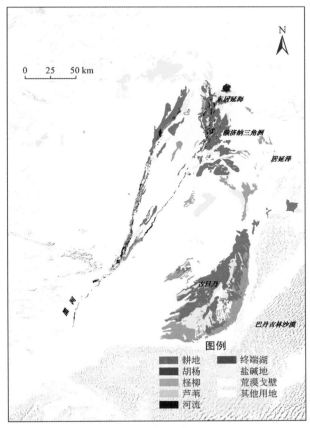

图 3-97　20 世纪 60 年代额济纳三角洲土地覆被

20 世纪 30～60 年代的额济纳三角洲主要以畜牧业为主，土地利用和土地覆被受人类活动影响较小。该时段研究区土地利用和土地覆被特征，以天然植被为主，土地利用类型采用简化的分类系统，即划分为耕地、胡杨、柽柳、混合林、芦苇、河流、终端湖、其他用地 8 种主要类型，见表 3-16。由于缺乏地面验证数据，20 世纪 30 年代土地覆被数据集没有进行精度评价；60 年代的土地覆被数据集是依据额济纳水资源和植被生态调查专题信息以及 1∶10 万地形图，进行了间接验证。60 年代土地覆被数据集的总体精度为 91.8%，Kappa 系数为 0.91。其中主要的植被类型（胡杨、柽柳、芦苇）的用户精度在 85.7%（胡杨）～91.0%（柽柳），制图精度在 89%（芦苇）～96%（柽柳）。

表 3-16　黑河下游额济纳三角洲土地覆被分类体系

一级分类		二级分类	
编号	名称	编号	名称
1	耕地		
2	胡杨		

续表

| 一级分类 | | 二级分类 | |
编号	名称	编号	名称
3	柽柳（灌木）		
4	混合林	41	柽柳和梭梭混合林
		42	胡杨、柽柳和芦苇混合林
5	芦苇		
6	河流		
7	终端湖		
8	其他用地	81	盐碱地
		82	荒漠戈壁
		83	沙丘
		84	干涸河流
		85	古水域
		86	台地、高地、山地
		87	粉质平原
		88	未知属性地区

2. 现代土地覆被数据产品

现代土地覆被数据产品提供了 1980～2011 年不同范围内的 16 期年度及 2011～2015 年的全流域逐年月度土地覆被分布数据（表 3-17）。1980～2011 年的年度黑河流域土地覆被数据集采用的是中国科学院资源环境数据中心的全国 1:100 000 土地利用/覆被分类系统（NLUDC-C），该系统根据土地资源的利用属性，将全流域划分为耕地、林地、草地、水域滩地、城镇用地、未利用地 6 个一级类；依据土地资源的经营特点、利用方式和覆被特征，划分为 24 个二级类（Liu et al., 2005）。2011～2015 年的月度土地覆被数据集是在 NLUDC-C 基础上，对玉米、大麦、春小麦等主要作物进行精细分类（表 3-18），是目前黑河流域唯一一套对作物细分类的土地覆被产品（Zhong et al., 2015）。

表 3-17 现代土地覆被数据产品说明

数据集名称	数据格式	比例尺/分辨率	覆盖范围	坐标系	时间
黑河流域土地覆被数据集	矢量	1:100 000	黑河流域	Krasovsky_1940_Albers、WGS_1984_Albers	20 世纪 80 年代末、1995 年、2000 年、2011 年
	栅格	30 m	黑河流域	UTM_Zone_47N	2011～2015 年每月
张掖市土地覆被数据集	矢量	1:100 000	张掖市五县一区	GCS_WGS_1984、WGS_1984_Albers、Transverse Mercator	2007 年

续表

数据集名称	数据格式	比例尺/分辨率	覆盖范围	坐标系	时间
甘州区土地覆被数据集	矢量	1:100 000	甘州区	Transverse Mercator	1992 年、1999 年、2000 年、2001 年、2002 年、2003 年、2005 年、2006 年、2007 年、2008 年、2009 年

表 3-18 基于作物精细分类的黑河流域土地覆被分类系统

一级分类		二级分类		
编号	名称	编号	名称	分类描述
1	耕地	11	大麦	种植大麦的耕地
		12	春小麦	种植春小麦的耕地
		13	玉米	种植玉米的耕地
		14	油菜	种植油菜的耕地
		15	苜蓿	种植苜蓿的耕地
		16	棉花	种植棉花的耕地
		17	其他农地	种植其他作物的耕地
2	林地	21	落叶阔叶林	郁闭度>30%，高度>2m 的人工或自然生长的落叶阔叶林
		22	常绿针叶林	郁闭度>30%，高度>2m 的人工或自然生长的常绿针叶林
		23	灌丛地	长有灌丛的土地
3	草地	—	—	长有草本植物的土地
4	水体	—	—	河流、湖泊或者是池塘等
5	湿地	—	—	沼泽等有草本植物覆盖的含水量大的区域
6	人造建筑	—	—	城市、乡村、道路及其他人造物体，主要由沥青、水泥、沙子、石头和砖块、玻璃等人造物覆盖的土地
7	裸地	71	盐碱地	地表盐碱聚集，植被稀少，只能生长强耐盐碱植物的土地
		72	沙地	地表为沙覆盖、植被覆盖度在 5% 以下的土地，包括沙漠，不包括水系中的沙滩
		73	戈壁	指地表为碎砾石，其覆盖面积大于 50% 的土地
		74	裸耕地	指没有作物的耕地
		75	裸岩	指地表为岩石或石砾，其覆盖面积大于 50% 的土地
		76	裸土地	指地表土质覆盖、植被覆盖度在 5% 以下的土地，不包括无作物的耕地
8	积雪或冰川	81	积雪或粒雪	被季节性冰雪覆盖的土地
		82	冰川	指常年被冰雪覆盖的土地

现代土地覆被数据产品是从不同研究项目获取，数据覆盖范围不尽相同。数据覆盖从大到小分别为黑河流域、张掖市以及甘州区 3 个区域。

（1）黑河流域土地覆被数据产品

覆盖整个黑河流域的数据产品有 1980～2011 年的 4 期年度及 2011～2015 年的月度土地覆被数据集。

1）1980～2011 年年度土地覆被数据集。该数据集包含 20 世纪 80 年代末、1995 年、2000 年及 2011 年 4 期土地覆被数据（图 3-98）。

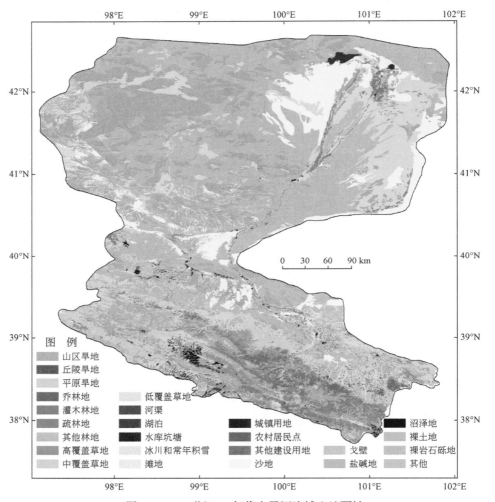

图 3-98　20 世纪 80 年代末黑河流域土地覆被

20 世纪 80 年代末和 1995 年两期土地覆被数据来源于中国 1:100 000 土地覆被数据库。该数据库是由中国科学院在"八五"重大应用研究项目"国家资源环境遥感宏观调查与动态研究"等项目的支持下，以卫星遥感为手段，基于 Landsat MSS、TM 和 ETM 遥感数据，通过全国各地的相关专家根据对图像光谱、纹理、色调等的认识结合地形图目视解译而成。数据库采用了二级分层的全国土地利用/覆被分类系统（NLUDC-C），同时实现了 5 年一期的动态更新。经过野外实地调查验证，1995 年的土地覆被数据精度达到

92.9%（刘纪远等，2002）。基于 1995 年土地覆被数据重建的 20 世纪 80 年代末土地覆被类型分布图具有 95% 以上的定性准确率（刘纪远等，2003）。

2000 年和 2011 年两期土地覆被数据是中国科学院寒区旱区环境与工程研究所遥感室，基于 Landsat TM/ETM+遥感影像和中国 1∶100 000 土地覆被数据库，利用人工目视解释方法，于 2012 年编制完成的。通过黑河中游和下游地区的野外调查验证，2011 年土地覆被数据的总体精度在中游地区达到了 94.4%（Hu et al.，2015a），在下游地区达到 87.88%，其中耕地和水体的分类精度达到 90% 以上（Hu et al.，2015b）。与全国土地覆被数据集相比，这两个数据集在黑河流域的精度更高，并且一致性较好。

2）2011～2015 年月度土地覆被数据集。目前的全球或国家/区域的土地覆被数据产品是基于单个或几个时间节点的瞬时观测，难以体现土地覆被年内动态变化过程，其采用的分类系统也难以满足黑河流域尺度生态水文和陆面过程模拟的需要。为提高黑河流域生态水文和陆面过程模拟的准确性，中国科学院遥感与数字地球研究所遥感科学国家重点实验室制作了 2011～2015 年月度土地覆被数据集（图 3-99）。该数据集不仅具有较高总体精度，而且细化了作物类型信息，更新了冰川、积雪等地类信息，是精度更高、分类更细的黑河流域土地覆被数据。

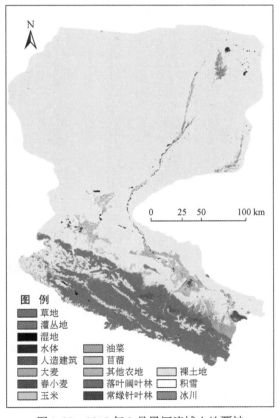

图 3-99　2015 年 8 月黑河流域土地覆被

该数据集是利用我国国产卫星 HJ/CCD 数据兼具较高时间分辨率（组网后 2 天）和空间分辨率（30 m）的特点构造时间序列数据，针对各类地物随时间变化呈现的 NDVI 时间序列曲线不同，对不同地物特征进行知识归纳，设定不同地物信息提取规则制作而成。2000～2011 年月度土地覆被数据集不仅保留了传统的土地覆被图的基本类别信息，包括水体、城镇、耕地、常绿针叶林、落叶阔叶林等，同时增加了对耕地范围的作物精细分类（包括玉米、大麦、油菜、春小麦等主要作物信息），更新了上游冰川、积雪等信息，使黑河流域的土地覆被信息更为详细（表 3-18）。与黑河流域历史土地覆被图以及其他植被覆盖产品相比，黑河流域土地覆盖数据集的分类精度要优于其他数据，并且通过黑河中游实地调研，中游的作物精细分类信息精度也较高。由 Google Earth 高清影像和实地调研数据对 2012 年的分类结果进行精度评价，总体精度达到 92.19%（仲波等，2014；Zhong et al.，2014，2015；Li X et al.，2017b）。

（2）张掖市土地覆被数据产品

2007 年张掖市土地覆被数据（图 3-100）以 Landsat TM/ETM+遥感影像及 2000 年的黑河流域土地覆被图为基础，结合专家知识和野外调查资料，通过人工目视解译获得。以 2.5 m 的高分辨率 SPOT 影像解译结果作为参考，分别在两个典型区域（甘州区城北张掖国家湿地公园及临泽县平川镇）进行了验证（Hu et al.，2015a）。在张掖国家湿地公园，土地利用分类总体精度达到 82.96%，Kappa 系数为 0.73；在临泽县平川镇，分类总体精度达到 92.40%，Kappa 系数为 0.85。

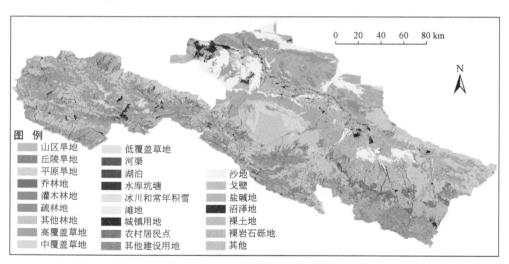

图 3-100　2007 年张掖市土地覆被

数据覆盖黑河中游张掖市，具体范围包括山丹县、民乐县、临泽县、高台县、肃南裕固族自治县和甘州区共五县一区。

（3）甘州区土地覆被数据产品

甘州区土地覆被数据集提供了 1992 年、1999 年、2000 年、2001 年、2002 年、2003 年、2005 年、2006 年、2007 年、2008 年及 2009 年共 11 期土地覆被数据空间分布数据

（图 3-101）。该数据集是基于 Landsat TM/ETM+遥感影像，通过对影像光谱、纹理、色调等的认识，利用人工目视解译方法制作而成。数据集的时间连续性较好，数据范围为黑河中游张掖市的甘州区。

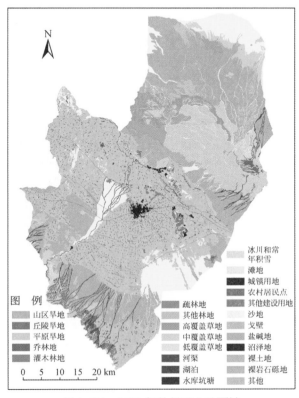

图 3-101　2009 年甘州区土地覆被

3.7.3　数据应用

截至 2018 年 7 月，黑河流域长序列土地覆被数据产品共服务了 80 多家科研单位的 389 位科研人员，67 个黑河计划项目，下载 1512 人次。

目前，黑河流域长序列土地覆被数据集已经应用于黑河流域气候分析、生态监测、水文模拟以及水土资源管理，为黑河流域生态–水文过程集成研究提供了重要的数据支撑。如利用黑河流域长序列土地覆被数据集作为基础数据，评估短期管理策略对环境的影响，并探讨经济发展与环境质量的关系，进一步加深了人类活动与自然生态系统的关系研究（Zhou S et al., 2015）；利用黑河流域长序列土地覆被数据集作为模型的输入数据，量化了人类活动和气候变化对黑河流域水文循环的影响（Zhang L et al., 2016；Li X et al., 2018a），从而进一步提高了对内陆河流域水文循环和水资源管理的认识。

3.7.4 流域尺度土地覆被研究的前沿方向

随着遥感数据的不断积累以及计算等技术的快速发展，可用的土地覆被产品不断增多。但由于受时间、区域、数据源、数据制备者的经验、数据处理方法等的影响，获得的流域尺度土地覆被产品各成体系、相互间的时间连续性和一致性还不够好，限制了数据产品的广泛应用。如何获得质量更高、时间更连续、类型更精细的土地覆被数据产品是流域尺度土地覆被研究的总目标。为实现该目标，流域尺度土地覆被研究应加强以下方面的研究工作。

1）实现多源数据融合。多源数据在很大程度上可以弥补单一数据和分类方法的缺陷，具有范围广、时间序列长的优势，是目前土地覆被研究中的热点问题之一。近年来，虽然多源数据融合在黑河流域土地覆被研究中取得了一些进展（Zhong et al.，2015），但其研究还相对薄弱，尤其是结合多源数据构建多尺度土地覆被模型研究较少。目前，黑河流域土地覆被模型研究多是应用已有的模型或修正已有模型针对单一问题进行研究（张华等，2007；戴声佩和张勃，2013；Hu et al.，2018），应进一步发展多尺度、多层次、空间显示的土地覆被动态综合模拟模型，推进黑河流域水−生态−经济系统的集成研究。此外，遥感数据产品具有更加明确的地表覆被空间分布信息，而模型模拟可以获得长时间序列的、连续的地表覆被分布信息，两者各有优势。如何将两者有机融合，得到长时间序列的、时空连续的、精度更高的土地覆被数据产品，是流域尺度土地覆被研究未来的难点所在。

2）最新计算机技术和大数据技术充分结合。随着"大数据时代"的来临，多源、多时空分辨率的遥感数据呈几何级数增长，海量遥感数据处理面临着数据密集、计算密集等方面的挑战，传统的计算机技术已不能满足海量遥感数据的处理和分析需求。近年来，机器学习领域的理论方法突飞猛进，如深度学习方法逐渐被引入到图像分割、目标识别和分类中。利用机器学习等大数据分析技术，对海量数据中所包含的具有生态学、地理学、农学意义的深层特征信息进行挖掘，可实现快速高效的土地覆被制图，为流域集成研究、区域水土资源管理等提供数据与决策支撑。美国国家航空航天局构建的超级计算平台（NEX）同步了土地覆被研究需要的主要遥感数据源，以方便专业用户实现数据快速处理和分析（董金玮等，2018）。Google针对地球观测大数据，开发了全球尺度PB级数据处理能力的云平台。该平台集成了MODIS、Landsat等常用遥感数据集，能够快速实现长时间序列的大范围森林动态变化监测、农作物的面积提取与分析等，为土地覆被数据产品的快速生成与更新提供了新途径（吴炳方和张淼，2017）。如何结合大数据技术、云计算等高新技术，实现高分辨率、时空连续的流域尺度土地覆被数据的快速、自动生产与动态更新是流域尺度土地覆被研究面临的挑战和机遇。

第 4 章 | 黑河流域生态–水文作用过程与驱动机制

流域系统集成研究的核心是对地表要素过程的科学认识。随着对地表要素时间、空间过程研究的深化，以及高质量数据获取能力的不断提升，地表要素研究的逐渐典型性研究进入系统研究阶段，以模型模拟为主流的研究在黑河流域生态–水文过程集成研究中得到充分体现，为理解流域多要素综合变化过程提供了认识基础。本章集中黑河流域与水文过程相关的地表要素进行系统研究的深入认识，分别从积雪水文过程、冰川水文过程、降雨径流过程、森林水文过程、灌丛–草地水文过程、荒漠河岸林水文过程、荒漠灌丛水分过程，以及荒漠环境凝结水的植物生态效应等方面介绍模型模拟研究的成果。

4.1 积雪水文过程识别与模拟

4.1.1 寒旱区内陆河流域积雪研究现状与科学问题

1. 黑河流域积雪概况

在寒旱区内陆河流域，融雪水资源的作用不可或缺。融雪补充春季径流，影响中下游的植被生长及水资源利用（Li and Williams，2008；Yin et al.，2016；Dozier et al.，2016）。作为寒旱区内陆河流域的典型代表，黑河流域上游山区的积雪分布及其时空变化对水文与生态环境具有十分重要的影响。黑河流域上游春秋两季积雪分布广泛，流域大部被积雪覆盖，而冬季少雪，积雪面积较小（王建等，2009）。部分高海拔地区受风吹雪影响较大（李弘毅等，2012）。融雪径流是黑河流域淡水资源的重要来源（杨针娘等，1996；程国栋和赵传燕，2008），对保障中下游的经济发展和生态安全具有决定性作用（程国栋等，2006）。黑河上游农业生产用水量最为迫切的 3 ~ 6 月降水量只占全年降水总量的 19%，而此时 70% 以上的径流补给依靠季节性融雪（Wang and Li，2006）。

近年来，在气候变化情势下，包括融雪过程在内的寒区水文过程经历着一系列急剧变化。IPCC 报告表明（Pachauri et al.，2014），北半球区域融雪径流峰值前移及融雪年总量的波动现象十分明显。在黑河流域，已有研究表明融雪径流峰值提前，融雪期延长，融雪主导的径流量在 4 ~ 7 月显著增长（Wang J et al.，2010）。识别并研究寒旱区内陆河流域的积雪水文过程，对明晰气候变化情势下的生态环境变化及水资源管理都有着极其重要的意义。

2. 融雪水文贡献研究现状

采用融雪水文模型是目前评估流域融雪水文贡献的主要方法。这样的模型有很多，包括简单的经验性模型（Martinec et al.，1998）与有着复杂物理结构的过程模型（Fang et al.，2017）。根据模型结构和参数化方法的不同，评估融雪贡献的方法也因之各异。目前使用较为广泛的简单经验方法，是使用度日因子来直接计算融雪径流深，进而将这部分径流深作为融雪对径流的贡献。在径流的来源上，这类模型从一开始就将降雨与降雪分开，雨水产流与融雪产流在整个水文计算流程中独立计算，这也使这类模型在划分融雪贡献时在概念上相对简单。使用这类方法的模型，最著名的是融雪径流模型（snowmelt-runoff model，SRM）（Martinec et al.，1998）。目前有很多基于 SRM 估算融雪贡献的工作，如 Immerzeel 等（2010）使用 SRM 估算了亚洲主要河流的融雪贡献；Zhang 等（2014）利用 SRM 估算了融雪对青海湖水位的贡献。使用度日因子方法进行融雪贡献估计，方便易行，但有极大的不确定性，因为这一方法严重依赖于区域化参数——度日因子。众所周知，度日因子的使用需要严格的区域化标定，然而在很多区域的研究中，这一参数却没有进行过足够的标定或验证。这其中部分原因是数据难以获取，同时部分研究者错误地将这一方法作为标准方法任意使用，忽略了其严格的使用条件。

度日因子方法之外，一些具有完整物理过程基础的积雪模型也发展成熟，如雪热力模型（SNTHERM）（Jordan，1991）、雪盖（SNOWPACK）模型（Bartelt and Lehning，2002）和积雪质能平衡（CROCUS）模型（Vionnet et al.，2012）。在这些水文模型中，与融雪相关的主要水文过程都得以考虑。这些过程包括雨水与融雪的混合，积雪与土壤介质中的融雪水下渗、蒸发、升华，融雪水参与土壤中的侧向流，以及植被的抽吸作用，等等。这一类模型中，降雨与融雪的产流从一开始就作为混合体进行考虑，在之后历经的多个介质的产汇流过程中都是密切联系的。相较于经验的度日因子模型而言，这一考虑更贴近实际的产流过程。然而，在如此完备的物理过程刻画之后，直接计算融雪的水文贡献却反而变得更困难了。因为融雪和雨水在一开始就如此紧密混合，以至于在随后的水文过程中都难以将其作用分开统计。人们不得不使用一些简单的经验性方法来估算融雪径流贡献。Siderius 等（2013）假设融雪对径流的贡献比例应当等于积雪底层融雪在所有进入土壤的液态水（融雪水与降雨）中的比例。这一方法也成为目前使用的主流方法。然而，这些方法往往基于很粗略的先决条件与假设（Lutz et al.，2014）。

总的来说，以度日因子法为代表的概念水文模型较易于评估融雪贡献，但不确定性极大；而有着完备物理过程的分布式寒区水文模型，又缺乏追踪融雪水路径的基本方法，难以估算融雪的贡献。这些不利因素制约了积雪流域，特别是寒旱区内陆河流域融雪贡献的评估。针对此问题，在"黑河流域生态–水文过程集成研究"的项目框架内，一种新的融雪贡献评估方法被提出。这种方法具有完备的物理基础，将具有完整物理过程的积雪模型与分布式水文模型进行了耦合。更进一步，这种方法追踪了融雪径流的几乎所有步骤：融雪水在包括积雪、土壤、地下水及植被等所有介质中的路径都得以细致追踪。因为这种新的评估方法既考虑了水文模型的物理过程，又对融雪在所有路径中的贡献都进行了区分，因此是一种完全的基于物理过程的融雪水文贡献评估方法。基于这种方法，黑河流域的融雪水文贡献有了完整的基于物理过程的描述。

3. 风吹雪研究现状

风吹雪是影响高寒山区，特别是高海拔地区积雪分布的主要因素。黑河流域高海拔地区风吹雪现象较为显著，但在这一区域针对风吹雪的研究并不多，限制了我们对该区域风吹雪水文作用的理解。

风吹雪水文作用主要体现在两方面：一是在地形与风速的共同作用下，降雪分布改变，使积雪产生大规模的迁移，进而造成积雪分布发生显著变化（Liston and Sturm，2002）；二是使积雪颗粒以较大的速度产生跃迁和悬移，促进积雪冰晶体相变的发生，从而产生比雪面升华更大的吹雪升华，造成积雪质量的损耗（Pomeroy and Li，2000）。由于这两方面的作用，最终影响到流域内降雪、升华、径流产生等水文过程。在风吹雪的影响下，高海拔山区流域积雪往往产生大规模的迁移和升华损耗，因之而产生的积雪重分布对冬季雪盖积累及来年春季径流等有着很大影响（Déry and Tremblay，2004）。准确理解并描述风吹雪过程，是研究积雪时空分布及寒区水文循环过程的关键。

20 世纪末有学者开始在雪水文模型中考虑风吹雪过程，并加以经验性的空间参数化模拟。以 PBSM（Prairie blowing snow model）在加拿大的应用为代表（Pomeroy and Jones，1996），开展了风吹雪在不同区域环境下的雪水文过程中作用的研究（Fang and Pomeroy，2009）。随着风吹雪研究的深入，雪粒升华的量化研究日趋重要，不少风吹雪模型通过不同的方式考虑了风吹雪的升华（Déry and Tremblay，2004；Bintanja，2001；Groot Zwaaftink et al.，2011）。但上述模型往往是在时均风场信息的条件下利用经验公式来估计风吹雪过程中的输雪率和风吹雪升华量。近年来，很多学者选择了将风吹雪模型耦合到寒区水文模型中，这些成果使模型中包含的寒区水文过程更加完善，并将风吹雪、雪升华与融雪等其他寒区水文过程实现紧密耦合。虽然部分学者（Bernhardt et al.，2012；Mott et al.，2010）在使用上述积雪水文模型过程中，利用中尺度气象模式来计算风场，考虑了流场与复杂地形的影响，但其未考虑雪粒–风场之间的耦合作用，也未考虑地表粗糙度、雪粒粒度特征、雪粒形状等随机因素的影响，这使目前雪水文模型仍不能准确描述风吹雪过程，并进而对风吹雪量和由风吹雪引起的积雪重分布进行尽可能接近客观实际的预测。

针对风吹雪显著影响黑河流域高海拔地区积雪分布的情况，在国内外最新研究进展基础上，黑河流域生态–水文过程集成研究分别从实地和遥感监测、风吹雪机理研究与模拟两个方面着手，对黑河流域上游风吹雪过程进行了探讨，并取得了若干科学认识。

4.1.2 黑河流域上游积雪水文过程研究的成果与突破

1. 融雪贡献评估方法的发展及对黑河流域上游融雪贡献理解的更新

在黑河流域集成模型工作中，Yang 等（2015）发展了基于 1 km 网格离散和 Horton-

Strahler 河网分级的分布式流域模型（GBEHM）。GBEHM 依据能量与物质平衡原理，耦合了冰川消融、积雪、融雪及土壤冻融等过程；利用土壤水运动方程和非恒定水流运动方程，描述了山坡产流及河网汇流过程。在黑河流域上游，GBEHM 是迄今为止考虑冰冻圈水文过程、生态过程及坡面水文特征最为系统最为完善的基于物理过程的分布式水文模型。

在综合多套积雪模拟方案的基础上，Li H Y 等（2018）发展了基于能量平衡方法的多层积雪模型（图 4-1）。其中着重对升华潜热与升华质量损耗的参数化方案及雪层中融雪水流过程求解的迭代处理进行了改进。这些改进使积雪水文过程模拟更加符合高寒山区实际情况。同时发展了积雪表面受到风扰动的分层参数化方案，以适应高风速地区的积雪表面性质模拟。积雪模块与分布式的生态水文模型 GBEHM（Yang et al.，2015）进行了代码耦合，用于模拟流域尺度上的积雪水文过程。

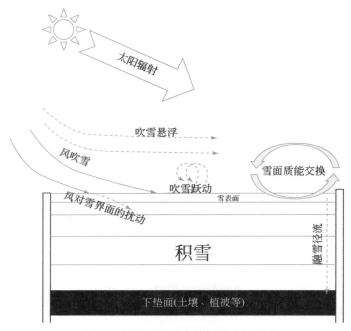

图 4-1　积雪模型构建框架及分层要素

在最初的 GBEHM 中，不同来源的水流并没有区分开来独立对待，而是如同一般的水文模型一样，将所有来源的液态水综合考虑，进而模拟流域中的水文运动。由于没有独立考虑融雪水在水文过程中的变化，难以将融雪水成分与其他来源的水区分开来。因此，Li H Y 等（2019）采用了一种详细的融雪水分离方法，以确定径流生成过程中的融雪贡献和路径（图 4-2）。

（1）一种新的融雪贡献计算方法

求算融雪水在径流、土壤蓄水、蒸散发等不同水文变量之间的贡献，关键在于估计不同土壤层中融雪水的质量变化。针对土壤层，建立如式（4-1）融雪水质量平衡公式，推

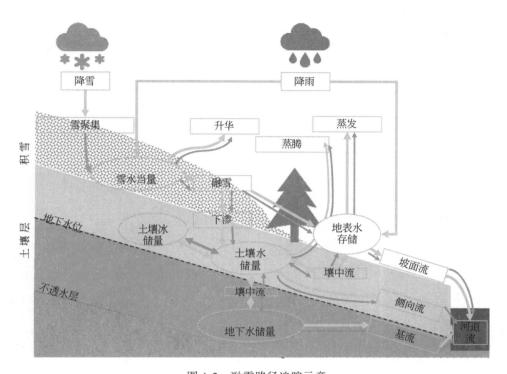

图 4-2 融雪路径追踪示意

灰色线条表示 GBEHM 模型模拟的水流路径，蓝色线条表示融雪追踪方法中考虑的融雪水历经路径

资料来源：Li H Y et al.，2019

算土壤层中融雪水比例的变化。

$$f_i^{t+\Delta t}(W_i^{t+\Delta t}+q\,l_i^{t+\Delta t}+T_i^{t+\Delta t})=f_{ui}^{\,t}U_i^{\,t}-f_{ui+1}^{\,t}U_{i+1}^{\,t}+f_i^{\,t}W_i^{\,t}+f_{si}^{\,t}M_i^{\,t} \tag{4-1}$$

在式（4-1）中，考虑了由径流流动、植被根系吸收和土壤冻融导致的融雪水成分变化。上标 t 及（$t+\Delta t$）是时间步长；i 是第 i 层土壤；f 是土壤层中融雪水占总液态水的比例；f_u 是流动水通量中融雪水占比；f_s 是冻土冰中解冻的融雪水的占比；U 是不同土层之间的液态水流量通量；W 是土壤层中总的液态水含量；ql 是土壤侧向流；T 是植被根系吸收的土壤水；M 是冻土中冰释放的总的融水；f_sM 代表土壤冻融引起的融雪水比例的变化；f_uU 是不同土壤层之间融雪水的流动通量。由式（4-1），f_u 的值依赖于土壤层之间水流运动速率以及相邻土层之间的融雪水含量，f_s 则依赖于土壤状态及其变化。即可求解不同土壤层中融雪水及其变化。$W_i^{t+\Delta t}$、$ql_i^{t+\Delta t}$、$T_i^{t+\Delta t}$、M、U 及 W 都在 GBEHM 模型解算土壤水分运动时得到。单点上的积雪及其消融过程采用完全的质能平衡方法进行解算，并与其他的冰冻圈要素如冰川、冻土的解算耦合在一起。模拟结果分别与单点雪深观测、流域出口径流以及同位素水文径流分割结果进行了验证，并取得了良好的验证结果（李弘毅等，2019）。

（2）黑河流域上游融雪水文贡献的更新理解

我们的结果表明（图 4-3），2004~2015 年黑河流域上游降水量为 632.6 mm/a，降雨量为 424.4 mm/a，降雪量为 208.2 mm/a，占总降水量的 32.9%。总径流深度为 238.2 mm/a，当年融雪径流量为 37.2 mm/a，占总径流量的 15.6%，多年平均的融雪径流量占总径流量的 25%。地表总蒸发量为 378.7 mm/a，总的雪蒸发包含来自雪面的蒸发升华和来自土壤层中的融雪水的蒸发，约为 126.6 mm/a，占总蒸发量的 33.4%。在总雪蒸发升华中，雪面蒸发升华为 80.9 mm/a，占降雪量的 38.9%，占积雪蒸发总量的 63.9%。雪面升华仅为 20.4 mm/a，占降雪量的 9.8%，占雪雪蒸发总量的 16.1%。当积雪完全消失时，约 45.7 mm/a 的融雪水（占降雪量 22.0%）是从土壤层或植被层中蒸发。

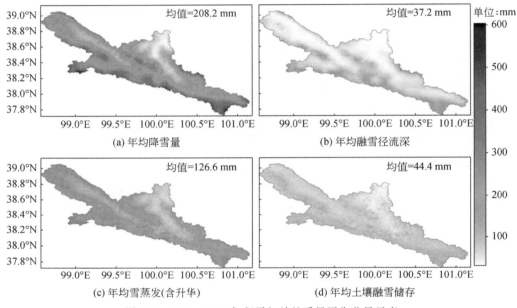

图 4-3　2004～2015 年积雪相关的质量平衡分量示意

在黑河流域上游，融雪径流对河川径流的贡献主要出现在积雪完全消失后土壤中的融雪水持续贡献，有积雪覆盖时，融雪径流的贡献仅仅占到融雪径流总贡献的 21.7%，而当积雪完全消失后，融雪径流的贡献却占 78.3%。积雪消融形成的液态水有 62.9% 被贡献到径流中，另外的 37.1% 被蒸发损耗或者留存在土壤层中。

春季径流主要来自融雪，尤其是在 4 月和 5 月（图 4-4）。融雪事件通常导致春季径流洪峰出现。在夏季，径流峰值及主要的径流贡献都来自降雨事件。黑河流域上游雪蒸发具有明显的季节变化趋势。这里我们比较了 2004～2015 年的总蒸发量、融雪对蒸发量的贡献及雪面升华（图 4-5）。当冬季至早春气温低于积雪临界消融温度时，雪的升华在地表蒸发中占据主要作用。随着气温和太阳辐射的增加，积雪的蒸发量也相应增加。即使在无雪的夏季，渗透到土壤中的融雪水也会继续从地表蒸发。

自 2004 年以来，黑河流域上游年径流深度增加速率为 5.8 mm/a（图 4-6）。融雪径流量略有增加，年径流量增速为 1.2 mm。融雪对总径流变化的贡献占比很小，为 0.13%/a，而降雨贡献占径流的主要部分，并急剧增加。年降水量中 67.1% 为降雨，以 8.5 mm/a 的

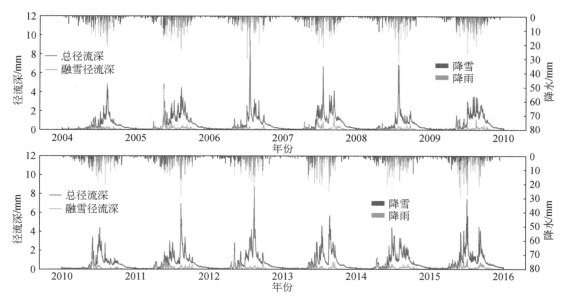

图 4-4　2004～2015 年降雪、降雨、径流以及融雪径流贡献的对比

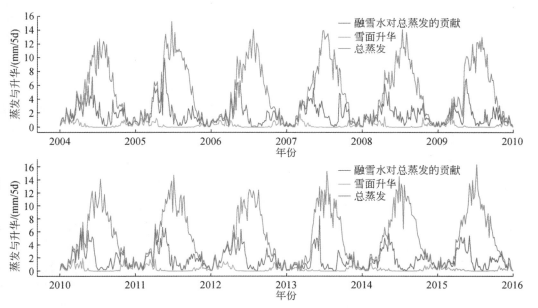

图 4-5　2004～2015 年总蒸发量、融雪对蒸发量的贡献和雪面升华的比较

速度迅速增加，降雪则保持稳定的趋势。降雪量对降水的贡献率（PSP）呈−0.2%/a 的下降趋势。黑河流域上游的蒸发量以 1.2 mm/a 的速率增加。积雪及融雪水蒸发占蒸发总量的 33.4%，呈−1.6 mm/a 的下降趋势。

在以往的工作中，关于黑河流域上游融雪贡献的主要结论可以总结为以下几点。

第一，所有的研究一致认为，融雪径流是黑河流域上游春季水资源的主要来源。

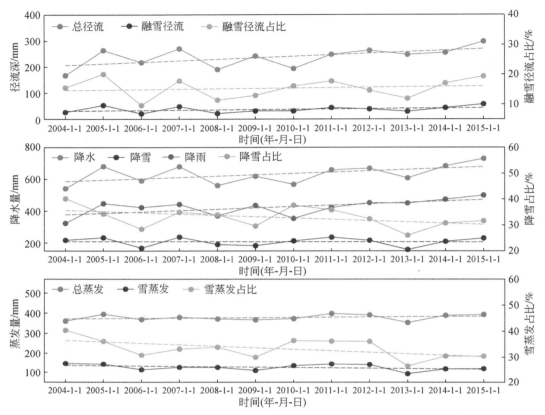

图 4-6 黑河流域上游 2004～2015 年降水量、径流量、蒸发量、降雪量、融雪量、蒸发量的时间趋势

Yang（1989）指出，黑河流域上游的水资源主要来自融雪和降雨。年径流中，降水占主导地位，而融雪占年径流量的 14%，占春季径流量的绝大部分。Matin 和 Bourque（2015）也表示，在 3～5 月，融雪对绿洲植被生长的影响最大。这一发现也可以通过我们的新模型的结果来验证，结果表明，融雪贡献约占年均径流的 16%，是春季径流的主要来源。

第二，多数研究表明，气候变化情势下黑河流域融雪径流有提前的趋势。Wang 等（2010）报道了春季流量峰值明显的时间变化，其中大部分是融雪造成的。这个现象也与之前假设的变暖场景下的模拟结果一致（Wang and Li，2006）。这些研究还表明，每年融雪径流的总量并没有明显变化，这与我们在 2004～2015 年的模拟结果相吻合。然而，与以往研究不同的是，我们没有观察到 2004～2015 年融雪径流峰值的明显时间变化。

第三，我们的研究相对以前的研究有一些更新的认识。我们发现，即使在无雪的日子里，融雪水也能通过土壤继续贡献径流。在黑河流域上游，从积雪底部出流的每年融雪量约为 59.1 mm，而其中 62.9% 的融雪量贡献到径流中，另有 37.1% 用于蒸发或留在土壤层中。这其中仅约 6% 的融雪径流直接来自地表径流，94% 的融雪贡献来自土壤水流和基流中的融雪。模拟结果表明，积雪季节融雪水的贡献只占总融雪贡献的 21.7%，而无雪情况下土壤中融雪水的贡献占了融雪贡献的 78.3%。

（3）融雪贡献评估方法相对经验方法的提高

与以往的概念性模型或经验性评估方法相比，改进方法对寒区融雪水资源贡献进行了更全面的评价。我们使用基于物理过程的积雪水文模型来避免经验模型中的简化参数的不确定性。除了更全面地考虑物理过程之外，新方法还有以下改进。

首先，该方法可以在流域水文模拟的同时，跟踪不同介质中融雪的传输路径，包括土壤层、积雪和植被。我们把土壤分成37层，分析每一步模拟过程中每一介质层的水流通量和融雪比例。这样，融雪对地表流、侧向流和地下水交换的贡献就可以同时计算。同时，利用GBEHM中的蒸腾和蒸发计算模块，融雪对蒸发和蒸腾的贡献也可以计算出来。总的来说，不同过程中融雪的贡献在模拟的每个时间步骤中都可以定量描述。

其次，新方法可以评估渗透到土壤中的融雪水如何进一步参与流域水文过程。当积雪消失后，大部分融雪水在没有积雪的情况下仍然会保留在土壤的空隙中，并在相当长的一段时间内继续参与水文循环。在一些经验模型中，默认的假设通常简单地认为，当积雪消失时，融雪没有水文贡献。这显然抹杀了土壤在融雪水分配中的主导作用。我们比较了新方法和以前研究中使用的典型方法，结果表明（图4-7），两种方法对年均融雪贡献率的评估都有相似的结果，差异约为3%。然而，经验方法错误地将冬季基流划分为融雪径流，并且低估了夏季积雪消失后融雪的径流贡献。

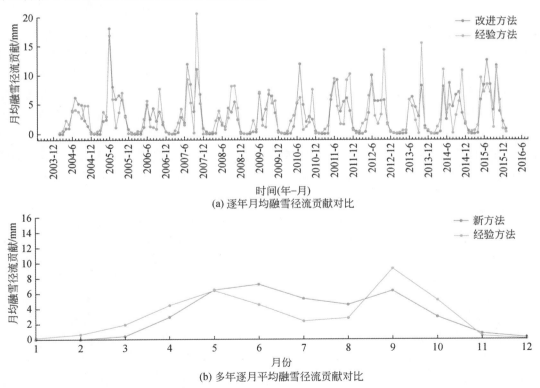

(a) 逐年月均融雪径流贡献对比

(b) 多年逐月平均融雪径流贡献对比

图4-7　改进方法与经验方法估计的逐月融雪贡献对比

橙色曲线表示新方法的计算结果。蓝色曲线是以前方法（Siderius et al.，2013）的结果

我们从新方法中得到了一个重要启示：融雪对总径流的贡献不仅取决于从积雪底部产生的融水，还取决于积雪消失后保存在土壤中的融雪水如何进一步参与水文循环。

2. 黑河流域上游风吹雪对水文过程的影响

（1）基于实测结果的风吹雪事件分析

风吹雪在积雪分布中的作用，大多数都是依靠模型估算。在黑河流域上游，风吹雪究竟如何影响积雪过程，一直缺乏实地测量数据。在黑河流域生态-水文过程集成研究的框架下，我们通过构建综合的积雪观测系统，实地开展了积雪质量平衡与风吹雪通量的观测来衡量风吹雪在积雪聚集过程中的作用。

积雪观测系统位于黑河流域上游海拔 4147 m 的大冬树垭口。观测仪器包括：SPA 积雪属性观测设备、GMON 伽马射线雪水当量、风吹雪通量观测及涡动观测。测量方法如下：使用 GMON 观测设备进行 100 m² 区域内雪水当量连续观测，配合 GMON 的连续观测，采用 SPA 积雪观测探头，获取区域内积雪含水量及密度的分层连续数据。在 SPA 探头布设处，布设超声雪深探测仪。使用风吹雪通量观测仪捕捉风吹雪在不同高度廓线上的通量，同时配合涡动观测包括风吹雪升华在内的积雪升华。研究时段选择 2014 年典型积雪期。

由于风吹雪通量观测仪测量到的是各个梯度上水平方向上的通量，而我们主要感兴趣的是风吹雪引起的积雪聚集。风吹雪通量观测仪测量到的水平通量，需要与其他观测一起用于判断风吹雪引起的地面积雪聚集。因此构建考虑风吹雪影响的质量平衡方程，将测量得到的地面积雪质量变化、风吹雪质量变化等综合起来评估风吹雪对积雪过程的影响。

在单点的观测结果表明（图 4-8），风吹雪在高海拔处较为明显。共发生 49 次降雪事件，64 次风吹雪事件，其中 30 次事件为风吹雪和降雪混合发生。观测到 61% 的降雪事件受到风吹雪扰动。53% 的风吹雪事件在无降雪情况下发生。风吹雪迁移量较大的事件大都发生在降雪期间。风吹雪事件集中在积雪聚集期。研究期内测量降雪量为 45.7 mm，而风吹雪引起的积雪聚集达到 51.1 mm；无降雪情况下雪水当量的增加，大多来自于风吹雪的聚集；相对于悬浮过程，跃动过程对积雪聚集影响最大。

（2）风吹雪机理研究取得进展

黑河流域生态-水文过程集成研究借助于风洞实验以及模型模拟等多技术手段，建立了适合复杂地形及下垫面条件的风吹雪动力学模型，实现了对非均匀湍流风场、复杂地表和环境下风雪流的定量模拟，在高海拔地区风吹雪机理研究上取得了若干新的认识。

Wang 等（2017）考虑风场、积雪颗粒及地表形态之间的相互作用，建立了二维可动边界的风雪流模型（图 4-9）。模拟了积雪床面在风雪流作用下，雪波纹从无到有的发展过程，并分析了雪波纹的波长和波高与风速和颗粒入射角之间的关系。证明了蠕移和跃移在雪波纹形成过程中起到主导作用，而流体起动所起到的作用有限。从雪波纹平均波长波高与颗粒入射角度的关系入手，发现雪波纹平均波长波高随着颗粒入射角度的增大而减小。且入射角与颗粒粒径正相关，与摩阻风速负相关。对于同一粒径雪颗粒，雪波纹的波长波高与摩阻风速之间呈线性关系，且随着摩阻风速的升高而增大。

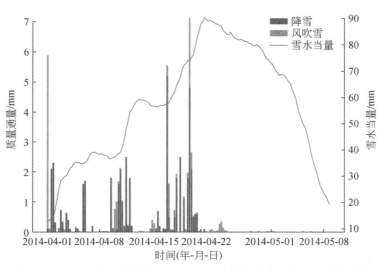

图 4-8 2014 年典型积雪期大冬树垭口风吹雪影响下的积雪质量平衡

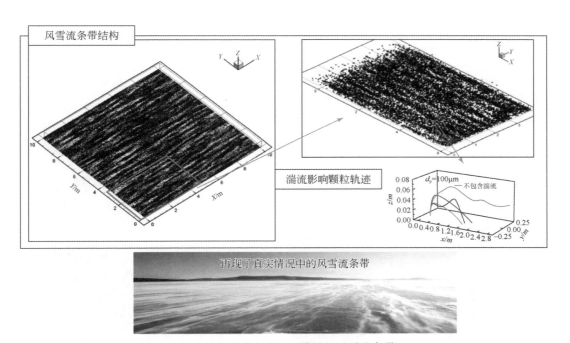

图 4-9 基于动力学过程模拟的风雪流条带

Dai 和 Huang（2014）建立了一个包含水汽垂向扩散和热量平衡的风吹雪升华模型，可以分别模拟斑状雪和大区域雪面的近地层风吹雪升华过程（图 4-10）。同时考虑跃移层和悬移层的风吹雪升华，给出了不同风速下两者的比重。模拟结果表明（图 4-11），风吹雪升华会降低空气温度、增大空气湿度，吹雪升华受到温湿度的负反馈效应而减弱，尤其是近地层这种情况更为明显，这和以前的研究相同。但由于水汽的垂向扩散效应，近地层的湿度并未达到饱和，所以近地层吹雪升华会持续进行下去。又由于近地层雪粒浓度更大，虽然受到强烈的负反馈效应，近地层升华速率仍要大于高空的升华速率，0.01 m 处升华速率比 0.1 m 处升华速率大 2 个量级，比 10 m 处升华速率大 3 ~ 4 个量级。更进一步地，在风速较小时，近地层升华量在总升华量中占有一半以上的比例，在计算吹雪升华时是不能被忽略的。

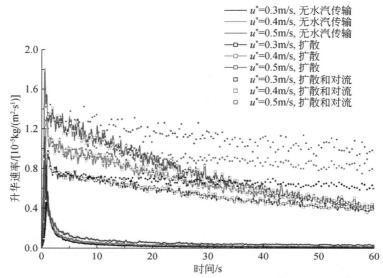

图 4-10　不同摩阻风速下风吹雪升华的时变过程

u^* 为摩阻风速

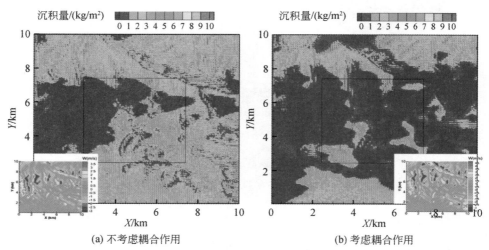

(a) 不考虑耦合作用　　　　　　　　(b) 考虑耦合作用

图 4-11　考虑湍流影响的风场–温湿度–颗粒相互耦合作用的复杂地形风吹雪分布模拟

2013 年 2 月 12 日 24：00 的积雪沉积量

Huang 和 Shi（2017）建立了一个考虑湍流影响的风场−温湿度−颗粒相互耦合作用的复杂地形风吹雪模型，能够很好地模拟和预测降雪和风吹雪期间地表积雪的分布和演化过程。基于 ARPS 模式，加入了拉格朗日粒子追踪模块、风吹雪升华模块及坡面地形风吹雪方案，能够模拟考虑湍流影响的风场−温湿度−颗粒相互耦合作用的复杂地形降雪和风吹雪导致的积雪分布过程。模型还考虑了雪粒的空中碰撞和对风场的反作用，大大提高了模拟的精确性。模拟结果表明，湍流边界层内充分发展的风雪流形成了与自然现象一致的风雪流条带结构，风雪流条带是空中运动雪粒在高速旋转的漩涡的吸入效应作用下形成的一种局部颗粒浓度汇集的自组织现象。雪粒的空中碰撞效应对输雪通量具有明显的提升效果，这主要得益于近地表高浓度的运动雪粒形成了一层移动的"软床"，使大量雪粒可以在落地之前发生反弹，提升比例随着风速的增大而减少。相同风速下，地形角度的原因使迎风坡输雪变得困难而背风坡输雪变得更加容易；实际地形相互干扰下的降雪沉积过程是十分复杂的，很难找到一种统一的沉降模式预测地表的积雪分布，而采用粒子追踪的方法可以直接有效地获得复杂地形的降雪沉积特征；由于风吹雪过程对局部风速十分敏感，雪粒与风场的耦合效应对于积雪分布的精确预测至关重要。

4.1.3 寒旱区内陆河流域积雪水文研究面临的挑战与前沿方向

针对寒旱区内陆河流域，积雪水文过程及其水资源贡献是相关科学研究重点关注的问题。近年来，积雪水文模拟与观测方法得到快速发展，人们对寒旱区流域积雪水文贡献有了进一步的定量认识，也触发了更多的科学思考。

首先，是如何将丰富的遥感数据应用于缺少资料的寒旱区流域积雪水文模拟中。数据问题一直是制约高寒山区积雪水文模拟的瓶颈。单点尺度的积雪模型发展相对成熟，只要给定准确的初始条件和气象驱动数据，融雪、升华、雪水当量、反照率、温湿梯度及粒径增长等积雪的相关数据都可采用物理过程描述完备的模型模拟出来。然而，积雪发挥重要作用和影响的区域大多位于偏远的、缺乏地面实测资料的地区。在这些地区，无法满足完备物理过程模型所需要的高时空分辨率且高精度的要求，尤其是风场、降水和长波辐射等。日益丰富的遥感数据，给无资料地区积雪过程模拟提供了重要的驱动数据和标定来源。然而，目前大多数结合遥感数据的积雪模拟研究，是按传统积雪模型对数据的需求，将遥感数据作为传统输入的替换，或用于纠正模型模拟的实时变量，而并未涉及模型结构和遥感数据可用性的讨论。最新发展的一些与积雪过程有关的遥感产品或新的卫星传感器，已经显示出较高的实用性，但尚未在积雪模拟中得到广泛的应用。如遥感反演的短波下行辐射以及积雪反照率等。将这些数据应用到积雪模型中，将极大地增强积雪模型的模拟能力。将遥感与积雪模拟相结合，已成为寒区水文科学研究的主要方向之一。

其次，是特殊的区域特征及更深入的科学探索对积雪模型发展的更高要求。在黑河流域生态−水文过程集成研究框架下，我们采用了一种针对融雪路径进行追踪的办法进行评估，具有相对较完整的物理基础，但目前的算法在模拟融雪水运动轨迹方面存在一定的局限性。我们采用了一种简化的线性方案，假设融雪水在其冻结或融化之前可与土壤中其他来源的液态水完全混合。然而，现实可能更为复杂，特别是在冻土存在的寒区，冻土能高度影响融雪水路径和浅层地下水流动。冻土中水分的冻结和消融过程中，融雪水如何参与，是一个具体而微的过程，需要在这方面进一步发展更有物理机制的非线性的融雪路径追踪方法。高海拔地区风吹雪在机理研究及实际模拟中都有相应的进展，但人们对大区域尺度上风吹雪的水文作用仍然没有清晰的认识。风吹雪是如何改变区域尺度上积雪升华损耗和消融之间的质量分配，又是如何通过搬运作用改变地表乃至植被分布特征？这些问题关乎流域水资源及生态环境，亟待积雪模型在处理吹雪启动和沉积过程中发展更符合实际的水文学参数化方案。在应对新的数据源如遥感数据时，积雪模型也需要做出一些适应性的发展。传统的基于物理过程的积雪模型，都是在常规气象要素的驱动下运行。遥感反演的积雪面积、反照率、雪水当量和雪面温度等，都不是以直接驱动的方式进入到模型中。由于遥感观测与传统地面观测存在重大区别，要将更多的不同种类的遥感数据应用到积雪模拟中，就需要对积雪模型做出相应的结构改变。

最后，需要进一步加强更先进、更全面的积雪实地观测。积雪模型机理研究及猜想验证，都需要相应的观测作为佐证和支持。在风吹雪发生及其升华、融雪或冻土融水路径、高风速影响下的降水等诸多方面，目前国内外的观测系统还不能提供既可靠又足够丰富的实测数据。风吹雪的监测位于高寒地区，高风速和极端天气往往造成仪器的不稳定和损坏，使得吹雪通量的测量并不尽如人意。风吹雪的升华，目前仍没有可靠的办法可以测量。高海拔地区降水一直缺乏真值验证。由于高风速地区目前的降水观测系统并不能准确地捕捉降水量，从而带来较大的不确定性。一些降水观测系统经过防风改造后，性能得以提高，但这些观测点仍然非常稀少，缺乏空间上不同海拔梯度的验证。亟待发展更多的区域尺度的降水观测系统，促进寒区水文过程的进一步理解。寒区径流成分的同位素测量是确定径流来源并明晰冰冻圈要素水文贡献的重要方法。目前在黑河流域上游，这样的工作还是很离散，数量也较少，很难在不同的研究之间形成可靠的相互验证。同时，同位素测量方法中的不确定性也应考虑在内，因为水样的不同选择方法可能会影响融雪水来源的水文分割结果。

4.2 冰川变化及其模拟

4.2.1 黑河流域冰川近期变化情况

1. 黑河流域基本状况

黑河流域位于祁连山中段北坡（图4-12），是河西内陆区三大水系中最大的一个。东至石羊河水系西大河的源头，西以黑山与疏勒河水系为界，上游流域东西几乎横跨整个河西走廊。黑河长821 km，出山口莺落峡以上为上游，河道长303 km，流域集水面积10 009 km²，海拔介于1674～5103 m（平均海拔为3738 m）。上游分东西两支，东支平均海拔为3600 m，西支为3860 m。西支降水多、蒸发少、气温低、高寒阴湿，是黑河流域地表水资源的发源地和产流区。因广义上认为北大河流域亦隶属黑河流域，本节将平行讨论两个流域的冰川变化情况，且并称两流域为祁连山中段区域。据《中国冰川目录 Ⅰ ——祁连山区》（王宗太，1981），黑河流域共有冰川 428 条，总面积为 129.79 km²，平均面积为 0.30 km²，冰储量为 3.30 km³；北大河流域共有冰川 650 条，总面积为 290.67 km²，平均面积为 0.45 km²，冰储量为 10.37 km³。比较而言，北大河流域的冰川无论数量与规模都胜于黑河流域。

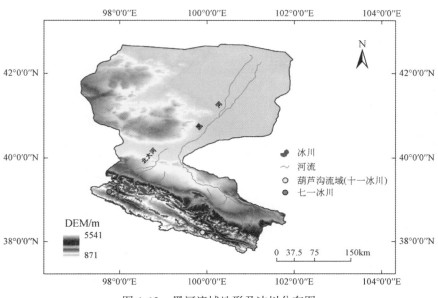

图 4-12　黑河流域地形及冰川分布图

2. 黑河流域冰川近期变化

（1）基本变化情况

自小冰期以来，祁连山脉的冰川面积已减少了 219 km²，约占小冰期冰川总面积（1553 km²）的 14%（王宗太，1981；谢自楚等，1985；程国栋等，2001），其中黑河流域冰川面积变化率为-16%。近几十年来，气候变暖加剧。综合已有相关研究成果（阳勇等，2007；王璞玉等，2011；陈辉等，2013；怀保娟等，2014；别强等，2013a；颜东海等，2012），20 世纪 60 年代至 21 世纪 10 年代黑河流域与北大河流域的冰川均经历了较大幅度的萎缩（图4-13）。黑河流域冰川的面积减小率为 0.4%~1.4%/a，均值到达0.69%~0.71%/a（相当于总减少比率约35%）。北大河流域冰川的面积减小率介于 0.3%~0.6%/a，均值约为 0.45%/a（面积总减少比率约22.5%）。由于小冰川对气候变化更为敏感，平均规模较小很可能是黑河流域冰川萎缩速率明显较快的原因（怀保娟等，2014）。同时，面积对退缩率的影响在黑河流域内部亦得以体现：20 世纪 50 年代至 2003 年，面积<0.10 km² 的冰川面积缩小率最大（46.7%），面积介于 1.00~5.00 km² 的冰川缩小率最小（21.3%），面积等级为 0.10~0.50 km² 和 0.50~1.00 km² 的冰川缩小率介于其间（34.6% 和 26.2%）（王璞玉等，2011）。虽然黑河流域冰川退缩较快，但过去 40~50 年其年退缩

速率并无明显变化，而北大河流域的冰川则以 0.2％/a 的加速度在加速退缩。另外，由于北大河冰川的数量与规模占绝对优势，在 19 世纪 60 年代至 2003 年，整个祁连山中段区域冰川的变化率与北大河极为接近（–21.7％与–22.5％）。

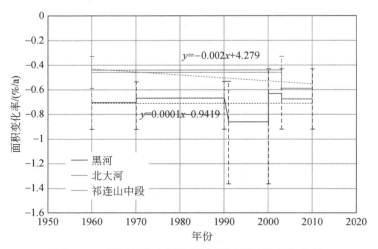

图 4-13　黑河与北大河流域冰川面积近期变化序列

实线为冰川面积年变化率；虚线为相同颜色实线的线性趋势线，体现冰川年变化速率随时间的变化情况

（2）黑河流域与其他区域冰川变化比较

为了进一步研究黑河流域冰川的变化特征，将其与祁连山其他区域及我国西部部分地区冰川的变化情况作比较（张华伟等，2011；张明杰等，2013；曹泊等，2010；赵力强，2009；李忠勤等，2011；Shangguan et al.，2007；鲁安新等，2002）。分析发现，黑河流域冰川面积的减小率（–34.3％）比其他区域明显要大。祁连山各段的冰川变化率由西向东逐渐减小，区域差异显著。与新疆地区（–11.7％）、西昆仑（–0.4％）与青藏高原各拉丹东（–1.7％）等西部地区相比，祁连山中段（包括黑河与北大河流域）的冰川面积缩减率（–21.7％）明显较大，显示了该区冰川对气候变化更高的敏感性与脆弱性（图 4-14）。

（3）参照冰川近期变化

对北大河流域七一冰川的观测研究始于 20 世纪 60 年代。该冰川面积为 2.698 km²，长度为 3.66 km，末端海拔 4310 m，最高点海拔 5145 m，属于亚大陆性冰川（图 4-15）。观测表明，1956～2005 年该冰川面积缩小了 6.8％，末端退缩了约 140 m，平均退缩速率为 2.86 m/a（王宁练等，2010）。2005～2007 年冰舌末端平均每年后退约 5.6 m；而 2007 年 7～9 月冰舌末端平均退缩约 4.5 m，2007 年 9 月至 2008 年 9 月底，该冰川冰舌退缩 6.2 m。冰川运动速度自 1958 年至今逐渐减小，已由最大运动速度 16.0 m/a 减小到 2006～2007 年的 8.3 m/a，表明冰川厚度减薄（井哲帆，2007）。

对黑河葫芦沟流域十一冰川的观测研究始于 2010 年 10 月。十一冰川分为东西两支，东支为悬冰川，西支为小型山谷型冰川。据 2010 年实地测绘和观测数据（图 4-16），冰川面积为 0.48 km²，海拔 4320～4775 m，最大厚度为 70 m，冰川活动层温度为 –8℃。该

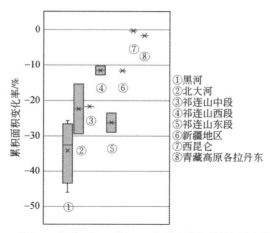

图 4-14　20 世纪 60 年代至 21 世纪 10 年代不同区域冰川变化比率对比

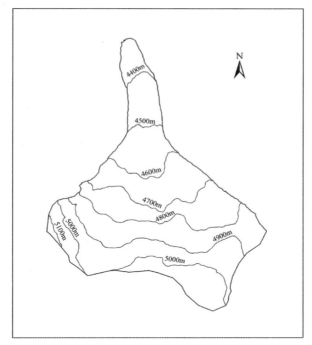

图 4-15　七一冰川地形图

冰川 1956～2010 年经历了明显退缩，面积由 0.64 km² 缩减至 0.54 km²，退缩比率为 15.8%；同时冰川末端由海拔 4270 m 上升到 4320 m（升高了 50 m）。2003～2010 年，该冰川的变化速率是 1956～2003 年的近 6 倍（陈辉等，2013），加速退缩趋势十分显著。从各种参数来看，十一冰川是一条具有典型大陆型冰川（冷冰川）特征的小型山谷冰川，在祁连山乃至中国西部干旱区具有良好代表性，因此研究十一冰川物质平衡具有十分重要的意义，它能够较好地反映祁连山地区冰川的消融状况。

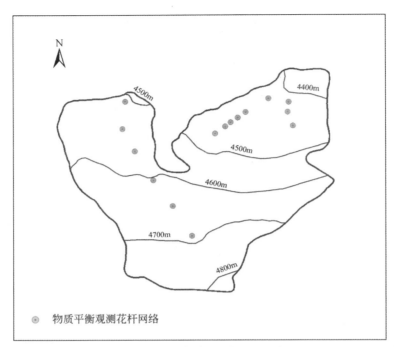

图 4-16　十一冰川地形及基本观测网络布设图

对本区域另外考察的一条冰川为位于黑河流域源头的八一冰川（又称小沙龙冰川），研究发现，20 世纪 60 年代至 21 世纪 10 年代该冰川面积减小了 0.42 km²，2006 年野外实际测量得到该冰川最大厚度为 120.2 m，平均厚度为 54.2 m，冰储量为 0.153 km³（王宁练和蒲健辰，2009）。

（4）气候变化对冰川变化的影响

冰川变化是气候变化的必然结果。在气象要素中，气温和降水是决定冰川物质平衡的关键因素。已有研究选用黑河及北大河上游托勒、野牛沟、祁连、张掖、高台、酒泉等气象站历史观测资料作对比分析（怀保娟等，2014）。研究发现，祁连山中段区域气温在 20 世纪 80 年代中后期大幅度升高，90 年代以后明显变暖，各站点增温幅度均超过 0.02℃/a，与我国西北地区气温变化规律基本一致。与气温变化趋势类似，各气象台站年降水量略呈上升趋势：托勒、野牛沟增加量大于 1.3 mm/a，而酒泉、张掖、高台、祁连站的增加量均大于 0.2 mm/a。在这样的气候背景下，祁连山区冰川均呈现退缩趋势，但由于区域间气候差异，其变化特征又不尽相同。根据康尔泗对高亚洲地区 12 条冰川平衡线（ELA）和夏季气温关系分析，夏季平均气温每升高 1℃，冰川平衡线可升高 100～160 m。如保持平衡线海拔不变，需要固态降水增加幅度在 40% 以上，甚至 100%（康尔泗，1996）。综合上述信息，虽然降水量上升增加了冰川的补给，但无法弥补气温升高带来的物质损失，导致黑河流域冰川普遍萎缩。

（5）冰川变化的形态影响因子

当外界气候条件一致时，冰川空间结构的不同将影响其消融的强弱。为了进一步探讨冰川各形态因子对消融强度的影响，王璞玉等（2011）采用灰色关联分析方法寻求影响该区冰川消融的主导因子。灰色关联度是研究事物之间、因素之间关联性的一种方法，它是根据事物或因素的时间序列曲线的相似程度来判断其关联程度的，若两条曲线的形状彼此相似，则关联度大，反之则关联度小（刘思峰等，1999）。分析结果显示，影响黑河流域冰川消融的三个主要形态因子分别为海拔跨度、面积与长度（表4-1）。Chueca 等（2005）也发现，冰川对气候变化的响应主要决定于冰川的规模、所处位置和气候条件，气温较高区域的小冰川消融速度要比高海拔区的大冰川快。由于黑河流域冰川海拔跨度范围相对较小，随着气候变暖，平衡线将不断攀升，绝大部分冰川将会处于消融区。据此估计，未来黑河流域冰川将经历更为强烈的消融。

表 4-1　冰川消融与形态影响因子的灰色关联分析

基本特征	形态因子	灰色关联度
冰川消融	面积	0.686
	长度	0.645
	平均末端海拔	0.597
	平均最高海拔	0.521
	海拔跨度	0.721
	坡度	0.580

资料来源：王璞玉等，2011

4.2.2　黑河流域冰川物质能量平衡状况

冰川对气候变化的响应包括两个过程：第一个过程是由冰川表面能量变化引发的冰川物质平衡（由积累和消融引起和物质收支）变化，即"物质/能量平衡过程"；第二个过程是由冰川物质平衡和冰川流变参数（如冰川温度和冰川底部状态参数等）变化共同引发的冰川几何形态（面积、长度、厚度、体积等）的变化，这一过程与冰川运动密切相关，被称为"冰川动力学过程"。本小节将着眼于第一个过程，介绍在七一冰川与十一冰川上获取的物质能量平衡观测/模拟研究成果。

1. 七一冰川

由于七一冰川的观测较早，目前公开发表的资料已积累 36 年（1975~2010 年）（Yao et al.，2012），其中1978~1983 年、1989~2001 年、2004~2005 年三个阶段的数据为模型模拟恢复数据，其余皆为采用传统冰川学观测方法（"花杆−雪坑法"）实地测量取得的数据，在该地区极具价值。总体来说，1975~2010 年七一冰川加速消融趋势明显，加速率为−26 mm w. e. /a。分阶段来看，20 世纪 70 年代七一冰川平均年物质平衡为+368 mm w. e.，到 80 年代出现负值，平均年物质平衡均值为+4 mm w. e.，2000 年以来呈现出明显的物质亏损，平均年物质平衡值−495 mm w. e.。若仅关注 2000 年后的十年，年物质平衡值则略有回升（亏损减弱）（图4-17）。

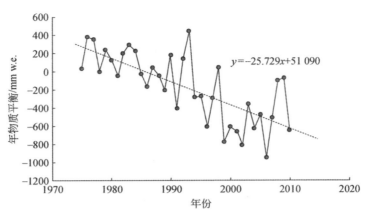

图 4-17　七一冰川 1975～2010 年物质平衡变化序列

Wang S 等（2012）依据 2010 年 6 月 30 日～9 月 5 日考察期间获得的七一冰川物质平衡和气温降水等气象资料，运用度日模型模拟了七一冰川的物质平衡变化状况并讨论了物质平衡对气候变化的敏感性：①气温上升 1℃ 而降水不变，物质平衡变化量为–560 mm w.e.（相当于原有量值的 64.5%）。②气温不变而降水增加 10%，物质平衡变化量仅为 +29 mm w.e.。③气温与降水同步增加，则物质平衡变化量为–555 mm w.e.。以上结果表明，七一冰川的物质积累与消融对气温变化非常敏感，气温是影响冰川物质平衡的主导因素；且当气温持续升高时，降水量的少量增加对物质平衡的影响将变得很小。

借助能量平衡模型可以对冰川物质平衡乃至影响物质平衡的各项能量分量进行更为细致深入的讨论。Jiang 等（2010）采用能量平衡模型对 2007 年夏季七一冰川物质平衡进行模拟，发现物质平衡随海拔分布规律主要受到表面反照率的影响。敏感性分析结果则表明，相比降水，物质平衡对气温更为敏感；且物质平衡对温度变化的响应是非线性的，对降水变化的响应是线性的。Wu X J 等（2016）利用能量平衡模型对 2011 年 7 月 30 日～2011 年 10 月 9 日期间七一冰川积累区的物质平衡进行了模拟。结果表明，在 8 月消融最盛期，净辐射是七一冰川表面能量平衡中的主要分量，占表面能量通量的 67%，之后是湍流感热通量（13%）、潜热通量（9%）及传导热通量（11%）。9 月，净辐射通量所占比例降至 15%，感热通量成为表面能量平衡中的主导分量（占 40%）。在整个观测期中，净辐射仅占整个热通量的 51%。期间亦发现积累区有强烈的升华现象，伴随着正向潜热通量的发生，这进一步说明七一冰川偶发的受到季风活动的影响。

2. 十一冰川

2010 年 10 月，在十一冰川表面布设了物质平衡和运动速度观测花杆网阵（图 4-18），开展常规物质平衡观测。从观测结果来看，2011～2013 年十一冰川物质平衡逐年降低，2014 年又有所回升（图 4-18）。由于计算年物质平衡的时间间隔为前一年 9 月初至当年 8 月底，而 2010 年 9 月数据缺失，造成 2011 年物质平衡值（–73 mm w.e.）明显高于其他年份。若不考虑 2011 年，则十一冰川的物质平衡与气温明显相关，气温最高年份（2013 年）与物质平衡最低值年份对应。徐春海等（2017）借助 LiDAR 和 SRTM DEM 数据，利用大地测量法估算了十一冰川 2000~2012 年的物质平衡。结果表明，十一冰川冰面高程变化为（−7.47±0.92）m，年均厚度变化（−0.62±0.08）m，估算年均物质平衡为（−0.53±0.07）m w.e.。综合考虑"花杆-雪坑法"与大地测量法获取的数据，可以估算 2000~2014 年十一冰川的累积物质平衡达到 8144 mm w.e.（相当于冰川平均厚度减薄约 9 m）（图 4-18）。

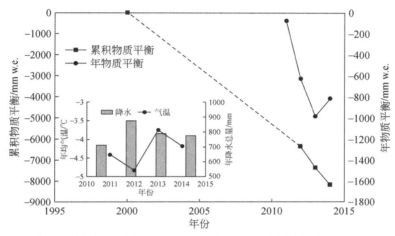

图 4-18　十一冰川年物质平衡（2011~2014 年）与累积物质平衡（2000~2014 年）

实线为利用"花杆-雪坑法"实地测量物质平衡结果，虚线为利用大地测量法获取的物质平衡数据

方潇雨等（2015）以十一冰川为研究对象，结合实测物质平衡验证资料，建立了基于冰川表面能量平衡的冰川物质平衡模型（物理模型）和基于温度参数、温度辐射参数和温度辐射水汽压参数的三种度日因子模型（统计模型），并对模拟结果进行了分析及评估。结果表明：净辐射是冰川表面最主要的能量来源，占能量收入的 82.3%；其次为感热供热，占收入的 17.7%。净长波辐射基本为负，吸收的热量主要通过融化和蒸发/升华方式消耗，分别占能量支出的 84.7% 和 15.3%（图 4-19）。消融季中，十一冰川表面能量平衡中各项能量通量所占比例与七一冰川非常接近。

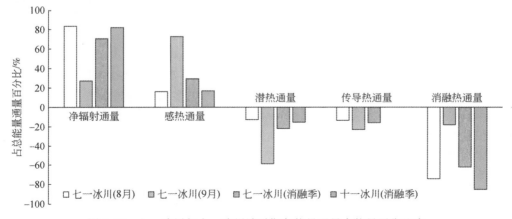

图 4-19　七一冰川与十一冰川消融期各能量通量占能量平衡比率

4.2.3　黑河流域冰川未来变化模拟

为了同步考虑冰川对气候变化响应的两个过程（物质平衡过程与动力学过程），模拟预测山地冰川变化过程，并揭示其控制机理，李忠勤（2018）设计了以下路线图（图4-20）。该研究路线图具有以下特点：一是以冰川动力学模式为核心，通过建立普适化冰川动力学模式，对冰川几何形态变化进行模拟预测，并揭示冰川变化的过程、机理和控制要素；二是将不同类型和不同特征的冰川进行参数化表述，作为模式输入；三是通过物质平衡模式和动力学模式的耦合，实现对冰川变化的模拟；四是通过参照冰川和同区域多条冰川的尺度转化，实现区域尺度冰川变化的模拟研究，为大区域冰川变化及影响研究奠定基础。

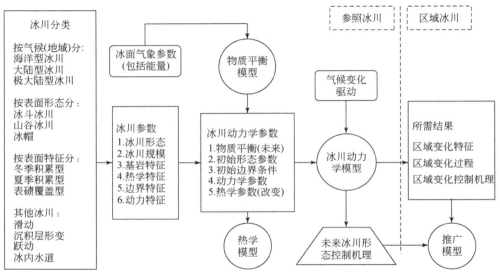

图4-20　山地冰川变化过程和控制机理研究路线图

资料来源：李忠勤，2018

祁连山中段地区仅开展过为数不多的冰川变化模拟研究。本节将以十一冰川与葫芦沟流域为例，分别介绍不同空间尺度的冰川变化模拟过程。

1. 葫芦沟流域概况

葫芦沟流域（38.2°～38.3°N，99.8°～99.9°E）位于祁连山中段的黑河上游产流区和水源涵养区（图4-21），为黑河西支野牛沟河的一级支流，流域呈葫芦状，海拔为2960～4820 m，流域面积为22.5 km²（图4-21）。该流域海拔4200 m以上的地区多为高山冰川和季节性积雪所覆盖，为流域内的冰雪区，占流域总面积的8.4%，是冰雪水资源的主要分布区。流域地处青藏高原向干旱区的过渡带，地形复杂，具有明显的垂直地带性，从高海拔到低海拔依次分布冰川、积雪、冻土、高山寒漠、高山灌丛、山地草甸及草原。整个流域受大陆性气候影响显著，高寒阴湿，昼夜温差大，气温低，降水相对丰沛，降水量随海拔的增高而增加，主要集中在7～9月。流域内发育有现代冰川、积雪及冻土，是流域水资源的重要存在形式，流域径流主要由降水、冰雪融水和地下水补给，而且冰川融水是该区重要的水源，在生态系统演化中扮演着重要角色。葫芦沟流域内能从遥感影像上辨识的冰川仅有 5 条（图 4-21），总面积为 0.86 km² （表 4-2）。十一冰川是该流域最大的一条冰川，目前面积为 0.48 km² （图 4-21）。

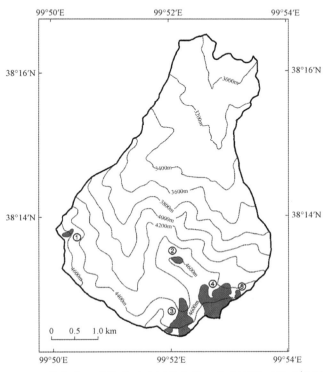

图 4-21　葫芦沟地形状况及冰川分布图（蓝色覆盖区域为冰川）

表 4-2　葫芦沟冰川基本信息（编号对应冰川位置见图 4-21）

冰川编号	长度/m	面积/km²	类型
①	323.8	0.030	悬冰川
②	143.6	0.035	冰帽
③	1021.6	0.294	冰斗山谷冰川
④（十一冰川）	940.5	0.480	山谷冰川
⑤	224.7	0.021	悬冰川

2. 物质平衡模型与动力学模型耦合系统

（1）冰川物质平衡模型

本节选择简化型能量平衡模型模拟冰川表面物质平衡。该模型的主要思路是将冰川表面能量平衡划分为两部分：太阳短波辐射项与气温相关项（包括长波辐射、感热与潜热），可以用如下公式表达：

$$Q_{M}+Q_{G}=G(1-\alpha)+Q_{T} \tag{4-2}$$

$$Q_{T}=f(T_{a}) \tag{4-3}$$

式（4-2）等号左端为冰川接收能量总和，其中 Q_{M} 表示用于消融（这里指产生径流）的能量部分，Q_{G} 表示导入冰川内部能量。右端第一项为短波辐射能量，第二项 Q_{T} 为所有与温度相关的能量收支，可以表达为函数 $f(T_{a})$。G 为总日辐射，α 为反照率，T_{a} 为大气温度。各项能量通量计算方法详见 Oerlemans（2010）。

（2）冰川动力学模型（冰流模型）

该模型始现于 20 世纪 70 年代，以物质平衡变化为扰动输入，以冰川厚度随时间的变化量为输出结果。厚度变化由表面物质平衡与冰流通量共同决定，其中物质平衡由物质平衡模型提供，冰流通量则借助流体动力学的求解方法获取。计算中常假定冰川冰是不可压缩的黏性流体，联合求解三大守恒方程（物质、动量与能量）、运动方程及物理方程等，计算冰川冰的受力与形变情况。冰流模型具有不同维度的应用，与热学、大地平衡构造学等相耦合的模型系统也已经比较成熟。

全分量的冰流模型（full-stokes ice flow model）考虑了所有方向的应力，适合解决不规则边界条件的流体运动，计算极为复杂。本节仅采用其简化形式高阶冰流模型（higher-order ice flow model），其具体结构与求解思路见 Pattyn（2002）。

（3）数据需求

模型所需输入与验证资料主要包括：冰川轮廓、表面 DEM、冰川厚度、物质平衡、表面运动速度及冰川区气象观测数据等。

3. 十一冰川对气候变化响应过程模拟

（1）模型率定与验证

在十一冰川观测初期，曾开展过数次高质量物质平衡观测，产生数据序列分别为 2011 年 5 月 4 日～2011 年 7 月 14 日及 2011 年 7 月 18 日～2011 年 7 月 27 日。采用第一期数据进行模型参数率定。第二期数据时段偏短，为避免日尺度消融波动及观测误差影响，将两期数据合并（2011 年 5 月 4 日～2011 年 7 月 27 日）来检验模型模拟效果。气象数据采用冰川西支末端海拔 4452 m 气象站实测数据。模型验证效果见图 4-22。可以看到模拟与实测数据较为吻合（$R^2 = 0.72$），基本满足模型要求。

为分析模型稳定性，本书对十一冰川及葫芦沟其他冰川的消融及物质平衡进行了重建。2011 年实地测绘结果显示，十一冰川表面朝向介于 $-27°\sim70°$（正北为 $0°$，顺时针为正），最高点与最低点间高程差约 440 m，对应温差约为 2.9℃。从图 4-23 可以看出，在上述朝向与气温变化范围内，冰川表面消融与物质平衡模拟结果平滑，无特异值。数据分布状况反映出海拔、朝向及山脊阴影对消融及物质平衡的影响。另外，消融量（226～2823 mm w.e.）及物质平衡（$-2576\sim223$ mm w.e.）的数据范围在目前西北干旱区较为合理（表 4-3）。说明在地形与气象要素变化幅度适中的前提下，模拟过程中无奇异值，运算结果有较高可信度。

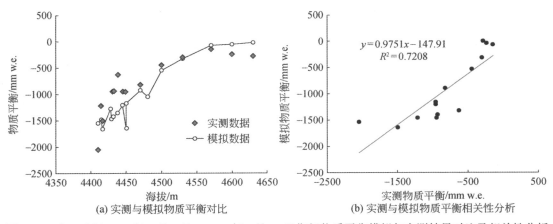

(a) 实测与模拟物质平衡对比   (b) 实测与模拟物质平衡相关性分析

图 4-22　十一冰川 2011 年 5 月 4 日 ~2011 年 7 月 27 日期间物质平衡模拟与实测结果对比及相关性分析

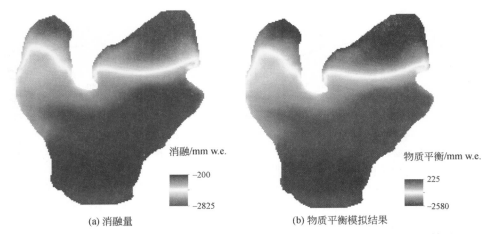

(a) 消融量   (b) 物质平衡模拟结果

图 4-23　十一冰川 2010 年 10 月 ~2011 年 7 月消融量及物质平衡分布模拟结果

表 4-3　十一冰川 2010 年 10 月 ~2011 年 7 月消融量、物质平衡及融水径流模拟结果

项目	总量	平均量	变化范围
消融量/m³	399 580	832	2 823 ~226
物质平衡/mm w. e	−234 474	−488	−2 576 ~223
融水径流/mm	471 555	982	365 ~2 995

（2）气候条件不变情景下十一冰川未来变化

以 2011 年十一冰川末端气象站实测数据为驱动（假定未来气温与降水在此基础上不再发生变化），模拟预测冰川未来变化过程。由于东西支冰川的动力过程已基本分离，模拟计算将针对两支冰川分别进行。

从沿主流线的纵剖面来看，十一冰川西支未来 70 年间将持续退缩，直到 2080 年达到稳定状态 ［图 4-24 （a）］。届时冰川规模将十分有限，长度、面积和体积约为 125 m、0.019 km² 和 21.6 万 m³，仅为 2011 年量值的 13.2%、7.3% 和 2.7%。东支所处海拔较低，顶端海拔仅为 4550 m，远低于平衡线海拔，因此整条冰川处于负平衡状态（消融大于积累），最终将在 2046 年完全消失［图 4-24（b）］。与西支周围无遮挡不同，东支冰川的主体部分伏卧在山体背阴面的凹陷地形当中，大部分太阳短波辐射能量被排除在外，使得相同海拔处东支的消融明显弱于西支，也使东支末端海拔比西支低 150 m。处于凹陷地形中的冰川部分厚度较大［图 4-24（b）中距顶端 200~340 m 的部分］，周围区域冰川消融殆尽后该处仍有少量冰体存留，而这部分亦将迅速消亡。

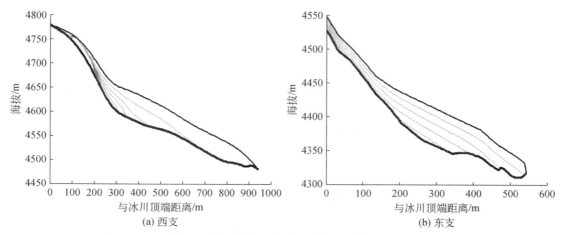

图 4-24　在气候条件恒定假设下，十一冰川未来演化过程模拟结果

图中不同粗度的黑色曲线分别表示冰川 2011 年表底面，红色曲线为 21 世纪末（2100 年）冰川表面轮廓，

蓝色曲线为表面轮廓的中间演化过程（相邻曲线时间间隔：西支 10 年，东支 5 年）

考察西支冰川长度、面积、体积和融雪/冰径流的未来变化情况（图 4-25），结果表明，上述所有参数将持续减小，其中体积的缩减速率最快，长度的变化相对缓慢。面积与融水径流都将在未来 10 年（2011~2021 年）减少一半。总体来看，西支冰川将在 2080 年左右达到稳定状态，之后变化甚微。西支冰川下部相对平缓，这种地形决定其对气候变化较为敏感，些许升温将引起强烈的消融加剧反应，2011~2030 年的迅速萎缩现象一定程度上是对过去数十年气温显著升高的滞后响应结果。另外，西支冰川下部无山脊遮蔽，对太阳短波辐射能量的高效吸收也是近期迅速变化的原因。随着冰川末端逐渐后退，地形趋于陡峭及山脊遮蔽比例扩大，冰川对不利气候耐受力增强，表现为 2035 年之后末端退缩逐渐减缓，至 2062 年之后冰川变化微弱。根据 2010~2011 年实测物质平衡资料推算，气候条件不变情况下冰川平衡线海拔在 4700~4800 m，即西支冰川最上部区域始终处于积累区（物质积累大于亏损），这是 2080 年后仍有部分冰体得以存留的原因。利用 Landsat 8 数据查看 2011~2018 年十一冰川变化情况可知，其西支末端退缩约 100m，与模拟结果相比误差小于 20%。

东支冰川末端冰体较厚［图 4-24（b）］，因此 2011~2021 年中尽管消融强烈致使接近山脊的冰体消亡（表现为面积减小）与厚度减薄（表现为体积缩减），而长度变化相对较弱（图 4-25）。2020 年与 2028 年前后，长度变化经历了两次显著加速过程，至 2030 年冰川长度仅剩初始量值的一半。与面积与径流参数相比，体积减小明显较快。面积与径流的相应时间点约为 2025 年。

东西支冰川的未来变化模拟结果都显示面积与径流有十分相似的变化规律（图 4-25），说明在气象条件保持恒定的条件下，冰川面积是融水总量的重要影响因素。

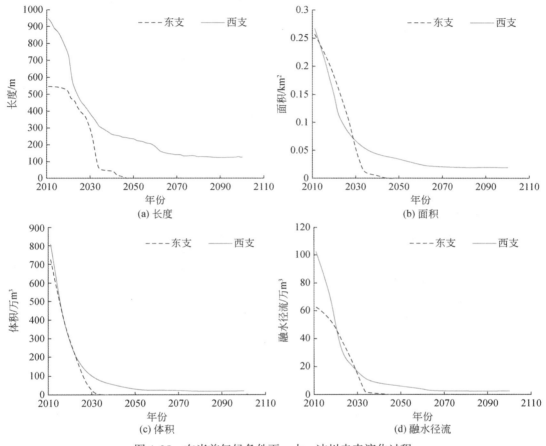

图 4-25　在当前气候条件下，十一冰川未来演化过程

（3）十一冰川对气候变化的响应过程

引入 IPCC AR4 中 SRES A2、A1B 和 B1 对应的各种未来大气升温情景作为气候驱动条件（Meehl et al.，2007），预估十一冰川的未来变化过程。为使预测结果可与以 IPCC AR5 中 RCP 升温情景（Collins et al.，2013）为驱动的其他研究相比较，将 AR4 中 SRES 及 AR5 中 RCP 对应的升温情景归一化为以 2006 年平均气温为基准的升温数据序列（图 4-26，归一化方法不同，结果可能略有差异）。

1）十一冰川西支对气候变化的响应过程。以 SRES A2、A1B 和 B1 升温情景为驱动的模拟结果均表明，未来西支冰川将持续强烈萎缩，并在 2041～2043 年消失（图 4-26）。冰川长度、面积、体积与融水径流随时间的变化规律略有差异，但总体趋势均为迅速减小直至消亡。在不同升温情景下冰川变化速率差异很小，原因在于在最初 30 年间，几种情景对应的升温速率十分接近（图 4-27）。

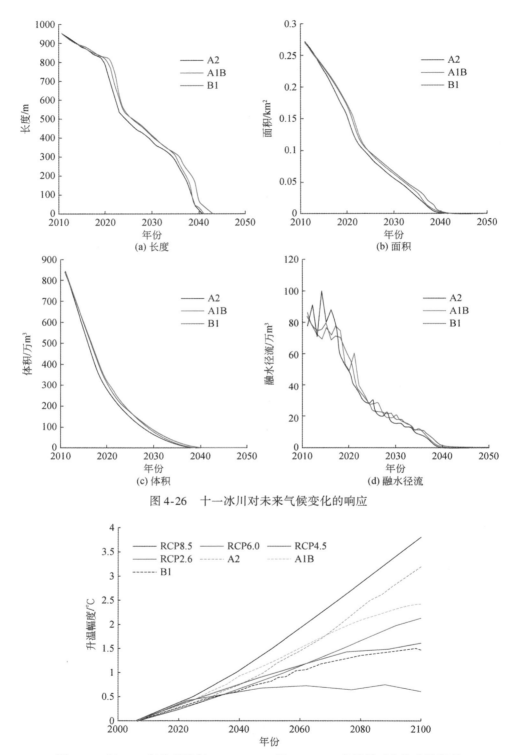

图 4-26　十一冰川对未来气候变化的响应

图 4-27　以 2006 年为基准年，AR4 SRES 及 AR5 RCP 各情景对应的升温序列
虚线为本研究所采用的 AR4 SRES 序列

为探讨降水对冰川未来变化的影响，将以下三种假设引入模型：①降水不变；②气温每升高 1℃ 降水增加 10%；③气温每升高 1℃ 降水增加 30%。图 4-28 所示为 B1 情景下，引入以上假设后冰川未来变化模拟结果。选择 B1 是因为该情景升温速率最慢，最终引入的降水变化量也相对适中。图中结果显示，适当增加降水对冰川长度、面积、体积及径流未来变化的影响皆微乎其微，说明尽管降水增加会减缓冰川物质损耗，但温度仍是影响该冰川未来变化速率的主要因素。若大幅提升降水增加幅度，引入如下假设：气温每升高 1℃ 降水增加 50% 及 100%。冰川变化模拟结果表明，仅当降水增加幅度为 100%/℃ 时，冰川约在 2080 年达到稳定状态，届时仍有长约 200 m 冰川得以存留。

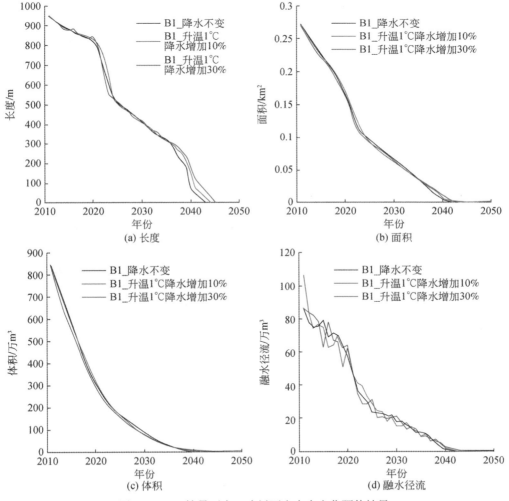

图 4-28   B1 情景下十一冰川西支未来变化预估结果

冰川对降水变化的敏感性随气温上升而降低，这种现象在夏季积累型冰川上尤为显著，而我国境内冰川大多属于夏季积累型。对该类冰川而言，降水有 70% 或以上发生于消融季，液态降水在其中占比例较大，且气温越高固态降水所占比例越小，冰川积累也随之减少。换言之，增加相当比例的降水仅可引起相对微弱的表面积累增幅，冰川对降水变化并不敏感。冰川对降水变化的敏感性存在时空差异。时间上，冰川对冬季降水变化的敏感性较高；空间上，海拔越高的区域对降水变化越敏感。原因主要有以下两点，海拔越高、表面气温越低，则冰川表面能量平衡中与气温相关的能量分量贡献越小，短波辐射是主导能量来源，这种情况下，冰川物质收支对温度的敏感性减弱而对降水的敏感性增强；②等量降水中固态部分比例越大，冰川表面有效积累则越强。

2）十一冰川东支对气候变化的响应过程。在不同升温情景下，十一冰川东支将持续强烈萎缩（冰川长度、面积、体积与融水径流持续减小），并在 2036～2038 年消失（图 4-29）。不同升温情景对冰川变化的影响差异很小，这与在西支冰川上发生的状况类似。除消亡时间有别外，东支与西支冰川最大的差异表现在长度变化曲线上。降水对东支冰川的影响比对西更加微弱，即便引入"气温每增加 1℃降水增加 100%"的假设，冰川仍将在 2055 年消失。

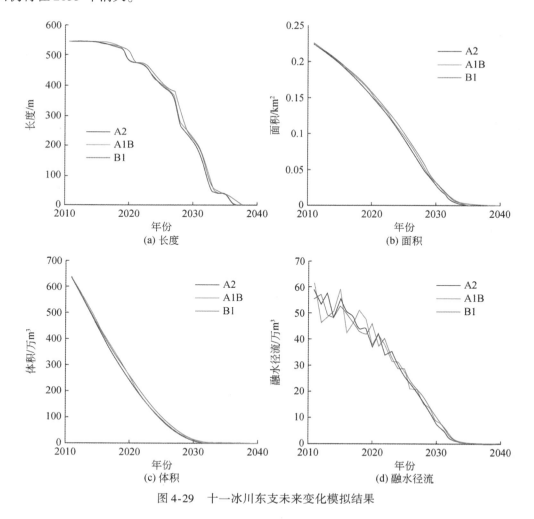

图 4-29　十一冰川东支未来变化模拟结果

4. 葫芦沟流域冰川对气候变化响应模拟

以 2011 年十一冰川末端气象站实测数据为驱动（假定未来气温与降水在此基础上不再发生变化），模拟预测葫芦沟冰川未来变化过程。结果表明，21 世纪末约有 0.09 km² 冰川存留（图 4-30），其中 0.02 km² 来自十一冰川西支，其余部分来自 3 号冰川。有趣的是各种参数的变化曲线并非一致减小，而是在低于某个量值之后发生微弱回升。面积与径流的回升时间约在 2063 年，体积则略微提前。当冰川末端退缩至接近或高于平衡线海拔的位置，冰川规模十分有限，其动力过程可忽略不计，物质平衡过程是影响冰川形态变化的唯一要素。此时冰川的剩余部分整体处于积累区，而表面积累大于消融，促使冰川规模扩大（在图 4-30 中表现为各种参数曲线略微上升）。

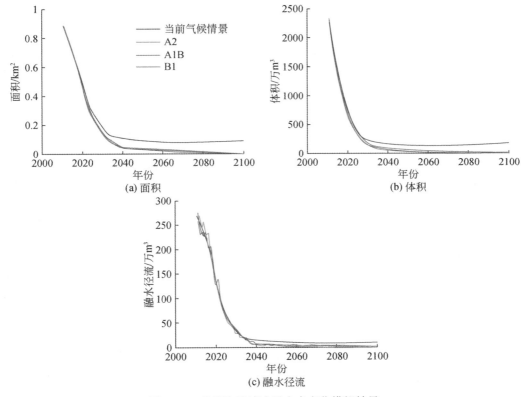

图 4-30　葫芦沟流域冰川未来变化模拟结果

以 AR4 SRES A2、A1B 和 B1 对应的未来升温情景作为气候驱动条件，预估葫芦沟冰川的未来变化过程。结果表明，在各种升温情景下，冰川面积、体积及融水径流将持续减小，直到所有冰川在 2082~2100 年消失。不同升温情景对应的冰川各项参数变化在 2060 年以前差别微小，而后逐渐产生距离。各项参数中，体积的减小速率最快，面积与体积变化略缓。2040 年之后，3 号冰川面积稍大，其余 4 条冰川皆已小于 0.02 km²，平均厚度等于或低于 10 m，基本失去流动特质，某种意义上已不能称其为冰川。2060 年之后 3 号冰川的面积也已不足 0.02 km²。在葫芦沟冰川中，由于 3 号冰川具备某些有效抵御不利气候条件的特征，流域冰川"寿命"得到数十年延长。这些特征包括：①顶端海拔较高；②粒雪盆面积大；③顶端坡度较陡且伏卧于山峰背阴面凹陷地形当中的区域较大。若将三种假设（即降水不变、气温每升高 1℃ 降水增加 10%、气温每升高 1℃ 降水增加 30%）引入模型来探讨降水对葫芦沟冰川未来变化的影响，同样发现降水变化对流域冰川变化的影响微乎其微。

祁连山中段区域（包括黑河流域与北大河）目前共有冰川 952 条，冰川规模普遍较小，对气候变化敏感。在 SRES B1 排放情景下，根据流域内十一冰川的未来变化模拟结果和敏感性实验推测，到 2040 年左右，黑河流域将有 90.7% 的冰川消失殆尽，冰川面积也将消失 46.5% 以上；同时，北大河流域也将有 75.4% 的冰川不复存在，面积损失率也将在 65.8% 以上。届时，流域内冰川将丧失对水资源的补给和调节作用。

4.2.4　小结

祁连山中段区域（包括黑河流域与北大河流域）以小冰川为主，冰川对气候变化非常敏感。20 世纪 60 年代至 21 世纪 10 年代，黑河流域与北大河流域冰川的面积减小比例约为 35% 与 22.5%，祁连山中段区域为 -21.7%，明显比新疆（-11.7%）、西昆仑（-0.4%）和青藏高原各拉丹东（-1.7%）等西部地区更为迅速。气象站实测数据表明，近几十年来该区气温与降水均有不同程度的提高，其中升温是影响冰川变化趋势与速率的主要因素。虽然降水量上升增加了冰川的补给，但无法弥补气温升高带来的物质损失，导致该区冰川普遍萎缩。灰色关联分析法的结果显示，影响黑河流域冰川消融的三个主要形态因子分别为海拔跨度、冰川面积与冰川长度。

物质平衡是冰川对气候变化的即时反映，也是冰川表面能量收支的物质体现。七一冰川（北大河流域）与十一冰川（黑河流域）的历史物质平衡资料均显示，冰川表面消融存在逐渐加剧趋势；2000 年以来，冰川物质平衡恒为负，即冰川经历着持续的物质亏损，冰川规模逐渐缩小。物质平衡的逐年变化则与气温变化息息相关。在冰川表面能量平衡中，辐射通量相比感热、潜热等分量占有绝对优势。

对十一冰川及葫芦沟流域其他冰川未来变化的模拟结果显示，在 IPCC AR4 SERS 各种升温情景下，十一冰川东西两支将分别在 2036～2038 年及 2041～2043 年消失；对葫芦沟流域来说，预计所有冰川面积的 90% 将在 2040 年以前消失。若维持目前气候条件不变，幸存于 21 世纪末的冰川面积与体积亦不足目前量值的 10%。在 SRES B1 排放情景下，根据葫芦沟流域冰川的未来变化模拟结果和敏感性实验推测，到 2040 年左右，黑河流域将有 90.7% 的冰川消失殆尽，冰川面积也将消失 46.5% 以上；同时，北大河流域也将有 75.4% 的冰川不复存在，面积损失率也将在 65.8% 以上。这些冰川规模普遍较小，但对径流的贡献和调节作用不可忽略。强烈消融使冰川固态水资源量迅速减少，动态水资源量呈总体上升趋势，但这些小冰川一旦消失，水资源会因冰川储量的枯竭而急剧减少，冰川水资源及其对河流的调节作用也随之消失，造成水资源状况恶化。因此，针对各个流域冰川的现状和未来变化情况，应该合理地实施水资源的利用与保护。

4.3 冻土–水文过程识别与模拟

4.3.1 流域冻土–水文过程研究现状、挑战与科学问题

1. 研究现状

(1) 冻土–水文过程机理研究

冻土–水文过程是以冻土为主要下垫面的特殊陆面水文过程，贯穿于流域的产流、入渗、蒸散发和汇流过程之中，是寒区流域水文过程的核心环节。一般认为，冻土层是一个相对隔水层，冻土的入渗率远小于融土（丁永建等，2017）。因此，在流域产汇流过程中，多年冻土活动层和季节冻土融化层底部一般被认为是深度不断变化的隔水层。但在未完全冻结土壤和岩层中，仍然存在少量自由液态水（未冻水）运移的情况（完全冻结是指土壤液态水分含量仅为残余含水量）。这种自由水的运移主要受控于土壤固态含水量（冰）及其引起的水热耦合关系。固态含水量（冰）的存在改变了土壤–岩层的能量收支和平衡，既增加了冻结–融化潜热过程，也改变了土壤–岩石层的导热系数、热容和总能量，以及热量传导过程。固态含水量（冰）的存在还改变了土壤–岩石层的结构，减少了土壤–岩层的有效孔隙度和实际土壤田间持水量，从而改变了土壤液态水分–土壤水势关系（土壤水分特征曲线），改变了土壤–岩层的实际水力传导系数，最终改变了液态水分（未冻水）的运移方向、运移长度、运移速率和运移量，即所谓的冻土水热耦合过程（Chen等，2008）。冻土水热耦合过程直接改变了寒区流域的产流、入渗、蒸散发和汇流过程。此外，在冻结过程中，阳勇和陈仁升（2011）发现冻土水热耦合过程会导致土壤液态水分向冻结锋面集结，从而在冻结锋面位置形成一层纯水层（冰层）；冻土的这种水热耦合及反复冻融过程，可能是多年冻土活动层底部形成较厚地下冰层的主要原因。

冻土水热耦合过程主要发生在冻结和消融阶段，对流域产汇流过程的影响程度相对于其隔水效应而言较小。作为相对隔水层，土壤冻结可以增加地表径流和浅层壤中流，阻滞深层土壤水补给，增加春季融雪径流，以及延滞溶质向土壤深层运移。已有的观测结果表明，春末夏初，降水和融雪产流量较大，冻土层隔水作用较强，常出现较高的径流峰值。进入夏季，冻土逐渐融化，冻结面下降，隔水作用逐渐减弱，地表径流量开始从峰值下降。至季节冻土完全消融或多年冻土活动层最深时，下渗强度加大，流域蓄水能力增强，蒸发加大，此时的多年冻土活动层或消融的季节冻土层能够起到削减洪峰作用。在冬季，由于冻土层在一定程度上阻断了地下水对径流的补给，且无液态降水直接补给河流，导致河流冬季径流量较小（Yamazaki et al.，2006；Woo，2012；丁永建等，2017）。同位素研究结果表明，夏季降水通过下渗转为地下水，是冬季径流、冬季地下冰、冻结层上水等的重要水源（Streletskiy et al.，2015），夏季降水的级别和时间与冬季径流量密切相关（Wang et al.，2017）。多年冻土区地表水与地下水间的水循环过程与多年冻土特征及其分

布密切相关，活动层融化深度和冻土区补给路径是控制地下水变化的重要因素。GRACE
重力卫星的研究结果表明，阿拉斯加平原区多年冻土分布连续，冻土消融使湖泊和沼泽区
域融区扩张，从而增加了该区的地下水储量；而在育空河流域由于不连续和岛状冻土广
布，冻土退化、地下水位下降导致湖泊和沼泽区域减少，从而使该区地下水储量呈减少趋
势（Muskett and Romanovsky，2011）。

（2）冻土水文过程模型研究

目前常见冻土水文过程模型主要包括用于刻画冻土-水文过程机理的、较为复杂的过
程模型，以及用于探讨流域/区域尺度冻土退化对水量平衡和径流影响的、相对简单的流
域水文模型。

伴随着水热传输现象观测和规律的总结，水热传输过程模型得到较快发展。主要包括
入渗模型、冻融模型和水热耦合模型三大类。Granger 等（1984）利用最大雪水当量和秋
季土壤含水量作为输入变量构建简单入渗模型，而 Harms 和 Chanasyk（1998）认为不宜用
秋季土壤含水量作为输入变量，Zhao 和 Gray（1999）建议用冻结前土壤含水量作为输入
变量，并考虑了水热耦合过程。比较经典的冻融模型主要有 Stefan 模型、Kudryavtsev 模型
和 TTOP 模型。其中，Stefan 模型未考虑热传导并假设所有热量均用于相变过程，
Kudryavtsev 模型综合考虑了土壤热传导、植被、雪盖、土壤水分等物理过程，其模拟精度
明显优于 Stefan 模型。TTOP 模型考虑了局部地形和土壤条件，可用来预测活动层土壤温
度和季节融化深度的变化。比较经典的基于物理过程的冻土水热耦合模型主要有 SHAW 和
CoupModel。其中，SHAW 模型假设土壤导热系数为土壤内各成分的加权值，水力传导计
算简单地将冻土看作非饱和土壤，而 CoupModel 则通过假定一个完全冻结温度来推求各个
阶段的水热传导系数。

流域冻土水文模型，最初主要是在传统水文模型中加入冻土变量。Sand 和 Kane
（1986）把一概念性的降水-径流模块添加到土壤冻结循环中，Lindström 等（2002）把一
土壤冻结模型和 HBV 模型相结合，吴煦廉（1993）构建了一个适用于雨及冰雪融水补给
的 Tank 模型，Kang 等（1999）改进了 HBV 径流模型，杨针娘和曾群柱（2001）根据水
量平衡原理、线性水库模式，建立了最早的高山冻土区的产流模型。

随着水文模型的发展及对冻土与水循环影响认识的加深，考虑冻土水热耦合的分布式
流域水文模型得到一定发展。Liang 等（1994）提出并开发了大尺度陆面水文模型：VIC
模型，该模型弥补了传统水文过程对热量过程描述的不足。Kuchment 等（2000）考虑到
冻土融化深度变化会影响地表和近地表径流的再分配过程，发展了一个适用于冻土地区的
分布式水文模型。Bowling 等（2003）基于 21 个模型的模拟效果，获得了较全面的关键参
数，发展了较完善的分布式水文模型。关志成和段元胜（2003）基于新安江模型，构建了
具有物理基础的寒区流域水文模型。陈仁升等（2006）以祁连山黑河上游流域为例，发展
了一个内陆河高寒山区流域分布式水热耦合模型（DWHC），并成功嵌套到中尺度气候模
式 MM5 上。Pomeroy 等（2007）构建了一面向对象的软性集总寒区水文模型（CRHM）。
除冰川以外，该模型几乎包括了寒区的各水文过程，如截留、蒸发、融水及下渗、地下水
和汇流过程等。胡宏昌等（2009）通过分析 VIC、SWAT、DHSVM 和 RSM 等模型，提出

了冻土草地分布式水文模型（FGW），解释了冻土区流域水文和能量过程。Wang 等（2010）优化了地表参数和土壤水力方程中的参数，并在 WEB-DHM 模型中加入了冻土模块。Zhang 等（2013）耦合了 SHAW 和 GBHW 模型。Zhou 等（2014）把寒区水文过程中的多个模块添加到流域水文模型中，提高了其在高寒山区的适用性。Koren 等（2014）基于土壤冻融对产流过程影响的物理基础，改进了 SSMA 模型，并模拟了地面冻结对产流的影响。Yang 等（2015）制定了分布式生态水文模拟的框架。Gao 等（2016）指出该方案需将植被动力学耦合到冰冻圈水文过程的模拟中，并模拟了植被变化对流域径流的影响。Chen 等（2014）于 2008 年在黑河祁连山区葫芦沟小流域布设了一个寒区水文系统监测网络并持续观测，在此基础上获取了适合中国高寒区流域的一些参数、经验公式（陈仁升等，2014），发展了冰冻圈流域水文模型 CBHM。该模型综合考虑了冰川、积雪、冻土、寒漠、灌丛、草地和森林等山区流域不同下垫面的水文功能，在黑河上游取得较好的模拟效果（Chen et al.，2018）。

（3）冻土退化对流域径流的影响

在全球变化背景下，理论上讲，冻土退化（面积萎缩、活动层加厚、温度上升、连续性减弱等）主要会改变流域的产汇流过程和水量平衡，从而影响流域的年内和年际径流分配。现有观测事实和模型数值模拟实验也基本证明了这种结论，但在不同地区，由于气候、地形、冻土类型及分布状态等的影响，冻土退化对流域径流的影响特征及程度不同。

1）冻土退化与流域冬季径流。冻土退化，会导致冻土层的隔水作用减弱甚至消失，增加地表水的下渗。冻土暖季消融深度的增加，不仅会改变地表和浅层壤中流的径流系数，而且使更多的降雨和冰雪融水下渗转为地下水，从而增加了流域基流量，成为冬季径流（基流）的重要水源，并在一定程度上调整了流域径流的年内和年际分配，其中最明显的证据就是冬季径流（基流）的增加。已有学者分别从局地（Quinton and Baltzer，2013）、区域（Walvoord and Striegl，2007；St. Jacques and Sauchyn，2009；Sjöberg et al.，2013）和环北极（Rennermalm et al.，2010；Yi et al.，2012）尺度上对冻土退化与冬季径流的关系进行了研究，发现大部分河流冬季径流存在不同程度增加趋势，并推测认为这一增加过程主要是由多年冻土退化引起的。

Zhang 等（2005）认为，西伯利亚地区多年冻土活动层厚度加深所消融的地下冰水量，是其河流径流量增加的主要原因。欧亚大陆东部多年冻土区，夏季末期降雨量的增加和由于冬季积雪增厚导致的活动层厚度的增加，可能是较大流域最小月径流增加的主要原因（Rawlins et al.，2009）。欧亚大陆东部较小流域冷季最小月径流几乎保持不变，可能是由于较小流域多年冻土覆盖率极高、冬季几乎不产流的原因（Williams and Smith，1989）。欧亚大陆西部非多年冻土区，冷季最小月径流呈现出增加趋势，应该是由于季节冻结深度变浅导致更多水分下渗，土壤储水能力增强所致。北美大陆东部冷季最小月径流表现出减少趋势，其主要原因可能是夏季末期降水异常导致土壤含水量减少（Rennermalm et al.，2010）。在我国西部寒区，河流冬季径流的增加与冬季气温（巩同梁等，2006；黄玉英等，2008）、活动层厚度（刘景时等，2006）等的变化密切相关，夏季降雨量及入渗量增多是主要原因（陈仁升等，2019）。

2）冻土退化与流域冷季退水过程。多年冻土退化会导致流域地下水水库库容增加，调节能力加强，其结果会导致冷季退水过程减缓（Niu et al.，2011；陆胤昊等，2013）。

西伯利亚地区17个典型流域冷季退水过程表现出减缓趋势，其变化与流域多年冻土覆盖率、地理特征及气候特征有一定关系（Watson et al.，2013）。地表冻结前河流径流量大小、多年冻土覆盖率高低、流域年降水量大小、积雪多少等均会影响冷季退水过程。在多年冻土覆盖率较大流域，冻土退化对流域冷季退水过程影响较大，而在多年冻土覆盖率较小流域，这一影响较小（Niu et al.，2011；Wang et al.，2017）。中国西部寒区28个典型流域的统计结果也发现了这一现象（陈仁升等，2019）。

3）冻土退化与流域年内径流分配。流域多年冻土覆盖率的差异会影响流域径流的年内和年际分配方式（Ye et al.，2009；Niu et al.，2011）。在多年冻土覆盖率较高的流域，由于冻土分布广泛，地表受冻结影响入渗率较低，活动层较浅，降雨和冰雪融水往往会超渗产流或快速蓄满活动层发生蓄满产流过程，产流迅速且产流量较大。而在多年冻土覆盖率较低流域，可蓄水土壤层面积和厚度均较大，更多的降雨和冰雪融水进入土壤层，土壤层蓄水作用和蓄水持续时间均较大，产流速度较缓且产流量较小。因此，冻土退化会导致多年冻土覆盖率较高流域的径流年内分配趋于平缓，而对多年冻土覆盖率较低流域的影响有限（Ye et al.，2009；Niu et al.，2011）。但对于多年冻土覆盖率很高的较冷流域，全球变暖幅度尚未对冻土产生明显的影响，因而冻土退化对流域年内径流分配的影响也较为有限（陈仁升等，2018）。此外，Gao等（2016）研究发现，在多年冻土退化背景下，受区域水文地质结构的影响，更多水分会进入土壤层后储存在地下，并没有直接参与地下径流，导致流域年内分配过程趋于陡急。Wang等（2017）发现，湖泊、湿地等的广泛分布在一定程度上也可能会弱化冻土退化的水文效应。

4）冻土退化对未来流域水量平衡的影响。基于不同的温升情景，利用不同的冻土水文模型，对不同区域冻土退化对水文过程的影响进行预估，结果表明，冻土退化会增强地表水和地下水之间的水力联系，导致流域地下水增加、年内径流分配趋于平缓（表4-4）。

表4-4　未来冻土退化对流域水量平衡的预估结果

模型	研究区	模拟结果	参考文献
Modified FlexPDE	假设	地下水增加	Bense et al.，2009
SUTRA	青藏高原	地下水增加	Ge et al.，2011
MarsFlo	假设	地下水增加	Frampton et al.，2011
Modified FlexPDE	假设	地下水增加	Bense et al.，2012
SUTRA	假设	地下水增加	McKenzie and Voss，2013
MarsFlo	假设	年内径流分配变缓	Frampton et al.，2013
SUTRA	美国阿拉斯加	地下水增加	Wellman et al.，2013
Unnamed model	瑞典北部	最小月径流增加，退水变缓	Sjöberg，2013

续表

模型	研究区	模拟结果	参考文献
MarsFlo	假设	溶质滞留时间增加	Frampton and Destouni, 2015
SUTRA	青藏高原	地下水增加	Evans et al., 2015
SUTRA	加拿大西北地区	地下水增加	Kurylyk et al., 2016

2. 挑战与科学问题

（1）挑战

1）研究成果主要集中在高纬度地区，高海拔地区冻土分布及其水热特征复杂，研究相对不足。

2）冻土退化导致流域冬季径流增加、冷季退水过程变缓、年内径流分配趋于平缓等结论仍存在一些争论和较大的不确定性。

3）冻结层上水、层中水和层下水与区域水循环的转化关系，以及冻土退化背景下，地下水系统如何影响区域水循环等尚处于初步探索阶段。

4）季节冻土分布广泛，季节冻土的水热耦合过程及其隔水效应对流域水文过程也与较大影响，但相关研究较为缺乏。

5）基础数据匮乏是限制冻土–水文过程研究的瓶颈性问题。多年冻土区一般位于高海拔或高纬度等人烟稀少、自然条件恶劣的地区，野外观测和后勤保障的困难限制了冻土水文在野外条件下的持续性精细研究。详细的冻土分布及变化资料及有关冻土–地下水构造关系的数据也极为稀少。

（2）科学问题

流域降雨和冰雪融水需经由冻土参与流域的产汇流过程，冻土通过其弱透水性及水热耦合过程来影响流域的产流、入渗和蒸散发过程，季节冻土或多年冻土活动层的水热变化受其本身的性质、气候、积雪/植被以及地下水的系统的影响，对流域水文过程的影响极为复杂而且难以直接测量。如何界定冻土退化引起的流域径流以及蒸散发变化是未来值得深入探讨的关键问题。

多年冻土中含有大量的固体冰，从短期来看，其补给水源效应比冰雪融水弱，但其总量较大。据全球范围的统计，山地冰川占淡水资源的 0.12%，而冻土地下冰则占 0.86%。受全球变暖影响，多年冻土特别是地下冰大量消融，可作为一种重要的补给水源。如何定量估算地下冰储量及其水文效应是未来寒区水文应重点关注的问题。

季节冻土分布广泛，其水文过程与多年冻土区相似但也有较大差异。流域尺度季节冻土水文效应的研究亟待开展。

与高纬度冻土相比，高海拔冻土的连续性相对较差，冻土含水量相对较低、地下冰赋存较少，冻土温度相对较高，不连续和岛状冻土较多，融区分布广泛，冻土的隔水作用相对较弱。因此，高海拔冻土水文过程更为复杂，多年冻土和季节冻土变化对流域水文过程和径流量影响的刻画难度较大，目前尚缺乏细致的认识和系统了解，更缺少高海拔与高纬度地区的对比研究。因此，深入探讨高海拔冻土水文过程，即冻土退化对径流影响的区域差异特征及其原因解析并与高纬度地区成果进行对比研究，是未来应广泛关注的问题。

4.3.2 黑河流域冻土–水文过程研究取得的成果、突破与影响

1. 主要成果

(1) 冻融过程中的土壤水热传输及耦合过程

黑河山区流域试验点尺度观测与模拟结果表明，冻融过程将会形成独特的土壤水热运动过程，即冻土中固态含水量的存在，改变了土壤的导热系数、热容和总能量，以及感热传导过程，同时改变了土壤的结构，减小了有效孔隙度和实际土壤田间持水量，从而改变了液态水分–土壤水势关系，改变了土壤的实际水力传导率，最终改变了未冻水的流向、流速、流程和流量。土壤的有效孔隙度、持水量、导水率、导热系数及热容等各种基本水热变量在不同冻融状态会呈现显著差异。

非冻结期，降水下渗和蒸发是近地表土壤水运动的主要活动状态，土壤水迁移运动量远大于冻结期间的。冻结过程时，受土壤液态水相变过程影响，基质势会逐渐成为土壤水运动的主要控制因素，促使水分向冻结锋面聚集（图4-31）。在多年冻土区，双向冻结过程会导致土壤水分向上下两个冻结锋面迁移。自下而上冻结时，土壤水向下迁移会导致活动层下限附近的含水量增加，多年的向下累计过程可能使冻结锋面的含冰量富集，这成为多年冻土区地下冰形成的理论机制。自上而下的冻结时，土壤水向上运动，近地表的土壤含水量增加，导致土壤开始解冻时，液态含水量会急剧增加（图4-31）。多年冻土双向冻结，冻结过程中土壤水分会向上下两个方向运动，导致活动层中间土壤水分含量较低，形成疏干层。

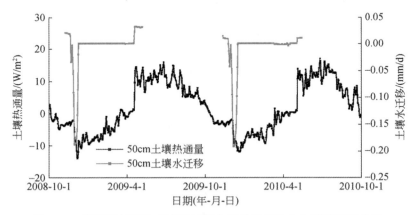

图4-31 高寒草甸试验点冻融过程土壤热通量及水分迁移日变化图

资料来源：阳勇等，2013

非冻结期和冻结稳定期，土壤的热传输过程主要以热传导为主，与上下层土壤的地温紧密相关。而在土壤冻结期，土壤开始冻结时，土壤液态水的相变过程和向冻结锋面的集结过程均会影响土壤热通量，此时热传导和相变热并重，导致地热通量的急剧增加。类似的，冻

土开始融化时，土壤液态水急剧增加，融化释热也会引起土壤热通量的急剧变化（图 4-32）。

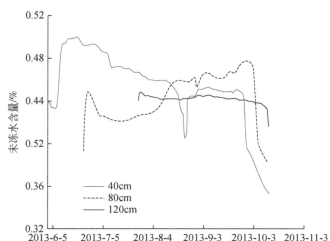

图 4-32　黑河山区多年冻土活动层解冻期土壤未冻水含量变化图

资料来源：修改自 Wang et al.，2017

　　冻土和下垫面类型的差异，会导致不同的土壤水热传输过程。同一土壤层 5 种下垫面类型（高寒草原/季节冻土、高寒草甸/季节冻土、灌丛草甸/季节冻土、沼泽草甸/多年冻土和高山寒漠/多年冻土）的水热传输过程结果表明，在冻结过程中，不同试验点均出现了因冻结过程而使土壤水向冻结锋面集结的现象，但向冻结锋面集结的过程因土壤性质和含水量不同而呈现差异。试验点尺度土壤含水量沼泽草甸>高山寒漠>高寒草甸>灌丛草甸>高寒草原试验点，沼泽草甸试验点冻结过程中土壤水向冻结锋面集结的持续时间最长，且数值最大；高山寒漠试验点因为土壤颗粒较大，成冰作用会使土壤中毛细孔增加，导致冻结过程中，出现多次土壤水向上的运动状态（图 4-33）。土壤性质和含水量是影响冻结过程中土壤水向冻结锋面集结过程的主要因素，即导致土壤基质势大于重力势对土壤水分运移的影响（阳勇等，2013）。

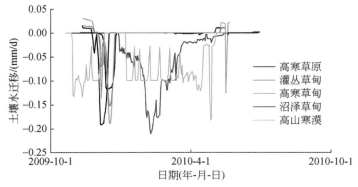

图 4-33　黑河山区不同下垫面 70 cm 处土壤水迁移对比图

资料来源：陈仁升等，2018

未冻水是冻土中的液态水，主要受温度、压力、含水量、土壤性质、含盐量等影响，其存在是冻土水迁移的必要条件，是冻土水文过程研究的重要参数。土壤未完全冻结时（完全冻结是指土壤未冻水含水量仅为残余含水量），土壤未冻水仍然会运动。黑河山区葫芦沟小流域以及黑河源区多年观测表明，各试验点土壤未冻水含量（W）与地温（T）均呈现较好的指数函数关系（$W = a \times T^b$），函数关系参数（a、b）与土壤质地和砾石含量紧密相关（图 4-34）。土壤完全冻结临界地温为 $-10 \sim -6℃$，也与土壤颗粒大小及物质成分相关（陈仁升等，2014）。土壤残余含水量越小，该临界温度越低。根据黑河山区土壤分布，推荐黑河山区土壤完全冻结温度为 $-7℃$。该研究成果为黑河山区以及高海拔冻土区的冻融土壤水热耦合模拟和流域尺度冻土水文过程的研究和模拟提供了基础理论依据和基本参数。

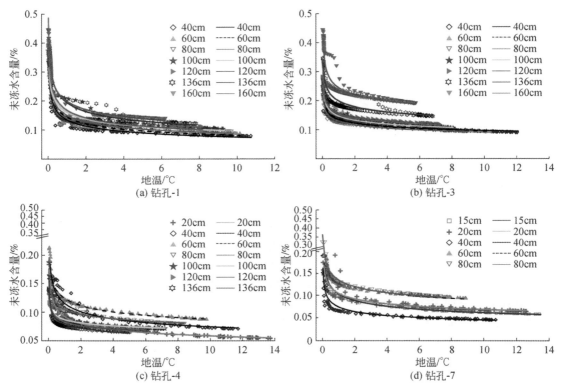

图 4-34　黑河山区不同试验点土壤温度与未冻水含量关系图

资料来源：修改自 Wang Q et al., 2019

（2）冻土的流域水文作用

寒区流域内广泛覆盖着多年冻土或季节冻土，冻土类型及其时空分布的差异，在不同流域、同一流域不同地点对流域水文过程及水量平衡的影响具有一定的差异。总体来讲，作为相对隔水层，多年和季节冻土主要阻碍了水分的向下渗透和对深层地下水的补给，使流域径流系数增大、峰值升高，水文过程发生改变，形成了冻土区流域独特的水文过程。

黑河山区多年冻土下限海拔为 $3650 \sim 3700\ \text{m}$，山区的冻土的分布和冻融过程受海拔、坡度坡向、植被、土壤含水量以及土壤性质（岩性）等多种因素影响，其中区域尺度上海拔是其主要控制因子（王庆峰等，2013）。随着海拔升高，活动层的年平均地温和活动层厚度均呈现减少趋势，开始冻结时间更早，冻结速率更快。然而，多年冻土解冻的开始时间和解冻速率并未呈现显著的海拔差异。多年冻土一般先自上而下开始冻结，然后呈现双向冻结状态。随着海拔上升，自下而上冻结的比例逐渐增加（Wang Q et al.，2017）。由于冻土水文过程的特殊性，在流域尺度上，目前主要采用流域水文模型以及同位素和水化学手段，来分析冻土的流域水文作用。

流域水文模型结果表明，黑河山区冬季径流主要由浅层地下水补给，进入春季，随着气温升高，积雪融化，降水增多，地下水补给不再是主要的径流成分。由于冻土的存在，隔水效应导致积雪融水和降雨难以下渗至土壤层，此时地表径流是流域产流的主要形式，其最大贡献值可达 95.2%。随着气温升高，冻土开始融化，地表导水率和下渗率急剧变大，融水/降雨入渗量增加，地表径流占比逐渐下降，壤中流占比则逐渐上升。进入夏季，季节冻土完全融化，多年冻土活动层厚度达到最大，壤中流成为流域主要产流形式，占比最大可达 63.8%。秋季，气温下降，地表开始冻结，地表下渗能力急剧下降，壤中流占比下降，地表径流重新成为流域产流的主要形式（图 4-35）。

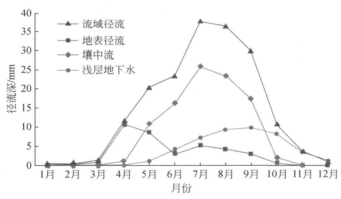

图 4-35 黑河山区流域不同产流形式月变化图

资料来源：修改自 Yin et al.，2014

冻土的冻融状态形成了不同的产流形式，而当多年冻土覆盖率较高的流域，产流形式以地表产流为主，产流时间短，汇到河道的时间也较短。从空间上看，高覆盖率多年冻土区具有产流率高、直接径流系数高、径流对降水的响应时间短和退水阶段时间短等诸多水文特性。流域多年冻土覆盖率越低，流域径流年内分配越稳定；反之，覆盖率越高，流域径流年内分配越不稳定。中国冰冻圈包括黑河流域在内的 33 个流域多年冻土覆盖率与径流的统计结果表明，多年冻土覆盖率低于 40% 的流域，冬季径流增加幅度与冻土覆盖率呈反比 [图 4-36（a）]；冻土覆盖率大于 40% 时，冬季径流变化幅度与冻土覆盖率基本无关。在多年冻土覆盖率高于约 60% 时，冬季径流比例基本稳定，而在多年冻土覆盖率相对较小的流域，随冻土覆盖率的增加，冬季径流比例的增幅减小 [图 4-36（b）]。最大最小月径流量比的变化率与流域多年冻土覆盖率基本呈正比 [图 4-36（d）]，即随多年冻土覆盖率的减少，流域年内径流过程线越趋于平缓（陈仁升等，2018）。

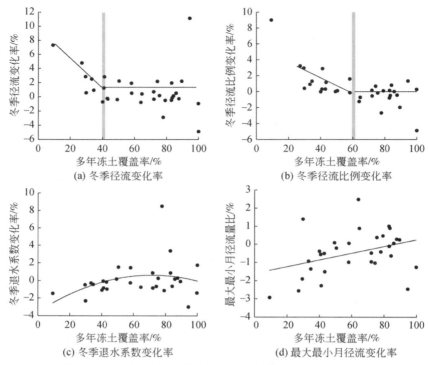

图 4-36　中国冰冻圈流域多年冻土覆盖率与径流变化的关系

资料来源：陈仁升等，2018

除了改变产汇流形式，冻土自身也是径流来源的一部分。冻土通过冻结的方式将降雨和冰雪融水储存于土壤中，然后通过融化释放，进入河道形成径流。黑河上游葫芦沟小流域的同位素和水化学分析结果显示，葫芦沟内 3 个子流域的径流来源存在一定差异，其中支流-1，降水占总流量的 77%，冻土融水占 17%，冰川融雪仅占 6%；而降水对支流-2 的贡献率为 44%，冰川融雪水为 42%，只有 14% 来自冻土融水；对于无冰川的支流-3，降水占总径流量的 63%，其他 37% 来自冻土融水。整个葫芦沟流域河水补给量的 68% 来源于降水，冰川融雪水和冻土融化水分别占 11% 和 21%（图 4-37）。冻土融化水是高寒山区径流的重要来源，尤其是无冰川区，多年冻土成为重要的水源区。

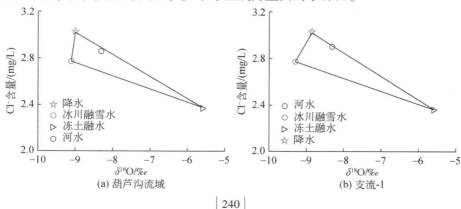

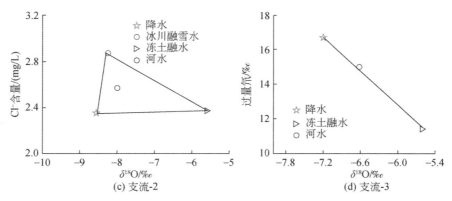

图 4-37　葫芦沟流域及其支流的 $\delta^{18}O$ 和 Cl^- 的平均值混合图

资料来源：Li et al.，2014

　　冻土分布广泛的流域，水文地质条件还受冻土和融区分布以及活动层冻融循环的影响。冻结降低了土壤的导水率，土壤中冰也占据了土壤空隙并降低了土壤的渗透性。而冻土融化过程又改变了不同融区之间的水力连接，进一步影响了地下水流动路径及其与地表水的相互作用关系。山区复杂的水文地质条件更是增加了山区冻土区地下水运动以及与地表水交换的复杂性。黑河上游葫芦沟小流域的同位素和水化学分析以及实测数据结果共同表明，高海拔的高山寒漠区（多年冻土）为流域地下水的来源和集水区。除通过河道和地表径流外，高海拔的冰川和积雪融水主要以多年冻土层上水和层下水赋存，以地下水流动的方式进入低海拔区域，成为低海拔季节冻土区地下水的主要来源，并进一步以侧向流或泉的形式，作为基流进入河道。在暖季期间，地下水从高海拔向低海拔快速运动，而寒冷季节一般以储存为主，与地表水交换缓慢。这种季节性变化分别由两种机制解释：第一种暖季时期，低海拔平坦地区进入河道时，含水层逐渐变窄，地下水位相对较高，可直接补充河道径流。第二个冷季时期，河道封冻，土壤冻结，阻碍了地下水的排放，使冻土区地下水变为了承压水，导致下游地下水头增加，降低了地下水与河道之间的水力梯度，进入河道的地下水减少。这两种机制阐明了高海拔冻土区不同季节的地下水运动形式（图 4-38）。

（3）冻土退化对黑河流域水文过程的影响

　　过去几十年来，全球气候变暖不断加速，多年冻土区出现了多年冻土面积缩小、年平均地温升高和活动层加厚等冻土退化现象。这一过程使多年冻土的隔水作用减小，冻土中的地下冰发生融化，不但在冻土区形成融区，还可能向所在流域释放大量的水。这些冻土退化的水文效应对流域的产汇流过程和水循环都产生了深刻的影响。

　　黑河冻土变化主要体现在三个方面：低海拔（<3500 m）的季节冻土最大冻深减低，中海拔（3500～3900 m）的多年冻土转化为季节冻土，高海拔（>3900 m）的多年冻土活动层加厚。1960～2013 年，黑河流域年平均气温以 0.35℃/10 a 的速度增加，冻结指数呈下降趋势，而解冻指数呈上升趋势（Peng et al.，2016）。利用高程–响应模型，运用高分辨率的高程数据（SRTM3）、经纬度数据、年平均气温数据和气温垂直递减率数据，计算了黑河山区流域（莺落峡水文站）近 50 多年的冻土分布情况（图 4-39）。黑河山区流域

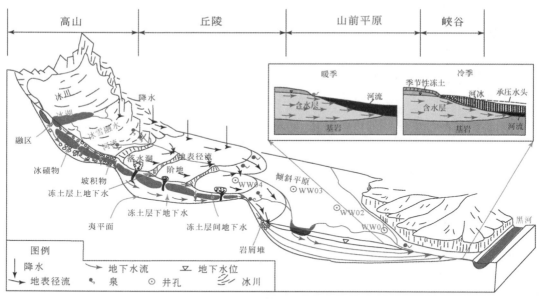

图 4-38　葫芦沟流域地下水运动示意图

资料来源：Ma et al.，2017

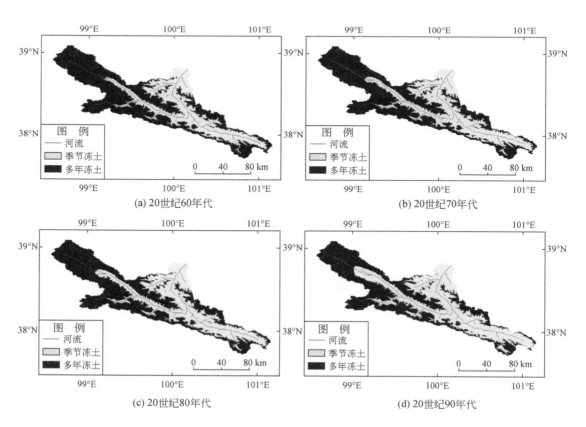

(a) 20世纪60年代

(b) 20世纪70年代

(c) 20世纪80年代

(d) 20世纪90年代

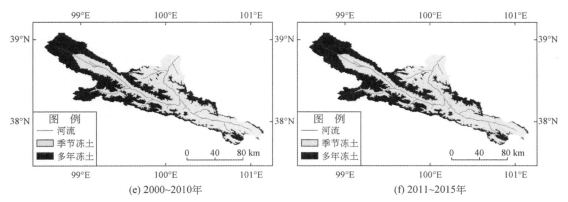

(e) 2000~2010年

(f) 2011~2015年

图 4-39 黑河山区流域多年冻土分布变化图

资料来源：陈仁升等，2018

20 世纪 60 年代、70 年代、80 年代、90 年代、2000～2010 年和 2011～2015 年的多年冻土分布面积分别为 0.61 万、0.58 万、0.57 万、0.50 万、0.42 万和 0.43 万 km²。过去 50 多年，黑河上游流域多年冻土分布面积呈现出明显的减少趋势，多年冻土覆盖率从 20 世纪 60 年代的 61% 下降到 2011～2015 年的 43%，平均变化量约为−3.3%/10 a。同时，2000～2015 年，黑河上游流域多年冻土面积有轻微增加趋势，这与全球增温趋势目前可能处于相对停滞阶段的现象是比较一致的（陈仁升等，2019）。

除面积萎缩以外，冻土退化主要表现为多年冻土升温/活动层加厚、季节冻土最大冻深变浅等，致使更多的液态水分入渗到流域中、深层土壤和地下水系统中，使流域调蓄能力加强、储水量增加。来自重力卫星 Grace 的证据表明，中国祁连山储水量呈增加趋势，主要由冻土退化引起（图 4-40）。流域调蓄能力增强，可引起寒区流域年内径流过程线趋于平缓等现象（图 4-41）。冻土退化增加土壤下渗率，导致冻土层的隔水作用减弱甚至消失。冻土夏季消融深度的增加会加大降水对地下水的补给，同时部分地下冰发生融化，融区面积扩大，从而加大对冬季径流的补给，导致冬季径流呈现增加趋势。近几十年来，黑河山区（莺落峡）总径流和冬季径流均呈增加趋势，模型结果显示降水增加是年径流量增加的主要原因，而冬季径流增加主要由冻土变化引起（Qin et al.，2016）。近几十年来，低海拔季节冻土区降水减少，土壤升温和解冻时间增长会增加流域实际蒸散发，该区径流变化呈微弱降低趋势且整体变化较小。高海拔多年冻土区，由于降水增加导致径流呈增加趋势（Gao B et al.，2018）。因为多年冻土和季节冻土区的产流模式和年内径流分配比例有显著差异，因此多年冻土向季节冻土退化地区成为冻土退化对流域水文过程影响最大的区域。冻土退化导致该区土壤液态含水量增加显著，冬季径流明显增加，秋季退水趋势平缓，成为整个黑河山区流域冬季径流增加和退水趋势变化的主要贡献区（图 4-42）。极端敏感性实验的结果表明，假设多年冻土从 1960 年完全消失，若降水量处于增加趋势，流域径流将呈现先增后减趋势（图 4-43）。流域径流量将在枯水年份增加，在丰水年减少（图 4-44）；冬季增加，夏季减少（图 4-45）。相对于冰川和积雪，冻土变化是一个长期的复杂过程，其与地形、植被下垫面和土壤关系密切，埋于地下不易观测，其对水文过程的影响研究还存在一定不确定性，尚需进一步研究。

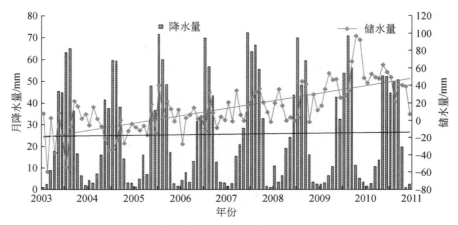

图 4-40　祁连山储水量变化（重力卫星 Grace 结果）

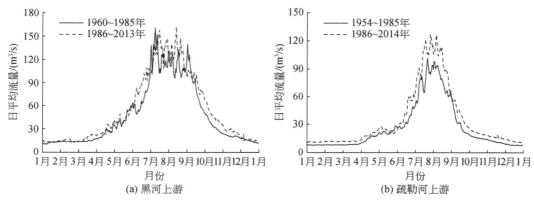

(a) 黑河上游

(b) 疏勒河上游

图 4-41　黑河上游和疏勒河上游 1985 年前后的径流年内分配图

资料来源：Chen et al.，2018

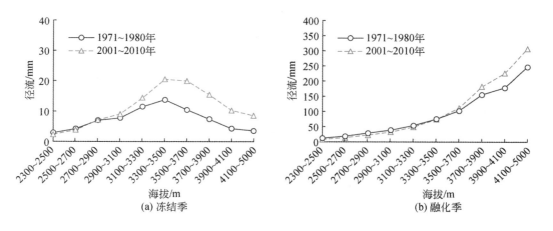

(a) 冻结季

(b) 融化季

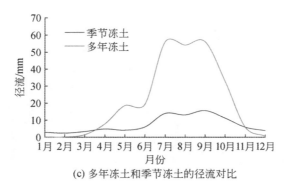

(c) 多年冻土和季节冻土的径流对比

图 4-42　不同海拔冻结时期和融化时期的径流变化以及多年冻土和季节冻土的径流对比

资料来源：Gao et al.，2018

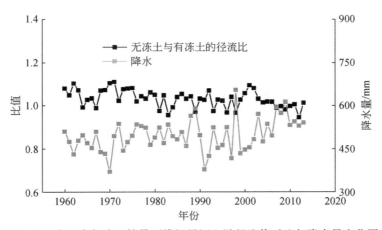

图 4-43　有无多年冻土情景下模拟黑河上游径流值对比与降水量变化图

资料来源：Chen et al.，2018

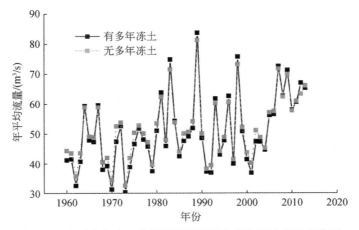

图 4-44　有无多年冻土情景下模拟黑河上游年平均流量变化图

资料来源：Chen et al.，2018

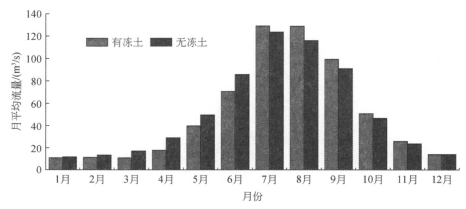

图 4-45　有无多年冻土情景下模拟黑河上游平均月径流值变化图

资料来源：Chen et al.，2018

2. 突破及影响

1）建立和完善了黑河山区冻土-水文监测网络，为冻土水文研究积累了重要的基础数据。依托黑河计划，在黑河山区流域布设了较为完善的冻土-水文监测网络，形成了包括数十套综合气象观测站、12 个活动层水热监测场、30 余口地下水监测井及 10 余个冻土深孔等的冻土综合监测系统，实现了多层风温湿、气压、降水量、辐射通量、雪深、地表红外温度、浅层土壤热通量、涡动相关系统、活动层水热、多年冻土温度等涉及冻土环境的全要素监测。检测区域从东支八宝河俄博岭至西支野牛沟源头的八一冰川，实现了对黑河山区流域的全覆盖。在黑河一级支流葫芦沟流域，以不同海拔不同下垫面布设的 6 套综合气象观测站和 3 个水文站为核心，建立了包括冻土在内的冰冻圈全要素流域水文过程网络。葫芦沟小流域于 2014 年被世界气象组织全球冰冻圈监测计划吸收为基准站（http：//globalcryospherewatch. org/）。目前，黑河山区冻土-水文监测网络已成为我国高山区覆盖范围最广、观测要素最全的流域冻土监测体系，可为黑河山区的冻土及寒区气候、水文、生态等相关研究提供可靠的本底资料和基础数据。

2）更新了冻融过程对土壤水热传输影响的认识，深入认识了土壤冻融过程中的水热传输及耦合过程，发现了冻结过程中未冻水向冻结锋面集结的现象，从而阐明了地下冰的形成机制，这些认识和发现对于普通冻土学和冻土水文学研究具有重大意义。过去对冻土中水热传输过程的研究多集中于室内实验模拟，野外实际下垫面的冻土水热传输研究相对较少。以定位监测为基础，结合模型模拟，获得了各种下垫面和不同冻土类型的基本水热参数，揭示了冻土冻融过程对土壤水热传输过程的影响机理，对比了不同下垫面和冻土类型冻融过程土壤水热传输过程差异。认识到冻结过程会导致土壤水向冻结锋面移动，多年的向下累计可能使活动层下方的含冰量富集，成为多年冻土区地下冰形成的理论机制。多年冻土双向冻结，冻结过程的土壤水分会向上下两个方向运动，导致活动层中间土壤水分含量较低，形成疏干层。基于大量实测数据，给出了黑河山区完全冻结温度约为 −7℃，为黑河山区的冻土水热过程和流域水文过程模拟提供了重要参数。

3）提出了高海拔多年冻土流域地下水的形成机制，阐明了地下水的运动形式及高海拔冻土的流域水文作用，多年冻土地下冰在黑河也是一种重要的水源。获取了冻土冻融过程的产流模式差异，冻结期主要是地下基流，冻融转化期以地表产流为主，而融化期则以壤中流为主要形式。在高寒山区冻土的水文作用方面取得重大突破，冻土除了改变产汇流形式以外，在黑河流域冻土自身也是径流来源的一部分，尤其是无冰川区，多年冻土成为重要的水源区。利用同位素和水化学技术手段，首次在黑河山区开展多年冻土区地下水研究，对比了高海拔多年冻土地下水运动的季节性差异，提出了地下水不同季节的运动机制。相关成果发表在 *Hydrology and Earth System Sciences*、*Global and Planetary Change*、*Journal of Hydrology* 等高水平期刊上。

4）给出了多年冻土覆盖率影响流域水文过程的阈值，提出了不同冻土类型的退化差异及其对流域水文过程的影响差异，提升了冻土退化影响高寒山区流域水文过程的认识水平。同位素、重力卫星和水文模型等多手段评估了冻土退化对黑河山区流域径流的影响，发现多年冻土退化已经引起黑河山区流域冬季径流增加、退水过程减缓、年内径流过程线趋于平缓等现象。流域多年冻土覆盖率会影响流域径流过程。在多年冻土覆盖率低于40%的流域，冬季径流增加幅度与冻土覆盖率呈反比；冻土覆盖率大于40%时，冬季径流变化幅度与冻土覆盖率基本无关。在多年冻土覆盖率高于60%时，冬季径流占比基本稳定，而在多年冻土覆盖率相对较小的流域，随冻土覆盖率的增加，冬季径流占比的增幅减小。冻土退化会增加土壤下渗率，导致冻土层的隔水作用减弱甚至消失，增加了降水对地下水的补给量，导致冬季径流呈现增加趋势。分析了不同冻土类型的退化差异，并对比了不同冻土退化状况对流域水文过程的影响差异。认识到多年冻土向季节冻土退化地区成为冻土退化对流域水文过程影响最大区域，是流域冬季径流增加的主要贡献区。以上成果细化了冻土类型对流域水文过程的影响差异，提升了冻土退化对高寒山区水文过程影响的理解，为进一步预估未来气候和冰冻圈变化对流域水文过程影响提供了理论基础。相关成果发表在 *The Cryosphere*、*Journal of Geophysical Research Atmospheres* 等高水平期刊上。

4.3.3 干旱区流域冻土-水文过程研究的前沿方向

干旱区流域冻土-水文过程主要集中在流域上游山地，而这些山地正是干旱区流域的主要地表水源地。因此，干旱区流域冻土-水文过程研究的主要地貌类型为山地，即山地冻土-水文过程。相对于其他地区，山地冻土空间连续性较差，冻岩占较大比例，空间分布更为复杂，冻区-融区交叉分布，冻结层上水、层间水和层下水交换更频繁，植被及土壤类型垂直分带性明显，冻土-水文过程更为复杂。山地冻土-水文过程的前沿方向如下。

1）适合干旱区山地特征的、包含冻土水热耦合过程以及冻结层上水、层间水和层下水交换过程的流域水文模型研发。目前常见国内外流域水文模型中，完全包含冰冻圈要素的较少，多数分布式水文模型中包括了基于度日因子的简单积雪消融过程，对于冰川水文过程的描述也相对简单，多数仍然为度日因子模型，没有考虑冰川运动及汇流过程等。考虑冻土水热耦合过程及其对流域产流、入渗、蒸散发和汇流的过程的模型更少，而目前几乎所有的流域水文模型都没有考虑冻结层上水、层间水和层下水的交换过程。

2）冻土退化与流域径流及水量平衡变化间的定量关系。冻土在寒区流域产汇流过程中的作用多数难以直接监测，并受观测资料、研究尺度、区域气候和下垫面差异及研究方法的限制，冻土退化导致流域冬季径流增加、冷季退水过程变缓、年内径流分配趋于平缓等结论仍存在较大争论和不确定性。目前，冻土退化与流域径流变化之间尚缺少足够的证据。需要深入了解多年冻土区冻结层上水、层中水和层下水与区域水循环的转化关系，多年冻土、季节冻土、融区之间地表–地下水系统的水力联系。

3）山地地下冰的分布及其水文效应研究。多年冻土中含有大量的固体冰，据初步估算，青藏高原多年冻土含冰量达 9500 km^3，折合水当量约为 8.6 万亿 m^3，是我国冰川储量的 1.7 倍。受全球变暖影响，多年冻土特别是地下冰大量消融，可作为一种重要的补给水源，特别是山地地区。而目前有关干旱区山地地下冰的分布及其水文效应研究几乎处于空白阶段。

4）冻土–水文过程研究的新手段、新思路和新方法。山地冻土–水文过程复杂多变，现有的技术、手段和方法还难以全面了解山地冻土–水文过程。提出创新性思路，推动探地技术、遥感手段、同位素和水化学技术等的更新，研制新仪器和新手段成为当务之急。

4.4 降雨–径流过程识别与模拟

从降水落到地面（或者冰雪融化）至水流汇集到流域出口断面的整个物理过程称为径流的形成过程，通常简称为降雨–径流过程，包括两个关键子过程：降雨和冰雪融化形成径流的产流过程，以及径流通过山坡和河网流到流域出口断面的汇流过程。根据径流来源的不同，河川径流可以分为降雨径流、融雪径流和冰川融化形成的径流等，根据水流路径不同，汇流过程可划分为地表汇流（山坡汇流、河网汇流）和地下水汇流。

黑河流域是我国西北第二大内陆河流域，上游位于青藏高原东北部的祁连山北坡，具有典型高寒山区的水文特征，下游具有典型干旱区的水文特征。本节将针对黑河流域的径流形成特点，介绍降雨–径流过程识别与摸拟方法。

4.4.1 流域降雨–径流过程研究现状、挑战与科学问题

1. 流域产流过程的研究现状与问题

（1）植物冠层截持

植物的冠层截持是指降水降落至植物冠层时被植被冠层拦截的过程。在高寒地区，降雪是降水的重要形式，40%~60% 的降雪可被植被冠层截持（Pomeroy et al., 1998）。同时，植被冠层可有效减少短波辐射，减少用于融雪的能量，研究表明，林地的融雪速率比开阔地慢 70%（Boon, 2007）。在气候变化背景下，植被变化与冠层积雪的响应关系是研究的热点。通常而言，森林覆盖增加会增强冠层截持作用，使地表积雪减少（Essery et al., 2003）。在美国的研究表明，近年来疾病和虫害增加导致植被冠层的不稳定变化，从而使积

雪减少，融雪加快，增加了洪水频次和强度（Varhola et al., 2010）；与之相反，森林火灾管理措施的改善，提高了北美森林的降雪截持速率，减少了融雪速率（Sampson，1997）。在青藏高原的研究表明，岷江上游的伐木显著改变了径流，产流量每年增加 38 mm（Zhang et al., 2012）；青藏高原北部草地退化使降水截持明显减少，产流增加（Wang G et al., 2012）。但是，已有的研究大多基于相关分析以及站点观测得出结论，现有的水文模拟对冠层结构刻画比较简单，很难反映森林复杂的垂直结构特征，有待进一步改进。

（2）降雨入渗

降雨入渗是指降雨进入土壤表面改变土壤含水量的过程，这一过程直接受土壤导水率变化的控制，并与土壤含水量有关。土壤的下渗能力与土壤物理结构和组分，特别是与有机碳含量以及微地形因素有关，而实际降雨过程中的下渗强度和下渗量还与降水强度和降水量有关（Fiener et al., 2011）。在高寒地区，气候变化引起的土壤性质变化及其对降雨下渗的影响是研究的重点之一。研究表明，土壤表面斑状苔藓地衣等生物群落对土壤下渗和地表产流有重要影响（Sinoga et al., 2010）。气候变暖还可加剧高寒地区土壤有机质变化，从而影响土壤的下渗能力，土壤有机质对于活动层厚度极为敏感（Jorgenson et al., 2013）。冻土退化，土壤温度升高使土壤有机质减少，直接影响土壤湿度变化和下渗能力（Wu et al., 2012）。其次，高寒地区也越来越多受到人类活动影响，在不同土地耕作方式下土壤密度有显著不同，进而影响土壤下渗能力以及壤中流过程（Silburn and Hunter., 2009）。在放牧过程中，动物的踩踏会使土壤密度增加，从而降低土壤下渗能力（Drewry et al., 2008）。但是，目前对于土壤结构和组分变化的研究尚局限于小尺度或站点观测，在宏观尺度上定量描述土壤下渗能力变化尚十分困难。因此，在高寒地区的降雨–径流过程研究中，亟待开展土壤冻融及土壤有机质变化对土壤导水能力的影响研究。

（3）融雪

地表积雪和融雪过程是高寒地区水循环的重要过程。研究表明，融雪径流对发源于喜马拉雅山脉流域的径流具有重要贡献（Jeelani et al., 2012）。气候变暖会加速融雪过程，改变高寒地区径流的季节分布规律。在气候变化背景下，定量评估融雪过程对径流的贡献及预测未来融雪径流的变化趋势是研究的重点。有研究指出，青藏高原地区升温幅度可达每年 0.08℃，使部分流域春季径流增加，夏季减少（Jeelani et al., 2012）。未来气候情景预估结果表明，当气候变暖持续几十年后，许多高寒地区的河流在旱季将无水可用（Barnett et al., 2005）。在印度，已经出现显著的融雪提前和径流减少现象（Immerzeel et al., 2010）。但是，在高寒山区流域，降雨、融雪和冰川融化对径流的影响错综复杂，而后两者的观测数据十分有限，如何准确定量区分三者对径流的贡献，以及准确预测未来的变化还存在诸多困难。

（4）冰川融化

冰川融化是青藏高原的重要水循环过程，评估冰川融化对径流的贡献，预估未来气候情景下冰川径流量变化是高寒山区水文研究的前沿问题之一。依赖卫星遥感定量观测冰川高度及采用质量平衡模型的数值模拟是主要研究手段。以往的研究表明，在喜马拉雅山区雪和冰川产流量对恒河、长江、黄河总径流的贡献达到 8%～10%（Immerzeel et al.,

2010），对雅鲁藏布江上游产流贡献可达11%，未来会增加到14%～21%（Su et al.，2016）。由于模拟中存在不确定性，加之观测数据缺乏，目前对青藏高原冰川的消融和后撤速度存在很大争议（Immerzeel et al.，2012）。针对未来气候情景的评估，冰川的分布和体积都有很大的不确定性。以往研究中通常采用冰川面积与体积的线性关系，可能夸大冰川对气候变化的敏感性（Van de Wal and Wild，2001），冰川融化的水文水资源效应研究尚需进一步加强。

2. 流域产流模式的研究现状与问题

（1）超渗产流

超渗产流指包气带未蓄满前因降雨强度大于土壤下渗能力而产生地面径流的过程。超渗产流也被广泛认为是干旱和半干旱地区，以及湿润地区的干旱季节的主要产流模式（芮孝芳，2007）。常见的超渗产流计算方法包括霍顿（Horton）下渗公式、菲利普（Philip）下渗公式，以及格林–安姆特（Green-Ampt）公式等（Green and Ampt，1911；张光义等，2007）。目前，对超渗产流机理的认识总体来说是清楚的，但由于高精度观测资料不易获取，干旱流域超渗产流的预报仍存在困难（李致家等，2015）。由于超渗产流取决于降雨强度和土壤下渗能力，因此降雨分布和土壤特性的空间异质性是准确模拟流域尺度的超渗产流的主要难点。

（2）蓄满产流

蓄满产流指包气带土壤含水量达到田间持水量以后的产流过程。蓄满产流被广泛认为是我国南方湿润流域的主要产流模式。蓄满产流主要受包气带缺水量影响，而降雨强度不是其主要控制因素（丁晓红等，2007）。蓄满产流的计算方法主要采用基于蓄水容量曲线的包气带水量平衡方法（马希斌，1994）。目前，蓄满产流的机理认识和计算方法发展都较为成熟，且其应用广泛，蓄满产流模型用于湿润流域的产流计算具有较高精度（李致家等，2015），其关键在于能准确估计流域的蓄水容量及其空间变异性。黑河流域上游山区的产流模式也以蓄满产流为主，而蓄水容量与土壤的冻融过程关系密切。

（3）混合产流

蓄满产流和超渗产流并存时成为混合产流，常出现在半湿润半干旱流域（包为民和王从良，1997）。相比于蓄满产流和超渗产流，以往研究对混合产流过程的认识相对薄弱，其研究难点在于对蓄满产流与超渗产流模式的辨别（李致家等，2015）。以往研究缺少对于混合产流的专门理论，通常是将蓄满产流模型和超渗产流模型组合而成，如增加超渗产流的新安江模型（李致家等，1998）、垂向混合产流模型（包为民和王从良，1997），以及陆浑模型（许珂艳等，2010）等。这类模型考虑了两种产流模式，弥补了单一产流模型的缺陷，但由于土壤和降雨的空间一致性强，产流机制在降雨–径流过程是动态变化的，因此现有的大多数水文模型对两种产流模式的识别尚存在明显的缺陷。

（4）土壤冻融过程对产流机制的影响

冻土作为不透水层，它的存在导致河川径流成分中有较多的地表直接径流和较少的地下径流（Woo et al.，2008）。在年内变化的土壤冻融过程中，土壤冻结和融化过程会影响其下渗和蓄水能力，进而影响产流机制（肖迪芳和陈培竹，1983）。在年际变化中，随着多年冻土退化，冻土的隔水作用减小，融区通道形成并扩大，下渗能力增加，导致地表水和冻结层上水渗透补给深层地下水增加，冻结层上的地下水位下降，地表水和冻结层上水减少，地下水的水流路径也会发生改变（牛丽等，2011；Cheng and Jin，2013；Cuo et al.，2014）。在北极地区的育空河、叶尼塞河、我国天山玛纳斯河等地区的研究发现，冻土退化带来的土壤蓄水容量增加，导致冬季径流增加（Yang et al.，2004；刘景时等，2006；Walvoord and Striegl，2007）。牛丽等（2011）通过分析西北地区疏勒河、黑河、石羊河等流域上游径流与流域负积温的时间序列，证实了冬季退水过程减缓与冻土退化之间存在联系。但是，当前研究对于流域尺度冻土变化对产流机制的影响仍没有较为一致和系统的认识，尚需开展更进一步的研究。

3. 流域汇流过程的研究现状与问题

（1）坡面汇流

坡面汇流指的是降雨或融雪形成的径流，从其形成的地点沿坡地向河槽汇集的过程。坡面汇流的计算方法，根据物理过程描述方式可分为两类：第一类，采用系统分析方法建立流域汇水区域输入与输出之间的响应函数，如等流时线法、单位线法、线性水库法等，这类方法简单实用，但计算参数缺乏明确的物理意义。第二类，基于水动力学方程描述坡面汇流过程，这一类方法具有明确的物理意义，但参数确定需要依赖实验等手段，获取较为困难（申红彬等，2016）。根据是否将全流域作为整体考虑，又可以分为集总式和分布式两类计算方法，其中分布式模拟为了考虑流域下垫面空间变异性，需要对流域进行离散化处理。常见的流域离散化方法包括基于网格单元的离散化方法、基于水文响应单元（hydrological response unit，HRU）的离散化方法、基于山坡单元的离散化方法（Yang et al.，2002），以及基于功能单元的离散化方法，如代表性基本流域（representative elementary watersheds，REW）等（Pilz et al.，2017）。在每个离散化单元中，坡面汇流通过不同的计算方法进行描述，将坡面流作为一种特殊的浅层水流，其运动规律十分复杂，存在着混合流、扰动流、伪层流、交替流、过渡流等不同形式。坡面流阻力与坡面植被、侵蚀细沟存在着复杂的关系，而坡面流速的计算中参数选取也存在较大的不确定性，制约了山坡汇流计算的精度（申红彬等，2016）。许多水文模型采用 8 方向（D8）算法确定山坡汇流路径，这一方法在应用中较为简单，但存在水流路径平行、分布无序等问题；为解决上述问题，也有许多学者提出了 Rho8、DEMON、MFD 等算法，但存在计算效率偏低等问题（Xiong et al.，2014）。Yang 等（2002）根据流域地貌特征，建立山坡单元与河网之间的拓扑结构，较好地耦合了以山坡为基本单元的水文计算和河网汇流演算，取得了较好的运算效率和模拟结果。

（2）河网汇流

河道内洪水波由上游向下游传播，从支流向干流汇集的过程称为河网汇流，河道中的水流运动规律可采用圣维南方程组描述。水文模型中，河网汇流演算通常采用两种方法：第一种称为水文学方法，以马斯京根法（Muskingum）及线性水库调蓄方法最为典型；第二种是水力学方法，对圣维南方程组进行简化，依据方程简化情况可分为动力波模型、运动波模型及扩散波模型等（王胜纲等，2004）。许多陆面模型对河网汇流的描述较为简化，如 CLM 模型采用线性水库调蓄法描绘河网汇流，尽管计算便捷，但对于洪峰出现的时间、峰值大小模拟存在较大误差。采用水力学方法可以在一定程度上改进对洪水过程的模拟，但存在着计算效率偏低、参数难以率定、实验获取参数与模型使用参数尺度不一致等问题（Sheng et al.，2017）。

（3）地下汇流

地下汇流通常包括壤中流与地下径流的汇流，在传统水文模型中，通常采用线性水库模型等计算地下汇流，如新安江模型等。借鉴萨克拉门托模型与水箱模型中采用线性水库函数划分水源的概念，又发展了区分地面径流、壤中流和地下径流的三水源新安江模型，随后又发展为区分快速地下径流和慢速地下径流的四水源模型（华舒愉等，2013）。线性水库模型计算方式相对简捷，但对真实物理过程的刻画不足，在区分不同水源时，还存在异参同效等问题。此外，可以通过地下水模型直接对饱和及非饱和土壤水运动方程进行求解计算，数值求解方法包括有限差分法、有限元法等，如 MODFLOW 采用有限差分法对地下水运动进行求解。一些研究将较为成熟的地表水模型与地下水模型进行耦合，如 Bailey 等（2016）耦合 SWAT 与 MODFLOW 模型，在美国俄勒冈州 Sprague 流域进行应用，能够较好地模拟地表水与地下水之间的交换，从而计算壤中流和地下径流与河道水流之间的交换。三维地下水模型具有更强的物理背景，但计算相对复杂，尚未得到广泛应用。

4. 相关研究领域面临的挑战与科学问题

（1）植被动态过程对流域产流的影响

气候变化背景下，植被生理活动强度、物候及植被的分布格局都将发生显著变化，其将通过影响蒸散发，土壤水运动等过程影响流域产流（Goulden and Bales，2014）。在高寒地区，冻土与植被联系紧密，冻土退化有助于增强微生物活性，丰富土壤中的营养物质，改变土壤水文条件；除此之外，冻土退化还会导致植被分布格局发生变化，促使林线变化（Goulden and Bales，2013），但相应的机理研究还很缺乏，如何将冻土–植被–水文耦合，准确反映植被的动态过程是高寒流域水文的一大挑战。其次，高寒地区的植被物候变化显著，生长季明显提前（Shen et al.，2015），但目前对于物候的控制机理缺乏深入研究，如何准确刻画植被物候的变化对于流域产流意义重大。最后，对植被特性以及环境适应性缺乏深入理解，不同的植被用水效率差异巨大，不同结构的植被在不同季节也会表现出明显的差异（Peter et al.，2011），但对这一过程缺乏机理研究和表达，如何科学准确反映用水效率的差异与变化也是流域产流的一大挑战。

（2）冻土退化对流域产流机制的影响

现有的研究大多以分析冻土变化与径流变化的相关关系为主，缺乏冻土变化对产汇流机制影响的深入研究和认识，特别是对于年内尺度上冻土的季节变化与流域产流过程的影响机制仍然不明晰。而冻土区水文过程的研究难点在于，区域降水–地表水–地下水转换关系具有高度的时空变异性，而温度对于土壤蓄水容量的控制，又使传统水文分析方法中的流域蓄水容量曲线、山坡产流模式等不再适用（Woo，2012）。为了系统描述冻土河源区冻土变化对产流机制的影响，需要建立一套适合寒区的冻土水文定量分析方法体系。

（3）流域径流成分与汇流路径识别

径流成分根据来源不同，可划分为降雨径流、融雪径流和冰川径流等；根据汇流路径不同，可划分为地表径流和地下径流（又称基流）。在气候变化的背景下，降水的总量与季节分布发生显著变化，总降水中降雪比例减小、积雪时间缩短、融雪时间提前，会改变融雪径流，同时高寒地区的冰川消融，也会改变冰川融化径流所占比例，但三者之间的比例关系在不同流域有何差异，在气候持续变暖的未来将如何演化，仍然缺乏系统的量化研究；高寒地区多年冻土的融化与活动层厚度的增加，可能使径流中基流比例增加，地表水与地下水之间的交换增强，显著改变地下水流路径（Walvoord and Kurylyk，2016），但由于高寒地区观测稀少，上述结论的可靠性及其在不同区域的适用性仍需更多机理模型及水化学试验结果加以证实。

（4）流域产汇流过程的空间异质性

流域产汇流过程受到气象要素和土壤、植被等下垫面因素高度空间异质性的影响，而在高寒地区，积雪、冰川、冻土等冰冻圈要素分布的空间异质性更是增加了寒区产汇流过程的空间复杂程度。在高寒地区考虑不同要素对流域产汇流过程空间异质性的影响，需要发展能够耦合冰雪冻土过程、动态植被过程及产汇流过程的分布式生态水文模型，但目前已有的模型还很少能够耦合冰冻圈-大气圈-生物圈-水圈的多圈层重要过程。分布式模型在将流域划分为不同计算单元的同时，计算复杂程度大大增加，这需要通过优化模型算法结构、利用高性能计算手段等方式提高运算效率。高寒地区观测数据稀少，需要在增加地面观测的同时，结合遥感、雷达等新技术，采用多源数据融合、气候模式降尺度等手段，获取反映空间分布差异的高分辨率气象数据与下垫面数据，从而为反映流域产汇流过程的空间异质性提供数据基础。

4.4.2 黑河流域降雨-径流过程研究取得的成果、突破与影响

1. 植被动态过程对流域产流的影响

在植被过程对流域产流影响方面，黑河计划从观测、采样调查到数值模拟都取得了丰硕的成果。

首先，黑河计划建立的生态-水文过程综合遥感观测联合实验，在流域上、中、下游分别开展针对积雪和冻土水文、灌溉水平衡和作物生长、生态耗水的综合观测实验，为解释地表水-地下水-植被生长耦合机理和模拟创造条件，其利用成像光谱仪、激光雷达和遥感卫星捕捉植被类型、覆盖度、冠层结构等参数，取得了一套多尺度的航空-卫星遥感和地面同步观测数据集。新的遥感植被叶面积指数矫正算法得到的叶面积指数产品具有更高精度，从而提升了在青藏高原地区的适用性，为植被与水文互馈响应分析提供了良好的数据基础（Jia et al.，2011），同时，对干旱区遥感蒸散发原理的认识和提升做出了重要贡献

（Li et al.，2012；Li et al.，2015a）。在森林结构参数估算，植被物理和生理参数反演上取得了丰硕成果（李新等，2012；Li et al.，2013），为现有的生态水文模型（如 SWAT、VIC、MODFLOW、LPJ_DGVM、BIOME-BGC、CLM4.0、GBEHM）制定了观测测量表，提供了科学的植被参数，为科学分析植被对流域产流影响提供了重要依据。

在实地采样调查方面，黑河计划在植被的截持蒸发以及植被对土壤水运动影响的机理认识上做出了重要贡献。冠层降雨截持测量实验发现，现有公式可很好地捕捉最大冠层截持速率，但在冠层饱和前偏差较大（Peng et al.，2014），研究为冠层水分损失新算法的提出以及遥感反演提供了科学依据（Cui et al.，2015）。同时，土壤采样研究也加深了对植被与土壤性质以及土壤水运动关系的理解，上游的研究发现，林地土壤有机质含量和孔隙度比灌丛大，而土壤密度和粉砂含量偏小，从而导致林地土壤持水能力和含水量比灌丛高39%和22%（Wang C T et al.，2013）。在中下游的研究发现，浅层土壤水作物大于林带和荒原，但深层土壤水相反，反映出不同植被根系对土壤水运动影响的重大差异（Shen et al.，2014），为进一步定量刻画植被变化的水文影响奠定了重要基础。

在模型模拟方面，黑河计划发展了先进的生态水文模型，为流域尺度上植被格局及变化对产流影响的分析、未来情景评估以及可持续发展决策提供了重要依据。研究发展了新一代分布式生态水文模型 GBEHM，该模型紧密耦合碳循环和水循环过程，包括植被光合作用与气孔导度变化、蒸散发与土壤水运动，为定量分析植被格局对产流的影响做出了巨大贡献（Yang et al.，2015）。GBEHM 的模拟研究表明黑河上游的裸地和高山草甸对流域产流有很大贡献，其中裸地贡献52%，草甸贡献34%，而林地贡献很小，只有3.5%（Gao et al.，2015）。VIC 模型的模拟也证实了这一结论，裸露土地有最大的径流系数，贡献了52%的径流，而林地的贡献只有0.5%（Qin et al.，2013）。在植被格局变化影响分析中发现，黑河流域的产流对植被变化极为敏感。WRF 模式研究表明，近年来的土地利用变化极大改变了地表能量和水量平衡，其中草地的退化影响最大，会造成夏季蒸发增大，冬季蒸发减小，从而影响土壤水和径流的季节分布（Deng et al.，2015）。研究揭示未来黑河上游森林和草地会发生扩张，从而导致产流下降，森林和覆盖分别增加12%、28%和42%的情景下，可造成全流域的径流下降3.5%、13%和24%（Qin et al.，2013），这会极大影响中下游地区社会和自然生态的可持续发展（Li X et al.，2015），这为未来政府部门的决策提供了重要的科学依据。

2. 冻土退化对流域产流机制的影响

黑河流域冻土变化对产流机制影响的研究包括基于站点冻土水文观测的数据分析，以及基于数学模型的模拟分析。Gao T 等（2018）在黑河上游山区的俄博岭小流域进行了密集的冻土和水文观测，基于观测数据分析了冻土变化和径流变化的关系，结果表明，冻土活动层的变厚会导致土壤蓄水量的增加，进而减小流域径流量。Peng 等（2017）基于气候模型 RegCM4 和陆面模型 CLM3.5 模拟了黑河流域过去30年的土壤水热过程，同样得到了流域土壤水分增加的结论。

Yang 等（2015）与 Gao 等（2018a）针对黑河上游山区开发了耦合冰冻圈模块的分布

式生态水文模型 GBEHM，从流域尺度全面分析了冻土变化对产流机制的影响。模型模拟了黑河上游表层 0~3 m 的平均土壤温度和相应的液态含水量，结果表明二者具有高度的相关性，在冻结期、融化期和生长期的相关系数分别高达 0.89、0.81 和 0.80，证明冻土变化显著影响着土壤液态蓄水量。40 年来，冻土退化导致了土壤冰含量显著下降，而液态水含量显著增加。研究同样对比分析了 3300~3500 m 高程带（季节性冻土区）以及 3500~3700 m 高程带（多年冻土转变为季节性冻土区）的表层 0~3 m 液态土壤水的长期变化。结果表明，在 3300~3500 m 高程带的季节性冻土区，液体土壤水分的增加主要是由冻结深度的减少引起的；而在 3500~3700 m 高程带的多年冻土退化为季节性冻土区域，深土层的土壤水分自 20 世纪 90 年代起有显著的增加趋势，这主要是由多年冻土向季节性冻土退化引起的，表明多年冻土退化引起了土壤水分的显著增加（包括冻结季和融化季）（图 4-46）。此外，冻土退化也同样增加了地下水的补给，地下水储量也有增加趋势，近 30 年来更为显著，这与 2003~2008 年黑河上游 GRACE 数据的分析结果相符。

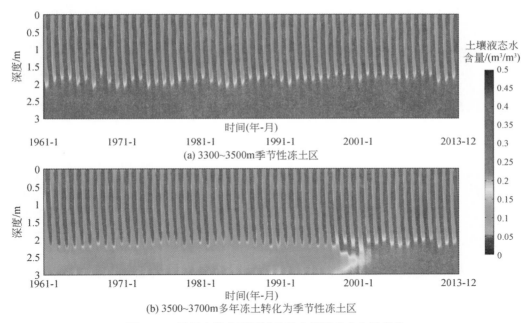

图 4-46　黑河上游典型区域月均土壤液态水含量变化

1971~2010 年的黑河上游径流在冻结季和融化季均有所上升，但其变化机理是不同的。在冻结季（11~次年 3 月），由于地面冻结，径流主要来自于季节性冻土区的地下径流。1971~2010 年多年冻土的一部分变成季节性冻土，以及季节性冻土的厚度减小，导致了冻结季深层土壤中的液态水含量增加。而液态水的增加也使得水力传导系数增大，从而增加了冻结季的地下径流。冻结季径流与液态土壤水分的有很高的相关性（$r=0.82$），说明冻土的变化导致的土壤液态水含量上升，是导致冻结季径流增加的主要原因。在融化季（4~5 月）和暖季（6~10 月），径流主要是降雨径流，1971~2010 年黑河上游流域融化季的径流的增加主要是由于降水增加。但融化季冻土退化导致的活动层厚度增加，从而导致土壤蓄水量上升，对径流有削减作用。Wang 等（2018）基于 GBEHM 模拟预测了未来气候条件下冻土对于气温升高可能更加敏感，未来冻土退化的加剧可能会导致黑河上游出山径流进一步减少。

以上研究普遍得出了冻土退化会增加土壤下渗和土壤蓄水容量，从而影响产流机制的结论。其中冻结季水力传导系数的增加导致了地下径流的增加；而融化季活动层厚度的增加会导致流域蓄水容量的上升，从而减少蓄满产流的径流量。这些结果揭示了冻土退化对产流机制的影响机理，对未来流域的治水方略和今后其他流域冻土水文研究具有重要的借鉴意义。

3. 流域径流成分与汇流路径识别

黑河上游分布有积雪冰川，根据来源不同，可以将径流划分为降雨径流、融雪径流与冰川径流等不同成分。Gao 等（2018）基于分布式模型 GBEHM，全面揭示了黑河上游流域的水量平衡及径流成分变化，得到 1971~2010 年黑河上游年降水、径流及不同季节冰川融化径流、融雪径流等径流成分如表 4-5 所示。

表 4-5　黑河上游平均年降水、径流及不同季节径流成分变化

时间	降水 /(mm/a)	模拟径流 /(mm/a)	实测径流 /(mm/a)	径流成分/(mm/a)					
				冻结季（11 月到次年 3 月）			融化季（4 月到 10 月）		
				T	G	S	T	G	S
1971~1980 年	439.1	154.5	143.8	18.5	0.0	0.0	136.0	3.5	13.5
1981~1990 年	492.8	186.2	174.1	20.2	0.0	0.0	166.1	3.1	28.2
1991~2000 年	471.0	160.1	157.4	20.4	0.0	0.0	139.7	3.8	19.2
2001~2010 年	504.3	177.9	174.3	27.2	0.0	0.0	150.7	3.7	25.8

注：T 表示总径流，G 表示冰川径流，S 表示融雪径流

如表 4-5 所示，模型模拟径流和观测径流在冻结季和融化季均呈现出明显的增长趋势，表明模型模拟准确地再现了观测到的径流长期变化趋势。在冻结季（11 月~次年 3 月），由于不存在冰川融化或融雪径流，这一时期的径流主要由地下径流（饱和地下水流与非饱和土壤水侧向流）构成。而在融化季（4 月~10 月），融雪径流贡献了总径流的约 14%，而冰川融化产生的径流占总径流的比例相对较少，约为 2.2%。降雨径流是融化季总径流中的最主要成分，融化季总径流的增加主要由于降水增加及融雪增加导致。

所根据汇流路径不同，可将径流划分为地表径流（快径流）和地下径流（基流）等不同成分。Qin 等（2016）基于递归数字滤波法，对黑河上游 1960~2014 年径流进行基流分割。在黑河上游葫芦沟小流域，2012~2013 年进行了多次同位素试验，基于试验获取的基流比例观测值，确定了本研究的基流分割参数。1960~2014 年黑河上游 7 个主要流域降水、总径流、基流均值及其变化趋势如表 4-6 所示。

表 4-6　1960～2014 年流域降水、总径流、基流均值及趋势

流域（面积）	降水		总径流		基流	
	均值/mm	趋势/(mm/10 a)	均值/mm	趋势/(mm/10 a)	均值/mm	趋势/(mm/10 a)
冰沟（6 942 km²）	255	+26.3*	90	−1.4	70	−1.0
新地（1 579 km²）	294	+29.1*	156	+3.8	77	+4.9*
丰乐河（570 km²）	309	+31.6*	162	+4.7*	85	+4.7*
梨园堡（1 672 km²）	341	+23.7*	134	+5.6*	66	+2.2
莺落峡（10 009 km²）	453	+33.4*	162	+9.7*	104	+4.3*
祁连（2 452 km²）	532	+32.8*	189	+8.8*	125	+7.7*
扎马什克（4 586 km²）	432	+40.1*	163	+8.9*	106	+5.3*

*表示在 0.05 显著性水平下存在显著趋势

　　识别结果显示，1960～2014 年，黑河上游 7 个主要流域年降水全部呈现增加趋势（23.7～40.1 mm/10 a），且增加趋势均在 0.05 显著性水平下显著，因而可以解释绝大多数流域在过去 50 年的径流增加（3.8～9.7 mm/10 a）。以莺落峡以上的黑河上游流域为例，1961～2014 年，莺落峡以上流域年降水以 33.4 mm/10 a 的速率增加，而年径流与基流分别以 9.7 mm/10 a 及 4.3 mm/10 a 的速率增加。在冰沟以外的所有流域，年基流均呈现增加趋势（4.3～7.7 mm/10 a）。在年尺度上，总径流增加趋势与基流增加趋势十分接近，表明径流增加的主要来源为基流增加。降水增加是总径流与基流增加的主要原因。此外，王宇涵等（2015）基于气候弹性系数的研究认为，除降水增加外，气温增加也是基流增加的重要原因，这种基流增加来源于多年冻土活动层增厚导致的土壤蓄水容量的改变。

4. 流域产汇流过程的空间异质性

　　气象要素及植被、土壤、冰川冻土等下垫面要素的空间异质性对产汇流的影响，可以通过分布式模型进行考虑。以地面观察数据为主，综合各类遥感数据、气候、地形、地貌数据，本研究制作了适用于黑河流域的 1:10 万黑河流域植被图，为分布式水文模拟提供了基础参数。Gao 等（2015）采用分布式模型 GBEHM，经过多尺度、多过程的综合验证，采用 GBEHM 模型对黑河上游冻土-生态-水文过程进行了模拟。分布式模型模拟得到的黑河上游东支、西支和全流域多年（1981～2010 年）平均水量平衡如表 4-7 所示，上游1981～2010 年的年均降水量、蒸散发量和径流分别为 479.9 mm、310.8 mm 和 169.0 mm。

表 4-7　黑河上游多年（1981～2010 年）平均水量平衡

分区	面积/km²	降水量/mm	蒸散发/mm	径流量/mm	径流系数
东支	2 457	529.8	344.9	186.9	0.35
西支	4 586	485.3	304.8	178.3	0.37
全流域	10 005	479.9	310.8	169.0	0.35

按海拔分析，年降水、径流和径流系数均随海拔而增加，径流主要由降水控制。植被沿海拔分布受主要降水量和气温共同控制，在海拔 3200 m 以下，上游蒸散发和植被生长主要受降水控制，随海拔升高而增加；在 3200～3400 m 区，域内蒸发达到最大；在 3400 m 以上，植被生长和蒸散发受低温制约，蒸发随海拔升高而减少。在海拔 3000～3600 m 范围内，植被以灌木和高寒草甸为主，在生长季的植被盖度最大，相应地实际蒸散发也达到最大（图 4-47）。

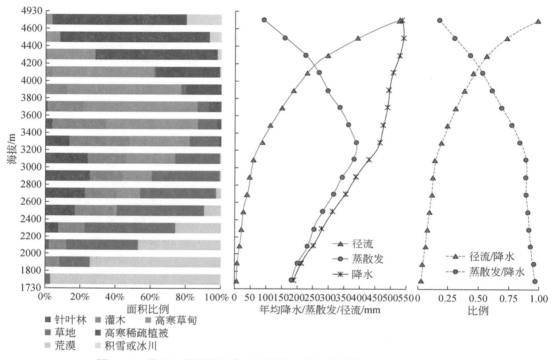

图 4-47　黑河上游植被及水文要素沿高程变化情况（1981～2010 年）

不同植被类型对出山口径流的贡献差异显著，表 4-8 所示为不同植被类型在黑河上游干流区（莺落峡水文站以上的集水区）所占面积的比例，以及不同植被类型下的水量平衡情况。约 90% 的径流源于高山稀疏植被（面积 20%）、高寒草甸（面积 46%）和灌丛（面积 17%），这三种植被类型覆盖面积对出山径流的贡献率分别为 36.5%、39.4% 和 13.7%，是黑河上游产流的主要植被类型；草原面积占比约 11%，但对出山径流贡献率仅 4.0%；冰川面积仅占 0.8%，但对出山径流贡献率高达 4%。这一认识对黑河流域综合治理和水资源可持续利用具有重要意义。

表 4-8　黑河上游不同植被类型的多年（1981～2010 年）平均水量平衡

植被类型	面积/km²	占比/%	年降水 /mm	年蒸散发 /mm	年径流深 /mm	年径流量 /亿 m³	对出山径流的贡献率/%
荒漠	91	0.9	253.1	238.0	15.1	0.01	0.1

植被类型	面积/km²	占比/%	年降水 /mm	年蒸散发 /mm	年径流深 /mm	年径流量 /亿 m³	对出山径流的 贡献率/%
灌丛	1652	16.5	495.9	355.0	140.9	2.33	13.7
草原	1063	10.6	396.7	331.5	65.2	0.69	4.0
云杉	561	5.6	402.1	331.6	70.5	0.40	2.3
草甸	4549	45.5	488.5	348.7	147.8	6.72	39.4
高寒稀疏植被	2009	20.1	547.3	237.2	310.1	6.23	36.5
冰川	80	0.8	586.7	82.7	846.2	0.68	4.0

地形的空间变异性也会对寒区流域径流产生影响。由于地形因素如坡向、阴影导致的入射辐射量的空间变异性，会影响土壤水热过程进而影响产汇流，以往的模型大多忽略这一影响，而 Zhang 等（2018）耦合分布式水文模型 GBHM 与土壤水热耦合传输模型 SHAW，并在此基础上考虑了坡向、阴影等微地形要素的影响，在黑河上游八宝河流域进行了应用。结果表明，若不考虑坡向、阴影等微地形要素的影响，模型得到的入射辐射量更高，土壤温度和蒸散发量更高，积雪范围偏小、时间偏短；考虑微地形影响的分布式模型得到的径流过程线中，洪峰流量会更高，总径流深更大，结果更为准确。

4.4.3 干旱区流域降雨–径流过程研究的前沿方向

1. 流域生态–水文过程相互作用机理与模拟

近年来，对于生态过程与水文过程双向耦合与反馈机制的深度探索，是生态水文学研究的国际前沿热点。水文过程及其变化如何在不同时空尺度上影响生态过程，生态系统和陆地表面过程又如何反作用于水文过程是生态水文学领域未来研究的方向。基于野外土壤–植被–大气系统中水分、热量和二氧化碳通量观测，研究植被生态–水文过程微观机理；基于气象、水文观测网和卫星遥感的长期观测，开展流域宏观生态水文规律研究；建立微观过程机理与宏观生态水文规律之间的联系，从而全面揭示流域植被生态水文的基本特征和演变机理；阐明水文过程变化对植被生长的影响，以及河道水沙过程与区域耗水对植被变化的响应，评估植被保育修复、水土保持等生态建设对流域水文过程的影响。

1）流域的植被格局、植被结构动态和水文过程具有不同的时空尺度，尚缺乏定量表征方法。基于三者之间的耦合机理构建他们之间相互作用的数学物理表达，是未来生态水文研究的前沿方向之一。

2）流域生态–水文过程受到具高度空间异质性的诸多气象和下垫面因素影响，探讨刻画流域下垫面空间异质性及其与植被格局和水文特征之间联系的分布式模型结构，量化不同生态和水文过程之间的动态耦合和反馈机制，是未来西北内陆河流域上游山区生态水文模型研究的重点和前沿方向。

2. 土地利用变化对区域水文过程的影响机理与模拟

研究农业开发、城镇化、"海绵城市"建设等土地利用变化对水资源形成、转化和利用的影响机理，阐明流域产汇流关系、地表水与地下水之间的相互转化关系对土地利用变化的响应，评估土地利用变化对干旱区水文过程、洪水和水资源的影响。

（1）农业开发对区域水文过程的影响

节水灌溉理论以农田耗水（特别是蒸散发消耗）机理及调控技术为主要研究内容，该领域的研究大多集中在田间蒸散发的机理及控制田间蒸散发的灌溉技术等方面。田间蒸散发研究以微气象学方法为主，耗水机理不清而且方法具有高度地域局限性。从地下水–土壤–植物–大气连续体（SPAC）中的水和能量耦合循环来探讨农田水消耗机理成为主要研究方向（雷志栋等，1999；康绍忠等，2004），它是近20年来农田水文过程研究的主要内容。基于水热耦合迁移机理方面的研究大多局限于田间尺度，不能有效描述区域（如灌区或流域尺度）水分转化机理及把握农田水分消耗的区域宏观规律，迫切需要突破研究中的尺度问题，量化区域的农业耗水规律。

（2）城市化对区域水文过程的影响

研究区域"城市化—气候变化—水文过程"耦合系统的作用机理，结合城市规划、社会科学、人文科学等城市问题相关学科，综合考虑水量过程、水质变化、水生态演变和水资源安全及其相互之间的影响等多个问题。探究城市不透水面的空间分布特征对城市产汇流规律及其响应机制的影响，开发多过程耦合、集成多种方法的城市水文模型；研究气候变化背景下城市极端事件的发展特征和变化规律，关注气候变化下的城市水安全。多源观测数据的获取及计算机技术的高速发展促使利用分布式水文模型对水文过程进行精细化模拟成为可能（Elga et al.，2015），未来亟待建立基于水文循环物理机制的模型和方法来定量识别城市化的水文效应，并优化其应对措施。

为了减少甚至消除人类活动对自然水循环的扰动及对生环境的损害，基于低影响开发的城市雨洪管理模式应运而生。欧美国家提出了采用生态湿地、景观水体、滞蓄洪区等绿色基础设施（National Research Council，2009），通过"蓄、滞、渗、净、用、排"的方式，"分级、分区、分散"地实现城市雨洪的有效管控与资源利用（胡庆芳等，2017）。我国提出了建设"海绵城市"，但海绵城市建设的水文效应及内涝消减能力尚待定量评估，研究如何优化雨洪管理措施及其空间布局，实现人为管理流域中的海绵城市，应用基于自然之法实现城市的可持续发展是未来的发展趋势和研究方向。

4.5　森林–水文相互作用机制

森林–水文相互作用是植被–水文相互作用的突出体现，其理论和研究结果是现代林业发展的重要基础，属生态水文学研究的重点与热点。本节首先简要介绍相关研究现状、存在挑战与科学问题，然后总结黑河流域的具体研究成果、学术突破与综合影响，最后提出面向广大旱区的研究前沿方向与需求。

4.5.1 森林-水文相互作用机制研究现状、挑战与科学问题

森林-水文相互作用简称林水相互作用或林水作用机制。虽对此研究较久,但因难度很大而发展仍很不平衡,还存在一些突出的短板与挑战,下面将对此进行总结,作为介绍黑河流域研究成果、学术突破和综合影响的背景。

1. 林水相互作用机制研究现状

偏重森林水文影响的森林水文学研究已有百余年历史,早期主要进行林分和集水区对比(魏晓华等,2005);之后受生态水文学影响更加注重森林结构和分布格局与水资源水环境的相互作用,并从 21 世纪初明显加快了向生态水文学的转变(余新晓,2013)。森林水文影响包括水量、水质、水环境等方面,研究最多的是对年径流量、洪峰流量和枯水流量的影响,其中旱区又格外注重年径流量。①在影响年径流量方面,一般认为采伐强度超过 20% 时才显著增加年径流量(Bosch and Hewlett,1982),但大流域研究较少且结论不一致,表现为影响不显著或显著(Zhang M et al.,2017;Wilk et al.,2001)。造林的径流影响一直是研究热点,我国也有不同观点(刘昌明和钟骏襄,1978;马雪华,1993;周晓峰,2001),但越来越倾向于减少径流,如黄土高原林地年径流(16 mm,3.4%)平均比非林地(39 mm,8.3%)减少 23 mm 和 58%(Wang et al.,2011)。林火、病虫害及森林经营影响径流的研究还相对较少,且集中在样地、坡面、小流域等较小空间尺度(Shakesby and Doerr,2006),结果很不一致,如林火后的年径流变幅在小流域是−13%~700%,在大流域为 11%~300%(Nasseri,1988)。②在影响洪峰流量方面,一般认为采伐或造林能显著影响中小洪峰,如黄土高原林区洪峰流量较无林区低 71.4~94.3%(金栋梁和刘予伟,2013),但对大洪峰影响有限(Calder,2005)。采伐时破坏土壤是增加洪峰流量的重要因素(Bruijnzeel,2004),对大洪峰作用不明显是因森林持水容量在持续强降雨后已饱和,从而无法再调蓄(史立人,1998)。林火通常明显增加洪峰流量,在小流域为 0.45~870 倍,在大流域为 0.45~6 倍(Woody and Martin,2001)。病虫害导致树木大量死亡后会因减少蒸散而增加径流(Logan et al.,2003),在温带会因冬季积雪增加和早春提前融化而增大洪峰流量。③在影响枯水流量方面,研究还较少,国内外尚无一致结论,如采伐(Bruijnzeel,2004;Moore,2005)和造林(黄明斌和刘贤赵,2002;刘晓燕等,2014)均可能引起枯水流量增加、减少或无明显变化。

导致森林的径流影响差别很大的原因是多方面的。一是以往研究过分关注森林数量变化,而对森林质量(结构)变化重视不够,如森林蒸散随叶面积指数增大而升高,速生树种及高郁闭森林耗水更多。二是忽视或没完全排除非植被因素(气候、土壤、地形等)时空异质性及森林空间格局的影响,如旱区坡面上部造林的径流影响小于坡面下部(Vertessy et al.,2003),林缘树木侧向吸水机制使人工林地块的周长与面积的比值也影响产流量。三是仍不明确森林水文作用的尺度效应和尺度转换机理,存在尺度限制(Wei and Zhang,2010)。总而言之是研究作用机制不足,即森林的结构特征和分布格局如何与

其他因素一起影响一系列的水文过程并因此形成水文作用。如火灾的影响以降低植被蒸散和土壤入渗为主时会增加产流，若促进灾后新生植物生长与耗水时会减少径流；采伐或造林的枯水流量影响差异是由土壤入渗变化与蒸散耗水变化的相对大小决定的，若使蒸散减少和入渗补给提高就可能增加枯水流量（Calder，2005；Stednick，2008），反之严重压实土壤和减少入渗就会引起地表径流增加、地下水补给减少和枯水流量降低。

水分条件［涉及垂直降水、土壤水、地下水、地表水及水平降水（雾水、云水、露水）等多种水源］对森林特征（分布、组成、结构和生长）的影响是林水相互作用的另一方面，存在很大时空差异，但其研究因影响机制复杂和响应时间缓慢等而比森林水文影响薄弱很多。对树种分布而言，在区域和大陆尺度上通常受降水影响，在局地尺度上则与地形决定的土壤水分再分布有关。水分条件对森林的影响强度随气候干旱程度增大而增强，如干旱地区森林分布与生长受土壤水分空间分布影响很大；一些地区的地下水位影响突出，过低会增大树木干旱胁迫、降低生长和提高死亡率，过高会造成土壤饱合引起树木蒸腾下降（Asbjornsen et al.，2011）或盐碱危害。干旱会影响树木的生长和更新（Jung et al.，2010），严重时造成大量死亡。气候变化背景下的极端干旱通常会与病虫害、火灾同时或交替发生（Williams et al.，2010）。干旱地区森林恢复与管理必须考虑水分的植被承载力，这里既包括年降水量对维持森林健康的限制，更应包括流域产流要求的限制（王彦辉等，2018），但这样的研究还非常少。总体而言，水分影响森林的研究集中在干旱半干旱区，在湿润地区还较少，量化水分影响的差异和理解其与多因素协同作用的机制仍是重大挑战。

整体来看，未来森林生态水文研究需综合运用野外调查、遥感监测、流域对比、统计分析、模型模拟等方法，强调多尺度观测、多过程融合、多方法验证及跨尺度模拟，在林木、林分、坡面、集水区及流域等空间尺度，深入理解垂直及水平方向上的生态与水文过程，定量评价森林的系统结构与空间格局变化的水文影响及水分条件协同其他因素对森林的影响，追求全面、完整、深入地认识、调控和利用森林–水文相互作用机制。

2. 林水相互作用机制研究的挑战

我国水资源严重缺乏且时空分布不匀，严重限制着可持续发展；同时，为改善生态环境一直努力增加森林覆盖，但这受到水资源承载力制约，尤其在干旱缺水地区。要解决这种两难困境，需深入理解和充分利用林水相互作用机制。为此，需明确林水相互作用机制研究的挑战，包括森林的水文影响、水分的森林影响、森林与水资源的协调管理三方面。

在森林的水文影响机理方面，首先，需明确主要水文影响指标的时空差异，如在干旱缺水地区最重要的任务是对年径流及枯水期流量的调节，在湿润地区是对洪峰流量的调节，在重要水源区还要考虑水质影响，在水土流失地区则是减少侵蚀。其次，需深刻理解和定量刻画森林水文影响的形成机制，即森林结构及其分布格局如何与气候、地形、土壤等方面的因素一起对一系列水文过程发生作用后形成水文调节功能。通过明确响应关系、确定关键阈值、建立统计关系、提出耦合机理模型等，实现准确预测和科学决策。再次，要突破时空尺度效应限制，探讨和发展尺度转换技术，从而把在特定尺度的研究结果推广应用到其他尺度。

在水分的森林影响机理方面，首先是了解水分条件影响下的森林非地带性分布规律。过去研究主要是年降水量或湿润度（干燥度）限制森林地带性分布的大空间尺度研究，今后还要加强水分等环境条件对森林非地带性分布的影响，这在干旱地区格外重要。其次，要量化土壤水分条件对森林分布与生长的影响，因为不论是降水量还是水分再分配的影响最终都归结为土壤供水能力的直接影响，还要确定同时考虑降水量和水资源管理影响的森林植被承载力限制。

在森林与水资源的协调管理方面，首先，需准确量化森林生态用水数量及其时空分配格局，这是实现林水协调管理、维持森林稳定、保障森林各种功能的基础。其次，需发展针对水资源管理需求的森林管理理论与技术，把水资源管理链条从河道延伸到坡面产水区和森林经营，形成对包括降水、产水、耗水、输水等所有环节的水分循环的精细化管理，从而实现林水关系的科学规划和协调管理。

3. 林水相互作用机制研究的科学问题

林水相互作用机理复杂，其研究发展很不均衡。针对国家建设和学科发展，需格外关注两个关键科学问题。

一是水分与其他环境因子驱动下的森林空间格局和系统结构动态。森林的数量、质量和空间分布的驱动因素很多，有气候、地形、土壤等立地特征，也有植被本身结构特征，水分条件仅是一部分，且其重要性时空差异很大。因此，研究水分条件对森林的影响不能与其他环境条件割裂开来。在水分驱动方面，除年降水量或气候湿润度外，还必须考虑土壤水分空间再分布及非降水水分输入，同时要理解不同植被种类的水分利用特性，能在不同空间尺度上定量确定由土壤水分、产流要求及其他环境条件共同决定的最大植被承载力。

二是森林水文影响的时空差异与作用机理。虽然森林水文影响研究结果丰富，但差异很大，也很难推广应用。因此，必须量化森林水文影响的时空差异规律，深入理解背后的作用机理，克服尺度效应限制。这就需系统布设一系列生态水文研究，同步监测、深入理解、定量刻画相关生态和水文过程及其之间的复杂关系，克服尺度效应限制，并发展耦合主要生态过程和水文过程的分布式生态水文模型，以准确评价和预测森林的水文影响。

4.5.2 黑河流域林水相互作用机制研究的成果、突破与影响

本小节将首先介绍黑河流域特别是上游山区森林的空间分布特征和受水分等环境因素的影响、森林的生长和结构特征对环境条件的响应、森林的水文过程与水文功能，在此基础上总结相关研究的突破与影响。

1. 黑河流域森林空间分布特征及受水分等环境因素的影响

青海云杉林是祁连山区最重要的森林，长期过度采伐和毁林开荒使其不断减少（别强等，2013）。为有效恢复青海云杉林，需定量理解其空间分布响应水分等环境条件的规律。

为此，开展了不同空间尺度的研究。

在整个祁连山北坡，青海云杉林分布的海拔范围是 2250～3750 m（平均 2956 m）（其中 99% 和 90% 在 2314～3571 m 和 2576～3344 m），但东部和中部分别是 2100～3700 m（平均 2942 m）和 2500～3500 m（平均 2975 m）；分布的坡向集中在阴坡和半阴坡；分布的坡度限制不强，变化在 0°～60°，但 90% 在 6°～39°；影响云杉林分布的重要气象因子（和变幅）是 7 月平均气温（8.5～14℃）和年均降水量（300～620 mm）（赵传燕等，2010），太阳辐射也是重要影响因子（Zhao C Y et al.，2005）。

在黑河上游林区，基于样地调查数据，构建了云杉林分布的生物–地理模型，模拟了潜在分布区及环境需求（彭守璋等，2011），发现在景观尺度上的关键控制气象因子是温度、水分和太阳辐射（Peng et al.，2016），其适宜区间（最优值）是生长季平均气温 8～10（9）℃、年均降水量 300～442（360）mm，太阳直接辐射 1200～2600（1900）kW·h/m²；云杉林主要分布在海拔 2500～3500 m 的阴坡和半阴坡。利用分析得到的规律，构建了祁连山区云杉林潜在分布图（图 4-48）。

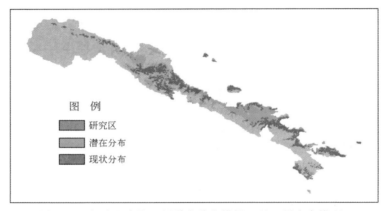

图 4-48　祁连山青海云杉潜在分布模拟（基于最大商模型）

大野口流域遥感数据及排露沟小流域地面调查数据的分析表明（图 4-49）（Yang et al.，2017；2018），仅包括密林（森林覆盖度>0.3）的潜在核心分布区位于海拔 2636～3303 m 及坡向（正北为零，顺时针为正，逆时针为负）–74.4°～61.2°范围内（图 4-49），描述海拔（H）和坡向（A）影响潜在核心分布区边界线的方程为 $\dfrac{(H-3132.37)^2}{(-0.49H+1788.29)^2}+\dfrac{(A-6.61)^2}{67.78^2}=1$；包括疏林的潜在分布区位于海拔 2603～3326 m 及坡向 –162.6°～147.1°范围内，其边界线方程为 $\dfrac{(H-3080.21)^2}{(-0.32H+1309.88)^2}+\dfrac{(A-7.73)^2}{154.82^2}=1$。对应两个分布区上界的年均气温阈值分别为 –2.59℃ 和 –2.73℃，对应下界的年均降水量阈值分别为 378 mm 和 372 mm。在微立地因子中，云杉林分布未受坡度明显限制，但受土壤厚度和坡位限制，需土层厚度 ≥40 cm，在海拔<2800 m、2800～2900 m 和>2900 m 时主要分布在坡面下部、中下部和整个坡面。在依次增加考虑海拔、坡向、土壤厚度、坡位后，预测云杉林（和非林植被）分布面积的精度分别为55.8%、71.5%、73.9%、76.2%（扣除7.7%的未调查面积和4.0%的祁连圆柏林的影响后，累积准确率为88.2%），表明海拔和坡向是最重要的地形因子，但土壤厚度和坡位也有一定作用。

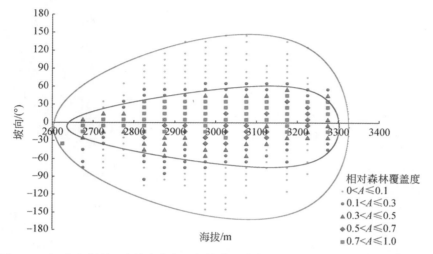

图4-49　祁连山大野口流域内青海云杉林潜在分布区及空间单元内相对森林覆盖度

黑河下游的荒漠河岸胡杨林和柽柳林面积在2006年前不断减少。因极端干旱，河岸林的类型、分布、生长与演替完全取决于地下水埋深（赵传燕等，2008）。地下水埋深较小时，大量盐分聚集地表或根系呼吸不畅导致树木难以生存；随地下水埋深增加，潜水蒸发减弱，生境得到改善，逐渐利于植物生存；但地下水埋深超过一定阈值后，土壤供水不足会限制生长。胡杨林和柽柳林覆盖度（C）与地下水埋深（X）的统计关系为 $C_{胡杨} = \dfrac{1}{1.151X} \cdot \exp\left(-\dfrac{(\ln X - 1.1615)^2}{0.4217}\right)$ 和 $C_{柽柳} = \dfrac{1}{1.312X} \cdot \exp\left(-\dfrac{(\ln X - 0.9745)^2}{0.5483}\right)$，二者的最适地下水位分别为2.6 m和2.0 m，表示忍耐程度的地下水位方差为2.4 m和2.1 m（图4-50）。此外，基于2003年的地下水埋深，确定了胡杨和柽柳的潜在空间分布（图4-51），其与现

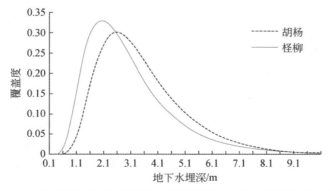

图4-50　黑河下游胡杨和柽柳的植被覆盖度与地下水埋深的拟合曲线

状的相似性分别为 43.4% 和 55.6%，偏离原因包括人类活动干扰、遥感图像解译和地下水模拟误差，也包括导致植被无法生存的土壤中坚硬的石膏盐盘层，并且是潜在空间分布误差的最重要原因。

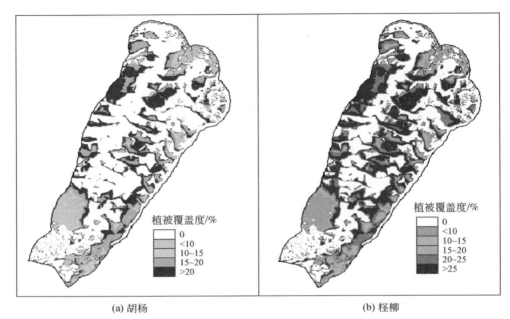

图 4-51　黑河下游缓冲带胡杨和柽柳潜在空间分布（以 2003 年地下水埋深为参照）

2. 黑河流域森林生长和结构特征及受环境条件的影响

暂时未见水分条件直接影响青海云杉生长的研究，现有研究多是针对林龄和密度及间接影响水分条件的海拔、坡向等的影响。对林分平均树高、胸径、蓄积量等主要生长指标，基于大量样地数据的外包线，先确定了各单因素影响生长的函数形式，然后利用实测数据率定了多因子耦合模型的参数（杨文娟，2018）。

青海云杉林的平均树高、胸径和蓄积量的生长速率随林龄增加而非线性增大（图 4-52）。树高、胸径和蓄积量的生长速率在林龄小于 10 年、10 年和 15 年时非常缓慢；在 10 ~ 50 年、10 ~ 60 年、15 ~ 60 年时保持较大，随后有所下降，在 80 年、100 年、120 年时已接近了最大值，之后非常缓慢，逐渐趋于最大值。

青海云杉林的平均树高、胸径和蓄积量在不同林分密度段对密度增加的响应速率不同（图 4-53）。树高在 0 ~ 500 株/hm² 时几乎不变或仅轻微降低，在 500 ~ 800 株/hm² 时开始明显降低，在 800 ~ 2000 株/hm² 时迅速降低，但>2000 株/hm² 后仅轻微降低。胸径在密度<1000 株/hm² 时几乎呈直线下降，1000 ~ 2000 株/hm² 时降速有所减缓，>2000 株/hm² 时降速更缓慢。蓄积量在密度<500 株/hm² 时几乎呈线性增加，500 ~ 800 株/hm² 时增速有所减缓，800 ~ 2000 株/hm² 时增速进一步降低，在>2000 株/hm² 后增速明显变缓。

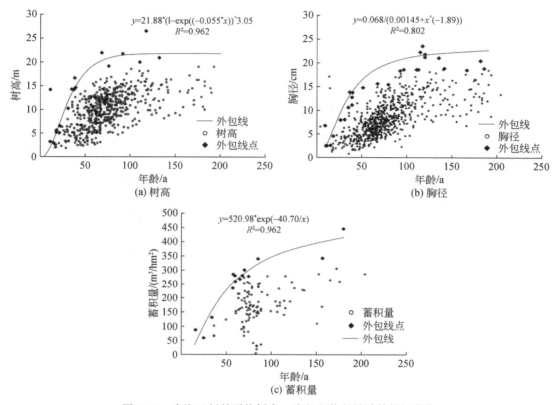

图 4-52　青海云杉林平均树高、胸径和蓄积量随林龄的变化

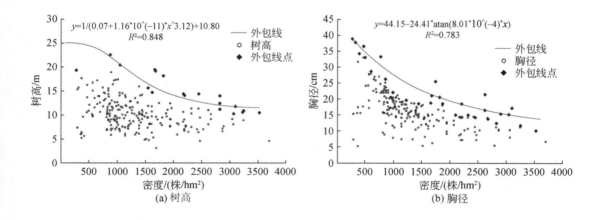

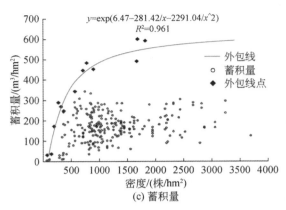

图 4-53　青海云杉林平均树高、胸径和蓄积量随密度的变化

图 4-54 展示了青海云杉林平均树高、胸径和蓄积量随海拔的变化趋势，均在中海拔（2700～3100 m）较大且稳，最大值在水分和温度都较适宜的分布中心 2900 m 附近；因降水渐增和蒸散渐降使有效土壤水量逐渐增多和干旱胁迫逐渐降低，三个生长指标在海拔2500～2700 m 随海拔升高迅速增大；因低温胁迫和土壤瘠薄的限制增强、植被生长期缩短，三个生长指标在海拔 3100～3350 m 随海拔升高而降低。

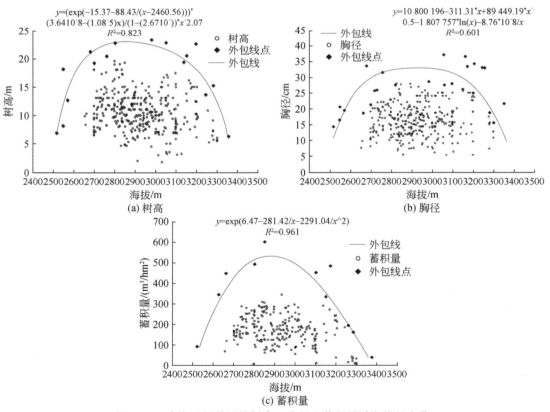

图 4-54　青海云杉林平均树高、胸径和蓄积量随海拔的变化

图 4-55 展示了云杉林主要生长指标随坡向的变化趋势。云杉林集中在坡向 –60°~45° 范围，且林分平均树高、胸径和蓄积量数值较高和变化平缓；在坡向 –120°~–60° 内，生长指标随坡向增加而增大，因越接近阴坡时蒸散越少和可用土壤水越多；在坡向 45°~ 100° 内，生长指标随坡向增加而降低，因离开阴坡越远时蒸散越大和可用土壤水越少。

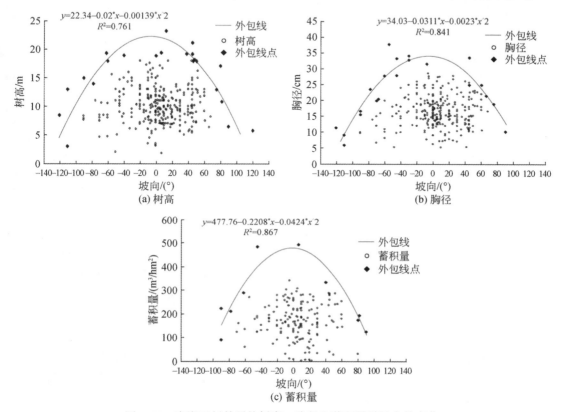

图 4-55　青海云杉林平均树高、胸径和蓄积量随坡向的变化

青海云杉林的平均树高和胸径在坡度 0°~40° 范围内基本不变，当坡度 >40° 时迅速降低；林分蓄积量在坡度 0°~35° 范围内变化较小或说基本不变，当坡度 >35° 时快速降低。由于坡度 >35° 或 40° 的林分极少，因此在多因子耦合模型中不再考虑坡度，以简化林分生长模型。

将林分生长指标的单因子方程连乘耦合，并利用所有实测数据（含外包线数据）重新率定模型参数，得到平均树高（MH）、胸径（MDBH）和蓄积量（MV）响应林龄（Age）、密度（Den）、海拔（Ele）和坡向（Asp）的模型（式 4-4 ~ 式 4-6）。其中胸径拟合精度较高（$R^2 = 0.739$），且实测值与拟合值极显著相关（$P < 0.01$）；但树高和蓄积量拟合精度不很高，R^2 分别为 0.484 和 0.409，可能与数据来源纷杂和树高测量方法不一致等有关，然而考虑到野外环境复杂，且模型拟合值与实测值极显著相关（$P < 0.01$），认为模型精度可接受，能较好预测林分生长。

$$MH = 21.88 \times (1 - \exp(-0.055 \times Age))^{3.05} \times \exp\left(-11.03 - \frac{46.64}{Ele - 2500.47}\right)$$

$$\times \frac{0.00168 \times Ele - 5.77}{1 - 12.667 \times Ele^{-0.308}} \times (145\,765.81 + 282.84 \times Asp - 7.27 \times Asp^2)$$

$$\times \left(\frac{1}{37.72 - 36.97 \times Den^{-0.00011}} - 1.244\right) \quad R^2 = 0.484 \tag{4-4}$$

$$MDBH = \frac{0.068}{0.00145 + Age^{-1.89}}$$

$$\times \left[-325\,763.75 - 91.47 \times Ele + 12\,702.18 \times Ele^{0.5} - 18\,786.44 \times \ln(Ele) - \frac{1.676 \times 10^8}{Ele}\right]$$

$$\times (0.0203 + 3.31 \times 10^{-6} \times Asp - 4.53 \times 10^{-7} \times Asp^2)$$

$$\times [0.0462 + 0.021 \times ATAN(9.92 \times 10^{-4} \times Den)] \quad R^2 = 0.739 \tag{4-5}$$

$$MV = 539.58 \times \frac{-38.01}{Age} \times \left(-25\,655.58 + \frac{2.255 \times 10^8}{Ele} - \frac{8.07 \times 10^9}{Ele^{1.5}}\right)$$

$$\times (1835.51 - 0.848 \times Asp - 0.163 \times Asp^2)$$

$$\times \exp\left(-13.61 - \frac{118.05}{Den} - \frac{18\,558.35}{Den^2}\right) \quad R^2 = 0.409 \tag{4-6}$$

青海云杉林生物量随林木密度和郁闭度升高而增大，但在密度>1500 株/hm^2 或郁闭度 >0.8 后增速变缓。确定了根据叶生物量（W_L）及比叶面积（SLA）推算林冠层叶面积指数 LAI 的方程：LAI＝W_L×100/SLA。建立了云杉林郁闭度随树木胸高断面积增加而非线性增大的统计关系：$Y = \exp(-4.38 + 3.78\,X^{0.0338})$（$R^2 = 0.92$）。在胸高断面积<10 m^2/hm^2 时，郁闭度随胸高断面积增大而快速升高，之后增速明显变缓。

青海云杉林成层现象较明显，林下灌木层覆盖度多<10%，在林冠郁闭度<0.6 时保持平稳，之后迅速下降；灌木层生物量和物种丰富度较低，均随郁闭度增大而先增后减，最大值在郁闭度 0.5 附近。林下草本层生物量较低，在郁闭度 0.5 左右时出现最大值，但覆盖度较高，物种丰富度较大（最大值约 0.82）。苔藓层的覆盖度和生物量以及枯落物层的厚度和生物量均随林冠郁闭度增加而增大，在郁闭度>0.7 后增速明显变缓。枯落物层生物量随林分地上生物量升高而增加，但在>60 t/hm^2 后变化平稳并趋向最大值。

3. 黑河流域森林的水文过程与水文功能

蒸散是旱区森林水量平衡中最大输出项，对林地产流起着决定作用。森林蒸散可区分出林冠截留、林木蒸腾、林下蒸散，定量描述这三个主要组分受森林特征及立地环境的影响，是旱区林水相互作用研究的核心与突破点。

冠层截持在云杉林水量平衡中很重要，已有很多零散研究。收集这些数据后集成分析表明（杨文娟，2018），林冠截留率随降水量增加而降低，因同时受森林结构、降水特征及气象特征的影响，在年降水量 300～600 mm 时变化在 25%～35%。因此需建立一个简单实用、反映主要作用机制的截持模型。利用收集的实测数据，对比了几个常见模型，表明考虑次降水量（P）和冠层郁闭度（C）或冠层叶面积指数影响的林冠截留量（I）模型精度较高（$R^2 = 0.805$、$R^2 = 0.725$）。因郁闭度简单易测，决定推荐使用模型：$I = 1.3627(1 - e^{-PC}) + 0.1835PC$。藉此计算的 23 条数据的全年林冠截留量与文献实测值吻合较好（$R^2 = 0.708$），优于其他模型，因此森林水量平衡计算时用此模型。

青海云杉林蒸腾研究很少，且报道的生长季日均蒸腾值相差较大（万艳芳，2017；Chang et al.，2014；田凤霞等，2011），可能是因反映立地环境和林分结构影响不够。云杉林日蒸腾的生长季内变化表现为先增后减，在 6 ~ 9 月较大，日最大值可达 2.28 mm，在 2002 ~ 2008 年和 2015 年平均日蒸腾量分别为 0.45 mm 和 0.44 mm。利用实测数据的外包线，分析了林冠日蒸腾（T_d）对单因子的响应关系（杨文娟，2018），表明与代表气象条件的日潜在蒸散（PET）存在二项式关系，与代表土壤条件的根系层（0 ~ 80 cm）相对土壤含水量（REW）和代表植被条件的林冠层叶面积指数（LAI）呈趋于饱和的指数关系，在研究范围内随 PET、REW 和 LAI 增加而逐渐增大。在确定了单因子响应函数形式后，通过连乘进行多因子耦合，并利用实测数据拟合模型参数，建立了青海云杉林日蒸腾响应多因子变化的耦合模型：$T_d = (10.375 \cdot PET - 0.735 \cdot PET^2) \cdot (1 - e^{-0.655 \cdot REW}) \cdot (1 - e^{-0.09LAI})$，其精度较高（$R^2 = 0.687$），实测值与拟合值极显著相关（$P < 0.01$）；考虑到日蒸腾、土壤水分、计算潜在蒸散的气象数据是实测数据，而林冠层 LAI 是遥感数据，数据来源不同可能产生影响，认为拟合精度可接受。

林下蒸散由土壤蒸发、林下灌草蒸腾和地被物截持蒸发等组成。因微型蒸渗仪测定时难以区分各分量，故合称为林下蒸散，这方面研究还很少。和林冠蒸腾类似，林下蒸散也取决于潜在蒸散、土壤水分和林分结构，因此参照林分蒸腾分析，基于排露沟两个云杉林样地实测数据，构建了林下日蒸散（UET_d）响应 PET、REW 和 LAI 的模型：$UET_d = 2.035(1 - e^{-4.354REW}) \times (1 - e^{-0.166PET}) \times (1.938 + 0.6 \times e^{-5.749LAI})$，其精度较高（$R^2 = 0.715$），实测值与拟合值极显著相关（$P < 0.01$）（杨文娟，2018）。

青海云杉林影响产水的研究很少，一个较系统的研究是基于多年观测结果综合分析得到的排露沟小流域青海云杉林水量平衡（He et al.，2012），基于海拔 2700 m 处的气象站 2003 ~ 2008 年的年均降水量（407.1 mm）而估计的小流域年降水量为 460 mm，其中小流域青海云杉林的蒸散比例高达 97.5%（林冠截持 33.2%、林木蒸腾 34.6%、林地蒸发 29.7%），仅余 2.5% 可能形成壤中流、深层基流或存储在土壤中；在确定了山地垂直带各景观单元的水量平衡后，发现小流域产流的绝大多数来自高寒区（冰雪带、寒漠带、高寒草甸和灌丛带）。另一个研究是基于现有数据的集成分析（杨文娟，2018），应用青海云杉林日蒸散耦合模型及平水年 2008 年（1 月 1 日至 10 月 11 日）的 PET、LAI、REW 等数据（海拔 2700 m、坡向 10° 处气象站的降水量 364 mm），估算了大野口流域内青海云杉林的总蒸散，然后基于林地长期水量平衡方程（产水量＝年降水量－蒸散量）计算了林地产水深及其空间分布，发现多数云杉林具产水功能，但存在海拔、坡向、林分结构的较大差异，也有较大比例样点产水量为负值（即依靠坡上汇入径流等降水外的水源）。为更清楚地展示大野口流域内青海云杉林产流的空间分布，在表 4-9 中列出了不同海拔-坡向空间单元内云杉林产水均值的分布，表明越靠近阴坡时产水越低，因偏向南坡时树木生长不良和耗水少；产水深随海拔升高先减小后持续升高，最小产水深（22.2 mm）出现在海拔

2700～2800 m，这是降水量和蒸散量的相对关系随海拔变化的结果，也是受林分生长状况共同影响的结果。

表4-9 大野口流域 2008 年（1 月 1 日～10 月 11 日）不同海拔–坡向空间单元内的青海云杉林地产水情况

坡向	指标	海拔/m							合计
		2600～2700	2700～2800	2800～2900	2900～3000	3000～3100	3100～3200	3200～3300	
降水量/mm		355.3	372.9	391.4	410.7	431.1	452.4	474.8	
北坡	面积/hm²	1.62	38.52	56.16	76.95	70.92	51.12	13.05	308.34
	产水深/mm	44.0	20.9	23.7	41.1	59.4	99.7	167.0	54.7
东北坡	面积/hm²		3.78	28.8	51.39	55.26	40.14	10.44	189.81
	产水深/mm		15.3	39.0	70.8	97.9	120.7	161.9	88.3
东坡	面积/hm²			1.08	3.33	2.61	1.44	0.09	8.55
	产水深/mm			97.9	102.4	101.7	138.2	202.7	108.7
东南坡	面积/hm²				0.72	0.9	0.18	0.09	1.89
	产水深/mm				123.3	97.5	186.7	214.5	121.4
南坡	面积/hm²					0.18			0.18
	产水深/mm					153.6			153.6
西南坡	面积/hm²				0.27	0.72	0.09		1.08
	产水深/mm				151.3	127.1	193.7		138.7
西坡	面积/hm²	0.18	0.18	5.49	7.56	4.14	0.81	0.09	18.45
	产水深/mm	46.3	65.6	62.2	80.6	85.3	145.0	197.0	79.1
西北坡	面积/hm²	0.36	4.50	23.49	37.08	37.17	15.39	2.79	120.78
	产水深/mm	20.8	38.1	21.6	43.3	66.9	98.3	182.7	56.3
合计	面积/hm²	2.16	46.98	115.02	177.30	171.90	109.17	26.55	649.08
	产水深/mm	40.4	22.2	29.6	53.5	75.2	108.3	167.0	66.6

在黑河流域中下游，综合应用树干液流仪、小气候梯度观测、涡度相关、水量平衡和模型模拟等方法，定量研究了荒漠绿洲过渡带生态系统的降水、土壤水、地下水和植物水之间的转化关系，确定了 120 mm 降水不能有效补给浅层地下水，是浅根系和一年生植物的主要水源，而灌木和乔木除了吸收降水及土壤水外还需吸收部分浅层地下水（比例占 20%～40%）；估算了中下游荒漠绿洲维持稳定的生态需水量，认为中游人工绿洲维持稳定状态的生态用水下限值约为 25%（包括河岸湿地用水）（Wen et al.，2015；Zhao et al.，2007）。这为荒漠绿洲各系统之间的水资源配置管理提供了支撑。

4. 黑河流域林水相互作用机制研究的突破与影响

黑河流域的研究在林水相互作用机制的两方面均获得了突破：一是分析了气候特征（温度、降水）和立地环境（海拔、坡向、土层厚度、坡位）综合影响下的青海云杉林空间分布规律，确定了主要因子影响的定量关系和阈值，建立了林分结构特征响应林龄、密度、立地因子变化的耦合模型；二是定量分析了森林蒸散组分响应潜在蒸散、土壤水分、林冠结构变化的规律，构建了多因子影响耦合模型。这些研究成果促进了干旱地区生态水文学发展，引起了国内外同行关注；同时通过确定青海云杉林适宜分布地点、预测林分结构变化及林地耗水和产水，能为祁连山区青海云杉林的恢复、管理和质量提升提供理论与技术指导，同时对其他地区的类似研究也具有参考价值。

4.5.3 干旱区森林–水文相互作用机制研究的前沿方向

干旱区山地森林与水的相互关系特殊性很强，且其敏感性在气候变化和人类活动影响下也不断提高。虽然国内外已开展了较多研究，并形成了较成熟理论，但因研究较晚和较少，相关认识还有待深入完善，需关注如下几个前沿方向。

1. 气候变化与立地和植被特征共同影响下的土壤水分动态

土壤水分作为降水转化为植物水、大气水与地下水的重要环节，是许多学科研究的关键要素，对旱区山地森林等生态系统来说，其动态既影响着蒸散、入渗、产流、汇流等水文过程，又影响甚至决定着植物生长和物质循环等生态过程，在维持生态系统稳定与功能上起着关键作用。土壤水分动态受到气候、地形、土壤和植被及人类活动因素等多因子的综合影响，其时空变化的准确测定和预报都非常困难。近些年来虽有较多旱区山地生态水文方面的研究，但土壤水分动态仍是最薄弱环节和最难估计的水文变量之一（Venkatesh et al.，2011；康绍忠和张建华，1997）。研究野外条件下的土壤水分动态，一是需要利用先进手段实现准确、迅速、廉价的监测，从而获得充足的可靠数据；二是需要深入理解多因素、多过程的影响规律，并克服尺度限制；三是实现多因素影响下的土壤水分时空变化的准确描述和预报，如采用可能最有效的数值计算方法时需首先在不同空间尺度上确定非饱和土壤水动力学参数。

2. 土壤水分与其他环境条件驱动下的森林分布、生长和结构动态

旱区山地森林与灌丛、草地等的斑块镶嵌分布格局形成及其生长发育和结构变化的时空差异，都受到气候、地形、土壤及植被等因素的综合影响，其中土壤水分的影响最直接和最重要（Liu H et al.，2013）。近些年来一些研究开始探讨土壤水分与植被密度、生产力和多样性的关系，但因对水分驱动生长作用理解不足，不得不在模型研究中基于假设或关系简化，从而反映和预测土壤水分对植物或林木生长的影响，可初步定量解释植被分布格局、生长、结构、功能的时空演化及其与降水或土壤水的关系。然而，目前还没有真正实现对水文过程、土壤水分、植被格局、植被生长的动力模型耦合，还难以准确描述土壤水分坡面传输和时空变化规律，难以详细和定量解释土壤水分时空差异对不同树种森林在不同发育阶段和不同结构下的生长发育的影响。未来克服这个生态水文研究的短板，需在深入理解和准确预测坡面土壤水分时空变化的基础上，深入研究和定量揭示土壤水分条件及

其他环境因素对森林的空间分布、个体生长、个体竞争、自然更新、林分结构、土壤结构等的影响机理,实现在响应快速的水文过程与响应缓慢的生态过程的研究和认知上的协调,从而促进旱区生态水文学的快速与均衡发展,这将是未来旱区山地森林生态水文研究的长期难点与热点之一。

3. 森林空间分布与结构特征对水文过程及林地和流域产水功能的影响

在干旱缺水地区,准确评价和预测森林变化的流域产水量影响非常重要,这需考虑气候、地形、土壤等因素的影响以及森林的空间分布、面积大小、林分结构等植被本身特征的影响(陈军锋和李秀彬,2001;李文华等,2001;Zhou G et al.,2015)。这一方面需在研究中尽可能多地覆盖由气候、地形、土壤、植被方面的许多因子构成的复杂组合情景,收集尽可能完整的基础数据;另一方面需深入和系统地理解受环境驱动而动态变化的森林的空间分布、结构特征对一系列水文过程的影响,这需布设多学科、多尺度、多过程、多地点的长期联合研究,必然是个长期研究积累过程,也将是森林生态水文研究的长期重点任务。

4. 基于过程机制的林水相互作用模型与林水协调管理决策支持

在森林影响径流方面一直存在学术争论,且研究结果有时差别较大,这是由多因素复杂作用导致的。我国将继续促进旱区山地森林恢复与管理,但如何依据既满足供水安全又满足植被稳定要求的水资源植被承载力合理恢复和管理森林,是必须面对的科技需求。这需借助高分辨率遥感、地理信息系统等技术手段,尤其通过开展生态–水文过程研究,在深入认识和量化林水相互作用机理的基础上,构建具有坚实过程机理基础的、能对多种因素在多时空尺度上对多个生态与水文过程的影响进行真实耦合的流域生态水文模型,借此准确预测复杂条件下的森林水文作用,并能辅助确定满足特定水资源管理需求的流域内森林的合理覆盖率、空间格局和林分结构,形成能为旱区山地森林与水资源协调规划及综合管理提供科学决策的支持工具。

4.6 灌丛、草地–水文相互作用机制

4.6.1 灌丛、草地水文过程研究现状、挑战与科学问题

1. 灌丛、草地水文过程研究现状

植物群落具有在空间上和时间上的不同配置和形态变化特征,包括水平分布上的镶嵌性、垂直分布上的成层性和时间上的发展演替性(蒋有绪,1995)。植被通过垂直分布上的成层性和水平分布上的镶嵌性对降雨、下渗、坡面产汇流及蒸散发过程产生影响,这种影响随着植被的演替而具有动态变化(杨大文等,2010)。由于水文过程与植被存在紧密

相互作用，以及人类活动加剧引起的植被结构变化，使植被–水文相互作用机制近年来成为国内外的研究热点。在此背景下，以生态过程和生态格局变化的水文学机制为核心，研究不同生态系统结构和水文过程相互作用的生态水文学得以快速发展。灌丛是广泛分布的陆地生态系统类型之一，而草地是地球上分布面积最大的陆地生态系统（白永飞等，2014），这两大生态系统的变化将对全球水循环有强烈的影响。在我国，灌丛总面积占我国陆地总面积的 20%（李文娟，2015），草地总面积约占国土面积的 41.7%（中华人民共和国农业部兽医司和全国畜牧兽医总站，1996），这两类生态系统所占土地，有 90% 左右受到不同程度的干扰（国家环保总局，2006），如过度放牧导致的草地和灌丛类型的互转及这两种类型所占土地转化为其他土地类型，由此导致生态系统结构发生改变，水文过程必然发生变化（Tabacchi et al.，2000；Wang et al.，2012；Niemeyer et al.，2016）。因此，植被的生态过程和水文过程的相互作用机制研究是调控人类活动、实施生态系统服务管理的前提（欧阳志云和郑华，2009）。纵观灌丛、草地–水文相互作用机制研究，有关黑河流域的研究成果和存在问题归纳如下。

在黑河上游，植被与水文相互作用中，植被对水文过程影响占优势，水文过程对植被的作用不如在下游那样显著。因此关于山区植被对水文过程的影响有大量的研究，如灌木降雨截留方面，研究对象几乎涉及所有的优势物种，得出祁连山金露梅、鬼箭锦鸡儿和高山柳灌丛平均降雨截留率为 31.2%（刘章文等，2012），祁连山鲜黄小檗和甘青锦鸡儿灌丛截留率分别为 29.3% 和 18.6%（马剑等，2017），研究方法从观测到模拟（李文娟，2015）。但植被截留的研究成果多集中在灌木上，草地截留相关研究较少。实际上，草地冠层截留量在水文循环中占据了重要位置，只是目前对草地的降水截留观测难度较大，用浸泡法观测草地冠层截留容量是一种公认的成熟方法，它获取的是草地最大截留量。此外，灌丛和草地的截留研究聚焦在生长季，对非生长季的降雪截留研究鲜见。

水分入渗过程的研究从理论到实践，从室内实验到野外观测已有不少报道（吴钦孝等，2004；王国梁等，2005；陈军锋，2006；李斌兵和郑粉莉，2008），基于达西定律也发展了多种土壤水分入渗模型（李卓等，2011），但在黑河上游灌丛草地土壤水分入渗方面研究较少，静态的土壤水分特征研究表明祁连山灌木林地土壤的孔隙度、持水量、入渗速率与其他类型土壤相比为最高（刘贤德等，2016；赵维俊等，2015；王金叶等，2005），其原因是灌木林地有较厚的地被物层，它作为一种疏松多孔介质，在减缓地表径流、蓄水保水方面效应显著（陈丽华等，2002）。据报道枯落物为主的地被物层平均最大持水量为自身重量的 2 ~ 4 倍（刘洋等，2011），因此，有人把地被物层看作水源涵养功能的优势层（耿玉清和王保平，2000；Christopher and Hubert，2004；刘洋等，2011）。祁连山灌木林有效涵蓄水量在 3×10^8 m³ 以上，与乔木林相比是一座更大的"绿色水库"，是祁连山水源涵养林的主要组成部分（王学福，2005）。

蒸散发过程控制着土壤向大气传输的水汽并且影响植被生长、土壤含水量及径流量等，是水循环的中心环节，因此，蒸散发研究一直是古老而经典的领域，先进的观测手段不断出现，如叶面尺度上的植物蒸散率（porometer）分析技术、个体尺度上的树干液流（sap flow）技术、田间尺度上的波文比（Bowen ratio）与涡度相关（eddy correlation）技术及景观尺度上的闪烁（scintillometer）技术和遥感技术（Verstraeten et al., 2008）。对祁连山亚高山草甸观测发现，生长季日蒸散发量在 0.72 ~ 12.09 mm/d，平均日蒸散发量为 5.35 mm/d，影响日蒸散发主要因素是风速、饱和水汽压差和相对湿度（高云飞等，2017）。此外，一系列以气候为基础的蒸散发估算模型获得了发展（Allen et al., 1994），由于模型开发的环境条件差异较大，这些模型的适应性研究成为了热点，很多学者利用观测数据对蒸散发模型进行选择和评估。宋克超等（2004）利用实际观测资料，评价 Penman-Monteith（PM）、ASCE-Penman-Monteith（ASCE-PM）和 Priestley-Taylor（PT）模型在祁连山中部草地的适用性，指出 PM 模型在草地蒸散发估算中效果最好；阳勇等（2013）对 FAO-56 Penman-Monteith（FAO-PM）、Priestley-Taylor（PT）和 Hargreaves-Samani（HS）模型估算精度进行了评估，得出 PT 模型在估算日蒸散发的精度最高；高云飞等（2015）则认为 FAO-Penman-Monteith 模型模拟日蒸散发效果最好。在祁连山蒸散发观测与模拟研究多集中在亚高山草甸生态系统上，而灌丛的蒸散发研究鲜见。

尽管灌丛草地生态水文相互作用研究方面有大量的成果，但关于祁连山灌丛草地水文相互关系的研究仍然存在不足：①注重单一水文过程研究，缺乏对多种水文过程进行综合集成；②大多数水文过程的研究聚焦在生长季，对非生长季水文过程的特殊性没有体现。例如，土壤的冻融作为一种物理地质作用和现象普遍存在于祁连山区，从冻结程度上可将地表冻融状态划分为完全冻结、不完全冻结和不冻结三种（彭小清等，2013）。在完全冻结期，降水的形式以降雪展现，据报道针叶林的截雪率约为 40%（刘海亮等，2012），但对于灌丛的降雪截留量还不清楚。在不完全冻结期，积雪冻土开始融化，存在多个入渗和径流界面层（戴长雷等，2010），尤其是冻土层的存在如隔水层一样，阻止水分入渗，积雪融化之后迅速形成地表径流（杨针娘等，1993），融雪径流是寒区重要的标志性水文过程，是祁连山区不可回避的水文现象，但目前有关研究仍处在定性描述阶段；③水文过程空间异质性观测缺乏。水文过程观测多固定在一定的海拔的径流小区或径流场开展（田风霞等，2011；牛赟等，2006），不同海拔梯度的水文过程观测研究鲜见。

2. 灌丛、草地水文过程研究挑战与科学问题

1）灌丛、草地生态系统结构与水文过程关系的研究成果很多，但其环境条件均具有特定性。将具有严格物理基础的水文过程模型与高度异质性的林分结构联系起来，是当前水文过程研究所面对的热点问题，水文过程的空间异质性观测是面临的一大挑战。

2）探讨碳水循环耦合的关键过程和耦合点是植被水文相互关系研究的前沿课题。研究植被与水分、能量和物质的耦合循环机理是研究水文与植被相互作用的基础。图 4-56 展示了地球陆地表层系统物质循环与能量交换的基本生物物理过程，即碳循环和水循环。碳循环主要包括植被光合固碳、植被呼吸消耗、凋落物分解和土壤碳循环等过程，水循环主要包括降水、蒸散发、产流、土壤水分运动等过程。碳循环和水循环并不是孤立的两个过程，而是相互作用、相互影响、密切联系的两个生态学过程。碳水循环耦合的核心过程是蒸散发过程，现存的蒸散发估算方法不胜枚举，但山地灌丛、草地的蒸散发观测模拟研究欠缺，实时、精确估算区域尺度的蒸散发仍存在着挑战（刘宁等，2012）。水分利用效

率（WUE）是不同尺度水、碳通量的比值关系，可作为碳水耦合关系的定量描述指标（赵风华和于贵瑞，2008）。精确估算区域尺度的灌丛草地蒸散发和水分利用效率是研究植被与水文过程相互关系的又一挑战。

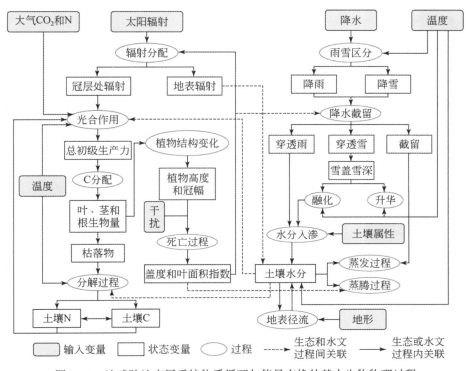

图 4-56　地球陆地表层系统物质循环与能量交换的基本生物物理过程

3）需要对人类活动干扰下的水文过程进行研究。植被是生态系统服务供给者，草本植物对草地生态系统的服务尤为重要。供给者因对生境的适应及功能作用不同，表现出多种多样的功能性状，包括形态性状（植物的表型）和生理生态性状（光合作用、呼吸作用、蒸腾作用、叶绿素荧光动力学效应等）。很多研究者指出植被高度和叶性状可以作为生态系统服务的功能标记（Lavorel et al.，2011；肖玉等，2012；潘影等，2015），这些与生态系统服务功能有关的性状也是影响水文过程的关键参数。放牧是祁连山草地常见的土地利用方式，过度放牧显著改变草地群落的功能性状，如植物个体地上部分趋于矮小化（任海彦等，2009），导致群落持水能力的下降，地表径流和碳氮流失逐渐加剧（Garibaldi et al.，2007；Semmartin et al.，2008）。傅伯杰等（2012）报道重度放牧引起的地表径流、产沙量、碳氮流失分别为轻度放牧的 28 倍、21 倍和 19 倍。因此，李西良等（2014）指出植物的矮化型变是草原生态系统结构和水文过程变化的重要触发机制。人类将影响草地生态系统的活动规模与强度控制到什么样的水平，经济效益和水源涵养服务效益才能最佳？这是管理者面临的最具有挑战性的问题。

4.6.2 灌丛、草地–水文相互作用机制研究取得的成果、突破与影响

1. 灌丛冠层结构生态参数变化

黑河上游灌丛几乎均为落叶物种，从年内看，灌丛草地物候变化导致植被冠层结构发生年内变化。反映冠层结构变化的关键参数有叶面积、叶面积指数、比叶面积和生物量。这些关键参数能够表征植物光合作用、蒸腾作用、截留过程等，并且能反映物种生存和生长环境、生态系统结构优劣和功能高低，它们不仅是生态水文模型的重要输入参数，而且是植物固定 CO_2 能力的重要标志和评估碳平衡的重要参数，在碳水循环及气候变化研究中具有重要意义。灌丛冠层生态参数高时间分辨率观测结果表明：生长季叶面积变化明显（图4-57），6月、7月是灌丛叶面积变化速率最快时段，8月、9月叶面积基本稳定。金露梅灌丛叶面积从生长初期0.13 cm^2/片，到生长末期0.70 cm^2/片，单片叶面积变化明显，增加了近5倍；鬼箭锦鸡儿灌丛单片叶面积从生长初期的0.23 cm^2/片，到生长末期叶面积为0.59 cm^2/片，增加了约两倍。典型灌丛在生长季期间的叶面积指数变化如图4-58，金露梅从生长初期的1.23，增加到生长末期的4.3；鬼箭锦鸡儿从生长初期的0.56，增加到生长末期2.86。比叶面积变化见图4-59。金露梅和鬼箭锦鸡儿比叶面积分别在104.8 ~ 118.8 cm^2/g 和119.9 ~ 132.0 cm^2/g，金露梅比叶面积平均值为127 cm^2/g；鬼箭锦鸡儿比叶面积平均值为106 cm^2/g。

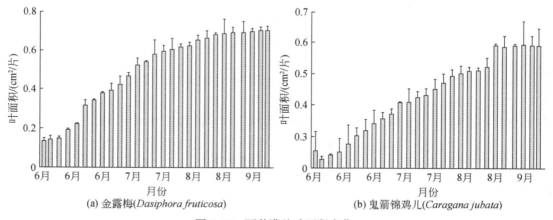

(a) 金露梅(*Dasiphora fruticosa*) (b) 鬼箭锦鸡儿(*Caragana jubata*)

图4-57 两种灌丛叶面积变化

建立以冠幅周长（P）的平方与丛高（H）的乘积（P^2H）为变量的灌丛地上生物量估测模型

$$W = a + b(P^2H) \quad (R^2 > 0.8) \qquad (4-7)$$

建立样方灌丛地上总生物量（W_s）与样方灌丛分布面积（S_0）和盖度（C）关系模型

$$W_s = 793.692S_0C^2 + 496.8312S_0C + 188.79 \quad (R^2 = 0.629, F = 289.697, P < 0.05) \qquad (4-8)$$

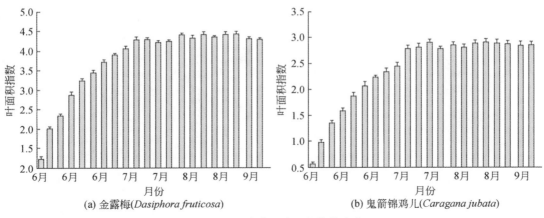

(a) 金露梅(*Dasiphora fruticosa*) (b) 鬼箭锦鸡儿(*Caragana jubata*)

图 4-58　两种灌丛叶面积指数变化

根据面向对象分类法对高分辨率影像 GeoEye-1 进行分类，提取出灌丛盖度因子及面积，实现天涝池流域灌丛地上生物量的空间分布（图 4-60）。根据生物量空间分布与数字高程模型（DEM）叠加分析，发现灌丛地上生物量主要分布在海拔 3000～3700 m 范围内，随着海拔升高，阳坡灌丛地上生物量呈单峰型曲线变化，其最大值分布在海拔 3200 m，阴坡灌丛地上生物量呈先减小后增加再减小的波浪曲线变化，其最大值分布在海拔 3400 m 处。

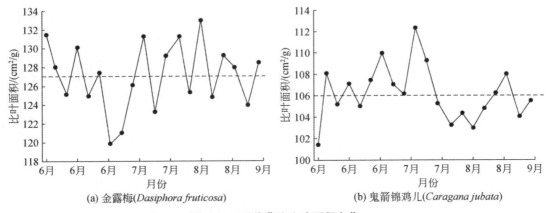

(a) 金露梅(*Dasiphora fruticosa*) (b) 鬼箭锦鸡儿(*Caragana jubata*)

图 4-59　两种灌丛比叶面积变化

灌丛冠层结构参数研究突破与影响包括三方面内容：①优势灌丛物种高时间分辨率的生态参数观测对生态–水文过程估算的精细化提供保障，突破了以往生态参数特征用某一时段测量值替代的局限；②主要生态参数的空间化是分布式生态水文模型运行的基础，空间化方法需要加强研究，将不同数据源的遥感数据进行融合是实现生态参数空间化的技术手段；③物候期生态参数的遥感监测结合气象要素的观测，建立生态参数模型是未来研究要加强的内容。

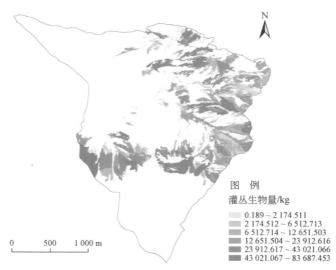

图 4-60　天涝池小流域优势灌丛生物量空间分布

2. 灌丛截留研究结果

（1）灌丛截留过程观测方法

　　灌丛截留过程的观测，采用了自主研发的灌丛截留自动观测系统（图 4-61）。该系统集成了两个美国 Davis 公司生产的 20 cm 口径 HOBO 翻斗式自记雨量计（精度为 0.2 mm）和 6 个承雨槽，一台雨量计记录灌丛上方降雨量，另一台记录灌丛下汇集的穿透雨量。其中，汇集的穿透雨量由 6 根加工好的断面呈 V 形的铝合金承雨槽来收集（承雨槽长为 1.2 m，宽为 0.065 m）。6 根承雨槽以灌丛下方 HOBO 翻斗式自记雨量计为中心点向四周以放射状放置在金露梅灌丛冠层下方约 30 cm 处，将无金露梅灌丛遮盖的承雨槽部分用不透水胶带遮挡起来，记录遮挡面积。承雨槽总面积减去遮挡面积为汇集穿透雨量的面积，将汇集穿透雨量面积与雨量计面积进行换算，计算等同雨量计面积的穿透雨量。该套装置已获得专利。

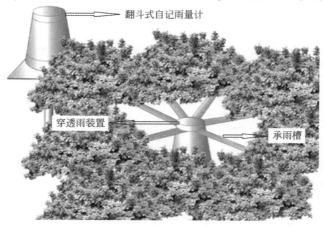

图 4-61　截留观测系统示意图

（2）灌丛降雨截留特征

生长季（6~9月）金露梅和鬼箭锦鸡儿灌丛降雨量与截留量、截留率都呈对数函数关系（图4-62），拟合效果金露梅相关系数（R^2）分别为 0.53 和 0.72；鬼箭锦鸡儿相关系数（R^2）分别为 0.80 和 0.88。分析不同生长时期典型降雨事件降雨量与截留量变化如图4-63，对累加截留量变化曲线求导，可获得饱和截留量。金露梅在不同时期的饱和截留量分别为 2.57 mm、4.65 mm 和 6.97 mm；鬼箭锦鸡儿在不同时期饱和截留量分别是 2.82 mm、4.54 mm 和 4.65 mm，说明随着植被的生长，饱和截留量也在增加（图4-63）。

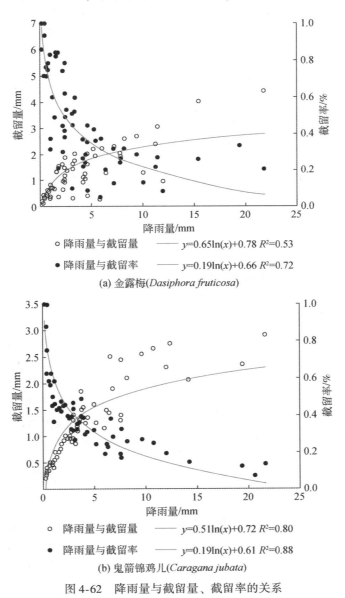

○ 降雨量与截留量 $\qquad$ $y=0.65\ln(x)+0.78$ $R^2=0.53$

● 降雨量与截留率 $\qquad$ $y=0.19\ln(x)+0.66$ $R^2=0.72$

(a) 金露梅(*Dasiphora fruticosa*)

○ 降雨量与截留量 $\qquad$ $y=0.51\ln(x)+0.72$ $R^2=0.80$

● 降雨量与截留率 $\qquad$ $y=0.19\ln(x)+0.61$ $R^2=0.88$

(b) 鬼箭锦鸡儿(*Caragana jubata*)

图4-62 降雨量与截留量、截留率的关系

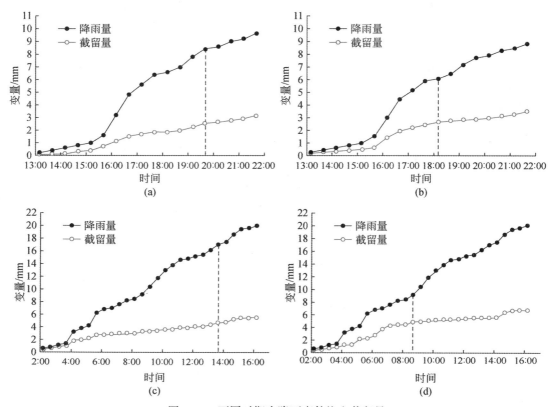

图 4-63　不同时期次降雨事件饱和截留量

左为金露梅（*Dasiphora fruticosa*），右为鬼箭锦鸡儿（*Caragana jubata*）

在生长期间，金露梅叶面积从生长初期的每片 0.14 cm² 到生长末期达到每片 0.69 cm²，截留率变化范围在 13%~38%；鬼箭锦鸡儿叶面积从生长初期的每片 0.2~0.58 cm²，截留率变化范围为 12%~58%，截留率随着植被冠层结构变化波动明显（图 4-64）。

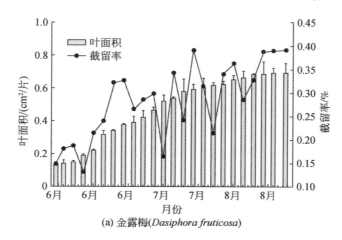

(a) 金露梅(*Dasiphora fruticosa*)

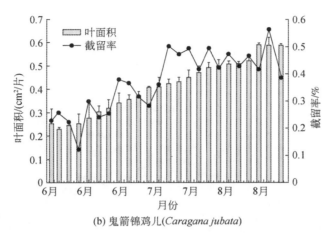

(b) 鬼箭锦鸡儿(*Caragana jubata*)

图 4-64　生长季期灌丛叶面积以及截留率变化

　　灌丛截留特征研究的突破与影响包括以下两个方面：①灌丛生态系统结构特征时间动态明显，指征冠层结构的主要生态参数随着物候期的更替而发生显著地变化，影响着降雨截留过程，这暗示着冠层截留是动态变化的，包括饱和截留量；②在生态水文模型中要考虑叶面积的变化，将叶面积或叶面积指数的均值作为模型的输入将影响模拟的精度。

3. 亚高山草地蒸散发研究

　　祁连山自然保护区中草地面积占总面积的 50.54%，其中亚高山草地分布最广，是区域水循环过程中的重要因子。亚高山草地蒸散发是草地生态系统水循环的关键环节，对区域产水量有着重要的意义。以亚高山草地为研究对象，详细探讨草地蒸散发过程，可以得出如下结论。

　　1）亚高山草地蒸散发具有时间变异性，非生长季（10 月中旬至次年 4 月中旬）蒸散发量较小，基本在 1 mm/d 以下，平均日蒸散发量为 0.64 mm/d，生长季约开始于 4 月中旬，蒸散发量开始有所增加，6 月、7 月和 8 月达到高值，从 9 月开始减小，直到 10 月中旬，进入非生长季，生长季日均蒸散发量为 2.98 mm/d（图 4-65）。

　　2）蒸散发模型的评估。在日尺度上，选择 Penman、FAO- Penman、FAO- Penman- Monteith、Priestley- Taylor 和 FAO- Radiation 五种蒸散发模型，研究发现 FAO- Penman- Monteith 模型的模拟效果最好，FAO- Radiation 模拟效果最差，其他三种模型的模拟效果比较好。模型输入参数对蒸散发模拟效果影响强弱顺序为：辐射>气压>相对湿度>气温>风速；当地表辐射在±10% 变动时，模拟值变化幅度达到 20% 左右；在其他参数±10% 变动时，模拟值变化幅度在 8% 以下，说明辐射是模型模拟最敏感因素。

　　草地蒸散发研究的突破与影响包括以下两个方面：①详细刻画了亚高山草地蒸散发日尺度上的变化特征；②为草地生态水文模型集成提供了蒸散发模型的选择。

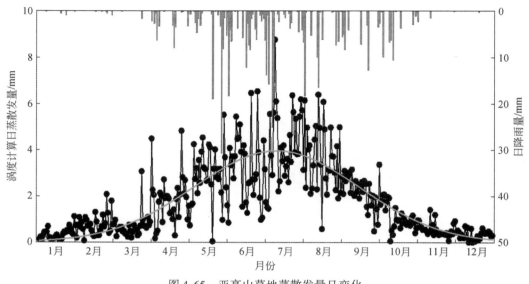

图 4-65 亚高山草地蒸散发量日变化

4.6.3 灌丛、草地−水文相互作用机制研究的前沿方向

1. 水量平衡研究

水量平衡是定量研究水文动态、生态过程及水源涵养服务等众多基本问题的基础 (Rodriguez, 2000)，以往的研究中注重单一水文过程研究，缺乏对多种水文过程进行综合集成，很难估算灌丛草地生态系统的水量平衡，难以回答两种生态系统的水源涵养作用，并且在土地类型更替后，水源涵养服务的变化无法评估。以水量平衡原理为基础，将灌丛草地生态系统各水文过程综合集成，模拟水量平衡的时空格局，是生态−水文过程相互作用机制研究的前沿方向之一。

2. 尺度转换

目前生态系统结构与水文过程关系的研究成果很多，但都是在特定的林分结构条件下进行的。如何将具有严格物理基础的水文过程模型与高度异质性的林分结构联系起来，实现由点尺度向面尺度转换是当前水文过程研究所面对的热点问题 (李弘毅和王建，2013)。

3. 碳水耦合过程

生态系统的水循环与碳循环不仅是全球变化科学研究的主要内容，也是全球变化科学的核心问题。全球规模的生态系统水管理与碳管理是调节全球气候变化进程和水资源自然更新的有效途径和切入点，是探讨通过人类活动干预与调节全球变暖进程，缓解淡水资源短缺，维持世界经济可持续发展的战略需求 (于贵瑞等，2004)。预测山地灌丛草地水循环和碳循环的长期效应和它们对流域产流的影响及在时间尺度上有何变化是一个急待解决的科学问题。

水分利用效率作为碳水耦合的定量评价指标，充分体现植被与水文过程相互作用关系，是掌握植物对气候变化的响应和水分利用策略、了解和预测全球变化对群落结构和景观分布格局的影响、为应对全球变化适应性管理提供新对策的依据（王庆伟等，2010）。但当前对水分利用效率的研究较少，对水分利用效率计算适应性的拓延及其受环境变化因子的影响的研究将有助于提高碳水耦合模型定量评价的精准度和有效性。

4. 人为干扰对植被-水文相互关系的影响

在黑河上游草地是优势生态系统，放牧为黑河上游主要的土地利用方式，过度放牧显著改变了植物群落资源分配策略，植物群落的功能性状发生改变（任海彦等，2009），导致生态过程和水文过程发生变化。随着人类活动对草地影响的认识深入，人类正以加强草地生态系统管理方式来恢复和保育生态系统功能，以便生态系统服务永续利用。如围栏禁牧，休牧和轮牧，控制牲畜对植物的过度采食与践踏。调查结果显示围栏禁牧促进了植物生长，体现在植物的高度及群落的盖度有所增加，同时，土壤的营养及土壤水分的涵养水平也得以提高。但是，长期的围栏禁牧不能提高草场的放牧利用价值，禁牧时间太长反而会引起群落初级生产力的下降，凋落物增加，抑制植物的再生及幼苗的生长。由此可以看出在草地资源管理与保护中存在生态阈值，当生态因子扰动接近生态阈值时，生态系统的功能、结构或过程会发生不同状态间的跃变，生态系统服务的总体效益也相应发生变化，揭示人类活动对植物功能形状的影响继而对生态-水文过程产生的影响，是当前研究的热点。

4.7 农田水文过程识别与模拟

4.7.1 研究现状、挑战与科学问题

黑河中游绿洲是以农田为主，伴有湿地、沙地、林地和草地的复合生态系统，绿洲生态系统的稳定与效益很大程度上取决于水资源在不同景观组分间的配置关系。因此，明确绿洲农田需水规律和生态需水特征，准确估算绿洲不同景观组分需水耗水的时空格局，不仅是制定区域科学灌溉用水定额，进行灌溉用水合理分配的科学依据，也是开展区域节水潜力评估，实现绿洲水资源可持续管理的基本前提（Zhou D Y et. al., 2017）。对于绿洲农田水文生态系统，节水的核心一方面是在田块尺度上减少灌溉水的无效损失，提高水分利用效率，另一方面是在灌区和绿洲尺度上依据作物需水和灌溉需水的时空信息进行水资源的分配与优化管理。

目前关于绿洲农田耗水量的观测和模拟结果相对较多，但大多集中在个体水平、田块尺度和灌区尺度上（Su P et al., 2002）。在绿洲或区域尺度上，关于绿洲农田需水及其变

化的研究相对较少。事实上，绿洲用水需求和节水潜力在时空尺度上通常有较大的变异性，不同用水单元（如绿洲防护林与绿洲农田）之间又存在复杂的水分交换关系（赵文智等，2017），绿洲尺度的时空需水信息如形成绿洲农田有效生产力极值的最大需水量、水分利用效率最大化时对应的经济需水量、保障区域基本粮食安全的农田最小需水量等对制定区域水资源管理策略意义重大。基于绿洲需水的绿洲农业水效率受土壤、气候、管理措施等多种因素的影响（Molden et al.，2003；Ali and Talukder，2008），在对不同尺度农业水效率时空分布的研究中，其影响因素及各因素的影响程度都存在差异，因此提高水效率需要综合权衡和考虑多方面因素。分析农业水效率在多因素协同作用下的变化，有助于全面评估农业水效率现状，对其主要限制因素进行很好的识别并量化可以为农业水效率的提升提供依据，有助于宏观农业节水管理措施的探索。

随着灌区水转化研究的深入和拓宽，以及灌区水管理和调控的实际需要，灌区尺度的水文过程研究逐渐成为热点。基于3S技术与农业水文模型的集成构建的分布式水文物理模型已经成为研究灌区尺度农业水循环的主要方法。耦合土壤水-地表水-地下水水转化过程的模型更加能够帮助人们理解灌区水转化各要素响应机制和规律，且已得到广泛应用（Kollet and Maxwell，2006；Twarakavi et al.，2008；Sophocleous and Sammuel，2000；Brunner and Simmons，2012；Xu et al.，2012）。然而灌区尺度水转化模型对农业水文过程（渠系输水，田间用水和作物生长过程）的过度简化会使耦合模型应用到有着密集农业活动的人工绿洲时产生很大的误差（Furman，2008）。同时，分布式模型在由点到面的空间尺度拓展时，虽然在一定程度上考虑了气象、土壤、土地利用类型以及灌溉等的分异特点（Li et al.，2016；Van Gaelen et al.，2017），但模型生长过程参数（种植密度、冠层覆盖度、光合生产能力等）的空间分异性考虑较少，通过遥感技术解译模型生长过程参数，构建基于遥感解译的分布式作物生长模型同化系统，可以进一步提高模型区域模拟的精度，通过设置考虑作物生长、调亏灌溉、灌溉方式、输配水过程、灌区和区域规划等不同环节措施，分析变化情景下农业水效率的空间分布，可以有效地获取农业水效率提升的重点区域、适宜区间及分布阈值，进而创新区域农业用水效率的潜力评估和提升机制。

尽管国内外在田间尺度的农田水循环模拟方面已经取得了一些进展，并且已经开发出大量的模拟模型（Walker and Graham，1987；Brown，1987；Peake et al.，2008；Diepen et al.，2010），但现有模型对水分胁迫的机理及气候变化的影响研究不足，通常忽略了植物自身的生理调节过程，影响模拟精度（Ramanjulu et al.，1998；Earl，2002；Zhou S X et al.，2016；Drake et al.，2017）。光合作用对水分胁迫反应敏感，了解光合作用对干旱的响应过程，对提高作物产量改善灌溉措施具有重要意义。气孔的开闭同时控制着光合作用和蒸腾作用。气孔的调节是土壤-植物-大气系统中水分传输和固碳的关键因子。采用动力学或统计学的降尺度方法将大尺度低分辨率的全球气候模型输出结果转化为区域尺度的气候变量（徐宗学和刘浏，2012；Tang et al.，2016；Foley and Kelman，2018）是评价灌区水转化对气候变化条件响应的主要手段，然而以往的研究中所选取的全球气候模型并未在其特定研究区内做适应性评估。因此，开展基于农业水文模型的灌区尺度水转化多过程耦合模型模拟方法与应用研究，发展周密考虑气孔对环境因子的响应机制的作物生长模型和周密考虑农业水文过程的灌区多过程水转化耦合模型，进行灌区水均衡分析，评价灌区用水效率，充分认识黑河中游的灌区水转化过程，灌溉用水现状，评估水分利用效率和水分生产力对未来气候变化条件的响应规律，为农业节水、生态水文研究及气候变化提供重要支持和参考，并为提高水分生产力提供科学策略。

　　干旱区水资源调控策略研究包括基于水热平衡和水量平衡的绿洲适宜规模研究（Zhao W et al.，2016；Liang and Liu，2017），作物种植结构优化及水资源优化配置研究。由于水资源在绿洲形成中的主导作用，绿洲规模和生态健康、水资源间存在依存关系（Bai J et al.，2014；Guo et al.，2016），已有研究并没有充分考虑绿洲的生态健康发展。水资源配置多从体现各决策主体之间的互动（Roozbahani et al.，2014；Habibi Davijani et al.，2016）、基于大系统理论协调不同层次利益主体（陈晓宏等，2002；吴丹等，2012）及基于博弈论以分析用水主体行为间相互制约、相互作用的规律（Madani，2010；付湘等，2016）三方面开展研究，成果集中于流域或区域尺度，缺乏灌区尺度研究，且基于利益主体的水资源配置模型多为线性规划，不适用于具有变量多、结构复杂、非线性及配水过程存在不确定性等特点的灌区水资源配置（张展羽等，2014；付强等，2016；莫淑红等，2014）。在有限的农业用水条件下如何定义绿洲生态健康（Wu et al.，2018），确定适宜农业规模，同时考虑气候、地形、土壤条件的差异性，如何评估作物生长优势区、进行种植结构优化以及作物耗水的时空优化布局，是绿洲可持续发展的科学问题。

4.7.2　研究取得的成果、突破与影响

1. 多尺度农田水文模型

（1）绿洲农田耗水模型
　　构建了绿洲农田耗水量的模型，确定了黑河中游绿洲农田的最大耗水量、实际耗水量和最低耗水量及其变化过程，以及绘制农田耗水量的空间分布图。发现在黑河流域中游目前的灌溉状况下，影响绿洲耗水的主要气象因素为净辐射和气温，主要生物因素为叶面积指数和冠层导度。但在叶片、个体和田块等尺度上主要影响因素不同。通过对比叶片–个体–田块三个尺度的作物蒸腾强度，发现常规的以气象数据为基础的方法可能高估5%～16%的绿洲农田蒸腾量。在考虑植物生长过程和生长期蒸散量的空间异质性的基础上，利用 Meta-Analysis 方法、土地利用、土壤性质、MODIS 遥感数据，修改 Brolsma 和 Bierkens（2007）蒸散模型，从而建立了估算绿洲尺度农业生态系统耗水（W）模型：

$$W = ET + I \qquad (4-9)$$

式中，ET 为农作物蒸散量，I 为相应农田渗漏量。

$$ET = \frac{\sum\limits_{i=1}^{n} NDVI_i}{\dfrac{1}{n+m}\sum\limits_{i=1}^{n}\sum\limits_{j=1}^{m} NDVI_{ij}} f(x) ET_m \qquad (4-10)$$

式中，$NDVI_{ij}$ 为某种作物生长期间某个斑块上的归一化植被指数值；i 是该生长期的 MODIS 影像期数，$i=1$，2，3，$\cdots$，n；j 是某作物在绿洲内的所有斑块数，$j=1$，2，3，$\cdots$，m；ET_m 为标准蒸散量（mm），用 Meta-Analysis 模拟获得；$f(x)$ 是根系吸水限制函数（无量纲）。

$$I_{kj}=\frac{ET_{kj}}{ET_{mw}}\times I_{cm}\times\left(1+\frac{S_{cj}-S_{cm}}{S_{cmax}-S_{cmin}}\right) \tag{4-11}$$

式中，S_{cj}，S_{cm}，S_{cmax}，和 S_{cmin} 分别是 j 斑块的容重、绿洲所有斑块上平均容重、最大容重和最小容重；I_{kj} 是 j 斑块上种植的 k 作物时的渗漏量；I_{cm} 是种植玉米时的灌溉入渗量常数，ET_{mw} 是距离 j 斑块最近的 w 斑块上玉米的蒸散量。

经过估算，1986 年至 2016 年张掖绿洲农田生态系统的最适耗水量在 10.5 亿~13.43 亿 m^3，平均（11.72±0.85）亿 m^3；最大耗水量在 11.07 亿~13.61 亿 m^3，平均（12.57±0.89）亿 m^3；最小耗水量在 10.24 亿~12.37 亿 m^3，平均（11.28±0.60）亿 m^3。

（2）田间尺度的作物−土壤−植物−大气系统（CropSPAC）动态模拟模型

通过明晰植物叶片细胞层面对植物体内水分运移和气候因子变化的响应机制，本书建立了基于生化过程的光合作用模型，并进一步构建了叶片尺度的光合−蒸腾−气孔耦合模型。最后，与土壤水热运移过程进行耦合，形成田间尺度的作物−土壤−植物−大气系统（CropSPAC）动态模拟模型。所改进的 CropSPAC 模型，解决了长期以来绿洲需水对变化环境响应研究中较少考虑植物对气候因子与大气 CO_2 浓度的问题。CropSPAC 模型考虑植物对气候因子与大气 CO_2 浓度的综合响应以及土地利用和生态景观格局的影响，为建立绿洲尺度的需水模型，明晰绿洲需水时空格局对变化环境的响应过程，提供了基础模型依据。

（3）田间尺度农业水文模型（SWAP-EPIC）

本书基于 GIS 与田间尺度农业水文模型（SWAP-EPIC），构建中游绿洲尺度的分布式农业水文模型，以此开展了 2011 年和 2012 年黑河中游主要灌溉系统的农业水文过程及作物生长模拟，并且从效率和生产力方面对中游主要灌溉系统的灌溉用水进行评价，实现合理与高效的灌溉节水。进一步发展建立了适用于绿洲尺度的详细考虑农业水文过程的灌区多过程耦合模型。该模型在灌区水转化的关键环节（农业用水对地下水补给）的刻画上有了显著提升，可高效实现灌区多过程的模拟。该耦合模型可用于模拟河流、渠系水与地下水转化过程、土壤水与地下水转化过程，并已应用于黑河中游绿洲区，开展了中游绿洲水转化多过程模拟研究。该模型较以前的模拟模型具有如下特点：①耦合农田水文模型和地下水模型，基于农业水文模型的模拟结果分析，详细地刻画了农业用水在时间和空间上对地下水的补给。②长系列模拟，涵盖了该地区的不同来水条件和气候条件，模型的适用性得到了很大地提升。基于此模型深入分析了黑河中游的灌溉水均衡状况，对灌区的用水效率和生态环境进行了评价，并提出了综合考虑中游用水和下游配水的生态恢复情景。该模型可以用来研究在农业节水和气候变化条件下，水转化各水均衡要素的响应规律，为解决绿洲的高效用水调控提供科学的依据，也为其他干旱半干旱地区的农业节水措施的推行和生态系统的恢复提供参考。

2. 人类活动和气候变化对农田水文过程的影响

(1) 对绿洲需水量的影响

过去近 30 年, 黑河中游绿洲需水量呈显著增加趋势, 年需水量从 1986 年的 10.80 亿 m³ 增加到了 2013 年的 18.97 亿 m³, 增加速率约为 0.30 亿 m³/a。其中, 农业需水量占绿洲需水量的 76%~82% 并且增加趋势显著, 从 1986 年的 8.38 亿 m³ 增加到了 2013 年的 14.71 亿 m³, 增加速率约为 0.23 亿 m³/a。玉米、小麦与蔬菜是黑河中游绿洲区的主要农作物, 种植面积占据耕地面积的 80% 以上。随着玉米、蔬菜种植比例的增加, 以及小麦种植比例的减小, 玉米与蔬菜的需水量从 1986 年的 2.66 亿 m³ 与 0.79 亿 m³ 增长至 2013 年的 9.70 亿 m³ 与 3.18 亿 m³, 小麦需水量从 1986 年的 3.31 亿 m³ 降至 2013 年的 1.01 亿 m³。生态需水量则占绿洲需水量的比例较小, 但过去 30 年生态需水也呈现显著增加趋势, 从 1986 年的 2.42 亿 m³ 增加到了 2013 年的 4.26 亿 m³。其中水体、沼泽的需水量增加最为明显。采用因素分解法, 定量分析了各要素对黑河中游绿洲区需水变化的影响及贡献率。研究结果发现, 人类农业活动是绿洲需水变化的主要原因, 为绿洲需水量的增加贡献率约为 93%。其中, 绿洲规模扩张贡献率为 58%, 种植结构改变贡献率为 25%, 绿洲规模与种植结构间的相互作用贡献率为 10%。而气候变化为绿洲需水量的增加仅贡献了约 7%。

(2) 对灌溉水生产力的影响

在区域尺度基础统计数据的基础上, 本书采用统计学与 GIS 技术结合的方法获得了研究区内各区县的主要粮食作物灌溉水生产力过去 30 年的数据, 探索了灌溉水生产力的时空分布规律, 发现灌溉水生产力随时间呈显著增长趋势, 不同典型水文年的灌溉水生产力存在差异, 总体上干旱年小于偏湿年。此外, 灌溉水生产力分布存在空间差异, 随着时间变化, 不同地区增长速率有所不同, 部分地区灌溉水生产力仍然较低, 表明灌溉水生产力仍存在提升空间。从历史长期变化过程来分析灌溉水生产力的驱动因素, 筛选出了对灌溉水生产力有显著影响的驱动因素, 明确了该地区灌溉水生产力与主要驱动因素的相关关系, 建立了反应灌溉水生产力与主要驱动因素关系的 PLS-CD 生产函数模型, 并量化了各主要驱动因素对灌溉水生产力变化的贡献, 发现了研究区灌溉和农艺措施对灌溉水生产力的贡献率大于气候因素。灌溉水生产力随着节水水平提高和化肥、农膜、农药的增加而增加, 但是增加趋势逐渐减缓, 甚至趋于平稳。因此, 提高水生产力不能盲目增加生产要素的投入量, 而是可以考虑通过合理提升投入要素利用效率, 合理提升节水灌溉技术, 提高化肥利用效率, 保持农膜、农药用量, 这对灌溉水生产力的提升和农业生产投入的改进具有指导意义。

3. 绿洲农业水效率提升

(1) 多要素协同提升机理与模式

通过对绿洲灌溉水生产力驱动因素 (土壤特性、管理措施) 的调研取样及在各因素的现状基础上对灌溉水生产力及其驱动因素空间分布特征的分析, 本书结合空间插值的方法，绘制了灌溉水生产力及其驱动因素的现状空间分布图；通过与全国第二次土壤普查数据对比，可以确定绿洲土壤养分的分级情况，其中土壤有机质、土壤全氮、土壤全磷均处于中等偏下水平（四级），土壤速效氮处于较低的水平（五级），土壤速效磷处于中等偏上的水平（三级）。采用偏最小二乘法对灌溉水生产力及其驱动因素进行量化分析，明确土壤和管理因素对灌溉水生产力的贡献大小，发现在不同的尺度下土壤因素和管理措施对灌溉水生产力的影响并不一致，在灌区尺度上土壤因素和管理因素对灌溉水生产力的贡献率分别为 20.6% 和 35.2%，而在流域尺度上土壤因素对灌溉水生产力的贡献则增加到 43.8%，管理因素的贡献率则下降到 24.8%；同时发现绿洲灌溉水生产力的关键驱动因子为灌溉水量和种植密度。此外，以水分生产函数、产量与施磷量的关系以及密度生产函数为依据，通过 SPSS 的非线性回归分析，建立了适用于黑河中游的灌溉水生产力经验模型。以灌溉水生产力经验模型及其关键驱动因素为基础，在不增加灌水和施肥量的原则下，采用混合正交法设置了 12 个未来情景，分析了不同情境下的灌溉水生产力空间分布以及灌溉水生产力的潜力提升情况，获取了最优的绿洲农业玉米种植模式，即在现状的基础上减少 10% 的灌水量、增加 10% 的磷肥施用量以及增加 5% 的种植密度。

（2）绿洲多尺度农业水效率潜力评估与情景分析

在考虑气候、土壤和灌溉等因素的基础上，本书利用遥感数据解译了甘临高地区 2015 年的种植结构、最大冠层覆盖度、相对干物质量以及播种日期的空间分布，将这些因素融合到 AquaCrop 模型区域应用过程中，构建了融合了遥感数据的区域分布式作物模型 AquaCrop-RS。结果显示，AquaCrop-RS 模型区域产量模拟精度较于 AquaCrop 模型提升了 35%~72%，区域蒸散发量模拟精度最高提升了 26%。从作物调亏灌溉、高节工程、渠道防渗以及种植结构四个方面分析了工程节水量、资源节水量以及经济投入的空间变化，结合动态规划算法以及神经网络算法，提出了黑河中游绿洲近景和远景发展规划。黑河中游工程节水量范围是 2.68 亿~4.49 亿 m³/a，资源节水量范围是 0.25 亿~0.36 亿 m³/a，经济投入范围是 2.59 亿~4.81 亿 m³/a，农业用水效率较现状提高了 12%~18%。

4. 绿洲农业水资源调配理论和耗水时空格局优化

（1）绿洲适度规模和农业规模确定方法

本书以地下水埋深、农田防护林比例、植被覆盖状况和强风发生率为指标建立生态健康评价指标体系，基于水热平衡原理、风沙动力学理论及绿洲生态健康评价提出了一种确定绿洲适度规模和农业规模的方法（图 4-66），获得给定农业用水条件下不同水文年适度农业规模（表 4-10）及未来不同气候情景、生态情景、来水情景等变化环境下的适度农业规模（图 4-67）；以农业规模为约束，建立考虑节水高效的种植结构优化模型，获得给定农业用水下种植结构调整方案；利用遥感数据和统计数据融合的方法，构建耦合种植结构优化与作物空间格局优化模型的最小交叉熵模型，实现绿洲农业规模的空间优化布局（图 4-68）。

研究结果表明，2013 年属于偏丰水年，黑河中游适宜绿洲规模为 1993 km²，适度农业规模为 1595 km²，与基于水热平衡和圈层结构方法相比较，基于生态健康的方法考虑了影响干旱区生态健康的因素，结果更合理；农业规模在未来 RCP2.6、RCP4.5 和 RCP8.5 气候情景下分别为 1558～1905 km²、1526～1872 km² 和 1543～1888 km²；在给定农业用水的情况下，农业规模应缩减耕地 2 万亩，其中粮食作物和制种玉米面积调减，经济作物和饲草面积调增，粮经饲比例由 58：29：13 调整为 47：37：16，优化后仍以种植玉米为主，在保证粮食需求和制种产业的基础上，由于蔬菜的产量及单方水效益优势，调增了蔬菜种植面积；对小麦、玉米、油料作物及蔬菜四种作物空间优化基础上，农业规模在丰水年、偏丰水年、平水年、偏枯水年、枯水年和现状 2013 年分别为 1438 km²、1430 km²、1386 km²、1378 km²、1363 km² 和 1381 km²。

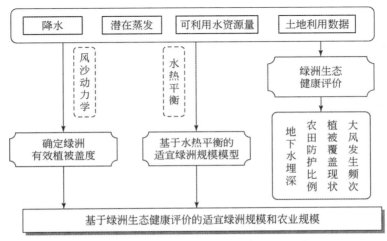

图 4-66　基于生态健康的适度农业规模研究方法

表 4-10　不同方法计算的绿洲规模和耕地面积　　　　　　　　（单位：km²）

水平年	基于绿洲圈层理论		基于生态健康评价		现状 2013 年	
	绿洲规模	农业规模	绿洲规模	农业规模	绿洲规模	农业规模
丰水年	2487	2042	2209	1767		
偏丰水年	2250	1839	1993	1595	2022	1929
平水年	2291	1874	2027	1622		
偏枯水年	2167	1769	1905	1524		
枯水年	2071	1686	1813	1450		

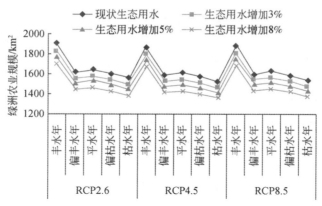

图 4-67　变化环境下黑河绿洲农业规模

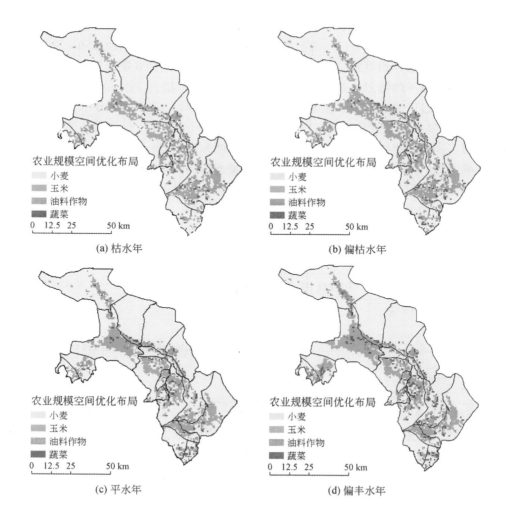

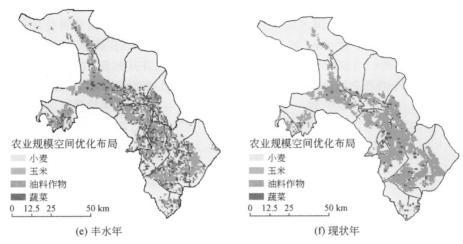

(e) 丰水年   (f) 现状年

图 4-68 气候情景 (RCP4.5) 黑河中游农业规模空间优化布局

（2）作物耗水空间格局优化

本书在综合考虑影响作物耗水的主要环境因子和土壤湿度指数 K_s 的基础上，建立了作物分布式耗水模型；选取 10 个影响作物生长的气候、地形、土壤因子，采用因子分析和改进层次分析法确定综合权重，对黑河中游耕地区小麦、玉米、甜菜、洋葱四种主要作物的生态适宜性进行评价，确定了各作物的相对优势区；基于 GIS 和元胞机 (CA)，考虑作物生长环境、水资源供给量、邻居个数、经济效益四个因素，通过适宜性筛选，构建了作物耗水空间格局优化模型 (GCA-WCSO)，实现作物耗水空间格局优化；以灌溉水净收益最大为目标建立了基于作物生长适宜性的作物耗水时空格局优化模型，获得了保持现状年各作物种植面积（方案一）和现状年总种植面积不变（方案二）情景下的作物分布和耗水空间分布图 4-69（方案一）和图 4-70（方案二）。

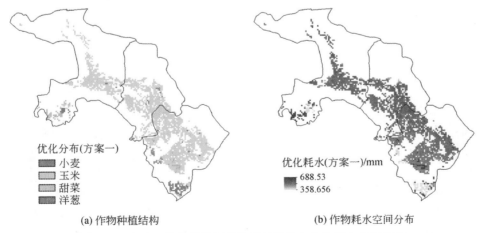

(a) 作物种植结构   (b) 作物耗水空间分布

图 4-69 方案一优化情况下作物种植结构和作物耗水空间分布

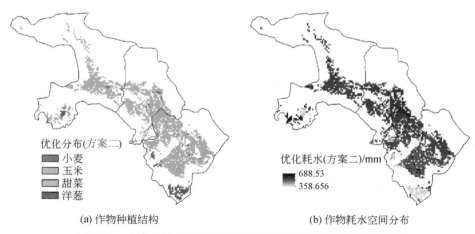

(a) 作物种植结构　　　　　　　　(b) 作物耗水空间分布

图 4-70　方案二优化情况下作物种植结构和作物耗水空间分布

结果表明，建立的分布式耗水模型 $ET_a = ET_c \times K_s$，$ET_c = f(Lat, Z, T, RH, N, P_e)$，Lat 为纬度（°），$Z$ 为高程（m），T 为有效积温（℃），RH 为相对湿度（%），N 为日照时数（h），P_e 为有效降雨量（mm），对研究区小麦、玉米、甜菜和洋葱的耗水模拟值与估算值差异较小，具有适用性；研究区玉米优势区分布范围较广，甘州区分布面积相对较大，洋葱优势区主要集中在高台县，小麦优势区集中在甘州区和高台县，甜菜优势区集中在甘州区；GCA-WCSO 模型的特点表现在三个方面：①每发生一次转换都要进行总水量的约束，即不超过给定水量的变化范围。②模型可以调节作物转换的数量，得到不同转换方案下的优化结果。③设置了不同的搜索路径和方向。

（3）灌区尺度水资源优化调配的随机多目标规划

本书在灌区尺度上，分别构建了不确定条件下考虑不同层次利益主体的灌溉优化配水模型、协调上下两层决策主体利益的灌溉优化配水模型以及同时考虑配水过程不确定性的线性分式（ILFP）-二次双层规划（LFQBP）配水模型；构建了综合考虑社会–经济–资源多维要素的黑河中游灌区间水资源优化调配的随机多目标规划（SMONLP）模型，获得了考虑来水随机性和气候变化情景下黑河中游灌区间优化配水方案，建立了灌区配水效益评价指标体系，采用协同学理论对优化配水方案的经济效益、社会因素、环境资源效应进行了评估。

黑河中游灌区优化配水结果表明，粮食作物在配水量达到一定程度后，产量变化微小，在灌区可持续发展角度，ILFP 模型和 LFQBP 模型更适用于干旱半干旱地区；LFQBP 模型将灌区不同层次决策作为一个整体，能够有效协调上、下两层利益间矛盾，通过调节上、下层配水方案达到灌区产量和水分生产力均较高的水平，促进了灌区可持续发展；SMONLP 模型优化后的配水量比实际用水量要减少 2 亿 m^3（图 4-71，表 4-11）；优化配水结果的效应评估表明，优化配水方案提高了黑河中游整体灌水效益，优化了配水结构，尽可能利用更少的水为当地带来更多的效益。

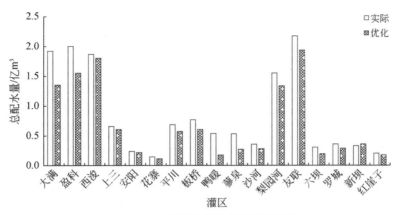

图 4-71　SMONLP 优化结果与实际结果进行对比

表 4-11　SMONLP 优化平水年各灌区各时段配水量　　（单位：万 m³）

灌区	4 月	5 月	6 月	7 月	8 月	9 月
大满	1753.49	1470.31	2928.73	2785.73	2175.95	2005.79
盈科	576.63	2059.77	3263.63	4493.83	2977.60	1668.54
西浚	1714.94	2366.09	4278.15	4435.07	3328.17	1237.57
上三	179.49	731.84	1559.33	1604.54	1339.75	345.05
安阳	114.14	352.95	1020.96	368.77	157.31	145.87
花寨	28.50	135.89	622.59	284.97	17.28	30.76
平川	174.51	849.07	1420.39	1723.84	909.70	442.49
板桥	127.01	583.20	1218.26	1461.16	1742.76	627.62
鸭暖	45.52	217.86	308.49	287.88	188.75	711.50
蓼泉	97.11	433.35	715.55	992.33	221.47	180.19
沙河	67.75	306.11	497.28	1232.45	320.77	215.65
梨园河	473.15	2030.78	3306.19	4045.48	2506.45	997.95
友联	489.23	1958.31	3326.85	5281.09	5522.63	2301.88
六坝	40.46	223.75	326.09	359.32	252.31	718.07
罗城	110.56	484.46	347.40	868.36	640.10	429.12
新坝	173.65	732.71	900.00	1184.37	434.37	174.90
红崖子	41.23	234.77	588.87	430.39	203.88	260.85

4.7.3　研究的前沿方向

1. 基于物理机制的绿洲尺度作物生长模型研究

田块尺度上的作物生长模型因涉及参数过多很难在较大尺度上应用，未来的研究中应发展基于物理机制的绿洲尺度作物生长模型，通过大幅简化模型复杂程度和计算量，实现基于土壤空间属性的作物需水阈值确定，模拟气候变化和灌溉策略改进等情景模式下的绿洲需水用水格局。

2. 变化环境下灌溉水生产力模型研究

明确多因素协同作用下，灌溉水生产力驱动因素对其影响的机理，结合遥感等多层次区域空间数据，寻求和建立普适性的灌溉水生产力模型，预测不同情景（气候变化，作物结构调整，土地利用和水分管理等）下的农业水效率，研究其演变过程，获得农业水效率较大的情景，从而优化农业管理和投入，达到提升农业水效率目的。

3. 基于生态健康评价的适宜绿洲规模研究

基于生态健康评价的适宜绿洲规模研究可进一步从水热循环、碳循环等物质流角度考虑绿洲的可持续发展规模，同时兼顾绿洲水资源–生态环境–经济社会耦合系统良性循环的互动关系，探讨该大系统的可持续发展模式。

4.8 地下水过程识别与模拟

4.8.1 地下水系统研究现状、挑战与存在问题

随着日益增长的用水需求，准确量化可持续水资源量成为水资源管理和相关政策制定的可靠依据。流域水资源管理的尺度多以行政单元和地表水系划分，且主要关注于地表水资源的控制和调配。地下水作为重要的供水水源，却由于"不可见"因素无法做到时间和空间上的有效管理和调配（Sharp and Gilbert，2005）。而以含水层为单元的地下水系统是整个区域水循环的重要组成部分，与地表水资源紧密联系、相互依存。局部区域的地下水存储量和动态变化是该范围内和整个含水层系统水流过程共同作用的结果（Dennehy et al.，2015）。因此考虑多含水层系统的流域地下水研究成为目前国内外地下水定量分析和管理的热点。本小节从量化的角度重新梳理流域尺度的地下水系统的研究历程。

流域水文模型是为流域尺度的水资源科学管理和调配提供量化依据的重要工具，主要为决策支持者提供以下有效信息（Johnston and Smakhtin，2014；Müller-Grabherr et al.，2014）。

1）水资源的评价：具有时空分布特征的水资源量、趋势变化、变异性、及当前社会经济条件下的可供使用和开采的定量分析。

2）脆弱性的评价：流域水资源系统对外界变化的响应程度。该部分评价主要针对未来不确定的变化因素，如气候变化等。

3）影响评价：对已知扰动因素对流域水资源系统的影响估计，如抽水灌溉、土地利用改变等。

地下水模型作为流域水文模型的重要组成部分，在发展中为流域水资源管理提供地下水系统的量化分析和预测评价（Gorelick and Zheng，2015）。地下水模型发展经历了从对

流域天然流场的稳定流网计算阶段发展到考虑气候变化、人类活动及多种水循环过程要素的复杂模型阶段（Paniconi and Putli，2015）。

20世纪60年代，Toth以理想小流域为例提出水流系统的概念，在严格假定条件下利用解析解绘制了均质各向同性的潜水盆地流场，提出在流域地下水系统中存在三个次级的水流系统，即局部水流系统、中间水流系统及区域水流系统，至此开始地下水流场模拟的新时代。Freeze在Toth（1963）理论的基础上提出了可适用于非均质各向异性的区域地下水流数学模型，极大扩展了地下水流系统理论的适用性。Freeze在随后的研究中强调在水流系统中需要着重考虑的几个要素：流域的地下水系统的深度和横向范围的比、潜水水面的初始概化、岩层的垂向渗透性（Freeze and Witherspoon，1966）。同时，通过二维数值模型Freeze提出了流域地下水系统的几个特性：地下水排泄区往往集中于较大的河谷；地下水补给区域通常大于其排泄区；山区地下水系统的局部子系统在区域水流系统之上；垂向的渗透性会影响区域范围内的补给和排泄区域的分布等（Freeze and Witherspoon，1967）。在对流域地下水补给区和排泄区的空间流场分布进行量化的同时，地下水均衡概念被提出，并初步确定以天然流域的补给率作为地下水合理开采的估计量（Freeze and Witherspoon，1968）。20世纪60年代成为地下水系统研究的理论奠基时期。

进入20世纪70年代，流域地下水系统的研究从对天然流域稳定流场的计算模拟迅速转向考虑以抽水为主的人类活动条件下的非稳定流场计算（Freeze，1971；Bredehoeft and Pinder，1970），并且开始关注地下水与地表水的相互关系，如基流的贡献（Freeze，1971；Oakes and Wilkinson，1972）。同时，地下水系统的非均质性及模型参数的不确定性在这个阶段引起了广泛的关注，但还是以较为简化的模型为主（Neuman，1973）。到了80年代，随着人类活动对地下水系统影响加剧（如抽水、灌溉），地下水模型从理论研究逐渐发展为一种通用工具，开始考虑在实际情况下进行开采的优化方案计算（Gorelick，1983）。同时由于大量地下水模型计算的兴起，基于各类观测数据的模型校正和反问题研究成为一个热点（Sun and Yeh，1985；Mclaughlin and Wood，1988；Peck et al.，1988）。在70年代到80年代这个时期，地下水系统研究的方法论得到长足发展。

到了20世纪末，流域地下水不再作为一个单一独立的系统进行研究，而是开始与其他水循环过程作为一个整体进行研究。Arnold（Arnold et al.，1993）提出了针对流域尺度的综合地表-地下水模型，在考虑产流、回流、入渗、植被截留等过程的同时，对一定开采条件下的地下水系统的流场进行计算分析，但对地下水系统进行了简化。Duffy（1996）针对复杂山区地形的土壤入渗过程和地下水动态变化提出了积分平衡模型。Querner（1997）在区域尺度上耦合了地表水、非饱和带和饱和带渗流过程，并考虑入渗补给的迟滞效应。同时随着地理信息系统（GIS）技术的发展，针对地下水系统的GIS空间管理开始兴起（Fürst et al.，1993）。主要为利用GIS技术和各类指标对地下水资源的质和量进行有效的量化评价（Maidment，1996）。

进入21世纪，流域尺度的地下水研究在前人的基础上得到了空前的发展，地下水系统作为生态系统的重要功能单元，在生态水文学中成为研究的热点（Montanari，2015）。Danielopol等（2013）以地下水生态系统的理念论述了流域地下水系统作为生态服务单元在当前和未来面临的挑战。Boulton 和 Hancock（2006）强调了地下水系统对干旱区河流生态系统的支撑和调节作用，提出了在管理上应该考虑地表水与地下水的相互影响和作用。随着地下水系统与生态系统关系的提出，生态系统与地下水系统研究在时间和空间尺度的差异性也在这个时候引起了重视（Rodriguez et al.，2006）。同时，由于全球气候变化研究在 21 世纪受到空前关注，流域尺度的地下水系统对气候变化的响应以及相关的应对管理成为一个讨论的热点。气候变化对地下水系统影响的量化研究在物理过程上集中在两方面：在时间和空间分布上通过降雨对地下水补给条件的改变从而对地下水系统造成影响；通过温度变化从而对地下水系统蒸发造成影响（Jyrkama and Sykes，2007）。考虑到气候变化是一个涉及自然系统和生态系统的综合影响效应，因此相关学者提出了由于气候变化导致的人类活动的改变从而对地下水系统造成的影响效应（Green et al.，2011；Döll，2009）。半个世纪以来，流域地下水系统从理论到方法完成了跨越式发展，可为流域水资源管理提供更全面更科学的决策建议。

黑河流域因其典型的内陆河流域特点，激烈的中下游用水冲突和复杂的水循环特点成为我国流域研究的热点。为体现流域水循环特点，在空间和时间尺度上量化地下水系统变化并衡量水资源发展可持续性，自 20 世纪 90 年代起一批代表性的流域地下水模型被开发出来（图 4-72），其中主要包括：贾仰文等（2006a，2006b）在上游和中游建立的区域水文模型（WEP- Heihe）；周兴智等在黑河中游盆地建立的甘肃二水模型（M90- 2D）；张光辉等（2005）在黑河中游（M05-2D）和下游（L05- 2D）建立的地表地下水模型；苏建平在中游建立的三维地下水模型（M05- 3D）；Hu 等（2007）在黑河中游建立的三维地下水模型（M07-3D）；武选民等（2003）在下游额济纳盆地建立的三维地下水模型（L03-3D）。此部分主要针对这几种模型的建模目的、模型特点、对地下水系统的刻画表达方式等进行总结。

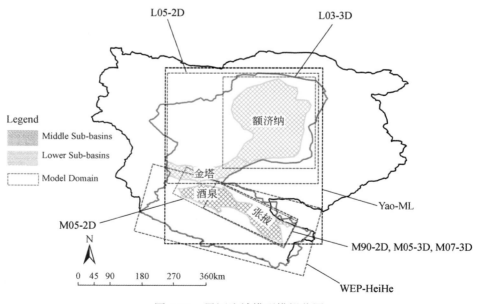

图 4-72　黑河流域模型模拟范围

资料来源：Yao et al.，2014

对地表地下水转换量和可持续开采量的量化是黑河中游绿洲主要存在的研究难点，因此中游模型大多以这两个方面为目标建立模型。如图 4-73 为黑河中游盆地含水层概化方式 M90-2D 模型的建模目的主要是为了量化在考虑下游生态需求和不考虑的情况下中游的可持续开采量，该模型也是第一个在黑河流域量化抽水活动对于动态水平衡的影响作用。M90-2D 将张掖盆地概化为二维面状的封闭子系统进行模拟，即将整个含水层系统概化为一层，采用有限差分规则网格（FD-R）进行模拟。模型将地下水入渗概化为面状补给，地表河流等概化为线状补给进行模拟。模拟结果指出，当中游抽水量增大时，地下水补给量相应增大，河流入渗补给地下水量增大，而蒸发和泉出露量由地下水位的降低而减少。但由于 M90-2D 模型简单的将张掖盆地概化为单层含水层，因此无法准确刻画从山前盆地到细土平原区盆地地下水的三维水流特征。M05-2D 是一个耦合的地表地下水模型，通过将河流动态过程和地下水流过程结合起来，更为准确的量化在开采情况下的地下水动态变化。模型将地下水系统概化为一个准三维含水层系统，即采用一个潜水含水层和一个承压含水层来进行概化，两层之间通过越流而发生垂向的水量交换。该模型采用有限元（FE）的方式对模拟区进行剖分求解，对两种不同开采方案下的水位动态变化进行了模拟和预测。双层结构的地下水模型相比单层地下水模型对垂向水流的刻画有一定的提升，从一定程度上能够反映盆地水流从下降到上升的变化特点（王旭升和周剑，2009）。WEP-Heihe 为上游和中游的水文模型，其中地下水模块同样将含水层概化为一个浅部含水系统和一个深部含水系统。以相对水位高低来估算河流和地下水的交互量，将河道和地下水进行了耦合。M05-3D 为中游张掖盆地三维地下水模型，对未来五十年水资源需求量进行模拟预测。该模型将含水系统概化为一个潜水含水层两个承压含水层，含水层之间各夹一个弱透水层，共五个模拟层。模型不仅表达出了中游张掖盆地三维地下水结构特征，同时对该区水资源量进行了系统量化。M07-3D 模型采用更细的划分方法来概化黑河中游的三维含水层结构，并且考虑了地表河流和泉的影响作用。该模型采用有限差分非结构化网格进行求解，将泉作为定水头边界，来计算地下水向河、泉的排泄量。

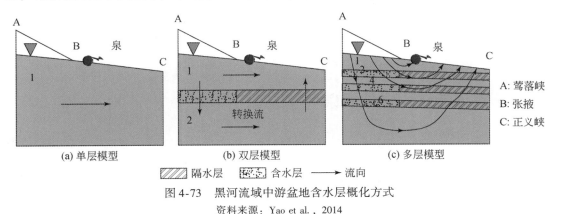

图 4-73 黑河流域中游盆地含水层概化方式

资料来源：Yao et al.，2014

黑河下游地下水主要依靠地表水进行补给，研究问题也主要集中于不同流量下的水位动态变化。因此黑河下游模型的模拟目的大多集中在不同径流情势下的地下水动态变化。

但下游模型的研究数量远少于中游模型，这主要由于黑河下游数据相对较少。L03-3D 是黑河下游额济纳盆地的三维地下水模型，该模型系统考虑了非饱和带和饱和带水流过程，对不同调水方案下的地下水流场进行了动态模拟。模型采用了不规则网格进行剖分，将整个含水层概化为五个模拟层。而 L05-2D 模型与 M05-2D 模型结构类似，同样采用双层结构对水流进行模拟，并且可以配合中游模型分析不同放水方案下的全流域水位动态。

黑河流域前期地下水模型发展迅速，从二维单一含水层的概化模拟到三维多含水层的耦合模拟，成为流域水资源定量分析管理的重要工具（表 4-12）。但前期模型模拟尺度大多局限于子盆地尺度，并且将中游和下游划分开。这样的模型可以精确量化子盆地内的水资源量和流场分布，但无法获得区域流场分布及子盆地间交换量信息（Yao et al., 2014）。

表 4-12 黑河地下水模型发展总结

模型	区域大小 /km²	模拟时间		地层 概化	模拟方法		
		模拟/（月/年）	预测/（月/年）		FD-R	FD-I	FE
M90-2D	11 000	1/1987 ~ 12/1989	No	1		√	
M05-3D	8 146	1/1990 ~ 12/1999	1/2000 ~ 12/2050	5			√
M07-3D	8 716	12/1995 ~ 1/2000	1/2000 ~ 12/2002	8		√	
M05-2D	11 300	9/1987 ~ 8/1988	9/1999 ~ 9/2009	2			√
WEP-Heihe	36 728	1/1981 ~ 12/2002	No	2	√		
L03-3D	33 987	1/1996 ~ 12/1999	1/2000 ~ 12/2005	5		√	
L05-2D	32 900	9/1987 ~ 8/1988	9/1999 ~ 9/2009	2			√

近半个世纪以来，地下水系统量化研究从描述流域流场分布的理论模型发展到能够量化水循环各物理过程的耦合模型，这些方法和理论的发展很大的推进了流域地下水的研究。研究流域地下水系统变化规律及其关键带的水流过程对于流域水循环机理的认识和资源的管理和调控都有着重要意义。虽然目前已取得一定的成果，但在干旱区流域研究中仍有一些问题需要深入，主要体现在以下三个方面：对区域地下水系统与其子系统的量化尚不明确；在地表–地下水转化关键带地下水水流过程研究还不清晰；在人类活动和干扰下的地下水变化及其引起的生态系统变化关系的量化还不足。

4.8.2 黑河流域水文地质条件

地下水系统（地下水含水系统）是根据存储空间上具有相同或相似性以及在其空隙中的地下水运动规律具有一致性而划分的。根据地下水含水系统的划分原则和前期研究成果，可将黑河流域划分为三个级别的地下水系统（图 4-74 和图 4-75）（张光辉等，2005；姚莹莹等，2014）。首先将黑河流域整体划分为一级分区。根据地形、地貌及补给排泄特点划分成三个二级分区：上游补给源区（Ⅰ）、中游绿洲区（Ⅱ）和下游荒漠区（Ⅲ）。再进一步根据地质构造特点划分为 8 个三级分区：上游祁连山高山冰川融水补给区（Ⅰ-1）、融雪–降水–基岩裂隙水补给区（Ⅰ-2）；中游民乐—大马营盆地（Ⅱ-1）、张掖盆地（Ⅱ-2）、酒泉东盆地（Ⅱ-3）和酒泉西盆地（Ⅱ-4）；下游金塔—花海子盆地（Ⅲ-1）和额济纳盆地（Ⅲ-2）。在各盆地分区下，根据含水层分布特点，在每个盆地分区上分别划出单层潜水含水层和双层（或多层）承压含水层区。图 4-74 所示为黑河流域地下水分区范围。

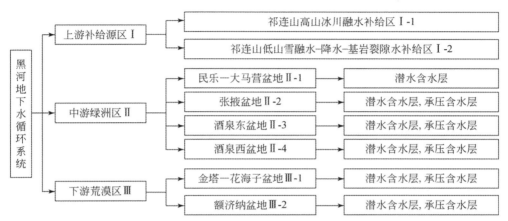

图 4-74　黑河流域地下含水层系统划分

资料来源：张光辉等，2005；姚莹莹等，2014

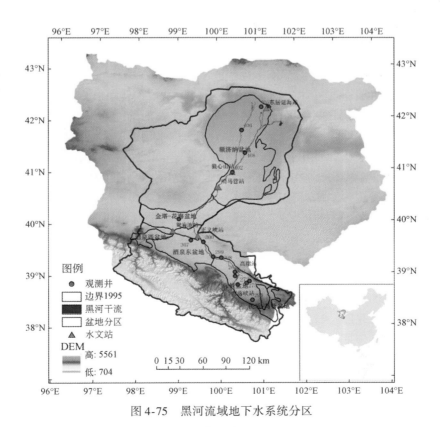

图 4-75　黑河流域地下水系统分区

黑河流域各级盆地系统由于受海拔梯度和地形影响呈现出一定的水流循环特征（图 4-75）（姚莹莹等，2014；李文鹏等，2004）。中游绿洲盆地的分布范围从山前到冲积扇前缘溢出带，为典型的山前盆地地下水系统，地表水在此区域入渗强烈，地下水动态类型为"径流控制型"。向北延伸至盆地冲积扇边缘，地下水以泉的形式出露或排泄至河流，且由于人类活动影响，地表地下水交互作用强烈，地下水动态变化类型为"复杂交错型"。继续向北延伸至低渗透性的走廊山区，地下水主要由于受地表径流补给同时伴随着强蒸发作用，因此地下水动态为"入渗–蒸发"型。

位于黑河流域上游的祁连山区，属于南部山区基岩裂隙、孔隙含水系统。海拔在 4000 m 以上的地带为多年发育的冻土区，该区存在冻结层，夏季 5~9 月呈液态径流，其运动规律与地下水含水层相似，冬季则全部冻结（李文鹏等，2004，Evans et al.，2015）。在八宝河、野牛沟等河谷地中，广泛的分布着冻结层地下水。分布于祁连山山地中的山间盆地（谷底），构成相对独立的水文地质单元，其间赋存第四系孔隙水。含水层主要由颗粒较大的冰碛物、泥质砂砾石和卵砾石构成。沿山前向盆地中心，颗粒度由粗变细。

位于黑河中游的绿洲盆地自东向西依次分布着：民乐–马营盆地、张掖盆地，酒泉东盆地和酒泉西盆地。中游绿洲盆地处于冲积扇地带，河流挟带上游粗颗粒物在该区内堆积，发育成良好的地下水储存空间。含水层岩性总趋势为由南向北沉积颗粒逐渐变细，从上游山麓的卵砾石过渡到盆地边缘的细粉砂黏土颗粒。由于受沉积环境的影响，中游各个子盆地分区内的岩性及地质结构又存在明显差异。民乐–马营盆地地势起伏较大，区内卵砾石和砾石构成单层的潜水含水层，厚度可达 400 m，西部和南部地下水埋深大于 200 m。张掖盆地东部受黑河冲击作用明显，含水层从南部单一卵砾石潜水含水层，向北逐渐过渡为上部为砂砾石夹黏土型的潜水含水层、下部为黏土和沙粒石混合的双层（多层）承压含水层结构。南部含水层厚度可达 700 m，至北部由于基地抬升厚度变为 20~50 m。张掖盆地中部（梨园河至丰乐河之间的区域）属于黑河和北大河的"河间洼地"。该地段河流流量较小，因此主要携带细颗粒物质，含水层结构自南向北由砾卵石层逐渐变为黏性土夹砂砾石的多层结构。酒泉东盆地东边与张掖盆地相邻，西边以嘉峪关断裂和文殊山隆起为界。由于受北大河冲击作用，含水层结构与张掖盆地相似，南部为冲积洪扇构成的单层潜水含水结构，向北过渡为多层结构的潜水–承压含水层。酒泉西盆地与酒泉东盆地相邻，但二者间由山区突起间隔无明显的水力联系，西边与疏勒河相邻。盆地内为单一结构的潜水含水层，厚度可达 700 m，从南到北其含水层厚度递减。

金塔–花海子盆地东部为鼎新盆地，属黑河下游冲洪积平原，西部为金塔盆地，属讨赖河下游冲洪积平原。其地下水埋藏分布规律与酒泉盆地相似，含水层岩性以粗砂和砂砾石为主。南部为冲洪积相的单层结构潜水系统，向北过渡为潜水和承压水双层结构。额济纳盆地位于黑河流域北部，与金塔–花海子盆地相连，并通过河谷发生水力联系。该区地下水含水层系统主要为第四纪松散岩类，其颗粒较细，主要由砂砾石、粗砂，黏性土、砂质泥岩等构成。自南向北，含水层颗粒逐渐变细，含水层系统由南部的单层结构逐渐过渡为双层或多层的潜水–承压水结构。

4.8.3 黑河地下水系统概念模型

中下游盆地根据钻孔柱状岩性，主要模拟第三系和第四系含水层，将整个黑河中下游地下水系统在三层数据模型的基础上划分为 5 个模拟层，即一个潜水含水层，两个承压含水层。第一层为非饱和含水层，厚度变化为 5 ~ 150 m；第二层为第一承压含水层的隔水顶板，厚度变化为 5 ~ 20 m；第三层为第一承压含水层，厚度变化为 50 ~ 200 m；第四层为第一承压含水层底板，厚度变化为 5 ~ 20 m；第五层为第二承压含水层，厚度变化为 100 ~ 300 m。

在层序不连续的区域，如山前盆地只有单一潜水含水层，进行虚拟层的划分，即在该区域内，各层的水文地质参数一致。

中游盆地，包括马营盆地、张掖盆地、酒泉东盆地和酒泉西盆地，补给项主要有降雨入渗、地表径流入渗、田间灌溉水入渗。研究表明，黑河中游地下水位埋深大于 5 m 的地区，降雨入渗补给速率为 13.3 ~ 18.4 mm/a （聂振龙等，2015）。在山前以单一大厚度潜水含水层为主的区域，沉积物岩性以大颗粒卵砾石为主，地表径流对地下水的入渗系数高达 0.65 ~ 0.8 （张光辉等，2005；姚莹莹等，2014）。中游田间灌溉水入渗系数在地下水埋深 1 ~ 5 m 处约 0.3，5 ~ 10 m 处约为 0.18 （Yao et al.，2014；曹建廷和陈志辉，2002）。中游盆地的主要排泄项有蒸发蒸腾、地下水向地表径流的排泄、人工开采。根据前期研究资料，中游盆地地下水蒸发在地下水埋深小于 1 m 处约为 300 mm/a，而当水位埋深达 5 ~ 10 m，地下水蒸发量减小至约 12 mm/a。中游细土平原地表地下水交互带是地下水向河流排泄的主要区域。

下游盆地，包括金塔-花海子盆地、额济纳盆地，地下水补给主要依靠地表径流入渗和少量的降雨入渗，在金塔和额济纳旗县城三角洲地带，存在一部分灌溉入渗。根据野外试验估计下游鼎新河段的河水渗漏量约为 1.74 亿 m³/a （仵彦卿等，2004），而从狼心山至居延海河段的渗漏量约 2.62 亿 m³/a （席海洋等，2012）。

4.8.4 黑河地下水数值模型表达

干旱内陆河流域地下水系统数值模型主要需要考虑地表入渗、蒸发及河流与地下水交互作用，因此主要介绍这几部分的数学模型及在 MODFLOW-2005 中的计算方式。

（1）非饱和带水流模型

在均质非饱和带中，垂向一维的水流过程可用理查德方程描述：

$$\frac{\partial \theta}{\partial t} = \frac{\partial}{\partial z}\left(D(\theta)\frac{\partial \theta}{\partial z} - K(\theta)\right) - i \tag{4-12}$$

式中，θ 为土壤的体积含水量；$K(\theta)$ 是以自变量为土壤含水量的渗透系数函数（L/T）；$D(\theta)$ 为水力扩散系数（L²/T）；z 为垂向运移距离（L）；t 为时间（T）；i 为在垂向上单位长度的蒸发蒸腾量（T⁻¹）[①]。

[①] L 指长度单位，视模型需要定为 m、cm 等；T 指时间单位，视模型需要定为 h、d 等。

MODFLOW-2005 中采用 UZF 程序包对垂向非饱和带水流进行计算（Niswonger and Prudic，2006），对理查德方程进行了简化，去掉了扩散项，假设在垂向上地下水的流动仅受重力作用，其方程采用一维运动波形式可近似表达为

$$\frac{\partial \theta}{\partial t} + \frac{\partial K(\theta)}{\partial z} + i = 0 \tag{4-13}$$

一般的垂向非饱和带水流模型要求较细的网格划分，而 UZF 采用的运动波近似表达的方法更适合于区域尺度的研究。

（2）饱和带水流模型

MODFLOW 中饱和带水流采用由达西定律为本构方程构建的三维地下水流运动方程：

$$\frac{\partial}{\partial x}\left(K_{xx}\frac{\partial h}{\partial x}\right) + \frac{\partial}{\partial y}\left(K_{yy}\frac{\partial h}{\partial y}\right) + \frac{\partial}{\partial z}\left(K_{zz}\frac{\partial h}{\partial z}\right) + W = S_s \frac{\partial h}{\partial t} \tag{4-14}$$

式中，K_{xx}、K_{yy}、K_{zz} 分别为 x、y、z 三个方向的水力传导系数（L/T）；h 为水头（L）；W 为源汇项（L/T），W 大于 0 则表示水流流入地下水系统，W 小于 0 则表示水流流出地下水系统；S_s 为储水系数，无量纲，表示水头升高（下降）一个单位，含水层所吸收（释放）的水的体积。

（3）地表地下水交换模块

地表河流模拟采用 MODFLOW-2005 中的 SFR2 模块（Niswonger and Prudic，2005），该模块不仅可以对地表产流和壤中流等过程进行计算，还可根据地表和地下水位的相对高低对河流和地下水的交换量进行模拟计算。根据数据模型中提供的空间河网信息，在每个子流域内将河流进一步划分为不同的河段（segment），每个河段又在地下水计算网格单元内划分为不同的河流单元（reach）。从而模块计算在每个网格内对该网格内 reach 进行流量演算，并计算该 reach 与地下水的交换量。其中每个 reach 中流量演算采用动力波方程可表示为

$$\frac{\partial Q}{\partial l} + \frac{\partial A}{\partial t} = q \tag{4-15}$$

$$Q = \frac{A\,(A/B)^{2/3}\,(\text{Slope})^{1/2}}{\text{Roughness}} \tag{4-16}$$

式中，Q 表示河流流量（L^3/T），A 表示河流的截面积（L^2），l 为沿河方向的长度（L），t 为时间（T），q 为此段河流单元内的源汇项（L^2/T）。式（4-16）为曼宁公式来计算河道流量，其中 B 表示河道的湿周（L），Slope 是河流坡度，Roughness 为糙率，即河底的粗糙程度。

河流与地下水交换量利用达西定律根据水头梯度进行计算：

$$Q_{bed} = \text{RVK} \times B \times L \times \left(\frac{h_{str} - h}{\text{thick}_{bed}}\right) \tag{4-17}$$

式中，Q_{bed} 为河流与地下水交换量（L^3/T），RVK 为河床水力传导系数（L/T），B 为湿周（L），L 为河段长度（L），thick_{bed} 为河床厚度（L），h_{str} 为该时刻网格内 reach 中点的水位（L），h 为该时刻地下水的水位（L）。

中下游盆地地下水三维数值模拟同样采用 1 km 有限差分网格进行剖分，共分为 548 行、404 列、5 层，模型活动区域面积为 90 162 km^2。如图 4-76 所示为中下游盆地三维地下水模型网格图。

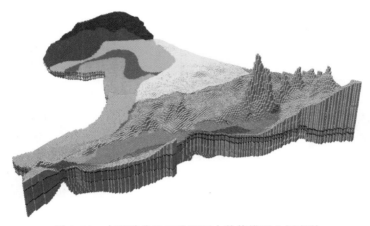

图 4-76　中下游盆地三维地下水数值模型空间离散

不同颜色网格代表不同的水力渗透系数（1 km 网格）

中下游地下水数值模型首先采用稳定流模型模拟未加开采条件下的流场，然后采用非稳定流模拟，即流场内运动过程中的各运动要素（水位、流速、流向等）随时间改变。该模型模拟时间段为 2000～2012 年，步长为 1 天，应力期为 1 月，各应力期内源、汇项和开采量保持不变。

4.8.5　黑河地下水模型模拟结果

中下游地下水模型对地下水系统的水位动态变化和水均衡状况进行模拟。中下游非稳态模型计算得到 2000～2012 年流场变化特征（图 4-77），结果显示，水位变化敏感区域主要集中在中游山前盆地（径流出山口区域）、从正义峡到居延海河岸带、鸳鸯池水库、河西走廊地山区零散地带。由于受地表径流入渗补给，莺落峡和梨园河河谷出口处水位动态变化剧烈，可达 5～10 m。正义峡到居延海的河岸地带地下水位波动明显，波动范围一般为 0.02～0.6 m，狼心山分水处地下水波动可达 1.5～2.7 m。造成这样变化的原因为河流入渗补给带地下水位波动受地表水流情势影响显著，随着生态分水政策的实施，下游相对较薄的含水层迅速得到补给，水位抬升。同样在中游地表地下水交汇处，水位也部分出现了明显的波动斑块，但并未形成带状，说明中游地表地下水相互交换在这个区域同步进行。在中游酒泉西盆地，由北大河流向鸳鸯池水库的地下水位波动明显，范围为 0.5～2 m，这主要由于增加的农业灌溉量和水库的渗漏量。对于黑河下游额济纳盆地区，由于生态输水作用，东西河下部沿河岸带地下水波动明显，而对于东河下部的三角洲地区水位也较为明显，波动范围在 0.2～1.5 m。对于无资料区的河西走廊低山区和巴丹吉林沙漠地带，水位保持稳定，但在南部山区，水位局部有零星上升的趋势。

图 4-77 显示了黑河中下游平均水位动态变化与径流情势的关系。结合图 4-77 和图 4-78 可看出，一般当下游额济纳河岸带水位明显增加时，全流域水位相比上一年整体表现为下降（GC<0）；而当下游河岸带水位略微下降时，全流域水位相比上一年表现为上升（GC>0）。这种明显的对比变化显示了由气候变化影响下的地表径流情势影响着径流调节

的管理，从而对整个流域水位动态的影响。

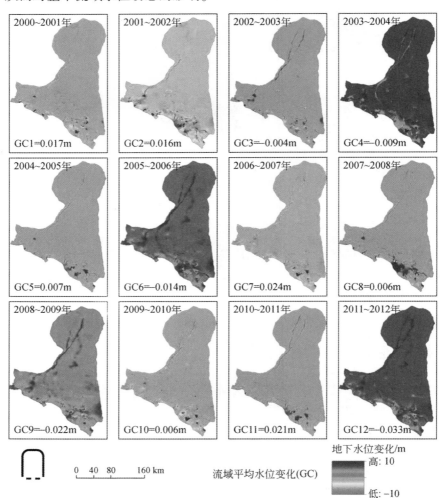

图4-77　2000~2012年中下游流场动态变化（年平均）

地下水系统均衡是衡量地下水是否能可持续开发的重要指标，因此量化流域地下水系统均衡对于水资源系统管理与调控具有重要意义。通常，地下水系统均衡可表示为（Zhou，2009；Bredehoeft，2002）

$$(R+\Delta R)-(D-\Delta D)-P=\Delta S \tag{4-18}$$

式中，R 为自然补给量；ΔR 为由于人类活动而引起的补给增量，如抽水会引起的水位下降而河流向地下水的补给增多及天然补给量增加等；D 为自然排泄量；ΔD 为由于人类活动引起的排泄量的减少量，如抽水引起的水位下降而导致蒸发减少，地下水向河流及泉的排泄量减少等量；P 为抽水量；ΔS 为地下水储量的变化。此处地下水储量是指由进入到含水层骨架中存储的动态变化量。因此，地下水均衡是一个由外部系统和内部各要素相互影响和关联的动态平衡过程。

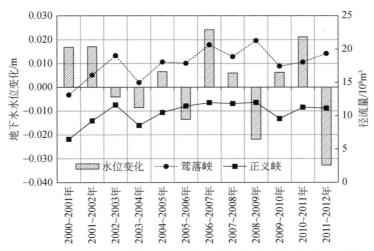

图 4-78　2000～2012 年流域平均水位动态变化及对应莺落峡和正义峡流量

根据中下游地下水模型计算结果（表4-13），降雨及灌溉入渗补给量约为17.49 亿 m³/a，约占中下游降雨量（86.55 亿 m³/a）的20%，占地下水总补给量的43.67%。地下水侧向边界补给总量为 6.63 亿 m³/a，占总补给量的 16.55%。河流向地下水的补给量为 15.93 亿 m³/a，占年径流量（35.08 亿 m³/a）45.4%，占地下水总补给量的 39.77%。地下水年抽水量约为8.72 亿 m³/a，占总排泄量的20.58%。年地下水蒸发约为9.58 亿 m³/a，占中下游年总蒸发（131.94 亿 m³/a）的 7.26%，占总排泄量的22.61%。地下水向泉和沟渠的排泄量约为14.7 亿 m³/a，占总排泄量的34.7%。地下水向地表河流的排泄量约为9.36 亿 m³/a，占年径流量的26.7%，占总排泄量的22.09%。中下游流域地下水呈现负均衡状态，平均每年储量减少约2.35 亿 m³/a。

表 4-13　中下游盆地下水系统均衡估计

均衡项	补给项			排泄项				储量变化（ΔS）
	R	LFI	SLI	P	ET	SUO	SLO	
年均/(10⁸ m³/a)	17.49	6.63	15.93	8.72	9.58	14.70	9.36	-2.35
比例/%	43.67	16.55	39.77	20.58	22.61	34.70	22.09	

4.9　蓝绿水与虚拟水变化过程与模拟

4.9.1　流域蓝绿水与虚拟水研究现状、挑战与科学问题

1. 流域蓝绿水的研究现状

蓝水和绿水的概念最早由瑞典科学家 Falkenmark（1995）提出。蓝水是指储藏于江、

河、湖及浅层地下水中的水资源，绿水是指源于降水，储藏于非饱和土壤中并通过植被蒸散发消耗的水资源。传统的水资源评价和管理主要考虑地表水和地下水，却往往忽略对农业和自然生态系统极为重要的绿水资源（Falkenmark，1995）。蓝绿水概念的提出使水循环与生态学过程紧密联系起来，拓展了科学界对水资源概念和评价范畴的新思路，深刻影响了水资源管理的思维方式。

国际上，蓝绿水的概念体系和评价方法仍处于初期发展阶段，但蓝绿水评价已在水文水资源领域逐渐得到高度重视（Rockström et al.，2010）。斯德哥尔摩国际水资源研究中心（SIWI）、联合国粮食及农业组织（FAO）、国际水资源管理研究所（IWMI）、国际农业发展基金（IFAD）、全球水系统项目组（GWSP）等国际机构和组织开始致力于绿水资源的相关研究。目前有关绿水的评价主要集中在全球或区域尺度上，重点评价绿水资源及其时空分布（Falkenmark et al.，2006；Liu et al.，2009b；Liu et al.，2010；Liu J et al.，2013；Grusson et al.，2013；Velpuri N M et al.，2017；Mu et al.，2017）。土地利用类型改变所导致的蓝绿水演变近年来也成为国际研究热点（Zhao X et al.，2016；Du et al.，2018）。目前，估算绿水资源量的方法基本可以分成以下三类：①利用主要生态系统生产单位干物质所需要的蒸散发量乘以初级生产力来评估绿水资源量。②根据典型生态系统实际蒸散量及空间信息估算绿水资源量（Rockstrom et al.，2001）。③采用水文、生态或者植被动态模型模拟评估绿水流（Mu et al.，2016；Zhao X et al.，2016）。在以上三种方法中，模型评价的方法由于成本低、易于进行大尺度高空间分辨率研究、能进行情景分析且能同时模拟蓝水以及绿水等诸多原因而受到国际科学界越来越多的关注。

在国内，蓝绿水研究起步较晚。程国栋和赵文智（2006）率先详尽介绍了绿水的概念及其在陆地生态系统中的作用，并倡导我国科学家加强绿水相关研究。刘昌明和李云成（2006）基于绿水、蓝水及广义水资源的概念，阐明了绿水与生态系统用水、绿水与节水农业的关系。以上文献发表以后，绿水的概念逐步被国内学者所熟知，绿水的评价方法和关键科学问题也逐步得到阐述。近年来，我国学者也开始在蓝绿水评价方面进行了一些探讨性的研究。Liu 等（2009）应用 GEPIC 模型，采用 0.5 弧度的空间分辨率（每个栅格大约为 50 km×50 km），对全球农田生态系统的蓝绿水进行了评价，得出全球农田生态系统80% 以上的水分消耗源于绿水的结论；在此基础上，Liu 等（2009）将中国农田的绿水流分解为生产性绿水（植被蒸腾）和非生产性绿水（土壤蒸发），研究表明农田生态系统中生产性绿水约占总绿水流的2/3。吴洪涛等（2008）使用 SWAT 水文模型在碧流河上游地区评估了绿水的时空分布。Liu 等（2009a）量化了中国北部老哈河流域由于土地利用及覆被变化所导致的蓝流水变化情况。赵安周等（2016）以渭河流域为研究对象，探讨了1980～2009 年气候变化和人类活动对蓝绿水资源的影响。Liu S（2016）从黑河流域蓝绿水的时空动态分布和水资源利用的可持续性出发，利用 SWAT 模型详细模拟分析了黑河流域近30 年来蓝绿水的时空动态分布格局变化，并引入了水足迹的概念，对该流域蓝绿水的利用的可持续性进行了评价。

蓝绿水的研究在近年来得到了很大的发展，但仍然存在以下问题：①综合考虑水文–经济耦合作用的研究仍然缺乏；②综合考虑气候变化与人类活动双重影响下的蓝绿水演变机制尚不明确；③蓝绿水之间动态转换关系研究匮乏。总之，目前有关蓝绿水的研究无法在流域尺度上全面揭示气候–水文–生态–人类活动的相互关系，应用蓝绿水概念进行流域水资源管理尚缺乏充足的科学依据。

2. 虚拟水的研究进展

虚拟水（virtual water）概念于 1993 年由英国的 Tony Allan 教授首次提出，从而揭开了虚拟水相关研究的序幕。虚拟水概念为水资源分析和管理引入了全球视角。虚拟水研究强调外部消费和贸易因素对本地水资源的重要影响，从而引发了科学界对水资源可持续利用的重新思考。正如 Vörösmarty 等（2015）发表在 *Science* 期刊的文章指出，全球有相当一部分用水源自产品的国际贸易，其中隐含有大量的虚拟水流，水资源管理应实现从本地视角向全球视角的转变。

初期虚拟水主要用于衡量生产农产品所需要的水资源量，其初衷是希望通过国家或地区之间水资源密集型农产品贸易来减少贫水国家或地区水资源危机。之后，包含多个行业部门的虚拟水评价研究逐步开展起来。虚拟水的研究方法主要有两类，分别是"自下而上"与"自上而下"。"自下而上"方法一般以可计算的最小单元，如一件特定产品为核算单元，以虚拟水含量（单位产量或价值的耗水量）的计算作为核算基础（Yang et al., 2013）。结合该产品的贸易数据——通常从联合国粮农组织（FAO）以及国际贸易中心（ITC）网站获得——即可核算该产品的虚拟水贸易量。虚拟水量化始于对粮食产品虚拟水含量和虚拟水贸易的核算。这也使得"作物生长模型"核算法成为目前应用最多的一种"自下而上"方法。

第二个是"自上而下"方法，投入产出分析是一种利用部门间的财政货币或实物交易来考虑部门间直接与间接关系的经济模型，由 Leontief 于 1936 年提出。作为一种"自上而下"方法，投入产出分析能够衡量所有行业部门之间的直接与间接虚拟水贸易，克服了应用"自下而上"方法而产生的"截断误差"（truncation error），即在整体供应链中仅截取有限的部分进行计算，从而带来的计算误差。近年来，投入产出方法在虚拟水贸易研究领域发展较快。目前绝大部分投入产出表以货币为单位，可分为单区域和区域间投入产出两种模型。单区域投入产出模型以单一研究区为研究对象，因而不能考虑进口方的生产耗水情况。为此单区域投入产出模型往往假设进口方的技术（以单位经济总产出的生产耗水表征）与研究区相同。这种假设的意义是能够衡量本地的潜在耗水情况，即计算的是如果本地不进口同类产品而是选择自己生产，则需要消耗多少本地水资源。黄晓荣等（2005）较早地提出了单区域投入产出计算虚拟水的模型，并计算了 2002 年宁夏虚拟水贸易的输出量和虚拟水的消费利用状况。Dietzenbacher 和 Velázquez（2007）应用单区域投入产出模型分析了西班牙安达卢西亚的虚拟水贸易，发现每年 90% 的水消费都源自农业部门，而超过 50% 的农业最终需求出口到西班牙的其他地区或国外，因而提议减少农业产品的虚拟水出口。Zhao 等（2009）采用投入产出模型计算了中国 2002 年的虚拟水进出口情况，发现如果仅仅考虑农业部门，中国是农业虚拟水净进口国，与很多"自下而上"方法结果相同；但是如果考虑所有经济部门，中国实际是虚拟水净出口国。

相对单区域投入产出模型，应用区域间投入产出模型核算虚拟水贸易的相关研究起步较晚。这主要是因为一般国家或地区官方发布的多为单区域投入产出表，其数据较容易获得，而区域间投入产出表往往需要研究机构专门进行编写，工作量较大。Lenzen（2009）编制了澳大利亚区域间投入产出表，并按照"生产者"和"消费者"两种视角核算了澳大利亚维多利亚州与其他州的虚拟水贸易情况。Zhang 等（2011）应用 2002 年中国区域间投入产出表分析了北京市与中国其他省区的虚拟水贸易情况，研究发现河北虽然极度缺水，但却大量出口虚拟水至北京，约占北京虚拟水进口量的 16%。Zhao X 等（2016a）采用简化的区域间投入产出方法构建了上海与中国其他省区间的虚拟水与虚拟污染物的贸易模型，发现上海通过产品进口将水量和水质压力转移到中国其他省区。

由于数据问题，区域间投入产出分析选择的研究区往往主要集中在有限的几个国家之间或国家内部的几个区域间。但近年来，以 GTAP、WIOD 及 Eora 为代表的全球投入产出模型先后被不同研究机构开发出来。可以预见，应用全球投入产出表核算国家间虚拟水贸易的研究将成为该领域的前沿热点。

在流域尺度上，Wang R 等（2016）研究发现通过虚拟水贸易来缓解水资源危机的效果是十分显著的，全球有 85 个国家改善了流域水资源短缺的状况。Zhao X 等（2015）等利用投入产出分析了海河流域 1997、2000 和 2002 虚拟水贸易和最终产品消费情况。Zhang X 等（2017）利用多区域投入产出法应用于黑河流域，分析其 2012 年的虚拟水贸易情况，结果表明黑河流域是一个虚拟水净输出区域。

此外，一些与投入产出分析密切相关的方法也应用在虚拟水的研究中。网络分析方法（ENA）由 Hannon（1973）提出，最初是用来调查生物之间互相依赖的特性和功能性群体，然后确定生态系统中直接和间接生物流分布的一种方法。之后用来确定一个系统中虚拟水的流动方向。Fang 等（2015）将环境网络分析法应用在黑河流域来分析其虚拟水网络结构在社会经济环境中水资源的利用效率。Yang 等（2012）构建了全球 13 个区域的虚拟水贸易生态网络分析模型。通过"控制分析"量化了区域间对虚拟水贸易的相互依赖程度，通过"效用分析"分析了区域间通过虚拟水贸易的相互作用关系。Berrittella 等（2007）应用可计算一般均衡模型（CGE 模型）对全球虚拟水贸易进行了研究。该模型基于一般均衡理论，以市场供需平衡为前提假设，将水作为一种生产要素。其优点是可以考虑各类价格因素（如税收）对于虚拟水贸易的影响，但由于该模型假设较多，核算复杂，较难推广。

4.9.2 黑河流域蓝绿水与虚拟水研究取得的成果、突破与影响

"黑河流域蓝绿水研究"项目的实施，取得以下两方面重要科研成果。

1）成果 1：在流域尺度上，将水文模型、用水模型与统计检验方法相结合，系统阐明了蓝绿水时空分布特征、演变趋势及转化规律，揭示了水资源利用的可持续性。

研究以干旱半干旱地区黑河流域为研究对象，采用半分布式水文模型 SWAT-2005，根据流域的地形、土地和土壤状况，将流域分为 34 个子流域和 311 个水文响应单元。采用

模型自带的敏感性分析模块进行参数对径流模拟的敏感性分析。在莺落峡和扎木什克水文站首先对 SWAT 模型径流最为敏感的 22 个参数进行敏感性分析。在此基础上，考虑到模型的率定应基于实际物理过程，最终确定了 14 个参数进行率定。模型的率定和验证使用 SWAT-CUP（Abbaspour et al., 2007）进行，方法主要选用 SUFI-2 来进行参数率定。通过图 4-79 可以看出，模拟值和观测值的变化趋势非常相近。模拟值和观测值保持了高度的一致性。特别是莺落峡的验证期，模拟值和观测值的纳什系数和决定系数均达到了 0.9 以上（图 4-79）。这说明模型模拟工作完成出色。

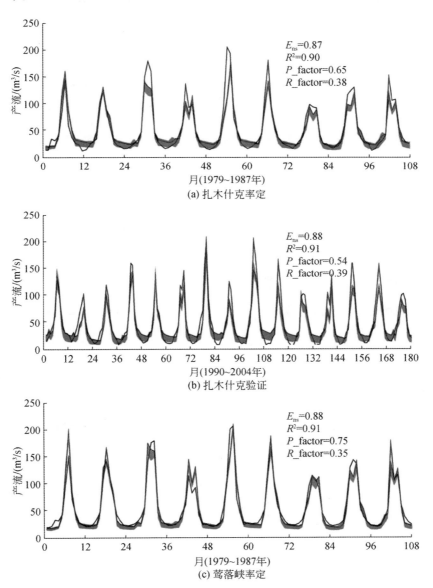

(a) 扎木什克率定

(b) 扎木什克验证

(c) 莺落峡率定

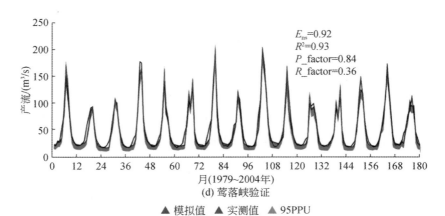

▲ 模拟值　▲ 实测值　▲ 95PPU

图 4-79　扎木什克和莺落峡率定和验证的结果（置信区间为 95%）

研究将地表径流、地下径流和壤中流之和定义为蓝水流，蒸散发定义为绿水流。根据 SWAT 模型模拟结果，2000～2004 年黑河流域年均蓝绿水流之和为 220 亿～255 亿 m³，其中绿水大约占 88%。绿水是黑河流域水资源的主体。绿水系数下游明显高于中上游（图 4-80）。

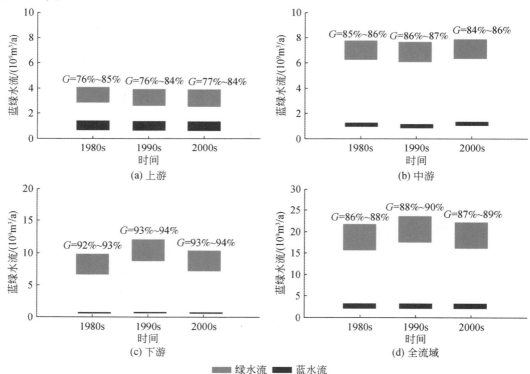

绿水流　蓝水流

图 4-80　黑河流域及其上中下游在 1980～2004 年总的蓝绿水流（10⁹ m³/a）和绿水系数（%）

G 是绿水系数；1980 s 表示 20 世纪 80 年代，以此类推

选用 Mann-Kendall（M-K）统计检验方法，针对 SWAT 模型模拟的黑河流域的 51 年（1960～2010 年）的蓝水流、绿水流和蓝绿水总量的变化趋势进行分析；运用 Sequential Version Mann-Kendall（S-M-K）方法对蓝绿水流进行突变点检验；运用 Sen's Estimator（S-E）方法对蓝绿水流的变化幅度进行检验；最后运用 Hurst 指数对黑河流域蓝水流、绿水流和蓝绿水总量以及降水温度的未来变化趋势进行预测。研究结果表明：①蓝水流和蓝绿水总量在全流域尺度上在 1960～2010 年显著增长（图 4-81）。在上游和中游地区，蓝水流的增加尤为显著（图 4-82）。蓝水流、绿水流和蓝绿水总量的突变，直接受到降水和温

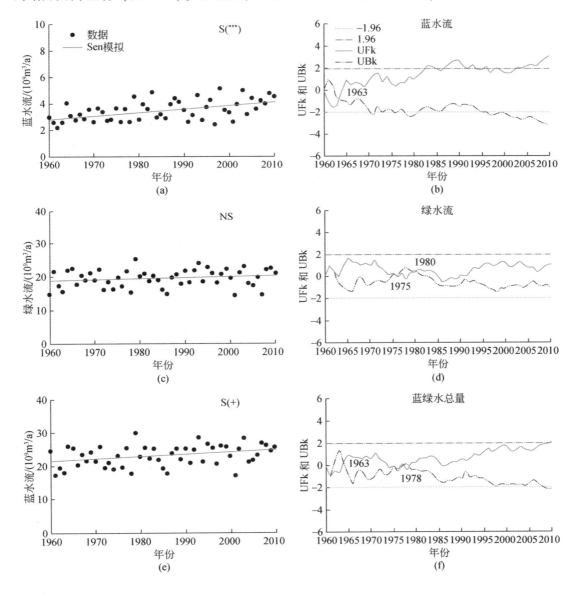

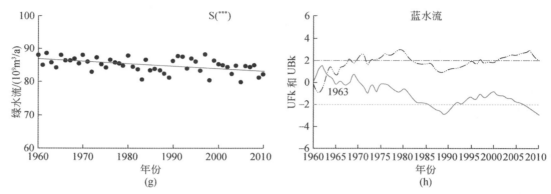

图 4-81 黑河流域蓝绿水（$10^9 \text{ m}^3/\text{a}$）及绿水系数（%）在 1960～2010 年的趋势变化分析

S 表示 M-K 检验显著，NS 表示不显著；"＊＊＊"表示在 $\alpha=0.001$ 水平上显著；

"＋"表示在 $\alpha=0.1$ 水平上显著；UFk 和 UBk 是 MK 超势分析产生的两个统计量

度突变的影响。②上中下游地区的气候变化是造成该流域蓝绿水突变的最主要原因。③在全流域尺度上，蓝水流、绿水流和蓝绿水总量在未来将保持继续增加的趋势，绿水系数则保持继续减少的趋势。在上中下游流域，除了蓝水流，其他变量在未来将会和过去保持一致的变化趋势。而蓝水流在下游地区，未来将会出现增加的趋势。

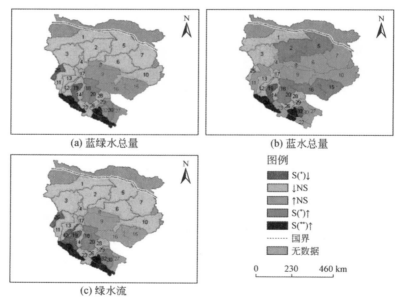

图 4-82 黑河流域各个子流域在 1960～2005 年的蓝绿水变化趋势的空间格局分布

S 表示 M-K 检验显著，NS 表示不显著；↑表示增加；↓表示减少；

"＊＊"表示在 $\alpha=0.01$ 水平上显著，"＊"表示在 $\alpha=0.05$ 水平上显著

研究同时采用标准化降水指数（SPI）和降水距平指数（M）两个指标来确定典型干、湿、平年份。选定的典型干、湿、平年份分别为 1978 年、1998 年和 1984 年。黑河流域典

型干旱年的蓝绿水都显著低于典型湿润年份，蓝绿水总深度从干旱年的 150.06 mm/a 增加到湿润年的 231.31 mm/a，这是由黑河流域的降水的变化导致的。黑河流域内的绿水系数呈现从上游到下游的递增趋势，绿水系数从上游的 76.85% 增加到下游的 91.66%。同时，典型干旱年的绿水系数（90.30%）高于典型湿润年的绿水系数（85.41%），所以干旱年份蒸散消耗（绿水）占水资源的比例明显高于湿润年，而湿润年份径流（蓝水）占水资源的比例明显高于干旱年（图 4-83）。因此，干旱年份蓝水资源的稀缺程度较湿润年份更为明显。湿润年份的蓝绿水能否成为干旱年份的战略储备成为一个值得考虑的问题。

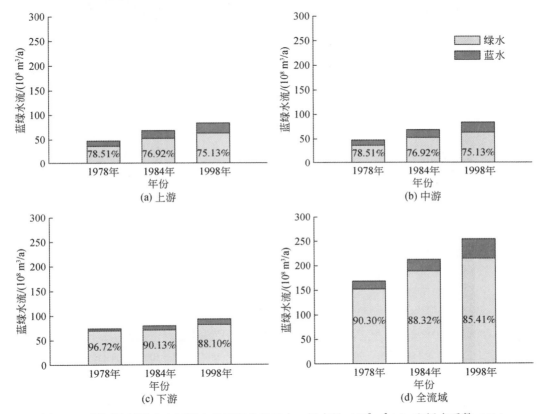

图 4-83　黑河流域及上中下游在典型年份的蓝水、绿水量（10^8 m^3/a）和绿水系数（%）

黑河流域年均水足迹为 17.68 亿 m^3/a，农业产品占 96%（农产品 92%，畜牧产品 4%），工业和生活部门各占 2%（图 4-84）。水足迹中，蓝水足迹为 8.11 亿 m^3/a，蓝水比率为 45%，高于中国和全球水平，主要原因为黑河流域农产品对于灌溉依赖性较高。尽管如此，蓝水足迹依旧低于绿水足迹，表明了绿水的重要性。黑河流域一年中有八个月蓝水消耗量高于蓝水的可持续利用量，全年蓝水消耗量高于年蓝水可持续利用量。因此，黑河流域目前蓝水资源利用的可持续性很差，需要进一步加强水资源管理（图 4-85）。

人类活动和气候共同影响水资源的循环和供给。利用 SWAT 模型研究了内陆黑河流域气候变化和人类活动对蓝绿水（或蓝绿水流）供给的影响。结果表明蓝绿水总量在 1980 ~

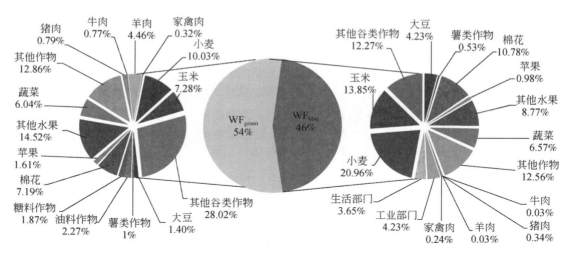

图 4-84 黑河流域 2004~2006 年均蓝绿水足迹（WF_green and WF_blue）

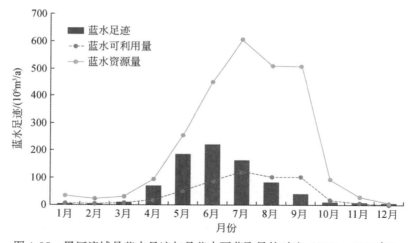

图 4-85 黑河流域月蓝水足迹与月蓝水可获取量的对比（2004~2006 年）

2010 年的变化非常显著。直接的人类活动没有显著改变蓝绿水流的总量。但是，土地利用的改变导致整个流域 2.06×10^8 m³/a 的绿水转化为蓝水，而农田灌溉的面积扩大导致 6.6×10^7 m³/a 的蓝水转化为绿水。随着降雨增加的气候变化，导致了在研究时段内黑河流域的绿水每年增加 4.69×10^8 m³，蓝水每年增加了 1.46×10^8 m³。研究为调查历史人类活动和气候变化对流域水资源供给的影响提供了方法和数据支持。

2）成果 2：将水文模型、用水模型与经济模型相耦合，构建了包括蓝水-绿水、实体水-虚拟水的广义水资源综合评价体系，揭示了技术进步和结构调整对于黑河流域节水型社会的重要贡献，阐明了近年来产品出口的增长是导致黑河流域水资源消耗难以减少的重要原因，明确了"节水型社会建设不仅需要关注技术节水，还需要关注贸易结构调整"的观点（图 4-86）。

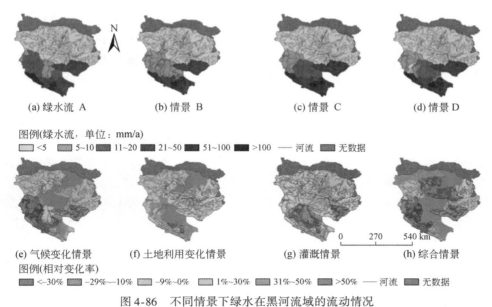

图 4-86　不同情景下绿水在黑河流域的流动情况

结合水文模型、用水模型、统计数据及投入产出经济模型等，对黑河流域实施节水型社会前后蓝水水资源消耗量进行量化（图 4-87）。黑河流域 2007 年生产部门消耗的蓝水资源量为 7.25 亿 m³，与实施节水型社会前的 2002 年相比基本没有变化。2007 年虚拟水的出口占总水资源消耗量的 23%（2002 年为 11%）。

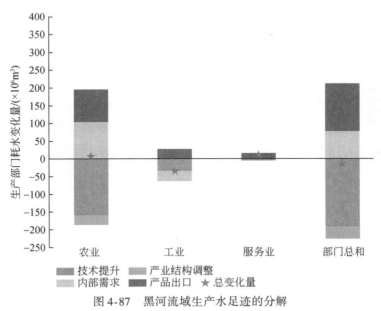

图 4-87　黑河流域生产水足迹的分解

在黑河流域，采用环境投入产出方法，结合前向和后向联系，分析研究区产业部门间的虚拟水转移及关联效应。分析结果表明，2012 年甘临高地区蓝水直接消耗为 5.96×10^8 m³。

第一产业蓝水直接消耗中有57%转移给第二产业和第三产业，而第二产业和第三产业向外转移的比例分别为19.5%和3%。绿水直接消耗为$1.29 \times 10^8 \text{ m}^3$，其中有57%用于部门间的虚拟水转移。第一产业是虚拟水转出最大的部门，而"其他制造业""食品制造及烟草加工业""交通运输、仓储和邮政业""住宿和餐饮业"是对第一产业虚拟水转出拉动效应最大的部门。在水资源约束的情况下，建议对未来甘临高工业、服务业发展所带动的农产品耗水量增加进行控制，并提出遵循"延伸生产者责任原则"；利用虚拟水贸易，增加原材料农产品的蓝、绿虚拟水进口；发展对第一产业虚拟水拉动效应较小的产业等措施。

从技术进步、产业结构调整、贸易等多因素入手阐明了黑河流域节水型社会建设以后水资源消耗量变化的机理。2002~2007年，技术进步促使水资源消耗量减少26%，经济结构调整促使水资源消耗量减少4.7%。技术进步和经济结构调整对建设节水型社会建设起到了极为重要的作用。然而，近年来产品出口的增加致使水资源消耗量增长近18%（图4-88）。研究结果表明技术进步和产业结构调整降低了水足迹，但最终需求尤其是出口增加了水足迹。因此，建设节水型社会，不仅需要考虑技术节水，还需要进一步考虑优化贸易结构，实现水资源的可持续利用。

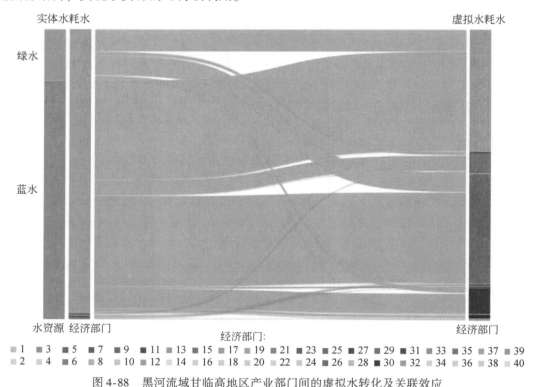

图4-88　黑河流域甘临高地区产业部门间的虚拟水转化及关联效应

4.9.3　干旱区流域蓝绿水与虚拟水研究的前沿方向

干旱区流域是水资源短缺和生态环境相对脆弱的地理区域，水资源是该区域社会可持续性发展的最大的限制因子。伴随人口增加、社会经济活动规模与强度的加大，水资源供需矛盾日益突出，生产用水严重挤占生态用水，导致水资源分配失衡，引发诸如河流断流、湖泊干枯、土地荒漠化加剧和沙尘暴频发等诸多生态环境问题（程国栋和赵传燕，2006）。为避免干旱区因人与自然争夺水资源的使用权而使区域环境进一步恶化，科学规划与合理分配区域内水资源、合理实行虚拟水战略将是未来干旱区水资源管理与科学研究的重点方向之一。未来干旱区流域在蓝绿水与虚拟水研究的前沿方向主要包括如下三个方面。

1）蓝绿水资源可持续性评价将是未来干旱区蓝绿水研究的重点方向之一。蓝绿水概念提出以来，不同尺度的蓝绿水资源量的定量研究取得了很多的研究成果（Shiklomanov et al.，1991；Raskin et al.，1997；Falkenmark and Lannerstad，2005；Liu J et al.，2009a），蓝绿水评估的方法体系也日益成熟（Liu J et al.，2009a；Mekonnen and Hoekstra，2016）。随着研究的深入，研究者发现：一个地区的水资源利用的可持续性与否，不仅与当地的水资源消费的方式息息相关，当地的水资源禀赋也是重要的决定因素，对于水资源禀赋较差的干旱区而言，更是如此（Liu J et al.，2009a）。在水危机已经成为全球各国共同面临的重大生态挑战的背景下，如何利用有限的水资源，在保持社会经济正常发展的同时，保证水资源的可持续性利用已经成为人们关注的重点。因此，未来蓝绿水研究，将从早期关注实体蓝水资源量的估算逐渐转移到蓝绿水水资源可持续性评价，包括水资源短缺评价、水资源经济可持续性评价、水资源社会可持续评价等多个方面。目前水资源的可持续性评价主要关注对象仍然是蓝水（Zeng et al.，2012），与绿水相关的可持续性研究极其罕见。联合蓝绿水资源的水资源可持续性评价将成为未来干旱区水文水资源领域的研究热点。

2）联合"自下而上"和"自上而下"开展虚拟水核算方法是未来准确评估干旱区流域的虚拟水贸易的重点技术，也是未来虚拟水贸易的重点研究方向。在虚拟水评估中，"自下而上"方法更适用于研究具体农作物产品的虚拟水贸易。这是由于农作物产品属于"初级产品"，位于供应链的起点，计算农作物产品的虚拟水含量只需要核算作物生长期间的直接耗水即可，无需计算整个供应链而产生的间接耗水。而工业产品由于供应链复杂，其原材料中包含的间接虚拟水可能来自世界不同地区，应用"自下而上"方法很难准确核算其作为最终消费品的虚拟水贸易量。由于"自上而下"方法能够考虑不同地区所有社会经济部门间的贸易联系，可以核算间接虚拟水贸易量，而不产生"截断误差"，因此更适合研究区域及区域间所有经济部门的虚拟水贸易。虽然"自上而下"方法具备以上优点，但其缺点也较为明显。"自上而下"方法由于考虑社会整体经济活动，不可避免地要减少部门分类，降低计算的精度。例如，我国发布的投入产出表只有两种部门分类：135个部门和42个部门，在42个部门分类中，农林牧渔等各行业统一合并成"农业"这个单一部门。这使得投入产出表很难反映特定农产品的虚拟水情况。干旱区流域由于其独特的地理特征，导致其工业化程度较沿海等地区低，农林牧渔业是该区域的重要经济组成，也是未来水资源调节的重点区域，如何通过调整农业种植结构和农业相关行业的生产布局实现节水目的，是未来水资源政策制定和水资源规划管理的重点内容。因此，在区域虚拟水贸易核算时，将两种方法有机结合起来对干旱区流域虚拟水贸易情况进行综合评估应成为未来虚拟水研究和水资源管理的重点方向。

3）综合考虑蓝绿水的实体水与虚拟水转化是未来虚拟水研究的前沿方向。虚拟水初期研究以定量核算为主，研究内容主要集中在区域间的虚拟水流动（Yang H et al.，2002；Hoekstra et al.，2002；Zimmer et al.，2007；Oki et al.，2004）及从虚拟水角度分析全球、国家和区域的经济活动与用水之间的关系（Hoekstra et al.，2005；Chen et al.，2013）。为了缓解水资源短缺问题，需要通过各种手段来减少用水量，因此全面考虑实体水和虚拟水的水资源评价是目前水资源研究的趋势之一。Lenzen（2009）从生产者和消费者两个视角研究了澳大利亚维多利亚州区域内及与其他区域间的实体水流动与虚拟水流动，提出区域间虚拟水流动是实体水流动的一种扩展，它可以解决区域水资源不均衡的问题。Zhao X 等（2015）综合考虑了实体水调度和虚拟水贸易对缓解中国水资源短缺的影响。Zhao X 等（2016b）以北京市为例分析了实体水转化为虚拟水以及虚拟水在产业间的转移。柳雅文等（2016）分析了天津市本地水资源转化为虚拟水以及虚拟水在产业间的重新分配。尽管在实体水—虚拟水转化方面国内外出现了一些探索性研究，但是仍然存在以下几方面的问题：研究尺度多集中在国家、区域尺度，较少考虑流域尺度；更多的主要考虑实体蓝水与虚拟蓝水的转化关系，未综合考虑实体蓝水和绿水及其与虚拟水在产业间、区域间的转化关系。因此，目前实体水与虚拟水转化的研究仍然处于初级发展阶段，综合考虑蓝水、绿水和虚拟水的水资源评价方法仍较欠缺，尚未形成完善的实体水—虚拟水转化定量评价方法。随着蓝绿水与虚拟水研究的不断深入，综合考虑蓝水、绿水以及虚拟水的水资源评价是今后水资源研究的关键和热点方向。

4.10 荒漠河岸林水文控制机制

4.10.1 荒漠河岸林生态水文研究现状、挑战与科学问题

荒漠河岸林又被称为"杜加依林"，是指发育于干旱区河岸带的林地，主要分布在中亚主要河流的河岸地区（Gärtner et al.，2014）。它不仅包括以胡杨为优势种的乔灌草群落，还包括以柽柳为优势种的灌草群落和单一灌木群落，是荒漠物种的关键生境和极端干旱地区遏制荒漠化的重要防线（Alaibakhsh et al.，2017）。荒漠河岸林生存所需要的水分来源主要有自然降水、地表径流和地下水（Chimner and Cooper，2004；Lamontagne et al.，2005）。然而，干旱区降水稀少，蒸发强烈，河岸林的生存与生长发育更多地依赖于地下水和地表水。干旱胁迫是影响河岸林生理行为和生长的关键限制因子（Ribas-Carbo et al.，2005；Bai et al.，2017）。在干旱或水分胁迫下，河岸林植被在个体及群体尺度上具有各异的适应与调控策略，其中地下生态过程与地上生态过程一样扮演了重要角色，甚至更为关键的作用（Brooks et al.，2006；Hao et al.，2009）。河岸林植被对干旱环境或水分胁迫的适应与调控主要通过根系生长和水力再分配、植物光合和生理生化过程等途径完成（Kusaka et al.，2005；Molina et al.，2006；Zobayed et al.，2007；Guerfel et al.，2009）。河岸林植被对干旱的抗逆性会因为植物种的不同而存在较大差异，即使是同一种植物，也会

因为处于不同的生长期而表现出不同的响应机制与适应策略，而由多个建群种构成的群落的演替与发展常常与各建群种对生境的响应与适应策略密切相关，且生长在相同生境下同一群落中的各个物种对环境胁迫的响应与适应策略会因为竞争与共生关系而相互关联（周洪华等，2012；Chen et al.，2013；韩路等，2017）。因此，研究荒漠河岸林的干旱适应策略与水文控制机制可以更加深刻认识荒漠河岸林植物的生繁规律，为干旱区植物及其群落、生态系统的保护提供支撑。

目前相关研究已对荒漠河岸林植被特征与影响因素有了比较深刻的认识，但荒漠河岸林的水分利用来源、水分利用策略、耐旱机理等科学问题仍需深入研究，特别是对荒漠河岸林植被在低降水、间断分水引起的季节干旱过程中水分利用策略和耐旱机理缺少研究（Li W et al.，2013；付爱红等，2014）。其次，目前虽然对荒漠河岸植被根系水分再分配的研究取得了一些重要进展，然而对影响植物根系发生水分再分配的因素，如根系的空间分布、微气象条件，以及植物蒸腾速率等尚需更为清晰的研究结果，更重要的是植物根系对土壤水分的再分配作用对植物个体或群落的水分利用策略，以及 SPAC 系统水循环的影响仍未得到清晰的定量化的阐述（Prieto et al.，2012；Yu et al.，2018）。另外，对于荒漠河岸林耗水规律的研究多数集中在叶片、单株或林分及区域等单一尺度，揭示耗水规律的时空尺度特征，发展尺度转化方法也是亟待解决的重要科学问题（Garcia-Arias et al.，2014；Si et al.，2014）。

4.10.2 黑河流域荒漠河岸林水文控制机制研究取得的成果、突破与影响

"黑河流域生态–水文过程集成研究"重大研究计划自实施以来，通过长期定位监测、模型模拟和同位素示踪等方法，对黑河下游荒漠河岸林水文控制机制开展了系统研究，并在河岸林植被的水分利用来源、河岸林植被群落的水分利用效率与生存策略、河岸林植被根系水分再分配过程、格局与模拟和不同尺度植被蒸散特征及耗水机制等方面取得重要成果。

1. 河岸林植被的水分利用来源

结合对黑河下游不同林龄胡杨木质部水及其不同潜在水源稳定同位素组成（δD、$\delta^{18}O$）的测定分析，探讨了不同潜在水源对胡杨的贡献。结果发现不同林龄胡杨木质部 $\delta^{18}O$ 差异显著，不同林龄胡杨所利用的水分来源不同，胡杨幼苗主要利用埋深 30 ~ 50 cm 的土壤水，利用率在 70% 左右，对地下水的利用仅为 6%；胡杨成熟木主要利用埋深 200 ~ 320 cm 的土壤水及地下水，对地下水的利用最多达 85%；胡杨过熟木主要利用埋深 100 ~ 260 cm 的土壤水及地下水，深度范围较幼苗和成熟木都广，对地下水的利用较高，最多达 96%，胡杨成熟木和过熟木主要利用的是地下水。胡杨幼苗的平均吸水深度在 35 ~ 40 cm，胡杨成熟木的平均吸水深度在 100 ~ 190 cm，胡杨过熟木的平均吸水深度在 100 ~ 200 cm（图 4-89）。随地下水位埋深的增加，荒漠河岸林从吸收单一层次的土壤水转为以吸收埋深 200 cm 以下多层土壤水和地下水。

结合对黑河下游乔灌草植物木质部水及其潜在水源稳定氧同位素组成（δD、$\delta^{18}O$）测

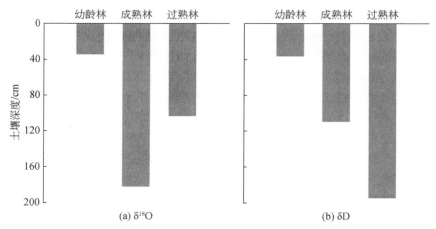

图 4-89　用 $\delta^{18}O$、δD 值计算的不同林龄胡杨的平均吸水深度

定分析，探讨了不同潜在水源对植物的贡献及乔灌草水分利用关系。利用 IsoSource 软件进一步分析不同深度土壤水和地下水对植物的贡献比例发现（图 4-90）：胡杨幼苗主要利用表层土壤水，对地下水利用率约为 13.3%；柽柳主要吸水层位为 200～300 cm 的深层土壤水，对地下水利用率达 16.4%；黑刺主要利用埋深 0～20 cm 的土壤水，仅利用 6.5% 的地下水；花花柴的主要吸水层位为 50～100 cm；骆驼蓬的主要吸水层位为 0～20 cm，对地下水的利用率仅为 2.5%；而苦豆子主要利用埋深 0～5 cm 的土壤水，对地下水的利用率仅为 2.6%。根据结果可以推断，样地中草本植物利用浅层土壤水，而灌木因植物种类不同，水分来源不同。其中柽柳利用较深层位 200～300 cm 的深层土壤水和部分地下水，而黑刺主要利用较浅层位 0～20 cm 的浅层土壤水，乔木胡杨（幼苗）也利用浅层土壤水。乔木、灌木、草本植物种类不同吸水深度不同，除了胡杨幼苗与黑刺和骆驼蓬吸水层位都为 0～20 cm，可能存在竞争关系外，其他植物种间都不存在明显的水分竞争。成年胡杨、柽柳由于水力提升作用，还可能与其他物种间有协助关系；柽柳、骆驼蓬、苦豆子吸水层位均不相同，由于柽柳具有水力提升作用，可能存在协助关系；柽柳、黑刺、花花柴的吸水层位也不相同，所以由于柽柳的水力提升作用，可能也仅存在协助关系。

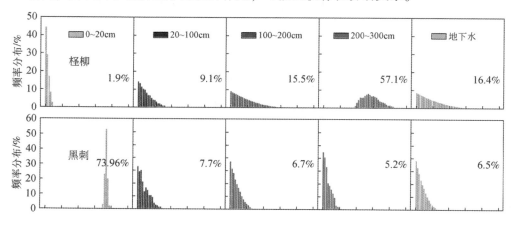

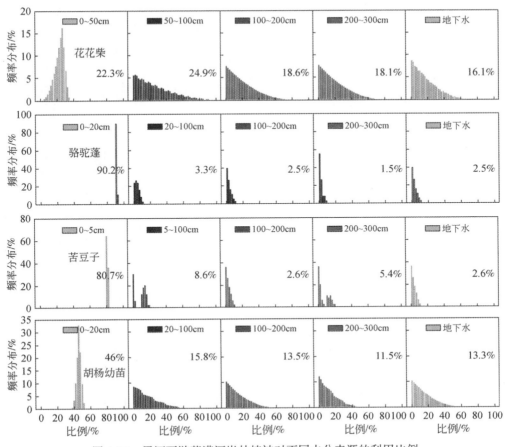

图 4-90　黑河下游荒漠河岸林植被对不同水分来源的利用比例

2. 河岸林植被群落的水分利用效率与生存策略

在黑河下游，植物叶片相对含水率由高到低排序为：花花柴>苦豆子>幼龄胡杨>过熟胡杨>成熟胡杨＝与其他物种共存的柽柳>单一红砂>单一柽柳（图 4-91）。WUE（以 ^{13}C 指示）由高到低排序为：单一柽柳>单一红砂>与其他物种共生的柽柳>苦豆子＝幼龄胡杨>成熟胡杨>过熟胡杨>花花柴（图 4-92）。借助于地表水或降水生存的草本植物的叶片水分含量最高，主要依靠地下水或别的深根系物种提升的水分生存的物种的叶片水分含量也较高，而自身根系不太深且无其他物种供给水分的物种的叶片水分含量较低。植物 WUE 与叶片相对含水率的变化正好相反。

草本植物如花花柴和苦豆子的叶片相对含水率比胡杨和柽柳高，但 WUE 低，说明消耗一定量水分获得的干物质少，植物的生产能力差，抗旱性能差。这可能是草本植物对干旱环境的一种适应，水分充足时在叶片中储存一定的水分，以备水分亏缺时使用，这也反映出草本植物具有较低的抗旱性。胡杨的叶片相对含水率普遍低于花花柴和苦豆子，但高于单一柽柳和红砂。对于胡杨，不同龄林胡杨的 WUE 不同，胡杨林龄越小，其水分状况

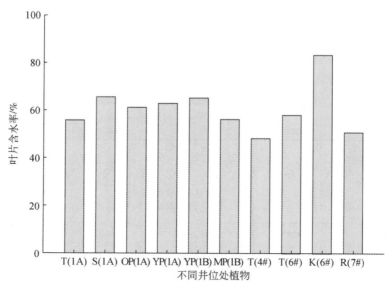

图 4-91　不同荒漠河岸植物群落叶片含水率

T：柽柳；S：苦豆子；K：花花柴；R：红砂；MP：成熟胡杨；YP：幼龄胡杨；OP：过熟胡杨

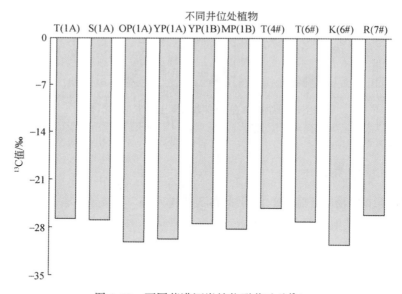

图 4-92　不同荒漠河岸植物群落叶片 ^{13}C

T：柽柳；S：苦豆子；K：花花柴；R：红砂；MP：成熟胡杨；YP：幼龄胡杨；OP：过熟胡杨

和 WUE 越高，生长速度越快；胡杨林龄越大，水分状况和 WUE 越低，生长速度越慢。水分状况和 WUE 之间变化趋势的一致性说明在水分充足时胡杨无需储存水分供给水分亏缺时使用，胡杨具有较强的抗旱性。对于单一柽柳和红砂群落，水分含量较低，但 WUE 很高，生长较快，说明柽柳和红砂的生产能力和抗旱性能高。与其他物种共生的柽柳的 WUE 略低于单一柽柳的。可见，在由过熟胡杨、幼龄胡杨、柽柳和苦豆子组成的群落中，当土壤水分较充足时，趋向于促进水分含量较小的幼龄胡杨和柽柳的快速生长，而减缓成熟胡杨和苦豆子的生长；在由柽柳和花花柴存在的群落中，趋向于促进柽柳的快速生长，而花花柴生长缓慢；在有限的水分条件下，单一柽柳或红砂趋向于快速生长。当受水分胁迫时，荒漠河岸林通过调节叶片气孔导度，改变叶片胞间 CO_2 浓度，来提高水分利用效率，使水分利用模式变得保守来适应胁迫环境。因此，黑河下游荒漠河岸林趋向于 WUE 较高物种的生存。

3. 河岸林植被根系水分再分配过程与模式

（1）根系水分再分配的影响因素

通过水势、根系液流、根际区土壤水分观测，气温升高，水位下降，土壤水分降低，水势变高。40~60 cm 层位根系密集分布，土壤水分存在明显的高值，土壤水分的昼夜波动也表明荒漠河岸林根系水力再分配过程的存在。从水力提升发生时段（夜间）侧根逆流速率与相应时段主根液流速率相互关系（图 4-93）可发现，随着主根液流速率的增加，侧根逆流速率绝对值表现为递减趋势。这可能反映了植物根吸水能力一定的情况下，通过主根向茎干输送的水分越多，则通过侧根向土壤释放的水分越少。我们的研究发现，夜间出现有风天气时［饱和水汽压（VPD）偏大，夜间蒸腾将会增大］，主根液流速率会偏大，同时侧根逆流速率变小，而且风速越大，这种趋势越明显。这说明在胡杨自身在蒸腾、树干储水和水分再分配之间存在着动态平衡关系。

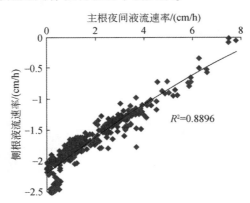

图 4-93　胡杨侧根液流速率与主根晚间液流速率关系

胡杨根系水力再分配模式是（图 4-94）：在典型晴天，白天树干和侧根液流速率均为正，即液流从土壤经由根系流向木质部，再经木质部运送到叶片以供蒸腾消耗；夜间树干液流为正，而侧根为负，即液流从深层湿润土壤经由根系运输到浅层干燥土壤中（HL）。降水后，白天树干液流为正，而侧根为负，即 HL；夜间树干和侧根液流速率均为负，即根系从浅层湿润土壤或叶片或树干从空气中吸收的水分经由主根系运输到深层较干土壤中，即 HD 或 FU。灌溉前与降水前类似，为典型的 HL；灌溉后，液流速率的方向未发生改变，但树干液流速率减小而根系液流速率增加，即增加的液流发生侧向再分配（LR）。同时，在侧根不同深度上发生了双向的液流，而树干的液流也发生了明显的变化，说明根系的水平再分配可能受树干调节，其机理可能是根系木质部的径向分区。

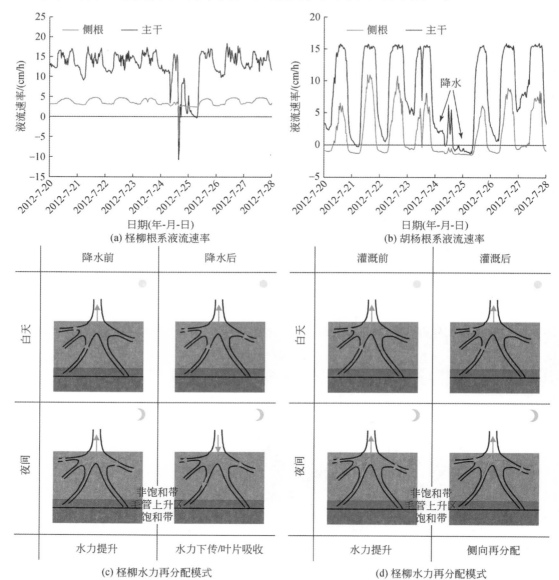

图 4-94　胡杨和柽柳根系液流速率及水力再分配模式

（2）根系水分再分配的生态效应

　　根系水分再分配模拟研究证实了水分再分配对植物蒸腾以及土壤水分状况改善具有积极的作用（图 4-95）。在根系分布参数 B_{50} 分别为 40 cm，60 cm，80 cm，100 cm 和 120 cm 的情况下，有水分再分配时胡杨蒸腾耗水量比没有水分再分配分别高出 44.57%，21.54%，21.43%，16.29% 和 13.04%。而且模拟分析结果表明，水分再分配对植物蒸腾的贡献率与植物根系垂直分布密切相关，根系分布越深，水分再分配对植物蒸腾的贡献率越低。

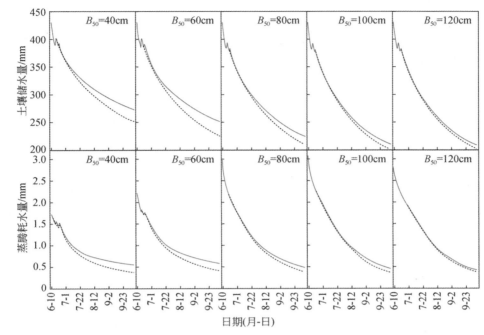

图 4-95　不同根系分布模式下考虑 HR（实线）和不考虑 HR（虚线）情况下胡杨根层土壤储水量与蒸腾耗水量的变化趋势

水力再分配（HR）除了促进植物蒸腾外，还明显的影响了植物根层土壤的水量平衡。本文研究结果显示 HR 可以较显著地改善土壤水分条件，在根系分布参数 B_{50} 分别为 40 cm、60 cm、80 cm、100 cm 和 120 cm 的情况下，有 HR 与没有 HR 相比，整个根层土壤（30 ~ 200 cm）平均储水量分别高出 22.24 mm、26.99 mm、22.89 mm、21.06 mm 和 19.17 mm，而且 HR 对土壤水量平衡的贡献随着胡杨根系分布深度的增加而减小（图 4-95）。

4. 不同尺度植被蒸散特征与耗水机制

(1) 叶片尺度蒸腾特征

监测结果显示，在生长旺季的 7 ~ 8 月，胡杨叶片气孔导度在日出后随辐射强度的快速变化而迅速增大，幼林和过熟林胡杨在 10:00 左右即达到一天当中的峰值（图 4-96），提前于太阳辐射强度到达峰值时间，而成熟林胡杨在正午 12:00 达到气孔导度的峰值，随后开始降低。通常在未受到胁迫状况下植物叶片气孔导度与光照强度峰值时间趋于一致，本节研究中，野外观测结果显示幼林和成熟林胡杨叶片气孔导度在正午前即开始降低，其结果使其避免了光照最强时段因水分过度损失而造成组织损伤，可能是胡杨对长期高温干旱生境的一种响应与适应。而成熟林胡杨由于处于生命最活跃期，其气孔开导度则与光照强度同步，有利于光合碳同化。胡杨蒸腾主要是由气孔开度的变化来进行调节的，相关分析表明影响胡杨叶片气孔导度的主要气象因子为饱和水汽压差（VPD）、空气温度（T_a）和光合有效辐射（PAR）。不同林龄胡杨叶片气孔导度的日变化趋势相同，8:00 ~ 20:00，幼林叶片日平均气孔导度最大，成熟林次之，过熟林最小，总体上幼林叶片气孔导度日变幅最大，而过熟林叶片气孔导度变化幅度比幼林和成熟林更趋平缓，反映出胡杨在不同生长阶段叶片蒸腾特征上存在差别，是胡杨生长各阶段水分利用策略不同的一种表象，可能与不同林龄胡杨叶片气孔密度，气孔大小及叶表面蜡质差异相联系。荒漠河岸林植被冠层与大气耦合度高，冠层蒸腾主要受气孔调控；气孔导度对相对湿度响应敏感；考虑相对湿度的 Gauss–h 模型能够很好地模拟荒漠河岸林叶片气孔导度。

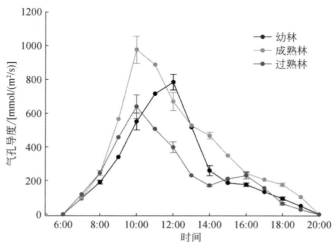

图 4-96　不同林龄胡杨叶片气孔导度变化

荒漠河岸林叶片气孔导度夜间部为 0，气孔导度大于最大表皮导度，且大约是白天气孔导度的 31%。叶片蒸腾速率也不为 0，证明胡杨存在实在的夜间蒸腾。日间和夜间耗水在 95 ~ 125d 及 265d 以后较小，其余天数除降水天气外都比较大。平均日间耗水量为 3.66mm，平均夜间耗水量为 1.30mm。夜间蒸腾对整日耗水的贡献在 4 月明显较高，胡杨夜间蒸腾所占的比例为 31% ~ 47%。夜间气孔导度与夜间蒸腾具有显著的相关关系。夜间气孔导度的变化与水汽压差明显相关，夜间气孔导度和胞间 CO_2 浓度具有类似的关系。VPD 是夜间蒸腾的最主要驱动力，然而，如果夜间 VPD 为零，将不会具有驱动作用。我们的研究区在极端干旱区，整个夜间 VPD 保持正值，特别是夏季。发现夜间树干液流与水汽压差具有很好的正相关关系，意味着大气水分需求是夜间蒸腾的驱动力。夜间液流是夜间冠层蒸腾和树干体内水分再补充的结果或者是两者共同作用的结果，可分为夜间蒸腾、收缩和树干水分再补充三个典型阶段。

（2）单株尺度耗水特征

通常认为，以树干液流量作为估算单株植物蒸腾耗水是最为方便和可行的方法。液流监测结果显示，晴朗无云天气下，胡杨树干液流速率日变化具有明显的昼夜节律性变化（图 4-97），液流启动基本与日出时间同步，没有出现时滞现象，在 2h 后达到峰值，当太阳辐射开始下降后快速降低，白天的流速变化曲线呈宽峰型，树干液流量较大。夜间，胡杨同样存在树干液流现象，但液流速率维持较低的水平。成熟林胡杨液流速率最大，幼林次之，过熟林最小。气象因子对植物的蒸腾作用影响强烈，主成分分析显示在水分条件一致的条件下，影响液流速率变化最为直接的三个因素是净辐射 R_n、空气温度 T_a 和相对湿度 RH，对这三项因子经过逐步回归，根据各因子系数，得到平均液流速度的预测方程：$SF_v = 9.81 + 0.05R_n + 0.19T_a - 0.05\text{RH}$（$R^2 = 0.85$）。从单株耗水量上比较，在生长旺季的 7～8 月间幼林样树（胸径＝6cm）单株耗水为 8.38 ± 1.23 L，成熟林样树（胸径＝17cm）单株耗水为 27.06 ± 3.15 L，过熟林样树（胸径＝46cm）单株耗水为 25.52 ± 2.67L。

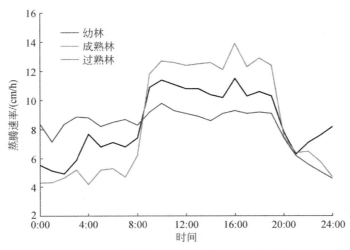

图 4-97　不同林龄胡杨液流速率日变化曲线

（3）林分尺度蒸腾耗水量

将胡杨胸径划分为不同的径阶，建立胸径与边材面积的函数关系，以边材面积作为空间纯量，同时结合液流参数经过尺度转换推算出林分的平均蒸腾耗水量。本节研究中对胡杨胸径与边材面积进行拟合表现出显著的幂函数关系（$R^2 = 0.98$，$P < 0.001$）。通过胸径调查，可根据胸径与边材面积拟合方程 $y = 0.59x^{2.04}$，得到整个林分边材面积。将不同胸径监测样树液流通量与胸径拟合结果显示二者存在较好的幂函数关系（$y = 0.05x^{0.36}$，$R^2 = 0.74$），能够用于估算不同胸径胡杨液流通量，一定程度上可消除由于胡杨液流通量随树木胸径变化而造成的估算误差。

基于液流疏导面积（边材面积）的计算方法的成立须满足一个假设。在相同的立地条件下，树木不同径级的木质部之间液流通量密度没有较大的差异性，组内树木的分布是均匀的。在这一假设的基础之上，通过推算林分的边材面积即液流的疏导面积，结合标准木的液流通量密度测量，即可将实现植物个体到林分尺度的蒸腾量的转换。由单株测定结果推算 ΔT 时间内林分的总液流量 Q_t 的推导公式可表述为

$$Q_t = \sum_{i=1}^{n} a_0 (k + iC)^{a_1} Q_s b_0 (k + iC)^{b_1} m(k + ic) \Delta T \tag{4-19}$$

式中，a_0，a_1 为胸径液流通量模型参数；Q_s 为单株液流通量；b_0，b_1 为胸径–边材面积模型参数，k 为起测径阶数，m 为该径阶的株树，C 为整化长度。最后用 Q_t 除以样地面积即

得到单位面积的耗水量。

根据胡杨胸径与边材面积以及胸径与液流通量关系建立的基于单株蒸腾的林分尺度蒸腾耗水模型，结合样地调查，计算得出生长旺季（7~8月）试验区内不同林龄的胡杨林日蒸腾耗水量分别是幼林为（3.1±0.3）mm/d，成熟林为（2.8±0.4）mm/d，过熟林为（2.2±0.2）mm/d。根据单株胡杨尺度上推得出实验区胡杨林分6~10月的总量为382.37 mm，如果考虑5月蒸腾，整个生长季的耗水量在400 mm以上。不同林地蒸腾耗水差异分析主要是由于不同林龄胡杨林密度、叶面积指数的差异所造成，同时也与不同林龄的蒸腾耗水策略相联系。

（4）群落尺度蒸腾耗水量

胡杨群落蒸腾耗水量采用涡度相关系统监测获得，对实验期内涡度数据进能量闭合度分析显示，回归斜率为0.63（$R^2 = 0.88$），能量存在明显的不闭合现象。根据统计，大部分文献报道中的能量闭合度为0.55~0.99。中国通量观测网络的数据为0.54~0.88。本节研究中的能量闭合度的验证结果说明采集的涡度相关数据具有一定可靠性。应用涡度相关法计算的林地蒸散量与通过单株液流尺度上推得到的林分蒸腾的日变化作比较，从图4-98中可以看出两条曲线走势相同，具有明显的昼夜节律，白天蒸腾量大，夜晚蒸腾量小。但同时也存在一定的不同，主要体现在波动的幅度上，在夜间，涡度相关系统实测的蒸散量值较小，而根据液流推算出的蒸腾量值较大；在白天相反，根据液流推算出的蒸腾速率较小，涡度相关的实测值却较大。分析产生这个种变化的原因是由于胡杨自身茎干的贮水功能造成的。夜晚胡杨仍保持一定速度的液流，但是这部分水主要用水树干的贮水，较少用于蒸腾，因而夜晚根据液流尺度上推的蒸腾值就会较大；而在白天，实际树木的蒸腾耗水由两部分构成，一部分是来自于植物的液流，另一部分则

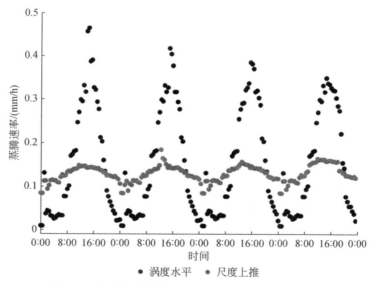

图4-98　涡度相关蒸散和尺度上推林蒸腾日进程比较

来自于植物茎干内的贮存水，并且由于土壤蒸发的存在，因此涡度相关的实测值较高。将蒸腾（蒸腾）速率换算成日耗水量，涡度相关系统所得胡杨林蒸散的实测值（3.68mm/d）大于由单株液流经尺度推移计算出的胡杨林分的蒸腾耗水量（2.90mm/d）。生长季的 6～10 月涡度相关测得胡杨林地蒸散量及胡杨林分蒸腾量对比（表4-14），液流尺度上推法所得蒸腾量约是涡度相关方法所测林地蒸散量的 79%。

表 4-14 不同方法估算的胡杨林蒸散（蒸腾）耗水量比较

方法	不同月份耗水量/mm					总计
	6 月	7 月	8 月	9 月	10 月	
涡度相关法	108.09	132.48	110.40	70.13	62.9	484
尺度上推法	85.39	104.66	87.22	55.40	49.69	382.36

4.10.3 荒漠河岸林生态水文研究的前沿方向

荒漠河岸林生态水文研究需要在以下几个方面持续开展深入研究。首先，对干旱环境下荒漠河岸林水分利用策略及其对水分胁迫适应机制的研究，需要充分考虑植物地上与地下生态过程，尤其要重点研究植物根系对水分胁迫的生理生态阈值及根系在生理、形态及过程上的调节与主动适应，解析荒漠河岸林对干旱胁迫的响应及水文控制机制（Chen Y et al., 2013；Garssen et al., 2015；Yu et al., 2018）。其次，需要注重研究中的尺度问题，特别是不同时空尺度 SPAC 系统水循环特征，立足于个体并最终解释群落和生态系统尺度上植物水分利用过程及对水分胁迫的适应机制（Li et al., 2013；Alaibakhsh et al., 2017）。另外，植被蒸散研究中的微观尺度与宏观尺度的相互转换是今后研究的热点问题，建立微观尺度上荒漠河岸林的蒸腾耗水机制与宏观尺度上耗水规律的联系，从而准确预估流域或更大尺度的耗水规律，为干旱区内陆河流域水资源和生态系统可持续管理提供理论依据和科技支撑（Garcia-Arias et al., 2014；Si et al., 2014；Fairfax and Small, 2018）。

4.11 荒漠灌丛的水分适应机制

4.11.1 荒漠灌丛的水分适应研究现状与科学问题

水分是荒漠生态系统最主要的限制因子（Gholz et al., 1990），同时也是荒漠生态系统在不同时空尺度上生物化学循环过程重要的驱动力（Ehleringer et al., 1999）。荒漠植物作为荒漠生态系统的主体，在长期处于水分胁迫环境下，形成了许多独特的适应水分亏缺环境的形态结构和功能。荒漠植物经过长期的适应和进化过程，最终形成能适应干旱环境的诸多性状和功能，如根系能同时吸收多个水源、较高水分利用效率、个体形态矮小、较高的比叶重、以斑块状格局分布等才得以维持其生存、生长（李善家等，2013）。荒漠植物对水分的适应具有多尺度、多途径特征，涉及生理生态、形态结构和功能性状、空间分布等诸多方面。时间尺度上，对水分亏缺的有短期响应，如气孔调节响应水分胁迫（Sperry et al.，2017）、根系的可塑性响应土壤水分变化（Liu et al.，2010），以及长期响应，如植物各功能性状的变化、植物形状结构以及生物量分配等（李小雁，2011）。同时空间尺度上，荒漠植物从分子水平、功能组织、个体形态、斑块格局等诸多方面适应外界水分环境（Li et al.，2009）。以上多尺度、多途径的适应机制体现了荒漠植物能最大程度获得碳同化速率同时最小化水分损耗的生存策略（Vendramini et al.，2002）。目前对荒漠植物的水分适应性研究现状及科学问题详述如下。

1. 荒漠植物功能性状及结构特征对水分亏缺的适应性

植物在与其周围环境长期相互作用，并在进化过程中逐渐形成许多内在生理和外在形态功能特征，以最大程度地适应所处环境条件，这些特征称之为植物性状（plant trait）。荒漠区植物叶片具有较强的可塑性，其性状对水分变化的敏感性较强，通常荒漠植物的叶面积、比叶面积和比叶体积较小，利于降低水分消耗（Maroco et al.，2000）。研究认为，旱生植物叶片具有发达的栅栏组织、输导组织和贮水组织，尤其对荒漠植物而言发达的栅栏组织使得植物根、茎和叶均能存储一定的水分以缓解干旱胁迫。同时一些荒漠植物的幼枝可以替代脱落的叶片进行光合作用，既降低水分损失又利于水分贮存，如霸王和珍珠猪毛菜等荒漠灌木，枝干通过分裂或部分枯死，减少蒸发、降低体内水分消耗，保证一定的生活力。荒漠灌木通常拥有较为发达的根系和较大的根冠比，且根系的空间分配格局随物种、土壤性质和地形的改变而变化，一般而言，如果冬季有降雨补充，而生长季水分补充较少或生长季单次降水持续时间长，根系多呈深层垂向生长；如果生长季降水为主要水源，且单次降水多为短暂性降水，则根系为浅层横向发展（Cahill，2003）；另有一些植物同时具备浅层和深层根系的二态根系系统以适应水分亏缺环境（Germino and Reinhardt，2014）。荒漠植物的各功能性状与环境水分条件密切，不同植物的功能性状存在权衡关系，如叶经济谱关系。然而对于同一种植物在不同水分条件下，其叶、茎及根功能性状的变化趋势是否一致，变化是否协同？针对以上问题的研究还较少，特别是针对植物功能性状比较独特的荒漠植物的研究尤其较少。因此需从植物叶、茎和根的功能性状方面全面研究其与水分条件的关系，以及相互之间存在的关系。

2. 荒漠植物对降水的响应研究现状与科学问题

降水作为荒漠区的重要的水分来源，在不同时空尺度上驱动着荒漠生态系统各种生物过程（Ehleringer et al.，1999）。然而，对于小降水事件能否被荒漠植物所吸收利用及对降雨的响应的阈值的确定还存在诸多争论。荒漠环境中降雨事件通常以脉冲（pulse）的形式发生，降水强度、降水量及持续时间等特征参数具有较大的变异性，降水事件的不连续性和不可确定性导致土壤获得水分和养分等资源也呈现出不连续的脉动状态（Jankju-Borzelabad and Griffiths，2006）。这种水分和养分资源的脉动对荒漠生态系统的群落组成、结构及功能产生深刻的影响。此外，荒漠地区降水形式以小降水事件（≤5mm）为主，且降水事件发生季节、年际变异较大。以往研究通常认为小降水仅能湿润表层有限深度的土壤，雨水未能深入到植物根系而被忽略为无效降雨（Dougherty et al.，1996）或仅能被浅根系的草本植物所利用，然而吴玉等（2013）对准噶尔盆地 4 种功能类型的荒漠植被研究发现，小降雨能够被植物叶片毛吸收而提高植物水势进而提高光合速率。Zhao 等（2010）对生长在黑河流域中游的泡泡刺和梭梭进行研究发现，低至 1mm 降雨能显著提高泡泡刺枝条的液流通量，表明荒漠植物能利用最少 1mm 降雨而提高植物蒸腾速率。大降水事件的雨水能下渗到深层土壤，能被深根系的灌木所吸收利用。可见，不同荒漠植物对降雨的响应的阈值存在差异性。大量前期研究结果表明，不同态系统过程如土壤呼吸（Sponseller，2007），植物光合作用（Li et al.，2007）以及植物生长响应（Ogle and Reynolds，2004）等对降雨的响应都存在一定的水分临界值，只有当降水量超过这个阈值时，相应的生态过程才会发生响应。研究表明在美国西南部沙漠地区，灌木样地发生碳吸收响应需要的降水阈值为 59mm，草本植物样地发生碳吸收仅需 23mm 降雨量（Emmerich and Verdugo，2008）。Schwinning 等（2004）认为，不同植物水分响应阈值大小通常由物种自身利用不同强度和持续时间水分脉动的能力确定。在不同的季节，植物对降雨的响应方式和程度也不尽相同。如 Gebauer 和 Ehleringer（2000）在美国犹他州南部地区对当地生态系统中五种优势荒漠灌木在不同季节进行灌溉实验，基于稳定同位素数据计算结果他们发现，在春季 5 种灌木对模拟降雨的吸收利用率不到 10%，然而在夏季末期灌木对模拟降雨的吸收率接近 100%。对生长在美国科罗拉多高原的 4 种本地物种进行人工模拟降雨实验发现，在夏季植物对雨水的吸收利用率显著大于在春季对雨水的吸收，且草本对雨水的利用率大于灌木，同时发现，夏季降雨对 C_4 植物 *Hilaria jamesii* 光合作用影响效果显著大于春季降雨对其影响（Schwinning et al.，2003）。降水事件的时间间隔对生态系统组成、结构和功能产生较大的影响，如 Sher 等（2004）的研究结果发现，在降水总量不变的前提下，降水事件的间隔越短生态系统物种的存活率越高。此外，土壤的水力属性决定着植物对降雨的响应速度和响应程度（Reynolds et al.，2004）。土壤的孔隙度越大、土壤质地以砂砾为主和土壤持水能力越弱，同等降水条件下雨水在土壤中下渗的速度以及下渗的深度越大，植物对降雨的响应速度越快且响应程度也越大。例如，Fravolini 等（2005）对生长在不同土壤性质中木本植物牧豆树（*Prosopis velutina*）研究发现，在黏性土壤中牧豆树对 10mm 降雨基本无明显响应，而在砂质土壤中其对 10mm 降雨的吸收利用率能达 60% 左右。

冠层截留是目前降雨再分配研究的热点和难点，以往认为降水稀缺的干旱半干旱地区，冠层截留可能在水分限制及蒸发驱动下难以维持，可以忽略不计，然而近年来研究表明，干旱区小降水事件产生的冠层截留量及比例非常可观，其范围约为 3%～37%，部分甚至超过 60%（Dunkerley，2008），因此干旱区灌丛冠层截留的研究有助于深刻理解植物水分利用特征及小尺度水量平衡。目前针对中国干旱地区荒漠灌丛（灌木）降雨再分配进行了大量研究，如 Li 等（2008）对比了荒漠灌丛柽柳、红砂和油蒿（*Artemisia ordosica*）的树干茎流比例，发现不同灌丛类型树干茎流差异显著（2.2%、3.7% 和 7.2%）；Li 等（2016）对毛乌素沙地油蒿不同发育阶段的树干茎流及影响因素进行研究，发现生长季油蒿灌丛树干茎流比例约为 8.56%，其中降水量和冠层面积是影响树干茎流的主要因素。可见灌丛降水再分配过程具有明显的时空变异性，且深受灌丛冠层结构和植物功能类型的影响。在荒漠区，土壤水深受降水特征和灌丛结构的影响，表现出明显的空间异质性。研究表明，荒漠灌丛能够通过地上树干茎流及地下根系优势流作用汇集水分，形成根区"肥岛"效应，有效缓解旱季水分胁迫，改善植物的水分利用策略，提高水分利用效率（Li et al.，2009）。树干茎流尽管量很少，但能够汇集水分到根区土壤进行存储，是干旱区土壤水分补给的主要途径（Wang et al.，2011）。如 Návar 和 Bryan（1990）发现墨西哥北部半干旱区灌丛树干茎流下渗量是年降雨量的 3 倍左右；Li 等（2008）发现旱生灌丛油蒿、红砂和沙柳树干茎流增加根区单位面积降雨的 25 ~ 150 倍，相应的土壤水增加了 10% ~ 140%，入渗湿润锋因物种根系结构差异分别增加 1.2 ~ 4.5 倍。由此可见，树干茎流影响的水分汇集和深层下渗是荒漠灌丛主动适应水分亏缺环境的有效措施，既改变了固有的水文过程，加强了植物与土壤间的物质传输，又对抵御干旱胁迫发挥了重要的调控作用。综上所述，荒漠植物对降雨的响应是多方面的，其受自身因素和多种外界环境的影响。然而，目前荒漠植物从多个角度（生理生态特征和雨水吸收利用率等）剖析荒漠植物对降雨事件的响应的研究还比较少，且还存在以下关键科学问题：①不同物种间对不同大小降雨事件的响应速度是否存在差异。②同一物种在不同季节其对降雨事件的响应速度与响应程度是否一致。

根据荒漠灌丛斑块空间分布格局与降水之间的关系研究，荒漠区受水分可利用性的限制，植被通常在空间上呈非连续性的斑块分布，主要由高盖度的植被斑块（灌丛斑块为主）和低盖度的草地斑块或裸地斑块镶嵌组成（Cipriotti and Aguiar，2015）。斑块是植被长期适应水分匮乏环境的结果，不但能改变地表水分、有机碳和养分资源的空间分布，同时还能影响生态系统的结构和功能，是荒漠生态系统健康评价的"指示器"（Harman et al.，2014）。通常斑块结构通过高盖度植被斑块的形状、大小、密度及空间分布特征等指标来刻画，且这些特征指标往往随干旱胁迫（降水、气温等）、土壤异质性等非生物因素及物种间相互作用等生物因素的改变而变化（Turnbull et al.，2010），因此明确斑块植被特征及变化的非生物驱动及生物驱动是理解荒漠区斑块植被–土壤–大气相互作用的关键所在。斑块植被通常分布在年降水量为 50 ~ 750mm、地形起伏约为 0.2% ~ 2% 的干旱半干旱区，因此水是制约斑块植被形成及变化的主要非生物因素（Valentin et al.，1999）。植被斑块的结构及空间分布随降水和地形坡度的变化而改变，灌丛斑块盖度随降水递减而不断降低，同时地形起伏和土壤性质等非生物因素主导降雨–径流过程，最终在水分驱动下影响斑块植被的特征（Valentin et al.，1999）。研究表明自半干旱区灌丛化草原至温带荒漠、荒漠草原，灌丛斑块的大小、盖度与多年平均降水（MAP）间均呈显著正相关。相反，斑块密度与 MAP 间的相互关系不尽相同，灌丛化草原灌丛斑块密度随 MAP 的增加而显著减少，而南非萨瓦纳生态系统乔–灌植被斑块密度却随降雨增加而增加（Shackleton and Scholes，2011）。Chen 等（2015）认为，造成如此差异的原因在于植被斑块的物种差异及功能类型差异，同时水分梯度的划分及样地选取也能引起研究结果的不一致。Ruiz-Sinoga 等（2011）在西班牙南部地中海地区发现降水影响的土壤水分对灌丛盖度具有主导作用，尤其在半干旱地区，裸地–灌丛斑块面积比随土壤水增加而不断下降；而在干旱年份，该比值随径流的显著减少而不断上升。综上可以看出，荒漠区植被斑块空间分布格局既与植物的功能类型相关，又受到表层土壤异质性引起的资源再分配过程控制，目前关于荒漠草本斑块空间分布格局及对水文过程的响应已有较为系统的认识，但不同降水条件根系结构差异明显的灌丛斑块的空间分布格局是否一致尚不清楚，地表异质结构能否通过改变资源的分配方式作用于植被斑块的形成与变化有待进一步研究。

3. 荒漠植被水分利用来源研究及水分利用效率（WUE）研究

植物根系分布特征是直接决定植物水来源的一个重要因素，植物根系活动影响着植物对土壤水的吸收区域。一般来说，浅根系植物主要吸收浅层土壤水分，深根性植物主要利用深层土壤水及地下水。具有二态根系分布特征的植物既可以利用浅层土壤水，又能够从深层土壤获取水分，这取决于不同土层水分含量分布状况。在干旱区多年生荒漠植物在没有获得足够量的降水之前，其分布在表层土壤中的根系处于一种半休眠状态，其主要依靠主根从深层土壤中获得水分（Ehleringer and Dawson，1992）。随着降水量的增多表层土壤含水量达到一定的阈值时，植物通过增强表层根系的活性，水分来源逐渐转向表层土壤水（Williams and Ehleringer，2000）。探究植物水分来源方法有挖掘法、机理模型以及同位素示踪等方法（Dawson et al.，2002）。稳定同位素技术作为自然示踪剂，由于其不破坏环境，空间代表性好，广泛应用于植物用水来源研究中（White et al.，1985）。其原理是植物根系从不同潜在水源吸收水分，通过根、茎中导管将水输送到植物叶片及其他组织器官，在水分输送传导程中，其稳定同位素组成不会发生分馏作用（Dawson and Ehleringer，1991）。因此，通过对比分析植物体水分与各潜在水源同位素组成的关系，不仅利于了解植物所利用的水分是来自降水、地下水、浅层地表水或深层土壤水（Gat，1996），而且可以估算不同植物对各水源利用的比例及水分利用过程（Phillips and Gregg，2003）。由于在土壤–植物–大气连续体系统中，不同水体的稳定同位素具有不同的组成与变化特征。降水中稳定同位素组成季节性变化明显，这主要是因为不同季节大气水汽来源以及大气条件不同。土壤水分最初来源是大气降水，由于降水同位素组成具有明显的季节性，因此，土壤水同位素组成也表征出一定的季节波动，进而一些以土壤水分为主要水源的植物水同位素组成也具有相似的季节变化特征。例如，Rossatto 等（2012）的研究表明，植物体中水的稳定同位素值与表层土壤 $\delta^2 H$ 值存在显著的正相关性，这也表明表层土壤水稳定同位素组成能显著地影响植物水中 $\delta^2 H$ 值的变化。同样，在我国干旱、半干旱区发现植物的用水来源具有明显的季节性，如周海等（2013）对生长在中国西北准噶尔盆地的红砂、白刺的水分来源进行研究发现，随着季节变化其土壤表层含水量降低，红砂和白刺（*Nitraria tangutorum*）的水分来源逐渐由浅层土壤水转移到深层土壤水以及地下水。然而，针对同一物种在不同水分条件下水分来源差异的研究，特别是针对荒漠植被的水分来源示踪较少。

植物叶片中碳稳定同位素（$\delta^{13} C$）的值是植物长期新陈代谢以及对环境条件综合响应的结果，其值不仅可以反映期间植物与外界环境的关系，而且可以综合反映植物的生理生态特征值（Smedley et al., 1991）。因此可以利用植物叶片中 $\delta^{13}C$ 的值来指代植物的长期水分利用效率（WUE），为植物 WUE 的研究提供了新的方法，同时也克服了只能在短时间尺度上分析植物 WUE 的缺点（严昌荣等，2000）。荒漠植物长期处于水分亏缺环境中，因此荒漠植物 WUE 跟植物所处环境的可利用水分密切相关联。例如，Ma 等（2005）对分布在中国西北干旱区不同降水梯度下红砂进行研究发现，红砂叶 $\delta^{13}C$ 值跟年平均降水量以及平均相对湿度呈显著负相关性，即随年平均降水量和相对湿度的增加叶片 $\delta^{13}C$ 值呈逐渐减小趋势；而红砂叶 $\delta^{13}C$ 值与年平均温度无显著相关关系。可利用水分包括土壤水分、大气降水、地下水等。可利用水分的降低导致植物气孔导度降低，从而使空气 CO_2 进入叶片阻力增大，胞间 CO_2 浓度（C_i）叶片中 $\delta^{13}C$ 值升高。陈拓等（2002）对中国西北阜康和金塔同种或同属的植物叶片 $\delta^{13}C$ 的测量结果表明，年降水量增加 1mm，叶片中的 $\delta^{13}C$ 值降低 0.01‰ ~ 0.015‰。对处于不同水分条件下植物水分利用效率研究发现，随环境干旱程度的增加植物叶片中 $\delta^{13}C$ 值逐渐增大（Febrero et al., 1994）。过去大量研究结果表明，相对湿度是控制气孔导度的重要因素（Ehleringeri, 1998）。在大气相对湿度较低时，叶片通过降低气孔导来减小水分散失，同时气孔导度减小导致 C_i/C_a 值减小，因此叶片具有高的 $\delta^{13}C$ 值（Farquhar et al., 1982）。此外，植物水分利用效率与植物自身营养元素状况有关，尤其是叶 N 含量（Sparks and Ehleringer, 1997）。N 元素是植物体内叶绿素和光合作用酶 RuBP 羧化酶的重要成分，许多研究表明 C_3 植物的光合作用能力与叶 N 含量呈显著的正相关性（Reich and Oleksyn, 2004）。植物叶片 N 含量也会对叶片的气孔密度和叶片厚度产生影响（Körner et al., 1989），这些都会对植物叶片气体交换速率产生影响，从而影响着植物叶片水分利用效率。尽管植物叶片 $\delta^{13}C$ 与其环境影响因素已有大量的研究，然而植物水分利用效率受内在和外在的多种因素影响，目前对这些关系错综复杂机制的研究还处于基础阶段。植物叶片长期水分利用效率与海拔、温度、降水、叶片气孔导度存在的相关关系，目前尚无一致结论甚至结论相反，长期水分利用效率的内在机理仍然不清楚。同时植物水分来源显著影响其水分利用效率，当受水分胁迫时，不同功能型植物采取不同的水分利用策略，如调节气孔导度，调节根系吸水深度等。在不同水分环境中，植物水分来源和水分利用效率的响应方式也存在较大差异。因此，综合开展多个水分条件下，研究多种荒漠植物水分来源与利用效率，有助于全面理解植物水分利用模式以及不同物种间的水分竞争关系。

4.11.2 黑河流域中下游地区荒漠灌丛的水分适应特征取得的成果、突破与影响

黑河流域是中国第二大内陆河流域，该流域内气候干旱，降水稀少，土地贫瘠，是我国的生态环境脆弱区和气候变化敏感区。黑河流域内生态系统类型丰富，从流域中游到下游分布着大面积的荒漠植被，其占流域总面积的 73.2%。主要的荒漠植物种类包括红砂（*Reaumuria soongorica*）、泡泡刺（*Nitraria sphaerpcarpa*）、盐爪爪（*Kalidium foliatum*）以及梭梭（*Haloxylon ammodendron*）等。黑河流域中游到下游年平均降水量、

地下水深度及潜在蒸发量等环境中水分条件差异显著，荒漠生态系统物种组成、结构和功能发生明显的变化（Zhang et al.，2017；李炜，2016）。在黑河流域重大计划的资助下，对流域中下游荒漠灌丛水分适应性开展了综合研究。在 2014～2017 年选取黑河流域中下游不同降水梯度下 5 个典型荒漠样地（张掖、临泽、高台、金塔和额济纳），以优势荒漠植物红砂和泡泡刺为研究对象，基于植被群落调查、同位素取样、生理生态观测和植物功能性状测量并结合人工模拟降雨实验，运用多源同位素混合模型、广义线性模拟、主成分分析等方法，探讨黑河流域中下游荒漠植物的水分适应性特征，得到主要结论如下。

水分来源方面，由于流域内降水量和地下水深度等水分条件存在巨大的空间差异性，流域中游到下游荒漠植物水分来源差异较大。同位素示踪结果表明，流域中游红砂和泡泡刺以利用降水为主，而流域下游红砂以地下水为主导。不同水分来源的荒漠植物其生理生态活动对水分的响应方式明显不同。以降水为主导的红砂和泡泡刺其生理生态活动（气孔导度、水分利用效率等）存在显著的季节变化，且对降水响应敏感；以地下水为主要水源的红砂，其生理生态活动无明显季节性变化。红砂和泡泡刺根系吸水具有较强的可塑性，其根系能根据环境中水分条件的变化进行调整，使其能最大程度的吸收水分维持其生存。在降水较少的生长季初期和末期，红砂和泡泡刺主要利用深层土壤水；而在降水较多的生长中期，植物根系转向利用表层土壤水分。不同荒漠植物通过改变物种间的水分竞争关系来响应环境中水分条件的变化。在本节研究中，从降水为112mm 的临泽样地到降水为 65mm 的金塔样地，红砂和泡泡刺由具有相同的水分来源到二者的水分来源发生明显分层转变（图 4-99）。这种吸水分层现象有助于降低红砂和泡泡刺之间的水分竞争，有利于二者的共存及维持生态系统结构的稳定（Yang et al.，

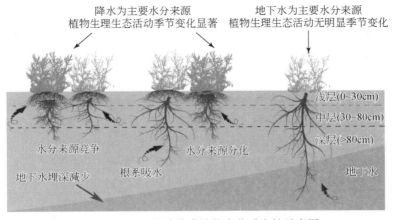

图 4-99　黑河流域荒漠植物水分适应性示意图

2011)。共生植物水分来源分层现象普遍存在于整个陆地生态系统中，如萨瓦纳生态系统中，深根系的树和灌木吸收深层土壤水，而浅根系的草本植物则利用浅层土壤水分（Rossatto et al.，2013）。

在生理生态方面，荒漠植物通过调节气孔导度、提高水分利用效率等来响应水分胁迫。从流域中游到下游红砂气孔导度对水分变化的敏感性逐渐减弱，反映出不同水分条件下红砂气孔水分调控能力不同，且随水分胁迫程度的增加，红砂气孔对水分的调节能力减弱。泡泡刺气孔导度对水分变化的响应敏感性显著大于红砂，表明泡泡刺气孔调节水分能力更强。干旱区植物主要有两种方式响应水分胁迫：一是植物体通过散失水分而使自身维持较低水势，增加土壤与植物之间的水势梯度差，增强植物的吸水能力（开源方式），这种响应方式的植物其导管抗栓塞能力较强，具有较强的耐旱性；二是植物通过调节气孔导度来降低植物水分散失（节流方式），这种响应方式的植物其耐旱性一般较弱。在本节研究中红砂更倾向于"开源方式"响应水分变化，而泡泡刺更倾向于"节流方式"响应水分胁迫。通过人工模拟降雨实验发现，泡泡刺不仅气孔导度响应水分比红砂更加敏感，且泡泡刺对降雨的响应速度更快，响应程度也更高。例如，泡泡刺对降雨的吸收利用率显著高于红砂。此外，红砂和泡泡刺对不同季节的降雨其响应方式和响应程度不同，且在生长季中期响应速度大于生长季初期。

在水分利用效率方面，荒漠植物在水分胁迫条件下通过调节气孔来减少水分散失同时获得最大的光合速率，即提高水分利用效率。在降水为 112mm 临泽样地的红砂和泡泡刺 $\delta^{13}C$ 值的季节变化趋势基本一致，均表现为在生长季中期（7~8 月）$\delta^{13}C$ 值最低。由于生长季旺盛期降水较多，因此红砂和泡泡刺的可利用水分较多，其通过增加气孔导度来提高光合速率，但蒸腾速率增加地更快，从而表现出较低的植物水分利用效率。在生长季初期和末期降水较少，红砂和泡泡刺水分胁迫增加，其通过调节气孔导度来提高植物水分利用效率，使其散失较少的水分而最大程度进行光合作用。就整个生长季而言，临泽样地红砂和泡泡刺的平均 $\delta^{13}C$ 值之间无显著差异，表明二者的水分利用效率相似。然而，在降水为 65mm 的金塔样地，土壤可利用水分相比于临泽样地显著减少，红砂和泡泡刺之间水分来源发生明显分化。由于泡泡刺根系分布较浅（图 4-99），其主要吸收水分含量较低的表层土壤水分，因此受到水分胁迫较大，而红砂根系分布较深，能吸收水分含量较高的深层土壤水，受水分胁迫相对较低，因此红砂的水分利用效率（$\delta^{13}C$ 值）显著的低于泡泡刺。在降水量只有 35mm 但是潜在蒸发量达 4200mm 的额济纳样地，降水的补给远远满足不了红砂对水分的需求，因此红砂通过将光合作用积累的物质更多的分配到根部，通过增加根系的生物量和最大根深来吸收地下水维持其生存、生长。由于地下水水源稳定，因而该样地红砂水分来源和水分利用效率都无显著季节变化，且红砂水分利用效率显著低于降水量更高的临泽和金塔样地中红砂。

植物通过改变自身功能性状的方式响应水分环境的变化。自黑河流域中游降水为122mm 的张掖样地到下游 35mm 的额济纳样地，红砂的叶、茎以及根功能性状发生显著变化。随降水减少，红砂的功能性状例如比叶重（LMA）、干物质含量（LDMC）、叶碳氮比（C/N）、木质部密度（WD）、茎导管密度等逐渐变大。LMA 和 LDMC 较高，有利于植物叶片保水,同时提高植物对养分元素的保有能力。赵红洋等(2010)研究发现干旱区 LMA 小的植物具有相对较高的资源获取能力,其光合作用能力强,因此能较好地适应资源丰富的环境,而 LMA 高的植物对资源贫瘠的环境具有较好的适应能力。从流域中下游,环境水分条件发生的显著变化,土壤砂粒含量不断增加,而土壤水分和土壤养分含量逐渐降低,表明红砂生存环境不断恶化,因此,红砂具有较高 LMA 和 LDMC 有利于提高其对水分和养分保有能力,以适应养分匮乏和水分亏缺的生长环境。WD 是植物抵抗外界伤害能力的重要体现,具有较高 WD 植物一般生长周期长、生长速度慢,这些特征有利于植物能够储存较多的碳用于构建自身功能组织,提高对氮的利用效率,从而对营养贫瘠和干旱的环境有更好的适应能力(李永华等,2012)。茎解剖结构与根系的抗旱能力密切相关,茎导管直径越小、密度越高,茎导管发生栓塞的可能性越低,茎的耐旱能力也就越强。此外,从流域中游到下游,红砂茎 PV 曲线参数、根系结构性状以及光合速率都呈规律性变化,表明水分环境能显著影响荒漠植物的上述功能性状。从中游到下游红砂叶、茎和根的功能性状间协同变化以达到最优状态去适应水分环境。在临泽和金塔样地红砂 LMA、LDMC、C/N、茎导管直径、根导管密度都显著高于泡泡刺,而茎压力–体积 PV 曲线参数、茎导管直径、叶氮含量以及根导管直径等都显著小于泡泡刺,该结果显示红砂有更强的耐旱性,而泡泡刺的水分响应更敏感,光合生产能力也更强。

黑河流域中下游红砂斑块分布格局研究发现,红砂灌丛斑块空间格局沿降水梯度具有显著差异(图 4-100)。如图 4-101 所示,随降水量递减,红砂灌丛斑块高度和大小指数增加,而群落盖度、地上生物量和物种多样性线性降低,斑块密度减少使得斑块间距增大(李炜,2016)。Fan 等(2017)对内蒙古地区不同降水梯度下的荒漠斑块进行研究发现,沿降水梯度下干旱区植被斑块形状、构造与降水量大小和土壤养分之间存在显著相关性。此外,李炜(2016)在黑河中游临泽样地进行人工模拟降雨实验发现,降雨后红砂灌丛斑块根部的土壤水分含量显著高于相邻裸地土壤含水量。上述结果均表明,降水的变化能对荒漠斑块组成、结构产生深刻影响。

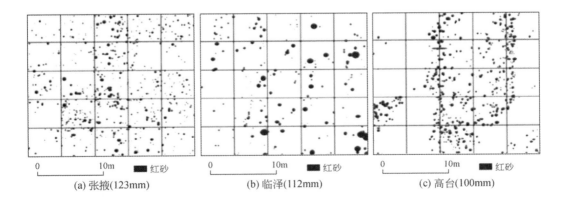

(a) 张掖(123mm) (b) 临泽(112mm) (c) 高台(100mm)

0   10m ■■ 红砂

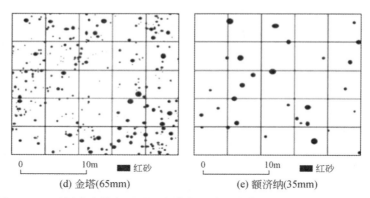

图 4-100　不同降水梯度下黑河流域中下游红砂灌丛斑块的空间分布格局

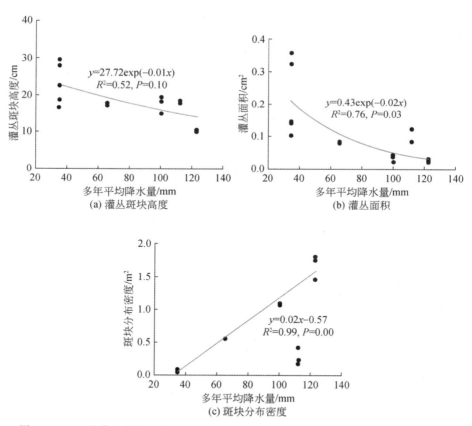

图 4-101　红砂灌丛高度、灌丛面积和灌丛密度与多年平均降水量（MAP）的关系

4.11.3　荒漠灌丛的水分适应研究的前沿方向

　　荒漠灌丛水分适应机制是一个极其复杂的多学科交叉问题，需要采用较高分辨率的探测仪器和技术方法来观测和获取荒漠植被生态水文参数（如斑块状植被分布，较小而细碎的叶面积、光合作用、呼吸作用、水势等参数），加强土壤学、水文学、生态学和地貌学等各学科的交叉与融合来开展研究。干旱区植物在长期适应干旱环境的演化过程中形成了独特的水分利用方式，在全球变暖背景下，需要深入系统地进行荒漠植被水分适应性研究，从微观和宏观上揭示荒漠地区植被对气候变化的响应与适应机理，提出生态建设的植被适应性保护与管理对策，未来需要加强以下几方面的整合研究。

　　1）由于对全球气候变化研究的不断发展深入，目前如何将植物功能性状和植被功能型应用于已有气候模型当中，用以定量的分析、模拟以及评价气候变化对陆地生态系统功能的影响是未来研究热点问题。

　　2）干旱区荒漠植物对水分的适应是多方面、多尺度的，未来需综合考虑不同时间和空间尺度下（如瞬时到长期的时间尺度，分子基因到河道网络空间尺度）荒漠植物水分适应特征研究，需将荒漠植物的生理、生态以及基因调控作为一个有机整体加以研究，从微观和宏观上揭示荒漠植被对水分变化的响应与适应机理。

　　3）在人类活动和气候变化的影响下，黑河流域荒漠植被出现退化现象，因此需加强自然和人类活动扰动过程下荒漠植物的生态适应性研究，同时综合野外观测与模型模拟，设置不同人类活动干扰或气候变化情景，研究不同情景下荒漠植物的生态适应策略，并通过模型预测流域荒漠植物在未来气候变化和不同强度的人类活动扰动下其分布规律与演化趋势。

4.12　荒漠环境大气水汽的植物生态效应

4.12.1　大气水汽的植物生态效应研究进展

1. 植物大气水汽利用量

　　植物大气水汽利用量的研究目前处于起步阶段，仅少数工作基于实验观测推断、估算了水汽利用量。植物叶片吸收的水分占植物日水分蒸腾的 5% ~ 10%（Wetzel，1924），植物吸收大气水汽对整个生态系统或植物的水平衡提供的水量不多（Monteith，1963）。Limm 等（2009）使用单位叶片面积吸水量（LWUC）和叶片含水量增加率（Rw）两个参数评价了 10 种植物叶片吸水能力，结果表明叶片吸水可增加叶片含水量 2% ~ 11%。LWUC 和 Rw 两个指标均包含了叶肉组织水分亏缺状态，而且前者还包含了叶片吸收面属性信息（郑新军等，2011）。

综合利用同位素技术与液流仪等方法，对美国加利福尼亚红杉叶片吸水的多年实验表明，在浓雾期间，木质部逆向液流向土壤传输的瞬时流量在高峰期时为最大蒸发量的 5%～7%，最大的叶片吸收速率可达同期同等叶片最大蒸腾速率的 80%，叶片直接吸收的水分可占叶片总含水量的 6%（Burgess，1998，2004）。在夏季干旱期，红杉吸收水分的 8%～42% 和被子植物所吸收水分的 6%～100% 来自于冷凝雾，温带森林的植物所利用的水分中有 30%～40% 的水分是通过雾滴得到的（Dawson，1998）。在加利福尼亚州红杉林生态系统中，不仅不同植物种之间存在叶片吸水能力的差异，同种物种因地理位置的不同叶片吸水能力也存在差异，如刺羽耳蕨（*Polystichum munitum*）的叶片吸水能力表现出地域差异（Limm et al.，2010）。

在加利福尼亚海岸草原生态系统中，用 D、^{18}O 同位素结合二元混合模型测定了 7 种多年生草本对冷凝雾的利用，发现植物在夏季干旱期通过根系吸收的水分有 28%～66% 来源于雾，并且靠近海岸的植物对雾的利用比例高于内陆，不同物种对雾的利用比例也存在差异，某些物种被严格限制在雾影响的区域范围内（Corbin et al.，2005）。以色列 Negev 沙漠西部干旱沙丘的多年平均降水量为 95 mm，其中可以被根系吸收利用的仅仅占其中的 26%（Kidron et al.，2000）。

植物叶片吸水量还与植物生活型有关，而生活型又是以植物休眠芽着生位置高低进行划分的。郑新军等（2011）对准噶尔盆地东南部 5 个群落的 51 种荒漠植物的叶片水分吸收策略的研究发现叶片单位面积吸水量基本随着休眠芽的升高逐渐降低，并认为这种关系与叶面凝结水和冠层截留雨水的垂直分布格局密切相关，因为在较低垂直高度上，凝结水量较多，且持续时间较长（Barradas et al.，1999）。

2. 植物大气水汽利用的生理生态意义

植物水汽利用的生理响应可分为直接响应与间接响应。直接响应指直接吸收利用的大气水汽，对植物产生许多积极生理影响，如增加叶片含水量，叶和枝条水势（Boucher et al.，1995；Gouvra et al.，2003），并且使得植物气体交换增加，增强叶片光合速率（Munné-Bosch et al.，1999），能够防止植物脱水（Burgess et al.，2004），提高生存能力，促进植物生长（Boucher et al.，1995）。间接响应指间接利用大气水汽也可对植物生理状态产生影响，如有效地降低叶-气水汽压差，降低气孔导度，缓解植物叶片内部水分亏缺，补充和阻止蒸腾水分损失，降低叶片萎蔫程度等（Allen et al.，1998；Barradas et al.，1999；Breshears et al.，2005；2008；Limm et al.，2009）。也有研究认为叶片吸收的水分蒸发速度很快，并不会对叶片内部水分含量很高的植物产生影响（Monteith，1963），也不会对整个生态系统产生影响，其吸收的水分大约仅占植物日水分蒸腾的 5%～10%（Wetzel，1924）。

Grantz（1990）从植物对大气湿度信号的感知、传输等方面阐述了植物对大气湿度的响应问题，认为气孔和表皮对大气湿度有较好的响应，但气孔的湿度响应机制仍然是未知的。Boucher 等（1995）对北美乔松（*Pinus strobus*）通过设置不同土壤水分状况，发现叶片周围饱和水汽和凝结水显著增加了植物叶片水势、气孔导度及根的生长，在土壤水分亏缺的情况下，这种现象更为明显。Martin 和 Von Willert（2000）在温室中（最大光通量为 2000mol/（m² · s）；温度为 20 ~ 30℃；水汽压差为 1.1 ~ 4.4kPa）确认叶片吸水可以激发/促进 CO_2 固定，并且有助于这些植物度过干旱期。Eller 等（2013）认为叶片吸水的生理生态效益不仅仅局限于提高气体交换、促进植物生长与存活，当叶片吸收的水分被输送到根部及根际土壤，此时这部分水分还有利于降低植物根系栓塞，延长根系寿命（Domec et al.，2004，2006；Bauerle et al.，2008），有益于根际菌群（Querejeta et al.，2007），甚至还可以增加土壤养分的有效性（Dawson，1997；Pang et al.，2013）。在生态适应方面，一些研究证明荒漠植物为了更好地捕获水汽，叶片普遍退化，且多绒毛、粗糙度大，正是这样的形态有益于叶片利用更多的大气水汽（Went，1975；Zimmermann，2007）。从较大的地域程度上讲，如果一个区域的植物群落叶片吸水量大于另外一个群落，那么这种叶片吸收大气水汽的差异将会引起对生态系统水量平衡的空间变化（Limm et al.，2010）。

长期以来干旱区植物水分关系及其对干旱胁迫的适应机制的研究是干旱区生态水文领域研究的热点与重点。目前有关荒漠植物地上部分直接吸收利用大气水汽的研究鲜有报道。本节研究以柽柳（*Tamarix ramosissima*）为例，于 2013 年 7 月 17 日至 29 日在景泰县寺滩村退耕还林地 100m×100 m 的样地内开展了荒漠植物吸收利用大气水汽的模拟实验，以期了解荒漠植物大气水汽吸收的水分效应与生理生态效应。加湿控制实验是在人工控制室内完成，实验设计如下：在植株外罩以透明人工控制室，该控制室是由有机玻璃板拼接而成，连接处用透明胶带密封，确保控制室内不与外界发生气体交换。利用超声波加湿器增加控制室内的空气湿度，同时在控制室内布置便携式温湿计、水势仪，用光合仪和荧光仪迅速测量植物的光合荧光参数，并采集植物样品用于氧同位素、生化参数分析。

4.12.2　荒漠植物大气水汽吸收的水分效应

1. 大气水汽的吸收可以改善植物水分状态

植物体内水势的高低反映了水分供求关系，即植物体受水分胁迫的轻重。柽柳加湿控制室的空气湿度明显高于自然条件下的（图 4-102），相应地，控制室加湿柽柳与自然条件下对照柽柳的叶片水势之差为正值（图 4-102），说明加湿柽柳叶水势高于对照柽柳。对照柽柳叶片和嫩枝的水势差为负值（图 4-102，白色柱状表示），而加湿条件下柽柳叶片与嫩枝的水势差偏离负值的程度减弱，甚至转为正值（图 4-102，蓝色柱状表示）。由图 4-102 可推测暴露于高空气湿度环境中的柽柳叶片直接从外界吸收了水分，并且水势梯度可能是将叶片吸收的水分向下传递的驱动力。加湿柽柳叶片和嫩枝的含水量高于自然条件下对照柽柳的（图 4-103），说明叶片吸收的水分提高了植物体水势，改善了植物水分状态。

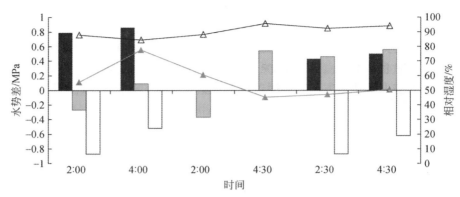

图 4-102　7 月 18 日、21 日和 22 日凌晨不同时刻加湿与对照柽柳叶片、嫩枝水势差的比较

黑色柱状表示加湿与对照柽柳叶水势之差；蓝色和白色柱状分别表示加湿与对照柽柳叶片和嫩枝的水势差；
空心三角形标志的折线与实心三角形标志折线分别表示控制室与自然条件下空气相对湿度变化

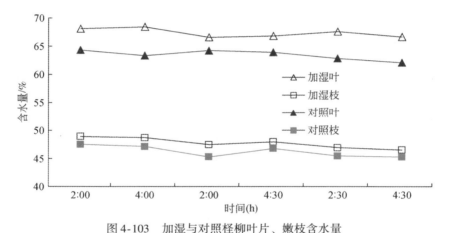

图 4-103　加湿与对照柽柳叶片、嫩枝含水量

①植物组织含水量的测定与图 4-102 中植物水势的测定同步；②每一个数据点没显示误差棒表示是因为
每个数据的标准误差（SD）远远小于叶片含水量的单位刻度值

2. 利用大气水汽量的估算

（1）基于茎干液流的柽柳水汽利用定量估算

表 4-15 显示了 2013 年 7 月 18 日至 7 月 28 日不同天气条件下加湿与对照柽柳两个一级分枝即主枝茎干昼夜累计液流量。表中加湿柽柳与对照柽柳主枝基部直径分别为 20.22mm 和 22.01mm，用茎干横截面积对累计液流量进行标准化处理（g/cm²）。7 月 18 日至 7 月 23 日及 7 月 28 日的夜间利用加湿器人为增加控制室空气湿度，而 7 月 24 日至 7 月 27 日夜间停止加湿空气。不同物种间逆向液流速率存在差异，本节中柽柳逆向液流速率占同枝最大液流速率的最高比例约为 10.71%，而这一比例在北美红杉（*Sequoin sempervirens*）中为 5%～7%（Burgess et al., 2004），巴西林仙（*Drimys brasiliensis*）的为

25% 左右（Eller et al.，2013）。导致这种差异的原因可能与植物水分状态及吸水能力有关，但具体原因有待进一步分析。

表 4-15　2013 年 7 月不同天气条件下加湿与对照柽柳在白天和夜间的累计液流量

天气	日期	加湿液流量/（g/cm²）					对照液流量/（g/cm²）				
		白天液流		夜间液流		百分比 /%	白天液流		夜间液流		百分比 /%
		正向	逆向	正向	逆向		正向	逆向	正向	逆向	
多云	18	90.27	0.00	9.53	1.20	1.33	83.63	0.00	11.82	0.00	0.00
晴	19	203.96	0.00	18.85	1.97	0.97	162.07	0.00	16.19	0.00	0.00
晴天为主	20	196.87	0.00	11.65	13.47	6.84	152.25	0.00	18.95	0.00	0.00
晴天为主	21	185.21	0.00	10.84	0.37	0.20	149.73	0.00	15.38	0.00	0.00
晴天为主	22	210.09	0.00	9.96	2.97	1.41	156.57	0.00	15.46	0.00	0.00
晴	23	210.64	0.00	10.70	13.14	6.24	170.12	0.00	7.09	0.80	0.47
多云	24	141.85	0.00	11.11	0.12	0.08	83.99	0.00	9.53	0.12	0.14
雨	25	114.78	0.00	9.79	3.86	3.36	84.48	0.00	5.57	3.91	4.63
雨	26	0.00	10.8	0.00	17.04	∞	0.00	8.59	0.00	16.26	∞
雨	27	46.48	2.44	1.42	11.06	29.04	12.51	3.69	0.00	14.19	142.93
多云	28	175.14	0.00	6.50	11.28	6.44	121.22	0.00	6.79	2.06	1.70

注：白天指由 7:00 到 19:30；其余时间为夜间。百分比指全天逆向液流占白天液流量的百分比；"∞"表示白天没有正向液流发生

由表 4-15 可知，7 月 19 日至 7 月 23 日均为晴天天气条件，白天的液流量相差不大，但夜间由于人为加湿空气的程度不同，逆向液流明显不同，其中 7 月 20 日和 7 月 23 日加湿持久，夜间空气湿度长时间维持在 90% 以上，所以逆向液流的规模最大，其余几日加湿强度较弱的夜间，柽柳逆向液流量相对较少。7 月 20 日和 7 月 23 日的逆向液流量分别13.47 g/cm²（即 43.2 1 g）和 13.14 g/cm²（即 42.17 g），占白天液流量的百分比分别为6.84% 和 6.24%。依据茎干冠幅面积，将逆向液流量用深度单位 mm 表示，43.21 g 的逆向液流量相当于 0.18 mm 降雨量完全被柽柳叶片吸收，虽然这部分水分相对于白天的蒸腾耗水量而言比较低，但对夜间正向液流却是一个很好的补给。自然条件下，除了 23 日凌晨有微量的逆向液流产生，其他几个晴天夜间均无逆向液流发生，夜间正向液流量明显高于加湿柽柳的。当降雨持续发生时，无论白天还是夜间柽柳逆向液流均可以出现（图 4-104）。26 日空气湿度几乎一直处于饱和状态，加湿和对照柽柳全天出现了持续的逆向液流，累计逆向液流量分别为 27.84 g/cm² 和 24.85 g/cm²。自然条件下，7 月 27 日夜间至 7 月 28日清晨及 7 月 28 日夜间，虽然降雨已经停止，但由于空气湿度较高，柽柳茎干仍出现了逆向液流，且 7 月 27 日的逆向液流量超过了白天的蒸腾量（图 4-104 和表 4-15）。热平衡

液流仪记录的逆向液流量表示叶片吸水量可能低估了实际叶片吸水量，因为叶片吸收的水分首先用于补充叶片储水组织（Burgess et al., 2004），向下传输的过程中同样也会有部分水分补充茎干储水组织。

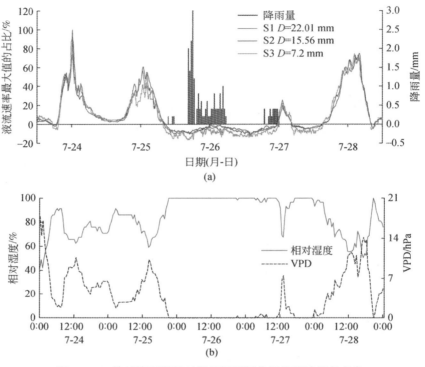

图 4-104　持续降雨期间对照柽柳不同位置茎干液流的变化

S1、S2、S3 分别为枝 1、枝 2、枝 3，D 为枝直径

（2）基于同位素示踪的柽柳水汽利用定量估算

2012 年叶片吸收不饱和水汽的定量分析，实验选取了 2012 年 9 月 5 日凌晨 5：00 的柽柳的一级茎和二级茎水，作为加湿一夜 10h 后的吸收结果，因为从茎流数据上看，植物因为光合作用、蒸腾作用的影响，在 5：00 之后开始产生正向的茎流，有可能通过根部吸收土壤水对结果造成影响，所以选择 5：00 的数据作为吸收水汽的终点。加湿前一级茎水 $\delta^{18}O$ 值与 80cm 土壤水 $\delta^{18}O$ 值较接近，二级茎水 $\delta^{18}O$ 值与 50~70cm 土壤水 $\delta^{18}O$ 值较接近（图 4-105），说明柽柳的潜在水源为 50~80cm 的土壤水。加湿后一级茎和二级茎水都偏负，说明叶片吸收了低 $\delta^{18}O$ 值的水汽后向下传导，将轻同位素向下传递并混合到茎水中，使茎水的 $\delta^{18}O$ 值下降，因此一级茎和二级茎水中的 $\delta^{18}O$ 值都发生了负偏。茎水 $\delta^{18}O$ 值与地下水差异很大，排除了地下水对柽柳的贡献。将土壤剖面中各层的 $\delta^{18}O$ 值依照相近程度重新分成若干层，这里将土壤剖面划分为 10~20 cm、30~40 cm、50~80 cm、90~120 cm、130~200 cm 及人为加湿水汽作为加湿柽柳的 6 个水分来源，应用 IsoSource 软件对其进行定量分析，结果见表 4-16。

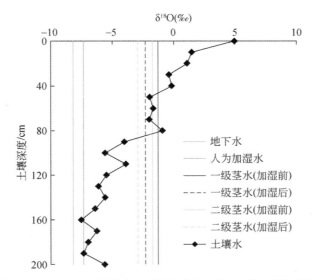

图 4-105   2012 年加湿实验柽柳茎水与土壤水 $\delta^{18}O$ 值的比较

表 4-16   2012 年 9 月加湿实验潜在水源对柽柳的贡献率

水源	贡献率		
	最大值/%	最小值/%	平均值/%
农夫山泉加湿水水汽	48	0	12.9
10 ~ 20 cm 土壤水	52	0	17
30 ~ 40 cm 土壤水	64	0	18.9
50 ~ 80 cm 土壤水	79	0	20.2
90 ~ 120 cm 土壤水	68	0	16.9
130 ~ 200 cm 土壤水	53	0	14.1

因为表层 20 cm 的土壤水 $\delta^{18}O$ 值偏正，且表层土壤水含量极低，不将 10 ~ 20 cm 的土壤水视为水源，只考虑 30 ~ 40 cm、50 ~ 80 cm、90 ~ 120 cm、130 ~ 200 cm 土壤水以及人为加湿水汽作为加湿柽柳的 5 个水分来源，重新计算，结果如表 4-17。

表 4-17   重计算的 2012 年 9 月加湿实验潜在水源对柽柳的贡献率

水源	贡献率		
	最大值/%	最小值/%	平均值/%
人为加温水水汽	36	0	10.1
30 ~ 40 cm 土壤水	64	0	31.9

水源	贡献率		
	最大值/%	最小值/%	平均值/%
50~80 cm 土壤水	79	0	30.7
90~120 cm 土壤水	57	0	15.8
130~200 cm 土壤水	41	0	11.5

无论是 5 源模型还是 6 源模型，对加湿柽柳而言，50~80 cm 的土壤水占水源的比例较大，其次是 30~40 cm 的土壤水，可见 30~80 cm 的土壤水是柽柳的主要水分来源，而加湿的人为加温水汽仅占 10% 左右。对于面临着严重的水分胁迫的柽柳来说，土壤水仍是其主要水分来源，虽然加湿时间长达 10h，但是结果反映出人为加湿仅是缓解了干旱缺水的程度，并不能作为主要水分来源。另一方面也说明柽柳在某些时间段并不一定是靠深根系吸收地下水，在地下水难以利用的情况下，利用浅根吸收虽然缺乏但却最易利用的土壤水。

2014 年叶片吸收不饱和水汽的定量分析，实验选取 2014 年 6 月 7 日超纯水 20:00 加湿前的茎水和 22:00 加湿结束时的茎水，作为加湿 2h 的茎水混合结果。加湿前茎水 $\delta^{18}O$ 值与 130 cm 土壤水 $\delta^{18}O$ 值较接近（图 4-106），说明柽柳的潜在水源为 130 cm 附近的土壤水。加湿后茎水 $\delta^{18}O$ 值偏负，说明叶片吸收了低 $\delta^{18}O$ 值的水汽后向下传导，使茎水的 $\delta^{18}O$ 值下降。茎水 $\delta^{18}O$ 值与地下水差异较大，排除了地下水对柽柳的贡献。将土壤剖面中各层的 $\delta^{18}O$ 值依照相近程度重新分成若干层，这里将土壤剖面划分为 10 cm、20~40 cm、50~120 cm、130~150 cm、160~200 cm 及超纯水加湿水汽作为加湿柽柳的 6 个水分来源，应用 IsoSource 软件对其进行定量分析，结果见表 4-18。

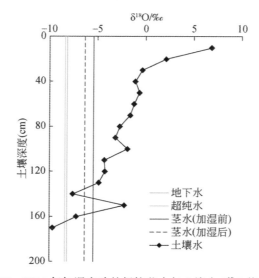

图 4-106　2014 年加湿实验的柽柳茎水与土壤水 $\delta^{18}O$ 值的比较

表 4-18　2014 年 6 月加湿实验潜在水源对柽柳的贡献率

水源	贡献率		
	最大值/%	最小值/%	平均值/%
超纯水水汽	84	0	48.9
10～20 cm 土壤水	16	0	3
30～70 cm 土壤水	28	0	5.5
80～100 cm 土壤水	35	0	7.2
110～130 cm 土壤水	52	0	10.8
140～170 cm 土壤水	97	0	24.6

同样，只考虑 20～70 cm、80～100 cm、110～130 cm、140～170 cm 土壤水以及超纯水作为加湿柽柳的 5 个水分来源，重新计算，结果显示无论是 5 源模型还是 6 源模型，对加湿柽柳而言，超纯水加湿水汽都是最主要的水源，其比例接近 50%，其次是 140～170 cm 和 110～130 cm 的土壤水。本次实验发生在 2014 年 6 月，除了吸收加湿的水汽外，柽柳主要利用的 110～170 cm 的深层土壤水，又表现出深根系植物对水分的利用特点。将多年不同时间的加湿实验总结，我们发现柽柳生长季节的气候条件、柽柳在不同季节的器官的生理构造和成熟度以及土壤剖面含水量的变化都会对柽柳的水分利用方式造成很大的影响。2014 年 6 月的加湿实验证明，虽然加湿时间仅有 2h，但是结果反映出加湿的超纯水水汽是柽柳的主要水分来源，也说明在这个生长旺盛的季节里，柽柳叶片可能更易于吸收不饱和的大气水汽，并且吸收的量较大，不光用来缓解干旱胁迫，还可能储存在机体内并用于白天的光合作用等重要生理过程之需。

3. 生长季柽柳的汽/水利用量

从表 4-19 中可知柽柳对不同降水量的利用率存在差异，吸水量占降雨量的比例为 1.07%～22.67%。这与降水强度、降水持续时间以及土壤前期含水量和植物水分亏缺程度有关。

表 4-19　以直径 21.02 mm 枝为例的柽柳吸水量

日期	天气	降雨量/mm	叶片储水量/g	传输量/g	茎干储水量/g	吸水量合计/g	吸水量合计等效/mm
7 月 17 日～7 月 18 日	多云	0.0	16.844	7.708	1.257	25.809	0.060
7 月 19 日～7 月 20 日	晴	0.0	19.651	49.352	5.237	74.240	0.174
7 月 21 日～7 月 22 日	晴	0.0	15.680	3.103	2.934	21.717	0.051
7 月 25 日	多云转雨	0.6	24.841	28.086	5.042	57.969	0.136
7 月 26 日	雨	19.4	0	89.339	0	89.339	0.209

当空气湿度超过75%的边界条件后，逆向液流传输量与>75%的空气湿度持续时间显著正相关，相关系数达0.972。为此我们建立了单位叶干重逆向液流传输量与>75%的空气湿度持续时间的关系模型，如图所示，逆向液流传输量可用历时的二元方程表示，相关系数达0.943，F值为578（图4-107）。负茎流量（即传输量）是高湿度（>75%）持续时间的函数。

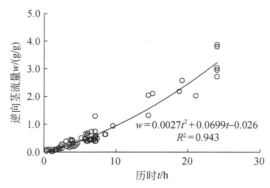

图4-107　柽柳逆向液流与历时关系

利用逆向茎干液流、逆向液流与叶干重的关系，再结合加湿前后叶片含水量的变化，构建了基于单位叶干重的吸水量估算模型。

$$W = w + 0.232 \qquad\qquad (4\text{-}20)$$

式中，W 表示单位叶干重吸水总量（g/g）；w 表示单位叶干重输水量（g/g）；常数0.232表示单位叶干重储水量（g/g）。

经计算6至9月相对湿度>75%的时段占了总时段的38.53%（图4-108）。根据单位叶干重逆向液流传输量与>75%的空气湿度持续时间的关系模型，估算6～9月逆向液流量，再根据式（4-20）（即 $W = w + 0.232$）得出柽柳6～9月吸水总量为104.968～149.375g/g，这里说的柽柳吸水量即包括水汽吸收量也包括液态水吸收量。经叶面积转换后为16.149～22.981mm，占降雨量的11.12%～14.79%。

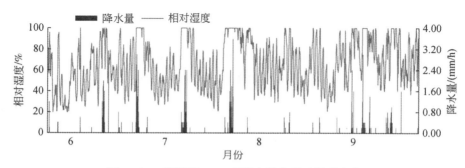

图4-108　研究区6～9月降水量和相对湿度变化

4.12.3　荒漠植物大气水汽吸收的光合生理效应

1. 水汽吸收对柽柳光合、蒸腾速率的影响

多云阴雨天气状况下，对照柽柳和加湿柽柳净光合速率（Pn）日变化曲线均呈"单峰形"曲线，接近正态分布（图 4-109），其中对照柽柳指正常生长于自然条件的柽柳，加湿柽柳是指处于控制室中用于柽柳叶片吸水现象研究的柽柳，该柽柳暴露于人为加湿的高湿空气环境中。对照柽柳与加湿柽柳的净光合速率日变化进程非常一致，均呈现先增加后下降的趋势，7:00～11:00 呈快速上传阶段，加湿柽柳的上升速度快于对照柽柳的，11:00～15:00 二者净光合速率均维持在较高水平，在 13:00 同时达到最大，最大值分别为 13.92 $\mu molCO_2$/（$m^2 \cdot s$）和 16.35 $\mu molCO_2$/（$m^2 \cdot s$），15:00 之后快速下降，且下降速度大于上升速度，在 17:00 之后加湿柽柳与对照柽柳的净光合速率已经不存在差异。在整个日变化进程中，加湿柽柳的净光合速率几乎一直高于对照的，在 13:00～15:00 表现的最为明显，可见，处于控制室的加湿柽柳经叶片吸水后可以提高柽柳的光合能力。

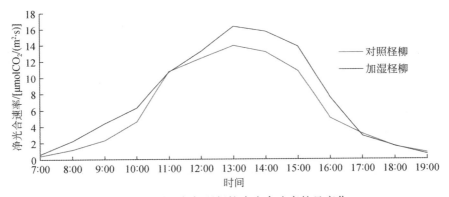

图 4-109　对照与加湿柽柳净光合速率的日变化

对照与加湿柽柳叶片胞间 CO_2 浓度日变化进程相似，与净光合速率呈相反的变化趋势（图 4-110）。对照柽柳与加湿柽柳胞间 CO_2 浓度在早晚无明显差异，但在净光合速率较高的 11:00～15:00 相差明显，9:00 之后加湿柽柳的胞间 CO_2 浓度始终低于对照柽柳的，直到 19:00 二者再次达到同一个水平，这与加湿柽柳叶片净光合速率高于对照柽柳的相吻合。加湿柽柳胞间 CO_2 浓度从 7:00～13:00 不断降低，在 13:00 出现一天中的最低值 411 $\mu mol/mol$，与净光合速率最大值出现在同一时刻，这是由于上午柽柳光合速率不断增加，光合作用消耗的 CO_2 的速度超过了空气中 CO_2 向叶肉细胞间补给的速度。13:00～15:00 虽然净光合有效辐射有所下降，但仍维持在较高水平，加之轻微的气孔限制，所以叶片胞间 CO_2 浓度维持在较低水平，CO_2 的消耗量与补给量几乎持平。15:00 之后气温逐渐降低，饱和水汽压差也渐渐缩小，气孔限制下降，光合速率的下降加速了

胞间 CO_2 浓度的上升，但净光合速率没有增加反而呈下降趋势主要是由于光合辐射和气温引起叶肉细胞同化能力不足造成的。对照柽柳的胞间 CO_2 浓度最低值出现时间与净光合速率最低值不在同一时刻，而是滞后大约 2 h，这是由于对照柽柳遭气孔限制的程度比加湿柽柳的严重，即使净光合速率在这段时间略有下降，但光合作用消耗的 CO_2 量仍高于向叶肉细胞的补给量，所以胞间 CO_2 浓度持续下降，在 15:00 达到最低值，此后光合速率下降，胞间 CO_2 浓度快速上升。

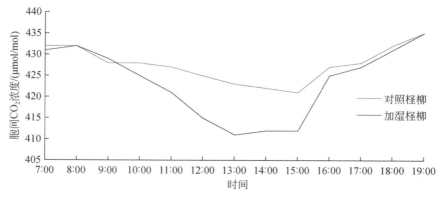

图 4-110　对照与加湿柽柳叶片胞间 CO_2 浓度的日变化

对照柽柳与加湿柽柳的蒸腾速率日变化也呈单峰型曲线（图 4-111），蒸腾速率的变化趋势与饱和水汽压差的变化趋势较一致，尤其是对照柽柳 7:00～13:00 的蒸腾速率也呈一定的阶梯状上升趋势。加湿与对照柽柳最大蒸腾速率均出现在 14:00，滞后于最大净光合速率出现时刻 13:00，提前于最大饱和水压差出现时间 15:00。虽然 13:00 开始叶片部分气孔关闭，但此时蒸腾速率并没有降低，反而继续上升，这是由于饱和水汽压差的增大一定程度上促进了叶片蒸腾耗水，掩盖了气孔部分关闭带来的影响，持续了一段时间后蒸腾速率在 14:00 达到最大值。13:00～17:00 蒸腾速率达到最大值后持续下降，并且这段时

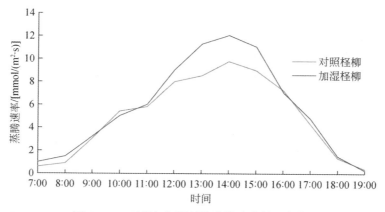

图 4-111　对照与加湿柽柳蒸腾速率的日变化

间蒸腾速率下降速度大于饱和水压差的，说明这期间植物受到水分胁迫，通过气孔调节减缓蒸腾耗水。17:00 之后随着饱和水汽压差的快速下降，蒸腾速率迅速减小。对照柽柳与加湿柽柳的蒸腾速率在早晚无明显差异，但饱和水汽压差较大的 12:00~15:00 二者相差较大，后者明显大于前者，由此可见，叶片吸水可以提高植物蒸腾速率。

2. 柽柳水分、光能利用效率的响应

对照柽柳与加湿柽柳水分利用效率（WUE）的日变化曲线表明叶片吸水对柽柳叶片水分利用效率的影响在上午表现的更明显（图 4-112）。11:00 之前，空气相对湿度较高，对照与加湿柽柳蒸腾速率非常接近，而加湿柽柳的净光合速率明显高于对照柽柳的，所以这段时间加湿柽柳的水分利用效率大于对照柽柳的；11:00~15:00 虽然加湿柽柳的净光合速率和蒸腾速率均大于对照柽柳的，但蒸腾速率增加的速度更明显，因而这段时间对照柽柳的水分利用效率大于加湿柽柳的；15:00~17:00 加湿柽柳的水分利用效率又明显高于对照柽柳的，这是由于对照柽柳受气孔限制更显著，加之光合有效辐射的迅速下降，对照柽柳的净光合速率明显小于加湿柽柳的，而蒸腾速率相差不大，所以这段时间对照柽柳的水分利用效率较低；17:00 之后二者的水分利用效率相差较小。最大水分利用效率之所以出现在 19:00 是因为此时的空气湿度接近饱和，蒸腾速率近乎于零，突显了植物的水分利用效率。相同条件下，水分利用效率越高的植物，其耐旱以及适应干旱的能力越强（何炎红等，2014）。

对照柽柳与加湿柽柳的光能利用效率（LUE）曲线均呈双峰形，尤其是加湿柽柳表现的更明显（图 4-112）。由图 4-112 可以看出，在日变化过程中加湿柽柳的光能利用效率普遍对照柽柳的，说明叶片吸水可以提高柽柳的光能利用率。二者出现峰值的时间存在差异，加湿柽柳的两个峰值分别出现在 8:00 和 17:00，峰值分别为 0.041 μmol CO_2/μmol PAR 和 0.038 μmol CO_2/μmol PAR，而对照柽柳两个峰值分别出现在 11:00 和 17:00，PAR 指光合有效辐射，这里的 PAR 是光能利用效率单位的一部分，是光能利用效率的表达方式之一。峰值分别为 0.026 μmol CO_2/μmol PAR 和 0.039 μmol CO_2/μmol PAR，另外，对照柽柳在 8:00 也出现了一个较小的峰值。王珊珊等（2011）分析的自然状态、遮光处理、浇水处理和浇水遮光处理下多枝柽柳光能利用曲线也呈近似双峰型，与本节的 LUE 日变化曲线相似，但刘冰和赵文智等（2009）测定的 LUE 日变化曲线却呈单峰型，可见，不同生境、不同气象条件下，LUE 日变化曲线可以有不同的变化趋势。

3. 水汽吸收对柽柳叶绿素荧光参数的影响

与对照柽柳叶绿素荧光参数相比，加湿柽柳吸收大气水汽后，其实际电子传递量子效率（ΦPSⅡ）、最大光化学效率（Fv/Fm）和实际光化学效率（Fv′/Fm′）均偏高，而非光化学淬灭系数（NPQ）偏低（图 4-113），表明叶片水汽吸收有助于提高植物的光合能力，增强光化学效率，并且降低了过剩光能对植物的影响。

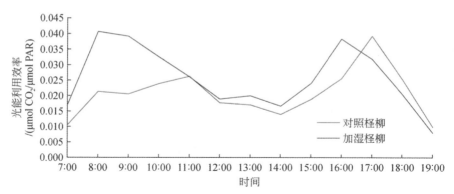

图 4-112　对照与加湿柽柳光能利用效率的日变化

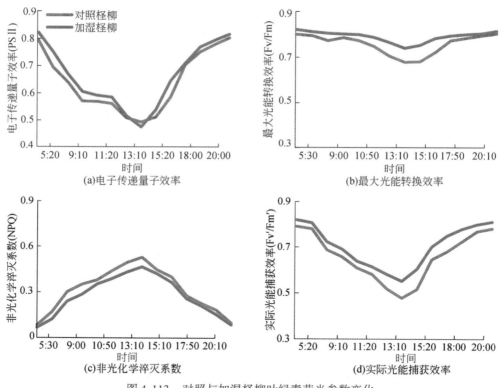

图 4-113　对照与加湿柽柳叶绿素荧光参数变化

4.12.4 荒漠植物大气水汽吸收的生化效应

1. 柽柳叶片中丙二醛（MDA）含量的变化

对照柽柳与加湿柽柳叶片中 MDA 含量的变化如图 4-114 所示。20:30 的加湿柽柳样品是加湿实验开始前采集的，21:30 至次日 5:30 的样品采集于高湿环境中，7:00 之后加湿柽柳同对照柽柳处在同一个自然环境。20:30 至次日 11:30，对照柽柳与加湿柽柳叶片 MDA 含量波动不大，均呈现先降低再增加的趋势，这是因为夜间植物的光合作用与蒸腾作用达到了最低水平，高温胁迫和干旱胁迫在这段时间对植物的影响也降到最低，所以 20:30 至次日 2:00，MDA 含量呈下降趋势，并在 22:30 之后维持在较低水平。21:30 至次日 5:30 处于高湿环境中的柽柳叶片 MDA 含量虽然略低于对照柽柳的，但差异并不明显；5:30 ~ 11:30MDA 含量呈增加趋势，并且在 9:00 ~ 11:30 这段时间上升较快，意味着试验地柽柳在中午前后已经开始受到干旱胁迫的影响。在中午前后加湿柽柳 MDA 含量低于对照柽柳的，说明叶片吸水后一定程度上缓解了干旱胁迫的影响。

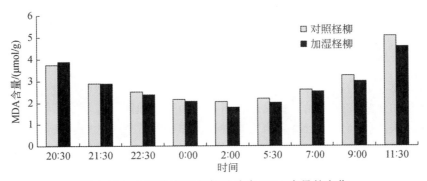

图 4-114   对照与加湿柽柳叶片中 MDA 含量的变化

2. 柽柳叶片中保护酶含量的变化

对照柽柳与加湿柽柳超氧化物歧化酶（SOD）活性的变化趋势与 MDA 含量的相似，即呈先下降再上升的趋势（图 4-115）。20:30 至次日 2:00 对照柽柳与加湿柽柳 SOD 活性下降阶段，并且处于高湿环境下的加湿柽柳 SOD 活性略低；0:00 ~ 5:30 稳定在较低水平，平均值分别为 15.731（U/gFW·min）和 14.68（U/gFW·min）；7:00 ~ 11:30 处于上升阶段，与 5:30 二者 SOD 的活性相比，7:00 时两者的差距缩小，在 9:00 加湿柽柳的 SOD 活性甚至超过了对照柽柳的，表明加湿柽柳 SOD 活性上升速度大于对照柽柳的，这种现象的产生并不由于加湿柽柳受到干旱胁迫的程度大于对照柽柳的，而可能是由于加湿柽柳光合作用等代谢速率高于对照柽柳的，在代谢过程中产生的氧自由基高于对照柽柳的，因为植物体内氧自由基不只是在逆境中产生，正常的新陈代谢过程中也会产生，且往往代谢速率越大，积累量越多。可见，叶片吸水后，柽柳 SOD 活性可能下降也可能上升，应具体情况具体分析。11:30 对照柽柳的 SOD 活性再次反超了加湿柽柳的，是干旱所致，虽然此时干旱胁迫不严重，但对照柽柳受到干旱胁迫的程度大于加湿柽柳的，造成 SOD 活性快速上升，以便有效地控制氧自由基对细胞膜系统的损坏。

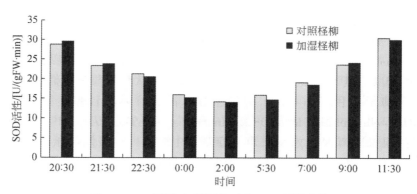

图 4-115　对照与加湿柽柳叶片 SOD 活性变化

对照柽柳与加湿柽柳叶片过氧化氢酶（CAT）活性的变化如图 4-116 所示，虽然 CAT 活性仍表现出先降低再增加的趋势，但与 SOD 活性的变化过程相比，CAT 在 20:30 的活性明显低于次日 11:30 的。总体而言，加湿柽柳的 CAT 活性略低于对照柽柳的，但在 11:30 明显高于对照柽柳的。

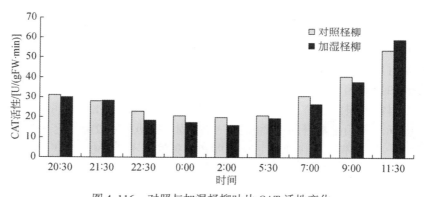

图 4-116　对照与加湿柽柳叶片 CAT 活性变化

与 SOD、CAT 活性的变化相比，过氧化物酶（POD）活性的日变化波动频率较大（图 4-117）。20:30~22:30 CAT 的活性甚至大于次日上午 7:00~11:30 的，这刚好与 CAT 活性的变化趋势相反，说明当 SOD 将氧自由基歧化为过氧化氢之后，CAT 与 POD 协同合作完成过氧化氢的清除工作。在夜间加湿柽柳 POD 活性并没有一直低于对照柽柳的，而是两者不分上下，但白天前者明显低于后者。总之，对照与加湿柽柳膜脂过氧化产物 MDA 含量及保护酶 SOD、CAT 和 POD 活性的变化表明：叶片吸水现象有利于缓解植物的干旱胁迫，但对夜间植物生理生态变化的影响不明显。

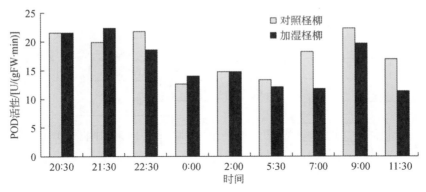

图 4-117　对照与加湿柽柳叶片 POD 活性变化

4.12.5　大气水汽的生态效应展望

通过野外大量的对照与加湿控制实验，已经证实大气水汽对荒漠植物的水分、光合生理和生化现象具有积极的影响，但仍有以下几个方面有待加强。

1）本节研究的野外工作主要集中在 6~9 月，且以柽柳的观测期最长，而对其他荒漠植物大气水汽利用生理生态意义的研究仅停留在日尺度，缺少月、完整生长季的监测。所以为了更加全面地掌握整个生长季干旱区荒漠植物大气水汽吸收利用的生理生态效应，应在 4~11 月逐月开展综合实验。

2）野外已开展工作主要是基于土壤本底含水量，不同土壤水分梯度下荒漠植物对不饱和大气水汽的吸收研究不足。今后在野外和实验室明确土壤本底含水量至田间持水量之间不同水分亏缺程度下，大气水汽对受不同干旱胁迫的植物的生理生态效应。另外，不同龄级的植物因自身不同生长阶段属性及对环境的需求差异，应进一步丰富加湿程度与环境条件的正交实验，以掌握不同龄级的植物大气水汽吸收利用的生理生态意义。

3）利用模型研究大气水汽的植物生理生态效应的研究至今很少，多停留在对比水汽吸收前后或加湿与对照植株的生理生态参数的差异来揭示水汽吸收利用的意义，应加强模型构建研究。构建不同气象、土壤水分、加湿程度下，水汽利用指标与生理生态参数间的函数模型，也可为环境变化背景下，大气水汽的植物生理生态效应的预测与评价提供一定依据。

第5章 黑河流域生态–水文过程集成模型研发

黑河流域生态–水文过程集成研究的主要成果之一是构建具有区域管理能力的水资源决策支持系统，而构建水资源决策支持系统的基础是将流域地表要素过程模型进行区域集成，从而综合反映地表系统的整体变化规律，尤其是水资源调控条件下地表系统的变化特征。为此，本章主要介绍流域不同部位和主控要素下集成模型研究成果，即黑河流域上游生态–水文集成模型构建与模拟、黑河流域中下游生态–水文集成模型构建与模拟、黑河流域生态–水文–经济过程集成模型构建与模拟。

5.1 黑河流域上游生态–水文集成模型构建与模拟

黑河流域上游位于青藏高原东北缘的祁连山，属于典型的高寒山区，也是黑河流域的主要水源地（Cheng et al., 2014）。区域内冰川、冻土发育，季节性积雪分布广泛，植被类型复杂，海拔 4000 m 以上的区域有冰川分布，海拔 3700 m 以上的区域分布有多年冻土，其余地区为季节性冻土所覆盖（王庆峰等，2013；Gao et al., 2018）；植被沿海拔呈带状分布，主要类型有高山稀疏植被、高寒草甸、高寒草原、灌丛、针叶林和荒漠等（Gao et al., 2016），冰雪–冻土–生态–水文过程相互作用决定了流域的水文特征。黑河流域上游生态–水文集成模型旨在通过刻画冰雪–冻土–生态–水文过程及其相互作用，准确模拟高寒山区流域的水文过程，尤其是出山径流过程，为预测未来气候变化情景下黑河上游的出山径流量及其变化提供有效的模型工具。

基于黑河上游流域的地形地貌特征及植被格局，耦合冻土–生态–水文过程，黑河计划上游集成项目构建了适用于黑河上游典型植被和高寒山区分布式生态水文模型 GBEHM（Yang et al., 2015）。该模型在分布式水文模型 GBHM（Yang et al., 1998, 2000）的基础上，针对模型结构、冰冻圈水文过程、动态植被过程三方面进行了改进，克服了以往分布式水文模型和陆面过程模型的不足，适应了高寒山区流域的生态水文特点和变化环境下的生态水文预测需求。

5.1.1 分布式模型结构和生态水文模拟基本单元

在平面上，GBEHM 模型采用 1 km 网格对与研究区域进行离散化处理，通过数字高程模型提取河网，设置最小子流域面积的阈值为 10km^2，在研究区域内获得 461 个子流域。基于 Horton–Strahler 的河网分级方法，建立河网汇流顺序及子流域间的拓扑关系；针对每个子流域，基于汇流距离建立网格与所在子流域河道之间的拓扑关系和水力联系（图 5-1）。

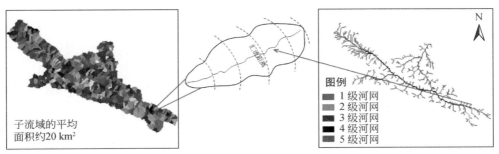

子流域的平均
面积约20 km²

图例
1 级河网
2 级河网
3 级河网
4 级河网
5 级河网

图 5-1　GBEHM 模型结构示意图

针对每个子流域中的 1km 网格，进一步刻画其下垫面特征。如图 5-2 所示，将每个网格概化为地形地貌相似的一组山坡（hillslope），由高程、坡度、坡长、坡向等参数描述其地形地貌特征。在垂向上，将山坡划分为地上植被冠层、土壤和基岩，采用植被、土壤类型及地下水含水层深度等参数描述山坡生态水文特性。山坡单元是 GBEHM 模型进行生态水文模拟的基本计算单元。

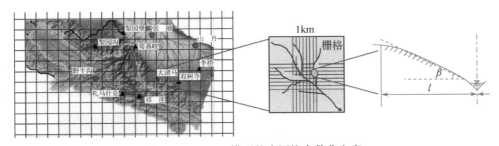

图 5-2　GBEHM 模型的次网格参数化方案

5.1.2　高寒山区冰雪–冻土–生态–水文过程耦合模拟

针对每个山坡单元，GBEHM 模型刻画的生态–水文过程包括：土壤–植被–大气系统中的垂向水–热–碳交换过程，植被生长过程，以及积雪和融雪、土壤冻融、降雨下渗和山坡汇流等过程（图 5-3）。在流域尺度上，基于山坡–河网的拓扑关系和水力联系，模拟山坡与河道之间的水量交换，以及在河网汇流过程中地表水与地下水之间的交换，实现了山区流域的地表水与地下水耦合模拟。

黑河上游水文过程的最大特点是冰冻圈水文过程占主导地位，其次是植被动态与水文过程的耦合作用。冰冻圈水文过程影响植被生长条件，进而影响植被动态；反之，植

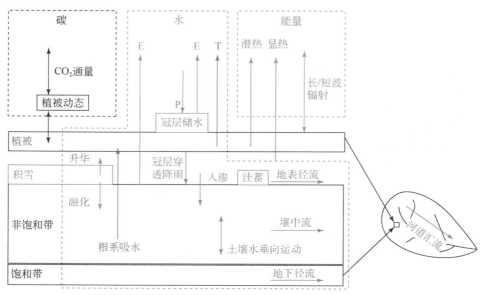

图 5-3　GBEHM 模型中的生态–水文过程耦合模拟方案

被变化通过改变地表水分能量交换过程，进而影响冰冻圈要素。GBEHM 模型重点刻画冰雪–冻土–生态–水文过程及其相互作用，旨在准确模拟高寒山区流域的水文过程，尤其是出山径流过程。

1. 冰川消融

冰川消融过程的模拟基于能量平衡方程计算冰川的融化热，进而通过水的融化潜热得到冰川消融量。冰川融化热 Q_M 采用下式估算：

$$Q_M = Q_N + Q_H + Q_L + Q_R - Q_C \tag{5-1}$$

式中，Q_N 为净辐射；Q_H 为显热；Q_L 为潜热；Q_R 降雨的附加能量；Q_C 为透射辐射。各分量的计算如下：

$$Q_N = S_{in}(1 - \alpha) + (L_{in} - L_{out}) \tag{5-2}$$

$$Q_H = \rho\, C_p\, C_E u(T_m - T_s) \tag{5-3}$$

$$Q_L = L\, \rho\, C_E u(q - q_s) \tag{5-4}$$

$$Q_R = \rho_w\, c_w R(T_r - T_s) \tag{5-5}$$

式中，S_{in} 为向下短波辐射；α 为反照率；L_{in} 为向下长波辐射；L_{out} 为向上长波辐射；ρ 为空气密度（kg/m³）；C_p 为空气的比热 [J/（kg·K）]；C_E 为热量的传送系数，取 0.002；u 为风速（m/s）；T_m 为气温（K）；T_s 为冰川表面温度（K）；L 为水的蒸发潜热（$T_s = 0\,℃$ 时）或冰的升华潜热（$T_s < 0\,℃$ 时）（J/kg）；C_E 为水汽的输送系数，取 0.0021；q 为空气比湿；q_s 为饱和比湿；ρ_w 为水密度（kg/m³）；c_w 为水的比热容 [J/（kg·K）]；R 为单位时间内单位面积降水量（m/s）。

2. 融雪过程

积雪与融雪过程的模拟采用基于质量和能量平衡的多层积雪模型。在集成模型工作中，改进了升华潜热与升华质量损耗的参数化方案，发展了积雪表面受到风扰动的分层参数化方案，通过对积雪与土壤层中融雪水比例的划分以及融雪水路径追踪，实现了对寒区流域融雪径流贡献的准确估算。为了简便，在下文介绍积雪和融雪过程中，参量下标 i 代表冰，下标 l 代表液态水，下标 v 代表水汽。

（1） 积雪层辐射传输和能量平衡

积雪层辐射传输过程采用 SINCAR （Snow, Ice and Aerosol Radiative） 模型计算 （Toon et al., 1989）。积雪反照率及各层吸收的辐射量由太阳高度角，积雪层底面反照率、大气沉降气溶胶浓度及冰的等效粒径来决定 （Flanner and Zender, 2005；Flanner et al., 2007）。雪层的能量平衡计算在表层和下覆雪层分别采用不同的公式。由于表层积雪会接受来自大气的能量输入 （E_{sur}），能量平衡方程记为

$$\frac{\partial [C_s (T_s - T_f)]}{\partial t} - L_{il} \frac{\partial \rho_i \theta_i}{\partial t} + L_{lv} \frac{\partial \rho_v \theta_v}{\partial t} = \frac{\partial}{\partial z} \left(K_s \frac{\partial T_s}{\partial z} \right) - \frac{\partial}{\partial z} \left(h_v D_e \frac{\partial \rho_v}{\partial z} \right) + \frac{\partial I_R}{\partial z} + E_{sur} \quad (5-6)$$

$$E_{sur} = RS_{net} + \varepsilon RL_d - \sigma \varepsilon_s (T_s^n)^4 + E_h + E_e - C_p U_p (T_p - T_f) \quad (5-7)$$

对于表层以下的积雪层，能量平衡方程可以写为

$$\frac{\partial [C_s (T_s - T_f)]}{\partial t} - L_{il} \frac{\partial \rho_i \theta_i}{\partial t} + L_{lv} \frac{\partial \rho_v \theta_v}{\partial t} = \frac{\partial}{\partial z} \left(K_s \frac{\partial T_s}{\partial z} \right) - \frac{\partial}{\partial z} \left(h_v D_e \frac{\partial \rho_v}{\partial z} \right) + \frac{\partial I_R}{\partial z} \quad (5-8)$$

式中，RS_{net} 为净短波辐射 （W/m²）；RL_d 为向下长波辐射 （W/m²）；ε 为积雪比辐射率，一般取为 0.98；$\sigma = 5.670373 \times 10^{-8}$ W/（m² K⁴） 为波尔兹曼常数；E_h 为显热通量（W/m²）；E_e 为潜热通量 （W/m²）；C_p 为降水的比热容 （J/K），其数值与降水的状态 （雪或水） 有关；U_p 为降水速率 （mm/s）；T_p 为降水温度 （K）。

（2） 积雪层水量平衡

积雪是冰、液、汽三相混合的多孔介质，各相的体积比满足如下方程：

$$\theta_i + \theta_l + \theta_v = 1 \quad (5-9)$$

式中，θ_i 为体积含冰量 （m³/m³）；θ_l 为体积含水量 （m³/m³）；θ_v 为体积水汽含量（m³/m³）。对于雪层中的每一相，质量平衡方程可以分别写为如下形式，冰的质量平衡方程可写为

$$\frac{\partial \rho_i \theta_i}{\partial t} + \dot{M}_{iv} + \dot{M}_{il} = 0 \quad (5-10)$$

式中，ρ_i 为冰密度 （kg/m³）；$\dot{M}_{iv}$ 和 $\dot{M}_{il}$ 表示单位时间内冰转化为水汽、液态水的质量 （kg/s）。水的质量平衡方程可写为

$$\frac{\partial \rho_l \theta_l}{\partial t} + \frac{\partial U_l}{\partial z} + \dot{M}_{lv} - \dot{M}_{il} = 0 \quad (5-11)$$

式中，ρ_l 为液态水密度 （kg/m³）；U_l 为水流通量 ［kg/（m² s）］；z 为地表以下深度 （m）；$\dot{M}_{lv}$ 表示单位时间内液态水转化为水汽的质量 （kg/s）。水汽的质量平衡方程可写为

$$\frac{\partial \rho_{v} \theta_{v}}{\partial t} - \dot{M}_{lv} - \dot{M}_{iv} = \frac{\partial (D_{eff} \partial \rho_{v}/\partial z)}{\partial z} \tag{5-12}$$

式中，D_{eff} 为水汽扩散系数（m^2/s），其他各参量意义同前。近似认为雪层中水汽温度等同于雪层的温度。其中各个参量意义同前。

3. 土壤冻融过程

（1）土壤水热平衡方程

非饱和带中土壤水量平衡方程（Celia et al., 1990）如下：

$$\begin{cases} \dfrac{\partial \theta(z, t)}{\partial t} = -\dfrac{\partial q_{v}}{\partial z} + s(z, t) \\ q_{v} = -K(\theta, z)\left[\dfrac{\partial \psi(\theta)}{\partial z} - 1\right] \end{cases} \tag{5-13}$$

式中，z 为土壤深度；$\theta(z, t)$ 为 t 时刻距离地表深度为 z 处的土壤含水量；q_{v} 为土壤水通量；$K(\theta, z)$ 是土壤非饱和导水率；$\psi(\theta)$ 为土壤水势；$s(z, t)$ 是土壤的蒸发量。

土壤中的热量平衡方程考虑了土壤导热、相变热和液态水迁移伴随的对流热（Flerchinger and Saxton, 1989）：

$$-\left(C_{s}\frac{\partial T}{\partial t} - \rho_{i}L_{f}\frac{\partial \theta_{i}}{\partial t}\right) + \frac{\partial}{\partial z}\left[\lambda_{s}\frac{\partial T}{\partial z}\right] + \rho_{l}c_{l}\frac{\partial q_{l}T}{\partial z} + h = 0 \tag{5-14}$$

从左往右，各项分别表示土壤储热变化、土壤冻融伴随的相变热、导热、液态水迁移伴随的对流热、水汽运动伴随的对流热、净辐射和源汇项。其中，C_{s} 和 T 分别表示土壤体积比热 $[J/(m^3 \cdot ℃)]$ 和土壤温度（℃）；ρ_{i} 和 ρ_{l} 表示冰密度和水密度（kg/m^3）；θ_{i} 表示体积含冰量；λ_{s} 表示土壤热传导率 $[W (m \cdot ℃)]$，c_{l} 为液态水比热容 $[J/(kg \cdot ℃)]$，q_{l} 表示液态水分通量（m/s），h 为源汇项，在公式中表示地表热通量。

对于水分传输过程，上边界条件为地表入渗量，下边界条件为深层渗漏量，采用 Yang 等（1998）的方法进行估计。对于热量传输过程上边界条件为土壤表面的地表热通量（h），计算公式为

$$h = R_{n} + L_{n} - H - Le \tag{5-15}$$

式中，R_{n}、L_{n}、H 和 Le 分别表示土壤表层吸收的净短波辐射、长波辐射、土壤表层的显热、土壤表层的潜热。下边界条件为深层热通量，取值范围参考 Wu 等（2010）的数据，根据黑河流域实际钻孔地温梯度资料估计（Gao et al., 2018）。

（2）土壤水热参数化方案

在所有土壤水热相关的参数中，导水率和导热系数是流域冻土水文模拟过程中最为关键的两个。尤其是在高寒山区、多相土壤水共存的情形下，参数化方案本身具有很大的不确定性，如何确定这两个参数就更加重要。本项目结合高山冻土区的特点，充分考虑土壤冰在水分和热量传递中所发挥的重要作用，分别采用 VG 模型（Van, 1980）和 Johansen-Farouki 方法（Johansen, 1977；Farouki, 1981）对其进行计算。

模型在土壤导水率计算时使用的 VG 模型如下所示：

$$\Theta = \frac{\theta - \theta_r}{\theta_s - \theta_r} \tag{5-16}$$

$$\psi = \frac{1}{\alpha} \left[\Theta^{-1/m} - 1 \right]^{1/n} \tag{5-17}$$

$$K(\Theta) = K_s \Theta^{1/2} \left[1 - (1 - \Theta^{1/m})^m \right]^2 \tag{5-18}$$

式中，θ、θ_s、θ_r、Θ 分别表示土壤的体积含水量、饱和含水量、剩余含水量、相对饱和度；Ψ 为土壤的水势（m）；K 和 K_s 分别表示土壤的导水率和饱和导水率（m/s）；n、α、m 均为与土壤质地相关的经验系数，$m = 1 - 1/n$。

在冻土中，冰的冻结填充了土壤孔隙，减小了土壤的有效孔隙度，并且破坏了原有孔隙的连通性，同时冰的形成导致土壤中的液态含水量迅速减小。冻结过程类似于变干过程，影响冻土导水率的主要是液态水含量。在每一个时间步长内，根据热量传输方程的求解结果模拟每层土壤的相变量，调整土壤中的未冻水含量，以此作为计算土壤导水率的含水量，即

$$\Theta' = \frac{\theta_u - \theta_r}{\theta_s - \theta_r} \tag{5-19}$$

式中，θ_u 为土壤的液态含水量。

模型在土壤导热系数计算时采用的 Johansen-Farouki 方法如下：

$$\lambda(\psi_{\theta_0}, T) = K_e \lambda_{sat} + (1 - K_e) \lambda_{dry} \tag{5-20}$$

式中，λ_{sat}、λ_{dry} 分别表示土壤在干燥和饱和时的导热率 [W/（m·K）]；θ_0 表示土壤的初始含水量；K_e 为克斯腾数（Kersten number）。它们分别可由下式计算得到（j 为土壤的层数）：

$$K_e = \begin{cases} \max[0.0, \log_{10}(satw) + 1.0], & tsoil\_sno(j) >= tfrz \\ satw, & tsoil\_sno(j) < tfrz \end{cases} \tag{5-21}$$

$$satw = \frac{h2osoi\_liq(j)/\rho_{H_2O} + h2osoi\_ice(j)/\rho_{ice}}{dz(j) \times watsat(j)} \tag{5-22}$$

式中，tfrz 为冻结温度（K），$h2osoi\_liq(j)$ 和 $h2osoi\_ice(j)$ 分别为单位面积土层内的质量含水量和含冰量（kg/m²）：

$$\lambda_{sat} = \lambda_s^{1-\theta_s} \lambda_i^{\theta_s - \theta_u} \lambda_w^{\theta_u} \tag{5-23}$$

$$\lambda_{dry} = \frac{0.135\rho_d + 64.7}{2700 - 0.947\rho_d} \tag{5-24}$$

$$K_e = \begin{cases} T \geqslant T_f \begin{cases} 0.7 \lg S_r + 1.0 & S_r > 0.05 \\ \lg S_r + 1.0 & S_r > 0.1 \end{cases} \\ T < T_f \ S_r \\ S_r = \frac{\theta_u + \theta_i}{\theta_s} \leqslant 1 \end{cases} \tag{5-25}$$

式中，λ_s，λ_i，λ_w 分别表示土壤矿物质、冰、液态水的导热率；ρ_d 表示土壤的干容重；θ_u，θ_i，θ_s 分别表示土壤的液态水含量、冰含量和空隙率；S_r 表示土壤的相对饱和度；T 为土壤

的温度；T_f 表示土壤的冰点。在没有土壤矿物质导热率的观测时，可以采用下式进行估计：

$$\lambda_s = \frac{8.80\theta_{sand} + 2.92\theta_{clay}}{\theta_{sand} + \theta_{clay}} \tag{5-26}$$

式中，θ_{sand}，θ_{clay} 分别表示土壤砂土和黏土的体积百分比。

4. 植被动态过程

植被动态模拟主要考虑的物理过程包括碳循环、植被光合作用、植被呼吸作用、植被生长和人类活动干扰。

（1）碳循环控制方程

碳循环基本控制方程如下所示：

$$\Delta C_{ecosystem} = NEE = \Delta C_{veg} + \Delta C_{soil} + \Delta C_{litter} \tag{5-27}$$

$$\Delta C_{veg} = NPP + \Delta C_{disturb} \tag{5-28}$$

$$NPP = GPP - R_{veg} = \Delta C_{leaf} + \Delta C_{root} + \Delta C_{stem} \tag{5-29}$$

$$\Delta C_{litter} = Veg_{to\_litter} - Litter_{to\_Air} - Litter_{to\_Soil} \tag{5-30}$$

$$\Delta C_{soil} = Litter_{to\_Soil} - Soil_{to\_air} \tag{5-31}$$

式中，$\Delta C_{ecosystem}$ 是生态系统碳储量变化，等于生态系统净交换量 NEE。ΔC_{veg}，ΔC_{litter} 和 ΔC_{soil} 分别是植被、凋落物和土壤中碳储量变化；NPP 是植被净初级生产力，$\Delta C_{disturb}$ 为由于干扰导致的植被碳库变化（如放牧、虫害等）；GPP 是总初级生产力，Veg_{to_litter} 表示由于植被凋落转移到凋落碳库的碳，$Litter_{to\_Air}$ 表示凋落物分解后释放到大气中的碳，$Litter_{to\_Soil}$ 表示凋落物通过分解进入到土壤的碳，$Soil_{to\_air}$ 表示土壤分解释放到大气中的碳。

（2）光合作用过程

光合作用采用 Farquhar 等提出的基于生物化学过程的光合模型（Farquhar et al., 1980；Collatz et al., 1991；Collatz et al., 1992）。其中，光合速率 A 利用下式计算：

$$A = \min(w_c, w_j) \tag{5-32}$$

式中，w_c 为 Rubisco 酶限制下的羧化速率，其计算公式如下：

$$w_c = \begin{cases} \dfrac{V_{cmax}(C_i - \Gamma_*)}{C_i + K_c(1 + O_x/K_o)} & C_3 植物 \\ V_{cmax} & C_4 植物 \end{cases} \tag{5-33}$$

式中，C_i 是胞间的 CO_2 浓度；C_a 是环境 CO_2 浓度。fc_i 是 C_i 与 C_a 的比值；O_x 是空气中氧气的浓度；Γ_* 是没有暗呼吸情况下的 CO_2 补偿点；V_{cmax} 是最大羧化速率，利用冠层温度 T_k 和活化能 E_{Vm} 来计算，采用 Arrhenius 方程：

$$C_i = fc_i * C_a \tag{5-34}$$

$$V_{cmax} = V_m^{25} \cdot \exp\left[\frac{E_{Vm} \cdot (T_k - 298)}{R \cdot T_k \cdot 298}\right] \tag{5-35}$$

式中，V_m^{25} 是 25℃时的羧化速率。R [8.314 J/K·mol)] 是气体常数。

（3）呼吸过程

呼吸过程包括维持呼吸、生长呼吸和异样呼吸三部分。维持呼吸部分主要用于描述瞬

时呼吸量，植物各个组织的呼吸对温度的依赖关系可表达为（Ryan，1991）

$$\text{Rm\_ leaf} = N_{\text{leaf}}MR_{\text{base}}MR_{Q10}^{(T_m-20)/10} \tag{5-36}$$

$$\text{Rm\_ livestem} = N_{\text{livestem}}MR_{\text{base}}MR_{Q10}^{(T_m-20)/10} \tag{5-37}$$

$$\text{Rm\_ croot} = N_{\text{croot}}MR_{\text{base}}MR_{Q10}^{(T_m-20)/10} \tag{5-38}$$

$$\text{Rm\_ froot} = N_{\text{froot}}MR_{\text{base}}MR_{Q10}^{(T_{soil}-20)/10} \tag{5-39}$$

其中，Rm_ leaf，Rm_ livestem，Rm_ croot，Rm_ froot 分别是叶、茎、粗根和细根的维持呼吸速率 [gC/（m² · s）]；N_{leaf}、N_{livestem}、N_{croot}、N_{froot} 分别是是叶、茎、粗根和细根中的氮含量（mol N），通过碳储量除以碳氮比（Ratio C：N）即可得到；T_m 为 2m 气温（℃），T_{soil} 为土壤温度（℃）；MR_{base} 为参数，取值为 2.525×10⁻⁶ gC/（gN · s），MR_{Q10} 为温度对呼吸作用的敏感性参数，取为 2.0。

生长呼吸基于 LPJ 和 Biome- BGC 模型中的计算方法（Sitch et al.，2003；Larcher，1995）：

$$\text{Rg} = 0.25 \times (\text{GPP} - \text{Rm}) \tag{5-40}$$

$$\text{NPP} = 0.75 \times (\text{GPP} - \text{Rm}) \tag{5-41}$$

即从 GPP 中减去维持呼吸后剩下的碳量，其中 25% 被用作于生长呼吸（Rg）。

异养呼吸包括凋落物分解、土壤碳库分解等过程。根据土壤呼吸对温度的依赖关系（Lloyd and Taylor，1994），地上凋落物分解依赖空气温度，地下凋落物和土壤碳库的分解依赖土壤温度与土壤湿度。

$$\frac{dC}{dt} = -kC \tag{5-42}$$

式中，C 为碳库的大小；t 为时间；k 为碳库逐日分解速率。

（4）物候及植被生长

物候的状态主要通过 LAI 的季节变化来表述。在冬季，植被通常处于休眠状态，随着温度升高植被开始复苏，这个从休眠到复苏的转变采用生长积温（growing degree days，GDD）来判断，即累积的热量达到某一植被生长所需的能量时开始生长。参考 LPJ 模型（Sitch et al.，2003）和 TECO 模型（Weng and Luo，2008）的方法，在刚开始生长的几天里植被各组织（根、茎、叶）生长需要的碳储存在非结构碳库里（nonstructural carbon pool，NSC），在这个碳库耗尽之后各组织的碳全部来自植被光合作用。

植被的生长过程就是模拟碳库分配到叶、茎和根，以及凋落物的产生。模型包含了 8 个碳库：叶的非结构碳库（NSC_ leaf），茎的非结构性碳库（NSC_ stem），根的非结构性碳库（NSC_ root），一个叶子碳库（C_{leaf}），一个活茎碳库（C_{livestem}），死茎碳库（C_{deadstem}）和 1 个活根碳库（C_{liveroot}）、死根碳库（C_{deadstem}）；活根碳库又分为粗根和细根碳库。光合固定的碳（NPP）首先一部分进入各组织的 NSC 碳库，参考 CLM4.5 模型，这部分进入 NSC 碳库的比例设为 0.5。剩余的碳分配给植被各组织的（Available C），参见 TECO 模型（Weng and Luo，2008）。最后根据给定分配系数，将可分配碳分配到植被的根茎叶。表达如下：

$$\text{Avail}C_{\text{to\_ leaf}} = r_{\text{leaf}} \cdot \text{Avail}C \tag{5-43}$$

$$AvailC_{to\_root} = r_{root} \cdot AvailC \qquad (5\text{-}44)$$

$$AvailC_{to\_stem} = (1 - r_{root} - r_{leaf}) \cdot AvailC \qquad (5\text{-}45)$$

式中，r_{leaf} 是分配给叶子的碳的比例；r_{root} 是分配给根系的碳的比例；$AvailC_{to\_leaf}$，$AvailC_{to\_root}$，$AvailC_{to\_stem}$ 分别是分配到叶、根系、茎的碳。

在植被到达生长季高峰期后，开始凋落。并且植被的叶子和根以一定的速率凋落，凋落的部分进入凋落物碳库。

（5） 人类活动干扰

针对黑河上游的特点，模型中主要考虑了放牧对植被生长的影响。动物对植被的啃食通过影响叶子碳库（C_{leaf}）的自然周转，进而影响到当地的整个碳循环和植被生长过程。同时，一个区域的牧草产量所能承受的家畜数量存在一个上限，即当地的承载力（grazing capacity，GC），通过下式计算得到：

$$GC = \frac{area_{grass} \cdot grass_{production} \cdot ur}{grazing_{period} \cdot stock_{intake}} \qquad (5\text{-}46)$$

式中，$area_{grass}$ 表示可利用草地的面积（km^2）；$grass_{production}$ 表示利用期内草地的单产量（kg/km^2）；ur 表示利用率，在高寒草甸地区为 60% ~ 70%；$grazing_{period}$ 为放牧天数（d）；$stock_{intake}$ 为动物的日进食量 [kg/（h·d）]，结合黑河上游地区的实际畜牧情况，每个羊单位的日采食量按 5kg 鲜草（合 1.2kg 干草）计算。

5. 地表水文过程

地表水文过程主要包括冠层截留、地表径流、壤中流，以及地下水和河道水的交换过程。冠层截留 M_c（m）和近地层截留 M_g（m）的计算公式如下所示：

$$\frac{\partial M_c}{\partial t} = P_c - D_c - E_{cw}/\rho_w \qquad (5\text{-}47)$$

$$\frac{\partial M_g}{\partial t} = P_g - D_g - E_{gw}/\rho_w \qquad (5\text{-}48)$$

式中，P_c 为冠层的降水截留速率（m/s）；P_g 为近地层的降水截留速率（m/s）；D_c 为冠层截留的出流速率（m/s）；D_g 为近地层截留的出流速率（m/s）；ρ_w 为水的密度（kg/m^3）。

当冠层截留的出流速率大于表层导水率时，多余水量在地表蓄积。当蓄积水量大于地表蓄水能力时，产生地表径流。考虑到坡面产流较快，可用 Manning 公式按恒定流计算方法计算：

$$q_s = \frac{1}{n_s} (sin\beta)^{\frac{1}{2}} h^{\frac{5}{3}} \qquad (5\text{-}49)$$

式中，q_s 单宽流量（mm^2/s）；n_s 为糙率系数，β（rad）与地形坡度有关，h 为扣除地表最大蓄水深度的水深（mm）。当土壤含水量大于田间持水率时产生沿坡向的壤中流或土壤侧向流 q_{sub}，计算公式如下：

$$q_{sub} = \begin{cases} 0 & \theta \leqslant \theta_f \\ \alpha K(\theta, z) sin(\beta) & \theta > \theta_f \end{cases} \qquad (5\text{-}50)$$

式中，z 为土壤深度，$\theta(z,t)$ 为 t 时刻距离地表深度为 z 处的土壤含水量；$K(\theta,z)$ 是土壤非饱和导水率；α 为土壤导水率异质性系数；β 为山坡单元的坡度；θ_f 为田间持水率。在 GBEHM 模型中，假设每个山坡单元都与河道相接，其中潜水层内的地下水运动可以简化为平行于坡面的一维流动。山坡单元潜水层与河道之间的流量交换采用达西定律计算。

将子流域河网简化为一条主河道，并假定汇流区间内所有山坡单元的坡面汇流和地下水出流都直接排入主河道，在此河道中按照汇流区间距河口距离，进行汇流演进，采用一维运动波模型来描述：

$$\begin{cases} q = \dfrac{\partial A}{\partial t} + \dfrac{\partial Q}{\partial x} \\ Q = \dfrac{{S_0}^{1/2}}{n_r \cdot p^{2/3}} A^{5/3} \end{cases} \tag{5-51}$$

式中，q 为河道的侧向单宽流量；A 为河道的横截面面积；t 为时间步长，取为 1h；x 为沿河道方向的距离；Q 为河道流量；S_0 和 n_r 为河床的坡度与糙率；p 为河道横断面的湿周。

5.1.3　模型主要参数

1. 土壤参数

分布式流域生态水文模型需要两种土壤参数：土壤厚度和土壤组分参数。土壤厚度提供了土壤和地下水含水层的划分条件，即土壤水运动方程的空间边界条件，对土壤水文过程的模拟有重要的影响，会直接影响到土壤水含量，进而影响产流、蒸散发以及植被生产力等多种水、能量、碳通量的模拟（Zeng et al.，2008；Zeng and Decker，2009）。目前，模型使用的土壤参数主要是张甘霖课题组提供的黑河土壤数据（Song et al.，2016），在其他流域推广应用，可采用 Shangguan 等（2012）的中国 1 km 数据以及 Pelletier 等（2016）的全球 1 km 数据。

土壤组分数据是土壤导水导热系数的计算的重要依据，土壤组分参数主要包括砂粒含量，黏土含量及有机质含量。土壤组分参数的准确性同样影响模型土壤水含量以及水、能量、碳通量的模拟。目前，模型使用的土壤参数主要是张甘霖课题组提供的黑河土壤数据（Song et al.，2016），在其他流域推广应用时可采用 HWSD 的全球 1km 数据（Nachtergaele et al.，2009），Shangguan 等（2012）的中国 1km 数据等。

2. 植被参数

（1）植被结构参数

木本植被的高度采用 Z_{top} 利用茎的生物量 C_{stem}（kg C/m²）进行计算，采用一个简单的异速生长模型，该模型假设高度与胸径的比值 t 是一个随植被类型变化的参数。植被

的密度 s 采用固定值，木材密度取为 $d=250$ kgC/m²，在此条件下 Z_{top} 的计算公式如下：

$$Z_{top} = \left(\frac{3C_{stem}t^2}{\pi sd}\right)^{1/3} \qquad (5\text{-}52)$$

其中，各参数参考表 5-1 进行估算。

表 5-1   木本植被高度与密度

植被类型	t（height∶radius）	s（stems m⁻²）
青海云杉	200	0.1
灌木	10	0.1

草本植物的高度采用总叶面积指数计算（Levis et al., 2004），如下：

$$H = 0.25 \cdot LAI_p \qquad (5\text{-}53)$$

式中，LAI 根据叶生物量 C_{leaf} 和比叶面积 SLA 计算，参考 Biome-BGC；投影叶面指数（有效叶面积指数）LAI_p 采用固定系数 $ratio_{p;t}$ 乘以总叶面积 LAI_t 得到。

根系的结构参数包括根深和根密度的垂直分布。根深是根系生物量的函数，根据 Arora 等（2003）的相关研究，根密度（包含细根和粗根）垂直分布随着深度变化呈指数函数，可表示为：

$$\rho(z,\ t) = A_i(t)\beta_i^{rz} = A_i(t)e^{-a_i z} \qquad (5\text{-}54)$$

式中，i 代表植被类型；z 为深度；$a_i = 1/L_i$，L_i 为与植被类型有关的一个参数；$A_i(t)$ 为 t 时刻的表层根密度（g/m²）。

（2）植被生理参数

在模型中，光合作用的计算主要需要两个参数，包括 25℃ 时的羧化速率（V_m^{25}）以及光能利用效率（α_q）。呼吸作用的计算主要需要两个参数，包括植被组织的碳氮比（$Ratio_{C:N}$），以及单位植被组织的基础呼吸效率（$respcoeff_{pft}$）。以上参数都与具体的植被种类有关，在模型中概化为与植被功能型有关，需要试验测定得出。参考已有的试验研究，参数见表 5-2（Sitch et al., 2003；Ryan et al., 1991；Larcher, 1995）。

表 5-2   植被生理生化过程参数

植被类型	V_m^{25}	α_q	$Ratio_{C:N}$	$respcoeff_{pft}$
高寒草甸	78.2	0.06	25	0.025
青海云杉	54	0.06	40	0.018
灌木	52	0.06	25	0.030

（3）物候及植被生长参数

植被的物候参数主要包括临界积温，包括萌发临界积温（GDD$_{onset}$）与生长高峰期临界积温（GDD$_{fullleaf}$）。其需要通过观测数据归纳分析确定。本研究参考已有研究结果，不同植被类型的参数见表 5-3（Sitch et al., 2003；Weng and Luo, 2008）。

表 5-3　植被物候参数

植被类型	GDD$_{onset}$	GDD$_{fullleaf}$
高寒草甸	10	650
青海云杉	20	600
灌木	15	600

植被的生长参数主要包括植被不同组织的碳分配以及不同碳库的周转参数，都需要通过实验测定获得。本研究通过实地采样实验获得碳分配参数（表 5-4）；而碳库周转参数需要长期同位素观测，在本研究中借鉴相关研究成果（Sitch et al., 2003），参数选取见表 5-5。

表 5-4　植被碳分配参数

植被类型	r_{leaf}	r_{root}	r_{stem}
高寒草甸	0.5	0.5	—
青海云杉	0.21	0.21	0.58
灌木	0.43	0.43	0.14

表 5-5　植被碳库周转参数

植被类型	f_{leaf}	f_{root}	$f_{sapwood}$
高寒草甸	1.0	0.5	—
青海云杉	0.5	0.5	0.05
灌木	1.0	1.0	0.05

3. 流域水文计算参数

（1）地形地貌参数

地形地貌参数是基于山坡单元的分布式流域生态水文模型的重要参数。主要参数包括河网提取阈值，山坡单元坡长和山坡单元坡度。河网提取阈值对于表达河网结构的模型至关重要，其直接决定了河网密度以及子流域划分，进而影响到山坡单元的划分。河网密度会直接制约河网与山坡单元的水力联系，影响土壤水和产流的模拟以及空间分布特征（Yang et al.，1998）。根据已有文献研究，认为 1 km² 的河网汇流阈值可在中尺度上很好捕捉流域的地形地貌特点，同时与模型的空间分辨率有较好的匹配（Yang et al.，1998）。

山坡单元坡长（l）通过单元网格面积（A）与网格内河网长度（Δx）求得，如下所示：

$$l = \frac{A}{2\Delta x} \tag{5-55}$$

其中，A 与模型空间分辨率有关；Δx 与河网提取阈值有关，可通过 ArcGIS 的相关工具算出。

山坡坡度直接影响模型的产流模拟，一般情况下，山坡坡度可通过高精度数字高程信息取得，如 90 m 或者 30 m 的 DEM 数据，运用 ArcGIS 的相关工具可方便获得。

（2）产流过程参数

产流过程参数主要包括坡面参数和土壤参数两类。其中坡面参数包括坡面最大蓄水容量 P_{max} 以及曼宁坡面糙率 n_s。P_{max} 的取值范围为 0 ~ 20 mm，通常与土地覆盖类型有关（Crawford et al.，1966）；n_s 的取值范围为 0.025 ~ 0.25，通常与土地覆盖和植被长势有关（Te Chow，1959）。土壤参数主要包括土壤异质性参数 α，影响模型的侧向导水率，在模型中认为其与土地覆盖类型有关。通常情况下，以上参数需要经过实际测量，或者借鉴已有测量的相似流域。

（3）汇流过程参数

汇流参数主要指河道的水力学参数，包括河道的宽度、深度、比降和糙率。通常情况下，以上数据需要通过相应河道断面的测量得出，或者借鉴已有测量的相似断面进行参数移植。同时，高精度的遥感数据对于汇流参数的获取有很大潜力，如可用高精度的 DEM 数据分析得出河道比降；利用高精度的影像数据提取河道宽度和深度等。

5.1.4　模型的综合验证

1. 土壤冻融过程验证

针对土壤冻融过程，采用冻结深度和土壤温度的站点观测数据对模型进行了验证。图 5-4 所示为黑河上游祁连和野牛沟冻土观测站的 2002 ~ 2014 年土壤冻结深度的观测值和模拟值对比，二者基本吻合，仅野牛沟站的模拟最大冻结深度较实测值偏小，这可能是土壤导热、热容等参数估计的不确定性导致。如图 5-5 所示，针对 2004 ~ 2014 年祁连冻土观测站在 5 cm、10 cm、20 cm、40 cm、80 cm、160 cm 和 320 cm 七个深度的土壤温度观测与模拟值进行了比较。模拟土壤温度的均方根误差随着土层深度增加而减少，在 320 cm

处的均方根误差为 0.9℃。可见，模型很好地刻画了土壤在冻融变化过程中，温度和冻结深度的变化。

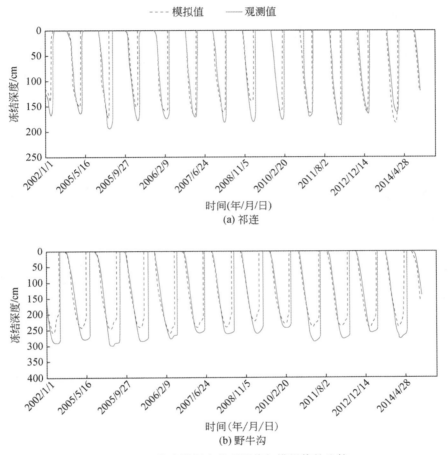

图 5-4　土壤冻结深度的观测值与模拟值的比较

2. 积雪与融雪

选择 2014 年在黑河流域上游垭口站的积雪观测值对模型进行了验证。如图 5-6 所示，模型对积雪的聚集–消融过程有较高的模拟精度，通过该观测站点率定的模型参数用于黑河上游流域尺度积雪消融过程模拟。针对整个黑河流域上游进行了 2005 ~ 2014 年积雪过程的连续模拟，模拟得到的年积雪日数与遥感观测的积雪日数有较好的空间相似性，如图 5-7 所示，结果显示 GBEHM 模型对积雪的空间分布同样有较好的模拟能力。

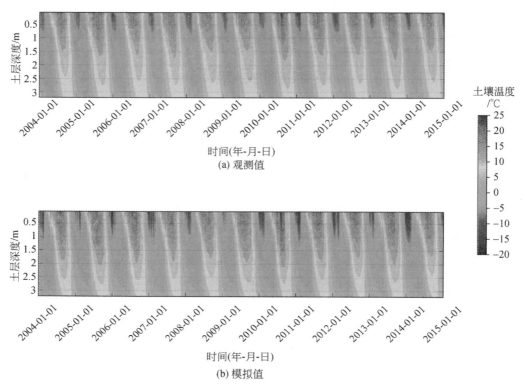

图 5-5　祁连站土壤温度观测值和模拟值的比较

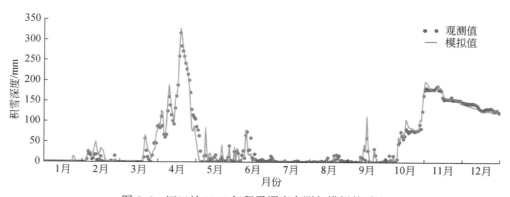

图 5-6　垭口站 2014 年积雪深度实测与模拟的对比

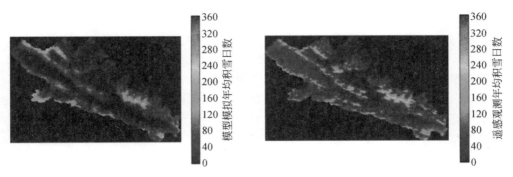

图 5-7   黑河上游积雪日数的观测值和模拟值对比结果

3. 蒸散发

对比 GBEHM 模型计算和遥感模型反演的黑河上游流域平均的实际蒸散发，如图 5-8 所示，二者在年均值和月均值上都十分接近，而且二者反映的蒸散发季节变化规律完全一致。

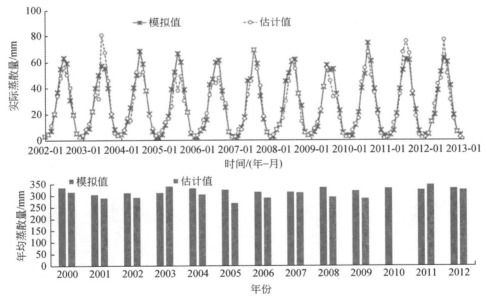

图 5-8   黑河干流上游实际蒸散发过程模拟与遥感反演的比较

4. 径流过程

图 5-9 所示为莺落峡、祁连和扎马什克三个水文站的逐日径流变化过程的模拟与实测值比较。模型对三个水文站逐日流量过程的模拟结果的纳什效率系数分别为 0.65、0.6 和 0.7，相对误差均在 10% 以内。可见，模型对洪峰和基流的模拟效果都很好，模型很好地重现了春季径流变化过程，该结果明显优于其他没有考虑冰冻圈过程或冰冻圈过程十分简化的水文模型。

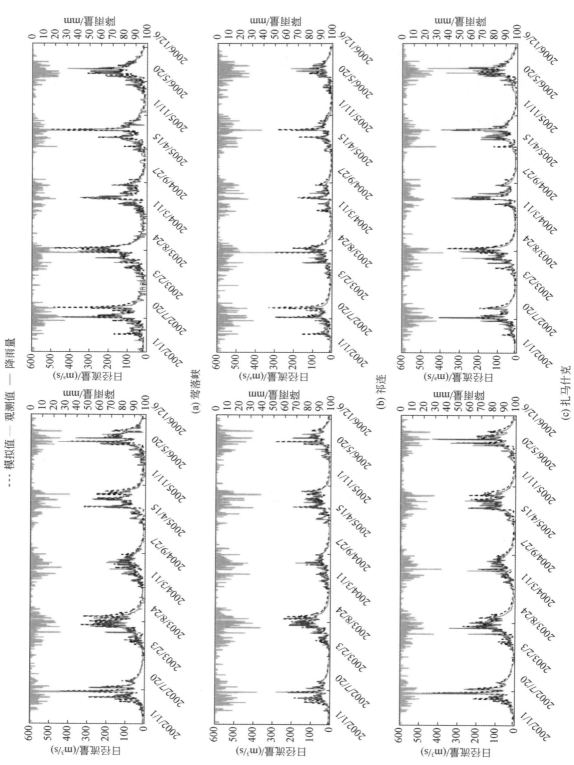

图 5-9 黑河干流上游各站点日径流变化过程模拟验证

5.2 黑河流域中下游生态–水文集成模型构建与模拟

5.2.1 模型总体结构

　　HEIFLOW (Hydrological-Ecological Integrated watershed-scale FLOW model) 是在美国地质调查局开发的地表水–地下水耦合模型 GSFLOW (Markstorm et al., 2008) 的基础上进一步开发的三维分布式生态水文耦合模型。图 5-10 显示了 HEIFLOW 模型的总体结构。HEIFLOW 模型主要由地表水模型 PRMS (Leavesly et al., 2005)，地下水模型 MODFLOW (Harbaugh, 2005)，以及本项目开发的特殊生态模块（通用生态模块、农作物模块、荒漠植被模块和胡杨模块）组成。同时，项目对 PRMS 又做了一系列创新性改进，详见后续各节的介绍。

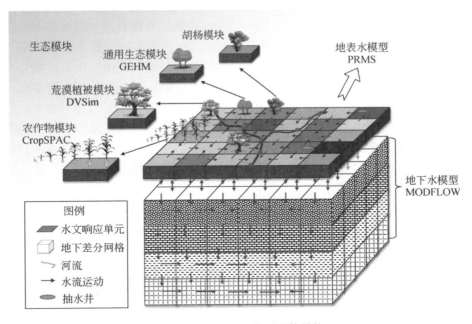

图 5-10　HEIFLOW 模型总体结构

　　PRMS 用于模拟陆面水文过程，如蒸散发、降雨产流、坡面漫流、入渗、积雪融雪、土壤水、壤中流等。水文响应单元 (hydrologic response unit, HRU) 是基本计算单元。在 PRMS 中，通过把地表部分划分成一系列 HRUs 来实现流域的空间分布式模拟。MODFLOW 用于模拟地下水流动过程，如非饱和带地下水流动、饱和带地下水流动、地下水和河道、湖泊等水体的相互补给等。在 MODFLOW 中，地下水的含水层可以由若干含水层组成,每个含水层被离散为一系列规则的差分网格(地下水网格)。每个地下水网格的长和宽不变,厚度可以随空间分布改变。生态模块用于模拟农田作物,人工防护林,荒漠植被,胡杨等植被的生长、生物量累积、水分利用等生态过程。生态模块的基本计算单元是 HRU。

在 HEIFLOW 中,PRMS、MODFLOW 和生态模块的耦合主要发生在土壤带。PRMS 的 HRU 与 MODFLOW 的地下水网格之间通过土壤带中的重力水库进行水量交换;生态模块与 PRMS 的耦合主要发生在土壤带中的毛管水库;生态模块与 MODFLOW 不直接发生交互作用。HEIFLOW 沿用了 GSFLOW 的设计,通过迭代计算实现 PRMS 与 MODFLOW 的耦合。耦合中,生态模块与 PRMS 存在时间、空间步长不一致问题。生态模块要求土壤带在垂向上继续细分为多层土壤,而 PRMS 中只假设一层土壤;一些生态模块的计算步长为小时,而 PRMS 的计算步长为天。为此,本项目对 PRMS 中的土壤水模拟进行了改进,使其能够模拟多层土壤,并且实现与生态模块在小时步长的耦合。

图 5-11 展示了 HEIFLOW 的四个主要储水单元及其相互的水利联系。第一个储水单元是地表植被,包括农田作物、荒漠植被、胡杨以及其他植被类型;第二个储水单元是地表的积雪、洼地、土壤带;第三个储水单元是地表的河流和湖泊;最后一个储水单元是地下含水层,根据地下水的含水量又分为非饱和带和饱和带。可以看出,这四个储水单元相互影响、相互联系。在 HEIFLOW 中,这四个储水单元分别由不同的模块进行模拟。这就要求耦合模型在模拟中要处理好不同储水单元之间的水力联系。其中,地表植被与其他三个储水单元的水力联系较为简单;土壤带与河流和湖泊等水体的关系也比较容易处理;河流、湖泊与地下水的交换由 MODFLOW 模拟;最难处理的是土壤带与地下含水层之间的水量交换。例如,当 PRMS 计算出某一时段内土壤的下渗量并将其传递给 MODFLOW 作为该时段内地下水的补给量时,一种可能的情况是这个补给量不能在该时段内入渗到地下含水层,这是就要求 PRMS 重新调整下渗量直到满足入渗条件为止。HEIFLOW 通过迭代的方

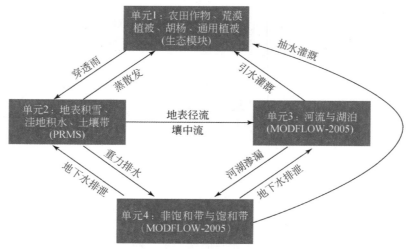

图 5-11 HEIFLOW 的主要的储水单元及其水利联系

式来调整土壤带和含水层之间交换的水量，从而耦合 PRMS 和 MODFLOW。

5.2.2 地表–地下非饱和带模型

地表水模型 PRMS 通过把地表部分划分成一系列 HRU 来实现流域的空间分布式模拟。HRU 是 PRMS 的基本计算单元。PRMS 为每个 HRU 独立计算水平衡，HRU 之间通过地表径流、壤中流（侧流）进行水量交换。PRMS 提供两种方法进行 HRU 划分：一种方法是根据地表高程将流域划分成若干子流域，再根据坡度、植被、土地利用、土壤、气象等条件将子流域进一步划分成不同的 HRU［图 5-12（a）］；另一种是直接将流域划差分成规则的矩形网格［图 5-12（b）］。每个 HRU 的属性在空间上是均一的。HRU 之间的侧流关系可以根据 HRU 的地形、海拔等因素计算得到。每个 HRU 可以接收多个上游 HRU 的侧流汇入，也可以流入多个下游 HRU。当一个 HRU 发生侧流并且下游有多个 HRU 时，流入下游多个 HRU 的侧流流量按比例分配。此外，HRU 的侧流也可以流入河段，具体流量同样通过比例进行分配。

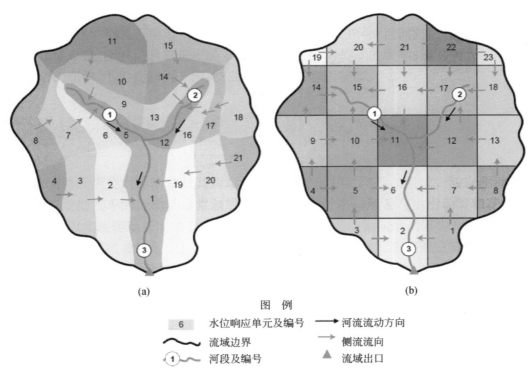

图 例

6	水位响应单元及编号	➡	河流流动方向
〰	流域边界	→	侧流流向
① 〰	河段及编号	▲	流域出口

图 5-12 PRMS 中两种 HRU 划分方式及侧流关系

在 PRMS 中，不同的水文过程通过一系列的水库及水库间的水量交换来进行模拟。图 5-13 展示了 PRMS 中主要的地表水文过程。降水、大气温度、太阳辐射等气象因素是地表水文的输入数据，其中降水的形态可以有三种，即降雨、降雪和混合型降水，具体由气温决定。植被的冠层截留量由植被覆盖密度和最大冠层储水量决定。当降水量高于最大冠层储水量时，多余的降水成为穿透雨到达地表。到达地表的降雪会成为积雪并累积在地表。积雪的累积、融化、升华等过程则通过计算水量平衡和能量平衡来模拟。其中，融雪过程由气温、积雪温度、融雪率、雪盖面积等因素控制。每个 HRU 的地表又可以分为透水部分和不透水部分。其中，不透水部分的降水（降雨和融雪），除蒸发、填洼外全部成为产流；透水部分的降水，则一部分入渗到土壤，一部分形成地表产流。土壤带是地表水过程与地下水过程的纽带。PRMS 模型假设土壤带在空间上为一层，但概化为毛管水库、重力水库和优先流水库。其中，毛管水库仅针对 HRU 的透水地表，而重力水库和优先流水库则是针对整个 HRU 的。在模拟中，这三种水库对应着不同的土壤水过程。其中，入渗、侧流汇入和蒸散发发生在毛管水库；地下水与土壤带的水量交换发生在重力水库；慢速和快速侧流分别发生在重力水库与优先流水库。下面具体介绍一下 PRMS 的关键水文过程。

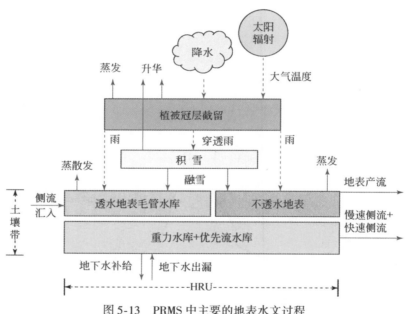

图 5-13　PRMS 中主要的地表水文过程

非饱和带又称包气带，是指含水层中潜水面以上的部分。MODFLOW 假设地下水在非饱和含水层中沿垂直方向向下流动，并用 1 维 Richards 方程来描述：

$$\frac{\partial \theta}{\partial t} + \frac{\partial K(\theta)}{\partial z} + i = 0 \tag{5-56}$$

式中，θ 是土壤含水量；K 是水力传导系数，是土壤含水量的函数；i 为源汇项，这里表示蒸散发。

MODFLOW 通过特征线法对偏微分方程（5-56）进行求解，其解为

$$\frac{dz}{dt} = \frac{\partial K(\theta)}{\partial \theta} \tag{5-57}$$

$$\frac{\mathrm{d}\theta}{\mathrm{d}t} = -i \tag{5-58}$$

式（5-57）给出了非饱和带地下水下渗时的波速，式（5-58）给出蒸散发导致土壤水减小的速率。

MODFLOW 采用 Brooks-Corey 非饱和水力传导系数方程（Book，1966），即

$$K(\theta) = K_s \left[\frac{\theta - \theta_r}{\theta_s - \theta_r} \right]^E \tag{5-59}$$

其中，θ_r、θ_s 分别为残余含水量和饱和含水量，E 为 Brooks-Corey 指数。联立方程（5-58），可以得到某一位置（z）土壤含水量为 θ 时的下渗速度：

$$\frac{\mathrm{d}z}{\mathrm{d}t} = \frac{K_s E}{\theta_s - \theta_r} \left[\frac{\theta - \theta_r}{\theta_s - \theta_r} \right]^{E-1} \tag{5-60}$$

在地下水下渗时，湿润锋（图 5-14）处由于含水量不连续，其波速不能由式（5-60）计算。Charbeneau（1984）在方程（5-56）基础上考虑一个弥散项，给出一种湿润锋的解：

$$\frac{\mathrm{d}z_f}{\mathrm{d}t} = \frac{K(\theta_{z1}) - K(\theta_{z2})}{\theta_{z1} - \theta_{z2}} \tag{5-61}$$

式中，θ_{z1}、θ_{z2} 分别为 z_1、z_2 的含水量，z_1、z_2 是位于湿润锋上面和下面的两个相临点（图 5-14）。

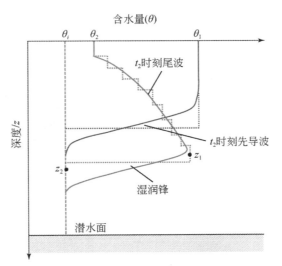

图 5-14　非饱和带的地下水流动

实线为实际下渗中的土壤含水量剖面，虚线为 MODFLOW 计算的土壤含水量剖面

湿润锋在 MODFLOW 中又称为先导波。当非饱和带表层的入渗量减少时，非饱和带上层的含水量会变小，形成尾波。需要指出的是，由式（5-61）计算出的湿润锋的波速比一些由式（5-60）计算出的尾波波速慢，因此湿润锋会逐渐被尾波追上，从而导致湿润锋处

的含水量降低，并且进一步降低湿润锋的波速。为简化计算，MODFLOW 通过一定个数的尾波离散地描述整个尾波过程，如图 5-14 中的红色虚线。尾波离散程度可以通过指定最大尾波个数控制。

5.2.3 新增动态模块

为与生态模块耦合、更好地进行生态水文模拟，HEIFLOW 新增了几个功能和模块，包括动态土地利用、灌溉模块和渠系渗漏模拟模块。

在土地利用快速变化的地方，生态、水文过程会发生显著的变化。图 5-15 展示了2000 年土地利用和 2007 年土地利用下黑河流域中下游地区蒸散发模拟结果，可见土地利用变化对流域的生态-水文过程存在显著影响。因此，HEIFLOW 开发了支持动态土地利用更新的功能。在 HEIFLOW 中，当某个 HRU 的土地利用类型发生变化时，可以通过两种方法来反应这种土地利用类型的变化，一种是通过更改相应生态模块的参数，如从通用生态模块中的草地类型参数更改为森林类型参数，另一种是通过切换生态模块，如从农田作物模块换成通用生态模块。在 HEIFLOW 中，当需要动态土地利用更新时，需在模型开始时准备相应的参数文件供模型调用。

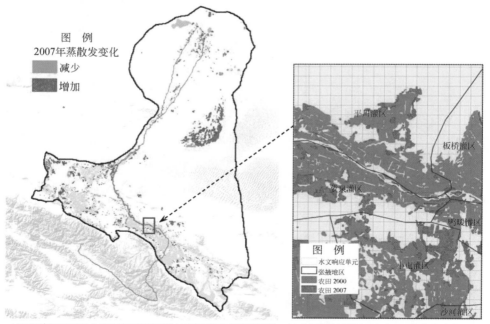

(a) 2000年和2007年土地利用下黑河流域中下游蒸散发的模拟区别   (b) 中游张掖地区2000年和2007年的土地利用变化

图 5-15   动态土地利用情况下的蒸散发模拟

灌溉是一种重要的农业管理措施。HEIFLOW 中的灌溉模块根据引水水源的不同可以分为地表水灌溉和地下水灌溉。HEIFLOW 中的地表水灌溉模块可以从河道、湖泊引水，并灌溉到相应的 HRU。在地表水灌溉过程中，渠系的渗漏和蒸发是灌溉损失的主要来源。HEIFLOW 可以将渠系视为河道通过 MODFLOW 来模拟渠系的蒸发、渗漏损失。然而由于 MODFLOW 会模拟渠系下的非饱和带，对于渠系分布复杂的地区（如图 5-16 所示张掖地区的渠系分布），这种做法的计算量是不可承受的。HEIFLOW 发展了一个简化的渗漏和蒸发模型来模拟每个有灌溉的 HRU 上渠系的渗漏和蒸发过程。

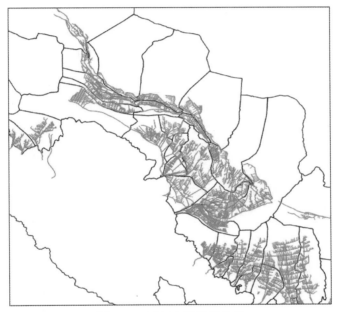

图 5-16　黑河中游渠系分布

地下水灌溉过程由两部分组成，一个是抽取地下水，另一个是地表灌溉。地下水抽取通过 MODFLOW 的井程序包实现。原始程序中，抽水量是以应力期为步长进行控制的。为满足农田灌溉要求的时间精度对井程序包进行了改进，使之能够以天为步长进行控制。每一口抽水井只能位于一个地下水网格，但每个地下水网格可以有多口抽水井。HEIFLOW 中假设每个抽水井只灌溉所属的 HRU，因此没有考虑渠道损失。同地表水灌溉一样，地下水的灌溉以降雨形式加入土壤带的水循环。

5.2.4　生态模块耦合及模拟测试结果

生态模块耦合主要包括通用生态模块，胡杨模块，农田作物模块和荒漠植被模块。

1. 通用生态模块

通用生态模块（general eco-hydrological module，GEHM）是 HEIFLOW 生态水文耦合模型的组成部分。本模块实现了生态–水文双向耦合模拟，在黑河流域中下游进行了生态水文变量的模拟计算，并为其余模块与 HEIFLOW 模型链接提供了通道。GEHM 生态模块根据 HRU 累积积温计算植物的生长过程，基于 Monteith（1977）的方法计算潜在生物量，并通过温度和水分条件限制植物的生长过程。

图 5-17 为 GEHM 生态模块的计算流程简图。通过该流程对植被生长周期、植被潜在生长、胁迫因子和植被实际生长情况进行模拟计算。

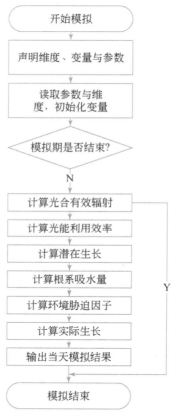

图 5-17　GEHM 生态模块计算流程简图

本模块的测试基于黑河中游张掖盆地，进行了地表水–地下水–生态耦合模拟测试。张掖盆地位于黑河盆地中游，盆地以南为祁连山，以北为北山，以西为酒泉西盆地，以东为大马营盆地（图 5-18）。模型区面积约为 9100km²，高程在 1290～2200m。测试区内主要土地利用类型为农田和荒漠，主要作物为玉米和冬小麦。测试区多年平均降水量为190mm，年平均潜在蒸散约为 1325mm，当地作物主要依靠灌溉。

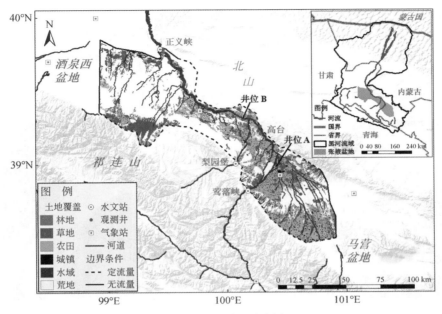

图 5-18　测试区示意图

2. 胡杨模块

黑河流域作为我国第二大典型干旱内陆河流域，如何恢复下游植被和生态系统一直以来都是人们研究的热点，其中最受关注的当属额济纳绿洲胡杨。胡杨作为干旱荒漠区主要的河岸林乔木种，主要生长在中纬度干旱荒漠地区，包括亚洲中部和西部，非洲北部，欧洲南部等地。其中约全球 60% 的胡杨都分布在我国新疆南部、柴达木盆地西部、河西走廊等地。由于胡杨对极端干旱地区的水分条件以及盐碱环境具有极强的耐受力，成为维持荒漠河岸林生态平衡的关键物种，并被联合国粮农组织（FAO）确定为最急需优先保护的林木基因资源。不仅如此，胡杨林还以其独特的景观特征为地区生态旅游发展做出了巨大的贡献。

尽管胡杨对于干旱环境的耐受能力很强，但它本身并不是旱生植物而属于地下水湿生植被，最关键的限制因子是浅层地下水。地下水的变化会直接影响天然植被的生长发育，而植被对水资源的利用又会反过来影响水资源变化。自 19 世纪 50 年代以后，由于黑河中游大规模扩张的农业活动和日益发展的社会经济消耗了大量水资源，削减了进入下游的地表径流，导致胡杨林面积从原有的 75 万亩一度锐减至 39 万亩。2000 年国家对黑河实行统一调水计划，集中闭口，统一下泄给下游，截至目前，胡杨林面积已由 39 万亩增加至 44 万亩（Xiao et al.，2014）。基于此，从生态水文学角度深入分析地下水与胡杨林之间的关系不仅能为保护和恢复下游额济纳胡杨林提供基础知识与途径，也有利于干旱区水资源的持续有效管理。

传统的地面调查、实验分析和遥感手段为理解胡杨的生存环境、分布状况和抗旱机制提供了坚实有力的理论基础（Chen et al., 2011；Monda et al., 2008；Zhang et al., 2011；Fu et al., 2006），但是却很难从全局的角度考虑植被与水资源之间相互作用的机制，并提供对未来的预测情况。为此，我们基于传统方法得到的认知对胡杨植被进行参数化，建立了胡杨生长模型（图 5-19，图 5-20），并将其与流域尺度水文模型耦合（图 5-21），建立双向反馈的生态–水文模型，从而从区域尺度上分析河岸林植被与水资源之间的相互作用。

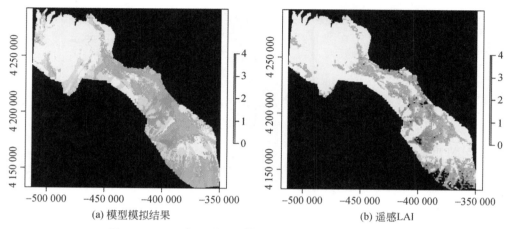

(a) 模型模拟结果   (b) 遥感LAI

图 5-19   2002 年 7 月 4 日模型模拟 LAI 与遥感 LAI 对比

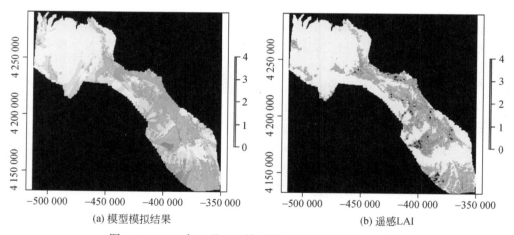

(a) 模型模拟结果   (b) 遥感LAI

图 5-20   2008 年 7 月 3 日模型模拟 LAI 与遥感 LAI 对比

研究选取了黑河下游 HIWATER 胡杨林站的自动气象站（41.99°N，101.13°E 观测数据为基础进行了田间尺度验证。包括以涡动数据对胡杨的蒸散发进行的验证，以及用 LI-6400 观测数据对胡杨光合作用速率和气孔导度进行的验证（图 5-22，图 5-23）。

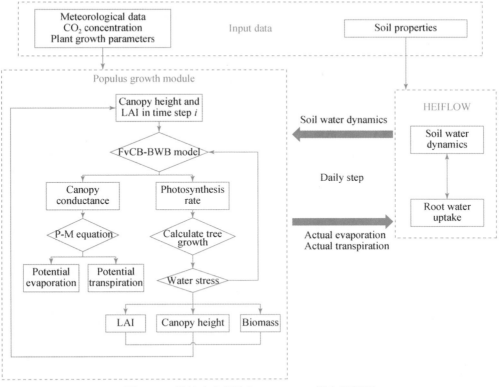

图 5-21 胡杨生态模块与 HEIFLOW 耦合框架图

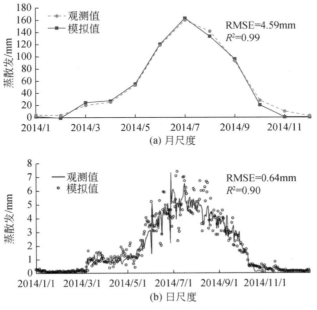

图 5-22 PEM 模块 ET 模拟值与观测值对比

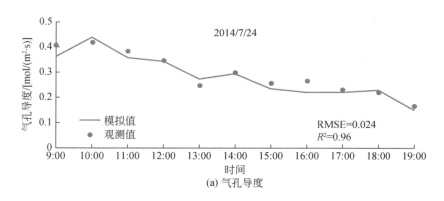

(a) 气孔导度

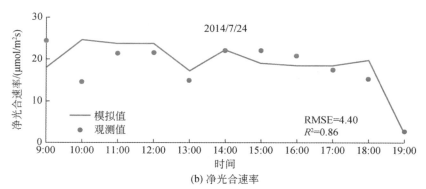

(b) 净光合速率

图 5-23　PEM 模块 2014 年 7 月 24 日模拟值与观测值对比

3. 农田作物模块

针对黑河流域中游绿洲农作物，设计、构建并验证了农田作物生态水文模块 CropSPAC。结合农田土壤水分动态监测方面的试验监测，率定、验证了该模型，并最终与 HEIFLOW 生态−水文模型进行耦合，如图 5-24 所示。

流域水文模型为 HEIFLOW，作物模型为玉米生长模型，流域生态−水文模型与作物模型在机理上和模型实现上都有着密切的联系。在机理上，作物生长对水文过程的影响：主要反映在作物根系吸水对土壤中水分运动及分布等方面；水文过程对作物生长的影响：主要表现在土壤水分胁迫对蒸发蒸腾、生物量形成以及干物质分配等若干环节。在模型实现上，玉米生长模型的输出：为流域生态−水文模型提供作物信息，包括叶面积指数、根系分布、株高、叶面宽等；流域水文模型的输出：为玉米生长模型提供土壤水分状况，具体表现在根系层的平均含水率（图 5-25）。

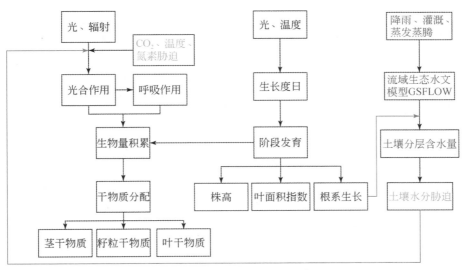

图 5-24　CropSPAC 与 HEIFLOW 耦合结构图

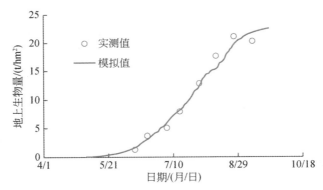

图 5-25　2012 年制种玉米生育期内地上部分生物量模拟值与实测值对比

　　试验在黑河中游的人工绿洲盈科灌区进行，灌区地理位置为 $38°50' \sim 38°58'$N，$100°17' \sim 100°34'$E，海拔 $1400 \sim 1600$ m，总面积 192 km^2，是张掖市甘州区四大灌区之一。通过实地调查记录各生育期，如播种日期、出苗日期、最大冠层、根深、开花期和收获。在生育期内在相应土壤含水率监测点，用卷尺测量株高；采用 ACCUPAR-L80 直接测得作物叶面积指数（LAI）；测定地上部分干物质方法，选择出苗后代表植株，从茎基部砍下，获得完整的冠部，按编号放入烘箱，杀青（105℃）后用恒温（75℃）烘至恒重称重，所用的电子天平精确到 0.01 g，在作物收获后，统计农田作物的产量（图 5-26，图 5-27）。

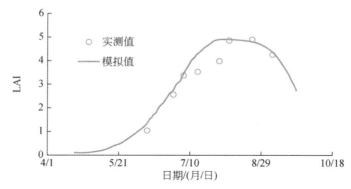

图 5-26　制种玉米生育期内叶面积指数模拟值和实测值对比（2012 年）

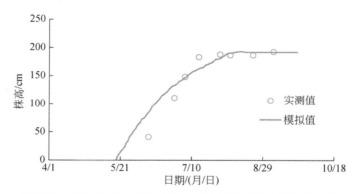

图 5-27　2012 年制种玉米生育期内株高模拟值和实测值对比

4. 荒漠植被模块（DVSim）开发

黑河中下游荒漠占流域总面积约 73.2%，是黑河中下游重要的植被类型。本研究中构建的基于过程的荒漠生态水文模块（图 5-28），具有以下两点特色：①该模块中气孔导度和 LAI 相结合实现了从叶片到冠层的尺度上推，同时气孔导度的模拟采用了基于机理构建的 Gao 模型；②在植物蒸腾和土壤蒸发计算中，根据荒漠植被斑块化分布的特点，提出了 LAI 和植被盖度相结合的能量分配算法。

利用 2014 年和 2015 年巴吉滩样地和盐爪爪样地土壤水分、叶面积指数、叶水势、气体交换过程的实测数据，进行荒漠植物优势种红砂、盐爪爪和珍珠猪毛菜的气孔导度模拟，获取气孔导度模型参数（表 5-6）。红砂和盐爪爪的蒸腾速率得到了较好的模拟，R^2 可达到 0.80 以上，珍珠猪毛菜的 R^2 为 0.4523（图 5-29）。

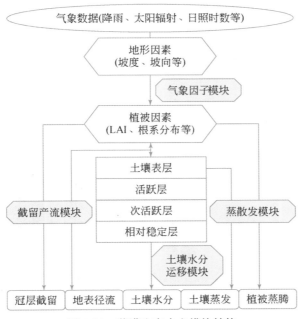

图 5-28　荒漠生态水文模块结构

表 5-6　荒漠植物优势种气孔导度参数模拟

物种	g_{om}	k_ψ	$k_{\alpha\beta}$	$k_{\beta p}$
红砂	808.09	0.042	0.188	139.42
珍珠猪毛菜	720.78	0.037	0.0001	54.9
盐爪爪	686.47	0.039	0.116	0.0001

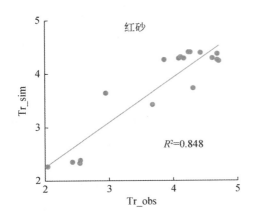
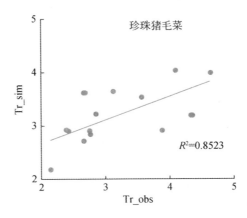

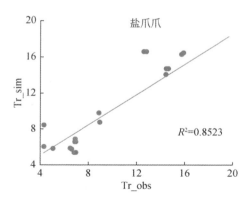

图 5-29　荒漠植物叶片蒸腾速率拟合和参数率定

5.3　黑河流域生态–水文–经济过程集成模型构建与模拟

5.3.1　流域生态–水文–经济过程集成模拟研究现状、挑战与科学问题

随着地理学、生态学、资源科学、管理学等学科研究的不断交叉发展及其相应技术的综合利用，一系列针对流域水资源管理的研究，尤其是专门针对干旱区内陆河流域单一要素、单一过程、单一系统的科学认识不断得到深化。通过在自然系统范畴内流域地貌–气候–生态–水文过程的综合考察与社会经济方面的水资源可持续利用研究，形成了对流域水资源管理的一些全新理解，为从流域水平开展系统、综合研究奠定了基础。流域科学的综合集成研究包括对水–土–气–生–人集成模型发展的研究与生态–水文过程模型与大气模型的单向或双向耦合关系研究，而进一步耦合土地利用和社会经济模型则是极具挑战的学科前沿。

1) 流域社会经济系统与生态–水文过程的模型耦合和数据集成亟待解决。流域社会经济系统与生态–水文过程模型耦合与集成研究的关键是要有流域生态–水文监测数据支撑。在国家自然科学基金黑河流域重大研究计划支持下，黑河流域已经基本建成了完善的生态–水文过程地面与遥感数据获取网络。但目前，黑河流域观测体系面临着规范化不足的问题，从而影响了基础研究服务于流域水资源综合管理决策支持的功能。生态–水文过程研究为社会经济系统水循环研究提供了水资源分布与时空变化信息，而社会经济系统参数也是生态–水文过程演变的外在驱动。目前开展的相关研究多为对单一要素、单一过程、单一系统的认识，流域社会经济系统与生态–水文过程的模型耦合与数据集成亟待研究（肖洪浪等，2008；李新等，2010）。

2) 黑河流域多尺度水资源利用动态优化配置模型亟待构建。"自然过程"与"社会学习"相耦合的水资源利用优化配置是当前流域水资源可持续利用管理研究的趋势。水资源可持续利用管理研究的重点是水资源利用的效用问题。但以效率为核心的小尺度效用评价已经无法满足水资源利用和配置在更大空间尺度和时间跨度上的需 4 求。近期，国内学者提出了广义水资源高效利用的观点，认为水资源的高效利用不但包括社会经济用水，还包括天然生态用水；不仅关注单个部门或单元的水资源利用过程，还要关注整个区域的水资源利用状况（程国栋，2009）。基于水资源利用效率的区域尺度水资源模型建模工作在黑河流域还较为薄弱。当前关于水资源配置的宏观与微观研究成果积累较多，宏观尺度的结构动态优化配置与微观尺度多主体博弈决策的耦合研究则相对不足，同时受宏观经济数据的时间尺度与空间尺度的制约，序列年和区县尺度的水资源社会经济核算体系尚待建立，据此探索不同尺度水资源利用效率转化规律的研究也有待开展（程国栋等，2014）。研究社会经济发展与气候变化情景驱动的生态–水文演化的机理，构建黑河流域的跨产业、多尺度、动态的水资源利用优化配置模型，成为服务流域水资源综合管理研究与指导流域生态恢复与保护亟待解决的科学问题。

3）鉴于流域系统是一个动态、多变、非平衡、开放耗散的、非结构化或半结构化系统，其自身涉及自然水循环和社会经济水循环二元过程，现有的描述其过程的模式与体系常常面临挑战。在向高精度流域模拟化发展的同时，应尝试建立流域综合管理决策系统并应用到流域综合管理实践中去（李新和程国栋，2008；Li et al.，2015）。以流域高精度、实时更新的数据库为基础，设定一定的工作环境，容纳大量相互联系的模型并保证其正常运行，以实时输出模拟结果，解决目前系统中普遍存在的自然地理数据与社会经济数据的统一、不同尺度的模型等问题，提高系统模拟的精度、信度与实用性，是当前流域水资源综合管理系统建设的重要方向。

5.3.2 流域生态–水文–经济过程集成模拟研究取得的成果、突破与影响

1. 构建嵌入水资源账户的社会经济核算数据集

项目组对流域进行全面的考察与调研，通过开展流域社会经济生产的水资源投入产出结构调研，研究了县域社会经济核算数据制备方案，解决了区域部门不完整、对外依赖度较大、基础数据薄弱等问题，编制了全流域区县尺度嵌入水、土资源账户的投入产出表。针对投入产出表，项目组深入开展了黑河流域兰州、张掖等多地调研，搜集相关数据；这些研究工作克服了流域边界和行政边界不一致问题，细化了流域内各县间的调入调出数据，构建了全流域水资源–社会经济数据集，完成了黑河流域 3 张市级、10 张县级投入产出表的编制，为黑河流域区域间贸易及水足迹研究提供了更为准确、详尽的数据基础；基于投入产出表，通过建立固定替代弹性生产函数（constant elasticity of substitution production function，CES）与县级可计算一般均衡模型（computable general equilibrium model，CGE），刻画了不同来源水资源之间的替代关系，更准确有效预测张掖市水价改革、用水效率提高、水供给变化后的用水量变化（Deng et al.，2014；Wu et al.，2014）。

本节以编制 2012 年张掖市 48 部门的投入产出表为例，依据投入产出表结构。

从生产、流通、使用与分配 4 个环节介绍编制该区域投入产出表的步骤（表 5-7）。

表 5-7 嵌入水、土资源账户的投入产出表

产出投入	中间使用 部门1	部门2	…	部门 n	中间投入合计	最终消费 城镇居民消费	农村居民消费	政府消费	消费合计	资本形成 固定资本形成	库存	资本	调入	调出	总产出
中间投入 部门1															
部门2															
⋮	X_{ij} 第Ⅰ象限					$F_{i,k}$ 第Ⅱ象限									X_i
部门 n															
中间投入合计															
最终投入 劳动者报酬															
固定资产折旧	N_{ij} 第Ⅲ象限					第Ⅳ象限									
营业盈余															
增加值合计															
用水量	W_j 第Ⅴ象限														
用地量	W_j 第Ⅵ象限														
总投入	X_j														

（1）确定 42 部门 2012 年的总投入与总产出值

行业部门的总产出依据其经济用途的性质不同，分为中间产品和最终产品两个部分。一个产品被区分为中间产品还是最终产品，应根据全社会对其的实际经济用途来确定。另外两者的区分也与生产范围的确定方式有关。生产部门消耗的货物和服务属于中间产品，而非物质生产部门消耗的货物和服务则属于最终产品。

（2）确定最终消费

为编制投入产出表的居民消费与政府消费的列项，需要将统计核算的消费项目转换到 42 个部门行业，而实际生产过程中同一部门可能生产不同消费功能的产品。因此，无法直接估计投入产出部门产品的内生消费系数，而应当首先估计消费活动的内生消费系数。首先估计国民经济核算体系八大类消费活动的内生消费系数 $\hat{\alpha}_i^*$，然后构造转换矩阵 B 将其分配到 42 个产业部门，从而得到 42 个产业部门的内生消费系数。

（3）合计增加值

汇总所有部门的增加值得到国内生产总值，其由劳动者报酬、生产税净额、固定资产折旧与营业盈余 4 项构成。劳动者报酬是指劳动者通过参加生产活动而获得的各种货币与实物报酬。生产税是企事业单位因从事生产经营活动而向政府缴纳的税金，表面由生产企业缴纳，但企业通过提高产品价格转嫁给最终使用者。营业盈余是生产部门的总产出扣除中间消耗、固定资产折旧、劳动者报酬和生产税净额的剩余部分。

（4）匡算区域调入与调出量

区域调入调出包含有形的货物贸易，也包括无形的服务贸易，这里的进出口不仅包括常住单位与非常住单位之间通过买卖行为的商品交换，还包括其相互提供的无偿事务转移，以及常住单位在国外的直接购买和非常住单位在国内的直接购买。

（5）测算固定资本形成

固定资本用于形成新的资产、满足未来生产和生活需要的产品数额，从实物内容来看包括各类房屋、建筑物、机器设备、培育资产和其他无形固定资产的净获得。从资金来看包括基本建设投资和其他资金形成的新增固定资产。其包括常住单位从国外购买的投资品，但不包括非常住单位在国内购买的投资品。

（6）确定投入产出技术系数

国内生产总值等于国民经济总产出减去所有部门的中间消耗。计算获得各行业部门的中间消耗值后，由于一个产品的生产过程需要多个部门对其投入，为此需要构建类似于内生消费矩阵的投入产出系数 A，该矩阵是一个 n×m 方阵。中间投入或消耗必须是对社会产品的生产性使用。

$$A = \begin{bmatrix} a_{11} & a_{12} & \cdots & a_{1m} \\ a_{21} & a_{22} & \cdots & a_{2m} \\ \vdots & \vdots & & \vdots \\ a_{n1} & a_{n2} & \cdots & a_{nm} \end{bmatrix}$$

$$a_{i,\,j} = \frac{X_{i,\,j}}{X_j}$$

（7）最终表的平衡与调整

经过上述步骤，待确定了投入产出的技术系数矩阵后，利用系数矩阵乘以总投入或者总产出后确定了第一象限数据。至此已编制完成了投入产出表全部象限，但是在该情况下一般部门的中间投入和中旬消耗不能与设定的行控制数与列控制数相等。因此，多采用平衡调整法修正。

2. 构建黑河流域多尺度水资源动态优化配置模型

项目组构建了水资源分产业、多尺度、空间化、动态配置的知识库与推理规则集，研究构建了以提高流域水资源生产力为目标的黑河流域、区县与灌区三个尺度的集成分析模型，并基于 CGE 模型重点研发了流域与区县尺度的社会经济系统优化配置模型；探究社会经济系统水资源优化配置模型与生态–水文过程模型的互馈路径与关键接口，为国家内陆河流域水安全、生态安全以及社会经济可持续发展提供了科技支撑（Wu et al.，2015）。

（1）生产模块

生产模块包括生产部门的投入决策和产出分配两部分。企业依据成本最小化原则决定生产中各类投入的最佳投入量；根据利润最大化原则，将产出分配到国内市场和出口市场。生产的投入决策是一个三层的嵌套结构。顶层嵌套是各种中间投入复合品、增加值部分和其他投入基于里昂惕夫（Leontief）关系合成部门总产出，如式（5-62）所示：

$$X1\mathrm{TOT}_j = \min \left(\frac{X1\_S_{1j}}{A1\_S_{1j} * A1\mathrm{TOT}_j}, \ \cdots, \ \frac{X1\_S_{ij}}{A1\_S_{ij} * A1\mathrm{TOT}_j}, \ \cdots, \right.$$
$$\left. \frac{X1\mathrm{PRIM}_j}{A1\mathrm{PRIM}_j * A1\mathrm{TOT}_j}, \ \cdots, \ \frac{X1\mathrm{OCT}_j}{A1\mathrm{OCT}_j * A1\mathrm{TOT}_j} \right) \tag{5-62}$$

其中，$X1\mathrm{TOT}_j$ 表示部门 j 的总产出，$X1\_S_{ij}$ 是部门 j 的生产过程中对国产来源和进口来源合成的中间投入品 i 的投入量，$X1\mathrm{PRIM}_j$ 代表增加值投入，$X1\mathrm{OCT}_j$ 代表其他投入；$A1\mathrm{TOT}_j$ 代表中性技术进步，其他有偏的技术进步通过 $A1\_S_{ij}$ 实现。

第二层嵌套是在顶层嵌套基础上决定各投入品的国产和进口比例。模型假定国内市场的供给包括国产品和进口品两种，两者之间存在不完全替代关系。部门 j 使用的 i 中间投入品的进口和国产最佳比例根据成本最小化原则确定：

$$\min P1_{ij}^{\mathrm{dom}} X1_{ij}^{\mathrm{dom}} + P1_{ij}^{\mathrm{imp}} X1_{ij}^{\mathrm{imp}} \tag{5-63}$$

$$\text{s. t. } X1\_S_{ij} = \left[\left(\frac{X1_{ij}^{\mathrm{dom}}}{A1_{ij}^{\mathrm{dom}}} \right)^{\rho_i} + \left(\frac{X1_{ij}^{\mathrm{imp}}}{A1_{ij}^{\mathrm{imp}}} \right)^{\rho_i} \right]^{1/\rho_i} \tag{5-64}$$

其中，上标 dom 和 imp 分别表示国产和进口来源；$P1\cdot$ 是用于 j 部门生产过程的 i 中间投入品价格，$X1\cdot$ 是对应的投入量，$A1\cdot$ 代表对应的技术；$\sigma_{\mathrm{mi}} = 1/(1-\rho_i)$ 是进口品与国产品的替代弹性。第二层嵌套还包括劳动–资本–土地基于 CES 函数合成增加值投入，仍然采用成本最小化原则确定三类要素的最佳投入量。第三层嵌套是不同工种基于 CES 函数合成劳动。

在产出方面，模型假设厂商可以生产不止一种产品。厂商根据利润最大化原则采用常转换弹性（constant elasticity of transformation，CET）函数决定总产出中不同产品的比例，同时决定产品在国内市场和出口市场的最佳分配。国内产出在国内市场和出口市场的分配决策如下：

$$\max PE_iX4_i + P0DOM_iX0DOM_i \tag{5-65}$$

$$\text{s. t. } X0COM_i = (\alpha_eX4_i^{\rho_{ei}} + \alpha_dX0DOM_i^{\rho_{ei}})^{1/\rho_{ei}} \tag{5-66}$$

其中，PE_i 和 $P0DOM_i$ 是商品 i 的出口价格和在国内销售的价格；$X4_i$ 和 $X0DOM_i$ 是对应的出口销售量和国内销售量；$X0COM_i$ 是商品 i 的总产量；α_e 和 α_d 代表出口份额和国内份额且两者之和等于 1；$\sigma_{ei}=1/(1-\rho_{ei})$ 是出口品和国产品的 CET 替代弹性。

（2）需求模块

最终需求包括投资、消费、出口、流通和库存五部分。

1）投资需求。投资决策与生产投入决策类似：首先是不同投资品基于 Leontief 函数关系合成行业资本存量；再根据成本最小化原则决定各投资品中进口和国产的最佳比例。如公式（5-67）所示。

$$X2TOT_j = \min\left(\frac{X2\_S_{1j}}{A2\_S_{1j} * A2TOT_j}, \cdots, \frac{X2\_S_{ij}}{A2\_S_{ij} * A2TOT_j}, \cdots, \frac{X2\_S_{nj}}{A2\_S_{nj} * A2TOT_j}\right)$$

$$\tag{5-67}$$

其中，$X2TOT_j$ 代表部门 j 的总投资；$X2\_S_{ij}$ 是部门 j 的总投资中投资品 i 的投入量；$A2$ 代表技术，定义与生产技术类似。$X2\_S_{ij}$ 中进口和国产的分配与生产类似，此处不再赘述。

2）消费需求。消费需求可分为居民消费和政府支出。居民收入来自于要素报酬，居民在可支配收入约束下最大化 Klein-Rubin 效用函数：

$$\max U = \frac{1}{Q}\prod^i(X3\_S_i - X3SUB_i)^{\beta_i} \tag{5-68}$$

$$\text{s. t. } \sum_i P3\_S_i * X3\_S_i = Y \tag{5-69}$$

其中，U 是居民效用，Y 是居民可预算收入，Q 是家庭个数。$X3\_S_i$ 是居民对商品 i 的总消费量，$X3SUB_i$ 是居民对商品 i 的最低生活需求，β_i 是边际消费倾向，$P3\_S_i$ 是居民部门消费商品 i 的平均价格。优化后，可以得到如下居民消费：

$$X3\_S_i = X3SUB_i + \frac{\beta_i}{P3\_S_i}\left(Y - \sum_i P3\_S_iX3SUB_i\right) \tag{5-70}$$

上述即线性支出系统，居民在满足最低生存需求 $X3SUB_i$ 之后，根据对每种商品的边际消费倾向进行额外消费选择。

3）出口需求。模型存在可贸易品和非贸易品两类出口产品。可贸易品的出口需求曲线是一条向下倾斜且固定需求价格弹性的曲线：

$$X4_i = F4Q_i\left(\frac{P4_i}{\text{PHI} * F4P_i}\right)^{\text{EXP\_ELAST}_i} \tag{5-71}$$

其中，$X4_i$ 是商品 i 的出口需求；$P4_i$ 是以本币计的出口离岸价；PHI 等于名义汇率，$F4Q_i$ 和 $F4P_i$ 是描述需求曲线位置变动的外生变量，分别表示价格方向和出口量方向的移动；

EXP_ELAST_i 是商品 i 的出口需求价格弹性。

4）流通需求。模型考虑了 8 类流通部门的产品，包括海运、空运、铁路、公路、管道运输、保险、贸易及仓储，使用主体包括生产、居民、政府、投资以及出口。模型假定流通服务均是国内生产的。流通需求取决于商品流通量和流通消耗系数，以生产部门使用流通为例，其他主体类似：

$$X1\mathrm{MAR}_{ij}^{sm} = X1_{ij}^{s} * A1\mathrm{MAR}_{i}^{sm}j \qquad (5\text{-}72)$$

其中，$X1\mathrm{MAR}_{ij}^{sm}$ 代表生产部门 j 使用来源为 s（进口、国产）的 i 商品所消耗的 m 流通量；$X1_{ij}^{s}$ 是商品 i 的生产过程中来源为 s 的 i 商品投入量；$A1\mathrm{MAR}$ 是对应的流通消耗系数。

5）库存。模型对库存的处理有两种：一是假定库存由基期数据外生确定；二是假定库存跟随国内产出变动。

（3）均衡和闭合模块

在均衡状态下，市场存在两个特征：一是市场出清，即总供给等于总需求，包括商品市场和要素市场；二是零利润，即商品总收入要等于商品生产投入、税费及流通费用。

1）市场出清。对于国产品来说，国内生产要等于中间使用、投资需求、居民消费、出口、政府消费、库存及流通需求的加总，如式（5-73）所示：

$$X0\mathrm{COM}_i = \sum_{i=1}^{n} X1_{ij}^{\mathrm{dom}} + \sum_{i=1}^{n} X2_{ij}^{\mathrm{dom}} + X3_{i}^{\mathrm{dom}} + X4_i + X5_{ij}^{\mathrm{dom}} + X6_{ij}^{\mathrm{dom}} + \sum_{j=1}^{n}\sum_{i=1}^{n}\sum_{s=1}^{2} X1\mathrm{MAR}\,sm_{ij}$$

$$+ \sum_{j=1}^{n}\sum_{i=1}^{n}\sum_{s=1}^{2} X2\mathrm{MAR}\,sm_{ij} + \sum_{i=1}^{n}\sum_{s=1}^{2} X3\mathrm{MAR}_{i}^{sm} + \sum_{i=1}^{n} X4\mathrm{MAR}_{i}^{m} + \sum_{i=1}^{n}\sum_{s=1}^{2} X5\mathrm{MAR}_{i}^{sm}$$

$$(5\text{-}73)$$

对于进口品来说，总进口要等于中间使用、投资、居民消费、政府消费和库存需求的加总，如公式（5-74）所示：

$$X0\mathrm{IMP}_i = \sum_{j=1}^{n} X1_{ij}^{\mathrm{imp}} + \sum_{j=1}^{n} X2_{ij}^{\mathrm{imp}} + X3_{i}^{\mathrm{imp}} + X5_{i}^{\mathrm{imp}} + X6_{i}^{\mathrm{imp}} \qquad (5\text{-}74)$$

要素市场的均衡包括劳动力市场均衡、资本市场均衡以及土地市场均衡，如式（5-75）~式（5-77）所示：

$$\mathrm{Employ} = \sum_{j=1}^{n}\sum_{o=1}^{n} X1\mathrm{LAB}_{i}^{o} \qquad (5\text{-}75)$$

$$\mathrm{CAP} = \sum_{j=1}^{n} X1\mathrm{CAP}_{j} \qquad (5\text{-}76)$$

$$\mathrm{LAD} = \sum_{j=1}^{n} X1\mathrm{LAD}_{j} \qquad (5\text{-}77)$$

2）零利润。零利润意味着消费者的购买总值要等于商品的按成本价计算的生产者价值、销售过程中的税费，以及从生产地到最终消费地点的流通费用的加总。

$$P_{\mathrm{N}i} * X_{\mathrm{N}i} = P0_i * X_{\mathrm{N}i} + P0_i * X_{\mathrm{N}i} * T_i + \sum_{\mathrm{mar}} X_{\mathrm{N}i}^{\mathrm{mar}} * P_{\mathrm{mar}} \qquad (5\text{-}78)$$

其中，下标 N 表示消费者类型（厂商、投资、居民、出口、政府），i 表示商品，上标 mar 表示流通。等式左边是消费者购买额，$P_{\mathrm{N}i}$ 是购买者价格；$P0_i * X_{\mathrm{N}i}$ 是生产商的零利润销售收入，X_{Ni} 是成本价；$PO_i * X_{Ni} * T$ 是销售过程中涉及的税收；$\sum_{mar} X_{Ni}^{mar} * P_{mar}$ 是流通支出，P_{mar} 是消耗的流通服务的价格。

3）闭合。模型闭合包括短期闭合和长期闭合两种。在短期闭合中，资本不能自由流动，因此各行业的资本回报率是不同的，从而影响投资变动；劳动力可在部门之间自由转移且总量可变，实际工资不变。在长期闭合中，资本有足够的时间从回报率低的部门向回报率高的部门流动，从而使整个经济的回报率趋同，投资取决于资本存量；总就业水平外生，劳动可在部门之间流动，实际工资内生。

（4）水土资源要素嵌入模块

为研究张掖市经济发展对水土资源的需求变化以及水土资源对经济发展的贡献，项目组对模型进行了修改，考虑到不同水资源有相同的功能而具有一定的替代性，因此不同类型水资源之间选择 CES 生产函数表达；考虑到水资源是重要的限制因素，在张掖市存在以水定种植结构、以水定发展规模、以水定经济布局的特点，水资源和土地资源形成组合模式，因此水土资源之间选用 Leontief 的生产函数。

3. 构建了多部门动态的 CGE 模型

本书根据黑河流域不同尺度的社会经济、土地利用与气候变化等历史资料及国家级、省级及区域规划，合理设计黑河流域气候变化、技术进步、水权制度改革、产业和城市化发展、绿洲规模变化、土地利用变化等可能情景，预测未来 30 年不同情景下黑河流域中下游社会经济发展耗水与生态需水变动趋势（Wu et al.，2015）；基于贝叶斯统计方法，分析灌区尺度、县域尺度与整个流域生态、水资源与社会经济关键变量的模拟精度，构建了多部门动态的 CGE 模型，刻画技术进步、水权制度、水市场建立等对流域产业用水、生态用水与和生活用水需求、利用效率及利用效益的影响，建成流域水–生态–社会经济耦合系统分析模型，并通过模型分析建立管理政策影响水资源配置的知识库评价模型对参数和系数的敏感性与模型各核算账户及模型总体的不确定性，并基于验证与分析结果对模型进行校验（Zhang et al.，2017）。

（1）产业转型与水资源利用情景模拟

通过开展行业的技术进步率外生模拟其导致的产业结构优化背景及水资源消耗强度的变化。水资源是制约区域经济发展的重要资源因素，为此，根据行业用水特征分别设计了农业技术进步 5%（方案Ⅰ）、工业技术进步 5%（方案Ⅱ）和服务业技术进步 5%（方案Ⅲ）三种方案。基于外生冲击利用水–经济模拟集成模型（the water-economy simulation integrated model，WESIM）模型模拟了各种情景下的经济规模、结构与水资源利用情况。

模拟结果（图 5-30）显示，不同方案下产业用水技术进步导致的产业转型对 GDP 的贡献各有差异。从 GDP 的增加来看，工业技术进步导致的产业结构转型促使 GDP 增长了 6.99%，且技术进步的贡献率比较大。而农业技术进步导致的产业结构转型促使 GDP 增长了 3.72%，技术进步的贡献率相对较小。从水资源要素收入来看，农业技术进步导致的地表水要素投入减少相对显著，而工业使得地下水资源要素的投入减少显著，由于张掖市的生产用水主要集中于农业部门，在方案Ⅰ下地表水与地下水的使用量会轻微减少，其他两种情景对水资源要素的影响程度不大。从产业结构的带动上来看，服务业的发展显著拉动了农业与工业行业部门的发展。研究还发现，方案Ⅲ是区域产业结构转型发展的方向，政府应大力扶植发展低耗水、高效用的现代服务行业，对于耗水较高的服务性行业要引入竞争机制，通过市场作用转换其在第三产业中的比重，提高行业的用水效率。

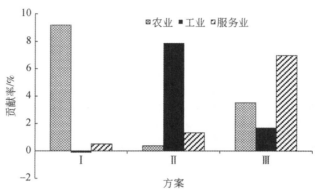

图5-30　三种产业结构转型方案下产生变化

（2）不同水土资源调控措施下的水资源配置与社会经济影响

基于 WESIM 模型模拟不同水土资源调控措施下的水资源配置与社会经济影响可为水市场机制调控研究实现节水和发展双赢提供科学的决策信息。项目组研究分析了 WESIM 的短期闭合机制，外生调控水、土资源要素的费用、租金或价格而内生产业生产所用不同类型水资源的数量，分析了不同方案下不同类型水资源配置与社会经济影响的变动方向与强度（Wu et al., 2014）。根据张掖市的实际情况，分别设计了地下水资源费与水费分别增加 5%和行业用地减少 5%的情景方案并开展了预测模拟。

通过对地下水资源费与水费分别增加 5%的情景进行模拟（表5-8），比较两种情景对生产过程中各类型水资源要素投入费用的影响，总体来看影响较小，但是从分行业的用水总量来看影响则非常显著。模拟结果表明，若提高地下水的水资源费，则行业的地下水用量将减少，行业使用地表水量将增加，总用地面积不变情况下土地的租金将呈下降趋势。

表 5-8　地表水与地下水费用增加情景模拟　　　　　　　　　（单位:%）

项目	地下水水资源费增加5%			地表水水费增加5%		
	地下水用量变化	地表水用量变化	土地租金变化	地下水用量变化	地表水用量变化	土地租金变化
小麦	−0.48	0.02	−0.03	0.48	−0.02	−0.92
玉米	−0.49	0.01	−0.05	0.47	−0.03	−1.63
油料	−0.49	0.01	−0.01	0.48	−0.02	−0.35

续表

项目	地下水水资源费增加5%			地表水水费增加5%		
	地下水用量变化	地表水用量变化	土地租金变化	地下水用量变化	地表水用量变化	土地租金变化
棉花	−0.48	0.02	−0.03	0.48	−0.02	−1.02
水果	−0.49	0.01	−0.04	0.47	−0.03	−1.68
蔬菜	−0.49	0.01	−0.05	0.47	−0.03	−1.81
其他农业	−0.49	0.01	−0.01	0.49	−0.01	−0.28
采选业	−0.25	0.25	−0.02	0.00	−0.50	0.00
食品制造及烟草加工业	−0.28	0.22	−1.46	0.00	−0.50	0.00
纺织及其制品业	−0.50	0.00	0.00	0.00	−0.50	0.00
木材加工及家具制造业	−0.02	0.48	−13.46	0.00	−0.50	0.00
造纸印刷及文教体育用品制造业	−0.17	0.33	−0.05	0.00	−0.50	0.00
化学工业	−0.44	0.06	−0.02	0.00	−0.50	0.00
金属冶炼与加工	−0.22	0.28	−0.03	0.00	−0.50	0.00
其他制造业	−0.45	0.05	0.00	0.00	−0.50	0.00
电力、热力、燃气的生产和供应业	−0.47	0.03	−0.08	0.11	−0.39	−2.81
水的生产和供应业	−0.11	0.39	−10.49	0.00	−0.50	0.00
建筑业	−0.50	0.00	0.00	0.00	−0.50	0.00
服务业	−0.48	0.02	−0.11	0.00	−0.50	0.00

通过对行业用地减少5%的情景进行模拟发现（表5-9），通过增加水资源费、调整种植结构可以实现对张掖市农业用水的有效控制，在供水和用水环节杜绝水资源的浪费。实现水资源费用与水费征收单位及财政归属的统一，有利于不同部门利益的统一，避免为提高本部门收入而鼓励使用其管理的水资源。

表5-9　行业用地减少5%情景的节水效果　　　（单位：万 m³）

项目	地表水减少量	地下水减少量	其他水减少量
小麦	−1328.05	−645.00	−15.54
玉米	−3686.80	−1541.27	−160.44
油料	−223.41	−86.03	−1.44
棉花	−91.32	−45.62	−0.28
水果	−1391.73	−477.89	−54.01
蔬菜	−846.31	−352.61	−29.27
其他农业	−371.28	−117.21	−2.53
煤炭开采和洗选业	0.00	−3.44	0.00
石油和天然气开采业	0.00	0.00	0.00
金属矿采选业	0.00	−5.63	0.00
非金属矿及其他矿采选业	0.00	−5.56	−0.02
食品制造及烟草加工业	0.00	−29.20	−1.00
纺织业	0.00	0.00	0.00
纺织服装鞋帽皮革羽绒及其制品业	0.00	−0.04	0.00
木材加工及家具制造业	0.00	−0.44	−0.02
造纸印刷及文教体育用品制造业	0.00	−2.65	−0.06
石油加工、炼焦及核燃料加工业	0.00	0.00	0.00
化学工业	0.00	−6.83	−0.26
非金属矿物制品业	0.00	−13.06	−0.41
金属冶炼及压延加工业	0.00	−8.00	0.00
金属制品业	0.00	−0.12	0.00
通用、专用设备制造业	0.00	−0.21	0.00
交通运输设备制造业	0.00	0.00	0.00
电气机械及器材制造业	0.00	−0.03	0.00
通信设备、计算机及其他电子设备制造业	0.00	0.00	0.00
仪器仪表及文化办公用机械制造业	0.00	0.00	0.00
工艺品及其他制造业	0.00	0.00	0.00
废品废料	0.00	0.00	0.00
电力、热力的生产和供应业	0.00	−4.71	−25.84

项目	地表水减少量	地下水减少量	其他水减少量
燃气生产和供应业	0.00	0.00	0.00
水的生产和供应业	−23.52	−85.57	−0.19
建筑业	0.00	−0.19	−0.20
交通运输及仓储业	0.00	−0.03	0.00
邮政业	0.00	0.00	0.00
信息传输、计算机服务和软件业	0.00	0.00	0.00
批发和零售业	0.00	0.00	0.00
住宿和餐饮业	0.00	−0.08	0.00
金融业	0.00	0.00	0.00
房地产业	0.00	0.00	0.00
租赁和商务服务业	0.00	0.00	0.00
研究与试验发展业	0.00	0.00	0.00
综合技术服务业	0.00	−0.38	0.00
水利、环境和公共设施管理业	0.00	−0.37	−0.05
居民服务和其他服务业	0.00	0.00	0.00
教育	0.00	−5.17	0.00
卫生、社会保障和社会福利业	0.00	−2.18	0.00
文化、体育和娱乐业	0.00	0.00	0.00
公共管理和社会组织	0.00	−0.01	0.00

4. 开展典型灌区水资源利用优化模型研究

项目组基于典型灌区农户的行为分析，通过绿洲农业的结构和格局变化，构建了黑河流域上、中、下游灌区生态经济模型（bio-economic model，BEM），并通过水资源模块的嵌入，集成灌区尺度农业水资源优化配置模型，厘定了栅格尺度上绿洲农业耗水强度格局与时间异质性特征，评估了不同水资源配置模式下的用水效率；通过开展黑河流域用水总量零增长、农户对不同水需求管理政策的响应等不同情景的分析模拟，探索了黑河流域水资源在部门间和区域间的优化配置方案（Shi et al.，2014）。结合混合分对数模型（mixed logit model，MLM），从效用和支付意愿的视角，揭示了公众对生态系统服务功能的偏好异质性。通过构建数据包络分析–截尾回归（data envelopment analysis-Tobit，DEA-Tobit）模型测度了典型灌区农户灌溉用水效率，并分析了其影响因素，为探索符合流域整体经济与生态协调发展导向的绿洲农业发展模式，实现流域经济与生态协调发展提供了重要参考。

耦合上、中、下游农户、牧户和灌区尺度的生产行为。研究根据种植结构特征、生产技术选择以及灌区空间信息分别选择了上游 3 个类型区、中游 4 个典型灌区、下游 1 个类型区构建了黑河流域 2013 年灌区尺度的 BEM。模型精度和灵敏度检验结果表明，上游自由放牧区、半农半牧区、舍饲养殖区，中游甘州大满灌区、甘州盈科灌区、高台罗城灌区、民乐益民灌区，下游牧业区等的模拟结果在农村经济收入、种植业结构、畜牧业结构和劳动力结构等方面均能够较准确地反映灌区实际经营情况。

通过开展对黑河流域用水总量零增长、农户对不同水需求管理政策的响应等不同情景的分析模拟发现，黑河流域 2020 年用水总量零增长战略对经济增长的负面影响较小，但对农业和食品加工业的影响较大，部分耗水高的作物将被耗水低的作物替代；同时，农民收入将下降 3.14%，干流灌区的损失大于沿山灌区；与 2010 年相比，2020 年农业中种植业需要压缩 2.82 亿 m³ 的用水（14%），其中 1.04 亿 m³ 提供给工业，0.43 亿 m³ 提供给生态、生活和第三产业，另有 1.35 亿 m³ 是为了满足用水总量目标约束必须压缩的水量。

研究发现，采用提高水价的措施来抑制用水需求，节水效果并不明显，且会导致作物灌溉成本增加，农民收入减少。水量控制措施能够取得较好的节水效果，但是灌溉用水减少会造成农业生产规模压缩，导致农民收入减少。农业用水的转移方案应以公众满意度和方案优化性为导向，在基于"公平""效率""生态可持续性"原则设计的水转移方案中，"公平与效率兼顾"方案最能够被多数利益相关方所接受（Sun et al.，2016；Liu et al.，2017）。

研究采用 DEA-Tobit 模型测度了平原灌区、北部荒漠灌区以及沿山灌区农户灌溉用水效率，并分析了灌区农户灌溉用水效率的影响因素。就三个灌区农户灌溉用水效率的变异程度而言，平原灌区农户的用水效率相对集中，节水空间为 0.51；农户用水效率的最低值出现在北部荒漠灌区，节水空间为 0.57；沿山灌区农户灌溉效率的平均值最低且农户间差异最大，节水空间达到 0.64。农户灌溉用水效率的主要影响因素包括农地细碎化程度、农户耕地面积、灌溉水源、灌溉方式及单方水收益等。

5.3.3 干旱区流域生态-水文-经济过程集成模拟研究的前沿方向

截至目前，本项目按照执行计划及时推进并完成了各阶段的研究任务，参照实际需要和国际发展前沿，进行了科学的实验设计和实地调研，获得了丰富的统计资料和调研数据，取得了相应的科研成果。基于现有研究，未来仍有以下工作有待进一步深入探究。

1）流域水资源综合管理决策支持系统有待进一步的技术开发与突破，逐步完善系统功能，使其成为集模块动态扩展、参数与系数自动更新、模拟情景设置、实时模拟与结果分析于一体的综合平台，进行更多的案例运行与测试来检验其科学性与适用性。研究通过设计水资源在社会经济系统转化利用的调研问卷，探讨了流域水资源利用关键影响因素及其时空变化特征，制备了生态、产业、社会经济类型的空间数据，但由于涉及数据量较大，相关数据有待进一步完善补充；研究对流域生态-水文-社会经济系统耦合模型进行了对比，模型对不同区域和情景对应的参数设置仍需作进一步探讨。

2）由于地表水与地下水存在相互影响、相互转化的情况，因此如何克服其导致的嵌入水土账户 CGE 模型模拟结果的误差，从而提高模型准确性将是下一步工作中需要解决的问题；另外项目组采用混合法编制县级投入产出表，鉴于小区域表基础数据薄弱、流入流出量大的特点，如何提高流入流出数据的质量，也有待进一步研究校验。

3）工业用水效率的测算对黑河流域生态-水文-社会经济耦合系统模型的建立和用水方案的制定具有重要意义。实际工作中，由于认识和经验水平的不同，可能会因用水评价结果的差异而得出错误的分析结论，由此导致概念模型失真甚至政府决策失灵。因此，在现已完成的研究基础上有必要对黑河流域水-生态-社会经济系统中的关键参数进行案例推理模型预测。

4）完善黑河流域生态水文知识库关键参数及相关知识点的收集。目前，项目组对流域系统以及全国主要地区和城市的社会经济方面的知识搜集已较为全面，但由于知识点较为分散及部分数据可获取性的限制，下一阶段，仍需完善黑河流域生态水文知识库关键参数及相关知识点的收集。此外，当前 CBR 模型采用 BP 神经网络对特征属性进行权重测算，基于灰色关联分析计算案例相似度，采用相似度加权的方法对目标案例进行预测，该模型仍存在较大的改善空间，下一阶段，拟对 CBR 模型进行优化完善，尝试多种方法逐步辨明模型运行过程中的关键环节，提高模型运行效率。

第6章 黑河流域集成模型与水资源管理决策支持系统

流域是由水资源系统、生态系统与社会经济系统协同构成的具有层次结构和整体功能的复杂系统，是地球系统科学研究的基本单元（Cheng and Li，2015）。为了更准确地刻画流域生态、水文、社会经济子系统之间的互馈关系和协同演变机制，并支持水资源综合管理和流域可持续发展，就必须开展流域生态–水文–经济集成模拟研究，发展以流域系统模型为骨架的流域水资源综合管理决策支持系统。黑河流域是干旱区典型的内陆河流域，是开展流域"水–土–气–生–人"集成研究的理想试验场地。黑河计划启动以来，黑河流域集成模型研究经历了从对特定生态–水文过程的改进，到全面发展新的、能够反映内陆河特征的流域系统模型的转变，基本建成了黑河流域生态–水文–经济系统集成模型（Li X et al.，2018a），为进一步以集成模型为工具，深入理解内陆河生态–水文–社会经济相互作用机理及开展预测和决策奠定了基础。

本章系统介绍了黑河流域生态–水文–经济系统集成模型及可持续发展决策支持系统，对它们的总体框架、实现方案、关键突破，以及面临的挑战等进行了详细的阐述。同时，基于未来气候变化、土地利用、生态变化及经济结构和政策调整情景，对黑河流域水–生态–经济系统的历史演进和未来变化进行了模拟与预估。此外，着眼于黑河流域和其他内陆河流域共同面临的可持续发展问题，开展了一系列模型实验，分析了不同情景潜在的利弊影响，并在此基础上，提出若干关于黑河流域水安全、生态安全及经济可持续发展的决策支持建议。

6.1 黑河流域生态–水文–经济系统集成模型构建

6.1.1 集成模型总体框架

作为一个典型的干旱区内陆河流域，黑河流域几乎涵盖了所有的陆地表层系统要素。黑河流域是开展流域"水–土–气–生–人"复杂系统集成研究的理想场所（Cheng et al.，2008；Cheng，2009；Cheng et al.，2014；Cheng and Li，2015）。因此，在黑河计划的新起点上，黑河流域模型集成承继了过去多年来的积累（Cheng et al.，2014），制定了新的目标：一是探索陆地表层系统科学的研究方法和范式，建立"水–土–气–生–人"耦合的流域系统模型（Li X et al.，2018b）；二是发展一个支持流域可持续发展决策的决策支持系统（DSS）（Ge et al.，2013；Ge et al.，2018）。这一目标依赖于过去十多年来，特别是黑河计划启动以来所发展起来的各种自然和社会经济系统模型。在这些已有的模型中，自然系统模型包括上游分布式水文模型、冰冻圈（冻土、积雪、冰川）水文模型、中下游三维地下水-地表水耦合模型、作物生长模型、荒漠植物生长模型、陆面过程模型等；社会经济系统模型包括土地利用模型、水资源模型、水市场模型、虚拟水模型、生态系统服务模型和水经济模型等。这些模型构成了黑河流域模型集成的基础和子模块，而一个集成的流域系统模型应同时考虑对自然和社会经济两大系统进行整合，从而形成自然-社会经济系统双向耦合、反馈、协同演进的流域系统模型（图6-1）。

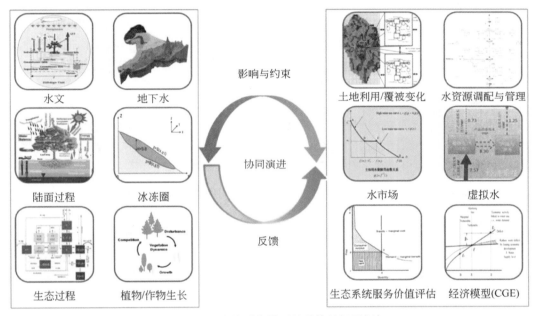

图 6-1 黑河流域系统模型的总体目标及框架

黑河流域生态-水文-经济系统集成模型包括了两大系统，即自然系统模型和经济系统模型，以及两个连接自然系统和经济系统的界面模型，即土地利用模型和水资源模型。黑河流域生态-水文-经济系统集成模型总体构架如图6-2所示。

自然系统模型包含了上游地区的分布式生态水文模型 GBEHM （geomorphology-based eco-hydrological model）和中下游地区的分布式生态水文模型 HEIFLOW （hydrological-ecological integrated watershed-scale FLOW model）。GBEHM 在 GBHM （geomorphology-based hydrological model）模型的基础上，耦合了冰川消融、积雪、融雪及土壤冻融等过程（Yang et al.，2015）；基于水分-能量-碳的交换，刻画了植被生理生态过程，可以对冻土区的土壤冻融过程、积雪与融雪过程及冰川变化进行更准确的模拟（Gao et al.，2016；Zhang Y L et al.，2017a；Gao B et al.，2018；Zhang et al.，2018）。HEIFLOW 模型以 GSFLOW （coupled ground-water and surface-water FLOW model）模型为骨架，成功耦合了水资源模型，增加了可变土地利用动态输入、通用生态水文模块、干旱区农田生态水文模块、荒漠植被生态水文模块、胡杨分布和生长模拟（Yao et al.，2015；Tian et al.，2018），

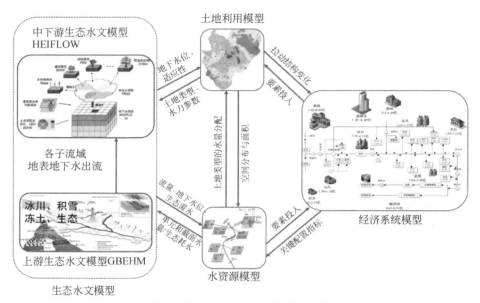

图 6-2　黑河流域生态–水文–经济系统集成模型框架

从而形成了刻画地表水–地下水–生态过程–水资源利用的三维分布式生态水文模型。上游和中下游生态–水文模型以上游各个子流域的地表水出山径流量和地下水出流量为耦合变量，实现了二者之间的松散耦合，从而实现了全流域生态–水文模型的构建。

经济系统模型是黑河流域生态–水文–经济系统集成模型中另一个重要的部分，在流域的水资源综合管理及流域可持续发展规划中起着引领性作用。黑河流域经济系统模型是模拟分析水资源约束的空间经济学模型。其以资源优化配置与实证经济学为理论依据，以调查数据、投入产出系数等为参数，模拟经济社会系统需水总量及结构，评估水资源调控绩效及经济影响，分析流域、区县及灌区三个尺度的水量平衡，揭示水–经济系统诸要素的时空动态过程及效应。

黑河流域经济系统模型通过土地利用模型与水资源模型这两个自然系统和经济系统之间的界面模型，实现了生态水文自然系统模型与社会经济系统模型的耦合。社会经济系统产业扩展或缩减会直接影响用地规模，进而改变土地利用结构。土地利用结构变化通过土地系统动态模拟模型反映到土地利用的空间格局变化中，其模拟结果耦合到生态–水文模型中，从而量化土地利用/覆被变化的水文水资源效应，这一关键的反馈过程通过水资源模型中的水量分配影响流域、区县与灌区尺度上的社会经济系统可用水资源量，进而实现自然系统与社会经济系统的双向耦合和闭合反馈。

1. 上游生态–水文模型（GBEHM）

黑河上游地区生态–水文模型集成在分布式水文模型的框架中，充分考虑高寒山区复杂地形和冰冻圈过程，耦合大气–植被–积雪–土壤–冻土间的水热传输、植被动态和冰川消融等过程，研发适用于高寒山区的分布式生态水文模型（GBEHM），基于高寒山区生态

–水文过程与寒区过程的耦合机制，探讨它们对人类活动和气候变化的响应。GBEHM 采用流域–子流域–汇流区间–网格–山坡的空间离散方案，基于高分辨率的坡向、土壤类型和植被类型等下垫面信息提取 1km 模型网格内不同属性山坡单元的类型和面积占比。基于能量与物质平衡原理和输入参数，在每个山坡单元上分别模拟蒸散发、产流以及冰雪消融、土壤冻融和植被动态等过程（图 6-3）。

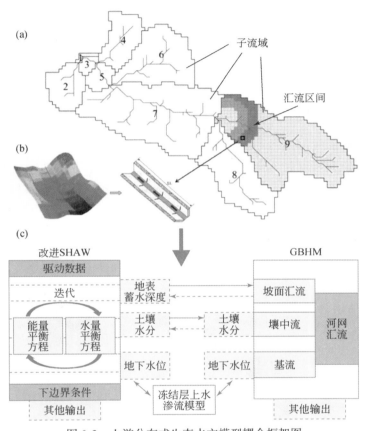

图 6-3 上游分布式生态水文模型耦合框架图

GBEHM 集成了山区辐射模块，以刻画坡度、坡向以及山体阴影对复杂地形条件下太阳辐射、冰雪消融、蒸散发和土壤冻融等过程的影响（Zhang et al.，2018）。模型利用土壤水运动方程和非恒定水流运动方程描述山坡单元上的产流，并采用 Horton–Strahler 河网分级方法和运动波方程计算河道内径流的汇流演进（Yang et al.，2015）。在黑河上游流域，GBEHM 是迄今为止对地形、冰冻圈水文过程、生态过程与坡面水文特征考虑最为系统和完善的物理分布式水文模型。借助该模型，能够综合模拟和分析流域内积雪、冻土和生态–水文过程的时空变化过程。例如，Zhang 等（2017）的模拟结果表明，气候变暖导致的冻土退化短期内会导致地表径流的减少和地下水补给的增加。Gao T G 等（2016）、Gao B 等（2018）借助该模型分析了黑河上游过去 50 年来植被类型、降水、蒸散发、径流、土壤水分、季节冻土冻结深度和多年冻土活动层厚度等的空间分布格局及其变化机理，以及冻土退化对流域生态–水文过程的影响。Li 等（2019）在综合多套积雪模拟方案的基础上，发展了基于能量平衡方法的多层积雪模型，着重对升华潜热与升华质量损耗的参数化方案以及雪层中融雪水流过程求解的迭代处理进行了改进，同时建立了积雪表面受到风扰动的分层参数化方案，并在此基础上，采用了一种详细的融雪水分离方法，以确定径流生成过程中的融雪贡献和路径。GBEHM 虽然针对黑河上游开发，但它同样适用于其他寒区流域，为了便于模型的推广应用，目前已开发了支持并行计算的自动化程度较高的模型输入数据前处理程序 PreGBEHM。为了既保持模型的计算效率（1 km 网格甚至更粗），又能获得准确的流域范围和汇水关系，PreGBEHM 使用高分辨率的 DEM 进行流域划分，然后进行降尺度获得较粗模型网格内的参数，增强了模型在地形平坦区域的适用性，如高原和环北极区域。

2. 中下游生态–水文模型（HEIFLOW）

与上游的产流过程不同，中游和下游地区是流域内水资源的重新分配与消耗区。中游地区的生态–水文模型集成主要集中于二维地表水模型、三维地下水模型、生态模型的耦合，通过整合作物生长模型及农业水资源管理模型，最终建立地表–地下水耦合的生态–水文过程模型 HEIFLOW（图6-4）。

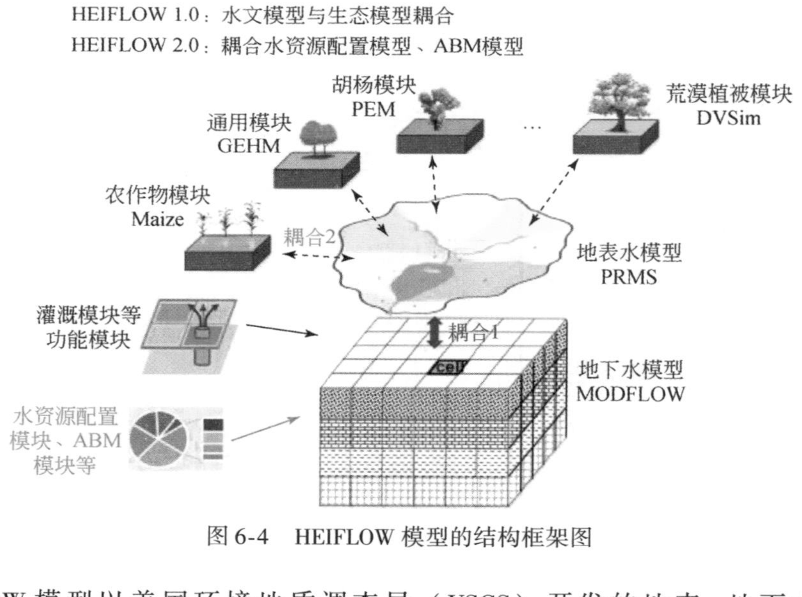

图 6-4　HEIFLOW 模型的结构框架图

HEIFLOW 模型以美国环境地质调查局（USGS）开发的地表–地下水耦合模型 GSFLOW 为基本骨架（Markstrom et al.，2008；Tian et al.，2018）。GSFLOW 模型耦合了地表水模型 PRMS（precipitation-runoff modelling system）（Leavesley et al.，1983）与地下水模型 MODFLOW（modular groundwater flow model），从而能完整地刻画流域地表、土壤带、非饱和带、饱和带、河道和湖泊等的水文过程。针对黑河中下游地区特殊的生态水文环境，HEIFLOW 模型对 GSFLOW 模型进行了改进和扩充，主要包括如下内容：①为土壤带水流模型引入了多毛管库设计，不仅能细致模拟破碎下垫面的生态过程，而且可更好地支持动态土地利用模拟；②增加了土地利用动态输入的功能，从而能更好地表征土地利用的激烈演化；③增加了农业灌溉模块，更准确地刻画了中游大规模的灌溉活动（渠系分水灌溉、地下水抽取灌溉）及其水文影响，显著提升了模型的模拟精度；④增加了以灌区为主体的 ABM 水资源配置模块，更好地为水资源管理服务；⑤增加了农作物、荒漠植被和胡杨等生态模块及通用生态模块，完成了生态–水文过程的耦合，更好地揭示了生态–地表水–地下水的互馈机制与协调演进特征。

3. 流域水–经济集成模型

水资源在农业、生态及经济系统三者之间的优化调配问题是黑河流域水资源综合管理最为核心的根本问题，而以水资源需求预测及单位水资源的产出为目标的水资源管理也是集成模型的重要部分。目前，在厘清经济系统和生态–水文过程两者之间的相互作用机制的基础上，建立了以投入产出表为基础的水资源和经济要素之间相互作用的水–经济系统模型（Water Economic System Model，WESM）（Wu et al.，2017）。该模型将生态–水文过程影响经济系统的路径及模式进行了分析，将二者之间以水资源供给、土地利用变化为交互界面的作用及反馈机制进行了探讨（图 6-5）。WESM 可以有效地模拟城市化和产业转型发展情景下的社会经济系统的用水需求，是一个高效水资源管理的科学决策支持工具。此外，社会经济核算矩阵（Social Accounting Matrix，SAM）是另一个扩展的投入–产出–分配闭合矩阵，其中增加了诸如生产者（户主与公司）的收入分配和政府管理制度（税收、补贴）对生产的影响等内容，将生产部门和所有经济实体的生产–消费–分配–生产过程进行了闭合连接。基于水资源的 SAM 被应用于黑河流域水资源账户管理中，基于 SAM 的乘数模型被用来分析经济结构、反馈机制及不同部门之间的水资源分配影响问题（Zhou Q et al.，2017a）。该模型也服务于模拟不同农业用水价格变化情景下的不同产业部门之间

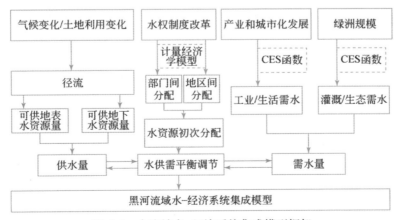

图 6-5　全流域水–经济系统集成模型框架

的影响和反馈作用,以提高流域水资源分配和管理的科学决策水平。此外,基于虚拟水的多区域投入-产出模型对水资源紧缺度进行了分析(Zhang Y L et al.,2017b),计算结果显示,黑河流域每年的虚拟水输出量为 $1.05×10^9 m^3$,占整个流域水资源量的1/3,是一个虚拟水的净输出区域。农业部门是水资源的消耗大户,其中玉米和小麦的消耗占一半左右。不仅如此,利用 WESM 模型还可以对水资源灌溉利用效率(Irrigation Water Use Efficiency,IWUE)和单方水生产力进行有效评估(Zhou Q et al.,2017a)。

6.1.2 模型耦合方案

1. 黑河上游与中下游的生态-水文过程模型的耦合

黑河上游与中下游的生态-水文过程主要通过地表径流联系起来,具体表现为上游河道的出流作为中下游河道的入流。除地表径流外,上游一些浅山区的产流会通过入渗进入地下水系统并最终补给到中下游地区。根据 GBEHM 模拟的结果,上游山区 14 条主要河道的总流量约为 35 亿 m^3/年,另外,浅山区入渗到地下水的总量为 5.8 亿 m^3/年,其中4.6 亿 m^3 补给中下游地区,剩余 1.2 亿 m^3,则补给深层地下水。无论通过地表径流还是地下水流,上游对中下游的影响都是单向的,即中下游的生态-水文过程不会对上游过程产生影响。因此,在黑河流域,上游模型(GBEHM)和中下游模型(HEIFLOW)是通过"线下"(offline)文件传递的方式进行耦合的,这是一种单向的松散耦合。

2. 自然系统模型与水资源模型的耦合

水资源模型的目标如下:①确定每个灌区的地表水资源需求量;②确定每个灌区的地下水资源需求量;③确定下游地区总径流需求量。基于此,在水资源模型中建立了相应的3 个子模块:第一个是基于不同经济发展情景建立总水资源需求预测模型;第二个是在不同水资源分配及约束条件下的地表水、地下水配水需求模拟子模块;第三个是总供需平衡下的滚动修正模块。在 HEIFLOW 中水资源模型中的这 3 个子模块分别和地下水模块(计算可抽取的地下水资源量)、河流模块(预测可利用地表水资源量)、灌溉模块(实际的地下水和地表水抽取量)耦合在一起。自然模型和水资源模型的关键连接点是农作物面积、农作物种植结构、作物需水过程、每个灌区地表水/地下水比例及水资源利用率。所有这些都基于整个流域的水边界条件,即保证黑河流域地下水的安全水位及下游最小生态需水量。Tian 等(2016,2018)开发了一个综合的地表水-地下水地理数据过程展示及模拟系统 Visual HEIFLOW(VHF)。该系统大大提高了对整个黑河流域水资源利用过程的理解和可视化,为水资源利用提供了科学决策支持。

3. 自然系统模型和经济系统模型的耦合

自然参数传递是通过水资源和土地利用两个界面模型实现的。生态水文模块对经济模块的反馈主要体现在供水条件变化引起用水分配变化,而经济模块对生态水文模块的反馈主要体现在用水需求的变化引起的生态-水文过程变化。在社会经济系统的发展过程中土地资源要素起了重要的支撑作用,产业发展结构的转型拉动了土地利用结构的变化。土地利用变化动态模拟结果被传递给生态-水文模型,进而引起流域不同用水节点的产水变化。另外,社会经济模型中经济发展的结果和表现促使土地利用结构变化。模拟结果显示,自然系统模型和经济系统模型耦合的集成模型,其计算成本激增,计算量呈指数增加。为了提高决策支持的效率,目前采取的措施是利用代理模型(Surrogate Modeling Approach, SMA)实现基本的自然模型和经济模型的耦合。代理模型有两种实现途径:①响应面算法,在多个解释变量和模型输出变量间找到数据间的驱动关系(Razavi et al., 2012;Wu X et al., 2016b);②适应算法,用小样本训练集建立初始响应面,交互式地再增加训练样本点,更新和优化算法结果(Pereira et al., 2007;Forrester and Keane, 2009)。在模型集成过程中,土地利用模块的模拟结果(如耕地、森林、草地、水体等的比例)被传递到生态-水文代理模型中。该模型提供了总水资源量给经济代理模型,而经济代理模型则反馈不同产业部门在不同气候变化情景下和经济发展情景下的总水资源需求量给生态-水文代理模型。然后,经济代理模型的模拟结果反馈土地利用需求给土地利用模块。基于代理模型,实现了生态、水文和经济的耦合,最终建立了黑河流域生态-水文-经济系统集成模型。

6.1.3 模型性能检验与应用

1. 模型性能检验

黑河流域近些年来开展的综合实验,如黑河综合遥感联合试验(WATER)(Li X et al., 2009b)和黑河生态水文遥感试验(HiWATER)(Li X et al., 2013a),以及黑河流域各种蒸散发、叶面积等遥感产品,为黑河流域生态-水文-经济系统集成模型提供了多尺度、高质量的验证数据,为验证和改进集成模型提供了基本保证。

GBEHM 模型已经应用于黑河上游,可以较好地模拟河流源区较大空间、较长时间内大气-植被-土壤-冻土-积雪-冰川系统复杂的相互作用和时空变化。在中下游的平原区,验证结果表明(Tian et al., 2015),HEIFLOW 模型在功能的完备性、模型性能、模拟和预测能力方面均领先于现有模型。

我们进一步利用黑河流域地表过程综合观测网(Liu S M et al., 2018a)获取的长时间序列地表蒸散发(ET)地面验证数据集,包括黑河中游 2012 年植被生长季 6~9 月、黑河下游 2014~2015 年植被生长季 6~9 月模式网格/像元尺度地表蒸散发数据集(Liu F et al., 2016b;Liu and Xu, 2018),黑河上游阿柔站 2013~2016 年、黑河中游大满站 2013~2016 年、黑河下游四道桥站 2016 年的植被生长季 6~9 月大孔径闪烁仪(LAS)观测数据和 2012~2016 年植被生长季(6~9 月)流域逐日 1km 的地表蒸散发数据集(ETMap)(Xu et al., 2018),对流域生态-水文模型进行了全面的检验,验证了 GBEHM 和 HEIFLOW 在整个流域 2012~2016 年植被生长季的蒸散发模拟结果。通过与模式网格尺度 ET 的对比发现，模型模拟结果的 RMSE 在上游（阿柔站）、中游（大满站）和下游（四道桥站）分别为 0.7 mm/d、1.3 mm/d 和 2.3mm/d，MAPE 分别为 19.1%、24.7% 和 58.6%。在上游地区，GBEHM 模拟的 ET 在 1km 网格上最接近模式网格尺度 ET；在中游两个值也非常接近，但是 HEIFLOW 的模拟结果在 2013～2014 年有较大的波动性，相比模式网格尺度 ET，在植被生长起始阶段和结束阶段均相对高估，但在下游地区明显低估。基于 ETMap 的流域尺度上的验证结果表明，模型模拟的平均准确度（1–MAPE）为61.13%，上游草地和森林的准确度为 72% 和 74%，中游农田和荒漠的准确度为 70% 和51%，下游胡杨林、柽柳和荒漠的准确度为 54%、33% 和 60%，裸地最低，在 30% 左右。从模型模拟的 ET 与 ETMap 的变化范围对比来看，两者的变化范围较为接近，但模拟值的均值和中位数在上游地区低于 ETMap 值。中游的 HEIFLOW 模拟的 ET 也相对低于 ETMap 的值。在下游，HEIFLOW 模拟的 ET，其均值和中位数明显低于 ETMap，且差距较大。

2. 模型应用

我们使用生态–水文集成模型和综合观测对黑河流域水文循环进行分析，量化并闭合了流域、子流域、河道及灌区的水量平衡。

黑河流域水循环有几个明显的特点：①上游山区：垂直地带性明显，具体表现为随着海拔升高，降雨增加，蒸散发减小，径流深和径流系数增加。冰冻圈水文过程对水循环有重要影响：冰川、积雪、冻土消融形成稳定径流，径流年际变化小，在基流中占比大。②中游农业绿洲：自然过程（强烈的地表水–地下水交换）和人类活动（灌溉、地下水开采和生态输水）占据主导，水资源利用已达到其临界阈值；地下水的过度开采改变了河流–含水层系统，造成地表水–地下水相互作用发生巨大变化。③下游极端干旱区天然绿洲：随着 2000 年生态输水工程的实施，下游输水从每年 7.6 亿 m³ 增长到每年十多亿立方米。其中，约 39% 用于滋养天然绿洲，4% 维持尾闾湖等水体，9% 用于维持河道径流和水库蓄水，13% 用于灌溉迅速增加的耕地，剩余的 35% 则通过荒漠蒸发散失。总的来说，下游地区的生态系统已经恢复到一定程度，但是下游耕地的扩张引起了人们对整个流域水资源配置可能的不公平性的极大关注。

过去十年里，黑河流域水循环最主要的变化如下：由气候变暖引起的降水增加，由冰川、积雪消融导致的径流量增加；中下游地区由生态输水工程导致的水资源重分配和不合理利用。这些变化有利有弊：水资源时空再分配，下游生态系统修复，耕地面积扩张，地下水开采增加。这其中，人类活动要比气候变化起着更加重要的作用。

通过在黑河流域这样一个复杂内陆河流域构建的不同尺度的水循环框架，我们对于内陆河流域水文循环的认识大大提升了。针对黑河流域的生态–水文集成模型也可以作为全球其他内陆河流域水资源最优分配的工具。由于内陆河流域在自然地理、气候状况、水文循环、水资源问题上大体相似，因此本研究结果不仅有助于理解黑河流域的水文循环，同样也可以向全球其他内陆河流域水资源管理政策的制定者和相关利益者提供重要的参考。

6.1.4　挑战与方向

黑河流域模型集成的亮点如下：在上游生态–水文集成模型 GBEHM 中新增了冰川水文模块、冻土水文模块、植被动态模块，完善了积雪水文过程模块（Yang et al., 2015；Gao et al., 2016；Qin et al., 2016；Zhang Y L et al., 2017a；Gao B et al., 2018a；Zhang et al., 2018）；在中下游生态–水文集成模型 HEIFLOW 中耦合了水资源配置模型，增加了可变土地利用动态输入、灌溉模块、通用生态水文模块、干旱区农田生态水文模块、荒漠植被生态水文模块、胡杨分布和生长模拟（Yao et al., 2015；Tian et al., 2015；Li X et al., 2017e；Tian et al., 2018）。以上游对中下游的地表水和地下水输送为纽带，实现了上中下游模型的集成。以水资源和土地利用模型为交互界面，完成了流域生态–水文模型与经济系统模型的集成。黑河流域生态–水文–经济系统集成模型在功能的完备性、模型性能、模拟和预测能力、不同流域的适用性、对遥感数据的应用方面领先于现有模型（Li X et al., 2018a）。

然而，流域模型集成还面临着众多的挑战：①流域自然系统模型还有待进一步完善。目前黑河流域集成模型中，生态–水文模型与区域气候模型未实现双向耦合，因此无法再现内陆河流域水分内循环，也无法模拟地表水、地下水、灌溉等水资源利用及生态变化对区域乃至更大尺度气候的反馈作用。同时，已有的生态水文模块，在植被变化及过程演替、生物地球化学循环等方面的功能还比较薄弱，仍需在未来加强。②自然和社会过程的深度耦合尚未实现。目前黑河流域已建立的集成模型还不具备全面、深刻表达自然和社会经济系统互馈关系的能力，还缺乏对政策变化、观念演变、行为转变、技术进步对自然过程影响的模拟能力，因此，还难以针对未来水资源管理和用水方式的可能剧烈变革，做出合理的预测并提出应对方案。为了更好地支持流域可持续发展，未来还需要以黑河计划模型集成成果为基础，进一步建立真正双向耦合自然–社会系统的流域系统模型，提升对内陆河流域复杂系统的理解，探索陆地表层系统科学前沿。③流域模型集成研究应紧跟表层地球系统科学及地球观测与信息技术的进步。流域科学是一个不断变革的科学，其突破依赖于水文、生态、地球化学、土壤、地貌、可持续发展等科学领域以及跨学科领域的突破。为了促进流域系统模型的发展，未来需要引入相关领域所出现的新观点和新方法，如达尔文进化计算和软系统方法论，同时融入遥感、大数据、物联网、数据同化等技术的进步。④未来应重视模型预测研究和决策支持应用，以及模型的推广。要真正实现未雨绸缪，需要不断提高模型的预测能力，并重视情景分析及决策不确定性研究。同时，未来应加强科学模型在科学与决策之间的桥梁作用，通过进一步整合多源观测、专家知识、网络大数据，实现定性到定量信息的融合，构建可持续发展综合集成研讨厅，从而更好地发挥决策支持作用。此外，黑河流域的模型集成研究成果，也可以推广到全球其他内陆河流域——特别是丝绸之路经济带上的干旱区内陆河流域，从而为政策制定者和利益相关者提供有用的参考，为治理"咸海综合征"做出贡献。⑤ 最后，流域系统模型显然应该是一个公共模型，其未来的发展依赖于多学科的研究人员有效地协同作战。黑河流域的模型集成研究，需要继续秉承"十年铸一剑"的精神，共同打造出一个更加成熟的流域科学的模型平台——如此，才可能更好地在流域尺度上实践地球系统科学的理想。

6.2 黑河流域可持续发展决策支持系统

6.2.1 流域决策支持系统研究现状与挑战

流域作为地球系统的一个子系统在全球可持续发展中占有重要的地位。从自然科学的角度看，流域是独立的地理单元；从社会科学的角度看，它又是统一的和复杂的管理单元。地质作用、气候、水文与人类活动的强烈扰动时常改变着流域边界和形态，加之流域内部各区域之间存在资源竞争，为流域的管理带来巨大挑战。随着全球经济系统的迅速膨胀，流域内人-地相互作用日趋强烈，引起了生态环境、经济发展、社会稳定等问题，为流域可持续发展带来巨大影响（Li X et al.，2015c）。为解决流域人与自然的协同发展，已有大量的科学方法和技术手段被广泛应用于流域管理，如集成水资源管理（integrated water resources management，IWRM）（GWP，2009）、集成流域管理（integrated watershed management，IWM）（Heathcote，2009）、决策支持系统（decision support system，DSS）（Rao and Kumar，2004）等。其中，决策支持系统是近几十年来发展最为迅速的一种解决流域复杂问题的方法。

决策支持系统源于管理学，以运筹学、控制论和行为科学为基础，其主要特点是能够解决非结构化和半结构化问题，重点是定量模型应用、数据分析和为决策者提供决策依据（Power，2007），目标是辅助决策（Arnott and Pervan，2008），而非替代决策（Turban，2007）。决策支持系统提出之后，已被广泛应用在流域管理中，如水资源管理（Jamieson and Fedra，1996；Mysiak et al.，2005；Argent et al.，2009；盖迎春和李新，2011，2012；Ge et al.，2013）、环境评价（Guariso and Werthner，1989）、土地利用评价与规划（Chidley et al.，1993）、生物多样性保护（Laurans and Mermet，2014）和可持续发展（Mateos et al.，2002）等。决策支持系统的作用是，根据决策者的需求，科学家将刻画地表过程的各物理模型以及相应驱动数据集、参数集集成到决策支持系统框架下，决策者可以通过使用该系统来获取决策过程中有用的信息。

几乎所有的决策支持系统都是基于三部件结构（Sprague，1980；Mittra，1986），即对话部件（人机交互系统）、数据部件（数据库管理系统和数据库）和模型部件（模型库管理系统和模型库），以及三系统结构（Bonczek et al.，1980），即语言系统（language system，LS）、知识系统（knowledge system，KS）和问题处理系统（problem process system，PPS）。三系统结构中，把数据和模型统一在知识系统中，数据被看成事实知识，模型是过程知识，规则是产生知识，这些知识都能为解决决策问题提供服务。Inmon（1991）基于数据仓库构建决策支持系统的想法，很大程度上推动了数据驱动决策支持系统的发展。由于人工智能迅速发展，其发展出的多种方法不断被引入决策支持系统中，便形成了智能决策支持系统（intelligent decision support system，IDSS）。IDSS 主要是以知识处理为主体，利用知识进行推理，完成决策者定性分析的部分智能行为。随着科学建模技术、人工智能技术、网络技术、大数据技术、多源观测技术的发展，决策支持系统的结构逐渐由三部件结构发展到目前的 n-库结构。

与此同时，流域决策支持系统的发展以流域问题为驱动，突出体现在数据集成和模型集成上。以数据仓库和大数据为技术支撑的数据管理与分析系统在决策支持系统中发挥着越来越重要的作用，除了通常的数据存储和管理之外，其更重要的任务是从多源大数据（网络、统计、遥感、观测等数据）中发现不同要素（自然和人文）间潜在的交互规律，为科学模型提供数据支撑。在流域尺度上，数据集成是流域集成研究的核心环节，是发展、改进和验证模型的基础（李新等，2010a）。此外，模型是决策支持系统的核心部件，以地学为基础的流域决策支持系统发展的重要组成部分是模型的发展。从最初的单自然要素模拟（Andersen et al.，1971）到多自然要素模拟（Engel et al.，2003），再到生态水文与社会经济综合模拟（李新等，2010c），一直发展到目前的综合模型集成环境，相应的决策支持系统也经历了四个阶段：模型模拟，模型模拟+DSS，情景分析+集成建模环境+DSS 工具，情景分析+集成建模环境+综合观测平台+DSS 工具（盖迎春和李新，2012）。然而，很多基于过程模拟的地学模型都十分复杂，尽管计算机科学、计算能力和存储能力在迅速发展，但高效的计算方法和人–地过程的精确表达之间的矛盾仍未很好解决，高运行成本是限制科学模型在决策支持系统中应用的主要因素之一。代理建模方法是一种有效的通过降维来降低模型运行成本而又能够保留过程中的主要模拟行为的方法，它是对地球系统过程模拟的一种高度简单抽象，已被广泛应用于水资源、环境科学、水文学等领域（Razavi et al.，2012）。

此外，在决策支持系统研建方面，针对不同流域存在的特定问题，已有很多成功的决策支持系统相继出现，如 Modsim（Labadie，1995）、AQUATOOL（Andreu et al.，1996）、RiverWare（Zagona et al.，2001）、Low Flows（Holmes et al.，2005）、MOIRA-PLUS（Monte et al.，2009）、HD（Ge et al.，2013），以及多尺度灌溉分析决策支持工具 DSIRR（Bazzani，2005）、灌溉计划管理决策支持系统 SIMIS（Mateos et al.，2002）。在我国许多地区也建立了一系列的水资源管理决策支持系统来解决流域特定问题，包括黄河水量调度管理决策支持系统（李燕和李满春，2009）、黑河流域水资源管理决策支持系统（盖迎春和李新，2011，2012；Ge et al.，2013）、塔里木河流域水量调度决策支持系统（魏加华等，2009）、邯郸地区水资源管理决策支持系统（朱长军等，2008）、灌区水资源实时优化调配决策支持系统（徐建新等，2003）等。

这类决策支持系统的共同点是决策目标针对流域特定的一个或一类实际问题，建立相应的模型，然后利用气候数据、社会经济数据，进行水文、生态、社会经济系统集成模拟和分析，为相关部门决策者提供决策依据。然而，当遇到新的问题时，管理者和开发者必须集成新的模型来满足用户的需求，这个过程极大地挑战着决策支持系统的适应性和灵活性。

因此，为了能够满足解决变化的流域所面临的复杂和不确定的问题的需求，流域管理决策支持系统将面临如下挑战。

1）如何增强决策支持系统的可用性、易用性、灵活性，使决策支持系统更容易被决策者接受？

2）如何将复杂的地学模型应用到流域管理中，为决策提供支持？

3）如何使决策支持系统能够解决流域管理规划中的实际问题？

为了能够使流域可持续发展决策支持系统（river basin sustainable development decision support system，RisDSS）应对目前流域管理决策支持系统的挑战，我们从以下几个方面对流域管理决策支持系统进行了扩展：①将流域可持续发展目标（River Basin Sustainable Development Goals，RiSDGs）作为流域决策目标来应对变化的流域发展问题；②利用两层模型集成框架实现不同流域自然与社会经济过程的集成模拟和可持续性评价；③通过多技术集成实现友好的人机交互系统。这些扩展被集成到决策支持系统框架中，形成流域可持续发展决策支持系统。

6.2.2 黑河流域可持续发展决策支持系统

1. 可持续发展决策支持系统框架

流域可持续发展决策支持系统被设计目标是以流域可持续发展目标为决策目标（Ge et al.，2018），应用情景分析与集成模型来分析不同情景下不同时段各生态水文和社会经济要素的状态，进而结合可持续性评价模型评价不同情景下每种状态的可持续性，发现符合流域可持续发展的路径，来支持流域决策者选择决策方案。这个系统的特征是开放性、多层集成、通用性和灵活性。为了更有效地扩展系统的鲁棒性和灵活性，必须考虑以下关键问题：①如何集成不同学科领域的科学模型；②如何建立可持续发展目标（sustainable development goals，SDGs）与流域发展目标的关联关系；③如何选择一条符合流域可持续发展的路径。

该系统的体系结构如图 6-6 所示，主要由 8 个部分组成：①人机交互界面组件，用于通过 Web 页面响应用户请求，包括将非结构化和半结构化问题转换为系统能够识别的信息；②流域可持续发展目标定制组件，用户可以从 RiSDGs 中自由选择符合本流域特征的可持续发展目标和指标，构建本流域的可持续发展指标体系；③情景分析组件，其提供了四类情景参数，即气候情景、土地利用情景、社会经济情景和水资源管理情景，通过这四类情景参数可以形成多个组合情景；④集成建模组件，该组件通过输入/输出（I/O）接口将生态-水文模型与社会经济模型耦合在一个模型集成框架下；⑤指标模型组件，一组指标模型用于将集成模型输出的自然和社会经济要素状态量转换为流域可持续发展目标和指标；⑥可持续性评价组件，用于分析不同指标背离预期目标的趋势；⑦GIS 组件，实现空间数据的显示、存储，同时可视化可持续性评价结果；⑧数据管理组件，可以实现模型与模型库、RiSDGs 与 SDGs 指标库以及可持续评价与知识库和模型结果之间的信息传输。

RisDSS 基于集成开发环境 IDE（integrated development environment）Eclipse-Oxygen

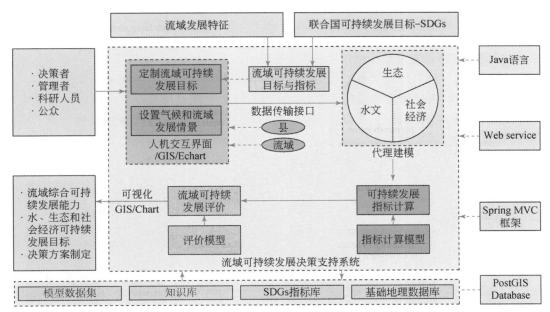

图 6-6　RisDSS 系统体系结构

4.7，利用 Java 语言开发而成。该系统利用 Spring MVC 框架将模型和事务封装成组件，通过设计有效的数据传输接口实现各组件之间的信息传递。开放式数据连接（open database connection，ODBC）利用数据库应用程序接口（application programming interface，API）来管理空间数据，并将其存储在 PostgreSQL 数据库中。为了能够建立更适合用户操作的决策支持系统，利用 GIS、EChart 和 JavaScript 设计出简单而有效的人机交互界面去处理用户的请求，并将结果以多种可视化方式展现给用户。流域可持续发展决策支持系统的人机交互界面示例如下（图 6-7）。

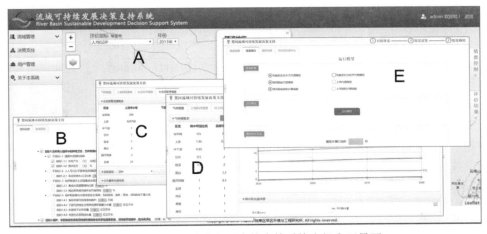

图 6-7　流域可持续发展决策支持系统人机交互界面

A 为主要界面，以 GIS 和图表方式展示评价结果；B 为可持续发展指标定制页面；C 为水资源管理情景参数设置页面；D 为气候情景参数设置页面；E 为集成模型设置页面

2. 流域可持续发展决策支持系统的实现

（1）流域可持续发展目标框架

流域可持续发展目标框架基于联合国 2030 年可持续发展目标和流域特征所创建，如图 6-8 所示。流域可持续发展目标是通过将 SDGs 降尺度到流域尺度，为流域可持续发展决策支持系统提供决策目标。在流域可持续发展目标框架中，根据流域的自然特征、不同区域间资源配置政策和发展面临的问题，形成三类基本的流域可持续发展目标。

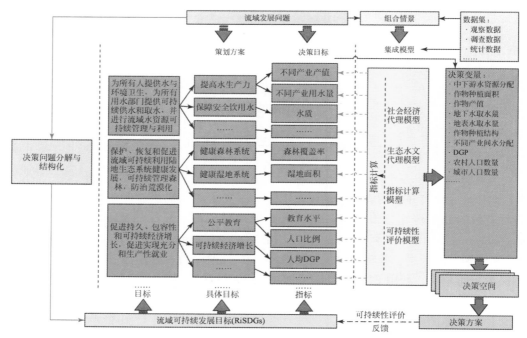

图 6-8　流域可持续发展目标框架

每个基本的流域可持续发展目标中都包含五个目标：①可持续的水管理，其涵盖了 SDGs 中的 Goal6、Goal11、Goal12、Goal14，4 个目标 9 个具体目标；②健康的生态系统，其中涵盖了 SDGs 中的 Goal14、Goal15，2 个目标 15 个具体目标；③可持续社会经济发展，其涵盖了 SDGs 中大多数与社会经济相关的目标和指标，包括 Goal1、Goal2、Goal3、Goal4、Goal5、Goal8、Goal10、Goal12 与 Goal16 共 9 个目标 76 个具体目标；④能力建设，其中涵盖了 SDGs 中的 Goal9、Goal11、Goal13 与 Goal17，共 4 个目标 42 个具体目标；⑤数据体系建设流域可持续发展目标与 SDGs 之间的详细的关联关系见附表 1。这五个可持续发展目标下的具体目标与流域规划方案对应，其量测指标与决策目标相对应，从而使流域决策目标与流域可持续发展建立了对应关系，使决策目标随着流域可持续发展目标的变化而改变。

然而，在流域可持续发展决策支持系统中，流域可持续发展目标并不局限于这五个基本目标，决策者可以根据自己的需求扩展，形成适合本流域的可持续发展目标。黑河流域可持续发展目标包括三个：可持续的水管理、健康的生态和可持续的社会经济发展。

（2）情景分析

情景分析的目标是帮助决策者做出成功的选择。情景分析可以通过设置的一组或几组情景组合，借助流域模拟模型来分析不同生态水文和社会经济要素在未来的动态变化，增强对生态水文和社会经济发展趋势的理解，从而为决策者提供关键的决策信息。

黑河流域可持续发展决策支持系统中包含了四类情景参数，即气候情景参数、土地利用情景参数、社会经济情景参数和水资源管理情景参数。气候情景参数包括气温和降水，气候情景数据采用 Xiong 和 Yan（2013）利用区域气候模式（RCM）产生的 1980～2016 年的温度和降水数据，具体情景计算方法见 6.3.1 节。土地利用情景采用了李小雁等（2020）制备的黑河流域生态情景集，详细情景制定过程见 6.3.2 节。土地利用情景参数包括耕地变化率、林地变化率、草地变化率、城镇用地变化率和水域面积变化率，土地利用情景中各参数的变化范围由土地利用模型计算得到。社会经济情景采用了 2010 年 IPCC 提出的共享社会经济路径（Shared Socioeconomic Pathway，SSPs）（van Vuuren et al.，2012），利用人口模型、城市化模型和经济模型来预测未来社会经济要素的变化，形成不同社会经济发展情景，情景建立细节见 6.3.3 节。社会经济情景参数包括人口政策、农业技术进步率、工业技术进步率、服务业技术进步率。水资源管理情景参数包括黑河流域中下游分水量、饮用安全饮用水人口变化率、地表水供水量、地下水供水量和非农业供水量。其中，流域中下游分水量情景参数的变化范围由分水方案模型计算得到，其计算细节见 6.5.1 节。通过设置不同的情景参数，形成多种情景组合。

另外，情景参数大多是集成模型的控制参数，情景参数的改变直接影响生态水文与社会经济过程的相互作用，从而影响集成模型模拟轨迹。

（3）代理建模

黑河流域已建立的生态–水文模型的结构和参数化过程都十分复杂（Cheng et al.，2014），模型维数非常高，运行的时间成本也很高，分布式模型的运行时间还随着格网精度的提高呈指数增加。从图 6-9 中可以看出，基于物理过程的黑河流域上游生态–水文模型、中下游生态–水文模型、土地利用模型和社会经济模型的维数分别是 1 200 000、17 886 000、200 000 和 5000，以年尺度计算，各模型运行 15 年的时间成本分别是 18 h、6 h、6 h 和 6 h。尽管计算机科学技术在运行能力、存储能力和群机协同工作能力上取得了很大发展，但高效的计算方法和地球系统过程的精确表达之间的矛盾依然制约着这些复杂模型在决策过程中的应用。这些复杂的模型很难实时响应基于网络环境的决策过程快速变化的需求，因此，对于低运算成本且能够捕捉到流域系统的特征行为的模型的需求日益强烈。

在流域可持续发展决策支持系统中，从技术的角度，使用代理模型的方法克服了目前地学模型难在决策过程中应用的困境，特别是降低高维参数、模拟过程的复杂性和运行成本高等。代理建模是一种通过降维有效降低模型运行成本的方法。本研究建立了黑河流域上游生态–水文模型、中下游生态–水文模型、土地利用模型和社会经济模型各自的代理模型，并基于多组 I/O 接口将这些代理模型集成为一个全流域生态水文和社会经济代理模型。

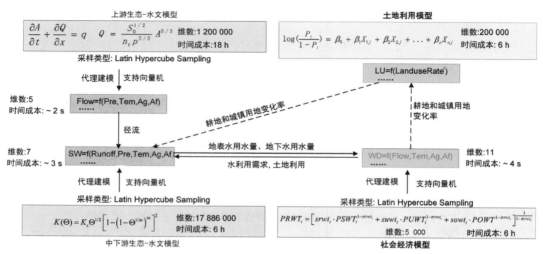

图 6-9　生态–水文模型与社会经济模型代理建模思路

　　在流域系统中，水和土地利用被认为是连接各模型的关键参数。供水制约着流域不同产业的发展，土地利用则影响着各产业部门的需水。其中，涉及水的参数包括地表水需求、地下水需求、地表供水、地下供水和径流，涉及土地利用的参数包括耕地变化率、城镇用地变化率、草地变化率和森林变化率。

　　代理模型的集成可以认为是生态–水文模型和社会经济模型集成的高度简化。代理模型集成的原则如下：①尽可能地保持原模型的模拟和预测能力；②代理模型各参数的时间和空间尺度必须与相应的原模型参数相同；③这些参数能够通过情景来控制。因此，8 个参数被选择作为耦合代理模型的参数，这些参数分别是径流量、地表需水量、地下需水量、耕地面积变化率、城镇用地面积变化率、森林面积变化率、地表供水量和地下供水量。

　　根据代理建模思想，选择了单输出模型。代理建模过程包括三个步骤：①明确输入变量的取值区间；②在不同情景下，运行原模型，其模拟结果作为代理建模的训练样本；③利用神经网络、支持向量机等方法建立代理模型。基于代理建模过程，三个代理模型，即上游生态–水文代理模型、中下游生态–水文代理模型和社会经济代理模型，被研建。其中，社会经济代理模型基于土地利用模型和社会经济模型的集成模型建立而成。三个代理模型的输入变量个数分别为上游生态–水文代理模型 4 个输入变量、中下游生态–水文代理模型 7 个输入变量和社会经济代理模型 11 个输入变量，它们被定义在不同的空间尺度上。这些输入变量大多与情况控制参数密切相关。每个输入变量被约束在一定的取值范围内，如降雨变化率的值区间为 [−15，15]。在试验设计上采用了Latin 超立方采样生成一组设计样本，该样本能够在有限的取值空间内抓住生态水文和社会经济过程模拟中的相互作用变化特征，如中游生态–水文模型采样点 800 个。最后，使用支持向量机（Support Vector Machine，SVM）方法去寻找一条最符合采样结果的拟合曲线，该曲线即为相应输出变量的代理模型。通过代理建模可以看出模型的维数和运行时间成本都被显著降低，如图 6-10 所示。

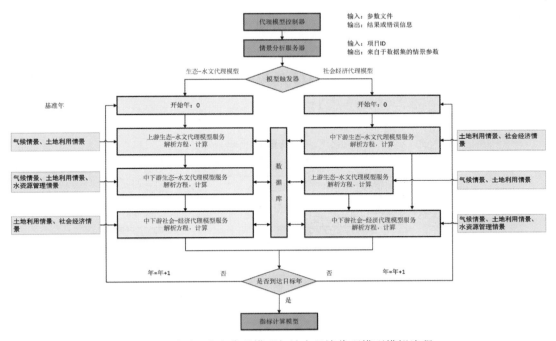

图 6-10　生态–水文代理模型与社会经济代理模型模拟流程

由于生态–水文模型和社会经济模型之间存在互馈关系，如供水和需水，所以生态–水文代理模型和社会经济代理模型存在哪个先被触发的问题。选择先触发哪个代理模型依赖于用户关于本流域的认识和经验。如果选择先触发生态–水文代理模型，则系统将会首先调用气候情景和土地利用情景参数来驱动上游生态–水文代理模型，其运行结果，如径流量，则传递给中下游生态–水文代理模型，其运行结果，如地表供水量，则传递给社会经济代理模型，而该模型的输出将会作为下一年中下游生态–水文代理模型的输入，此时，如果计算未到目标年，则执行下一年的模拟。同理，如果先触发社会经济代理模型，则系统将会首先调用土地利用情景和社会经济情景参数来驱动社会经济代理模型，如地表需水量，其运行结果则暂时保存在数据库中，接着，触发上游生态–水文代理模型，其运行结果，如径流量，与社会经济代理模型运行结果一同触发中下游生态–水文代理模型，而该模型的运行结果，如地表供水量，则作为下一模拟时段社会经济代理模型的输入，此时，如果计算未到目标年，则执行下一年的模拟，直到完成整个模拟时段。

（4）模型集成

本研究提出了两层模型集成方案，第一层为生态水文与社会经济代理模型集成，目的是获得生态水文和社会经济要素的状态量；第二层为集成的代理模型、指标模型和评价模型耦合，目的是实现过程模拟、指标计算和可持续性评价一体化，如图 6-11 所示。模型被封装成不同的组件，并为每个模型定义输入/输出接口，通过数据库和模型 I/O 接口实现模型间的数据缓冲、传输与存储。第一层集成的细节见前面代理建模部分的介绍。以下主要介绍第二层集成方法。

第二层集成模型运行的流程如下（图 6-11）：①明确生态–水文代理模型和社会经济代理模型驱动顺序，执行代理模型，并将代理模型的运算结果（年尺度）保存到数据库中；②代理模型运行结束后，发送信息给指标计算模型，指标计算模型接口则从数据库中提取代理模型运行结果，并传递给指标计算模型，触发指标模型计算每个指标，并将计算结果保存到数据库中；③将指标模型计算结果传递给可持续性评价模型，并触发该模型，评价模型运行结束后，将评价结果输出到 GIS 环境下可视化。

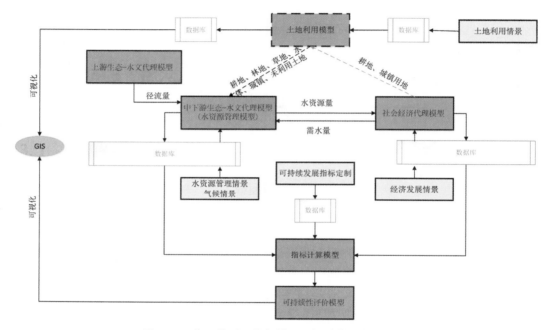

图 6-11　代理模型、指标模型和评价模型集成框架

然而，代理模型的输出结果并不能直接作为流域可持续发展的指标值，指标模型的任务是将代理模型输出的状态量转换为可持续发展目标中的指标量。在黑河流域可持续发展决策支持系统中包含了 11 个指标计算模型，分别对应于 11 个可持续发展指标。与水相关的模型有 5 个，用于计算水生产力、水利用压力、享有安全饮用水服务人口比例、确保可持续的地下水取水量和可持续湿地面积；与生态系统相关的模型有 1 个，用于计算山地绿地指数；与社会经济相关的模型有 5 个，用于计算农业水生产力、可持续农业实践下的农业面积比例、城镇化率、人均 GDP 和就业人员人均 GDP，如图 6-12 所示。指标模型运行结束后，将会触发可持续性评价模型，指标模型输出的指标值将会作为可持续性评价模型的输入，见图 6-11。

可持续性评价采用了基于集对分析法。首先，所有指标被分为正向和逆向两类，并建立指标集合。将评价等级作为另外一个集合，通过分析两个集合间的确定性和不确定性关

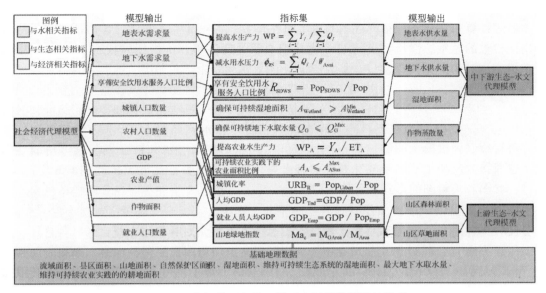

图 6-12　指标模型与代理模型之间的数据传输流程

系来确定每个指标的隶属度，确定各指标等级的隶属关系，从而可以计算出研究区综合发展指数。其次，利用综合发展指数的平均值和标准方差，将可持续发展水平分为五个等级，即强可持续性（Ⅰ级）、可持续性（Ⅱ级）、基本可持续性（Ⅲ级）、弱可持续性（Ⅳ级）和不可持续性（Ⅴ级）。

通过以下公式计算可持续发展指数。假设集合 A 为评价样本（包含 N 个指标），集合 B 为评价等级标准（包含 K 个等级），则 $H(A, B)$ 的联系度表示为

$$\mu(A, B) = \sum_{n=1}^{N} \omega_n \mu(A_n, B_K) = \sum_{n=1}^{N} \omega_n a_n + \sum_{n=1}^{N} \omega_n b_{n,1} i_1$$
$$+ \cdots + \sum_{n=1}^{N} \omega_n b_{n,K-2} i_{K-2} + \sum_{n=1}^{N} \omega_n c_n j \tag{6-1}$$

式中，$\mu(A, B)$ 是集对 $H(A, B)$ 的联系度；$\mu(A_n, B_K)$ 是集对 $H(A_n, B_K)$ 的联系度；ω_n 为第 n 项指标的权重；a 表示两个集合的同一度；b 表示两个集合的不确定性程度；c 表示两个集合之间的对立程度，即对立度。

根据 Sobol 方法的方差分解思想，可计算指标各阶敏感性指数，利用总敏感性指数确权。

$$V = \sum_i V_i + \sum_{i \neq j} V_{ij} + \sum_{i \neq j \neq k} V_{ijk} + \cdots + \sum V_{12\cdots n} \tag{6-2}$$

式中，V 为所有参数总方差；V_i 为每一个输入参数引起的输出方差；V_{ij} 为输入参数 x_i 通过输入参数 x_j 贡献的方差（耦合方差）；$V_{12\cdots n}$ 为输入参数 x_i 通过输入参数 $x_1, x_2 \cdots, x_n$ 作用贡献的方差。输入参数 x_i 的一阶、二阶、三阶敏感性指数可定义如下：

$$S_i = \frac{V_i}{V}, \quad S_{ij} = \frac{V_{ij}}{V}, \quad S_{ijk} = \frac{V_{ijk}}{V} \tag{6-3}$$

输入参数 x_i 的总敏感性指数 ST_i 是各阶敏感性指数之和，可表示为

$$ST_i = S_i + S_{ij} + S_{ijk} + \cdots + S_{12\cdots n} \tag{6-4}$$

通过计算每一年各项指标权重的总敏感性指数，对第 j 年（假设评价时段是 m 年） n 个指标权重的总敏感性指数进行归一化处理，即得到该年评价指标的权重 ω_{ji}，各年指标权重平均值即为最终权重 ω_i，

$$\omega_{ji} = ST_i / \sum_{i=1}^{n} ST_i , \quad \omega_i = \frac{\displaystyle\sum_{j=1}^{m} \omega_{ji}}{m} \tag{6-5}$$

可持续性评价模型能够输出不同区域和时间段的生态、水和社会经济及可持续性指数，这些指数反映了不同区域发展的相对可持续性。这些数据能够被传递到 GIS 组件中，通过柱状图和矢量图的形式展示给用户。

6.2.3 黑河流域可持续发展决策支持系统取得的突破

采用三部件结构，即对话部件（人机交互系统）、数据部件（数据库管理系统和数据库）和模型部件（模型管理系统和模型库），研建了黑河流域可持续发展决策支持系统，并且通过代理建模和模型集成改善了地学模型在决策支持系统中应用难的局面，同时，通过将可持续发展指标作为流域管理决策的目标，使得可以根据不同流域来定制符合本流域特征的流域可持续发展目标。由于流域可持续发展目标来自于 SDGs，其涵盖了社会、经济、生态、水文等众多领域问题，决策者可以面对流域实际问题，灵活定制流域可持续发展目标，这样大大改进了决策支持系统解决流域发展问题的灵活性和实用性。

1. 地学模型在决策支持系统中难应用的突破

改善地学模型在决策支持系统中应用的关键技术是代理建模。该方法有效地将高维、高运行成本的地学模型降维到低运行成本的代理模型，同时，还能够在情景参数的变化区间内模拟流域生态水文和社会经济各要素的变化。在模型集成方面，基于黑河流域生态–水文模型（上游和中下游）和社会经济模型，利用多情景分析、Latin 超立方采样方法和支持向量机建立了黑河流域上游生态–水文代理模型、中下游生态–水文代理模型和社会经济代理模型，并以水和土地利用为纽带将这三个代理模型耦合到一个集成模型中。

在此基础上，将代理模型、指标模型和评价模型集成到一个模型集成框架下，目的是将模型模拟、指标运算和可持续性评价一体化，为友好的人机交互系统的研建奠定基础。在这个过程中，通过利用面向对象、组件和接口技术，将所有模型封装成独立的对象，并定义各对象间的信息交换规则，实现过程模拟、指标计算和可持续性评价。

此外，通过研建的函数解译引擎可以将不同区域的相关模型［包括方程（多项式）］进行解译，并替换综合模型集成框架中相应模型，从而形成新的集成模型。综合模型集成框架中的模型可以被任意替换，但必须满足模型取代规则：①两个模型必须具有相同的输入输出；②两个模型模拟的时空尺度必须相同。

因此，这种模型集成框架不仅有效地将异地模型快速地集成到流域可持续发展决策支

持系统中，而且还有效地降低了模型的维数，节省了运行成本。

2. 决策支持系统在处理流域问题的能力上的突破

流域可持续发展决策支持系统区别于其他决策支持系统的重要一点是其面向的流域决策问题与流域可持续发展密切相关，而非局限于某个特定问题。将 SDGs 指标引入流域可持续性的决策支持系统中，有利于将流域发展的目标和联合国 SDGs 保持一致。

在流域可持续发展决策支持系统框架中，决策方案与 SDGs 的具体目标相对应，决策目标与 SDGs 的指标相对应。具体流域面对的决策问题将会被用户分解成许多自问题与流域可持续发展目标一一对应，同时，将关键决策变量作为情景参数，这样可以评价不同决策变量组合（情景组合）下，生态水文和社会经济系统要素的变化趋势，从而为流域发展规划提供决策支持。

6.3 黑河流域未来情景分析

6.3.1 气候变化情景分析

1. 黑河流域未来气候情景分析研究现状、挑战与科学问题

未来气候情景是黑河流域生态-水文集成研究的关键输入数据之一。当前对未来气候变化的预估主要来源于全球气候模式在不同排放情景的模拟结果，其中应用最广泛的是 CMIP5 发布的多个全球气候模式（general circulation models，GCMs）不同气候情景下的模拟结果。从 CMIP5 发布的多种情景模拟结果可以发现，不同模式或不同情景方案对未来气温和降水等气候要素情景值的预测相差很大；同时，当前 GCMs 的空间分辨率都较低（一般在 250 km 左右），GCMs 的空间尺度远大于流域生态-水文模型的空间尺度，难以对区域尺度的复杂地形、地表植被分布及次网格尺度的物理过程进行正确描述，难于捕获某些局地性的气候变化特征。利用区域气候模式对 CMIP5 发布的 GCMs 不同气候情景的模拟结果进行动力降尺度，开展过去 30 年和未来 50 年黑河流域气候变化模拟研究，可以得到黑河流域过去 30 年和未来 50 年高时空分辨率的气象数据，从而解决黑河流域生态-水文过程集成研究缺乏过去 30 年和未来 50 年高时空分辨率高精度的气候变化资料（特别是温度和降水等）的瓶颈问题。

高时空分辨率的黑河流域区域气候模拟及其不确定性估计对于黑河流域生态-水文过程的模拟效果具有决定性作用。提高模拟预测能力，降低实际决策风险，逐渐成为生态、水文科学当前最前沿的科研课题之一。高质量的未来区域气候模拟将有助于设定黑河流域适应生态水文变化的社会经济情景，并将提升社会经济及生态水文优化调控决策的科学性。因此，对于黑河流域来说，获取高精度高时空分辨率的气象数据，并开展相应的不确定性研究，是保障黑河流域生态-水文-经济系统集成研究顺利开展的关键环节。如何减少

区域气候模拟的不确定性，获得可信度比较高的区域气候变化信息，是当前区域气候研究中一个重要和前沿的研究方向（Hawkins and Sutton，2009）。

2. 黑河流域未来气候情景分析研究取得的成果、突破与影响

（1）实验设计和资料介绍

本研究采用 IPCC 最新发布的 EC–EARTH 模式（Hazeleger et al.，2010）输出的 RCP4.5 路径数据作为高分辨率区域气候模式的驱动场，驱动本地化后的黑河流域高分辨率区域气候模式。相对于 IPCC 第三次评估报告和第四次评估报告发布的 SRES 系列情景数据，IPCC 第五次评估更全面地考虑应对气候变化的各种政策对未来排放的影响，并在更大范围内研究潜在气候变化和不确定性，因而开发了以稳定浓度路径（RCPs）为特征的新情景。RCPs 是指"对辐射活性气体和颗粒物排放量、浓度随时间变化的一致性预测，作为一个集合，它涵盖广泛的人为气候强迫"（Moss et al.，2007）。IPCC 第五次评估识别了四类 RCP，包括 RCP8.5、RCP6、RCP4.5 和 RCP3–PD［采用 RCP2.6，并确定利用 4 个社会经济发展和综合评估模型提供每种路径下的辐射强迫、温室气体（气溶胶、化学活性气体）排放和浓度及土地利用/覆盖的时间表］。由于四类情景的路径形状和排放目标均不同，而在中端路径中，RCP4.5 的优先性大于 RCP6（陈敏鹏和林而达，2010），因而本研究选用 RCP4.5 路径数据来进行研究。RCP4.5 的路径形状为不超过目标水平达到稳定，在 RCP4.5 情景下，辐射强迫将在 2100 年达到 $4.5W/m^2$，三类温室气体（即 CO_2、CH_4 和 N_2O）排放量将在 2040 年达到峰值，温室气体浓度将在 2070 年趋于稳定，2100 年之后稳定在 $650×10^{-6}$ CO_2 当量，到 2100 年预计升温 2.4~5.5℃。

模式模拟区域的网格中心位于（40.30N，99.50E），水平分辨率为 3 km，模式的模拟网格点数为 181（经向）×221（纬向），垂直方向为 16 层。模式层顶气压为 50 hPa。积分时间分为两个阶段：①1979 年的 1 月 1 日连续积分到 2005 年 12 月 31 日为历史时期；②RCPs4.5 排放情景下 2006 年 1 月 1 日至 2080 年 12 月 31 日为未来时期。模式中地形和植被数据来自国家自然科学基金委员会"中国西部环境与生态科学数据中心"的黑河流域 30m 分辨率地形数据和黑河流域 2000 年土地利用数据，区域外地形和植被数据来自美国地质调查局水平分辨率为 0.0833°×0.0833°的地形和植被数据。

（2）未来 RCP4.5 情景下温度和降水预估

图 6-13 为在未来 RCP4.5 情景下年平均温度相对于 1980~2005 年年平均温度的变化。可以清楚看出：在 RCP4.5 排放情景下，2020~2029 年黑河流域大部分地区温度有所升高，变化最大的地方主要集中于黑河上游和下游地区，幅度为 0.8~1.2℃，而黑河中游大部分地区升温 0.4~0.8℃；2030~2049 年黑河流域大部分地区都是升温趋势，黑河中游和下游地区平均升温 0.8~1.2℃，黑河上游地区升温较 2020~2029 年来说比较明显，2040~2049 年黑河上游地区局部升温可以达到 1.6~2℃；2050~2059 年与 2020~2049 年相比，黑河流域上游大部分地区温度升高 1.6~2℃，黑河中游和下游地区大部分地区升温 1.2~1.6℃，局部地区升温达到 1.6~2℃；2070~2079 年较历史平均来说，黑河上游升温更加明显，大部分区域升温都超过 2℃，黑河流域中、下游地区升温较 2020~2049 年明

显，升温达到 1.6~2℃。

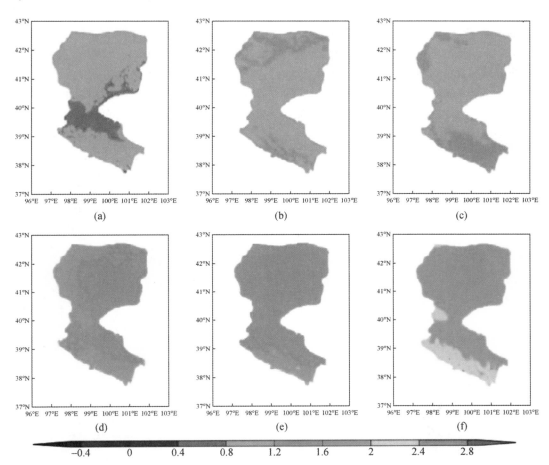

图 6-13 未来 RCP4.5 情景下年平均温度相对于 1980~2005 年年平均温度的变化（单位：℃）

(a) 2020~2029 年；(b) 2030~2039 年；(c) 2040~2049 年；(d) 2050~2059 年；

(e) 2060~2069 年；(f) 2070~2079 年

采用 IPCC 最新发布的 EC-EARTH 模式 1980~2005 年历史气候资料驱动黑河流域高分辨率区域气候模式，模拟的降水空间分布与采用 ERA-INTERIM 再分析资料作为驱动场模拟年降水的空间分布非常一致，即黑河流域降水主要集中在上游祁连山区，年降水量为 400~700mm，中游绿洲灌溉区年降水量为 100~200mm，下游荒漠区年降水量仅为 15~50mm。图 6-14 为在未来 RCP4.5 情景下年总降水变化。可以清楚看到：2020~2029 年黑河流域上游大部分地区降水减少，幅度为 10%~20%，黑河中游及下游大部分地区降水有所增加，增加的幅度为 20%~30%，而黑河下游西部地区降水较历史有所减少，幅度为 10%~20%；2030~2059 年黑河上游地区降水依然是减少的趋势，幅度为 10%~20%，黑河中游和下游大部分地区降水有所增加，且较 2020~2029 年降水范围和强度均有所增加，特别是黑河下游地区增加 30%~50%；2060~2069 年黑河上游地区降水依然是减少的趋势，减少的幅度较 2020~2059 年更大，局部地区达到 30%~40%，同时黑河流域中游和下游地区的西部地区与 2020~2059 年相比有明显的降水减少趋势，局地达到 10%~20%，在黑河流域西北地区局部地区降水减少达到 20%~30%，而在黑河流域下游东北部地区降水有所增加，达到 30%~50%，在 RCP 4.5 排放情景下，2060~2069 年可能是历史转折点，出现黑河上游、中游和下游大部分地区降水较历史减少的趋势；2070~2079 年，黑河流域中游和下游地区降水较历史时期偏多，幅度为 20%~50%，而黑河流域上游地区降水减少的趋势有所减弱，降水总量较历史时期仍然偏少，幅度为 10%~20%。

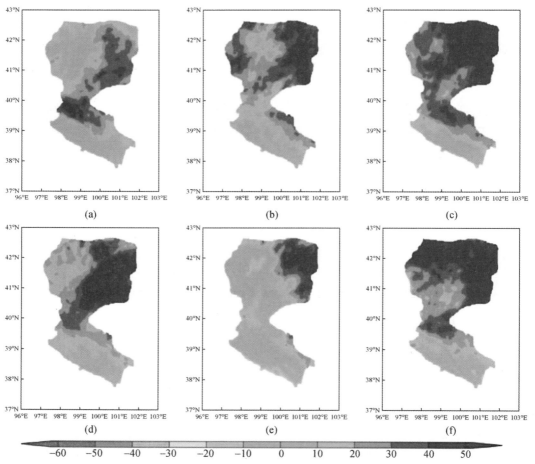

图 6-14 未来 RCP4.5 情景下年总降水相对于 1980~2005 年年平均降水的变化（单位:%）

(a) 2020~2029 年；(b) 2030~2039 年；(c) 2040~2049 年；(d) 2050~2059 年；

(e) 2060~2069 年；(f) 2070~2079 年

3. 黑河流域未来气候情景分析前沿方向

气候情景预测的不确定性的主要来源如下：①全球气候模式（GCMs）的动力框架和

物理参数化过程的精确度；②气候变化人为排放情景排放量的不确定性；③气候系统内部自然变率的时空影响。而随着对区域高分辨率气候变化信息的需求不断增加，由全球气候模式（GCMs）嵌套区域气候模式（RCMs）的动力降尺度方法也普遍应用于高分辨率的区域气候降尺度。由此，由区域模式的模型和参数化不确定性引起的区域气候降尺度结果的不确定性成为第四种气候预测的不确定性来源。因此，建议进一步优化现有高分辨率的区域气候模式中物理参数化过程的精确度，建立黑河流域高分辨率大气同化系统，降低气候变化人为排放情景排放量在黑河流域的不确定性。

降低区域气候降尺度不确定性的有效方法是进行多模式多降尺度方法的集合模拟和预测，特别是与水文相关的气候变化信号的降尺度研究（Chen Y N et al.，2013b）。建议未来利用 CMIP6 不同排放情景下不同全球气候模式输出的结果开展多个区域气候模式集成研究，降低黑河流域区域气候模拟和预估的不确定性，增加模拟和预估的可信度，为黑河流域生态–水文模型评估与流域水资源精细化管理提供科学依据。

6.3.2 生态情景制定与分析

1. 流域生态情景制定与分析研究的现状、挑战和科学问题

研究现状：已有研究表明，气候变化和放牧等人类活动干扰是黑河上游植被变化的主要驱动因子（曹玲等，2003；张钰等，2004；陈仁升等，2007；张瑞江等，2010）。人口增加和经济社会发展是驱动黑河中游土地覆盖与景观格局变化的根本因子，特别是可利用水量的约束直接影响着中游的景观变化（李传哲等，2009）。下游地区，大范围植被恢复的主要原因在于实施生态输水后地下水环境的整体好转以及生态保护措施的实施，而植被退化的直接原因在于目前输水方案实施后引起的局部地表水环境恶化（张一驰等，2011）。此外，河流改道显著影响荒漠绿洲景观格局的变化（王根绪和程国栋，2000），而生态需水的满足程度决定了下游荒漠绿洲的恢复程度。在对黑河流域生态–水文–经济系统集成模型（Cheng et al.，2014）模拟能力影响较大的植被生态情景设置和数据获取方面，仅在上、中、下游布设了几条典型样带，这与黑河计划关于揭示多尺度生态–水文过程相互耦合作用规律的要求，尚有差距。因此急需构建含上游森林、草地、灌丛和中下游绿洲及荒漠植被的空间分布与动态模型（程国栋等，2014）。对于植被变化情景的预测，目前的研究主要考虑气候变化的影响，缺少水资源综合配置下的流域整体性生态情景研究，难以满足流域综合模型对未来情景下水资源变化趋势评估的需求（杨大文等，2010）。对于植被变化的动态监测和未来情景预测及其流域生态水文效应分析，目前主要采取遥感技术和模型模拟的方法（Neilson，1995；Zhao et al.，2006），但是如何将大尺度植被模型用于区域尺度植被分布的精细刻画仍需开展大量研究。前期研究显示，人类活动引起的土地覆被和利用变化对于黑河流域无论是总体还是局地都具有重大影响。因此，构建未来人类活动可能引起的土地覆被和利用变化及生态情景，是理解和运用土地利用措施调控流域生态水文系统亟待回答的科学课题（程国栋等，2014）。

主要挑战：①目前，对黑河流域植被变化的驱动机制研究主要以因子识别的定性分析为主，难以量化环境因子和放牧等人类活动要素与植被格局的关系，相对精确的长时期放牧空间分布数据是进一步验证并实现植被精细模拟的瓶颈。②如何基于上游产水、中游输水和耗水、下游生态需水的生态–水文过程机理，开展水资源综合配置下"上游植被结构–中游景观格局–下游荒漠绿洲"的流域整体性生态情景研究，是一个巨大的挑战。

科学问题：黑河上游植被结构变化受气候驱动和放牧活动影响显著，而中游景观格局、下游天然绿洲的动态变化，不仅受气候变化影响，更与上游产水、中游输水过程密不可分。如何基于上游产水、中游输水和耗水、下游生态需水的生态–水文过程机理，综合考虑气候变化和水资源配置作用，合理制定上、中、下游的流域整体性生态情景集，是一个关键的科学问题。

2. 黑河流域生态情景制定与分析研究取得的成果、突破与影响

成果：在厘清上游产水、中游耗水和输水、下游生态需水的生态–水文过程机理的基础上，考虑上、中、下游生态情景的主要影响因素（上游，气候变化和放牧；中游，水资源约束和社会经济发展；下游，输水条件和湖泊水量损失），在分析历史变化的基础上，综合采用数据集成、统计分析和模型模拟等手段，通过水资源配置将上、中、下游未来情景有机联系起来，采用统一的未来气候情景（RCP4.5），制定了一套具有较高精度的上游植被结构、中游景观格局和下游荒漠绿洲的流域整体性生态情景集。

突破：在提升干旱区地形复杂山区植被结构和功能动态模拟精度，厘清人与自然驱动下的植被结构特征动态影响，以及自然环境和人类活动影响下的整体性生态情景集制定理论与技术等方面取得了重要突破，为未来黑河流域水资源优化管理厘定了重要的约束条件。

影响：成果改善了全流域生态情景缺乏的现状，直接服务于黑河流域生态–水文–经济系统集成模型对生态情景的数据需求，促进了干旱区生态水文学理论的发展，增强了对流域植被动态结构和水资源利用的综合调控能力，从而为实现"黑河流域生态–水文过程集成研究"重大研究计划的核心科学目标做出了贡献。

（1）上游植被结构情景集

集成黑河流域已有的研究成果，建立了近30年植被格局变化与气候、放牧等驱动因子的时空耦合关系，调整气候、环境参数，并增加土壤参数与放牧参数，构建了静态植被分布模型，以1∶10万现状图为基图，改善优化动态植被模型，制定了现状、潜在及不同气候变化、放牧情景下的上游植被结构情景集。

情景集制定：以1∶10万现状图为基图，制定了现状、潜在及不同气候变化情景下的上游植被结构空间分布情景集（1961~1990年，2041~2080年），放牧密度、放牧时长空间分布情景集（1km×1km，2001~2010年），放牧影响下的上游植被结构情景集（1km×1km，2071~2080年），是静态和动态植被模型实现精细模拟的重要数据。

方法贡献：①在情景制定与分析过程中，首次将全球尺度的MC2动态植被模型运用

在黑河流域地形复杂山区，并集成试验观测数据、遥感监测数据以及降尺度气候模型等模拟数据建模，不仅可以提高地形复杂山区植被结构和功能动态模拟精度，而且将长期植被动态、碳和水循环耦合起来，为黑河上游地形复杂山区以及世界上其他类似地区的耦合模型构建提供了思路和验证。②提出了一种基于植被叶面积指数（LAI）遥感数据集，利用持久覆被为基准点，在区域尺度上动态检测长时期放牧压力的方法，以及定量分离气候与放牧贡献率的方法，解决了由于放牧数据的严重缺乏而导致的无法量化大范围长时期放牧对植被影响的瓶颈问题，相比目前联合国粮食及农业组织（FAO）的"世界格网畜牧业"（GLW）数据集（空间分辨率为0.05°，约5.6 km×5.6 km），精度得到显著提高（1 km×1 km），时间序列大大延长。利用这一方法，不仅能够量化区分长时期区域尺度上气候变化和放牧变化对植被结构的独立作用，还能够考虑并预测二者叠加作用所产生的影响（图6-15）。

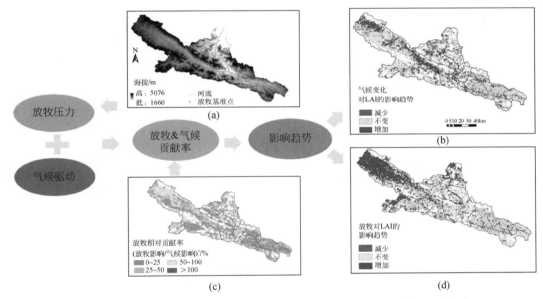

图6-15　放牧压力动态检测方法及定量分离气候与放牧贡献率方法示意图

（a）放牧基准点分布；（b）气候变化对LAI的影响趋势；（c）放牧相对贡献率；（d）放牧对LAI的影响趋势

（2001～2010年）

科学发现：①上游植被结构与类型分布变化。过去（1961～2010年）及未来（2010～2080年）RCP4.5气候变化情景下植被结构的动态模拟表明，20世纪80年代中期以来，黑河上游暖湿化气候导致植被最大叶面积指数LAI_{max}持续显著增加（图6-16，图6-17）。与过去50年（1961～2010年）相比（0.013/a，$P<0.01$），由于未来70年（2010～2080年）气候呈现暖干化，最大叶面积指数LAI_{max}增加幅度放缓，但仍达到0.004/a（$P<0.01$）。与20世纪60年代相比，未来20世纪70年代植被类型的分布及其面积变化显著，其中高寒草甸、林地和灌草地的面积比例将分别增加13.6%、9.9%和9.6%，高山稀疏植被面积比例将减少33.2%（图6-18，图6-19）。②受未来暖干化气候的影响，流域植被生产力增加态势明显减缓，其中高寒草甸分布区的碳吸收能力将明显增

强，而中山带森林覆盖区将由微弱碳汇变为碳源，黑河上游生态系统功能将发生改变（图6-20，图6-21），由于中游绿洲农业区的灌溉用水和下游荒漠区的生态用水依赖上游河川径流和地下水补给，这将对中下游用水构成严重威胁，同时也对未来黑河流域水资源可持续利用与管理提出了更高要求。③过去30年，暖湿化气候和植树造林是植被LAI改善的首要因子；超载过牧是LAI退化的首要因子（图6-15）。超载过牧的负效应局部抵消了气候暖湿化增加和植树造林的正效应，但暖湿化和植树造林的效应大于放牧效应，使得LAI在流域尺度上出现净增加，如果不考虑放牧的长期影响，暖湿化气候对流域生态系统服务功能的影响将被严重低估。在西部区域，由气候暖湿化导致的高寒草甸LAI潜在增加趋势因为过牧而被掩盖；在东部区域，植被集中退化是局部暖干化与超载过牧共同作用的结果。草地禁牧后，灌木林被作为牧场过度放牧，退化严重，"草畜矛盾"转化为"林畜矛盾"。同时，灌木林由于冠层枝叶表面积大且镶嵌分布紧密，截留降水量大，其大幅度减少将对流域生态水文环境产生负反馈作用。

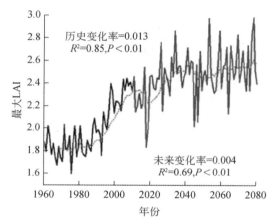

图 6-16　RCP4.5 气候情景下最大 LAI 变化

(a) 年均最大LAI(1961~1990年)　　(b) 年均最大LAI(2051~2080年)　　(c) 最大LAI差值
LAI/(m²/m²)　　　　　　　　　　　　　　　　　　　　　　　　　　(2051~2080年减去1961~1990年)

■ 3~3.6　■ 2.5~3　■ 2~2.5　□ 1.5~2　□ 1~1.5　■ 0.5~1　■ 0~0.5　□ -0.5~0　■ -1~-0.5　■ -1.5~-1　■ -1.8~-1.5

图 6-17　RCP4.5 气候情景下多年平均最大 LAI

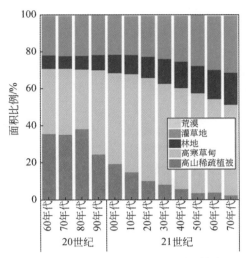

图 6-18 RCP4.5 气候情景下不同植被类型
面积比例变化

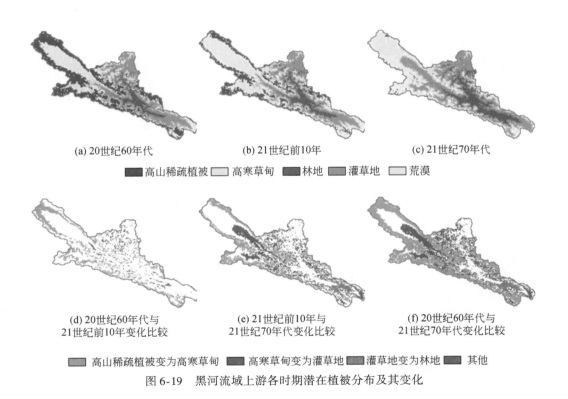

(a) 20世纪60年代   (b) 21世纪前10年   (c) 21世纪70年代

■ 高山稀疏植被 □ 高寒草甸 ■ 林地 ■ 灌草地 □ 荒漠

(d) 20世纪60年代与   (e) 21世纪前10年与   (f) 20世纪60年代与
21世纪前10年变化比较   21世纪70年代变化比较   21世纪70年代变化比较

■ 高山稀疏植被变为高寒草甸 ■ 高寒草甸变为灌草地 ■ 灌草地变为林地 ■ 其他

图 6-19 黑河流域上游各时期潜在植被分布及其变化

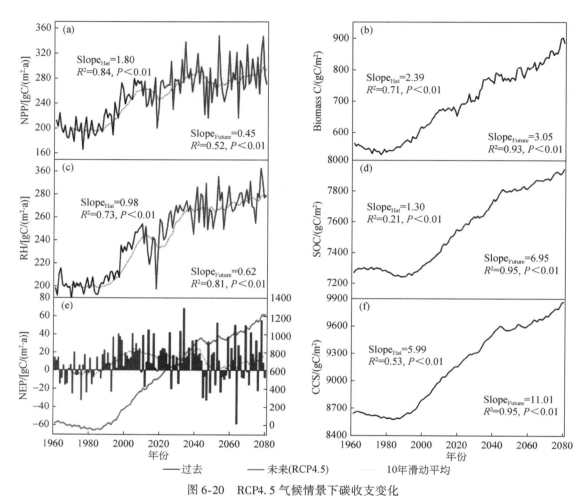

图 6-20　RCP4.5 气候情景下碳收支变化
（a）NPP（净初级生产力）；（b）Biomass C（植被碳）；（c）RH（异养呼吸）；（d）SOC（土壤有机碳）；
（e）NEP（净生态系统生产力）与 CCS（累积碳固定量）；（f）Total C（总碳）

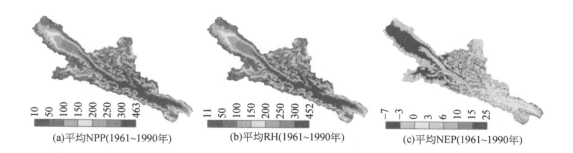

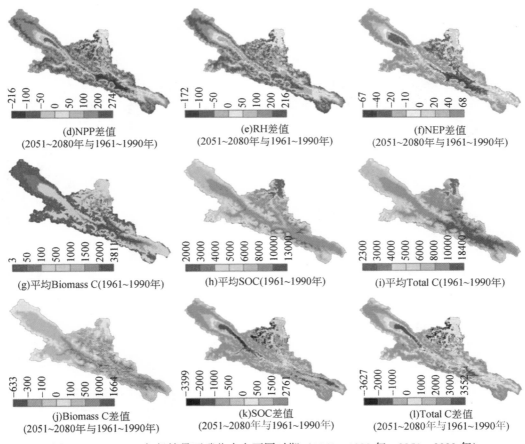

(d)NPP差值
(2051~2080年与1961~1990年)

(e)RH差值
(2051~2080年与1961~1990年)

(f)NEP差值
(2051~2080年与1961~1990年)

(g)平均Biomass C(1961~1990年)

(h)平均SOC(1961~1990年)

(i)平均Total C(1961~1990年)

(j)Biomass C差值
(2051~2080年与1961~1990年)

(k)SOC差值
(2051~2080年与1961~1990年)

(l)Total C差值
(2051~2080年与1961~1990年)

图 6-21　RCP4.5 气候情景下碳收支在不同时期（1961~1990 年，2051~2080 年）
的分布及其变化（单位：gC/m²）

（2）中游土地利用情景集

通过设置不同的可利用水量约束、社会经济发展和气候情景，建立了中游土地利用情景集。其中，不同来水条件下农田适宜规模采用集成项目"黑河流域绿洲农业水转化多过程耦合与高效用水调控"的研究结果，其丰水年、平水年和枯水年的适宜农田面积分别为 2337 km²、2004 km² 和 1878 km²。社会经济发展主要考虑不同的发展速度对建设用地的影响，设置三种情景，分别为建设用地保持 2010 年规模；建设用地增长速度保持 2000~2010 年的变化趋势；建设用地增长速度为 2000~2010 年变化趋势的 2 倍。

采用 Dyna-CLUE（dynamic conversion of land use and its effects model）模型进行中游土地利用变化情景模拟。从两个方面对 Dyna-CLUE 模型进行了改进：①通过空间富集度考虑各栅格的空间自相关，采用 Logistics 回归方法量化富集度对土地利用类型的影响；②全面考虑各种自然和人文因子对土地利用变化的驱动作用。以 2000 年的土地利用图为基础，采用改进的 Dyna-CLUE 模型模拟 2005 年和 2010 年的土地利用，模拟精度均超过 0.90，可以用来开展土地利用和景观格局的情景模拟（图 6-22，表 6-1）。

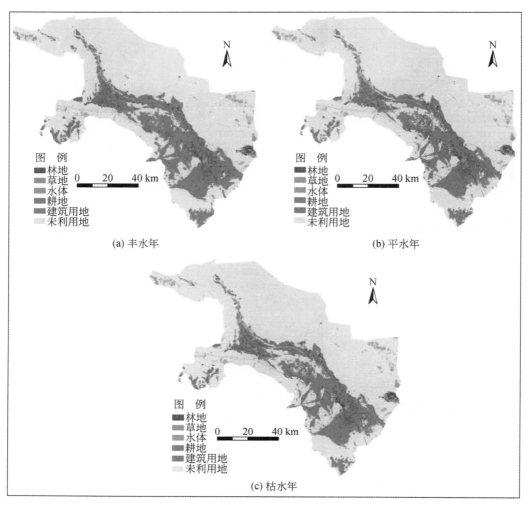

图 6-22　不同来水条件下的土地利用情景

表 6-1　不同来水条件下中游各土地利用类型面积与 2010 年相比的变化量　（单位：km²）

土地利用类型	丰水年	平水年	枯水年
林地	1.54（1.50%）	0.95（0.93%）	0.8（0.78%）
草地	6.09（1.73%）	−0.33（−0.09%）	−0.57（−0.16%）
耕地	276.98（13.44%）	−56.03（−2.72%）	−181.93（−8.83%）
水体	1.22（2.12%）	0.28（0.49%）	0.28（0.49%）
建设用地	25.47（8.42%）	25.51（8.43%）	25.34（8.37%）
未利用地	−311.3（−1.68%）	29.62（0.38%）	156.08（2.02%）

注：括号中数据为变化率

（3）下游荒漠绿洲生态情景集

黑河下游荒漠绿洲的植被覆盖主要受径流、社会经济和气象因子的影响，其中径流起到了决定性作用。情景制定的具体步骤是，在分析过去 30 年植被覆盖、径流、气象和社会经济因子变化规律基础上，在栅格尺度建立植被覆盖与径流气象因子的回归关系式；确定不同的来水条件（丰水年、平水年和枯水年），采用 RCP4.5 未来气候情景，预测不同来水条件下的植被覆盖空间分布（图 6-23）；采用 SEBS 模型计算各种情景的生态需水量（表 6-2），并考虑不同的社会经济耗水情景，根据水量平衡确定各种情景对应的适宜农田规模和地下水开采量，最终确定土地利用空间分布。

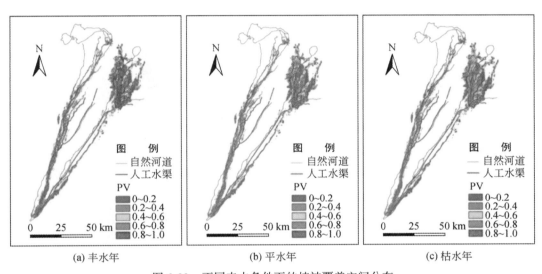

(a) 丰水年   (b) 平水年   (c) 枯水年

图 6-23 不同来水条件下的植被覆盖空间分布

表 6-2 不同来水条件下生态需水量 （单位：亿 m³）

不同 水平年	径流量	东河生态 需水量	西河生态 需水量	额济纳旗 生态需水量	荒漠绿洲 总需水量	尾闾湖 需水量	生态 需水量
丰水年	7.628	0.783	2.189	3.083	6.055	0.61	6.665
平水年	5.628	0.577	1.517	2.444	4.538	0.61	5.148
枯水年	3.388	0.347	0.760	1.732	2.839	0.61	3.449

河道径流量在满足生态需水后，剩余水量用于社会经济发展和农业耗水，当前的社会经济耗水量为 0.1 亿 m³，单位面积农业耗水定额为 900 mm。基于不同来水条件下的植被覆盖空间分布和适宜农田规模，以 2015 年土地利用图为底图，确定土地利用情景。基本原则是，根据植被生长规律，自然植被（林地、灌木林和草地）类型很难发生变化，但其生长状况可以改变；与现状年相比减少的农田分布在远离渠道和河道的区域，并转化为未

利用地；建设用地基本不变，尾闾湖面积保持适宜规模。根据上述原则，得到不同情景下的土地利用空间分布，如图 6-24 所示，各类型面积如表 6-3 所示。

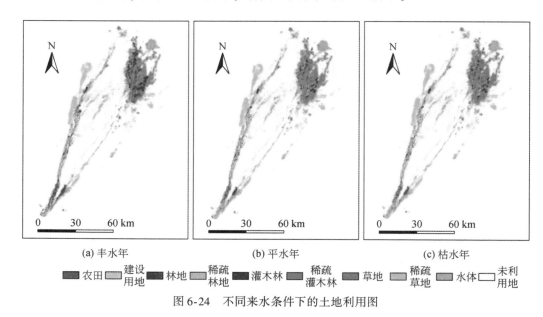

图 6-24　不同来水条件下的土地利用图

表 6-3　不同来水条件下各土地利用类型面积　　　　　（单位：km²）

土地利用类型	来水条件		
	丰水年	平水年	枯水年
农田	96.00	42.22	42.22
建设用地	36.37	36.37	36.37
林地	76.72	62.52	75.46
稀疏林地	25.06	39.26	26.32
灌木林	144.49	76.58	107.72
稀疏灌木林	482.63	550.53	519.40
草地	35.59	25.43	28.07
稀疏草地	767.32	777.48	774.84
水体	94.58	94.58	94.58
未利用地	8344.08	8397.86	8397.86

（4）下游尾闾湖生态情景集

将尾闾湖面积情景分成三类，即稳定、历史最大和最优情景。稳定和历史最大情景通过分析尾闾湖 2005 年以来的动态变化确定。对于最优情景，从水管理效率的角度确定适宜湖泊恢复规模，来满足管理（下方水量尽可能小）、政治（湖面面积尽可能大）和生态（湖泊库容量尽可能大）三方面的诉求。湖泊水量和面积变化对入湖流量的动态响应是制定最优情景的关键。首先建立水量平衡模型模拟不同来水情景下东居延海面积的变化。其次，提出湖泊水损失率（年湖泊总蒸发量与年均库容量比值）指标，水损失率<1 表示湖泊具有较高的储水效率，蒸发损失水量相对较少，水资源管理高效。最后，建立水损失率与湖泊面积的定量关系，确定适宜的湖泊面积以确保较低的湖泊水损失率。

湖泊湿地植被时间序列变化表明，2004～2016 年植被面积呈 S 形增长，在 2015 年达到面积的最大值，且植被面积与湖泊库容量显著线性正相关（图 6-25）。综合尾闾湖近 10 年的变化，确定尾闾湖的稳定情景（近 5 年）的水面面积约为 37 km^2，库容约为 4500 m^3。历史最大情景（2010 年）的水面面积约为 43 km^2，库容约为 $0.8×10^8$ m^3。

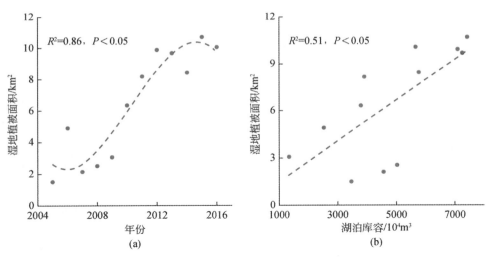

图 6-25　2004～2015 年东居延海湿地植被面积变化和与湖泊库容关系

模拟结果表明，湖泊面积的变化受到初始面积、来水量的影响，但是湖泊最终的稳态面积与初始面积无关。图 6-26 表明，东居延海的稳定面积与入湖径流量之间存在显著的正线性相关。同时，湖泊水损失率与湖泊面积间存在非线性的关系，水损失率随着面积增加而不断减小，湖泊面积为 35 km^2 时减小幅度开始显著增加，在湖泊面积大于 42 km^2 时，水损失率<1，此时湖泊的水储存效率最高。虽然湖泊面积的持续增加将大大降低水损失率，但这也意味着需要更多径流量。由于水资源稀缺，东居延海的适宜面积为 42 km^2。根据湖泊稳定面积与下放水量的关系，维持该面积需要每年下放水 $0.61×10^8$ m^3。

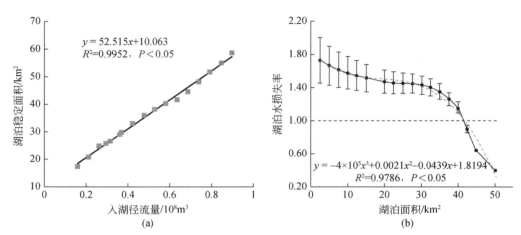

图 6-26 东居延海湖泊稳定面积与入湖径流量（a）及湖泊水损失率与湖泊面积（b）的关系

3. 干旱区生态情景制定与分析研究的前沿方向

为了满足干旱区流域生态-水文-经济系统集成模型对未来水资源变化趋势评估的需求，综合考虑干旱区植被生态适应性、植被结构动态特征及水文过程影响，以及自然环境和人类活动影响，制定流域整体性生态情景集，是未来干旱区生态情景设计研究的前沿方向（Cheng et al.，2014）。目前主要是发展基于气候变化、人类活动和水资源配置下植被结构动态变化（Beniston，2003；Case，2018）及其生态水文效应（Yang et al.，2015）的综合分析方法。对于植被变化的动态监测及其流域生态水文效应分析，正在由静态植被模型模拟向动态植被模型模拟与遥感分析相结合的方向发展（Bachelet et al.，2001，2003；Zang et al.，2013；Zhao and Wu，2013）。在情景设定与分析过程中，多模型结合、多尺度综合有助于降低不确定性以及预测的误差（Nunes et al.，2013）。评估气候变化对干旱区流域生态系统服务功能的影响必须考虑放牧扰动等人类活动因素（Bastin et al.，2012），以及发展人文因素空间参数化方法（程国栋等，2014）。生态水文与水资源利用规划情景设定也从政府单一主导逐渐向各利益相关者共同参与转变。

6.3.3 社会经济情景分析

1. 基于共享社会经济路径的社会经济情景分析框架

近半个世纪，随着社会经济的快速增长，黑河流域可持续发展面临前所未有的巨大挑战。同时，社会经济的发展也决定着可持续发展对策和措施的选择。因此，社会经济情景成为可持续发展集成模型的核心问题之一（IPCC，2013）。为了界定研究维度，以及使不同预测结果具有可比性，需要设置统一的社会经济发展情景框架（Moss et al.，2010）。

2010 年 IPCC 提出共享社会经济路径（van Vuuren et al.，2012），设计了 5 种典型社会经济发展路径。其中，SSP1 为可持续路径，具有相对高速的技术转化，政府和机构致力于实现可持续发展目标与解决问题，减少环境变化等脆弱性因素；SSP2 为中间路径，维持现有发展速度，重点发展能源和科技方面，发展中国家和工业化国家之间的收入差距慢慢缩小；SSP3 为区域竞争路径，每个国家专注于自身的能源和粮食安全，国际合作弱，对技术发展和教育投入减少，使大量人口和经济容易受到气候变化影响且适应能力差，能源领域技术变革缓慢，带来大量的碳排放；SSP4 为不均衡路径，富裕群体产生大部分的排放量，工业化国家和发展中国家的大量贫困群体排放较少且易受到气候变化的影响；SSP5 为化石燃料为主的发展路径，带来大量温室气体排放，面临较大减缓挑战，社会环境适应挑战较差（张杰等，2013；Riahi et al.，2017；姜彤等，2018a）。

国际应用系统分析研究所（IIASA）、德国波茨坦气候影响研究所（PIK）以及经济合作与发展组织（OECD）等机构开展了全球包括中国在内的 190 多个国家的经济发展预测（Dellink et al.，2017；O'Neill et al.，2017；Cuaresma，2017；Leimbach et al.，2017），认为采用不同的社会经济发展政策，到 21 世纪中期全球地区生产总值（GDP）最高与最低值可相差约 10 万亿美元，21 世纪末期，相差约 60 万亿美元（姜彤等，2018b）。

不同 SSP 下的社会经济情景预测有益于将社会经济发展与自然要素模型相结合，可为可持续发展战略的制定与实施提供科学支撑。本节根据黑河流域相关地级市历年统计数据，对人口、城市化和 GDP 采用相应的预测模型，以 SSPs 框架设置不同发展参数，预测黑河流域未来社会经济发展情景。

2. SSPs 情景下黑河流域未来人口、城市化与 GDP 预测

(1) 人口预测

未来人口情景预测采用人口阻滞增长模型。它不仅能够较好地模拟人口数量的变化，而且在经济领域也有广泛的应用。其基本思想是，人口不可能无限增长，随着人口的增加，自然资源、环境条件等因素对人口增长的限制越来越显著；当人口较少时，人口的自然增长率可以视为常数，当人口增加到一定数量后，增长率就会随着人口的增加而减小（Lutz and Samir，2011；Samir and Lutz，2014）。由于该模型充分考虑了外界环境因素、人口规模对人口自身增长的制约作用，因而更能客观地反映区域人口增长的规律，研究表明该模型对已有的人口增长过程有更好的拟合度。其计算公式如下：

$$x(t) = \frac{x_m}{1 + (\frac{x_m}{x_0} - 1)e^{-rt}} \tag{6-6}$$

式中，$x(t)$ 为 t 年人口预测数量，x_0、x_m 分别表示研究区人口预测基准年的人口基数与研究区人口最大承载量；r、t 表示人口较少时的自然增长率与预测时间长度。首先依据黑河流域 2000~2011 年各地区人口数据，建立人口预测模型，预测 2012~2050 年人口数量。基于 SSPs 各社会经济路径特点，设置模型参数。其中，中等情况的年均增长率采用各地2000~2011 年年均增长率的平均值，高速和低速情况的参数分别采用了各地历史年份较

高、较低的人口年增长率，见表6-4。最终预测结果见表6-5及图6-27。

表6-4 SSPs下黑河流域人口增长的特征

项目	SSP1、SSP4、SSP5	SSP2	SSP3
人口年均增长率	低	中	高

表6-5 SSPs下黑河流域人口的未来情况　　　　　　　　（单位：万人）

地区	SSPs	2015 年	2020 年	2025 年	2030 年	2040 年	2050 年
阿拉善	SSP1、SSP4、SSP5	23.41	23.29	23.17	23.05	22.81	22.57
	SSP2	24.00	24.60	25.18	25.75	26.82	27.80
	SSP3	24.60	25.89	27.07	28.15	29.97	31.39
海北	SSP1、SSP4、SSP5	28.90	29.28	29.65	30.01	30.72	31.41
	SSP2	28.89	29.25	29.60	29.95	30.64	31.30
	SSP3	28.98	29.44	29.90	30.35	31.22	32.05
嘉峪关	SSP1、SSP4、SSP5	23.57	23.87	24.17	24.47	25.05	25.61
	SSP2	24.40	25.67	26.83	27.89	29.69	31.10
	SSP3	25.20	27.27	29.00	30.41	32.40	33.56
酒泉	SSP1、SSP4、SSP5	110.66	111.38	112.11	112.82	114.24	115.64
	SSP2	112.54	115.53	118.43	121.22	126.48	131.28
	SSP3	119.82	130.38	139.02	145.82	154.93	159.89
张掖	SSP1、SSP4、SSP5	119.69	118.68	117.66	116.63	114.54	112.43
	SSP2	124.57	129.44	134.05	138.37	146.17	152.81
	SSP3	121.62	123.00	124.37	125.72	128.36	130.93

注：海北藏族自治州在表中及下文中简称海北

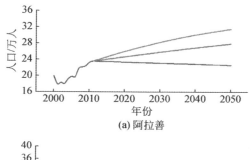

(a) 阿拉善

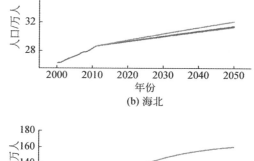

(b) 海北

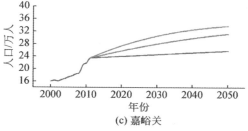

(c) 嘉峪关

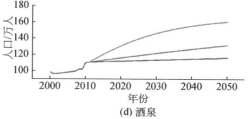

(d) 酒泉

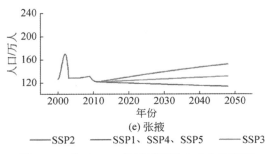

图 6-27　基于 SSPs 的黑河流域未来人口预测

预测结果表明，SSPs 下各地人口发展情况有一些趋同性。在 SSP3 下，黑河流域各地区的人口都在增长，其中酒泉到 2050 年的人数最多，达到近 160 万人，阿拉善的人口总量是最低的，为 31.39 万人（表 6-5）。而在 SSP1、SSP4、SSP5 下，人口增长慢，尤其是阿拉善和张掖，人口出现了负增长。SSP2 是个适度的情况，增长相对来说比较平稳。从各路径间的差距看，海北 5 种路径下的人口发展情况差别最小，酒泉和阿拉善的差别较大。

（2）城市化预测

以城市人口比例表示城市化水平，则城市化具有 Logistic 曲线特征。我国城市化过程预测广泛运用 Logistic 方法（丁小江等，2018）。黑河流域城市化率的预测采用城市化 Logistic 模型，其公式表达为

$$Z(t) = \frac{1}{1 + \lambda e^{-kt}} \tag{6-7}$$

式中，$Z(t)$ 表示 t 年的城市化水平预测值；λ 反映该区域基期城市化基础水平；参数 k 表示研究区城乡人口相对增长率之差。计算时通常依据已有的城市化水平序列值，通过非线性回归求出参数，建立预测模型。基于 SSPs 不同路径情景的参数设置见表 6-6。其中，中速情况采用各地的历史回归参数，高、低速情况的参数设置分别在历史回归参数基础上进行浮动。具体预测结果见表 6-7、图 6-28。

表 6-6　SSPs 路径下黑河流域城市化特征参数设置

SSPs 不同路径	城市化特征
SSP1、SSP4、SSP5	高速
SSP2	中速
SSP3	低速

表 6-7　SSPs 下黑河流域未来城市化水平预测　　　　　（单位：%）

地区	SSPs	2015 年	2020 年	2025 年	2030 年	2035 年	2040 年	2050 年
阿拉善	SSP1、SSP4、SSP5	75.6	74.4	73.1	71.9	70.6	69.2	66.4
	SSP2	72.7	70.4	68.0	65.4	62.8	60.1	54.5
	SSP3	69.6	66.1	62.3	58.4	54.3	50.2	42.1

续表

地区	SSPs	2015年	2020年	2025年	2030年	2035年	2040年	2050年
海北	SSP1、SSP4、SSP5	30.1	32.6	35.2	37.9	40.7	43.6	49.4
	SSP2	27.0	28.4	29.8	31.2	32.6	34.1	37.2
	SSP3	24.2	24.5	24.8	25.1	25.4	25.8	26.4
嘉峪关	SSP1、SSP4、SSP5	96.2	97.9	98.8	99.4	99.7	99.8	99.9
	SSP2	95.6	97.4	98.5	99.1	99.5	99.7	99.9
	SSP3	94.9	96.9	98.1	98.8	99.3	99.6	99.8
酒泉	SSP1、SSP4、SSP5	68.1	75.3	81.4	86.2	90.0	92.8	96.3
	SSP2	64.7	71.4	77.3	82.3	86.3	89.6	94.1
	SSP3	61.2	67.2	72.6	77.5	81.7	85.2	90.6
张掖	SSP1、SSP4、SSP5	40.7	50.6	60.4	69.4	77.2	83.5	91.8
	SSP2	37.1	45.6	54.3	62.7	70.5	77.2	87.2
	SSP3	33.7	40.7	48.1	55.5	62.7	69.4	80.5

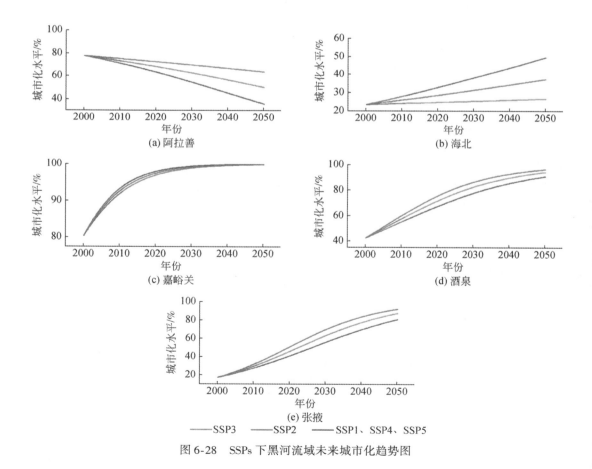

图 6-28　SSPs 下黑河流域未来城市化趋势图

由图 6-28 可知，未来海北、嘉峪关、酒泉、张掖的城市化继续推进。嘉峪关和酒泉在各路径下到 2050 年城市化程度都比较高，都在 90% 以上（表 6-7）；但相对于酒泉而言，嘉峪关的收敛速度快，很早就达到了城市化的收敛水平。张掖在 SSP1、SSP2 下，到 2050 年城市化程度高，但在 SSP3 下刚好达到 80% 的城市化水平。海北则城市化程度低，到 2050 年 5 种路径下的城市化水平都未超过 50%。值得注意的是，阿拉善在未来出现了逆城市化的倾向，具体原因有待进一步研究。

（3）GDP 预测

一般而言，GDP 的预测主要采用 Cobb-Douglas（CD）方程，但需要大量基础数据支持（Leimbach et al., 2017）。由于黑河流域各地区统计数据基础薄弱且粗放，尚不具备完全采用 CD 方法进行预测的数据基础，因此，GDP 预测是根据 2000~2011 年 GDP 数据（部分地区的数据有缺失）进行的非线性拟合。具体拟合方程如下：

$$y = \frac{A_1 - A_2}{1 + (x/x_0)^p} + A_2 \tag{6-8}$$

其中，涉及 A_1、A_2、x_0、p 四个参数，由历史数据拟合来决定。历史数据拟合的参数，设置为中速的情况，通过上下浮动 A_2 来分别设置高、低速情况，进而转化为 SSPs 下的设置参数。具体 SSPs 特征设置见表 6-8，其中 2030 年、2050 年的重点节点以及增长速度，与清华大学中国与世界经济研究中心 2017 年发布的十九大后的中国经济研究报告相一致。由于海北的 GDP 增长尚无法拟合，在此不讨论海北的情况。具体的预测情况见表 6-9。需要说明的是，由于多个地区的未来人口数量处于下降趋势，考虑到人均产出不能无限增加，因此对 GDP 模拟实施了总量控制，在某些情景下存在 GDP 总量趋近同一值的情况。

表 6-8　SSPs 下黑河流域各路径 GDP 发展特征

SSPs	GDP 增长特征
SSP5	高速
SSP1、SSP2、SSP4	中速
SSP3	低速

表 6-9　SSPs 下黑河流域 4 个地区的未来 GDP 预测　　　　（单位：亿元）

地区	SSP	2015 年	2020 年	2025 年	2030 年	2040 年	2050 年
阿拉善	SSP1、SSP2、SSP4	320.962	321.084	321.084	321.084	321.084	321.084
	SSP3	221.005	221.084	221.084	221.084	221.085	221.085
	SSP5	420.920	421.084	421.084	421.084	421.085	421.085
嘉峪关	SSP1、SSP2、SSP4	345.364	443.513	485.595	500.292	506.567	507.193
	SSP3	270.881	349.158	382.720	394.441	399.445	399.945
	SSP5	409.762	525.091	574.540	591.810	599.183	599.918

地区	SSP	2015 年	2020 年	2025 年	2030 年	2040 年	2050 年
酒泉	SSP1、SSP2、SSP4	785.714	945.155	976.865	982.084	983.051	983.076
	SSP3	641.936	769.630	795.025	799.205	799.980	799.999
	SSP5	799.005	961.381	993.674	998.990	999.974	999.999
张掖	SSP1、SSP2、SSP4	393.408	465.879	485.313	489.667	490.805	490.857
	SSP3	322.834	380.219	395.608	399.056	399.957	399.998
	SSP5	478.181	568.773	593.067	598.510	599.932	599.997

由图 6-29 可知，阿拉善、嘉峪关、酒泉、张掖的 GDP 都较快呈现出收敛的态势，主要是由于未来人口数量呈现下降趋势，在考虑人均 GDP 产出水平增长限制的情况下，未来 GDP 总量变化呈现停滞状况。其中，嘉峪关和酒泉的发展情况略有不同，酒泉更快增长至稳定水平，而嘉峪关达到稳定水平时间稍晚，两个区域 2050 年的 GDP 总量较之 2015 年，在 5 种路径下增长范围在 129.064 亿～200.994 亿元。张掖市 2050 年的 GDP 总量较之 2015 年，在 5 种路径下增长范围在 77.164 亿～121.816 亿元（表 6-9）。

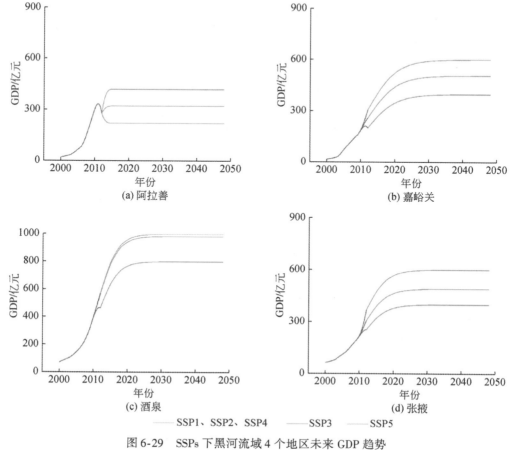

图 6-29　SSPs 下黑河流域 4 个地区未来 GDP 趋势

3. 社会经济情景的未来研究方向

社会经济情景研究主要涉及三方面的工作环节：①数据收集与制备；②社会经济要素机理模型；③情景参数设置。从当前的研究进展来看，社会经济要素机理模型方面已经有了较完备全面的理论和方法（Cuaresma，2017；Dellink et al.，2017；Leimbach et al.，2017），情景参数设置也提出了完整统一的设置思路与方案（O'Neill et al.，2017），在部分研究区实现了本土化设置（Absar and Preston，2015；Reimann et al.，2018）。但在数据收集与制备方面，整体而言，全球、国家等大尺度层面的数据较完善（van Vuuren et al.，2017），在流域、市县等层面，还欠缺社会经济要素机理模型所必需的统计科目数据基础，急需依托政府部门开展专门的社会调查收集完善数据，为进一步开展区域社会经济情景预测提供基础。同时，仍需要进一步拓展研究方向，如未来社会经济情景下社会经济要素空间化（Merkens et al.，2016），以及与自然过程要素的空间耦合研究（Jones and O'Neill，2016）。

6.4 黑河流域生态–水文–经济系统模拟与预估

为了深入理解黑河流域生态–水文–经济系统的演进特征与机制，同时为流域综合管理提供科学的决策信息，服务于流域可持续发展，本小节基于已建集成模型对黑河流域过去的生态–水文–社会经济状态进行模拟，并结合气候变化情景和产业结构转型情景，预估生态–水文–经济系统未来的变化。

6.4.1 黑河上游生态水文变化

1. 研究背景、现状及科学问题

黑河上游山区径流对保障中下游的发展和生态安全具有决定作用（程国栋等，2006）。黑河上游山区地形复杂，土地覆被类型多样（康尔泗等，2008），各种生态过程与水文过程的相互作用极为复杂，并且气候变化影响显著。在这一地区，以植被空间格局和结构动态为主的生态过程与径流形成、蒸散消耗等水文过程的相互作用格外突出。为了科学指导黑河流域的水土资源综合管理，亟待深入理解黑河上游生态–水文过程耦合机理，发展分布式流域生态水文模型，准确量化和预报多因素共同作用下的错综复杂的黑河上游流域径流变化规律及其原因。

黑河上游山区生态–水文建模研究旨在理解生态–水文过程特点，掌握径流形成规律，发展分布式流域生态水文耦合模型，提高出山径流的模拟和预测能力，促进干旱区生态水文学研究，提高流域水土资源可持续利用的科学管理水平。拟解决的科学问题如下：①揭示过去 50 年黑河上游水文过程的时空变化及原因；②揭示黑河上游历史植被变化规律及其空间分布对水文过程的影响，探究黑河上游植被–水文相互影响机理；③利用分布式流域生态水文模型模拟并预测不同气候情景下未来黑河流域的出山径流。

2. 过去50年黑河上游生态–水文过程变化

基于分布式生态水文模型模拟分析了1981~2010年黑河上游的生态水文现状及空间格局。1981~2010年，黑河上游年降水量范围为220~630 mm，流域平均年降水量为475.8 mm，总体呈自东南向西北递减趋势（图6-30）。东支降水量明显高于西支，最低降水量出现在流域出山口地区。流域平均年蒸散发量为311.8 mm，其空间分布和高山草甸的分布有相似的模态，与生长季表层的土壤水分含量有很强的相关性。流域产流主要受降水决定，同时也受到地形和植被的影响。在植被生长季节，土壤水分含量较高，体积含水率的变化范围为0.22~0.41。

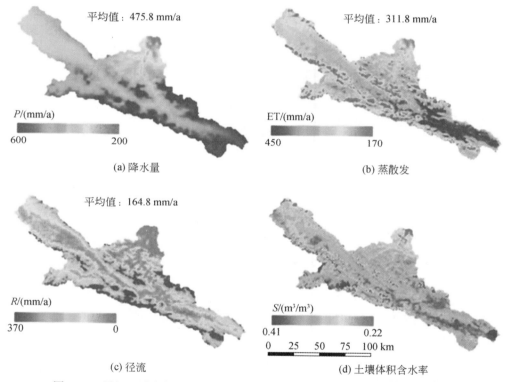

图6-30　黑河上游多年（1981~2010年）平均的水量平衡要素空间分布格局

黑河上游东支、西支和全流域（1981~2010年）水量平衡如表6-10所示。按照高程分析，年降水量、径流量和径流系数均随高程而增加，径流主要由降水控制。植被沿高程分布主要受降水量和气温共同控制，在3000~3600 m范围内，植被以灌木和高寒草甸为主，生长季的植被盖度最大，相应实际蒸散发也达到最大。

表 6-10　黑河上游（1981～2010 年）水量平衡

分区	面积/km²	P/（mm/a）	ET/（mm/a）	R/（mm/a）	径流系数
东支	2 457	529.8	344.9	186.9	0.35
西支	4 586	485.3	304.8	178.3	0.37
全流域	10 005	475.8	311.8	164.8	0.35

表 6-11 所示为不同植被类型在黑河上游干流区（莺落峡水文站以上的集水区）所占面积的比例、降水、蒸散发、径流深、径流量和对出山径流的贡献率。黑河上游流域草甸、高寒稀疏植被、灌丛的面积比例分别为 45.5%、20.1%、16.5%，对出山径流的贡献率分别为 39.4%、36.5%、13.7%，是黑河上游产流的主要植被类型。冰川面积仅占上游面积的 0.8%，但其对出山径流的贡献率达到 4.0%。

表 6-11　黑河上游不同植被类型的多年（1981～2010 年）平均水量平衡

植被类型	面积/km²	面积比例/%	降水 P/（mm/a）	蒸散发 ET/（mm/a）	径流深 R/（mm/a）	径流量/（10⁸ m³/a）	对出山径流的贡献率/%
荒漠	91	0.9	253.1	238.0	15.1	0.01	0.1
灌丛	1652	16.5	495.9	355.0	140.9	2.33	13.7
草原	1063	10.6	396.7	331.5	65.2	0.69	4.0
云杉	561	5.6	402.1	331.6	70.5	0.40	2.3
草甸	4549	45.5	488.5	348.7	147.8	6.72	39.4
高寒稀疏植被	2009	20.1	547.3	237.2	310.1	6.23	36.5
冰川	80	0.8	586.7	82.7	846.2	0.68	4.0

出山径流方面，过去 50 年黑河上游出山径流总体显现上升趋势。图 6-31 显示了 1960～2014 年莺落峡子流域的降水量与径流量的年际变化。莺落峡子流域的降水量在 1960～2014 年以每十年 33.4mm 的趋势显著增加，导致总径流量以每十年 9.7mm 的速率显著增加，基流以每十年 4.3mm 的速率显著增加。

除莺落峡以外，同时模拟分析了黑河山区其他流域的径流变化。表 6-12 列出了黑河上游 7 个子流域气温、降水量、总径流量、快径流、基流在各个季节的趋势值。其中，春季定义为每年的 3～5 月，夏季定义为每年的 6～8 月，秋季定义为每年的 9～11 月，冬季定义为每年的 12 月到次年的 2 月。结果表明，黑河上游 7 个子流域气温升高最明显的季节是冬季，冬季平均气温的升高趋势范围为每十年增加 0.473～0.512℃；降水增加最明显的季节是夏季，夏季降水变化的趋势范围为每十年增加 12.9～25.8 mm。降水量在各个子流域的夏季均呈显著增加的趋势，显著性水平 $P<0.05$。降水量的显著增加是各个子流域总径流量和基流量增加的主要原因。

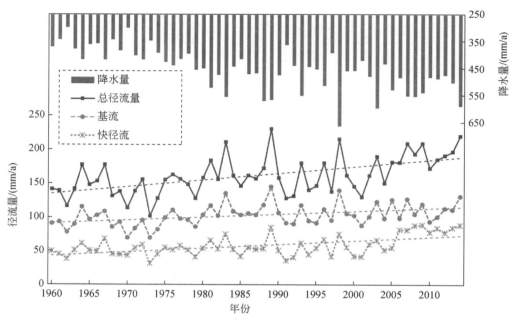

图 6-31　莺落峡以上流域降水量与径流、基流、快径流的年际变化（1960～2014 年）

表 6-12　黑河上游子流域气候与径流指标在不同季节的趋势值（1960～2014 年）

子流域与季节		气温 / （℃/10a）	降水量 / （mm/10a）	总径流量 / （mm/10a）	快径流 / （mm/10a）	基流 / （mm/10a）
冰沟	春	0.212*	1.5	−0.6*	−0.3*	−0.3
	夏	0.306*	19.4*	−0.5	0.1	−0.6
	秋	0.331*	5.2*	−0.2	0.1	−0.3
	冬	0.512*	0.3	0.1	−0.1	0.2
新地	春	0.212*	1.0	0.0	−0.1	0.1
	夏	0.305*	21.6*	3.8	0.5	3.2*
	秋	0.329*	6.1	1.8*	0.1	1.7*
	冬	0.510*	0.4	−0.2*	−0.1*	−0.1*
丰乐河	春	0.212*	1.7	1.4*	0.4	1.0*
	夏	0.304*	22.8*	2.0	0.1	1.9
	秋	0.328*	6.3	1.1	−0.5	1.9
	冬	0.508*	0.9	0.1	0.0	0.1
梨园堡	春	0.212*	3.6*	−0.5	0.0	−0.5*
	夏	0.298*	12.9*	2.9	0.9	2.0*
	秋	0.315*	5.4	4.6*	3.4*	1.2
	冬	0.493*	1.9*	−0.6*	−0.1*	−0.5*

子流域与季节		气温 /(℃/10a)	降水量 /(mm/10a)	总径流量 /(mm/10a)	快径流 /(mm/10a)	基流 /(mm/10a)
莺落峡	春	0.210*	4.4*	0.9*	0.8*	0.1
	夏	0.292*	20.8*	4.6*	2.3*	2.3*
	秋	0.305*	7.0*	3.8*	1.2*	2.6*
	冬	0.479*	1.2*	0.5*	0.1	0.4*
扎马什克	春	0.211*	4.7*	−0.1	−0.3	0.2
	夏	0.297*	25.8*	5.6*	3.6*	2.1*
	秋	0.312*	8.3*	3.2*	0.5	2.7*
	冬	0.489*	1.4*	0.1	−0.2	0.3
祁连	春	0.210*	5.1*	1.0	0.0	1.0*
	夏	0.289*	20.1*	3.5	1.2	2.3
	秋	0.301*	6.6	3.3	−0.1	3.4*
	冬	0.473*	0.7*	1.0*	0.0	1.0*

* 该趋势为显著变化, 显著性水平 $P<0.05$

3. 未来 50 年黑河上游径流变化趋势估计

选取 5 个全球气候模式 (GCMs) 以及 1 个区域气候模式 (RCM) 模拟的 RCP4.5 排放情景作为未来的气候情景, 并基于选取的气候情景, 模拟未来气候变化下莺落峡流域径流的变化 (Wang Y H et al., 2018a)。5 个 GCM 是根据模式在黑河流域模拟气候情景的合理性和代表性, 从 CMIP5 项目中的 47 个 GCM 中挑选得到的。它们分别是 BCC-CSM1.1 (m)、CSIRO-Mk3.6.0、IPSL-CM5A-MR、CNRM-CM5、MPI-ESM-LR。RCM 模拟的气候数据为黑河计划开发的 3 km 空间精度的网格数据 (6.3.1 节)。不同气候模式模拟得到的未来 50 年降水变化趋势有所不同, 其中, BCC-CSM1.1 (m)、CNRM-CM5 模式模拟得到未来降水具有显著上升趋势, IPSL-CM5A-MR 模拟得到未来降水具有不显著上升趋势, 而 CSIRO-Mk3.6.0、MPI-ESM-LR 和 RCM 模拟得到未来降水具有减少趋势。6 个模式模拟结果平均, 得到未来降水变化趋势为 3.1 mm/10a 的轻微上升趋势。气温方面, 6 个未来气候情景均显示显著的气温上升趋势, 平均升温幅度为 0.32℃/10a。

在上述未来气候情景下, 基于模型模拟的径流结果表明, 未来 50 年年径流量基本呈显著下降趋势, 而年蒸散发量呈显著上升趋势。6 个模式模拟的平均年径流量减小幅度约为 6 mm/10a, 径流的下降主要发生在 21 世纪 10 年代以及 2050 年附近。至 21 世纪 50 年代末, 年径流量预计将只有约 14 亿 m³, 只有 21 世纪 00 年代的 80%。平均年蒸散发量的上升幅度约为 9 mm/10a, 其增加主要发生在 21 世纪 10 年代、30 年代和 50 年代。

表 6-13 给出了不同气候情景下的年径流和季节径流变化趋势, 其结果主要可以分为两种类型。其一为, 基于 BCC-CSM1.1 (m)、CSIRO-Mk3.6.0、MPI-ESM-LR 模式以及 RCM 模式模拟的未来气候情景下, 年径流呈显著下降趋势, 其径流的减少主要发生在夏

季。其二为，基于 IPSL-CM5A-MR、CNRM-CM5 的未来气候情景下，年径流没有显著变化趋势。这两种类型的差异是由不同的降水趋势引起的。

表 6-13　基于不同气候情景模拟的未来 50 年（2011~2060 年）年径流及季节径流变化趋势

项目	IPSL-CM5A-MR	BCC-CSM1.1（m）	CSIRO-Mk3.6.0	CNRM-CM5	MPI-ESM-LR	RCM
年径流 /（mm/10a）	0.0	−8.7*	−9.3*	−0.2	−10.7*	−14.3*
春季径流 /（mm/10a）	0.6	−0.3	−0.6	−0.8	−2.6*	1.9
夏季径流 /（mm/10a）	0.3	−9.1*	−6.1*	−0.4	−6.6*	−14.9*
秋季径流 /（mm/10a）	−1.6	0.5	−2.5*	0.9	−1.5	−1.8
冬季径流 /（mm/10a）	0.6	0.2*	−0.1	0.1	0.0	0.5*

* 变化趋势显著（$\alpha = 0.1$）

表 6-14 给出了不同气候情景下的未来 50 年平均水量平衡与过去 30 年（1981~2010年）平均水量平衡的对比。结果表明，未来 50 年的降水量（486~518mm，平均501mm）比过去 30 年（476mm）要高，但未来的径流量（124~179mm，平均145mm）比过去少（165mm）。更多的降水将被消耗为蒸散发量（335~363mm，平均356mm；过去 30 年平均312mm）。未来的径流系数（平均0.29）明显小于过去 30 年平均值（0.35）。该数据表明未来黑河上游的产流机制很可能发生变化，更多的降水被蒸散发消耗，而径流会有所减少。

表 6-14　不同气候情景下未来 50 年平均水量平衡与过去 30 年（1981~2010 年）的对比

项目	1981~2010 年	IPSL-CM5A-MR	BCC-CSM1.1（m）	CSIRO-Mk3.6.0	CNRM-CM5	MPI-ESM-LR	RCM	平均
降水 /mm	476	486	508	492	518	488	516	501
径流深 /mm	165	124	141	135	159	131	179	145
蒸散发 /mm	312	357	363	356	362	361	335	356
径流系数	0.35	0.26	0.28	0.27	0.31	0.27	0.35	0.29

6.4.2　黑河中下游生态水文变化

1. 研究背景、现状与科学问题

降水、气温、辐射等气候因素的变化会影响蒸散发过程以及地表水和地下水的相互作用，进而影响到生态过程（王昊等，2006；Minville et al.，2008；Abdulla et al.，2009）。这在干旱−半干旱地区尤为突出。黑河流域是我国典型的内陆河流域，气候干旱，水资源紧缺，生态系统十分脆弱。黑河的水资源管理工作必须考虑气候变化的影响。黑河中下游是水资源的耗散区，地表产流有限，其水资源主要依靠上游山区径流输入。因此，研究气候变化对黑河中下游的影响，还应考虑气候变化对黑河上游水文过程，尤其是冰冻圈水文过程的影响。

将未来气候变化的预测结果与水文模型结合可以提高流域水资源管理的科学性。本节旨在利用构建的中下游生态水文耦合模型，结合未来气候变化情景和上游相应的水文预报结果，研究未来气候变化及上游水文情势变化对中下游生态−水文过程及水资源的影响。

2. 气候变化情景下黑河中下游生态水文模拟

研究采用 HEIFLOW 模型（Tian et al.，2018）对黑河中下游进行生态水文耦合模拟。模型模拟期为 2000~2060 年（共61年），其中 2000 年为模型预热期，2001~2015 年为历史基准期（15年），2016~2060 年（45年）为未来预测期。为分析气候变化影响，本研究进一步将预测期分成 3 个时期，即 2016~2030 年、2031~2045 年和 2046~2060 年。同基准期，每个预测期长度也为 15 年。本研究中，模型在基准期均采用历史数据作为模型输入。在未来预测期（2016~2060 年），模型的气象驱动数据源自区域气候模式的模拟，该区域气候模式为 EC−EARTH 模式输出的 RCP4.5 路径数据的动力降尺度结果（6.3.1节）；模型的边界入流为黑河上游生态−水文模型 GBEHM 的模拟结果（6.4.1节）。本部分研究仅考虑气候变化影响，未考虑与人类活动相关的变化情景，如耕地扩张、节水灌溉推广、中下游分水曲线调整等。因此，在未来预测期，模型中的土地利用、灌溉模式、水资源管理情景均与历史基准期保持一致。

3. 气候变化对中下游生态−水文过程的影响

基于 HEIFLOW 模拟结果（图6-32），2001~2060 年建模区降水量为 92.14 亿 m³/a（101.71 mm/a），地表和地下入流量分别为 36.14 亿 m³/a（39.89 mm/a）和 5.02 亿 m³/a（5.54 mm/a）。因此，流域总入流量为 133.30 亿 m³/a（147.14 mm/a）。建模区蒸散发量为 136.49 亿 m³/a（150.67 mm/a）。由于黑河流域是内陆河流域，水平衡中的出流项只有蒸散发，因此，建模区内水蓄量变化共计−3.19 亿 m³/a（−3.52 mm/a）。图6-33 给出了地下水蓄量的具体变化情况。可以看出，若仅考虑气候变化和上游来水量变化的影响，未来几十年黑河流域地下水蓄量仍然会呈下降趋势，但幅度有所减缓。要保障中下游地下水资源的可持续性，减少地下水开采是一种必要的应对措施。根据 HEIFLOW 模拟结果（图 6-32），整个中下游的地下水开采量需从现在的 9.69 亿 m³/a（10.70 mm/a）减少为 6.52 亿 m³/a（7.20 mm/a）才有可能减缓地下水蓄量下降趋势。

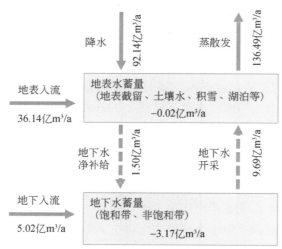

图 6-32 2001～2060 年黑河中下游水平衡模拟结果

地下水净补给为地下水补给量减去地下水出漏量和浅层地下水的蒸散发量

图 6-33 给出了历史基准期和 3 个未来预测期的降水、边界入流（包括地表和地下入流）、蒸散发和地下水蓄量变化。可以看出，建模区降水量总体平稳，呈先降后升趋势；边界入流有明显的下降趋势（体现气候变化对黑河上游水文过程的影响）；水平衡中的耗散项蒸散发呈明显的下降趋势；地下水蓄量变化则呈轻微上升趋势。地下水蓄量变化呈上升趋势说明地下水水位的下降速度有所减缓，但由于其绝对值依然是负值，未来预测期地下水水位将持续下降。

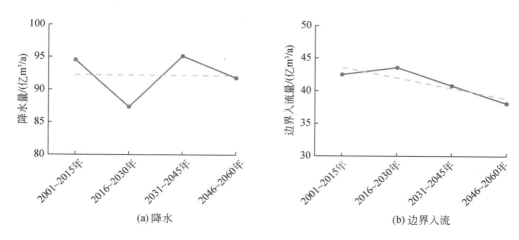

(a) 降水　　　　　　　　　　　(b) 边界入流

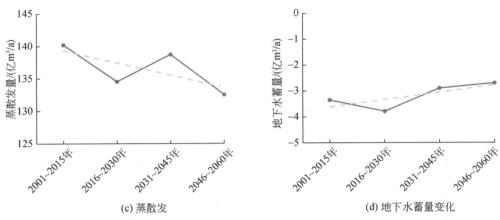

(c) 蒸散发   (d) 地下水蓄量变化

图 6-33　历史基准期和未来预测期的降水、边界入流、蒸散发与地下水蓄量变化

图 6-34 给出了历史基准期和 3 个未来预测期年均降水的空间分布，其中图 6-34（a）显示的是年均降水量，图 6-34（b）、图 6-34（c）和图 6-34（d）分别显示了 3 个预测期相对于基准期的变化量。可以看出，虽然建模区的降水量在未来保持平稳，但空间分布上发生了显著的变化。在黑河下游 [图 6-34（b）、图 6-34（c）和图 6-34（d）中的上方区域] 和中游西部地区 [图 6-34（b）、图 6-34（c）和图 6-34（d）中的中间左方区域]，降水量呈明显的增加趋势，而在靠近上游的区域 [图 6-34（b）、图 6-34（c）和图 6-34（d）中的右下方区域]，降水量呈现出明显的下降趋势。这个结果与上游山区出山径流量的降低 [图 6-33（b）] 相互印证。

图 6-35 给出了历史基准期和 3 个未来预测期年均蒸散发量的空间分布，其中图 6-35（a）显示的是绝对量，其他 3 个子图显示的是相对变化量。与图 6-32 和图 6-33（c）中的蒸散发量相比，图 6-35 中的蒸散发量不包括河道和灌渠的水面蒸发量。可以看出，在未来预测期，蒸散发量增加的区域主要分布在黑河下游和中游西部地区，蒸散发量减少的区域主要分布在靠近上游的区域。这与降水量变化的空间分布 [图 6-34（b）、图 6-34（c）和图 6-34（d）] 保持一致。另外，由于边界流量的减少，河道中可用于灌溉的水量降低，因此沿河区域和部分农业灌溉区域（如中游的金塔灌区、下游的额济纳灌区）的蒸散发量均有显著降低。

图 6-36（a）给出了历史基准期结束时的地下水水位分布，图 6-36（b）、图 6-36（c）和图 6-36（d）显示了 3 个未来预测期结束时地下水水位相对于基准期的变化幅度。可以看出，地下水水位下降的区域集中在靠近上游的区域，其原因主要有两方面：其一，未来降水量的减少导致对地下水补给的减少；其二，边界流量的减少促使农业灌溉使用更多的地下水。此外，下游额济纳三角洲出现了小范围的地下水水位抬升。

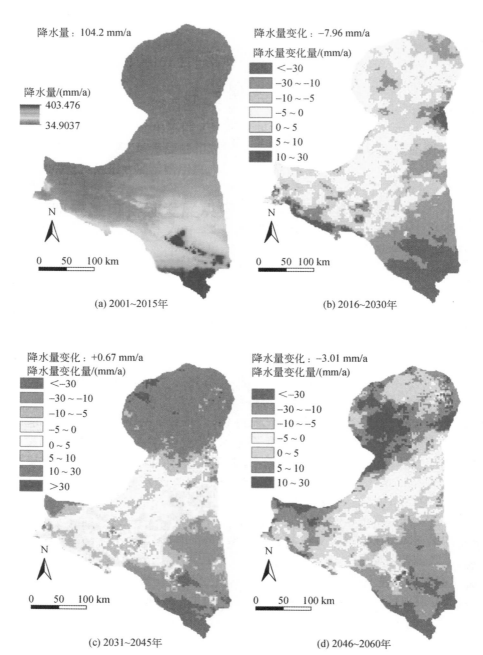

图 6-34　历史基准期（a）和未来预测期（b、c、d）的年均降水量及其相对变化量的空间分布

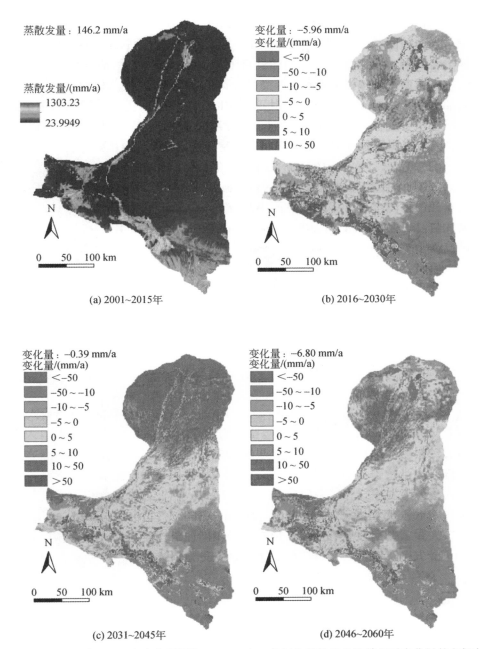

(a) 2001~2015年

(b) 2016~2030年

(c) 2031~2045年

(d) 2046~2060年

图 6-35　历史基准期（a）和未来预测期（b、c、d）的年均蒸散发量及其相对变化量的空间分布

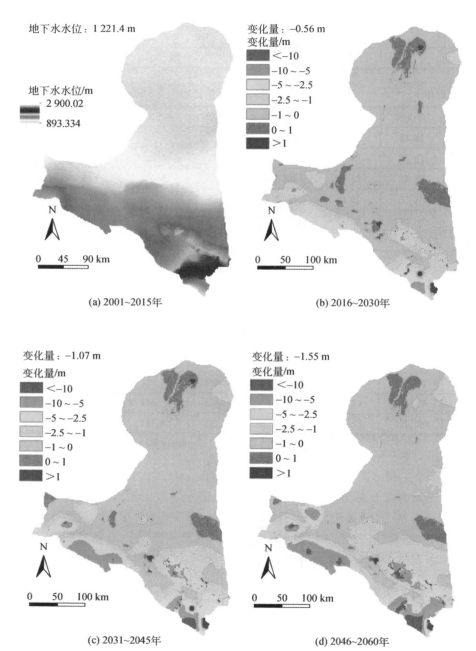

图 6-36 历史基准期（a）和未来预测期（b、c、d）的地下水水位及其相对变化量空间分布

在河道流量方面，黑河干流总体呈下降趋势。图 6-37 显示了黑河干流上三个主要水文站（莺落峡、正义峡、狼心山）年径流量的变化情况。其中莺落峡、正义峡和狼心山的径流量分别以 239 万 m³/a、539 万 m³/a 和 542 万 m³/a 的速度减少。位于下游的正义峡和狼心山径流减少的速度要明显快于位于上游的莺落峡。这是因为正义峡、狼心山所对应的汇流区域的降水量有所降低（图 6-34）。

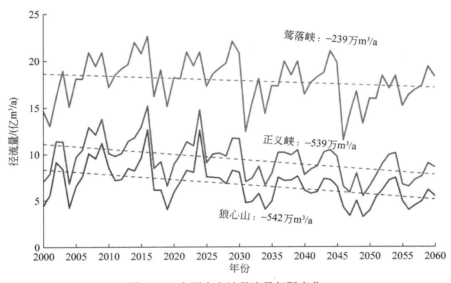

图 6-37　主要水文站径流量年际变化

图 6-38 展示了 2000 ~ 2060 年东居延海面积和蓄水量的模拟结果。图 6-38（a）中橘色点为 HEIFLOW 模拟结果，蓝色点为通过遥感反演的结果。可见，遥感反演数据很好地验证了模型对东居延海的模拟结果。图 6-38（b）显示了东居延海的蓄水量变化情况。基于模型模拟结果，东居延海现在的蓄水量达到了峰值水平，在未来 50 年将总体呈下降趋势。

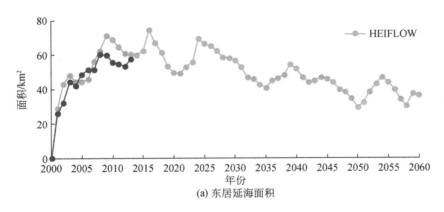

(a) 东居延海面积

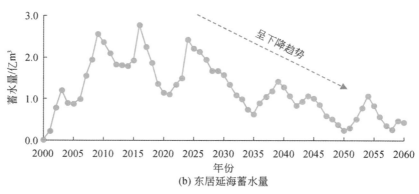

(b) 东居延海蓄水量

图 6-38 东居延海面积和蓄水量模拟结果

4. 小结

本部分研究模拟了 RCP4.5 情景下 2001~2060 年黑河中下游的生态–水文过程，分析了黑河中下游水量平衡的变化规律和关键生态水文变量（降水、蒸散发、径流、地下水）的响应特征。模拟结果显示，未来中下游降水量总体平稳，但空间分布存在显著变化；黑河干流流量、地下水水位呈下降趋势；相应地，蒸散发量也将呈总体下降趋势；作为尾闾的东居延海，目前蓄水量处于历史高位，未来呈下降趋势。

6.4.3 社会经济发展预测

1. 黑河流域社会经济系统历史演变

黑河流域经济系统结构处在由农业主导向农业和服务业并重的状态演变的过程中。据历史记载，黑河中游地区汉代仅有 8~9 万人，灌溉面积约 4666hm²；1950 年初总人口约 55 万人，灌溉面积 6.9 万 hm²；而现有总人口 120 多万人，灌溉面积 22.3 万 hm²（含林草灌溉面积）。20 世纪 60 年代末以来，在以粮为纲的思想指导下，人们大规模垦荒种粮，发展商品粮基地。特别是 1990 年以后，甘肃省提出 "兴西济中" 发展战略，并向中部地区移民，灌溉面积发展很快。近些年张掖市打造生态城市、大力发展旅游业、积极引进新型产业，实现了产业结构的转型，2012 年流域三次产业结构为 28.7：36.0：35.3。2000~2012 年全市的 GDP 快速增长，最高值在 17% 左右，最低值为 5.4%，2002 年是张掖市 GDP 增长率快速提高的起点（肖洪浪和程国栋，2006）。张掖市的 GDP 从 2000 年的 64 亿元增长到 2012 年的 269.36 亿元。2012 年粮食产量达到了近 124 万 t，占甘肃省粮食产量的 11.17%（王勇等，2008）。农业仍是张掖市的主导产业，但农业产业化水平较低，市场基础较弱。2012 年全市耕地面积为 388 万亩，粮食播种面积为 395 万亩，约占中游面积的 10%。2012 年张掖市服务业的产业结构比例达到了 36%，而农业比例降低到 28%，服务业在 GDP 中的占比呈增大趋势。张掖市经济发展的主导工业产业是发电、矿山、铁合金与农副食品加工业，其在 GDP 中的占比不断减小。2012 年工业产值为 104.30 亿元，而工业增加值约 59.84 亿元，与 2000 年相比只增长了 15%，进一步说明区域工业基础薄弱。然而，服务业产值已达到了 103.19 亿元，几乎与第二产业持平。服务业发展较快的原因主要是区域旅游产业的发展迅速，旅游产业收入占 GDP 的比例已达到了 9.3%。

2. 黑河流域经济系统的预测

张掖市目前还处于工业化初期，以劳动密集型产业为主，用水方面主要以农业用水为主，工业用水较少。张掖市的工业结构不合理，主导产业带动能力弱，工业规模小。2012 年张掖市的工业增加值占全市 GDP 的 26%，规模以上工业占全部工业的 13.5%。由于国家的计划生育政策已经实施了近 30 年，人口增长率近年来一直稳定地维持在 6‰ 以下，人口增长预测采用的自然增长率为 6‰，城市人口和农村人口也按同样的比例变化。模型预测 2020 年区域总人口约 138 万人。2012 年张掖市 GDP 达到 270 亿元，近几年平均增长 10%，但总体来看，仍面临艰巨的结构调整任务。受张掖市水资源严重紧缺的制约，结合张掖市产业发展布局和水平，未来 10 年全市 GDP 年平均增长速度降为 5%，工业增加值年均增长速度约 12%。模型预测 2020 年全市 GDP 达到 350 亿元，工业增加值达到 197 亿元。

产业结构的格局与生产过程的水资源消耗结构密切相关，即便是不提高个别产业部门的水资源生产力，产业结构的变动也会影响整个经济系统总的水资源消耗变化，如压缩水资源生产力水平低的行业使得产业结构转型，则可在确保经济规模稳定目标下实现经济生产的总水资源消耗量减少。辨析产业结构与水资源效率的关联性，厘清产业部门的水生产力与用水效率，分析产业规模与经济增长的适宜性，可服务于区域的产业结构优化升级方案制定，同时也是建立高效节水型产业结构的科学依据。为此，通过外生设定产业技术进步率模拟其导致的产业结构和产业用水强度变化。水资源是制约区域经济发展的重要资源因素，为此根据行业用水特征分别设计了三种方案（表 6-15）。基于外生冲击，利用静态的 WESIM 模型模拟了各种情景下的经济规模、结构与水资源消耗情况。

表 6-15 产业结构转型的情景设计

方案	Ⅰ	Ⅱ	Ⅲ
方案设计	农业技术进步 5%	工业技术进步 5%	服务业技术进步 5%

模拟结果发现，不同方案下产业技术进步导致的产业转型对 GDP 的贡献各有差异。从 GDP 的增加来看，工业技术进步导致的产业结构转型使 GDP 增长 6.99%，且技术进步的贡献率比较大。而农业技术进步导致的产业结构转型使 GDP 增长 3.72%，相对较小。从水资源要素收入来看，农业技术进步导致的地表水要素投入减少相对显著，而工业技术进步使得地下水要素的投入减少显著，也充分体现了行业的用水特征（表 6-16）。

表 6-16　产业结构转型情景对 GDP 影响的分解分析　　　　　（单位：%）

项目	Ⅰ	Ⅱ	Ⅲ
土地资源要素	0.0000	0.0000	0.0000
劳动力要素	1.6732	1.4078	1.7288
地表水	−0.0303	0.0000	0.0000
地下水	−0.0001	−0.0009	0.0000
其他用水	−0.0001	0.0000	0.0000
资本	0.0000	0.0000	0.0000
直接税	0.1358	0.7724	0.2564
技术进步	1.9438	4.8150	2.3379
合计	3.7223	6.9943	4.3231

　　从行业技术进步导致的产业结构转型升级结果来看，总体都会促进经济的发展。首先，分析农业行业技术进步方案模拟结果，其导致农业产出增加了 9.17%，工业产出轻微下降 0.12%，而服务业产出增加 0.51%。其次，分析工业行业技术进步方案模拟结果，工业产出增长的同时，农业与服务业产出均处于增加状态。工业产出增加 7.87%，略小于农业技术进步方案导致的农业产出结果，但是其拉动两个行业使其产出也呈现增加趋势。最后，分析服务业技术进步方案，服务业产出增加的同时拉动农业与工业产出同时增加，并且农业和工业产出增加的比例相对较高。究其原因，工业和农业产品是服务业发展的中间投入品，服务业的发展间接拉动了工业和农业的生产发展（图 6-39）。

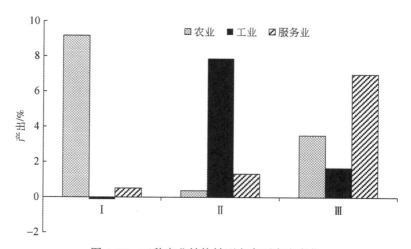

图 6-39　三种产业结构转型方案下产出变化

　　综合分析产业结构转型升级的结果，由于张掖市的生产用水主要集中于农业部门，在方案Ⅰ下地表水与地下水的使用量会轻微减少。其他两个情景对水资源要素的影响程度不大。但从产业结构的带动上来看，服务业的发展显著拉动了农业与工业行业部门的发展。

为此，研究认为方案Ⅲ是区域产业结构转型发展的方向，政府应该致力于服务业行业发展的政策，鼓励产业部门积极改进技术，进而带动区域经济的快速发展。在产业结构转型发展过程中，政府应大力扶持发展低耗水、高效用的现代服务行业，对于耗水较高的服务性行业引入竞争机制，通过市场作用转换其在第三产业中的比例，提高行业的用水效率。同时，张掖市大力发展生态旅游产业，其发展也渐入佳境，也会在提高水资源生产力的同时拉动区域产业转型升级。

6.5 黑河流域可持续发展的模型实验研究

着眼于黑河流域乃至其他内陆河流域共同面临的关键决策问题，本节基于黑河流域生态–水文–经济系统集成模型，开展分水方案模型实验及虚拟水策略分析，并系统评价退耕及大型水库修建潜在的水文影响。在此基础上，提炼若干服务于流域水资源管理、水安全以及可持续发展的决策建议。

6.5.1 分水方案模型实验

20世纪后30年，尤其是90年代以后，张掖盆地不断扩耕，各灌区的黑河引水量激增，导致通过正义峡输往下游的流量大幅减少，进而引发了下游地下水位下降、植被退化、尾闾东居延海面积萎缩甚至干涸等水资源和生态危机。为恢复下游生态环境，国务院自2000年起强力推行于1997年制定的生态调水计划，即黑河97分水方案（柳小龙和王令钊，2012）。分水方案规定了上游出山口莺落峡五个不同来流条件所对应的正义峡下泄量要求，五点插值即得"分水曲线"（图6-40）。在一般水文年（即莺落峡流量为多年平均值15.8亿m³），正义峡流量应该不低于9.5亿m³。

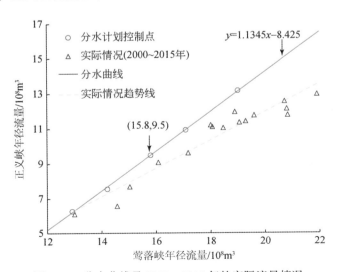

图6-40 分水曲线及2000～2015年的实际流量情况

分水方案的实施使得下游生态环境得到明显改善,东居延海重现碧波荡漾。然而,如图 6-40 所示,分水方案所确定的流量目标并未完全实现,并呈现"丰增枯减"的规律(越是丰水年,缺口越大)。如果严格按照分水方案计算,2000~2015 年中游"亏欠"下游的生态流量累计约为 27 亿 m^3,年均约 1.7 亿 m^3。另外,中游的耕地面积仍在增加,"全线闭口,集中下泄"等限制引水的管理手段迫使中游灌区加大地下水开采,导致中游地下水储量下降,部分地区面临湿地退化、土地沙化和盐碱化等生态风险。可见,中游农业生产、中游地下水资源、下游生态环境这三者相互影响、制约,而分水方案对于平衡这三者关系至关重要。

基于物理过程的生态水文耦合模型为定量表征农业生产、地下水资源和生态环境的纽带关系提供了科学工具。黑河计划发展了适用于干旱区生态–水文过程模拟的 HEIFLOW 模型(Tian et al.,2018),该模型能模拟不同水资源管理策略对农业生产、地下水资源和生态环境的影响。Sun 等(2018)利用 HEIFLOW 模型研究了黑河中游灌溉用水削减的生态水文效应。表 6-17 列出了 12 种直接削减方案,分为单一削减地表引水量、单一削减地下水抽用量、等比例削减地表引水量和地下水抽用量三类情景。直接削减意味着灌溉面积减少或灌溉定额不满足,将导致农业减产。图 6-41 展示了 2001~2012 年的实际情况,以及模型模拟的 12 种假想情景下的正义峡多年平均下泄流量。可以看出,削减地下水抽用量的对于下泄量的影响微乎其微。若要满足分水方案,中游需要削减约 10%(单一削减地表引水量)或 15%(等比例削减地表引水量和地下水抽用量)的灌溉用水。图 6-42 则展示了相应的中游地下水储量变化情况。可见,即使通过 A-SG 或 A-SW 方案满足了分水方案要求,仍无法遏制地下水储量显著下降的趋势。仅有 A-GW 方案可以显著遏制地下水储量下降,但该组方案无法实现分水方案。

表 6-17 黑河中游直接削减灌溉用水的假想情景

灌溉用水总量削减比例 /%	情景分类与编号		
	单一削减地表引水量	单一削减地下水抽用量	等比例削减地表引水量和地下水抽用量
5	A–SW–5	A–GW–5	A–SG–5
10	A–SW–10	A–GW–10	A–SG–10
15	A–SW–15	A–GW–15	A–SG–15
20	A–SW–20	A–GW–20	A–SG–20

针对黑河中游的核心区域张掖盆地,Wu B 等(2015a)、Wu X 等(2016b)进一步研究了如何优化地表水灌溉与地下水灌溉的配比,实现区域水资源的总体节约。研究考虑了多种水文条件(即莺落峡来流条件)及目标函数与约束条件的组合,设计了一系列优化情景;同时,采用代理建模的方法,在"模拟–优化"分析中高效应用了 HEIFLOW 模型。研究表明,对水源配比的空间和时间优化,可以在盆地尺度上实现水资源的节约。在空间

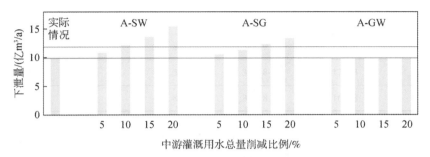

图 6-41 黑河中游直接削减灌溉用水对正义峡下泄流量的影响（2001～2012 年平均值）

红线标识实际的平均流量，蓝线标识分水方案所要求的平均流量

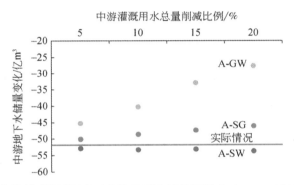

图 6-42 黑河中游直接削减灌溉用水对中游地下水储量的影响（2001～2012 年的累积变化量）

上，一些地下水埋深浅甚至出露的临河灌区可多用地下水灌溉，因为此类地区地下水与地表水（干流水量）交互作用强烈，地下水的开采损耗可以很快从河道得到补给；同时，地下水就近灌溉可减少地表渠系输水过程中的无效蒸散发损失（Wu B et al., 2015a）。在时间上，枯水期可多用地下水，腾空“地下水水库”库容，而洪水期可少用地下水，让“地下水水库”的库容充分恢复。

不管是空间上还是时间上的优化，其节水的本质原因是减少了无效蒸散发。图 6-43 显示了 Wu X 等（2016b）所做的 72 组优化实验中张掖盆地总蒸散发的变化量（ΔET）与水资源节约量（WS）之间的线性关系，其中 WS 定义为正义峡流量与地下水储量之和的变化量。可见，二者基本保持 1：1 的关系。另外，大多数优化实验表明，张掖盆地通过地表水-地下水优化配置可实现的节水量不超过每年 1 亿 m^3。由于许多实际因素（如配套水利设施、经济成本等）尚未纳入优化分析，能真正实现的节水量可能显著小于 1 亿 m^3。因此，单靠地表水-地下水的优化配置难以补足每年约 1.7 亿 m^3 的分水“亏欠”。

进一步研究（Wu X et al., 2016b）表明，若要满足分水方案且保持张掖盆地农业规模不变、灌溉需求不减少，即使充分优化地表水-地下水的配置，张掖盆地每年仍将损失 1 亿～2 亿 m^3 的地下水储量。反过来，如果要满足分水方案且维持地下水储量稳定，则张

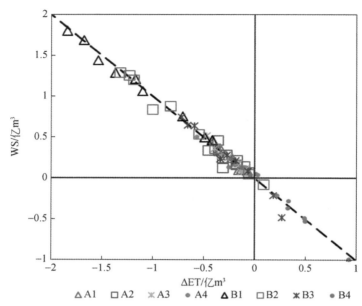

图 6-43　72 组优化实验中张掖盆地总蒸散发的变化量（ΔET）与水资源节约量（WS）之间的关系

（Wu X et al., 2016b）

A1 ~ A4、B1 ~ B4 代表基于不同限制条件的优化情景

掖盆地至少应削减 20% 左右的灌溉用水需求，或缩减相应的耕地规模。推行节水灌溉或能同时缓解上述几方面的压力（Sun et al., 2018），但实施节水灌溉需要显著的经济成本、能源成本甚至环境成本（如地膜覆盖技术）。此外，由于黑河中游地表水–地下水交互频繁，节水灌溉技术在田间尺度的效率并不能直接推演到盆地尺度。在地下水埋深较浅的区域，灌溉水中的一部分会补给地下水，地下水位抬升则会增加向河道的排泄量。因此，在盆地尺度上，这部分渗漏的灌溉水并没有被浪费。Sun 等（2018）模拟了地膜覆盖这一措施的效应，研究发现，虽然该技术对于缓解前述几方面压力都有积极作用，但在维持种植面积不变的情况下，无法实现分水方案。

综上，在黑河中下游地区，分水方案、中游地下水资源可持续性和中游农业生产三者之间互为制约的关系十分突出。如果坚持现有分水方案不变，中游必须在地下水资源可持续性和农业生产之间做出一定程度的取舍。黑河流域近期连续丰水，未来如果出现连续枯水年，则中游水资源与农业生产之间的矛盾有可能激化。近年来，中、下游围绕是否修改分水方案、如何修改等问题展开了争论，这将是未来黑河流域水资源与生态管理中不可回避的问题，而解答问题的关键在于为黑河下游确定一个合理的生态流量。

6.5.2　退耕对中下游水文过程的影响

黑河调水实施以来，下游生态环境得到明显的恢复和改善，但同时也加剧了中游地区生产、生活和生态用水之间的矛盾（Ge et al.，2013）。为了缓解水资源的紧张局面，中游地区张掖市采取了调整农作物种植结构、灌区节水改造和建立水权制度等一系列措施，这在一定程度上保障了绿洲农业的可持续发展和调水的成功实施（肖生春和肖洪浪，2008）。然而，黑河中游地区的耕地一直呈扩张的态势，其中在 2000 ~ 2011 年，甘临高地区耕地面积增加了 38.42 万亩（Hu X et al.，2015b）。耕地的持续扩张，挤占了大量的生态用水，导致地下水过度开采，产生了生态林大面积枯死、湿地萎缩、水质恶化和沙漠化程度加剧等生态环境问题。为了实现黑河流域未来可持续发展，因地制宜地实行"退耕还水"是十分必要和刻不容缓的举措。本节以生态–水文集成模型 HEIFLOW 为基本工具，开展退耕还水模型实验，系统评价不同退耕情景下的水文水资源效应。

基于黑河中下游 2000 年、2007 年和 2011 年土地利用/覆被图以及《黑河流域综合治理二期规划》的退耕还水工程规划图，共设计三种退耕情景，即"退耕 2011 ~ 2000"、"退耕 2011 ~ 2007"和"规划退耕"，其中，前两种情景分别表示 2011 年黑河中游张掖地区（主要包括甘州、临泽、高台、民乐和山丹）的耕地退至 2000 年和 2007 年的水平（退耕面积分别为 416km² 和 122km²，即 62.4 万亩和 18.3 万亩）。"规划退耕"情景主要参考《黑河流域综合治理二期规划》的退耕还水规划，该规划主要针对黑河沿岸湿地被大规模开垦成耕地的问题，提出将甘州、临泽和高台境内的黑河干流沿岸耕地退耕还水还湿地共 35 km²（5.25 万亩）。相对于 2011 年实际土地利用图，不同退耕情景下的耕地变化如图 6-44 所示。"退耕 2011 ~ 2000"和"退耕 2011 ~ 2007"情景下，耕地大面积转化为其他土地类型。同时，2000 ~ 2011 年存在部分区域的耕地转化为其他土地类型的情况，因此当 2011 年的耕地退至 2000 年或 2007 年的水平时，部分区域的其他土地类型会转化为耕地。"规划退耕"情景下，仅有耕地转化为湿地。

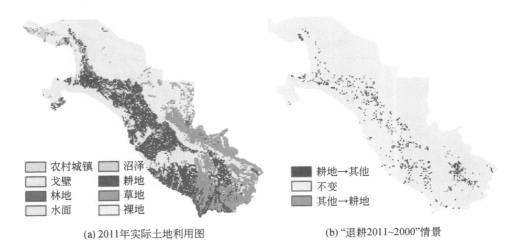

农村城镇	沼泽
戈壁	耕地
林地	草地
水面	裸地

(a) 2011年实际土地利用图

| 耕地→其他 |
| 不变 |
| 其他→耕地 |

(b) "退耕2011~2000"情景

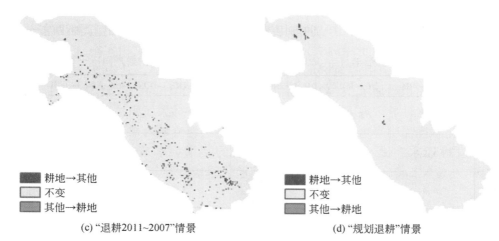

（c）"退耕2011~2007"情景　　　　　　　　（d）"规划退耕"情景

图6-44　黑河流域中游张掖地区 2011 年实际土地利用图及不同退耕情景下的耕地变化

　　结合三种不同的退耕情景，设计如表 6-18 所示的四组模拟实验，即利用校准的 HEIFLOW 模型，分别采用不同的土地利用/覆被图，同时保持相同的气象驱动、模型参数 及模型配置，开展地表-地下水集成模拟。实验 01 为参考情景，其他实验（分别对应不同 退耕情景）的模拟结果分别与参考情景进行比较，从而定量刻画不同退耕情景下的水文响 应。模型模拟的时间范围为 2000~2016 年，其中 2000 年用于模型预热。黑河中下游边界 与地下含水层边界并未完全匹配，模型模拟的空间范围选择，主要参考 Tian 等（2015） 和 Li X 等（2018a）的工作，包括黑河中下游大部分区域以及巴丹吉林沙漠的西部区域。 本节选择黑河流域东部水系中下游区域为研究对象（不包含模型模拟范围之外的下游沙漠 地区）。

表6-18　退耕还水模型实验设计

模拟实验编号	土地利用/覆被图	气象驱动
01	2011 年实际土地利用/覆被图	2001~2016 年
02	"退耕 2011~2000" 情景	2001~2016 年
03	"退耕 2011~2007" 情景	2001~2016 年
04	"规划退耕" 情景	2001~2016 年

　　不同情景下黑河流域中游年平均蒸散发量和地下水水位及正义峡出口年平均径流量的 模拟结果如表 6-19 所示。相对于参考情景，三种退耕情景均会导致中游地区蒸散发量减 少、地下水水位和径流量增加。"退耕 2011~2000" 情景退耕面积最大（416 km²），其导 致的水文变化最显著。与参考情景相比，该情景下蒸散发量将减少 7.55 mm/a，同时地下

水水位将上升 0.27 m/a，径流量（正义峡）将增加 0.91 亿 m³/a。"规划退耕"情景由于退耕面积最小（35 km²），其导致的水文变化相对较小。然而，该情景下的径流量变化幅度略大于"退耕 2011～2007"情景，这主要是由于土地利用变化的径流响应具有空间差异性。"规划退耕"情景下，退耕主要发生在黑河干流沿岸地区，且主要转化为产水能力较强的湿地，因此尽管该情景下的退耕面积小于"退耕 2011～2007"情景（122 km²），其导致的径流量增加幅度更大。

表 6-19　不同情景下黑河流域中游年平均蒸散发量、地下水水位及正义峡出口年平均径流量

情景	蒸散发量/（mm/a）	地下水水位/（m/a）	径流量/（亿 m³/a）
参考情景	322.22	1627.05	10.63
"退耕 2011～2000" 情景	314.67（−7.55）	1627.32（0.27）	11.54（0.91）
"退耕 2011～2007" 情景	320.79（−1.43）	1627.12（0.07）	10.80（0.17）
"规划退耕" 情景	321.49（−0.73）	1627.05（0.00）	10.83（0.20）

注：括号中的数值表示不同退耕情景下蒸散发量、地下水水位和径流量相对于参考情景的绝对变化量

相对于参考情景，不同退耕情景下黑河流域中游月均蒸散发量、径流量（正义峡）及地下水水位的变化如图 6-45 所示。各月份蒸散发量均呈减少的趋势，但具有明显的时间差异性，在 5～9 月的减幅较大，而在其他月份变化幅度相对较小，这主要是因为 5～9 月降水集中，同时气温相对较高，不同土地类型引起的水文差异较大。相反，不同退耕情景下月均径流量总体上呈增加趋势，在 5 月、7～9 月和 11 月相对较显著。根据水量平衡，在蒸散发量变化显著的月份，径流量变化也应当显著。然而，通过比较可以发现，在 6 月和 10 月，蒸散发量变化较显著，而径流量变化相对较小，这主要与中游的大规模引水灌溉密切相关。引水灌溉导致河道径流量减少，从而降低其对土地利用变化的响应强度，这也说明人类活动是改变土地利用变化水文响应的重要驱动力之一。"退耕 2011～2000"和"退耕 2011～2007"情景下月均地下水水位均呈上升的趋势，但与蒸散发和径流相比，地下水水位在各月份变化比较稳定，呈现出相对较小的时间差异性。"规划退耕"情景下月均地下水水位基本保持不变。

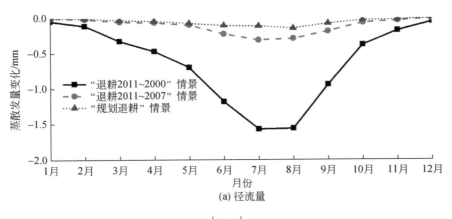

(a) 径流量

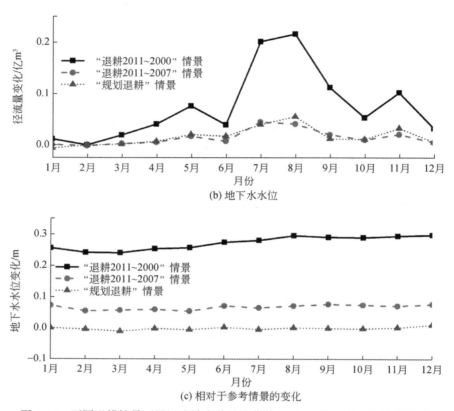

(b) 地下水水位

(c) 相对于参考情景的变化

图 6-45　不同退耕情景下黑河流域中游月均蒸散发量、径流量及地下水位变化

　　如图 6-46 所示，不同退耕情景下黑河流域中游年平均蒸散发量相对于参考情景的变化在空间上表现出较明显的差异性。在耕地集中的区域，蒸散发量变化较明显。由于耕地的退化，蒸散发量在大部分区域均呈现减少的趋势。然而，仍有部分区域的蒸散发量呈明显的增加趋势，这一方面是由于"退耕 2011～2000"和"退耕 2011～2007"情景下，存在部分区域的其他土地类型转化为耕地的情况（图 6-44）；另一方面是由于耕地的退化会影响流域的土壤水、非饱和带水及地下水等水文状况，这可能导致部分区域的蒸散发供水条件得到改善，从而使蒸散发增强。不同情景下的年平均地下水水位的变化，也呈现明显的空间差异性（图 6-46）。"退耕 2011～2000"情景下，部分区域可以观察到地下水水位明显升高，这表明通过退耕的方式，可能会改善部分区域由于地下水过度开采导致的"地下漏斗"现象。"规划退耕"情景下，仅存在部分区域的耕地转化为湿地，然而从空间上可以发现，其他未发生土地利用变化的区域，仍存在蒸散发量和地下水水位变化，这表明退耕的水文效应具有全局性，从流域尺度考察退耕的水文影响十分必要。

　　不同情景下黑河流域下游地区年平均蒸散发量、地下水水位及狼心山出口年平均径流量模拟结果如表 6-20 所示。相对于参考情景，三种退耕情景均会导致蒸散发量和径流量增加，然而对地下水水位影响很小。由于退耕均发生在中游地区，下游地区不同情景下的水文变化与中游地区相比，幅度相对较小。"退耕 2011~2000"情景导致下游地区蒸散发量增加 1.31 mm/a，地下水水位上升 0.01 m/a，径流量（狼心山）增加 0.76 亿 m³/a，而其余两种情景导致的下游地区水文变化相对较小，蒸散发量增加 0.24~0.25 mm/a，同时径流量增加 0.11~0.14 亿 m³/a。

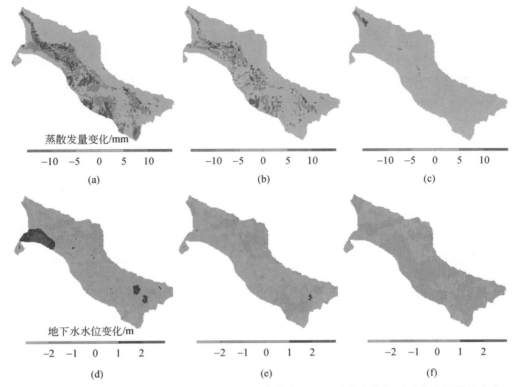

图 6-46　不同退耕情景下黑河流域中游年平均蒸散发量和地下水水位相对于参考情景的变化
（a）和（d），"退耕 2011~2000"情景；（b）和（e），"退耕 2011~2007"情景；（c）和（f），"规划退耕"情景

表 6-20　不同情景下黑河流域下游年平均蒸散发量、地下水水位及狼心山出口年平均径流量

情景	蒸散发量/（mm/a）	地下水水位/（m/a）	径流量/（亿 m³/a）
参考情景	89.61	994.99	7.86
"退耕 2011~2000"情景	90.92（1.31）	995.00（0.01）	8.62（0.76）
"退耕 2011~2007"情景	89.85（0.24）	994.99（0.00）	8.00（0.14）
"规划退耕"情景	89.86（0.25）	994.99（0.00）	7.97（0.11）

注：括号中的数值表示不同退耕情景下蒸散发量、地下水水位和径流量相对于参考情景的绝对变化量

　　相对于参考情景，不同退耕情景下黑河流域下游月均蒸散发量、径流量（狼心山）和地下水水位的变化如图 6-47 所示。结果表明，所有情景均会导致下游地区月均蒸散发量和径流量呈增加的趋势，在 7~9 月变化最显著。地下水水位在不同退耕情景下呈微弱上

升趋势。与中游地区类似，蒸散发量和径流量变化呈现出相对较显著的时间差异性，而地下水水位变化比较稳定，在各月份差异相对较小。

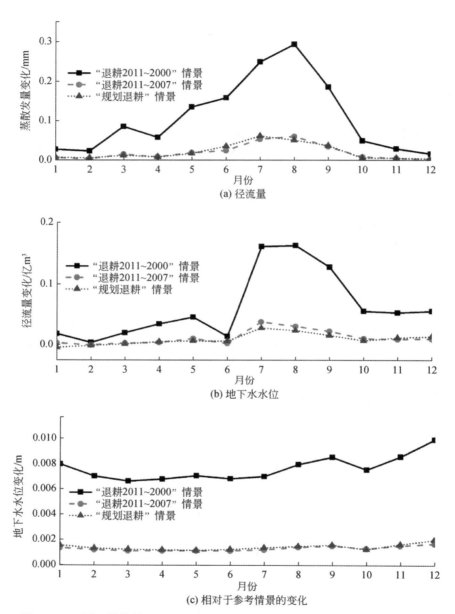

图 6-47　不同退耕情景下黑河流域下游月均蒸散发量、径流量及地下水位变化

不同退耕情景下黑河流域下游年平均蒸散发量相对于参考情景的变化如图 6-48 所示。可以发现，由于不同退耕情景导致中游下泄的径流量增加，下游河道附近及东居延海的蒸散发明显增强。下游河道附近的植被生长对河水具有较大的依赖性（Shen et al., 2017），

径流增加，会改善植被的水分条件，从而增强蒸散发。这表明通过中游地区的退耕，可进一步改善下游地区的生态环境。同时，如图 6-48 所示，不同退耕情景会导致下游地下水水位的抬升，尤其是在河道附近的区域，这会导致依赖于地下水生存的植被的蒸散发增强。在下游地区，相对于其他情景，"退耕 2011～2000"情景下水文变化显著的区域分布更广。

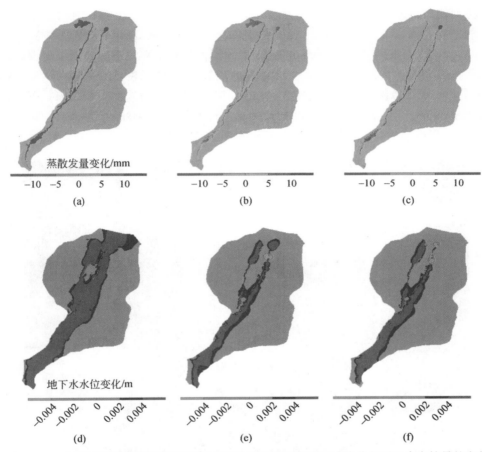

图 6-48　不同退耕情景下黑河流域下游年平均蒸散发量和地下水水位相对于参考情景的变化
（a）和（d），"退耕 2011～2000"情景；（b）和（e），"退耕 2011～2007"情景；（c）和（f），"规划退耕"情景

6.5.1 节分水方案模型实验表明，保持耕地面积不变，单一削减地表引水量或单一削减地下水抽用量，均无法既遏制地下水储量的下降又满足"黑河 97 分水方案"的分水要求。然而，本节的模型实验结果表明，退耕不仅能有效地提升中游地区的地下水水位，还能显著增加中游地区向下游地区的下泄量，这表明退耕是一种有效的生态保护措施，同时也是实现黑河流域农业与生态，以及中游和下游地区之间协调发展的必要途径。尽管如此，退耕可能会导致当地居民收入降低，影响他们的生计和福祉。如何平衡生态与生计之间的关系，实现二者的双赢，是决策者十分关心的问题，有待进一步深入研究。

6.5.3 修建大型水库的影响

1. 黄藏寺水库简介

黄藏寺水库是国务院批复的《黑河流域近期治理规划》安排的黑河干流骨干调蓄工程，是黑河流域重要的水资源配置工程。该水库坝址位于黑河上游峡谷河段，左岸为甘肃肃南，右岸为青海祁连，上距祁连县城约 19km，下距黑河出山口（莺落峡）约 70km（图 6-49）。黄藏寺水库已于 2016 年 3 月开工，预计于 2022 年完工。根据工程设计，黄藏寺水库拦河坝为碾压混凝土重力坝，最大坝高 123m，坝顶长度 210m。水库工程特性见表 6-21（黄河水资源保护科学研究院，2015），其中正常蓄水位为 2628.00m，正常运用死水位为 2580.00m，汛期限制水位为 2628.00m，最高蓄水位为 2629.00m。水库总库容为4.03 亿 m^3，死库容为 0.61 亿 m^3，调节库容为 3.34 亿 m^3。

图 6-49　黄藏寺水库位置

黄藏寺水库主要任务为，合理调配中下游经济社会和生态用水，提高黑河水资源综合管理能力，兼顾发电等综合利用。工程建成后，将替代中游部分平原水库；缓解中游灌溉用水和下游生态用水之间的矛盾，保障国务院批准的当莺落峡多年平均来水为 15.8 亿 m^3时，正义峡下泄水量为 9.5 亿 m^3 的目标实现。

黄藏寺水库运行之后，将会极大改变莺落峡的天然径流过程，对中下游水循环过程也会有显著影响。本节将采用 2000～2012 年历史数据来模拟黄藏寺水库的调度运行，得到经水库调节之后的莺落峡日径流过程。之后，采用基于 HEIFLOW (Tian et al., 2015; Tian et al., 2018) 的黑河中下游地表水−地下水耦合模型，将调节之后的莺落峡日径流量输入模型，研究黄藏寺水库运行对中下游水循环的影响。

表 6-21　黄藏寺水库特性

	特性	数值
水文特性	坝址上流域面积/km²	7648
	年径流量/m³	1.285×10^9
	年均流量/ (m³/s)	40.7
	最大实测流量/ (m³/s)	603
工程特性	最高蓄水位/m	2629
	正常蓄水位/m	2628
	汛期限制水位/m	2628
	死水位/m	2580
	正常蓄水位时水库面积/km²	11.01
	正常蓄水位时回水长度/km	13.5
	总库容/m³	0.403×10^9
	死库容/m³	0.061×10^9
	正常库容/m³	0.356×10^9
	最大泄流能力/ (m³/s)	2775

2. 黄藏寺水库调度模拟

(1) 模拟方法

本研究采用调度曲线来模拟黄藏寺水库的调度过程。调度曲线由蓄水上限和蓄水下限组成 (图 6-50)。其中蓄水上限为水库正常蓄水位，由于黄藏寺水库没有设置防洪库容，故蓄水上限全年保持不变。蓄水下限为水库死水位，即水库调度过程中水位不能低于死水位。根据调度曲线，设定了三个基本的水库调度规则，具体见表 6-22。表 6-22 中的生态调度是指为了满足下游的生态用水需求而实施的一种特殊调度。在实施生态调度时，水库将在短时间内集中向下游放水，同时禁止中游灌区从黑河干流引水。其目的是为了尽量保证有足够的水量能够达到黑河下游额济纳三角洲并补充尾闾湖。生态调度安排在每年的 4 月、7 月、8 月、9 月实施，每次集中下泄时间从 3 天至 20 天不等。

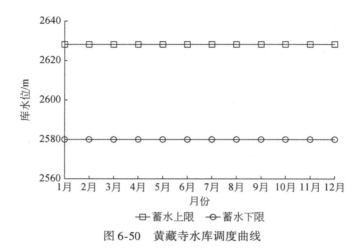

图 6-50　黄藏寺水库调度曲线

表 6-22　黄藏寺水库基本调度规则

调度条件	调度规则
库水位 > 正常蓄水位	增加水库下泄流量，使库水位不高于正常蓄水位
死水位<库水位≤正常蓄水位	如处于生态调度时期，实施生态调度，同时中游河道全线闭口；否则，调节水库下泄量以满足中游农业灌溉需求和河道基流需求
库水位≤死水位	停止水库下泄，直至库水位恢复至死水位

水库调度模拟基于如下的水量平衡公式：

$$S_{t+1} = S_t + Q_t - R_t - A_t e_t \qquad (6-9)$$

式中，S_t 是时段 t 开始时的库容（m^3）；Q_t 是时段 t 内的入库水量（m^3）；R_t 是时段 t 内的出库水量（m^3）；A_t 是时段 t 开始时的水库面积（m^2）；e_t 是时段 t 内的水面蒸发量（m）。

水库调度的模拟期为 2000～2012 年，时间步长为天。水库的日入库流量数据采用祁连站和扎马什克站日流量数据之和，水库水面蒸发量采用祁连站蒸发皿观测数据估算。将蒸发皿数据转换为水面蒸发量时，需乘以一个转换系数。本研究根据类似地区研究，转换系数采用0.7。水库出库水量同时考虑中游灌溉用水需求、下游生态用水需求和河道基流需求。中游灌溉用水需求根据张掖市水务局水利年报估算；下游生态用水需求参考《黑河黄藏寺水利枢纽工程环境影响报告书》设定；河道径流仅考虑12月至次年3月，设为水库入库水量的25%。

在估算经黄藏寺水库调节之后的莺落峡日径流过程时，还需考虑水库至莺落峡之间的区间入流量，计算方式如下：

$$Q_t^{\mathrm{YLX}} = R_t + L_t \qquad (6-10)$$

式中，Q_t^{YLX} 是莺落峡的日径流量；L_t 是黄藏寺水库与莺落峡之间的日区间水量。L_t 采用莺落峡天然径流量减去祁连站和扎马什克站流量之和的数据。

本研究设计了四种调度方案（表 6-23）：A0 为基准方案，无集中下泄；A1～A3 分别考虑三种集中下泄方式，三种方式的总下泄量相同，均为 5.06 亿 m³，但总下泄天数不同，A1、A2 和 A3 的总下泄天数分别为 17 天、34 天和 51 天。A1 对应"大流量、短历时"，而 A3 对应"小流量、长历时"。

表 6-23 黄藏寺水库调度方案

方案		时间/（月.日）	流量/（m³/s）	方案		时间/（月.日）	流量/（m³/s）
A0	分段	无	无	A2	分段	4.1～4.10	162
						7.10～7.15	159
						8.10～8.15	158
						9.10～9.21	195
	小计	无	无		小计	总天数	34 天
						平均流量	172.2 m³/s
						总水量	5.06×10⁸ m³
A1	分段	4.1～4.5	324	A3	分段	4.1～4.15	108
		7.10～7.12	318			7.10～7.18	106
		8.10～8.12	315			8.10～8.18	105
		9.10～9.15	390			9.10～9.27	130
	小计	总天数	17 天		小计	总天数	51 天
		平均流量	344.5 m³/s			平均流量	114.8 m³/s
		总水量	5.06×10⁸ m³			总水量	5.06×10⁸ m³

（2）模拟结果

图 6-51 显示了四种调度情景下黄藏寺水库的多年平均库水位变化过程。A0 方案的库水位变化，体现出水库"两蓄两放"的总体运行特征，12 月至次年 4 月底，农业用水较少，水库蓄水位不断抬升；5 月初至 6 月底，中游处于灌溉用水高峰期，而同时期水库来水量较少，水库不断下泄以满足灌溉需求量，库水位也相应下降并接近死水位，至此完成第一次"蓄水—放水"过程；7 月初至 10 月底为丰水期，入库水量大于灌溉用水需求量，库水位不断上升，至 10 月中旬左右达到蓄水位最高值；进入 11 月后，为满足中游冬灌用水需求，水库不断下泄，库水位也随之下降，至此完成第二次"蓄水—放水"过程。调度方案 A1、A2 和 A3 由于在 4 月、7 月、8 月、9 月有集中下泄，库水位会相应出现突然下降的情况。与 A0 相比，A1、A2 和 A3 整体的库水位偏低，这些都是由于集中下泄造成的。

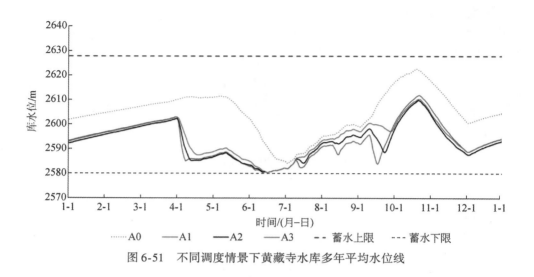

图 6-51　不同调度情景下黄藏寺水库多年平均水位线

3. 黄藏寺水库调度对中下游水循环的影响

本研究使用地表水–地下水耦合模型模拟了不同水库调度方案下的中下游水循环。通过提取关键水文变量，来分析不同调度方案对水文过程的影响。表 6-24 对比了不同调度方案下的水文变量值。

表 6-24　不同水库调度方案下中下游关键水文变量

水文过程	变量	水库调度方案			
		A0	A1	A2	A3
农业用水	中游地表引水量/$10^8\,m^3$	16.72	14.83	14.02	13.36
	中游地下水抽取量/$10^8\,m^3$	4.05	4.05	4.05	4.05
	中游总供水量/$10^8\,m^3$	20.77	18.88	18.07	17.41
	灌溉用水保证率/%	97.67	88.76	84.97	81.85
河道径流	正义峡下泄量/$10^8\,m^3$	8.07	9.72	10.30	10.79
	东居延海入湖量/$10^8\,m^3$	0.33	0.61	0.68	0.74
河流-地下水交互	莺落峡–312 大桥渗漏量/$10^8\,m^3$	4.80	4.59	4.66	4.76
	312 大桥–正义峡出露量/$10^8\,m^3$	−4.84	−4.68	−4.61	−4.55
	正义峡–东居延海渗漏量/$10^8\,m^3$	5.18	5.53	5.69	5.83

续表

水文过程	变量	水库调度方案			
		A0	A1	A2	A3
地下水流动	中游面上补给/$10^8 m^3$	4.61	4.62	4.00	3.89
	下游面上补给/$10^8 m^3$	0.06	0.06	0.09	0.10
	中游地下水储量变化/$10^8 m^3$	-0.64	-0.81	-0.84	-0.86
	下游地下水储量变化/$10^8 m^3$	0.06	0.11	0.14	0.16
蒸散发	中游蒸散发量/$10^8 m^3$	15.66	15.64	14.58	14.33
	下游蒸散发量/$10^8 m^3$	8.59	8.58	10.55	10.90

　　生态调度对农业用水具有直接影响，并会进一步影响水文过程。A0方案中，通过水库调节可更好地满足中游灌溉用水需求，中游用水保证率可达97.67%，但是由于没有集中下泄操作，正义峡下泄量会显著减少。而在水库运行中考虑了集中下泄后，正义峡下泄量会增加，但中游灌溉用水保证率会降低。以A3方案为例，正义峡年下泄量可达10.79亿 m³，但其中游灌溉用水保证率最低，为81.85%。图6-52为不同调度情景下中游黑河灌区灌溉用水保证率，可看出，从A0到A3，中游黑河灌区的灌溉用水保证率不断降低。

　　正义峡下泄量对东居延海入湖量具有决定性作用。根据《黑河干流水量分配方案》，2000～2012年正义峡年均下泄量应达到11.5亿 m³，但实际年均下泄量不超过10.0亿 m³，黑河分水目标一直未能实现。由表6-24可看出，方案A3下正义峡下泄量最接近分水目标。这也意味着，黄藏寺水库集中下泄时采用"小流量、长历时"方法，对实现分水目标更为有利。对河流-地下水交互过程而言，"小流量、长历时"对补充地下水也更为有利。

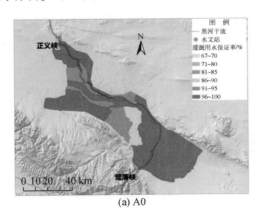

(a) A0

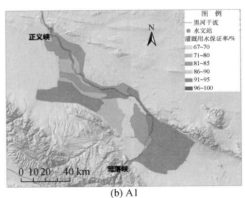

(b) A1

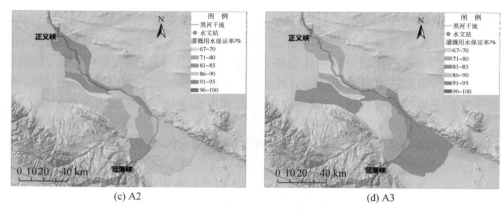

(c) A2   (d) A3

图 6-52　不同调度方案下中游黑河灌区灌溉用水保证率

在黑河中游，地下水面上补给主要来自农田灌溉后的深层渗漏。对比方案 A1 ~ A3 可发现，地表引水量减少时，中游面上补给量也相应减少。由于中游抽取大量地下水，故地下水储量总体呈下降趋势，而 A3 方案下地下水储量下降更快。对下游而言，由于正义峡下泄量增加，地下水补给量也呈增加趋势，故下游地下水储量呈上升趋势，A3 方案的下游地下水储量上升最快。

蒸散发很大程度上取决于地表水供水量。方案 A1 ~ A3 中游总供水量不断减少，中游的蒸散发也相应减少。相反地，方案 A3 中下游的蒸散发量最大，这是由于方案 A3 中正义峡下泄量最大。图 6-53 显示了不同方案下下游的年均 ET 空间分布。

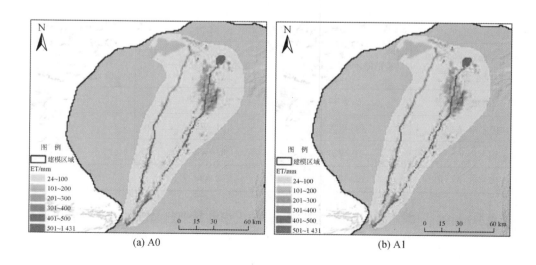

(a) A0   (b) A1

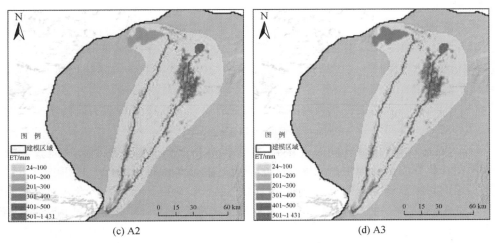

(c) A2　　　　　　　　　　　　　　　　(d) A3

图 6-53　不同调度方案下的下游蒸散发（ET）

4. 小结

本研究采用地表水-地下水耦合模型和水库调度模型，研究了黄藏寺水库调度对黑河中下游水循环的影响，并对水库运行给出了建议。主要研究结论如下：黄藏寺水库运行呈现"两蓄两放"的总体特征；在保持中游耕地规模情形下，通过实施生态调度，正义峡下泄量可接近黑河分水目标，但会降低中游灌溉用水保证率，中游地下水储量呈下降趋势，对中游湿地生态系统带来不利影响，中游泉水资源仍将继续衰减，而黑河下游地下水储量显著恢复，尾闾湖入湖水量增加，有利于下游植被恢复；"小流量、长历时"的水库生态调度策略有利于实现黑河分水目标，同时有利于补充中下游地下水储量，但是会降低中游灌溉用水保证率。

6.5.4　虚拟水策略

虚拟水策略是指缺水地区进口高耗水、低附加值产品，同时出口低耗水、高附加值产品，从而帮助缺水地区保护水资源、缓解地区水资源压力的一种理念（Zhao et al., 2010）。利用虚拟水策略，许多缺水地区通过进口高耗水产品节约了本地水资源。虚拟水策略发挥的往往是一种"默默的作用"（silent role），即在没有相关政策支持的情况下，区域产业结构自发调整为一种节水模式。从黑河流域的研究结果可以看出，黑河流域农产品属于虚拟水净出口（Liu S M et al., 2018a）。这显然增加了黑河流域水资源的损失。因此，急需以黑河流域水资源保护为目标的虚拟水策略分析，同时考虑虚拟蓝水与虚拟绿水，为黑河流域未来的虚拟水转移提供决策建议。

2012 年，黑河流域虚拟蓝水出口量为 13.69 亿 m^3，占流域生产蓝水消耗的 77.08%，中游虚拟蓝水出口量达到 12.13 亿 m^3。而根据《2012—2013 年度黑河干流水量调度情况公告》，已知黑河流域 2012 年中游向下游下泄 11.91 亿 m^3 的水量。也就是说，中游虚拟蓝水出口量甚至超过其向下游下泄的水量。此外，黑河流域出口的粮食产品对全国整体粮食安全贡献并不大，2012 年，黑河流域的小麦、玉米、棉花、油料和蔬菜等主要农产品产量占全国产量的比例仅为 0.12% ~ 0.38%，但生产农产品所需要的蓝水资源却达到 16.85 亿 m^3，占流域生产蓝水消耗量的 94.88%，而超过 80% 的农产品蓝水消耗转化为虚拟蓝水出口到流域外部。因此，在未来虚拟水策略方面，无论是减少流域农产品蓝水消耗还是减少农产品虚拟蓝水出口，都对维持黑河流域生态安全至关重要。

进一步研究发现，综合考虑实体绿水-虚拟绿水在产业和区域间的转化过程，虽然实体绿水仅在农业部门得以使用，但虚拟绿水却通过虚拟水转移作用在产业和区域间得以重新分配。这说明绿水资源同样也是其他部门生产必不可少的间接资源。传统的水资源管理属于蓝水资源的管理。在面对水资源短缺问题时，可以采用两种方式弥补水资源的不足，其一是通过调水工程，其二是通过虚拟水贸易。Zhao X 等（2015）研究了中国省际实体蓝水调度和虚拟水贸易的情况，发现实体水调度提供的水量只占中国水资源供水量的不到5%，虚拟水贸易提供的水量相当于中国水资源供水量的 35%。但绿水资源是一种受到地域限制的水资源。根据绿水的定义，绿水是一种储存在非饱和土壤中供植被吸收利用的水资源，即土壤水。因此绿水资源不能像蓝水资源一样可以通过调水工程等措施来实现实体绿水的跨区域调度。所以要实现绿水资源的跨区域重新分配和管理只有虚拟水贸易这一种途径。

表 6-25 显示的是黑河流域各经济部门实体和虚拟蓝绿水耗水量的信息。黑河流域农业生产消耗实体绿水量占实体蓝绿水消耗总量的 17%，说明黑河流域对绿水资源的使用较为有限。黑河流域 2007 年虚拟绿水进口量和出口量基本相当，绿水进口量约为 0.34 亿 m^3，出口量约为 0.33 亿 m^3，表明黑河流域对外部虚拟绿水资源的利用也较为有限。因此，未来在发展流域内部农产品加工业时，可以通过进口农产品增加虚拟绿水的进口量。

表 6-25　黑河流域各经济部门实体和虚拟蓝绿水耗水量　　（单位：万 m^3）

编号	经济部门	实体蓝水耗水	虚拟蓝水耗水	实体绿水耗水	虚拟绿水耗水
1	小麦	2.36×10^4	1.80×10^4	4.58×10^3	3.48×10^3
2	玉米	4.42×10^4	2.74×10^4	1.01×10^4	6.25×10^3
3	油料	5.29×10^3	3.94×10^3	1.18×10^3	874.23
4	棉花	1.31×10^3	335.24	290.64	74.52
5	水果	1.76×10^4	9.65×10^3	3.91×10^3	2.14×10^3
6	蔬菜	1.73×10^4	1.05×10^4	3.84×10^3	2.32×10^3
7	其他农业	4.09×10^4	3.52×10^4	9.09×10^3	7.80×10^3

续表

编号	经济部门	实体蓝水耗水	虚拟蓝水耗水	实体绿水耗水	虚拟绿水耗水
8	煤炭开采和洗选业	54.65	492.76	0.00	102.00
9	石油和天然气开采业	0.00	0.00	0.00	0.00
10	金属矿采选业	181.67	254.79	0.00	22.43
11	非金属矿及其他矿采选业	145.79	285.96	0.00	27.26
12	食品制造及烟草加工业	916.25	1.73×10^4	0.00	3.63×10^3
13	纺织业	0.40	0.20	0.00	0.00
14	纺织服装、鞋、帽制造业	0.18	1.55	0.00	0.33
15	木材加工及家具制造业	18.94	24.68	0.00	4.21
16	造纸印刷及文教体育用品制造业	17.20	55.98	0.00	7.95
17	石油加工、炼焦及核燃料加工业	23.74	62.56	0.00	8.45
18	化学工业	117.94	434.58	0.00	88.57
19	非金属矿物制品业	302.64	114.75	0.00	9.85
20	金属冶炼及压延加工业	3.28×10^3	8.10×10^3	0.00	927.88
21	金属制品业	10.35	239.28	0.00	34.76
22	通用、专用设备制造业	20.61	59.54	0.00	8.64
23	交通运输设备制造业	0.04	0.02	0.00	0.00
24	电气机械及器材制造业	1.73	1.44×10^3	0.00	267.63
25	通信设备、计算机及其他电子设备制造业	0.00	0.00	0.00	0.00
26	仪器仪表及文化办公用机械制造业	0.00	0.00	0.00	0.00
27	工艺品及其他制造业	9.52	578.64	0.00	112.72
28	废品废料	0.00	10.20	0.00	2.15
29	电力、热力的生产和供应业	2.21×10^3	1.10×10^3	0.00	40.76
30	燃气生产和供应业	1.71	8.74	0.00	1.36
31	水的生产和供应业	330.77	291.79	0.00	6.30
32	建筑业	47.00	1.49×10^4	0.00	3.19×10^3
33	交通运输、仓储和邮政业	9.53	2.77×10^3	0.00	607.97

编号	经济部门	实体蓝水耗水	虚拟蓝水耗水	实体绿水耗水	虚拟绿水耗水
34	信息传输、计算机服务和软件业	0.40	85.24	0.00	15.39
35	批发和零售业	5.95	1.32×10^3	0.00	279.35
36	住宿和餐饮业	41.68	645.23	0.00	135.48
37	金融业	2.30	69.21	0.00	13.43
38	房地产业	2.73	168.12	0.00	31.95
39	租赁和商务服务业	0.57	24.51	0.00	4.05
40	科学研究、技术服务和地质勘查业	10.36	31.34	0.00	4.65
41	水利、环境和公共设施管理业	1.52	1.08×10^3	0.00	239.04
42	居民服务和其他服务业	15.10	352.71	0.00	75.52
43	教育	86.24	141.35	0.00	13.78
44	卫生、社会保障和社会福利业	25.34	226.62	0.00	42.02
45	文化、体育和娱乐业	0.10	62.94	0.00	12.14
46	公共管理和社会组织	23.16	229.49	0.00	36.53

为进一步研究黑河流域未来虚拟水格局趋势，分析了黑河流域虚拟水在产业间的转移情况，可以利用网络效用分析来分析一个部门对另一个部门的主导关系。在效用矩阵中，分析元素的正负，可以判断两个部门的自然关系。效用关系包括5种关系：开采关系（+，-），指一个部门从其他部门获得的资源（收益）比它给其他部门的要多；控制关系（-，+），指一个部门的输出是受其他部门控制的；竞争关系（-，-），指两个部门在贸易交流过程中互相对彼此都是不好的影响；中立关系（0，0），指两个部门之间互相没有影响；共生关系（+，+），指两个部门从彼此的贸易关系中都能获益。因为开采关系和控制关系是相反的关系（只是效用的流向不同），因此将其合并成一类关系，于是效用分析中存在4种关系。分析部门之间互相都是什么样的关系可以从整体上分析系统的类型和结构。

以2012年黑河流域产业间的共生关系（图6-54，其中14个经济部门为46个部门合并之后的结果）为例来进行分析，其中，每个数字代表一个部门，分别是1（经济作物）、2（其他农业）、3（煤炭、天然气开采业）、4（食品加工业）、5（纺织业）、6（伐木、造纸业）、7（化学产品）、8（非金属矿物制品）、9（金属制品）、10（机器设备）、11（电气水产品）、12（建筑业）、13（批发零售业和交通运输业）、14（其他服务）。从结果可以看出，在整个关系网络中竞争关系约占43%，表明黑河流域产业间争抢水资源的情况较为严重，故产业间的虚拟水用水结构不合理。其中，第一产业是主要的虚拟蓝水供水产业，第二产业和第三产业生产最终产品时，第一产业向第二产业和第三产业提供的虚拟蓝水分别占各产业总虚拟蓝水耗水的 83.9% 和 94.6%。从具体经济部门来看，"其他农业""经济作物""食品制造及烟草加工业""建筑业"是主要的虚拟蓝水耗水部门。黑河流域的主导产业是农业，与其他地区的虚拟水贸易主要为农产品贸易，农产品本身在当地的用水量非常大，而且还要大量供给其他地区，这是黑河流域水资源流失的主要原因。从水资源的角度分析黑河流域的产业结构，第三产业无论是虚拟水还是实体水所占比例在三次产业中都是最低的，而农业却是耗水以及流失水资源最多的部门。为此建议，首先，应采取相应措施在流域范围内大力发展服务业，提升服务业在三次产业中所占的比例。其次，与农作物直接销售相比，加工之后的农作物可以获得更高的经济收益，即获得更高的经济用水效率。农产品加工企业的发展将会带动农产品附加值的增加，提高农民收入，进而提高其节水积极性。因此建议在确保农作物耗水总量得以控制的前提下，尽量提高农产品的经济用水效率，发展以农产品深加工为主的龙头企业，打造本地品牌，形成本地农产品生产—加工—销售一条龙的产业链。

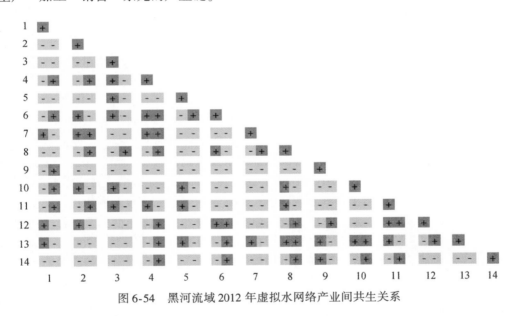

图 6-54 黑河流域 2012 年虚拟水网络产业间共生关系

减少农产品虚拟蓝水的出口可以通过减少农产品生产中所消耗的实体蓝水来实现。Zhao 等（2017）考察了单产耗水量、单位面积产量、种植结构、作物面积等产品实体蓝水变化的驱动因子，发现作物面积减少是引起实体蓝水减少的主要驱动因素。其研究也指出作物面积减少与研究区的城市化发展有很大关系。因此未来黑河流域城市化进程的加快，可能会间接帮助减少黑河流域农产品虚拟水蓝水出口。中国目前的城市化进程是史无前例的，1978~2012 年，城市居民比例从 18% 增加到 53%（Bai X M et al., 2014）。已有经验表明，中国的城市化发展使得农村劳动力自愿向城市中的第二产业以及第三产业转移，以追求更高的收入和生活水平（Liu Z et al., 2017）。根据《张掖市"十三五"新型城镇化规划》（以下简称"城镇化规划"），2010~2015 年，张掖市城镇化水平快速提高，

2010 年张掖市城镇化率为 36%，2015 年增长到 42%，城镇空间格局基本形成。但"城镇化规划"也强调目前存在大量农业转移人口难以融入城市、市民化进程滞后的情况。随着城市化进程的加快，流域农业用地和农产品产量可能会进一步缩减，并且伴随着城市服务业进一步加强，将能够吸纳更多农村劳动力向城市转移。以上这些进程将可能间接帮助流域减少农产品产量，从而减少农产品虚拟水的出口。但必须看到，减少虚拟水出口或虚拟水策略的实施，并不是仅从水资源或城市化角度出发即可决定的，同时还需综合考虑本地经济发展状况、农村发展战略、外地移民、粮食政策、土地利用、经济结构等多方面因素。本研究的目的是从水资源保护的视角为管理者在决策中提供一定的基本信息，但在具体决策中还需考虑以上各项因子进行综合决断。

附　　件

附表 1　流域可持续发展目标与 SDGs 的关系

流域可持续 发展目标	SDGs 的目标	SDGs 的具体目标	流域可持续发展目 标的具体目标
可持续的水 管理	Goal 6. 确保对所有 人的水与医疗系统可 持续管理	Target 6.1 到 2030 年，让所有人能够平等地使用安全的和 负担得起的饮用水	确保流域所有人能 够使用安全饮用水； 确保水质安全，减 少污染物进入水循 环系统； 所有产业提高水利 用率； 在所有产业和部门 间优化水资源配置； 有效地提供农业水 生产力； 确保可持续地从地 表和地下取水； 确保流域下游河岸 生态系统需水量； 提高科学技术与数 据在集成水资源管 理中的应用； 在部门、产业和用 水单元间建立合作 关系，一同参与到 流域发展规划中； 加强与水相关的知 识教育； 确保合理的行政结 构，避免官僚、行 贿受贿； 制定合理的法律与 法规，减少与水相 关的各类冲突； 减少流入河流、河 口的各种污染物
		Target 6.3 到 2030 年，通过以下方式改善水质：减少污 染，消除倾倒废物现象，把危险化学品和材料的排放减少 到最低限度，将未经处理废水比例减半，大大促进全球废 物回收和安全再利用	
		Target 6.4 到 2030 年，所有行业大幅提高用水效率，确保 可持续取用和供应淡水，以解决缺水问题，大幅减少缺水 人数	
		Target 6.5 到 2030 年，在多个层次上开展水资源综合管 理，包括酌情开展跨境合作	
		Target 6.6 到 2020 年，保护和恢复与水有关的生态系统， 包括山地、森林、湿地、河流、地下含水层和湖泊	
		Target 6.a 到 2030 年，扩大向发展中国家提供的国际合作 和能力建设支持，帮助其实施与水和卫生有关的活动与方 案，包括雨水采集、海水淡化、提高用水效率、废水处 理、水回收和再利用	
	Goal 11. 建设包容、 安全、有抵御灾害能 力和可持续的城市与 人类居住区	Target 11.5 到 2030 年，大幅减少包括水灾在内的各种灾 害造成的死亡人数和受灾人数，大幅减少上述灾害造成的 与全球国内生产总值有关的直接经济损失，重点保护穷人 和处境脆弱群体	
	Goal 12. 采用可持续 的消费和生产模式	Target 12.4 到 2020 年，根据商定的国际框架，实现化学 品和所有废物在整个存在周期的无害环境管理，显著减少 它们在大气、水和土壤中的排放，尽可能降低它们对人类 健康和环境造成的负面影响	
	Goal 14. 保护和可持 续利用海洋和海洋资 源以促进可持续发展	Target 14.1 到 2025 年，预防和大幅减少各类海洋污染， 特别是陆上活动造成的污染，包括海洋废弃物污染和营养 盐污染	

流域可持续发展目标	SDGs 的目标	SDGs 的具体目标	流域可持续发展目标的具体目标
健康的生态系统	Goal 14. 保护和可持续利用海洋和海洋资源以促进可持续发展	Target 14.2 到 2020 年，通过加强抵御灾害能力等方式，可持续管理和保护海洋及沿海生态系统，以免产生重大负面影响，并采取行动帮助它们恢复原状，使海洋保持健康，物产丰富	恢复山地生态系统，包括森林、灌木、草地等；禁止砍伐森林，促进森林资源可持续开发利用；建立生态保护区；减少野生动物栖息地的退化；恢复湿地生态系统；保护野生生物，抑制生物多样性的减少；禁止对受保护物种进行捕猎和贸易；恢复退化的土地资源；促进河岸生态系统可持续发展；集成生态系统和生物多样性价值到流域管理规划中
		Target 14.4 到 2020 年，有效规范捕捞活动，终止过度捕捞及非法、未报告和无管制的捕捞活动，以及破坏性捕捞做法，执行科学的管理计划，以便在尽可能短的时间内使鱼群数量至少恢复到其生态特征允许的能产生最高可持续产量的水平	
		Target 14.5 到 2020 年，根据各国法律和国际法，并基于现有的最佳科学资料，保护至少 10% 的沿海和海洋区域	
		Target 14.7 到 2030 年，增加小岛屿发展中国家和最不发达国家通过可持续利用海洋资源获得的经济收益，包括可持续地管理渔业、水产养殖业和旅游业	
		Target 14.c 按照《我们希望的未来》第 158 段所述，根据《联合国海洋法公约》所规定的保护和可持续利用海洋及其资源的国际法律框架，加强海洋和海洋资源的保护与可持续利用	
	Goal 15. 保护、恢复和促进可持续利用陆地生态系统，可持续管理森林，防治荒漠化，制止和扭转土地退化，遏制生物多样性的丧失	Target 15.1 到 2020 年，根据国际协议规定的义务，保护、恢复和可持续利用陆地淡水生态系统及其服务，特别是森林、湿地、山麓和旱地	
		Target 15.2 到 2020 年，推动对所有类型森林进行可持续管理，停止毁林，恢复退化的森林，大幅促进全球植树造林和重新造林	
		Target 15.3 到 2030 年，防治荒漠化，恢复退化的土地和土壤，包括受荒漠化、干旱和洪涝影响的土地，努力建立一个不再出现土地退化的世界	
		Target 15.4 到 2030 年，保护山地生态系统，包括其生物多样性，以便增强山地生态系统的能力，使其能够带来对可持续发展来说必不可少的益处	
		Target 15.5 采取紧急重大行动来减少自然栖息地的退化，遏制生物多样性的丧失，到 2020 年，保护受威胁物种，防止其灭绝	

流域可持续 发展目标	SDGs 的目标	SDGs 的具体目标	流域可持续发展目 标的具体目标
健康的生态 系统	Goal 15. 保护、恢复 和促进可持续利用陆 地生态系统，可持续 管理森林，防治荒漠 化，制止和扭转土地 退化，遏制生物多样 性的丧失	Target 15.7 采取紧急行动，终止偷猎和贩卖受保护的动植物物种，处理非法野生动植物产品的供求问题	建立与生态系统可持续发展相关的法律、法规与政策； 加强与生态系统相关的知识教育； 保护和恢复河岸与河口生态系统； 可持续地利用河流、河口和海洋生物资源
		Target 15.8 到 2020 年，采取措施防止引入外来入侵物种并大幅减少其对土地和水域生态系统的影响，控制或消灭其中的重点物种	
		Target 15.9 到 2020 年，把生态系统和生物多样性价值观纳入国家与地方规划、发展进程、减贫战略和核算	
		Target 15.a 从各种渠道动员并大幅增加财政资源，以保护和可持续利用生物多样性与生态系统	
		Target 15.c 在全球加大支持力度，打击偷猎和贩卖受保护物种，包括增加地方社区实现可持续生计的机会	
可持续社会 经济发展	Goal 1. 在一切层次 上结束贫穷	Target 1.1 ~ Target 1.5	减少生活在贫困线下人口的比例； 确保所有人平等地享受流域所有资源； 消除饥饿； 建立完善的社会保障体系，所有人都可以从该体系中平等获利； 确保所有年轻人在各种产业上具有平等就业的机会，不论性别； 实施可持续的农业生产实践； 提高农业生产力，确保粮食安全； 确保所有人能够平等享受医疗和健康服务； 确保所有人能够平等享有教育的权利，改善农村教育环境
	Goal 2. 消除饥饿， 实现粮食安全，改善 营养状况和促进可持 续农业	Target 2.1 ~ Target 2.6	
	Goal 3. 确保健康的 生活方式，促进各年 龄段人群的福祉	Target 3.1 ~ Target 3.9	
	Goal 4. 确保包容和 公平的优质教育，让 全民终身享有学习 机会	Target 4.1 ~ Target 4.7	
	Goal 5. 实现性别平 等，增强所有妇女和 女童的权能	Target 5.1 ~ Target 5.6	
	Goal 8. 促进持久、 包容和可持续的经济 增长，促进充分的生 产性就业和人人获得 体面工作	Target 8.1 根据本国具体情况维持人均经济增长率，特别是至少将最不发达国家的 GDP 年增长率维持在 7%	
		Target 8.2 通过多样化经营、技术升级和创新，包括重点发展高附加值和劳动密集型行业，实现更高水平的经济生产力	

流域可持续发展目标	SDGs 的目标	SDGs 的具体目标	流域可持续发展目标的具体目标
可持续社会经济发展	Goal 8. 促进持久、包容和可持续的经济增长，促进充分的生产性就业和人人获得体面工作	Target 8.3 推行以发展为导向的政策，支持生产性活动、体面就业、创业精神、创造力和创新；鼓励微型和中小型企业通过获取金融服务等方式实现正规化并壮大	消除性别歧视，妇女和女孩在接受教育、就业、家庭中具有与男人相同的权利，消除家庭暴力；集成可再生能源和能源安全到流域长期管理规划中；在多个环节上，有效地提高能源效率，如生产、传输、存储和利用；人均 GDP 可持续增长；提高绿色 GDP 在 GDP 中的比例；保护劳动者权益，营造安全的和良好的工作环境；确保可持续的城市化过程；可持续地发展流域旅游业
		Target 8.4 到 2030 年，逐步改善全球消费和生产的资源使用效率，按照《可持续消费和生产模式十年方案框架》，努力使经济增长和环境退化脱钩，发达国家应在上述工作中做出表率	
		Target 8.5 到 2030 年，所有男女，包括青年和残疾人实现充分和生产性就业，有体面工作，并做到同工同酬	
		Target 8.6 到 2020 年，大幅减少未就业和未受教育或培训的青年人的比例	
		Target 8.7 立即采取有效措施，根除强制劳动、现代奴隶制和贩卖人口，禁止和消除最恶劣形式的童工，包括招募和利用童兵，到 2025 年终止一切形式的童工	
		Target 8.8 保护劳工权利，推动为所有工人，包括移民工人，特别是女性移民和没有稳定工作的人创造安全与有保障的工作环境	
		Target 8.9 到 2030 年，制定和执行推广可持续旅游的政策，以创造就业机会，促进地方文化和产品的发展	
		Target 8.10 加强国内金融机构的能力，鼓励并扩大全民获得银行、保险和金融服务的机会	
	Goal 10. 减少国家内部和国家之间的不平等	Target 10.1 ~ Target 10.7，Target 10. a ~ Target 10. c	
	Goal 12. 采用可持续的消费和生产模式	Target 12.1 ~ Target 12.8，Target 12. a ~ Target 12. c	
	Goal 16. 创建和平、包容的社会以促进可持续发展，让所有人都能诉诸法律，在各级建立有效、负责和包容的机构	Target 16.1 ~ Target 16.10，Target 16. a，Target 16. b	

续表

流域可持续 发展目标	SDGs 的目标	SDGs 的具体目标	流域可持续发展目 标的具体目标
能力建设	Goal 9. 建造具备抵御灾害能力的基础设施，促进具有包容性的可持续工业化发展，推动创新	Target 9.1 ~ Target 9.5，Target 9.a ~ Target 9.c	增强生态、水文、气候、地质以及生物-物理-化学过程等的观测能力； 加强流域生态-水文-社会经济集成，提高集成模型在流域管理规划中的应用能力； 可持续地发展工业、农业、制造业、运输业、服务业等各个产业； 确保可持续的水利、生态和环境工程建设； 加强区域间、部门间的合作； 通过集成科学技术与知识信息来增强各部门的决策效率； 加强应对极端气候、水文、干旱事件的能力，减少由极端事件造成的伤亡人数； 减少区域冲突数量，以及由此造成的伤亡人数
	Goal 11. 建设包容、安全、有抵御灾害能力和可持续的城市与人类居住区	Target 11.1 ~ Target 11.7，Target 11.a ~ Target 11.c	
	Goal 13. 采取紧急行动应对气候变化及其影响	Target 13.1 ~ Target 13.3，Target 13.a，Target 13.b	
	Goal 17. 加强执行手段，重振可持续发展全球伙伴关系	Target 17.1 ~ Target 17.19	
数据体系建设	—	—	加强数据收集、处理和存储的能力； 加强多源数据在流域可持续管理规划中的作用； 提高统计数据的精度和完整性； 加强数据、知识、信息和科学技术方法的共享能力

参 考 文 献

白永飞，黄建辉，郑淑霞，等．2014．草地和荒漠生态系统服务功能的形成与调控机制．植物生态学报，38（2）：93-102.

包为民，王从良．1997．垂向混合产流模型及应用．水文，（3）：19-22.

别强，强文丽，王超，等．2013a．1960-2010 年黑河流域冰川变化的遥感监测．冰川冻土，35（3）：574-582.

别强，赵传燕，强文丽，等．2013b．祁连山自然保护区青海云杉林近四十年动态变化分析．干旱区资源与环境，27（4）：176-180.

曹泊，潘保田，高红山，等．2010．1972-2007 年祁连山东段冷龙岭现代冰川变化研究．冰川冻土，32（2）：242-248.

曹建廷，谢悦波，陈志辉，等．2002．甘肃省黑河干流细土平原区灌溉水入渗运移的初步研究．水文地质工程地质，（4）：1-4.

曹玲，窦永祥，张德玉．2003．气候变化对黑河流域生态环境的影响．干旱气象，（4）：45-49.

常学向，赵爱芬，王金叶，等．2002．祁连山林区大气降水特征与森林对降水的截留作用．高原气象，（3）：274-280.

陈崇希，胡立堂，王旭升．2007．地下水流模拟系统 PGMS（1.0 版）简介．水文地质工程地质，（6）：129-130.

陈洪萍，贾根锁，冯锦明，等．2014．气候模式中关键陆面植被参量遥感估算的研究进展．地球科学进展，29（1）：56-67.

陈华，郭生练，熊立华，等．2005．面向对象的 GIS 水文水资源数据模型设计与实现．水科学进展，（4）：556-563.

陈辉，李忠勤，王璞玉，等．2013．近年来祁连山中段冰川变化．干旱区研究，30（4）：588-593.

陈军锋．2006．不同地表条件下季节性冻融土壤入渗特性的试验研究．太原：太原理工大学硕士学位论文．

陈军锋，李秀彬．2001．森林植被变化对流域水文影响的争论．自然资源学报，5：474-480.

陈丽华，余新晓，张东升，等．2002．贡嘎山冷杉林区苔藓层截持降水过程研究．北京林业大学学报，24（4）：60-63.

陈敏鹏，林而达．2010．代表性浓度路径情景下的全球温室气体减排和对中国的挑战．气候变化研究进展，6（6）：436-442.

陈琪婷．2017．地表水热通量模拟尺度效应研究．北京：中国科学院大学（中国科学院遥感与数字地球研究所）博士学位论文

陈仁升，高艳红，康尔泗，等．2006．内陆河高寒山区流域分布式水热耦合模型（Ⅲ）：MM5 嵌套结果．地球科学进展，（8）：830-837.

陈仁升，康尔泗，丁永建．2014．中国高寒区水文学中的一些认识和参数．水科学进展，25（3）：307-317.

陈仁升，康尔泗，吉喜斌，等．2007．黑河源区高山草甸的冻土及水文过程初步研究．冰川冻土，（3）：387-396.

陈仁升，张世强，阳勇，等．2019．冰冻圈变化对中国西部寒区径流的影响．北京：科学出版社．

陈拓，冯虎元，徐世建，等．2002．荒漠植物叶片碳同位素组成及其水分利用效率．中国沙漠，（3）：87-90.

陈晓宏，陈永勤，赖国友．2002．东江流域水资源优化配置研究．自然资源学报，17（3）：366-372.

程国栋．2009．黑河流域：水-生态-经济系统综合管理研究．北京：科学出版社：581-582.

程国栋，赵文智．2006．绿水及其研究进展．地球科学进展，3：221-227.

程国栋，赵传燕．2006．西北干旱区生态需水研究．地球科学进展，21（11）：1102-1108.

程国栋，赵传燕．2008．干旱区内陆河流域生态水文综合集成研究．地球科学进展，（10）：1005-1012.

程国栋，李新．2015．流域科学及其集成研究方法．中国科学：地球科学，45（6）：811-819.

程国栋，康尔泗，刘潮海．2001．西北干旱区冰川水资源和出山径流．中国西北地区水资源开发战略与利用技术．北京：中国水利水电出版社：20-46.

程国栋，肖洪浪，徐中民，等．2006．中国西北内陆河水问题及其应对策略——以黑河流域为例．冰川冻土，（3）：406-413.

程国栋，肖洪浪，李彩芝，等．2008．黑河流域节水生态农业与流域水资源集成管理研究领域．地球科学进展，23（7）：661-665.

程国栋，肖洪浪，傅伯杰，等．2014．黑河流域生态-水文过程集成研究进展．地球科学进展，29（4）：431-437.

程帅，张树清．2015．基于系统性策略的灌溉水资源时空优化配置．应用生态学报，26（1）：321-330.

崔要奎．2015．多源遥感观测数据驱动的土壤-植被系统蒸散发估算研究．北京：中国科学院大学博士学位论文．

戴声佩，张勃．2013．基于CLUE-S模型的黑河中游土地利用情景模拟研究——以张掖市甘州区为例．自然资源学报，28（2）：336-348.

戴长雷，孙思淼，叶勇．2010．高寒区土壤包气带融雪入渗特征及其影响因素分析．水土保持研究，17（3）：269-272.

丁荣，王伏村，王静，等．2009．近47a来黑河流域的降水时空特征分析及预报评估．中国沙漠，29（2）：335-341.

丁小江，钟方雷，毛锦凰，等．2018．共享社会经济路径下中国各省城市化水平预测．气候变化研究进展，14（4）：392-401.

丁晓红，陆建林，程吉林，等．2007．蓄满产流模型的改进及应用——以盐城地区为例．节水灌溉，（5）：35-37.

丁永健，叶佰生，周文娟．1999．黑河流域过去40a来降水时空分布特征．冰川冻土，（1）：3-5.

丁永建，张世强，陈仁升．2017．寒区水文导论．北京：科学出版社．

董金玮，匡文慧，刘纪远．2018．遥感大数据支持下的全球土地覆盖连续动态监测．中国科学：地球科学，48（2）：259-260.

范泽孟，黄言，岳天祥．2018．青藏高原维管植物物种丰富度分布的情景模拟．地理学报，73（1）：164-176.

方潇雨，李忠勤，Bernd Wuennemann，等．2015．冰川物质平衡模式及其对比研究——以祁连山黑河流域十一冰川研究为例．冰川冻土，37（2）：336-350.

冯变变，刘小芳，赵勇钢，等 . 2018. 山西省作物生产蓝绿水足迹核算及影响因素分析 . 水土保持研究，25（4）：200-205，214.

付爱红，陈亚宁，李卫红 . 2014. 中国黑河下游荒漠河岸林植物群落水分利用策略研究 . 中国科学：地球科学，44（4）：693-705.

付强，刘银凤，刘东，等 . 2016. 基于区间多阶段随机规划模型的灌区多水源优化配置 . 农业工程学报，32（1）：132-139.

付湘，陆帆，胡铁松 . 2016. 利益相关者的水资源配置博弈 . 水利学报，47（1）：38-43.

傅伯杰，吕一河，高光耀 . 2012. 中国主要陆地生态系统服务与生态安全研究的重要进展 . 自然杂志，34（5）：261-272.

盖迎春，李新 . 2011. 黑河流域中游水资源管理决策支持系统设计与实现 . 冰川冻土，33（1）：190-196.

盖迎春，李新 . 2012. 水资源管理决策支持系统研究进展与展望 . 冰川冻土，34（5）：1248-1256.

高艳红，程国栋，崔文瑞，等 . 2006. 陆面水文过程与大气模式的耦合及其在黑河流域的应用 . 地球科学进展，21：1283-1292，1394.

高艳红，程国栋，刘伟，等 . 2007. 黑河流域土壤参数修正及其对气候要素模拟的影响 . 高原气象，26（5）：958-966.

高云飞，赵传燕，彭守璋，等 . 2015. 黑河上游天涝池流域草地蒸散发模拟及其敏感性分析 . 中国沙漠，35（5）：1338-1345.

高云飞，赵传燕，马文瑛，等 . 2017. 黑河上游天涝池流域草地蒸散发特征及蒸发皿系数研究 . 生态科学，36（1）：72-79.

耿玉清，王保平 . 2000. 森林地表枯枝落叶层涵养水源作用的研究 . 北京林业大学报，22（5）：49-52.

巩同梁，刘昌明，刘景时 . 2006. 拉萨河冬季径流对气候变暖和冻土退化的响应 . 地理学报，61（5）：519-526.

关志成，段元胜 . 2003. 寒区流域水文模拟研究 . 冰川冻土，25（s2）：266-272.

郭庆华，刘瑾，陶胜利，等 . 2014. 激光雷达在森林生态系统监测模拟中的应用现状与展望 . 科学通报，59：459-478.

国家环境保护总局 . 2006. 2005 中国环境状况公报 . http：//www. mee. gov. cn/hjzl/zghjzkgb/lnzghjzkgb/201605/P020160526558688821300. pdf［2020-8-15］.

韩路，王海珍，牛建龙，等 . 2017. 荒漠河岸林胡杨群落特征对地下水位梯度的响应 . 生态学报，37（20）：6836-6846.

郝晓华，王建，车涛，等 . 2009. 祁连山区冰沟流域积雪分布特征及其属性观测分析 . 冰川冻土，31（2）：284-292.

何炎红，田有亮，李建，等 . 2014. 沙冬青等 3 种沙生植物气体交换特征 . 干旱区资源与环境，28（7）：144-149.

胡宏昌，王根绪，王一博，等 . 2009. 江河源区典型多年冻土和季节冻土区水热过程对植被盖度的响应 . 科学通报，（2）：242-250.

胡庆芳，王银堂，李伶杰，等 . 2017. 水生态文明城市与海绵城市的初步比较 . 水资源保护，33（5）：13-18.

华舒愉，顾圣平，贺军，等 . 2013. 三水源新安江模型参数优化及其应用 . 水电能源科学，31（2）：23-26.

怀保娟，李忠勤，王圣杰，等 . 2014. 近 50 年黑河流域的冰川变化遥感分析 . 地理学报，69（3）：365-377.

黄春林，李新. 2004. 陆面数据同化系统的研究综述. 遥感科学与技术，19（5）：424-430.

黄河水资源保护科学研究院. 2015. 黑河黄藏寺水利枢纽工程环境影响报告书.

黄明斌，刘贤赵. 2002. 黄土高原森林植被对流域径流的调节作用. 应用生态学报，13（9）：1057-1060.

黄如花，王斌，周志峰. 2014. 促进我国科学数据共享的对策. 图书馆，（3）：7-13.

黄晓荣，裴源生，梁川. 2005. 宁夏虚拟水贸易计算的投入产出方法. 水科学进展，16（4）：564-568.

黄永梅，陈慧颖，张景慧，等. 2018. 植物属性地理的研究进展与展望. 地理科学进展，37（1）：93-101.

黄玉英，刘景时，商思臣，等. 2008. 昆仑山克里雅河冬季径流及冻土与气候变化. 干旱区研究，（2）：174-178.

贾仰文，王浩，严登华. 2006a. 黑河流域水循环系统的分布式模拟（Ⅰ）：模型开发与验证. 水利学报，37（5）：534-542.

贾仰文，王浩，严登华. 2006b. 黑河流域水循环系统的分布式模拟（Ⅱ）：模型应用. 水利学报，37（6）：655-661.

贾贞贞，刘绍民，毛德发，等. 2010. 基于地面观测的遥感监测蒸散量验证方法研究. 地球科学进展，25（11）：1248-1260.

姜彤，王艳君，袁佳双，等. 2018a. "一带一路"沿线国家2020—2060年人口经济发展情景预测. 气候变化研究进展，14（2）：155-164.

姜彤，赵晶，曹丽格，等. 2018b. 共享社会经济路径下中国及分省经济变化预测. 气候变化研究进展，14（1）：50-58.

蒋有绪. 1995. 世界森林生态系统结构与功能的研究综述. 林业科学研究，8（3）：314-321.

金成伟，赵玉国，李徐生，等. 2017. 祁连山中段高寒草甸草毡表层发育程度的空间分异及环境影响因子. 生态学报，37（20）：6732-6742.

金栋梁，刘予伟. 2013. 森林水文效应的综合分析. 水资源与水工程学报，24（2）：138-144.

金慧然，陶欣，范闻捷，等. 2007. 应用北京一号卫星数据监测高分辨率叶面积指数的空间分布. 自然科学进展，17（9）：1229-1234.

晋锐，李新，马明国，等. 2017. 陆地定量遥感产品的真实性检验关键技术与试验验证. 地球科学进展，32（6）：630-642.

井哲帆. 2007. 气候变化背景下中国若干典型冰川的运动及其变化. 兰州：中国科学院寒区旱区环境与工程研究所.

康尔泗. 1996. 高亚洲冰冻圈能量平衡特征和物质平衡变化计算研究. 冰川冻土，18（S1）：12-22.

康尔泗，陈仁升，张智慧，等. 2008. 内陆河流域山区水文与生态研究. 地球科学进展，23（7）：675-681.

康绍忠，张建华. 1997. 不同土壤水分与温度条件下土根系统中水分传导的变化及其相对重要性. 农业工程学报，13（2）：76-81.

康绍忠，胡笑涛，蔡焕杰，等. 2004. 现代农业与生态节水的理论创新及研究重点. 水利学报，35（12）：1-7.

寇怀忠，牛玉国. 2005. 发达国家水文信息资源管理与应用概述. 水文，25（6）：37-40.

雷志栋，胡和平，杨诗秀. 1999. 土壤水研究进展与评述. 水科学进展，10（3）：311-318.

雷志栋，谢森传. 1982. 测定土壤水分运动参数的出流法研究. 水利学报，（11）：1-11.

李斌兵，郑粉莉. 2008. 黄土坡面不同土地利用下的降雨入渗模拟与数值计算. 干旱地区农业研究，26（5）：118-123.

李传哲, 于福亮, 刘佳. 2009. 分水后黑河干流中游地区景观动态变化及驱动力. 生态学报, 29 (11): 5832-5842.

李晗, 赵娜, 岳天祥, 等. 2017. 基于 HASM 方法的黑河流域潜在蒸发量的模拟. 地球信息科学学报, 19 (11): 1466-1474.

李弘毅, 王建. 2013. 积雪水文模拟中的关键问题及其研究进展. 冰川冻土, 35 (2): 430-437.

李弘毅, 王建, 郝晓华. 2012. 祁连山区风吹雪对积雪质能过程的影响. 冰川冻土, 34 (5): 1084-1090.

李善家, 苏培玺, 张海娜, 等. 2013. 荒漠植物叶片水分和功能性状特征及其相互关系. 植物生理学报, 49 (2): 153-160.

李炜. 2016. 黑河流域中下游红砂荒漠生态水文特征与生态适应性研究. 北京: 北京师范大学博士学位论文.

李文华, 何永涛, 杨丽韫. 2001. 森林对径流影响研究的回顾与展望. 自然资源学报, 16 (5): 398-406.

李文娟. 2015. 黑河上游天涝池流域灌丛降雨截留特征. 兰州: 兰州大学硕士学位论文.

李文娟, 赵传燕, 彭守璋, 等. 2015. 黑河上游天涝池流域灌丛地上生物量空间分布. 生态学报, 35 (4): 1134-1141.

李文鹏, 康卫东, 刘振英. 2004. 北京: 中国地质环境监测院.

李西良, 侯向阳, 吴新宏, 等. 2014. 草甸草原羊草茎叶功能性状对长期过度放牧的可塑性响应. 植物生态学报, 38 (5): 440-451.

李小雁. 2008. 流域绿水研究的关键科学问题. 地球科学进展, 23 (7): 707-712.

李小雁. 2011. 干旱地区土壤-植被-水文耦合、响应与适应机制. 中国科学: 地球科学, 41: 1721-1730.

李小雁, 郑元润, 王彦辉, 等. 2020. 黑河流域植被格局与生态水文适应机制. 北京: 科学出版社.

李新. 2011. 黑河流域生态-水文遥感观测试验: 综合集成与航空微波微波遥感.

李新, 程国栋. 2008. 流域科学研究中的观测和模型系统建设. 地球科学进展, 23 (7): 756-764.

李新, 马明国, 王建, 等. 2008. 黑河流域遥感-地面观测同步试验: 科学目标与试验方案. 地球科学进展, 23 (9): 897-914.

李新, 程国栋, 吴立宗. 2010a. 数字黑河的思考与实践 1: 为流域科学服务的数字流域. 地球科学进展, 25 (3): 297-305.

李新, 吴立宗, 马明国, 等. 2010b. 数字黑河的思考与实践 2: 数据集成. 地球科学进展, 25 (3): 306-316.

李新, 程国栋, 康尔泗, 等. 2010c. 数字黑河的思考与实践 3: 模型集成. 地球科学进展, 25 (8): 851-865.

李新, 程国栋, 马明国, 等. 2010d. 数字黑河的思考与实践 4: 流域观测系统. 地球科学进展, 25 (8): 866-876.

李新, 刘绍民, 马明国, 等. 2012. 黑河流域生态-水文过程综合遥感观测联合试验总体设计. 地球科学进展, 27 (5): 481-498.

李新, 晋锐, 刘绍民, 等. 2016a. 黑河遥感试验中尺度上推研究的进展与前瞻. 遥感学报, 20 (5): 921-932.

李新, 刘绍民, 孙晓敏, 等. 2016b. 生态系统关键变量监测设备研制与生态物联网示范. 生态学报, 36 (22): 7023-7027.

李帅锋, 刘万德, 苏建荣, 等. 2011. 季风常绿阔叶林不同恢复阶段乔木优势种群生态位和种间联结. 生态学杂志, 2011 (3): 508-515.

李燕，李满春．2009. 黄河水量调度管理决策支持系统建设研究．地域研究与开发，28（5）：140-144.

李永华，卢琦，吴波，等．2012. 干旱区叶片形态特征与植物响应和适应的关系．植物生态学报，36（1）：88-98.

李致家，孔祥光，张初旺．1998. 对新安江模型的改进．水文，（4）：20-24.

李致家，黄鹏年，张永平，等．2015. 半湿润流域蓄满超渗空间组合模型研究．人民黄河，37（10）：1-6, 34.

李忠勤．2018. 山地冰川物质平衡和动力过程模拟．北京：科学出版社：1-232.

李忠勤，李开明，王林．2010. 新疆冰川近期变化及其对水资源的影响研究．第四纪研究，30（1）：96-106.

李卓，刘永红，杨勤．2011. 土壤水分入渗影响机制研究综述．灌溉排水学报，30（5）：124-130.

林忠辉，莫兴国，项月琴．2003. 作物生长模型研究综述．作物学报，29（5）：750-758.

刘冰，赵文智．2009. 荒漠绿洲过渡带柽柳和泡泡刺光合作用及水分代谢的生态适应性．中国沙漠，29（1）：101-107.

刘昌明，钟骏襄．1978. 黄土高原森林对径流影响的初步分析．地理学报，33（2）：112-126.

刘昌明，李云成．2006. "绿水"与节水：中国水资源内涵问题讨论．科学对社会的影响，（1）：16-20.

刘丰，郭建文．2013. 面向黑河无线传感器网络观测数据的质量控制方法研究．遥感技术与应用，28（2）：252-257.

刘峰，朱阿兴，李宝林，等．2009. 利用陆面反馈动态模式来识别土壤类型的空间差异．土壤通报，40（3）：501-508.

刘海亮，蔡体久，满秀玲，等．2012. 小兴安岭主要森林类型对降雪、积雪和融雪过程的影响．北京林业大学学报，34（2）：20-25.

刘纪远，刘明亮，庄大方，等．2002. 中国近期土地利用变化的空间格局分析．中国科学（D辑），32（12）：1031-1040.

刘纪远，张增祥，庄大方，等．2003. 20世纪90年代中国土地利用变化时空特征及其成因分析．地理研究，（1）：1-12.

刘纪远，匡文慧，张增祥，等．2014. 20世纪80年代末以来中国土地利用变化的基本特征与空间格局．地理学报，69（1）：3-14.

刘家宏，王光谦，王开．2006. 数字流域研究综述．水利学报，37（2）：240-246.

刘景时，魏文寿，黄玉英，等．2006. 天山玛纳斯河冬季径流对暖冬和冻土退化的响应．冰川冻土，28（5）：656-662.

刘宁，孙鹏森，刘世荣．2012. 陆地水-碳耦合模拟研究进展．应用生态学报，23（11）：3187-3196.

刘鹏，郭建文，付卫平，等．2011. 基于Web的科学数据可视化在数据共享中的应用．遥感技术与应用，26（6）：836-844.

刘绍民．2011. 黑河流域生态-水文遥感观测试验：水文气象要素与多尺度蒸散发观测.

刘树华，蒋浩宇，胡非，等．2008. 利用区域尺度气象模式模拟黑河地区地表能量通量的研究．大气科学，32（6）：1392-1400.

刘思峰，等．1999. 灰色系统理论及其应用．北京：科学出版社.

刘伟，高艳红，李海英，等．2007. 黑河流域土地覆盖分类数据的建立及其影响的模拟．高原气象，（2）：278-285.

刘贤德，张学龙，赵维俊，等．2016. 祁连山西水林区亚高山灌丛水文功能的综合评价．干旱区地理，39（1）：86-94.

刘晓燕，刘昌明，杨胜天，等.2014. 基于遥感的黄土高原林草植被变化对河川径流的影响分析. 地理学报，69（11）：1595-1603.

刘洋，张健，杨万勤，等.2011. 川西高山树线群落交错带地被物及土壤的水文效应. 林业科学，47（3）：1-6.

刘一鸣，丁一汇.2001a. 修正的质量通量积云对流方案及其模拟试验研究 I：方案介绍及对 1991 年洪涝过程的模拟. 气象学报，59（1）：10-22.

刘一鸣，丁一汇.2001b. 修正的质量通量积云对流方案及其模拟试验研究 II：三种积云方案的积云对流活动及 MFS 方案相关参数的敏感性试验. 气象学报，（2）：129-142.

刘章文，陈仁升，宋耀选，等.2012. 祁连山典型灌丛降雨截留特征. 生态学报，32（4）：1337-1346.

柳小龙，王令钊.2012. 对黑河干流调度方案及调水曲线的探讨. 甘肃水利水电技术，48（10）：16-18.

柳雅文，赵旭，刘俊国.2016. 天津市最终产品本地用水量测度及其驱动机理研究. 资源科学，38（10）：1913-1924.

鲁安新，姚檀栋，刘时银，等.2002. 青藏高原各拉丹冬地区冰川变化的遥感监测. 冰川冻土，（5）：559-562.

芦园园，张甘霖，赵玉国，等.2014. 复杂景观环境下土壤厚度分布规则提取与制图. 农业工程学报，30（18）：132-141.

陆胤昊，叶柏生，李翀.2013. 冻土退化对海拉尔河流域水文过程的影响. 水科学进展，24（3）：319-325.

马剑，刘贤德，金铭，等.2017. 祁连山西水林区灌木林降雨截留特征. 水土保持研究，24（3）：363-368.

马希斌.1994. 对蓄满产流模型产流量计算方法的改进. 东北水利水电，（8）：33-37.

马雪华.1993. 森林水文学. 北京. 中国林业出版社.

莫淑红，段海妮，沈冰，等.2014. 考虑不确定性的区间多阶段随机规划模型研究. 水利学报，45（12）：1427-1434.

年雁云，李新，王建，等.2013. 基于 CUAHSI-HIS 的黑河流域水文数据共享发布平台设计与实现. 遥感技术与应用，28（2）：338-345.

聂振龙，连英立，段宝谦，申建梅，等.2015. 利用包气带环境示踪剂评估张掖盆地降水入渗速率. 地球学报，32（1）：117-122.

牛丽，叶柏生，李静，等.2011. 中国西北地区典型流域冻土退化对水文过程的影响. 中国科学：地球科学，41（1）：85-92.

牛赟，刘贤德，张宏斌，等.2006. 基于空间数据结构的祁连山青海云杉林水量平衡. 遥感技术与应用，21（4）：344-348.

欧阳志云，郑华.2009. 生态系统服务的生态学机制研究进展. 生态学报，29（11）：6183-6188.

潘小多，李新，冉有华，等.2012. 下垫面对 WRF 模式模拟黑河流域区域气候精度影响研究. 高原气象，31（3）：657-667.

潘影，余成群，土艳丽，等.2015. 西藏草地植物功能性状与多项生态系统服务关系. 生态学报，35（20）：6821-6828.

彭盛华，赵俊琳，翁立达.2001. 基于 GIS 技术的流域水文水环境信息系统开发初探：以汉水流域为例. 水文，21（1）：11-14.

彭守璋，赵传燕，许仲林，等.2011. 黑河上游祁连山区青海云杉生长状况及其潜在分布区的模拟. 植物生态学报，35（6）：605-614.

彭小清, 张廷军, 潘小多, 等. 2013. 祁连山区黑河流域季节冻土时空变化研究. 地球科学进展, 28 (4): 497-508.

清华大学中国与世界经济研究中心. 2017. 十九大后的中国经济: 2018、2035、2050.

全国土壤普查办公室. 1992. 中国土壤普查技术. 北京: 农业出版社.

任海彦, 郑淑霞, 白永飞. 2009. 放牧对内蒙古锡林河流域草地群落植物茎叶生物量资源分配的影响. 植物生态学报, 33 (6): 1065-1074.

任雪娟, 钱永甫. 2000. 区域海气耦合模式对1998年5~8月东亚近海海况的模拟研究. 气候与环境研究, 5 (4): 482-485.

任彦润, 赵彦博, 南卓铜. 2015. 联合科学数据中心的在线水文模型服务研究. 遥感技术与应用, 30 (3): 547-556.

芮孝芳. 2013. 产流模式的发现与发展. 水利水电科技进展, 33 (1): 1-6, 26.

申红彬, 徐宗学, 张书函. 2016. 流域坡面汇流研究现状述评. 水科学进展, 27 (3): 467-475.

史培军, 宋长青, 景贵飞. 2002. 加强我国土地利用/覆盖变化及其对生态环境安全影响的研究——从荷兰 "全球变化开放科学会议" 看人地系统动力学研究的发展趋势. 地球科学进展, 17 (2): 161-168.

史作民, 程瑞梅, 刘世荣. 1999. 宝天曼落叶阔叶林种群生态位特征. 应用生态学报, (3): 265-269.

宋克超, 康尔泗, 金博文, 等. 2004. 黑河流域山区植被带草地蒸散发试验研究. 冰川冻土, 26 (3): 349-356.

苏永中, 杨荣, 刘文杰, 等. 2014. 基于土壤条件的边缘绿洲典型灌区灌溉需水研究. 中国农业科学, 47 (6): 1128-1139.

孙福军, 雷秋良, 刘颖, 等. 2011. 数字土壤制图技术研究进展与展望. 土壤通报, 42 (6): 1502-1507.

孙佳, 江灏, 王可丽, 等. 2011. 黑河流域气候平均降水的精细化分布及总量计算. 冰川冻土, 33 (2): 318-324.

孙长奎, 刘强, 闻建光, 等. 2013. 基于HJ-1CCD数据的地表反照率反演. 国土资源遥感, 25 (4): 58-63.

田风霞. 2011. 祁连山区青海云杉林生态水文过程研究. 兰州: 兰州大学博士学位论文.

田风霞, 赵传燕, 冯兆东. 2011. 祁连山区青海云杉林蒸腾耗水估算. 生态学报, 31 (9): 2383-2391.

万艳芳. 2017. 祁连山青海云杉林蒸腾特征及影响因素分析. 兰州: 甘肃农业大学硕士论文.

万艳芳, 刘贤德, 马瑞, 等. 2016. 祁连山鲜黄小檗和甘青锦鸡儿灌丛冠层降雨再分配特征. 水土保持学报, 30 (6): 162-167.

王纲胜, 夏军, 牛存稳. 2004. 分布式水文模拟汇流方法及应用. 地理研究, 23 (2): 175-182.

王根绪, 程国栋. 2000. 干旱荒漠绿洲景观空间格局及其受水资源条件的影响分析. 生态学报, 20 (3): 363-368.

王国梁, 刘国彬, 周生路. 2003. 黄土丘陵沟壑区小流域植被恢复对土壤稳定入渗的影响. 自然资源学报, 18 (5): 529-535.

王昊, 许士国, 孙砳石. 2006. 扎龙湿地芦苇沼泽蒸散耗水预测. 生态学报, 26 (5): 1352-1358.

王浩, 游进军. 2016. 中国水资源配置30年. 水利学报, 47 (3): 265-271, 282.

王浩, 陈敏建, 秦大庸. 2003. 西北地区水资源合理配置和承载能力研究. 郑州: 黄河水利出版社.

王建, 车涛, 张立新, 等. 2009. 黑河流域上游寒区水文遥感-地面同步观测试验. 冰川冻土, 31 (2): 189-197.

王介民. 1999. 陆面过程实验和地气相互作用研究——从HEIFE到IMGRASS和GAME-Tibet/TIPEX. 高原气象, 18 (3): 280-294.

王介民, 高峰. 2004. 关于地表反照率遥感反演的几个问题. 遥感技术与应用, 19 (5): 295-300.

王介民, 王维真, 刘绍民, 等. 2009. 近地层能量平衡闭合问题: 综述及个例分析. 地球科学进展, 24 (7): 705-713.

王金叶, 田大伦, 王彦辉, 等. 2005. 祁连山林草复合流域土壤水文效应. 水土保持学报, 19 (3): 144-147.

王开存, 刘晶淼, 周秀骥, 等. 2004. 利用 MODIS 卫星资料反演中国地区晴空地表短波反照率及其特征分析. 大气科学, 28 (6): 941-949.

王宁练, 蒲健辰. 2009. 祁连山八一冰川雷达测厚与冰储量分析. 冰川冻土, 31 (3): 431-435.

王宁练, 贺建桥, 蒲健辰, 等. 2010. 近 50 年来祁连山七一冰川平衡线高度变化研究. 科学通报, 55 (32): 3107-3115.

王璞玉, 李忠勤, 高闻宇, 等. 2011. 气候变化背景下近 50 年来黑河流域冰川资源变化特征分析. 资源科学, 33 (3): 399-407.

王庆峰, 张廷军, 吴吉春, 等. 2013. 祁连山区黑河上游多年冻土分布考察. 冰川冻土, 35 (1): 19-29.

王庆伟, 于大炮, 代力民, 等. 2010. 全球气候变化下植物水分利用效率研究进展. 应用生态学报, 21 (12): 3255-3265.

王珊珊, 陈曦, 王权, 等. 2011. 新疆古尔班通古特沙漠南缘多枝柽柳光合作用及水分利用的生态适应性. 生态学报, 31 (11): 3082-3089.

王书功. 2010. 水文模型参数估计方法及参数估计不确定性研究. 郑州: 黄河水利出版社.

王祥福, 郭泉水, 巴哈尔古丽, 等. 2008. 崖柏群落优势乔木种群生态位. 林业科学, 44 (4): 6-13.

王旭升, 周剑. 2009. 黑河流域地下水流数值模拟的研究进展. 工程勘察, 37 (9): 35-38.

王学福. 2005. 灌木林在祁连山区的作用及其发展策略研究. 甘肃林业科技, 30 (2): 32-35, 57.

王彦辉, 于澎涛, 张淑兰, 等. 2018. 黄土高原和六盘山区森林面积增加对产水量的影响. 林业科学研究, 31 (1): 15-26.

王艺, 朱彬, 刘煜, 等. 2011. 中国地区近 10 年地表反照率变化趋势. 气象科技, 39 (2): 147-155.

王轶夫, 岳天祥, 赵明伟, 等. 2014. 机载 LiDAR 数据的树高识别算法与应用分析. 地球信息科学学报, 16 (6): 958-964.

王勇, 肖洪浪, 任娟, 等. 2008. 基于 CGE 模型的张掖市水资源利用研究. 干旱区研究, 25 (1): 28-34.

王宇涵, 杨大文, 雷慧闽, 等. 2015. 冰冻圈水文过程对黑河上游径流的影响分析. 水利学报, 46 (9): 1064-1071.

王宗太. 1981. 中国冰川目录 (I): 祁连山区. 兰州: 中国科学院兰州冰川冻土研究所: 58-61.

魏加华, 王光谦, 刘荣华. 2009. 塔里木河流域水量调度决策支持系统. 南水北调与水利科技, 7 (1): 17-21.

魏晓华, 李文华, 周国逸, 等. 2005. 森林与径流关系——一致性和复杂性. 自然资源学报, (5): 761-770.

吴炳方, 张淼. 2017. 从遥感观测数据到数据产品. 地理学报, 72 (11): 2093-2111.

吴丹, 吴凤平, 陈艳萍. 2012. 流域初始水权配置复合系统双层优化模型. 系统工程理论与实践, 32 (1): 196-202.

吴洪涛. 2009. 农业流域循环经济模式研究. 大连: 大连理工大学博士学位论文.

吴洪涛, 武春友, 郝芳华, 等. 2008. "绿水"的多角度评估及其管理研究. 中国人口·资源与环境, 18: 61-67.

吴钦孝，韩冰，李秧秧．2004．黄土丘陵区小流域土壤水分入渗特征研究．中国水土保持科学，2（2）：1-5.

吴胜标，闻建光，刘强，等．2015．黑河流域地表反照率估算及其时空特征分析．地球科学进展，30（6）：680-690.

吴小芳，胡月明，徐智勇，等．2007．基于 GIS 的水文信息系统的设计与实现．水文，（4）：71-74，79.

吴煦廉．1993．水箱模型在雨、雪、冰川融水补给河流上的应用．水文，（1）：10-15.

吴玉，郑新军，李彦．2013．不同功能型原生荒漠植物对小降雨的光合响应．生态学杂志，32（10）：2591-2597.

仵彦卿，张应华，温小虎，等．2004．西北黑河下游盆地河水与地下水转化的新发现．自然科学进展，14（12）：1428-1433.

仵彦卿，张应华，温小虎，等．2010．中国西北黑河流域水文循环与水资源模拟．北京：科学出版社.

武选民，陈崇希，史生胜，等．2003．西北黑河额济纳盆地水资源管理研究：三维地下水流数值模拟．地球科学，28（5）：527-532.

席海洋，冯起，司建华，等．2012．黑河下游额济纳三角洲河道渗漏对地下水补给研究综述．冰川冻土，34（5）：1241-1247.

肖迪芳，陈培竹．1983．冻土影响下的降雨径流关系．水文，（6）：10-16.

肖洪浪，程国栋．2006．黑河流域水问题与水管理的初步研究．中国沙漠，26（1）：1-5.

肖生春，肖洪浪．2008．黑河流域水环境演变及其驱动机制研究进展．地球科学进展，23（7）：748-755.

肖洪浪，程国栋，李彩芝，等．2008．黑河流域生态-水文观测试验与水-生态集成管理研究．地球科学进展，23（7）：666-670.

肖生春，肖洪浪，米丽娜，等．2017．国家黑河流域综合治理工程生态成效科学评估．中国科学院院刊，32（1）：45-54.

肖玉，谢高地，安凯，等．2012．基于功能性状的生态系统服务研究框架．植物生态学报，36（4）：353-362.

谢自楚，伍光和，王立伦．1985．祁连山冰川近期的进退变化//中国科学院兰州冰川冻土研究所集刊．北京：科学出版社：82-96.

熊喆，符淙斌．2006．RIEMS 中积云对流参数化方案对我国降水的影响．气候与环境研究，（3）：387-394.

徐春海，李忠勤，王飞腾，等．2017．基于 LiDAR、SRTM DEM 的祁连山黑河流域十一冰川 2000—2012 年物质平衡估算．自然资源学报，32（1）：88-100.

徐建新，白雪梅，沈晋，等．2003．灌区水资源实时优化调配决策软件研制．水科学进展，14（2）：178-183.

徐希孺，范闻捷，李举材，等．2017．植被二向性反射统一模型．中国科学（地球科学），47（2）：217-232.

徐宗学，刘浏．2012．太湖流域气候变化检测与未来气候变化情景预估．水利水电科技进展，32（1）：1-7

许珂艳，姚杰宝，狄艳艳，等．2010．陆浑水库入库降雨径流模型研究与应用．人民黄河，32（12）：81-83.

许秀元．1997．河渠影响下土壤水—地下潜水联合运动的模拟研究．水利学报，12：21-28.

闫彬彦，徐希孺，范闻捷．2012．行播作物二向性反射（BRDF）的一体化模型．中国科学（地球科学），42（3）：411-423.

严昌荣，韩兴国，陈灵芝．2000．北京山区落叶阔叶林优势种叶片特点及其生理生态特性．生态学报，20（1）：53-60.

颜东海，李忠勤，高闻宇，等．2012．祁连山北大河流域冰川变化遥感监测．干旱区研究，29（2）：245-250.

阳勇，陈仁升．2011．冻土水文研究进展．地球科学进展，26（7）：711-723.

阳勇，陈仁升，吉喜斌．2007．近几十年来黑河野牛沟流域的冰川变化．冰川冻土，29（1）：100-106.

阳勇，陈仁升，宋耀选，等．2013a．黑河上游山区草地蒸散发观测与估算．应用生态学报，24（4）：1055-1062.

阳勇，陈仁升，叶柏生，等．2013b．寒区典型下垫面冻土水热过程对比研究（Ⅱ）：水热传输．冰川冻土，35（6）：1555-1563.

杨大文，雷慧闽，丛振涛．2010．流域水文过程与植被相互作用研究现状评述．水利学报，41（10）：1142-1149.

杨大文，丛振涛，尚松浩，等．2016．从土壤水动力学到生态水文学的发展与展望．水利学报，47（3）：390-397.

杨金忠．1989．二维饱和与非饱和水分运动的理论及实验研究．水利学报，4：55-57.

杨诗秀，雷志栋，谢森传．1985．均质土壤一维非饱和流动通用程序．土壤学报，（2）：24-34.

杨文娟．2018．祁连山青海云杉林空间分布和结构特征及蒸散研究．北京：中国林业科学研究院博士论文．

杨针娘，曾群柱．2001．冰川水文学．重庆：重庆出版社．

杨针娘，杨志怀，梁凤仙，等．1993．祁连山冰沟流域冻土水文过程．冰川冻土，15（2）：235-241.

杨针娘，胡鸣高，刘新仁，等．1996．高山冻土区水量平衡及地表径流特征．中国科学（D辑），26（6）：567-572.

姚莹莹，刘杰，张爱静，等．2014．黑河流域河道径流和人类活动对地下水动态的影响．第四纪研究，34（5）：973-981.

尹雄锐，夏军，张翔，等．2006．水文模拟与预测中的不确定性研究现状与展望．水力发电，32（10）：27-31.

于贵瑞，王秋凤，于振良．2004a．陆地生态系统水-碳耦合循环与过程管理研究．地球科学进展，19（5）：831-839.

于贵瑞，张雷明，孙晓敏，等．2004b．亚洲区域陆地生态系统碳通量观测研究进展．中国科学（D辑：地球科学），（S2）：15-29.

于文涛，李静，柳钦火，等．2016．中国地表覆盖异质性参数提取与分析．地球科学进展，31（10）：1067-1077.

余新晓．2013．森林生态水文研究进展与发展趋势．应用基础与工程科学学报，21（3）：391-402.

袁镒吾．1990．求一类非线性振动微分方程的近似解的新方法．力学与实践，12（1）：49-51.

岳天祥．2017．地球表层系统模拟分析原理与方法．北京：科学出版社．

臧传富．2013．黑河流域蓝绿水时空变化研究．北京：北京林业大学博士学位论文．

张丁玲．2013．青藏高原水资源时空变化特征的研究．兰州：兰州大学博士学位论文．

张光辉，刘少玉，谢月波．2005．西北内陆黑河流域水循环与地下水形成演化模式．北京：地质出版社．

张光义，夏军，张翔，等．2007．具有空间分布的超渗产流模型．人民黄河，29（12）：18-20.

张华，张勃，Peter Verburg．2007．不同水资源情景下干旱区未来土地利用/覆盖变化模拟：以黑河中上游张掖市为例．冰川冻土，29（3）：397-405.

张华伟，鲁安新，王丽红，等.2011.祁连山疏勒南山地区冰川变化的遥感研究.冰川冻土，33（1）：8-13.

张吉辉.2012.基于水足迹的区域广义水资源动态协调与控制.天津：天津大学博士学位论文.

张杰，李栋梁.2004.祁连山及黑河流域降雨量的分布特征分析.高原气象，23（1）：81-88.

张杰，贾绍凤.2013.基于SWAT模型的湟水流域蓝绿水与不同土地利用类型的绿水差异研究.水资源与水工程学报，24（4）：6-10.

张杰，曹丽格，李修仓，等.2013.IPCC AR5 中社会经济新情景（SSPs）研究的最新进展.气候变化研究进展，9（3）：225-228.

张立杰，赵文智，何志斌，等.2008.祁连山典型小流域降水特征及其对径流的影响.冰川冻土，30（5）：776-782.

张明杰，秦翔，杜文涛，等.2013.1957-2009 年祁连山老虎沟流域冰川变化遥感研究.干旱区资源与环境，27（4）：70-75.

张瑞江，赵福岳，方洪宾，等.2010.青藏高原近30年现代雪线遥感调查.国土资源遥感，（z1）：59-63.

张思聪，惠士博，雷志栋，等.1985.渗灌的非饱和土壤水二维流动的探讨.土壤学报，（3）：209-222.

张为彬，查小春，马玉改.2014.1961-2010 年黄河源区蓝绿水资源时空变化.水土保持通报，34（6）：338-343.

张晓龙，周继华，蔡文涛，等.2018.基于3S技术的黑河流域1∶100000 植被制图.西北师范大学学报（自然科学版），54（2）：95-101.

张一弛，于静洁，乔茂云，等.2011.黑河流域生态输水对下游植被变化影响研究.水利学报，42（7）：757-765.

张钰，刘桂民，马海燕，等.2004.黑河流域土地利用与覆被变化特征.冰川冻土，26（6）：740-746.

张展羽，司涵，冯宝平，等.2014.缺水灌区农业水土资源优化配置模型.水利学报，45（4）：403-409.

赵安周，赵玉玲，刘宪锋，等.2016.气候变化和人类活动对渭河流域蓝水绿水影响研究.地理科学，36（4）：571-579.

赵传燕，李守波，贾艳红，等.2008.黑河下游地下水波动带地下水与植被动态耦合模拟.应用生态学报，19（12）：2687-2692.

赵传燕，别强，彭焕华.2010.祁连山北坡青海云杉林生境特征分析.地理学报，65（1）：113-121.

赵风华，于贵瑞.2008.陆地生态系统碳-水耦合机制初探.地理科学进展，27（1）：32-38.

赵力强.2009.冷龙岭冰川表面沙尘及冰川近期变化研究.兰州：兰州大学硕士学位论文.

赵娜，岳天祥，史文娇，等.2017.基于HASM方法对气候模式气温降水的降尺度研究——以黑河流域为例.中国沙漠，37（6）：1227-1236.

赵维俊，刘贤德，张学龙，等.2015.祁连山西水林区亚高山灌丛土壤入渗性能研究.水土保持学报，29（2）：106-110.

赵文智，程国栋，2008.生态水文研究前沿问题及生态水文观测试验.地球科学进展，23（7）：671-674.

赵文智，周宏，刘鹄.2017.干旱区包气带土壤水分运移及其对地下水补给研究进展.地球科学进展，32（9）：908-918.

赵宗慈，罗勇.1999.区域气候模式在东亚地区的应用研究——垂直分辨率与侧边界对夏季季风降水影响研究.大气科学，（5）：3-5.

郑新军，李嵩，李彦.2011.准葛尔盆地荒漠植物的叶片水分吸收策略.植物生态学报，35（9）：893-905.

中国科学院中国植被图编辑委员会（张新时主编）.2007.中华人民共和国植被图（1∶1 000 000）.北京：科学出版社.

中华人民共和国农业部畜牧兽医司，全国畜牧兽医总站.1996.中国草地资源.北京：中国科学技术出版社.

仲波，马鹏，聂爱华，等.2014.基于时间序列 HJ-1/CCD 数据的土地覆盖分类方法.中国科学（地球科学），44（5）：967-977.

周海，郑新军，唐立松，等.2013.准噶尔盆地东南缘多枝柽柳、白刺和红砂水分来源的异同.植物生态学报，37（7）：665-673.

周洪华，李卫红，木巴热克·阿尤普，等，2012.荒漠河岸林植物木质部导水与栓塞特征及其对干旱胁迫的响应.植物生态学报，36（1）：19-29.

周剑，吴雪娇，李红星，等.2014.改进 SEBS 模型评价黑河中游灌溉水资源利用效率.水利学报，45（12）：1387-1398.

周晓峰，赵惠勋，孙慧珍.2001.正确评价森林水文效应.自然资源学报，（5）：420-426.

周勋，范泽孟，岳天祥，2017.黑河流域植被类型分布模拟分析.地球信息科学学报，19（4）：493-501.

周彦昭，周剑，李妍，等.2014.利用 SEBAL 和改进的 SEBAL 模型估算黑河中游戈壁、绿洲的蒸散发.冰川冻土，36（6）：1526-1537.

朱阿兴.2008.精细土壤制图模型与方法.北京：科学出版社.

朱阿兴，李宝林，杨琳，等.2005.基于 GIS、模糊逻辑和专家知识的土壤制图及其在中国应用前景.土壤学报，42（5）：844-851.

朱阿兴，杨琳，樊乃卿，等.2018.数字土壤制图研究综述与展望.地理科学进展，37（1）：66-78.

朱仕杰，南卓铜，陈昊，等.2010.基于 Web Service 的在线水文模型服务研究.遥感技术与应用，25（6）：853-859.

朱长军，王明，李树文，等.2008.邯郸地区水资源管理决策支持系统.辽宁工程技术大学学报（自然科学版），27（z1）：323-325.

Abbaspour K C，Yang J，Maximov I，et al. 2007. Modelling hydrology and water quality in the pre-alpine/alpine Thur watershed using SWAT. Journal of Hydrology，333（2/3/4）：413-430.

Abbott M B，BathurstJC，Cunge J A，et al. 1986. An introduction to the European Hydrological System-Systeme Hydrologique Europeen，"SHE"，2：Structure of a physically-based，distributed modelling system. Journal of Hydrology，87（1-2）：61-77.

Abdulla F，Eshtawi T，Assaf H. 2009. Assessment of the impact of potential climate change on the water balance of a semi-arid watershed. Water Resources Management，23（10）：2051-2068.

Absar S M，Preston B L. 2015. Extending the Shared Socioeconomic Pathways for sub-national impacts，adaptation，and vulnerability studies. Global Environmental Change，33：83-96.

Ahlberg J H，Nilson E N，Walsh J L. 1967. The Theory of Splines and Their Application. New York：Academic Press.

Alaibakhsh M，Emelyanova I，Barron O，et al. 2017. Large-scale regional delineation of riparian vegetation in the arid and semi-arid Pilbara region，WA. Hydrological Processes，31（24）：4269-4281.

Ali M H，Talukder M S U，2008. Increasing water productivity in crop production—a synthesis. Agricultural Water Management，95：1201-1213.

Allan J A. 1997. Virtual water：A long term solution for water short Middle Eastern economies. British：University of Leeds.

Allen C D, Breshears D D. 1998. Drought-induced shift of a forest-woodland ecotone: rapid landscape response to climate variation. Proceedings of the National Academy of Sciences, 95 (25): 14839-14842.

Allen R G, Pereira L S, Raes D, et al. 1994. Crop Evapotranspiration: Guidelines for Computing Crop Requirements. Irrigation and Drainage Paper No. 56, FAO, Rome, Italy, 300.

Anderson E A. 1976. A point energy and mass balance model of a snow cover. NOAA Technical Report NWS 19, Office of Hydrology, National Weather Service, Silver Spring, MD.

Andersen J C, Hiskey H H, Lackawathana S. 1971. Application of Statistical Decision Theory to Water Use Analysis in Sevier County, Utah. Water Resources Research, 7 (3): 443-452.

Anderson S P, Bales R C, Duffy C J. 2008. Critical Zone Observatories: Building a network to advance interdisciplinary study of Earth surface processes. Mineralogical Magazine, 72 (1): 7-10.

André J C, Goutorbe J P, Perrier A. 1986. HAPEX: MOBLIHY: a hydrologic atmospheric experiment for the study of water budget and evaporation flux at the climatic scale. Bulletin of the American Meteorological Society, 67 (2): 138-144.

Andreu J, Capilla J E, Sanchis E. 1996. Aquatool, a generalized decision-support system for water-resources planning and operational management. Journal of Hydrology, 177: 269-291.

Argent R M, Perraud J M, Rahman J M, et al. 2009. A new approach to water quality modelling and environmental decision support systems. Environmental Modelling and Software, 24 (7): 809-818.

Arnold J G, Allen P M, Bernhardt G. 1993. A comprehensive surface-groundwater flow model. Journal of Hydrology, 142 (1-4): 47-69.

Arnold J G, Muttiah R S, Srinivasan R, et al. 2000. Regional estimation of base flow and groundwater recharge in the Upper Mississippi river basin. Journal of Hydrology, 227: 21-40.

Arnott D, Pervan G. 2008. Eight key issues for the decision support systems discipline. Decision Support Systems, 44 (3): 657-672.

Arora V K, Boer G J. 2003. A representation of variable root distribution in dynamic vegetation models. Earth Interactions, 7 (6): 1-19.

Asbjornsen H, Goldsmith G R, Alvarado-Barrientos M S, et al. 2011. Ecohydrological advances and applications in plant-water relations research: a review. Journal of Plant Ecology, 4 (1-2): 3-22.

Bachelet D, Lenihan J M, Daly C, et al. 2001. MC1: A Dynamic Vegetation Model for Estimating the Distribution of Vegetation and Associated Ecosystem Fluxes of Carbon, Nutrients, and Water.

Bachelet D, Neilson R P, Hickler T, et al. 2003. Simulating past and future dynamics of natural ecosystems in the United States. Global Biogeochemical Cycles, 17 (2): 1045-1065.

Bacour C, Baret F, Béal D, et al. 2006. Neural network estimation of LAI, fAPAR, fCover and LAI × Cab, from top of canopy MERIS reflectance data: Principles and validation. Remote Sensing of Environment, 105 (4): 313-325.

Bai J, Chen X Z, Li L H, et al. 2014. Quantifying the contributions of agricultural oasis expansion, management practices and climate change to net primary production and evapotranspiration in croplands in arid northwest China. Journal of Arid Environments, 100-101: 31-41.

Bai X M, Shi P J, Liu Y S. 2014. Society: Realizing China's urban dream. Nature News, 509 (7499): 158-160.

Bai Y, Li X Y, Liu S M, et al. 2017. Modelling diurnal and seasonal hysteresis phenomena of canopy conductance in an oasis forest ecosystem. Agricultural and Forest Meteorology, 246: 98-110.

Bailey R T, Wible T, Arabi M, et al. 2016. Assessing regional-scale spatio-temporal patterns of groundwater-surface water interactions using a coupled SWAT-MODFLOW model. Hydrological Processes, 30 (23): 4420-4433.

Baird A J, Wilby R L. 1998. Ecohydrology: Plants and Water in Terrestrial and Aquatic Environments. London: Routledge.

Baldocchi D, Valentini R, Running S, et al. 1996. Strategies for measuring and modelling carbon dioxide and water vapour fluxes over terrestrial ecosystems. Global Change Biology, 2 (3): 159-168.

Baret F, Hagolle O, Geiger B, et al. 2007. LAI, fAPAR and fCover CYCLOPES global products derived from VEGETATION. Remote Sensing of Environment, 110 (3): 275-286.

Baret F, Weiss M, Lacaze R, et al. 2013. GEOV1: LAI and FAPAR essential climate variables and FCOVER global time series capitalizing over existing products. Part1: Principles of development and production. Remote Sensing of Environment, 137: 299-309.

Barnett T P, Adam J C, Lettenmaier D P. 2005. Potential impacts of a warming climate on water availability in snow-dominated regions. Nature, 438 (7066): 303-309.

Barnett T P, Pierce D W, Hidalgo H G, et al. 2008. Human-induced changes in the hydrology of the western United States. Science, 319 (5866): 1080-1083.

Barradas V L, Glez-Medellín M G. 1999. Dew and its effect on two heliophile understorey species of a tropical dry deciduous forest in Mexico. International Journal of Biometeorology, 43 (1): 1-7.

BarteltP, Lehning M. 2002. A physical SNOWPACK model for the Swiss avalanche warning: Part I: numerical model. Cold Regions Science and Technology, 35 (3): 123-145.

Bartholome E, Belward A S, Achard F, et al. 2002. GLC 2000: Global Land Cover Mapping for the Year 2000. Project Status Report.

Bastiaanssen W G M, Menenti M, Feddes R A, et al. 1998. A remote sensing surface energy balance algorithm for land (SEBAL). 1. Formulation. Journal of Hydrology, 212/213: 198-212.

Bastin G, Scarth P, Chewings V, et al. 2012. Separating grazing and rainfall effects at regional scale using remote sensing imagery: A dynamic reference-cover method. Remote Sensing of Environment, 121: 443-457.

Bauerle T L, Richards J H, Smart D R, et al. 2008. Importance of internal hydraulic redistribution for prolonging the lifespan of roots in dry soil. Plant, Cell and Environment, 31 (2): 177-186.

Bazzani G M. 2005. A decision support for an integrated multi-scale analysis of irrigation: DSIRR. Journal of Environmental Management, 77 (4): 301-314.

Berrittella M, Hoekstra A Y, Rehdanz K, et al. 2007. The economic impact of restricted water supply: A computable general equilibrium analysis. Water research, 41 (8): 1799-1813.

Beniston M. 2003. Climatic Change in Mountain Regions: A Review of Possible Impacts//Climate Variability and Change in High Elevation Regions: Past, Present & Future. Dordrecht: Springer Netherlands.

Beniston M. 2003. Climatic change in mountain regions: A review of possible impacts//Advances in Global Change Research. Dordrecht: Springer Netherlands: 5-31.

Bense V F, Ferguson G, Kooi H. 2009. Evolution of shallow groundwater flow systems in areas of degrading permafrost. Geophysical Research Letters, 36 (22): L22401.

Bense V F, Kooi H, Ferguson G, et al. 2012. Permafrost degradation as a control on hydrogeological regime shifts in a warming climate. Journal of Geophysical Research: Earth Surface, 117, F03036. DOI: 10.1029/2011jf002143.

Bernhardt M, Schulz K, Liston G E, et al. 2012. The influence of lateral snow redistribution processes on snow melt and sublimation in alpine regions. Journal of Hydrology, 424/425: 196-206.

Berterretche M, Hudak A T, Cohen W B, et al. 2005. Comparison of regression and geostatistical methods for mapping Leaf Area Index (LAI) with Landsat ETM+ data over a boreal forest. Remote Sensing of Environment, 96 (1): 49-61.

Beyrich F, Mengelkamp H T. 2006. Evaporation over a heterogeneous land surface: EVA_ GRIPS and the LITFASS-2003 experiment-an overview. Boundary-Layer Meteorology, 121 (1): 5-32.

Biljana M, Daniel C. 2007. Evaluation of the Hydrological cycle over the Mississippi River Basin as simulated by the Canadian regional climate model. Journal of Hydrometeorology, 8: 969-988.

Bingeman A K, Kouwen N, Soulis E D. 2006. Validation of the hydrological processes in a hydrological model. Journal of Hydrologic Engineering, 11 (5): 451-463.

BintanjaR. 2001. Modification of the wind speed profile caused by snowdrift: Results from observations. Quarterly Journal of the Royal Meteorological Society, 127 (577): 2417-2434.

Bloom D E. 2011. 7 billion and counting. Science, 333 (6042): 562-569.

Bonczek R H, Holsapple C W, Whinston A B. 1980. The evolving roles of models in decision support systems. Decision Sciences, 11 (2): 337-356.

Bontemps S, Defourny P, Bogaert E V, et al. 2011. GLOBCOVER 2009 products description and validation report. ESA Bulletin, 136.

Boon S. 2007. Snow accumulation and ablation in a beetle-killed pine stand in Northern Interior British Columbia. International Journal of Tuberculosis and Lung Disease 7 (3): 248-253.

Bosch J M, Hewlett J D. 1982. A review of catchment experiments to determine the effect of vegetation changes on water yield and evapotranspiration. Journal of Hydrology, 55 (1): 3-23.

Boucher J F, Munson A D, Bernier P Y. 1995. Foliar absorption of dew influences shoot water potential and root growth in Pinus strobus seedlings. Tree Physiology, 15 (12): 819-823.

Boulton A J, Hancock P. 2006. Rivers as groundwater-dependent ecosystems: a review of degrees of dependency, riverine processes and management implications. Australian Journal of Botany, 54 (2): 133-144.

Bowling L C, Lettenmaier D P, Nijssen B, et al. 2003. Simulation of high-latitude hydrological processes in the Torne-Kalix basin: PILPS Phase 2 (e) 1: Experiment description and summary intercomparisons. Global and Planetary Change, 38 (1): 1-30.

Bredehoeft J D. 2002. The water budget myth revisited: why hydrogeologists model. Ground Water, 40 (4): 340-345.

Bredehoeft J D, Pinder G F. 1970. Digital analysis of areal flow in multiaquifer groundwater systems: a quasi three-dimensional model. Water Resources Research, 6 (3): 883-888.

Breshears D D, Cobb N S, Rich P M, et al. 2005. Regional vegetation Die-off in response to global-change-type drought. Proceedings of the National Academy of Sciences, 102 (42): 15144-15148.

Breshears D D, McDowell N G, Goddard K L, et al. 2008. Foliar absorption of intercepted rainfall improves woody plant water status most during drought. Ecology, 89 (1): 41-47.

Brolsma R J, Bierkens M F P. 2007. Groundwater-soil water-vegetation dynamics in a temperate forest ecosystem along a slope. Water Resources Research, 43: W01414.

Brooks J R, Meinzer F C, Warren J M, et al. 2006. Hydraulic redistribution in a Douglas-fir forest: lessons from system manipulations. Plant, Cell and Environment, 29 (1): 138-150.

Brown D M. 1987. CERES-Maize: a simulation model of maize growth and development. Agricultural and Forest Meteorology, 41 (3/4): 339.

Bruijnzeel L. 2004. Hydrological functions of tropical forests: not seeing the soil for the trees? Agriculture Ecosystems and Environment, 104 (1): 185-228.

Brungard C W, Boettinger J L, Duniway M C, et al. 2015. Machine learning for predicting soil classes in three semi-arid landscapes. Geoderma, 239: 68-83.

Brunner P, Simmons C T. 2012. HydroGeoSphere: a fully integrated, physically based hydrological model. Ground Water, 50 (2): 170-176.

Brus D J, Heuvelink G B M. 2007. Optimization of sample patterns for universal kriging of environmental variables. Geoderma, 138: 86-95.

Brus D J, Yang R M, Zhang G L. 2016. Three-dimensional geostatistical modeling of soil organic carbon: a case study in the Qilian Mountains, China. Catena, 141: 46-55.

Burgess S S O, Adams M A, Turner N C, et al. 1998. The redistribution of soil water by tree root systems. Oecologia, 115 (3): 306-311.

Burgess S S O, Dawson T E. 2004. The contribution of fog to the water relations of Sequoia sempervirens (D. Don): foliar uptake and prevention of dehydration. Plant, Cell and Environment, 27 (8): 1023-1034.

Butler E E, Datta A, Flores-Moreno H, et al. 2017. Mapping local and global variability in plant trait distributions. Proceedings of the National Academy of Sciences, 114 (51): 201708984.

CahillJ F. 2003. Lack of relationship between below-ground competition and allocation to roots in 10 grassland species. Journal of Ecology, 91 (4): 532-540.

Calder I R. 2005. Blue Revolution-Integrated Land and Water Resources Management. 2nd ed., London: Earthscan.

Campbell G, Shiozawa S. 1994. Prediction of hydraulic properties of soils using particle-size distribution and bulk density data//Proceedings of the International Workshop on Indirect Methods for Estimating the Hydraulic Properties of Unsaturated Soils: 317-328.

Camporese M, Paniconi C, Putti M, et al. 2010. Surface-subsurface flow modeling with path-based runoff routing, boundary condition-based coupling, and assimilation of multisource observation data. Water Resources Research, 46 (2): 1-22.

Cao L D, Pan J J, Li R J, et al. 2018. Integratingairborne LiDAR and optical data to estimate forest aboveground biomass in arid and semi-arid regions of China. Remote Sensing, 10 (4): 532.

Cazcarro I, Duarte R, Sanchez-Choliz J. 2012. Water flows in the Spanish economy: agri-food sectors, trade and households diets in an input output framework. Environmental Scienceand Technology, 46: 6530-6538.

Carlson T N, Capehart W J, Gillies R R. 1995. A new look at the simplified method for remote sensing of daily evapotranspiration. Remote Sensing of Environment, 54 (2): 161-167.

Case M J. 2018. Climate Change, Vegetation, and Disturbance in South Central Oregon. Climate change vulnerability and adaptation in South Central Oregon. USDA Forest Service, Pacific Northwest Research Station, Portland, OR. (In Press), General Technical Report PNW-GTR-xxxx.

Celia M A, BouloutasE T, Zarba R L. 1990. A general mass-conservative numerical solution for the unsaturated flow equation. Water Resources Research, 26 (7): 1483-1496.

Chang X X, Zhao W Z, Liu H, et al. 2014. Qinghai spruce (Picea crassifolia) forest transpiration and canopy conductance in the upper Heihe River Basin of arid northwestern China. Agricultural and Forest Meteorology, 198/199: 209-220.

Chapin F S, Zavaleta E S, Eviner V T, et al. 2000. Consequences of changing biodiversity. Nature, 405 (6783): 234-242.

Charbeneau R J. 1984. Kinematic models for soil moisture and solute transport. Water Resources Research, 20 (6): 699-706.

Charles E. Brooks. 1985. The Living River. Winchester: Winchester Press.

Chave J, Leigh E G Jr. 2002. A spatially explicit neutral model of β-diversity in tropical forests. Theoretical Population Biology, 62 (2): 153-168.

Chen G, Zhang B, Fan W, et al. 2014. A multiple scattering reflectance model for vegetation canopy based on recollision probability. Geoscience and Remote Sensing Symposium (IGARSS), IEEE International. IEEE, 2014: 294-297.

Chen J M, Black T A. 1992. Defining leaf-area index for non-flat leaves. Plant Cell and Environment, 15 (4): 421-429.

Chen J Q, Xia J. 1999. Facing the challenge: barriers to sustainable water resources development in China. Hydrological Sciences Journal, 44 (4): 507-516.

Chen J, Brissette F P, Chaumont D, et al. 2013a. Finding appropriate bias correction methods in downscaling precipitation for hydrologic impact studies over North America. Water Resources Research, 49 (7): 4187-4205.

Chen J, Chen J, Liao A, et al. 2015. Global land cover mapping at 30 m resolution: a POK-based operational approach. Isprs Journal of Photogrammetry and Remote Sensing, 103 (103): 7-27.

Chen L Y, Li H, Zhang P J, et al. 2015. Climate and native grassland vegetation as drivers of the community structures of shrub-encroached grasslands in Inner Mongolia, China. Landscape Ecology, 30 (9): 1627-1641.

Chen Q T, Jia L, Menenti M, et al. 2019. A numerical analysis of aggregation error in evapotranspiration estimates due to heterogeneity of soil moisture and leaf area index. Agricultural and Forest Meteorology, 269/270: 335-350.

Chen R S, Lu S H, Kang E S, et al. 2008. A distributed water-heat coupled model for mountainous watershed of an inland river basin of Northwest China (I) model structure and equations. Environmental Geology, 53 (6): 1299-1309.

Chen R S, Song Y X, Kang E S, et al. 2014. A cryosphere-hydrology observation system in a small alpine watershed in the Qilian mountains of China and its meteorological gradient. Arctic, Antarctic, and Alpine Research, 46 (2): 505-523.

Chen R, Wang G, Yang Y, et al. 2018. Effects of cryospheric change on alpine hydrology: combining a model with observations in the upper reaches of the Hei river, China. Journal of Geophysical Research: Atmospheres, 123 (7): 3414-3442.

Chen Y N, Zhou H H, Chen Y P. 2013b. Adaptation strategies of desert riparian forest vegetation in response to drought stress. Ecohydrology, 6 (6): 956-973.

Chen Y P, Chen Y N, Xu C C, et al. 2011. Photosynthesis and water use efficiency of Populus euphratica in response to changing groundwater depth and CO_2 concentration. Environmental Earth Sciences, 62 (1): 119-125.

Cheng G D. 2009. Research on the Integrated Management of hydrological-Ecological and Economic Systems in the Heihe River Basin. Beijing: Science Press.

Cheng G D, Li X. 2015. Integrated research methods in watershed science. Science China Earth Sciences, 58 (7): 1159-1168.

Cheng G D, Jin H J. 2013. Permafrost and groundwater on the Qinghai-Tibet plateau and in northeast China. Hydrogeology Journal, 21 (1): 5-23.

Cheng G D, Li C Z, Wang S, et al. 2008. Water-saving eco-agriculture and integrated water resources management in Heihe river basin, northwest China. Advances in Earth Science, 23 (7): 661-665.

Cheng G D, Li X, Zhao W Z, et al. 2014. Integrated study of the water-ecosystem-economy in the Heihe river basin. National Science Review, 1 (3): 413-428.

Chidley T R E, Elgy J, Antoine J. 1993. Computerized systems of land resources appraisal for agricultural development. Svetove Podne Zdroje, 70 (vember). Food and Agriculture Organization.

Chimner R A, Cooper D J. 2004. Using stable oxygen isotopes to quantify the water source used for transpiration by native shrubs in the San Luis Valley, Colorado USA. Plant and Soil, 260 (1/2): 225-236.

Christopher Martins, Hubert O. 2004. Litter Fall, Litter Stocks and Decomposition Rates in Rainforest and Agroforestry Sites in Central Amazonian. Nutrient Cycling in Agroecosystems, 2004, 68 (2): 137-154.

Chueca J A, et al. 2005. Responses to climatic changes since the Little Ice Age on Maladeta Glacier (Central Pyrenees). Geomorphology, 68 (3-4): 167-182.

Cipriotti P A, Aguiar M R. 2015. Is the balance between competition and facilitation a driver of the patch dynamics in arid vegetation mosaics? Oikos, 124 (2): 139-149.

CLEANER (Committee on the Collaborative Large-Scale Engineering Analysis Network for Environmental Research, National Research Council). 2006. CLEANER and NSF's Environmental Observatories. Washington D. C.: National Academies Press.

Cleugh H A, Raupach M R, Briggs P R, et al. 2004. Regional-scale heat and water vapour fluxes in an agricultural landscape: an evaluation of CBL budget methods at OASIS. Boundary-Layer Meteorology, 110 (1): 99-137.

Cleugh H A, Leuning R, Mu Q Z, et al. 2007. Regional evaporation estimates from flux tower and MODIS satellite data. Remote Sensing of Environment, 106 (3): 285-304.

CleversJ G P W. 1989. Application of a weighted infrared-red vegetation index for estimating leaf Area Index by Correcting for Soil Moisture. Remote Sensing of Environment, 29 (1): 25-37.

Collatz G J, Ball J T, Grivet C, et al. 1991. Physiological and environmental regulation of stomatal conductance, photosynthesis and transpiration: a model that includes a laminar boundary layer. Agricultural and Forest Meteorology, 54 (2/3/4): 107-136.

Collatz G J, Ribas-Carbo M, Berry J A. 1992. Coupled photosynthesis-stomatal conductance model for leaves of C4 plants. Functional Plant Biology, 19 (5): 519.

Collins M, et al. 2013. Long-term Climate Change: Projections, Commitments and Irreversibility//Stocker T F, Qin D, Plattner G K, et al. Climate Change 2013: The Physical Science Basis. Contribution of Working Group I to the Fifth Assessment Report of the Intergovernmental Panel on Climate Change. Cambridge: Cambridge University Press.

Committee on River Science at the U. S. Geological Survey, N R C. 2007. River science at the U. S. geological survey. Washington D. C.: National Academies Press.

Consortium of Universities for the Advancement of Hydrologic Science Inc. 2007: Hydrology of a dynamic earth. Consortium of Universities for the Advancement of Hydrologic Science, 30 pp. (http://www.cuahsi.org/docs/dois/CUAHSI-SciencePlan-Nov2007.pdf.)

Corbin J D, Thomsen M A, Dawson T E, et al. 2005. Summer water use by California coastal prairie grasses: fog, drought, and community composition. Oecologia, 145 (4): 511-521.

Cosby B J, Hornberger G M, Clapp R B, et al. 1984. A statistical exploration of the relationships of soil moisture characteristics to the physical properties of soils. Water Resources Research, 20 (6): 682-690.

Costanza R, Sklar F H, White M L. 1990. Modeling coastal landscape dynamics. BioScience, 40 (2): 91-107.

Costanza R. 1989. Model goodness of fit: a multiple resolution procedure. Ecological Modelling, 47: 199-215.

Crawford N H, Linsley R K. 1966. Digital Simulation in Hydrology'Stanford Watershed Model 4.

Crespo Cuaresma J. 2017. Income projections for climate change research: a framework based on human capital dynamics. Global Environmental Change, 42: 226-236.

CRS (Committee on River Science), USGS, NRC (National Research Council). 2007. River Science at the U. S. Geological Survey. Washington D. C.: National Academies Press.

Cui Y K, Jia L. 2014. A modified Gash model for estimating rainfall interception loss of forest using remote sensing observations at regional scale. Water, 6 (4): 993-1012.

Cui Y K, Jia L, Hu G C, et al. 2015. Mapping of interception loss of vegetation in the Heihe river basin of China using remote sensing observations. IEEE Geoscience and Remote Sensing Letters, 12 (1): 23-27.

Cuo L, Zhang Y, Zhu F, et al. 2014. Characteristics and changes of streamflow on the Tibetan Plateau: A review. Journal of Hydrology Regional Studies, 2 (C): 49-68.

Cuo L, Zhang Y X, Bohn T J, et al. 2015. Frozen soil degradation and its effects on surface hydrology in the northern Tibetan Plateau. Journal of Geophysical Research: Atmospheres, 120 (16): 8276-8298.

Dai X Q, Huang N. 2014. Numerical simulation of drifting snow sublimation in the saltation layer. Scientific Reports, 4: 6611.

Dane J H, Puckett W. 1994. Field soil hydraulic properties based on physical and mineralogical information//van Genuchten M Th, et al. Proceedings of the International Workshop on Indirect Methods for Estimating the Hydraulic Properties of Unsaturated Soils. University of California, Riverside: 389-403.

Dangermond J, Maidment D. 2010. Integrating water resources information using GIS and the web. Proceedings of the AWRA 2010 Spring Specialty Conference. Orlando. FL. USA. March 29-31.

Danielopol D L, Griebler C, Gunatilaka A, et al. 2003. Present state and future prospects for groundwater ecosystems. Environmental Conservation, 30 (2): 104-130.

Dawson T E. 1997. Water loss from tree roots influences soil water and nutrientstatus and plant performance. //Flore H E, Lynch J P, Eissenstat D M. Radical Biology: Advances and Perspectives on the Function of Plant Roots. Rockville, MD, USA: American Society of Plant Physiologists: 235-250.

Dawson T E. 1998. Fog in the California redwood forest: ecosystem inputs and use by plants. Oecologia, 117 (4): 476-485.

Dawson T E, Ehleringer J R. 1991. Streamside trees that do not use stream water. Nature, 350 (6316): 335-337.

Dawson T E, Mambelli S, Plamboeck A H, et al. 2002. Stable isotopes in plant ecology. AnnualReview of Ecology and Systematics, 33 (1): 507-559.

Dayaram A, Powrie L W, Rebelo T, et al. 2017. Vegetation map of south Africa, Lesotho and Swaziland 2009 and 2012: a description of changes from 2006. Bothalia, 47 (1): 10.

de Gruijter J J, Brus D J, Bierkens M F P, et al. 2006. Sampling for Natural Resource Monitoring. New York: Springer.

Dellink R, Chateau J, Lanzi E, et al. 2017. Long-term economic growth projections in the Shared Socioeconomic Pathways. Global Environmental Change, 42: 200-214.

Deng F, Chen J M, Plummer S, et al. 2006. Algorithm for global leaf area index retrieval using satellite imagery. IEEE Transactions on Geoscience and Remote Sensing, 44 (8): 2219-2229.

Deng X Z, Zhang F, Wang Z, et al. 2014. An extended input output table compiled for analyzing water demand and consumption at County level in China. Sustainability, 6 (6): 1-20.

Deng X Z, Shi Q L, Zhang Q, et al. 2015. Impacts of land use and land cover changes on surface energy and water balance in the Heihe River Basin of China, 2000-2010. Physics and Chemistry of the Earth, 79: 2-10.

Dennehy K F, Reilly T E, Cunningham W L. 2015. Groundwater availability in the United States: the value of quantitative regional assessments. Hydrogeology Journal, 23 (8): 1629-1632.

Déry S J, Tremblay L B. 2004. Modeling the effects of wind redistribution on the snow mass budget of polar sea ice. Journal of Physical Oceanography, 34 (1): 258-271.

Díaz S, Cabido M. 2001. Vive la différence: plant functional diversity matters to ecosystem processes. Trends in Ecology and Evolution, 16 (11): 646-655.

Díaz S, Kattge J, Cornelissen J H C, et al. 2016. The global spectrum of plant form and function. Nature, 529 (7585): 167-171.

Dickinson RE. 1983. Land surface processes and climate—surface albedos and energy balance//Advances in Geophysics. Amsterdam: Elsevier: 305-353.

DickinsonR E, Henderson-Sellers. 1993. A Biosphere-Atmosphere Transfer Scheme (BATS) Version as coupled to the NCAR Community Climate Model, NCAR Technical Report, NCAR/TN-387+STR.

Diepen C A, Wolf J, Keulen H. 2010. WOFOST: a simulation model of crop production. Soil Use and Management, 5 (1): 16-24.

Dietzenbacher E, Velázquez E. 2007. Analysing andalusian virtual water trade in an input-output framework. Regional Studies, 41 (2): 185-196.

Döll P. 2009. Vulnerability to the impact of climate change on renewable groundwater resources: a global-scale assessment. Environmental Research Letters, 4 (3): 035006.

Domec J C, Warren J M, Meinzer F C, et al. 2004. Native root xylem embolism and stomatal closure in stands of Douglas-fir and ponderosa pine: mitigation by hydraulic redistribution. Oecologia, 141 (1): 7-16.

Domec J C, Scholz F G, Bucci S J, et al. 2006. Diurnal and seasonal variation in root xylem embolism in neotropical savanna woody species: impact on stomatal control of plant water status. Plant, Cell and Environment, 29 (1): 26-35.

Dorigo WA, de Jeu R, Chung D, et al. 2012. Evaluating global trends (1988-2010) in harmonized multi-satellite surface soil moisture. Geophysical Research Letters, 39: L18405.

Dougherty R L, Lauenroth W K, Singh J S. 1996. Response of a grassland Cactus to frequency and size of rainfall events in a North American shortgrass steppe. Journal of Ecology, 84 (2): 177-183.

DozierJ, Bair E H, Davis R E. 2016. Estimating the spatial distribution of snow water equivalent in the world's mountains. Wiley Interdisciplinary Reviews: Water, 3 (3): 461-474.

Drake J E, Power S A, Duurama R A, et al. 2017. Stomatal and non-stomatal limitations of photosynthesis for four tree species under drought: A comparison of model formulations. Agricultural and Forest Meteorology, 247: 454-466.

Drewry J, Cameron K C, Buchan G D. 2008. Pasture yield and soil physical property responses to soil compaction from treading and grazing - a review. Soil Research, 46 (3): 237-256.

Du L, Rajib A, Merwade V. 2018. Large scale spatially explicit modeling of blue and green water dynamics in a temperate mid-latitude basin. Journal of Hydrology, 562: 84-102.

Duffy C J. 1996. A two - state integral - balance model for soil moisture and groundwater dynamics in complex terrain. Water Resources Research, 32 (8): 2421-2434.

Dunkerley D L. 2008. Intra- storm evaporation as a component of canopy interception loss in dryland shrubs: observations from Fowlers Gap, Australia. Hydrological Processes, 22 (12): 1985-1995.

Earl H J. 2002. Stomatal and non- stomatal restrictions to carbon assimilation in soybean (Glycine max) lines differing in water use efficiency. Environmental and Experimental Botany, 48 (3): 237-246.

Ehleringer J R, Dawson T E. 1992. Water uptake by plants: perspectives from stable isotope composition. Plant, Cell and Environment, 15 (9): 1073-1082.

Ehleringer J, Schwinning S, Gebauer R. 1999. Water use in arid land ecosystems.

Ehleringeri J R. 1998. Carbon isotope ratios of Atacama Desert plants reflect hyperaridity of region in northern Chile. Revista Chilena de Historia Natural, 71: 79-86.

Elga S, Jan B, Okke B. 2015. Hydrological modelling of urbanized catchments: a review and future directions. Journal of Hydrology, 529 (1): 62-81.

Eller C B, Lima A L, Oliveira R S. 2013. Foliar uptake of fog water and transport belowground alleviates drought effects in the cloud forest tree species, Drimys brasiliensis (Winteraceae). New Phytologist, 199 (1): 151-162.

Emmerich W E, Verdugo C L. 2008. Precipitation thresholds for CO_2 uptake in grass and shrub plant communities on Walnut Gulch Experimental Watershed. Water Resources Research, 44 (5): -. DOI: 10. 1029/2006wr005690.

Endrizzi S, Gruber S, Dall'Amico M, et al. 2014. GEOtop 2. 0: simulating the combined energy and water balance at and below the land surface accounting for soil freezing, snow cover and terrain effects. Geoscientific Model Development, 7 (6): 2831-2857.

Engel B A, Choi J Y, Harbor J, et al. 2003. Web-based DSS for hydrologic impact evaluation of small watershed land use changes. Computers and Electronics in Agriculture, 39 (3): 241-249.

Essery R, Pomeroy J W, Parviainen J, et al. 2003. Sublimation of snow from coniferous forests in a climate model. Journal of Climate, 16 (11): 1855-1864.

European Environment Agency. 2014. Terrestrial habitat mapping in Europe: An overview. Luxembourg: Publications Office.

Evans S G, Ge S, Liang S H. 2015. Analysis of groundwater flow in mountainous, headwater catchments with permafrost. Water Resources Research, 51 (12): 9564-9576.

Fairfax E, Small E E. 2018. Using remote sensing to assess the impact of beaver damming on riparian evapotranspiration in an arid landscape. Ecohydrology, 11 (7): e1993. DOI: 10. 1002/eco. 1993.

Falkenmark M. 2003. Freshwater as shared between society and ecosystems: from divided approaches to integrated challenges. Philosophical Transactions of the Royal Society of London. Series B, Biological Sciences, 358 (1440): 2037-2049.

Falkenmark M. 1995. Land and water integration and river basin management. Rome: Proceedings of an FAO informal workshop.

Falkenmark M，Lannerstad M. 2005. Consumptive water use to feed humanity - curing a blind spot. Hydrology and Earth System Sciences，9（1/2）：15-28.

Falkenmark M，Rockström J. 2006. The new blue and green water paradigm：Breaking new ground for water resources planning and management. Journal of Water Resources Planning and Management，132（3）：129-132.

Fan L，Xiao Q，Wen J G，et al. 2015. Mapping high-resolution soil moisture over heterogeneous cropland using multi-resource remote sensing and ground observations. Remote Sensing，7（10）：13273-13297.

Fan W J，Liu Y，Xu X R，et al. 2014. A new FAPAR analytical model based on the law of energy conservation：a case study in China. IEEE Journal of Selected Topics in Applied Earth Observations and Remote Sensing，7（9）：3945-3955.

Fan Y，Li X Y，Huang Y M，et al. 2017. Shrub patch configuration in relation to precipitation and soil properties in Northwest China. Ecohydrology.

Fan Y，Li X Y，Huang Y M，et al. 2018. Shrub patch configuration in relation to precipitation and soil properties in Northwest China. Ecohydrology，11（6）：e1916.

Fang D L，Chen B. 2015. Ecological network analysis for a virtual water network. Environmental Science & Technology，49（11）：6722-6730.

Fang H L，Liang S L. 2005. A hybrid inversion method for mapping leaf area index from MODIS data：experiments and application to broadleaf and needleleaf canopies. Remote Sensing of Environment，94（3）：405-424.

Fang H L，Liang S L，Kuusk A. 2003. Retrieving leaf area index using a genetic algorithm with a canopy radiative transfer model. Remote Sensing of Environment，85（3）：257-270.

Fang X，Pomeroy J W. 2009. Modelling blowing snow redistribution to prairie wetlands. Hydrological Processes，23（18）：2557-2569.

Fang Y H，Zhang X N，Niu G Y，et al. 2017. Study of the Spatiotemporal Characteristics of Meltwater Contribution to the Total Runoff in the Upper Changjiang River Basin. Water，9（3）：165.

FAO WHO. 1989. Toxicological evaluation of certain food additives and contaminants//The 33rd Meeting of the Joint FAO/WHO Expert Commitee on Food Additives. Cambridge：Cambridge University Press.

FAO/IIASA/ISRIC/ISS-CAS/JRC. 2009. Harmonized World Soil Database（version 1.1）. FAO，Rome，Italy and IIASA，Laxenburg，Austria.

Faramarzi M，Yang H，Mousavi J，et al. 2010. Analysis of intra-country virtual water trade strategy to alleviate water scarcity in Iran. Hydrology and Earth System Sciences，14（8）：1417-1433.

Farouki O T. 1981. The thermal properties of soils in cold regions. Cold Regions Science and Technology，5（1）：67-75.

Farquhar G D，Caemmerer S，Berry J A. 1980. A biochemical model of photosynthetic CO_2 assimilation in leaves of C_3 species. Planta，149（1）：78-90.

Febrero A，Bort J，Català J，et al. 1994. Grain yield，carbon isotope discrimination and mineral content in mature kernels of barley under irrigated and rainfed conditions. Agronomie，14（2）：127-132.

Fiener P，Auerswald K，van Oost K. 2011. Spatio-temporal patterns in land use and management affecting surface runoff response of agricultural catchments - A review. Earth-Science Reviews，106（1）：92-104.

Fisher J B，Tu K P，Baldocchi D D. 2008. Global estimates of the land-atmosphere water flux based on monthly AVHRR and ISLSCP-II data，validated at 16 FLUXNET sites. Remote Sensing of Environment，112（3）：901-919.

Flanner M G. 2005. Snowpack radiative heating: Influence on Tibetan Plateau climate. Geophysical Research Letters, 32 (6): L06501.

Flanner M G, Zender C S, Randerson J T, et al. 2007. Present-day climate forcing and response from black carbon in snow. Journal of Geophysical Research Atmospheres, 112 (D11): D11202.

Flerchinger G N, Saxton K E. 1989. Simultaneous heat and water model of a freezing snow-residue-soil system I. theory and development. Transactions of the ASAE, 32 (2): 0565-0571.

Foley A, Kelman I. 2018. EURO-CORDEX regional climate model simulation of precipitation on Scottish Islands (1971-2000): model performance and implications for decision-making in topographically complex regions. International Journal of Climatology, 38 (2): 1087-1095.

Forrester A I J, Keane A J. 2009. Recent advances in surrogate-based optimization. Progress in Aerospace Sciences, 45 (1): 50-79.

Frampton A, Destouni G. 2015. Impact of degrading permafrost on subsurface solute transport pathways and travel times. Water Resources Research, 51 (9): 7680-7701.

Frampton A, Painter S, Lyon S W, et al. 2011. Non-isothermal, three-phase simulations of near-surface flows in a model permafrost system under seasonal variability and climate change. Journal of Hydrology, 403 (3/4): 352-359.

Frampton A, Painter S L, Destouni G. 2013. Permafrost degradation and subsurface-flow changes caused by surface warming trends. Hydrogeology Journal, 21 (1): 271-280.

Fravolini A, Hultine K R, Brugnoli E, et al. 2005. Precipitation pulse use by an invasive woody legume: the role of soil texture and pulse size. Oecologia, 144 (4): 618-627.

Frederick J M, Buffett B A. 2015. Effects of submarine groundwater discharge on the present-day extent of relict submarine permafrost and gas hydrate stability on the Beaufort Sea continental shelf. Journal of Geophysical Research: Earth Surface, 120 (3): 417-432.

Freeze R A. 1971. Three-dimensional, transient, saturated-unsaturated flow in a groundwater basin. Water Resources Research, 7 (2): 347-366.

Freeze R A, Witherspoon P A. 1966. Theoretical analysis of regional groundwater flow: 1. Analytical and numerical solutions to the mathematical model. Water Resources Research, 2 (4): 641-656.

Freeze R A, Witherspoon P A. 1967. Theoretical analysis of regional groundwater flow: 2. Effect of water-table configuration and subsurface permeability variation. Water Resources Research, 3 (2): 623-634.

Freeze R A, Witherspoon P A. 1968. Theoretical analysis of regional ground water flow: 3. quantitative interpretations. Water Resources Research, 4 (3): 581-590.

Freudenberger D O, Hiernaux P. 2001. Productivity of patterned vegetation//Ecological Studies. New York, NY: Springer: 198-209.

Fu A H, Chen Y N, Li W H. 2006. Analysis on water potential of Populus euphratica oliv and its meaning in the lower reaches of Tarim River, Xinjiang. Chinese Science Bulletin, 51 (S1): 221-228.

Fu C B, Wei H L, Qian Y. 2000. Documentation on Regional Integrated Environmental Model System (RIEMS, Version 1.0), TEACOM Science Report, No, 1, START Regional Committee for Temperate East Asia, Beijing, China.

Furman A. 2008. Modeling coupled surface-subsurface flow processes: a review. Vadose Zone Journal, 7 (2): 741-756.

Fürst J, Girstmair G, Nachtnebel H. 1993. Application of GIS in Decision Support Systems for groundwater management. IAHS Publication.

Galle S, Brouwer J, Delhoume J P. 2001. Soil water balance//Ecological Studies. New York, NY: Springer: 77-104.

Gao B, Qin Y, Wang Y H, et al. 2015. Modeling ecohydrological processes and spatial patterns in the upper Heihe basin in China. Forests, 7 (1): 10.

Gao B, Yang D W, Qin Y, et al. 2018a. Change in frozen soils and its effect on regional hydrology, upper Heihe basin, northeastern Qinghai-Tibetan Plateau. The Cryosphere, 12 (2): 657-673.

Gao S G, Zhu Z L, Liu S M, et al. 2014. Estimating the spatial distribution of soil moisture based on Bayesian maximum entropy method with auxiliary data from remote sensing. International Journal of Applied Earth Observation and Geoinformation, 32: 54-66.

Gao T G, Zhang T J, Cao L, et al. 2016. Reduced winter runoff in a mountainous permafrost region in the northern Tibetan Plateau. Cold Regions Science and Technology, 126: 36-43.

Gao T, Zhang T, Guo H, et al. 2018b. Impacts of the active layer on runoff in an upland permafrost basin, northern Tibetan Plateau. Plos One, 13 (2): e0192591.

Garcia M, Fernández N, Villagarcía L, et al. 2014. Accuracy of the Temperature-Vegetation Dryness Index using MODIS under water-limited vs. energy-limited evapotranspiration conditions. Remote Sensing of Environment, 149: 100-117.

García-Arias A, Francés F, Morales-de la Cruz M, et al. 2014. Riparian evapotranspiration modelling: model description and implementation for predicting vegetation spatial distribution in semi-arid environments. Ecohydrology, 7 (2): 659-677.

Garibaldi L A, Semmartin M, Chaneton E J. 2007. Grazing-induced changes in plant composition affect litter quality and nutrient cycling in flooding Pampa grasslands. Oecologia, 151 (4): 650-662.

Garssen A G, Baattrup-Pedersen A, Voesenek L A C J, et al. 2015. Riparian plant community responses to increased flooding: a meta-analysis. Global Change Biology, 21 (8): 2881-2890.

Gärtner P, Forster M, Kurban A, et al. 2014. Object based change detection of Central Asian Tugai vegetation with very high spatial resolution satellite imagery. International Journal of Applied Earth Observation and Geoinformaiton, 31 (1): 110-121.

Gat J R. 1996. Oxygen and hydrogen isotopes in the hydrologic cycle. Annual Review of Earth and Planetary Sciences, 24 (1): 225-262.

Ge Y C, Li X, Huang C L, et al. 2013. A Decision Support System for irrigation water allocation along the middle reaches of the Heihe River Basin, Northwest China. Environmental Modellingand Software, 47: 182-192.

Ge Y C, Li X, Cai X M, et al. 2018. Converting UNsustainable development goals (SDGs) to decision-making objectives and implementation options at the river basin scale. Sustainability, 10 (4): 1056.

Ge Y, Wang J H, Heuvelink G B M, et al. 2015a. Sampling design optimization of a wireless sensor network for monitoring ecohydrological processes in the Babao River basin, China. International Journal of Geographical Information Science, 29 (1): 92-110.

Ge Y, Liang Y Z, Wang J H. 2015b. Upscaling sensible heat fluxes with area-to-area regression kriging. IEEE Geoscience and Remote Sensing Letters, 12 (3): 656-660.

Ge S M, McKenzie J, Voss C, et al. 2011. Exchange of groundwater and surface-water mediated by permafrost response to seasonal and long term air temperature variation. Geophysical Research Letters, 38 (14): 3138-3142.

Gebauer R L E, Ehleringer J R. 2000. Water and nitrogen uptake patterns following moisture pulses in a cold desert community. Ecology, 81 (5): 1415-1424.

George B, Milan C, Hagen S, et al. 1998. Vegetation mapping: Theory, methods and case studies. Applied Vegetation Science, 1: 161-266

Germino M J, Reinhardt K. 2014. Desert shrub responses to experimental modification of precipitation seasonality and soil depth: relationship to the two-layer hypothesis and ecohydrological niche. Journal of Ecology, 102 (4): 989-997.

Gholz H L, Ewel K C, Teskey R O. 1990. Water and forest productivity. Forest Ecology and Management, 30 (1/2/3/4): 1-18.

Giorgi F, Marinucci M R, Visconti G. 1990. Use of a limited-area model nested in a general circulation model for regional climate simulation over Europe. Journal of Geophysical Research Atmospheres, 95 (D11): 18413.

Giorgi F, BatesG T, Nieman S J. 1993. The multiyear surface climatology of a regional atmospheric model over the western United States. Journal of Climate, 6 (1): 75-95.

Giorgi F, Mearns L O, Shields C, et al. 1996. A regional model study of the importance of local versus remote controls of the 1988 drought and the 1993 flood over the central United States. Journal of Climate, 9 (5): 1150-1162.

Gleick P H. 1998. A Look at Twenty-first Century Water Resources Development. Water International, 25: 127-138.

Gobron N, Pinty B, Verstraete M M, et al. 1999. The MERIS Global VegetationIndex (MGVI): description and preliminary application. International Journal of Remote Sensing, 20: 1917-1927.

Gobron N, Mélin F, Pinty B, et al. 2001. Aglobal vegetation index for SeaWiFS: Design and applications// Beniston M, Verstraete M M. Remote sensing and climate modeling: synergies and limitations. Dordrecht: Springer Netherlands: 5-21.

Gobron N, Pinty B, Aussedat O, et al. 2006. Evaluation of fraction of absorbed photosynthetically active radiation products for different canopy radiation transfer regimes: methodology and results using Joint Research Center products derived from SeaWIFS against ground - based estimations. Journal of Geophysical Research Atmospheres, 111 (D13): 2943-2979

Gobron N, Pinty B, Melin F, et al. 2007. Evaluation of the MERIS/ENVISAT FAPAR product. Advances in Space Research, 39 (1): 105-115.

Goderniaux P, Brouyère S, Fowler H J, et al. 2009. Large scale surface-subsurface hydrological model to assess climate change impacts on groundwater reserves. Journal of Hydrology, 373 (1/2): 122-138.

Goodchild M F. 1982. The fractal Brownian process as a terrain simulation model. Modelling and Simulation, 13: 1133-1137.

Goovaerts P. 2011. A coherent geostatistical approach for combining choropleth map and field data in the spatial interpolation of soil properties. European Journal of Soil Science, 62 (3): 371-380.

Gorelick S M. 1983. A review of distributed parameter groundwater management modeling methods. Water Resources Research, 19 (2): 305-319.

Gorelick S M, Zheng C M. 2015. Global change and the groundwater management challenge. Water Resources Research, 51 (5): 3031-3051.

Goulden M L, Bales R C. 2014. Mountain runoff vulnerability to increased evapotranspiration with vegetation expansion. PNAS, 111 (39): 14071-14075.

Goutorbe J P, Lebel T, Tinga A, et al. 1994. HAPEX-Sahel: a large-scale study of land-atmosphere interactions in the semi-arid tropics. Annales Geophysicae, 12 (1): 53-64.

Gouvra E, Grammatikopoulos G. 2003. Beneficial effects of direct foliar water uptake on shoot water potential of five chasmophytes. Botany, 81 (12): 1278-1284.

Gower S T, Kucharik C J, Norman J M. 1999. Direct and indirect estimation of leaf area index, fAPAR, and net primary production of terrestrial ecosystems. Remote Sensing of Environment, 70 (1): 29-51.

Granger R J, Gray D M, Dyck G E. 1984. Snowmelt infiltration to frozen Prairie soils. Canadian Journal of Earth Sciences, 21 (6): 669-677.

Grantz D A. 1990. Plant response to atmospheric humidity. Plant, Cell and Environment, 13 (7): 667-679.

Green T R, Taniguchi M, Kooi H, et al. 2011. Beneath the surface of global change: Impacts of climate change on groundwater. Journal of Hydrology, 405 (405): 532-560.

Green W H, Ampt G A. 1911. Studies on soil physics. J. Agric. Sci., 4 (1): 1-24.

Greene R S B, Valentin C, Esteves M. 2001. Runoff and erosion processes. Ecological Studies, 149: 52-76.

Grenfell T C, Warren S G. 1999. Representation of a nonspherical ice particle by a collection of independent spheres for scattering and absorption of radiation. Journal of Geophysical Research: Atmospheres, 104 (D24): 31697-31709.

Groot Zwaaftink C D, LöweH, Mott R, et al. 2011. Drifting snow sublimation: a high-resolution 3-D model with temperature and moisture feedbacks. Journal of Geophysical Research Atmospheres, 116 (D16): D16107.

Grusson Y, Sanchez-Perez J M, Sauvage S, et al. 2013. Climate change impact on the water resources of the Garonne River watershed// International Swat Conference.

Guan D, Hubacek K. 2007. Assessment of regional trade and virtual water flows in China. Ecological Economics, 61: 159-170.

Guariso G, Werthner H. 1989. Environmental decision support systems. John Wiley & Sons, Inc., 317-339.

Guerfel M, Baccouri O, Boujnah D, et al. 2009. Impacts of water stress on gas exchange, water relations, chlorophyll content and leaf structure in the two main Tunisian olive (Olea europaea L.) cultivars. Scientia Horticulturae, 119 (3): 257-263.

Guo H W, Ling H B, Xu H L, et al. 2016. Study of suitable oasis scales based on water resource availability in an arid region of China: a case study of Hotan River Basin. Environmental Earth Sciences, 75 (11): 1-14.

Guo S X, Meng L K, Zhu A X, et al. 2015. Data-gap filling to understand the dynamic feedback pattern of soil. Remote Sensing, 7 (9): 11801-11820.

GWP (Global Water Partnership). 2000; 2004. Integrated Water Resources Management. Technical Advisory Committee (TAC).

GWP N. 2009. A Handbook for Integrated Water Resources Management in Basins. Berlin: Springer Netherlands: 57-76.

Habibi Davijani M, Banihabib M E, Nadjafzadeh Anvar A, et al. 2016. Multi-objective optimization model for the allocation of water resources in arid regions based on the maximization of socioeconomic efficiency. Water Resources Management, 30 (3): 927-946.

Haboudane D, Miller J R, Pattey E, et al. 2004. Hyperspectral vegetation indices and novel algorithms for predicting green LAI of crop canopies: Modeling and validation in the context of precision agriculture. Remote Sensing of Environment, 90 (3): 337-352.

Halldin S, Gryning S E, Gottschalk L, et al. 1999. Energy, water and carbon exchange in a boreal forest landscape: NOPEX experiences. Agricultural and Forest Meteorology, 98/99: 5-29.

Han X, Li X, Hendricks Franssen H J, et al. 2012. Spatial horizontal correlation characteristics in the land data assimilation of soil moisture. Hydrology and Earth System Sciences, 16 (5): 1349-1363.

Han X, Franssen H H, Rosolem R, et al. 2014. Correction of systematic model forcing bias of CLM using assimilation of cosmic-ray Neutrons and land surface temperature: a study in the Heihe Catchment, China. Hydrology and Earth System Sciences, 19 (1): 615-629.

Han X, Franssen H J H, Rosolem R, et al. 2015. Correction of systematic model forcing bias of CLM using assimilation of cosmic- ray Neutrons and land surface temperature: a study in the Heihe Catchment, China. Hydrology and Earth System Sciences, 19 (1): 615-629.

Hansen M C, Stehman S V, Potapov P V, et al. 2008. Humid tropical forest clearing from 2000 to 2005 quantified by using multitemporal and multiresolution remotely sensed data. Proceedings of the National Academy of Sciences of the United States of America, 105 (27): 9439-9444.

Hansen M C, Stehman S V, PotapovP V. 2010. Quantification of global gross forest cover loss. Proceedings of the National Academy of Sciences, 107 (19): 8650-8655.

Hao D L, Wen J G, Xiao Q, et al. 2018a. Simulation and analysis of the topographic effects on snow-free albedo over rugged terrain. Remote Sensing, 10 (2): 278.

Hao D L, Wen J G, Xiao Q, et al. 2018b. Modeling anisotropic reflectance over composite sloping terrain. IEEE Transactions on Geoscience and Remote Sensing, 56 (7): 3903-3923.

Hao X M, Chen Y N, Li W H. 2009. Indicating appropriate groundwater tables for desert river-bank forest at the Tarim River, Xinjiang, China. Environmental Monitoring and Assessment, 152 (1/2/3/4): 167-177.

Harbaugh A W, McDonald M G. 1996. Programmer's documentation for MODFLOW- 96, an update to the U. S. Geological Survey modular finite-difference ground-water flow model. USGS, Open-File Report.

Harbaugh A W. 2005 MODFLOW-2005, the U. S. Geological Survey modular ground- water model- the Ground-Water Flow Process: U. S.. Geological Survey Techniques and Methods 6-A16, variously paginated.

Harman C J, Lohse K A, Troch P A, et al. 2014. Spatial patterns of vegetation, soils, and microtopography from terrestrial laser scanning on two semiarid hillslopes of contrasting lithology. Journal of Geophysical Research: Biogeosciences, 119 (2): 163-180.

Harms T, Chanasyk D S. 1998. Variability of snowmelt runoff and soil moisture recharge. Hydrology Research, 29 (3): 179-198.

Hawkins E, Sutton R. 2009. The potential to narrow uncertainty in regional climate predictions. Bulletin of the American Meteorological Society, 90 (8): 1095-1108.

Hazeleger W, Severijns C, Semmler T, et al. 2010. Ec- earth. Bulletin of the American Meteorological Society, 91 (10): 1357-1364.

He J S, Wang Z H, Wang X P, et al. 2006. A test of the generality of leaf trait relationships on the Tibetan Plateau. The New Phytologist, 170 (4): 835-848.

He J S, Wang L, FlynnD F B, et al. 2008. Leaf nitrogen: phosphorus stoichiometry across Chinese grassland biomes. Oecologia, 155 (2): 301-310.

Heathcote I W. 2009. Integrated Watershed Management: Principles and Practice, 2nd Edition. New York: John Wiley & Sons.

Hengl T, Heuvelink G B M, Stein A. 2004. A generic framework for spatial prediction of soil variables based on regression-kriging. Geoderma, 120: 75-93.

Hengl T, Mendes de Jesus J, Heuvelink G B M, et al. 2017. SoilGrids250m: Global gridded soil information based on machine learning. PLoS One, 12 (2): e0169748.

Hillel D. 1980. Applications of Soil Physics. Pittsburgh: Academic Press.

Hirota T, et al. 2002. An extension of the force-restore method to estimating soil temperature at depth and evaluation for frozen soils under snow. Journal of Geophysical Research-Atmospheres 107 (D24).

Hoekstra A Y, Hung P Q. 2002. Virtual water trade: a quantification of virtual water flows between nations in relation to international crop trade. Delft: UNESCO-IHE.

Holmes M G R, Young A R, Goodwin T H, et al. 2005. A catchment-based water resource decision-support tool for the United Kingdom. Environmental Modellingand Software, 20 (2): 197-202.

Horsburgh J S. 2008. Hydrologic Information System: Advancing Cyberinfrastructure for Environmental Observatories. Logan: Utah State University.

Houghton J Ding Y H, Griggs D G, et al. 2001. Climate Change: The Scientific Basis. United Kingdom: Cambridge University Press.

HoughtonR A. 1994. The worldwide extent of land-use change. BioScience, 44 (5): 305-313.

Hu G C, Jia L. 2015. Monitoring of evapotranspiration in a semi-arid inland river basin by combining microwave and optical remote sensing observations. Remote Sensing, 7 (3): 3056-3087.

Hu G C, Jia L, Menenti M. 2015. Comparison of MOD16 and LSA-SAF MSG evapotranspiration products over Europe for 2011. Remote Sensing of Environment, 156: 510-526.

Hu L, Chen C, Jiao J J, et al. 2007. Simulated groundwater interaction with rivers and springs in the Heihe river basin. Hydrological Processes, 21 (20): 2794-2806.

Hu M G, Wang J H, Ge Y, et al. 2015. Scaling flux tower observations of sensible heat flux using weighted area-to-area regressionkriging. Atmosphere, 6 (8): 1032-1044.

Hu X L, Lu L, Li X, et al. 2015a. Land use/cover change in the middle reaches of the Heihe river basin over 2000-2011 and its implications for sustainable water resource management. PLoS One, 10 (6): e0128960.

Hu X, Lu L, Li X, et al. 2015b. Ejin Oasis land use and vegetation change between 2000 and 2011: The role of the ecological water diversion project. Energies, 8: 7040-7057.

Hu X L, Li X, Lu L. 2018. Modeling the land use change in an arid oasis constrained by water resources and environmental policy change using cellular automata models. Sustainability, 10 (8): 2878.

Huang C L, Li Y, Gu J, et al. 2015. Improving estimation of evapotranspiration under water-limited conditions based on SEBS and MODIS data in arid regions. Remote Sensing, 7 (12): 16795-16814.

Huang C L, Chen W J, Li Y, et al. 2016. Assimilating multi-source data into land surface model to simultaneously improve estimations of soil moisture, soil temperature, and surface turbulent fluxes in irrigated fields. Agricultural and Forest Meteorology, 230: 142-156.

Huang G H, Li X, Huang C L, et al. 2016. Representativeness errors of point-scale ground-based solar radiation measurements in the validation of remote sensing products. Remotesensing of environment, 181: 198-206.

HuangN, Shi G L. 2017. The significance of vertical moisture diffusion on drifting Snow sublimation near snow surface. The Cryosphere, 11 (6): 3011-3021.

Huntington T G. 2006. Evidence for intensification of the global water cycle: Review and synthesis. Journal of Hydrology, 319 (1): 83-95.

Hutchinson M F, Dowling T. 1991. A continental hydrological assessment of a new grid-based digital elevation model of Australia. Hydrological Processes, 5 (1): 45-58.

Inmon B. 1991. Building the data warehouse. QED.

Immerzeel W W, van Beek L P H, Bierkens M F P. 2010. Climate change will affect the Asian water towers. Science, 328 (5984): 1382-1385.

Immerzeel W W, Beek L P H, Konz M, et al. 2012. Hydrological response to climate change in a glacierized catchment in the Himalayas. Climatic Change, 110 (3/4): 721-736.

Ines A, Honda K, Gupta A D. 2003. Spatio-temporal analysis of water productivity to explore water-saving strategies in agriculture//International Conference on Water-Saving Agriculture and Sustainable Use: 56-56.

IPCC. 2013. Climate Change 2013: The Physical Science Basis. Contribution of Working, 43 (22): 866-871.

Iversen C M, McCormack M L, Powell A S, et al. 2017. A global Fine-Root Ecology Database to address belowground challenges in plant ecology. The New Phytologist, 215 (1): 15-26.

Jamieson D G, Fedra K. 1996. The "WaterWare" decision-support system for river-basin planning. 3. Example applications. Journal of Hydrology, 177 (3): 199-211.

Jankju-Borzelabad M, Griffiths H. 2006. Competition for pulsed resources: an experimental study of establishment and coexistence for an arid-land grass. Oecologia, 148 (4): 555-563.

JanssonÅ, Folke C, Rockström J, et al. 1999. Linking freshwater flows and ecosystem services appropriated by people: the case of the Baltic sea drainage basin. Ecosystems, 2 (4): 351-366.

Jeelani G, Feddema J J, van der Veen C J, et al. 2012. Role of snow and glacier melt in controlling river hydrology in Liddar watershed (western Himalaya) under current and future climate. Water Resources Research, 48 (12): https://doi.org/10.1029/2011WR011590.

Jensen K H, Illangasekare T H. 2011. HOBE: a hydrological observatory. Vadose Zone Journal, 10 (1): 1-7.

Jia L, Su Z B, van den Hurk B, et al. 2003. Estimation of sensible heat flux using the Surface Energy Balance System (SEBS) and ATSR measurements. Physics And Chemistry Earth, Parts A/B/C, 28 (1/2/3): 75-88.

Jia L, Shang H, Hu G, et al. 2011. Phenological response of vegetation to upstream river flow in the Heihe Rive basin by time series analysis of MODIS data. Hydrology and Earth System Sciences, 15 (3): 1047-1064.

Jia Y, Ni G, Kawahara Y, et al. 2001. Development of WEP model and its application to an urban watershed. Hydrological Processes, 15 (11): 2175-2194.

Jia Z Z, Liu S M, Xu Z W, et al. 2012. Validation of remotely sensed evapotranspiration over the Hai River Basin, China. Journal of Geophysical Research: Atmospheres, 117 (D13), DOI: 10.1029/2011jd017037.

Jiang L, Islam S. 1999. A methodology for estimation of surface evapotranspiration over large areas using remote sensing observations. Geophysical Research Letters, 26 (17): 2773-2776.

Jiang X, Wang N L, He J Q, et al. 2010. A distributed surface energy and mass balance model and its application to a mountain glacier in China. Chinese Science Bulletin, 55 (20): 2079-2087.

Jin R, Li X, Liu S M. 2017. Understanding the heterogeneity of soil moisture and evapotranspiration using multiscale observations from satellites, airborne sensors, and a ground-based observation matrix. IEEE Geoscience and Remote Sensing Letters, 14 (11): 2132-2136.

Jin R, Li X, Yan B P, et al. 2014. Anested ecohydrological wireless sensor network for capturing the surface heterogeneity in the midstream areas of the Heihe river basin, China. IEEE Geoscience and Remote Sensing Letters, 11 (11): 2015-2019.

Johansen O. 1977. Thermal conductivity of soils. Defense Technical Information Center.

Johnston R, Smakhtin V. 2014. Hydrological modeling of large river basins: how much is enough? . Water Resources Management, 28 (10): 2695-2730.

Jones B, O'Neill B C. 2016. Spatially explicit global population scenarios consistent with the Shared Socioeconomic Pathways. Environmental Research Letters, 11 (8): 084003.

Jordan Rolando L. 1991. A One-Dimensional Temperature Model for a Snow Cover. U. S. Army Corps of Engineers.

Jorgenson M T, Harden J, Kanevskiy M, et al. 2013. Reorganization of vegetation, hydrology and soil carbon after permafrost degradation across heterogeneous boreal landscapes. Environmental Research Letters, 8 (3): 035017.

Jung M, Reichstein M, Ciais P, et al. 2010. Recent decline in the global land evapotranspiration trend due to limited moisture supply. Nature, 467 (7318): 951-954.

Jyrkama M I, Sykes J F. 2007. The impact of climate change on spatially varying groundwater recharge in the grand river watershed (Ontario). Journal of Hydrology, 338 (3): 237-250.

Kalnay E, Kanamitsu M, Kistler R, et al. 1996. The NCEP/NCAR 40-year reanalysis project. Bulletin of the American Meteorological Society, 77 (3): 437-471.

Kang J, Jin R, Li X. 2015. Regression kriging-based upscaling of soil moisture measurements from a wireless sensor network and multiresource remote sensing information over heterogeneous cropland. IEEE Geoscience and Remote Sensing Letters, 12 (1): 92-96.

Kang J, Jin R, Li X, et al. 2017a. Block kriging with measurement errors: a case study of the spatial prediction of soil moisture in the middle reaches of Heihe River Basin. IEEE Geoscience and Remote Sensing Letters, 14 (1): 87-91.

Kang J, Jin R, Li X, et al. 2017b. High spatio-temporal resolution mapping of soil moisture by integrating wireless sensor network observations and MODIS apparent thermal inertia in the Babao River Basin, China. Remote sensing of environment, 191: 232-245.

Kang E S, Cheng G D, Lan Y C, et al. 1999. A model for simulating the response of runoff from the mountainous watersheds of inland river basins in the arid area of northwest China to climatic changes. Science in China Series D: Earth Sciences, 42 (1): 52-63.

Karra S, Painter S L, Lichtner P C. 2014. Three-phase numerical model for subsurface hydrology in permafrost-affected regions (PFLOTRAN-ICE v1.0). The Cryosphere, 8 (5): 1935-1950.

Kattge J, Díaz S, Lavorel S, et al. 2011. TRY — a global database of plant traits. Global Change Biology, 17 (9): 2905-2935.

Kerry R, Goovaerts P, Rawlins B G, et al. 2012. Disaggregation of legacy soil data using area to point kriging for mapping soil organic carbon at the regional scale. Geoderma, 170: 347-358.

Kevin F G. 2003. Environmental flows, river salinity and biodiversity conservation: managing trade-offs in the Murray-Darling basin. Australian Journal of Botany, 51: 619-625.

Kidron G J, Yair A, Danin A. 2000. Dew variability within a small arid drainage basin in the Negev Highlands, Israel. Quarterly Journal of the Royal Meteorological Society, 126 (562): 63-80.

Kleissl J, Gomez J, Hong S H, et al. 2008. Large aperture scintillometer intercomparison study. Boundary-Layer Meteorology, 128 (1): 133-150.

Kleissl J, Watts C J, Rodriguez J C, et al. 2009. Scintillometer intercomparison study: continued. Boundary-Layer Meteorology, 130 (3): 437-443.

Kleyer M, Bekker R M, Knevel I C, et al. 2008. The LEDA Traitbase: a database of life-history traits of the Northwest European flora. Journal of Ecology, 96 (6): 1266-1274.

Knevel I C, Bekker R M, Bakker J P, et al. 2003. Life-history traits of the Northwest European flora: The LEDA database. Journal of Vegetation Science, 14 (4): 611-614.

Knyazikhin Y, Martonchik J V, Myneni R B, et al. 1998. Synergistic algorithm for estimating vegetation canopy leaf area index and fraction of absorbed photosynthetically active radiation from MODIS and MISR data. Journal of Geophysical Research: Atmospheres, 103 (D24): 32257-32275.

Koike T, Koudelova P, Jaranilla-Sanchez P A, et al. 2015. River management system development in Asia based on data integration and analysis system (dias) under geoss. Science China Earth Sciences, 58 (1): 76-95.

Kollet S J, Maxwell R M. 2006. Integrated surface-groundwater flow modeling: a free-surface overland flow boundary condition in a parallel groundwater flow model. Advances in Water Resources, 29 (7): 945-958.

Koren V, Smith M, Cui Z. 2014. Physically-based modifications to the Sacramento Soil Moisture Accounting model. Part A: Modeling the effects of frozen ground on the runoff generation process. Journal of Hydrology, 519: 3475-3491.

Körner C, Neumayer M, Pelaez Mennendez-Riedl S et al. 1989. Functional morphology of moutain plants. Flora 182: 353-383.

KÜchler A W, Zonneveld I S. 1988. Vegetation Mapping. Dordrecht, The Netherlands: Kluwer Academic Publishers.

Kuchment L S, Gelfan A, Demidov V N. 2000. A distributed model of runoff generation in the permafrost regions. Journal of Hydrology, 240 (1): 1-22.

Kumar S, Lal R, Liu D. 2012. A geographically weighted regression kriging approach for mapping soil organic carbon stock. Geoderma, 189: 627-634.

Kurylyk B L, Hayashi M, Quinton W L, et al. 2016. Influence of vertical and lateral heat transfer on permafrost thaw, peatland landscape transition, and groundwater flow. Water Resources Research, 52 (2): 1286-1305.

Kusaka M, Lalusin A G, Fujimura T. 2005. The maintenance of growth and turgor in pearl millet (Pennisetum glaucum [L.] Leeke) cultivars with different root structures and osmo-regulation under drought stress. Plant Science, 168 (1): 1-14.

Kustas W P, Norman J M. 1999. Evaluation of soil and vegetation heat flux predictions using a simple two-source model with radiometric temperatures for partial canopy cover. Agricultural and Forest Meteorology, 94 (1): 13-29.

Labadie. 1995. River basin network model for water rights planning. Modsim: Technical Manual, Department of Civil Engineering.

Lakhtakia M N, Yarnal B, Johnson D L, et al. 1998. A simulation of river-basin response to mesoscale meteorological forcing: the susquehanna river basin experiment (srbex). Journal of the American Water Resources Association, 34 (4): 921-937.

Lamanna C, Blonder B, Violle C, et al. 2014. Functional trait space and the latitudinal diversity gradient. Proceedings of the National Academy of Sciences of the United States of America, 111 (38): 13745-13750.

Lambin E F. 1997. Modelling and monitoring land-cover change processes in tropical regions. Progress in Physical Geography, 21 (3): 375-393.

Lambin E F, Turner B L, Geist H J, et al. 2001. The causes of land-use and land-cover change: moving beyond the myths. Global Environmental Change, 11 (4): 261-269.

Lamontagne S, Cook P G, Ogrady A P, et al. 2005. Groundwater use by vegetation in a tropical savanna riparian zone (Daly River, Australia). Journal of Hydrology, 310 (1): 280-293.

Landsberg J J, Waring R H, Coops N C. 2003. Performance of the forest productivity model 3-PG applied to a wide range of forest types. Forest Ecology and Management, 172 (2/3): 199-214.

Lannerstad F. 2005. Interactive comment on "Consumptive water useto feed humanity - curing a blindspot" by M. Falkenmark and M. Lannerstad. Hydrol. Eaith Syst. Sci. Discuss, 1: 20-28.

Larcher W. 1995. Physiological Plant Ecology. Berlin, Heidelberg: Springer Berlin Heidelberg.

Latham J. 2009. FAO land cover mapping initiatives. North America land cover summit: 75-95.

Laurans Y, Mermet L. 2014. Ecosystem services economic valuation, decision-support system or advocacy? Ecosystem Services, 7: 98-105.

Lavorel S, Grigulis K, Lamarque P, et al. 2011. Using plant functional traits to understand the landscape distribution of multiple ecosystem services. Journal of Ecology, 99 (1): 135-147.

Law B E, Williams M, Anthoni PM, et al. 2000. Measuring and modelling seasonal variation of carbon dioxide and water vapour exchange of a Pinus ponderosa forest subject to soil water deficit. Global Change Biology, 6: 613-630.

Lawrence D M, Oleson K W, Flanner M G, et al. 2011. Parameterization improvements and functional and structural advances in version 4 of the Community Land Model. Journal of Advances in Modeling Earth Systems, 3 (1): 1-27.

Leavesley G H, Lichty R W, Troutman B M, et al. 1983. Precipitation-runoff modeling system (PRMS)—User's Manual.

Leavesly G H, Markstrom S L, Viger R J. 2005. USGS Modular Modeling System (MMS)—Precipitation-Runoff Modeling System (PRMS).

Lee H, Zehe E, Sivapalan M. 2007. Predictions of rainfall-runoff response and soil moisture dynamics in a microscale catchment using the CREW model. Hydrology and Earth System Sciences, 11 (2): 819-849.

Legendre L, Legendre P. 1983. Numerical Ecology. Amsterdam: Elsevier Scientific Pul. Co.

Leimbach M, Kriegler E, Roming N, et al. 2017. Future growth patterns of world regions - A GDP scenario approach. Global Environmental Change, 42: 215-225.

Lenzen M. 2009. Understanding virtual water flows: a multiregion input-output case study of Victoria. Water Resources Research, 45 (9): W09416.

Lenzen M, Kanemoto K, Moran D, et al. 2012. Mapping the structure of the world economy. Environmental Scienceand Technology, 46 (15): 8374-8381.

Leung L R, Wigmosta M S, Ghan S J, et al. 1996. Application of a subgrid orographic precipitation/surface hydrology scheme to a mountain watershed. Journal of Geophysical Research: Atmospheres, 101 (D8): 12803-12817.

Levine J M. 2016. A trail map for trait-based studies. Nature, 529 (7585): 163-164.

Li H, Li X, Yang D, et al. 2018. Updated understanding of basin-scale snowmelt contribution by tracing snowmelt paths in an integrated hydrological model. JGR-Atmosphere.

Li H Y, Li X, Yang D W, et al. 2019. Tracing snowmelt paths in an integrated hydrological model for understanding seasonal snowmelt contribution at basin scale. Journal of Geophysical Research: Atmospheres, 124 (16): 8874-8895.

Li J, Zhu T, Mao X M, et al. 2016. Modeling crop water consumption and water productivity in the middle reaches of Heihe River Basin. Computers and Electronics in Agriculture, 123: 242-255.

Li L, Xin X Z, Zhang H L, et al. 2015. A method for estimating hourly photosynthetically active radiation (PAR) in China by combining geostationary and polar-orbiting satellite data. Remote Sensing of Environment, 165: 14-26.

Li L, Li X Y, Zhang S Y, et al. 2016. Stemflow and its controlling factors in the subshrub Artemisia ordosica during two contrasting growth stages in the Mu Us sandy land of Northern China. Hydrology Research, 47 (2): 409-418.

Li S B, Zhao W Z. 2010. Satellite-based actual evapotranspiration estimation in the middle reach of the Heihe River Basin using the SEBAL method. Hydrological Processes, 24 (23): 3337-3344.

Li S C, Zhao Z Q, Xie M M, et al. 2010. Investigating spatial non-stationary and scale-dependent relationships between urban surface temperature and environmental factors using geographically weighted regression. Environmental Modelling and Software, 25 (12): 1789-1800.

Li X. 2014. Characterization, controlling, and reduction of uncertainties in the modeling and observation of land-surface systems. Science China Earth Sciences, 57 (1): 80-87.

Li X, Li X W, Li Z Y, et al. 2009b. Watershed allied telemetry experimental research. Journal of Geophysical Research: Atmospheres, 114: D22103.

Li X, Li X, Roth K, et al. 2011. Preface "Observing and modeling the catchment scale water cycle". Hydrology and Earth System Sciences, 15 (2): 597-601.

Li X, Cheng G D, Liu S M, et al. 2013a. Heihe watershed allied telemetry experimental research (HiWATER): scientific objectives and experimental design. Bulletin of the American Meteorological Society, 94 (8): 1145-1160.

Li X, Zhang G L, He C S. 2015c. Watershed science: Bridging new advances in hydrological science with good management of river basins. Science China Earth Sciences, 58 (1): 1-2.

Li X, Zheng Y, Sun Z, et al. 2017c. An integrated ecohydrological modeling approach to exploring the dynamic interaction between groundwater and phreatophytes. Ecological Modelling, 356: 127-140.

Li X, Liu S M, Xiao Q, et al. 2017b. A multiscale dataset for understanding complex eco-hydrological processes in a heterogeneous oasis system. Scientific Data, 4: 170083.

Li X, Cheng G D, Ge Y C, et al. 2018a. Hydrological cycle in the Heihe river basin and its implication for water resource management in endorheic basins. Journal of Geophysical Research: Atmospheres, 123 (2): 890-914.

Li X, Cheng G D, Lin H, et al. 2018b. Watershed system model: the essentials to model complex human-nature system at the river basin scale. Journal of Geophysical Research: Atmospheres, 123 (6): 3019-3034.

Li X M, Lu L, Yang W F, et al. 2012. Estimation of evapotranspiration in an arid region by remote sensing: a case study in the middle reaches of the Heihe River Basin. International Journal of Applied Earth Observation and Geoinformation, 17 (17): 85-93.

Li X Y, Liu L Y, Gao S Y, et al. 2008. Stemflow in three shrubs and its effect on soil water enhancement in semiarid loess region of China. Agriculturaland Forest Meteorology, 148 (10): 1501-1507.

Li X Y, Yang Z P, Li Y T, et al. 2009a. Connecting ecohydrology and hydropedology in desert shrubs: stemflow as a source of preferential flow in soils. Hydrology and Earth System Sciences, 13 (7): 1133-1144.

Li Y, Huang C L, Hou J L, et al. 2017a. Mapping daily evapotranspiration based on spatiotemporal fusion of ASTER and MODIS images over irrigated agricultural areas in the Heihe River Basin, Northwest China. Agricultural and Forest Meteorology, 244: 82-97.

Li Y G, Jiang G M, Liu M Z, et al. 2007. Photosynthetic response to precipitation/rainfall in predominant tree (Ulmus pumila) seedlings in Hunshandak Sandland, China. Photosynthetica, 45 (1): 133-138.

Li Z L, Tang R L, Wan Z M, et al. 2009. A review of current methodologies for regional evapotranspiration estimation from remotely sensed data. Sensors (Basel, Switzerland), 9 (5): 3801-3853.

Li Z L, Tang B H, Wu H, et al. 2013b. Satellite-derived land surface temperature: Current status and perspectives. Remote Sensing of Environment, 131: 14-37.

Li Z S, Jia L, Lu J. 2015b. On uncertainties of the Priestley-Taylor/LST-Fc feature space method to estimate evapotranspiration: Case study in an arid/semiarid region in northwest China. Remote Sensing, 7 (1): 447-466.

Li Z, Jia L, Hu G, et al. 2015a. Estimation of growing season daily ET in the middle stream and downstream areas of the Heihe River Basin using HJ-1 data. IEEE Geoscience and Remote Sensing Letters, 12 (5): 948-952.

Li Z, Deng X, Wu F, et al. 2015b. Scenario analysis for water resources in response to land use change in the middle and upper reaches of the Heihe river basin. Sustainability, 7 (3): 3086-3108.

Li Z X, Feng Q, Liu W, et al. 2014. Study on the contribution of cryosphere to runoff in the cold alpine basin: a case study of Hulugou River Basin in the Qilian Mountains. Global and Planetary Change, 122: 345-361.

Li W H, Zhou H H, Fu A H, et al. 2013. Ecological response and hydrological mechanism of desert riparian forest in inland river, northwest of China. Ecohydrology, 6 (6): 949-955.

LiX, Williams M. 2008. Snowmelt runoff modelling in an arid mountain watershed, Tarim Basin, China. Hydrological Processes, 22 (19): 3931-3940.

Liang S, Stroeve J, Box J. 2005. Mapping daily snow/ice shortwave broadband albedo from Moderate Resolution Imaging Spectroradiometer (MODIS): The improved direct retrieval algorithm and validation with Greenland in situ measurement. Journal Geophysical Research, 110: D10109.

Liang X, Lettenmaier D P, Wood E F, et al. 1994. A simple hydrologically based model of land surface water and energy fluxes for general circulation models. Journal of Geophysical Research Atmospheres, 99 (D7): 14415-14428.

Liang X, Xie Z H, Huang M Y. 2003. A new parameterization for surface and groundwater interactions and its impact on water budgets with the variable infiltration capacity (VIC) land surface model. Journal of Geophysical Research, 108 (D16): 8613.

Liang Y J, Liu L J. 2017. An integrated ecosystem service assessment in an artificial desert oasis of northwestern China. Journal of Land Use Science, 12 (2/3): 154-167.

Limm E B, Dawson T E. 2010. Polystichum munitum (Dryopteridaceae) varies geographically in its capacity to absorb fog water by foliar uptake within the redwood forest ecosystem. American Journal of Botany, 97 (7): 1121-1128.

Limm E B, Simonin K A, Bothman A G, et al. 2009. Foliar water uptake: a common water acquisition strategy for plants of the redwood forest. Oecologia, 161 (3): 449-459.

Lin X W, Wen J G, Tang Y, et al. 2018a. A web-based land surface remote sensing products validation system (LAPVAS): application to albedo product. International Journal of Digital Earth, 11 (3): 308-328.

Lin X W, Wen J G, Liu Q H, et al. 2018b. A multi-scale validation strategy for albedo products over rugged terrain and preliminary application in Heihe river basin, China. Remote Sensing, 10 (2): 156.

Lindström G, Bishop K, Löfvenius M O. 2002. Soil frost and runoff at Svartberget, northern Sweden-measurements and model analysis. Hydrological Processes, 16 (17): 3379-3392.

ListonG E, Sturm M. 2002. Winter precipitation patterns in arctic Alaska determined from a blowing-snow model and snow-depth observations. Journal of Hydrometeorology, 3 (6): 646-659.

Liu C, Liu J, Hu Y, et al. 2016. Airborne thermal remote sensing for estimation of groundwater discharge to a river. Groundwater, 54 (3): 363-373.

Liu F, Li X. 2017. Formulation of scale transformation in a stochastic data assimilation framework. Nonlinear Processes in Geophysics, 24 (2): 279-291.

Liu F, Geng X, Zhu A X, et al. 2012. Soil texture mapping over low relief areas using land surface feedback dynamic patterns extracted from MODIS. Geoderma, 171-172: 44-52.

Liu F, Zhang G L, Sun Y J, et al. 2013. Mapping the three-dimensional distribution of soil organic matter across a subtropical hilly landscape. Soil Science Society of America Journal, 77 (4): 1241-1253.

Liu F, Geng X Y, Zhu a.-xing, et al. 2016a. Soil polygon disaggregation through similarity-based prediction with legacy pedons. Journal of Arid Land, 8 (5): 760-772.

Liu F, Rossiter D G, Song X D, et al. 2016b. A similarity-based method for three-dimensional prediction of soil organic matter concentration. Geoderma, 263: 254-263.

Liu F, Rossiter G D, Song X D, et al. 2020. An approach for broad-scale predictive soil properties mapping in low-relief areas based on responses to solar radiation. Soil Science Society of America Journal, 84: 144-162.

Liu H, Zhao W Z, He Z B. 2013. Self-organized vegetation patterning effects on surface soil hydraulic conductivity: a case study in the Qilian Mountains, China. Geoderma, 192: 362-367.

Liu J G, Zehnder A J B, Yang H. 2009a. Global consumptive water use for crop production: The importance of green water and virtual water. Water Resources Research, 45 (5): W05428.

Liu J G, Zhao X, Yang H, et al. 2018. Assessing China's "developing a water-saving society" policy at a river basin level: a structural decomposition analysis approach. Journal of Cleaner Production, 190: 799-808.

Liu J, Liu M, Tian H, et al. 2005. Spatial and temporal patterns of China's cropland during 1990-2000: an analysis based on Landsat TM data. Remote Sensing of Environment, 98 (4): 442-456.

Liu N F, Liu Q, Wang L Z, et al. 2013. A statistics-based temporal filter algorithm to map spatiotemporally continuous shortwave albedo from MODIS data. Hydrology and Earth System Sciences, 17 (6): 2121-2129.

Liu Q, Wang L Z, Qu Y, et al. 2013. Preliminary evaluation of the long-term GLASS albedo product. International Journal of Digital Earth, 6 (sup1): 69-95.

Liu R Y, Ren H Z, Liu S H, et al. 2018a. Generalized FPAR estimation methods from various satellite sensors and validation. Agricultural and Forest Meteorology, 260/261: 55-72.

Liu R, Sogachev A, Yang X F, et al. 2020. Investigating microclimate effects in an oasis-desert interaction zone. Agricultural and Forest Meteorology, 290: 107992.

Liu S H, Wang W Z, Mori M, et al. 2016c. Estimating the evaporation from irrigation canals in Northwestern China using the double-deck surface air layer model. Advances in Meteorology, DOI: 10.1155/2016/3670257.

Liu S M, Xu Z W. 2018b. Micrometeorological methods to determine evapotranspiration//Li X, Vereecken H, Observation and Measurement, Ecohydrology. Berlin Heidelberg: Springer-Verlag.

Liu S M, Xu Z W, Song L S, et al. 2016b. Upscaling evapotranspiration measurements from multi-site to the satellite pixel scale over heterogeneous land surfaces. Agricultural and forest meteorology, 230: 97-113.

Liu S M, Xu Z W, Wang W Z, et al. 2011. A comparison of eddy-covariance and large aperture scintillometer measurements with respect to the energy balance closure problem. Hydrology and Earth System Sciences, 15 (4): 1291-1306.

Liu S M, Li X, Xu Z W, et al. 2018a. The Heihe integrated observatory network: a basin-scale land surface processes observatory in China. Vadose Zone Journal, 17 (1): 180072.

Liu W J, Liu W Y, Li P J, et al. 2010. Dry season water uptake by two dominant canopy tree species in a tropical seasonal rainforest of Xishuangbanna, SW China. Agricultural and Forest Meteorology, 150 (3): 380-388.

Liu X, Ren L, Yuan F, et al. 2009b. Quantifying the effect of land use and land cover changes on green water and blue water in northern part of China. Hydrology and Earth System Sciences, 13 (6): 735-747.

Liu X P, Liang X, Li X, et al. 2017. A future land use simulation model (FLUS) for simulating multiple land use scenarios by coupling human and natural effects. Landscape and Urban Planning, 168: 94-116.

Liu Y Q, Giorgi F, Washington W M. 1994. Simulation of summer monsoon climate over east Asia with an NCAR regional climate model. Monthly Weather Review, 122 (10): 2331-2348.

Liu Z J, Shao Q Q, Liu J Y. 2015. The performances of MODIS-GPP and -ET products in China and their sensitivity to input data (FPAR/LAI). Remote Sensing, 7 (1): 135-152.

Liu Z, Liu S H, Jin H R, et al. 2017. Rural population change in China: Spatial differences, driving forces and policy implications. Journal of Rural Studies, 51: 189-197.

Liu D L, O'Leary G J, Christy B, et al. 2017. Effects of different climate downscaling methods on the assessment of climate change impacts on wheat cropping systems. Climatic Change, 144 (4): 687-701.

Liu Y Q, Song W, Deng X Z. 2017. Spatiotemporal patterns of crop irrigation water requirements in the Heihe river basin, China. Water, 9 (8): 616.

Lloyd J, Taylor J A. 1994. On the temperature dependence of soil respiration. Functional Ecology, 8 (3): 315-323.

Loew A, Govaerts Y. 2010. Towards multidecadal consistent meteosat surface albedo time series. Remote Sensing, 2 (4): 957-967.

Logan J A. 2003. Assessing the impacts of global warming on forest pest dynamics. Frontiers in Ecology and the Environment, 1: 130-137.

Long G E. 1980. Surface approximation: a deterministic approach to modelling spatially variable systems. Ecological Modelling, 8: 333-343.

Ludwig J A, Wilcox B P, Breshears D D, et al. 2004. Vegetation patches and runoff-erosion as interacting eco-hydrological processes in semiarid landscape. Ecology, 86 (2): 288-297.

Luo S Z, Wang C, Xi X H, et al. 2017. Retrieving aboveground biomass of wetland Phragmites australis (common reed) using a combination of airborne discrete-return LiDAR and hyperspectral data. International Journal of Applied Earth Observation and Geoinformation, 58: 107-117.

Lutz W, Samir K. 2011. Global Human Capital: Integrating Education and Population. Science, 333 (6042): 587.

Lutz A F, Immerzeel W W, Shrestha A B, et al. 2014. Consistent increase in High Asia's runoff due to increasing glacier melt and precipitation. Nature Climate Change, 4 (7): 587-592.

Ma J Y, Chen T, Qiang W Y, et al. 2005. Correlations between foliar stable carbon isotope composition and environmental factors in desert plant reaumuria soongorica（pall.）maxim. Journal of Integrative Plant Biology, 47（9）：1065-1073.

Ma M G, Che T, Li X, et al. 2015. A prototype network for remote sensing validation in China. Remote Sensing, 7（5）：5187-5202.

Ma R, Sun Z Y, Hu Y L, et al. 2017. Hydrological connectivity from glaciers to rivers in the Qinghai-Tibet Plateau：roles of suprapermafrost and subpermafrost groundwater. Hydrology and Earth System Sciences, 21（9）：4803-4823.

Ma Y F, Liu S M, Zhang F, et al. 2015. Estimations of regional surface energy fluxes over heterogeneous oasis-desert surfaces in the middle reaches of the Heihe river during HiWATER-MUSOEXE. IEEE Geoscience and Remote Sensing Letters, 12（3）：671-675.

Ma Y F, Liu S M, Song L S, et al. 2018. Estimation of daily evapotranspiration and irrigation water efficiency at a Landsat-like scale for an arid irrigation area using multi-source remote sensing data. Remote Sensing of Environment, 216：715-734.

Madani K. 2010. Game theory and water resources. Journal of Hydrology, 381（3/4）：225-238.

Maidment D R. 2002. Arc Hydro：GIS for water resources. Redlands. CA. USA：ESRI. Inc. 1-203.

Maidment D R. 1996. GIS and hydrologic modeling-an assessment of progress; proceedings of the Proceedings of the Third International Conference on Integrating GIS and Environmental Modelling, F.

Markstrom S, Niswonger R, Regan R, et al. 2008. GSFLOW—Coupled Ground-water and Surface-water FLOW model based on the integration of the Precipitation-Runoff Modeling System（PRMS）and the Modular Ground-Water Flow Model（MODFLOW-2005）. U. S. Geological Survey Techniques and Methods 6-D1, 240.

Maroco J P, Pereira J S, Manuela Chaves M. 2000. Growth, photosynthesis and water-use efficiency of two C4Sahelian grasses subjected to water deficits. Journal of Arid Environments, 45（2）：119-137.

Martin C E, von Willert D J. 2000. Leaf epidermal hydathodes and the ecophysiological consequences of foliar water uptake in species of crassula from the Namib desert in southern Africa. Plant Biology, 2（2）：229-242.

Martinec J, Rango A, Roberts R, et al. 1998. Snowmelt Runoff Model（SRM）User's Manual. University of Berne, Department of Geography.

Mateos L, Lopezcortijo I, Sagardoy J A. 2002. SIMIS：the FAO decision support system for irrigation scheme management. Agricultural Water Management, 56（3）：193-206.

Matin M A, Bourque C P-A. 2015. Mountain-river runoff components and their role in the seasonal development of desert-oases in northwest China. Journal of Arid Environments, 122：1-15.

McDonald M G, Harbaugh A W. 1988. A modular three-dimensional finite-difference ground-water flow model. Techniques of Water-Resources Investigations of the U. S. Geological Survey. USGS, Chapter A1, Book 6.

McKenzie J M, Voss C I. 2013. Permafrost thaw in a nested groundwater-flow system. Hydrogeology Journal, 21（1）：299-316.

McKenzie J M, Voss C I, Siegel D I. 2007. Groundwater flow with energy transport and water-ice phase change：Numerical simulations, benchmarks, and application to freezing in peat bogs. Advances in Water Resources, 30（4）：966-983.

McLaughlin D, Wood E F. 1988. A distributed parameter approach for evaluating the accuracy of groundwater model predictions：1. Theory. Water Resources Research, 24（7）：1037-1047.

Meehl G A, et al. 2007. Global Climate Projections// Solomon S, Qin D, Manning M, et al. Climate Change 2007: The Physical Science Basis. Contribution of Working Group I to the Fourth Assessment Report of the Intergovernmental Panel on Climate Change Cambridge: Cambridge University Press.

Mekonnen M M, Hoekstra A Y. 2016. Four billion people facing severe water scarcity. Science Advances, 2 (2): e1500323.

Merkens J, Reimann L, Hinkel J, et al. 2016. Gridded population projections for the coastal zone under the Shared Socioeconomic Pathways. Global and Planetary Change, 145: 57-66.

Meroni M, Colombo R, Panigada C. 2004. Inversion of a radiative transfer model with hyperspectral observations for LAI mapping in poplar plantations. Remote Sensing of Environment, 92 (2): 195-206.

MI (Meridian Institute). 2001. Final report of the national watershed forum. Arlington, Virginia.

Minasny B, McBratney A B. 2006. A conditioned Latin hypercube method for sampling in the presence of ancillary information. Computers and Geosciences, 32 (9): 1378-1388.

Minasny B, McBratney A B. 2016. Digital soil mapping: a brief history and some lessons. Geoderma, 264 (264): 301-311.

Minville M, Brissette F, Leconte R. 2008. Uncertainty of the impact of climate change on the hydrology of a Nordic watershed. Journal of Hydrology, 358 (1): 70-83.

Mittra S S. 1986. Decision support system: tools and techniques. Wiley-Interscience.

Mo X G, Liu S X, Lin Z H, et al. 2004. Simulating temporal and spatial variation of evapotranspiration over the Lushi basin. Journal of Hydrology, 285 (1/2/3/4): 125-142.

Molden D, Murray-Rust H, Sakthivadivel R, et al. 2003. A water-productivity framework for understanding and action. Water productivity in agriculture: Limits and opportunities for improvement. Wallingford: CABI: 1-18.

Molina A, Acedo C, Llamas F. 2006. The relationship between water availability and anatomical characters in Carex hirta. Aquatic Botany, 85 (3): 257-262.

Molotch N P, Bales R C. 2005. Scaling snow observations from the point to the grid element: implications for observation network design. Water Resources Research, 41 (11): 1-16.

Molotch N P, Colee M T, Bales R C, et al. 2005. Estimating the spatial distribution of snow water equivalent in an alpine basin using binary regression tree models: the impact of digital elevation data and independent variable selection. Hydrological Processes, 19 (7): 1459-1479.

Monda Y, Miki N, Yoshikawa K. 2008. Stand structure and regeneration of Populus euphratica forest in the lower reaches of the Heihe River, NW China. Landscape and Ecological Engineering, 4 (2): 115-124.

Montaña C, Seghieri J, Cornet A. 2001. Vegetation dynamics: recruitment and regeneration in two-phase mosaics. Ecological Studies, 149: 132-145.

Montanari A, Bahr J, Blöschl G, et al. 2015. Fifty years of Water Resources Research: Legacy and perspectives for the science of hydrology. Water Resources Research, 51 (9): 6797-6803.

Monte L, Brittain J E, Gallego E, et al. 2009. MOIRA-PLUS: a decision support system for the management of complex fresh water ecosystems contaminated by radionuclides and heavy metals. Computers and Geosciences, 35 (5): 880-896.

Monteith J L. 1963. Dew: facts and fallacies//Rutter A V, Whitehead F H. The water relations of plants. Oxford: Blackwell.

Monteith J L. 1977. Climate and crop efficiency of crop production in Britain. Phil. Philos Trans R Soc London, B281 (B281): 277-294.

Moody E G, King M D, Schaaf C B, et al. 2008. MODIS- derived spatially complete surface albedo products: spatial and temporal pixel distribution and zonal averages. Journal of Applied Meteorology and Climatology, 47 (11): 2879-2894.

Moody J A, Martin D A. 2001. Post- fire, rainfall intensity- peak discharge relations for three mountainous watersheds in the western USA. Hydrological Processes, 15 (15): 2981-2993.

Moore R, Wondzell S M. 2005. Physical hydrology and the effects of forest harvesting in the Pacific northwest: a review. Journal of the American Water Resources Association, 41 (4): 763-784.

Moss R, Babiker W, Brinkman S, et al. 2007. Towards new scenarios for analysis of emissions, climate change, impacts, and response strategies. Noordwijkerhout, Netherlands.

Moss R H, Edmonds J, Hibbard K, et al. 2010. The next generation of scenarios for climate change research and assessment. Nature, 463 (7282): 747-756.

Mott R, Schirmer M, Bavay M, et al. 2010. Understanding snow- transport processes shaping the mountain snow-cover. The Cryosphere, 4 (4): 545-559.

Mõttus M, Stenberg P. 2008. A simple parameterization of canopy reflectance using photon recollision probability. Remote Sensing of Environment, 112 (4): 1545-1551.

Mu M, Tang Q, Cai X. 2016. Agricultural Green And Blue Water Uses And Their Impact on the Water System in China// AGU Fall Meeting. AGU Fall Meeting Abstracts.

Mu Q Z, et al. 2007. Development of a global evapotranspiration algorithm based on MODIS and global meteorology data. Remote Sensing of Environment, 111 (4): 519-536.

Mu Q Z, Zhao M S, Running S W. 2011. Improvements to a MODIS global terrestrial evapotranspiration algorithm. Remote Sensing of Environment, 115 (8): 1781-1800.

Mu X, Song W, Gao Z, et al. 2018. Fractional vegetation cover estimation by using multi- angle vegetation index. Remote Sensing of Environment, 216: 44-56.

Mucina L, Rutherford M C. 2011. The vegetation of South Africa, Lesotho and Swaziland. South Africa: South African National Biodiversity Institute.

Müller- Grabherr D, Florin M V, Harris B, et al. 2014. Integrated river basin management and risk governance. Risk- Informed Management of European River Basins. Springer. 2014: 241-264.

Munné- Bosch S, Nogués S, Alegre L. 1999. Diurnal variations of photosynthesis and dew absorption by leaves in two evergreen shrubs growing in Mediterranean field conditions. New Phytologist, 144 (1): 109-119.

Muskett R R, Romanovsky V E. 2011. Alaskan permafrost groundwater storage changes derived from GRACE and ground measurements. Remote Sensing, 3 (2): 378-397.

Mysiak J, Giupponi C, Rosato P. 2005. Towards the development of a decision support system for water resource management. Environmental Modelling and Software, 20 (2): 203-214.

Nachtergaele F, van Velthuizen H, Verelst L, et al. 2009. Harmonized World Soil Database. Wageningen: IS-RIC.

Nachtergaele F O, van Ranst E. 2003. Qualitative and quantitative aspects of soil databases in tropical countries// Stoops G. Evolution of tropical soil science: past and future. Koninklijke Academie voor Overzeese Wetenschappen, Brussels: 107-126.

Nasseri I. 1988. Frequency of floods from a burned chaparral watershed. In: Proceeding of the symposium on fire and watershed management. General Technical Report PSW-109, USDA (Forest Service) . Berkeley, California.

National Research Council, 2009. Urban stormwater management in the United States. New York: The National Academics Press.

National Research Council. 2010. Review of the WATERS Network Science Plan. Washington D. C: National Academies Press.

Návar J. 2009. Allometric equations for tree species and carbon stocks for forests of northwestern Mexico. Forest Ecology and Management, 257 (2): 427-434.

Návar J, Bryan R. 1990. Interception loss and rainfall redistribution by three semi- arid growing shrubs in northeastern Mexico. Journal of Hydrology, 115 (1/2/3/4): 51-63.

Neilson R P. 1995. A Model for Predicting Continental-Scale Vegetation Distribution and Water Balance. Ecological Applications, 5 (2): 362-385.

Nelson M L, Brewer C K, Solem S J. 2015. Existing Vegetation Classification, Mapping, and Inventory Technical Guide, Version 2. 0. Washington, DC: Department of Agriculture, Forest Service.

Neuman S P. 1973. Calibration of distributed parameter groundwater flow models viewed as a multiple - objective decision process under uncertainty. Water Resources Research, 9 (4): 1006-1021.

Nian Y Y, Li X, Zhou J. 2017. Landscape changes of the Ejin delta in the Heihe river basin in northwest China from 1930 to 2010. International Journal of Remote Sensing, 38 (2): 537-557.

Niemeyer R J, Link T E, Seyfried M S, et al. 2016. Surface water input from snowmelt and rain throughfall in western juniper: potential impacts of climate change and shifts in semi - arid vegetation. Hydrological Processes, 30 (17): 3046-3060.

Nilson T. 1971. A theoretical analysis of the frequency of gaps in plant stands. Agricultural meteorology, 8: 25-38.

Niswonger R G, Prudic D E. 2005. Documentation of the Streamflow- Routing (SFR2) Package to include unsaturated flow beneath streams- - A modification to SFR1 . US Department of the Interior, US Geological Survey.

Niswonger R G, Prudic D E, Regan R S. 2006. 2328-7055.

Niu L, Ye B S, Li J, et al. 2011. Effect of permafrost degradation on hydrological processes in typical basins with various permafrost coverage in Western China. Science China Earth Sciences, 54 (4): 615-624.

Norman J M, Kustas W P, Humes K S. 1995. Source approach for estimating soil and vegetation energy fluxes in observations of directional radiometric surface temperature. Agricultural and Forest Meteorology, 77: 263-293.

Nunes J P, Seixas J, Keizer J J. 2013. Modeling the response of within- storm runoff and erosion dynamics to climate change in two Mediterranean watersheds: a multi- model, multi- scale approach to scenario design and analysis. Catena, 102: 27-39.

Oakes D, Wilkinson W. 1972. Modelling of Groundwater and Surface Water Systems I: Theoretical Relationships Between Groundwater Abstraction and Base Flow . Water resources board.

O'Callaghan J F, Mark D M. 1984. The extraction of drainage networks from digital elevation data. Computer Vision, Graphics, and Image Processing, 28 (3): 323-344.

Oerlemans J. 2010. The Microclimate of Valley Glaciers. Igitur: Utrecht Publishing and Archiving Services.

Ogle K, Reynolds J F. 2004. Plant responses to precipitation in desert ecosystems: integrating functional types, pulses, thresholds, and delays. Oecologia, 141 (2): 282-294.

Oki T, Kanae S. 2004. Virtual water trade and world water resources. Water Science and Technology, 49 (7): 203-209.

Oki T, Kanae S. 2006. Global hydrological cycles and world water resources. Science, 313 (5790): 1068.

O'Neill B C, Kriegler E, Ebi K L, et al. 2017. The roads ahead: Narratives for shared socioeconomic pathways describing world futures in the 21st century. Global Environmental Change-human and Policy Dimensions, 42: 169-180.

Pachauri, Rajendra K, Myles R Allen, Vicente R Barros, John Broome, Wolfgang Cramer, Renate Christ, John A Church, et al. 2014. Climate Change 2014: Synthesis Report. Contribution of Working Groups Ⅰ, Ⅱ and Ⅲ to the Fifth Assessment Report of the Intergovernmental Panel on Climate Change. IPCC.

Pan X D, Li X. 2011. Validation of WRF model on simulating forcing data for Heihe River Basin. Sciences in Cold and Arid Regions, 3 (4): 344-357.

Pan X D, Li X, Shi X K, et al. 2012. Dynamic downscaling of near-surface air temperature at the basin scale using WRF-a case study in the Heihe River Basin, China. Frontiers of Earth Science, 6 (3): 314-323.

Pan X D, Li X, Cheng G D, et al. 2015. Development and evaluation of a river-basin-scale high spatio-temporal precipitation data set using the WRF model: a case study of the Heihe river basin. Remote Sensing, 7 (7): 9230-9252.

Pang J, Wang Y, Lambers H, et al. 2013. Commensalism in an agroecosystem: hydraulic redistribution by deep-rooted legumes improves survival of a droughted shallow-rooted legume companion. Physiologia Plantarum, 149 (1): 79-90.

Paniconi C, Putti M. 2015. Physically based modeling in catchment hydrology at 50: Survey and outlook. Water Resources Research, 51 (9): 7090-7129.

Pattyn F. 2002. Transient glacier response with a higher-order numerical ice-flow model. Journal of Glaciology, 48 (162): 467-477.

Peck A, Gorelick S, De Marsily G, et al. 1988. Consequences of spatial variability in aquifer properties and data limitations for groundwater modelling practice. International Association of Hydrological Sciences.

Peake A S, Robertson M J, Bidstrup R J. 2008. Optimising maize plant population and irrigation strategies on the Darling Downs using the APSIM crop simulation model. Australian Journal of Experimental Agriculture, 48: 313-325.

Pedrotti F. 2013. Plant and Vegetation Mapping, Geobotany Studies. Berlin Heidelberg: Springer-Verlag.

Pelletier J D, Broxton P D, Hazenberg P, et al. 2016. A gridded global data set of soil, intact regolith, and sedimentary deposit thicknesses for regional and global land surface modeling. Journal of Advances in Modeling Earth Systems, 8 (1): 41-65.

Peng H H, Zhao C Y, Feng Z D, et al. 2014. Canopy interception by a spruce forest in the upper reach of Heihe River basin, Northwestern China. Hydrological Processes, 28 (4): 1734-1741.

Peng J J, Liu Q, Wang L Z, et al. 2015. Characterizing the pixel footprint of satellite albedo products derived from MODIS reflectance in the Heihe river basin, China. Remote Sensing, 7 (6): 6886-6907.

Peng X Q, Mu C C. 2017. Changes of soil thermal and hydraulic regimes in the Heihe River Basin. Environmental Monitoring and Assessment, 189 (10): 1-16.

Peng X Q, Zhang T J, Cao B, et al. 2016. Changes in freezing-thawing index and soil freeze depth over the Heihe river basin, Western China. Arctic, Antarctic, and Alpine Research, 48 (1): 161-176.

Pereira L S, Goncalves J M, Dong B, et al. 2007. Assessing basin irrigation and scheduling strategies for saving irrigation water and controlling salinity in the upper Yellow River Basin, China. Agricultural Water Management, 93 (3): 109-122.

Peters E B, Hiller R V, McFadden J P. 2011. Seasonal contributions of vegetation types to suburban evapotranspiration. Journal of Geophysical Research: Biogeosciences, 116 (G1).

Phillips D L, Gregg J W. 2003. Source partitioning using stable isotopes: coping with too many sources. Oecologia, 136 (2): 261-269.

Phillips J D. 1999. Earth Surface Systems. Oxford: Blackwell Publishers.

Phillips J D. 2002. Global and local factors in earth surface systems. Ecological Modelling, 149 (3): 257-272.

Pilz T, Francke T, Bronstert A. 2017. LumpR 2.0.0: an R package facilitating landscape discretisation for hillslope-based hydrological models. Geoscientific Model Development, 10 (8): 3001-3023.

Podobnikar T. 2005. Production of integrated digital terrain model from multiple datasets of different quality. International Journal of Geographical Information Science, 19 (1): 69-89.

Pomeroy J W, Jones H G. 1996. Wind-Blown Snow: Sublimation, Transport and Changes to Polar Snow//In Chemical Exchange Between the Atmosphere and Polar SnowBerlin, Heidelberg: Springer Berlin Heidelberg: 453-489.

Pomeroy J W, Li L. 2000. Prairie and Arctic Areal Snow Cover Mass Balance Using a Blowing Snow Model. Journal of Geophysical Research: Atmospheres, 105 (D21): 26619-26634.

Pomeroy J W, Parviainen J, Hedstrom N, et al. 1998. Coupled modelling of forest snow interception and sublimation. Hydrological Processes, 12: 2317-2337.

Pomeroy J W, Gray D H, Brown T, et al. 2007. The cold regions hydrological model, a platform for basing process representation and model structure on physical evidence. Hydrological Processes, 21 (19): 2650-2667.

Power D. 2007. A Brief History of Decision Support Systems. DSSResources. Com.

Puckett W E, Dane J H, Hajek B F. 1985. Physical and mineralogical data to determine soil hydraulic properties. Soil ence Society of America Journal, 49: 831-836.

Prentice I C, Cramer W, Harrison S P. 1992. A global BIOME model based on plant physiology and dominance, soil properties and climate. Journal of Biogeography, 19: 117-134.

Price J C, Bausch W C. 1995. Leaf area index estimation from visible and near-infrared reflectance data. Remote Sensing of Environment, 52 (1): 55-65.

Prieto I, Armas C, Pugnaire F I. 2012. Water release through plant roots: new insights into its consequences at the plant and ecosystem level. The New Phytologist, 193 (4): 830-841.

Qi J, Kerr Y, Moran M, et al. 2000. Leaf area index estimates using remotely sensed data and BRDF models in a semiarid region. Remote Sensing of Environment, 73 (1): 18-30.

Qi W, Zhou X, Ma M, et al. 2015. Elevation, moisture and shade drive the functional and phylogenetic meadow communities'assembly in the northeastern Tibetan Plateau. Community Ecology, 16 (1): 66-75.

Qin J, Ding Y J, Wu J K, et al. 2013. Understanding the impact of mountain landscapes on water balance in the upper Heihe River watershed in northwestern China. Journal of Arid Land, 5 (3): 366-383.

Qin Y, Lei H M, Yang D W, et al. 2016. Long-term change in the depth of seasonally frozen ground and its eco-hydrological impacts in the Qilian Mountains, northeastern Tibetan Plateau. Journal of Hydrology, 542: 204-221.

Qu Y H, Zhu Y Q, Han W C, et al. 2014. Crop leaf area index observations with a wireless sensor network and its potential for validating remote sensing products. IEEE Journal of Selected Topics in Applied Earth Observations and Remote Sensing, 7 (2): 431-444.

Qu Y, Liu Q, Liang S, et al. 2014. Direct estimation algorithm for mapping daily land-surface broadband albedo from MODIS data. IEEE Transactions on Geoscience and Remote Sensing, 52 (2): 907-919.

Querejeta J I, Egerton-Warburton L M, Allen M F. 2007. Hydraulic lift may buffer rhizosphere hyphae against the negative effects of severe soil drying in a California Oak savanna. Soil Biology and Biochemistry, 39 (2): 409-417.

Querner E P. 1997. Description and application of the combined surface and groundwater flow model MOGROW. Journal of Hydrology, 192: 158-188.

Quinton W L, Baltzer J L. 2013. The active-layer hydrology of a peat plateau with thawing permafrost (Scotty Creek, Canada). Hydrogeology Journal, 21 (1): 201-220.

Raisanen J. 2007. How reliable are climate models? Tellus A, 59 (1): 2-29.

Ramanjulu S, Sreenivasulu N, Sudhakar C. 1998. Effect of water stress on photosynthesis in two mulberry genotypes with different drought tolerance. Photosynthetica, 35 (2): 279-283.

Ramoelo A, Majozi N P, Mathieu R, et al. 2014. Validation of global evapotranspiration product (MOD16) using flux tower data in the African savanna, south Africa. Remote Sensing, 6 (8): 7406-7423.

Ran Y H, Li X, Sun R, et al. 2016. Spatial representativeness and uncertainty of eddy covariance carbon flux measurements for upscaling net ecosystem productivity to the grid scale. Agricultural and forest meteorology, 230: 114-127.

Ran Y H, Li X, Jin R, et al. 2017. Strengths and weaknesses of temporal stability analysis for monitoring and estimating grid - mean soil moisture in a high - intensity irrigated agricultural landscape. Water Resources Research, 53 (1): 283-301.

Rao K H V D, Kumar D S. 2004. Spatial decision support system for watershed management. Water Resources Management, 18 (5): 407-423.

Raskin P, Gleick P, Kirshen P, et al. 1997. Water futures: Assessment of long-range patterns and prospects. Stockholm: Stockholm Envrionment Institute.

Rawlins M A, Ye H, Yang D, et al. 2009. Divergence in seasonal hydrology across northern Eurasia: Emerging trends and water cycle linkages. Journal of Geophysical Research, 114 (D18): 3151-3157.

Razavi S, Tolson B A, Burn D H. 2012. Review of surrogate modeling in water resources. Water Resources Research, 48 (7): W07401.

Reich P B and Oleksyn J. 2004. Global patterns of plant leaf N and P in relation to temperature and latitude. Proceedings of the National Academy of Sciences of the United States of America 101: 11001-11006.

Reich P B, Wright I J, Lusk C H. 2007. Predicting leaf physiology from simple plant and climate attributes: a global GLOPNET analysis. Ecological Applications, 17 (7): 1982-1988.

Reich P B, Rich R L, Lu X J, et al. 2014. Biogeographic variation in evergreen conifer needle longevity and impacts on boreal forest carbon cycle projections. Proceedings of the National Academy of Sciences of the United States of America, 111 (38): 13703-13708.

Reimann L, Merkens J L, Vafeidis A T. 2018. Regionalized Shared Socioeconomic Pathways: narratives and spatial population projections for the Mediterranean coastal zone. Regional Environmental Change, 18 (1): 235-245.

Rennermalm A K, Wood E F, Troy T J. 2010. Observed changes in pan-arctic cold-season minimum monthly river discharge. Climate Dynamics, 35 (6): 923-939.

Reynolds J F, Kemp P R, Ogle K, et al. 2004. Modifying the "pulse-reserve" paradigm for deserts of North America: precipitation pulses, soil water, and plant responses. Oecologia, 141 (2): 194-210.

Riahi K, van Vuuren D P, Kriegler E, et al. 2017. The Shared Socioeconomic Pathways and their energy, land use, and greenhouse gas emissions implications: an overview. Global Environmental Change-human and Policy Dimensions, 42: 153-168.

Ribas-Carbo M, Taylor N L, Giles L, et al. 2005. Effects of water stress on respiration in soybean leaves. Plant Physiology, 139 (1): 466-473.

Richards J H, Caldwell M M. 1987. Hydraulic lift: Substantial nocturnal water transport between soil layers by Artemisia tridentata roots. Oecologia, 73 (4): 486-489.

Roberts J. 2010. The influence of physical and physiological characteristics of vegetation on their hydrological response. . Hydrological Processes, 14 (16-17): 2885-2901.

Rockstriiml J, Gordon L. 2001. A ssessment of Green Water Flows to Sustain Major Biomes of the World: Implications for Future Ecohydrological Landscape Management. Physical Chemical Earth, 26 (11-12): 843-851.

Rockström J, Karlberg L, Wani S P, et al. 2010. Managing water in rainfed agriculture-The need for a paradigm shift. Agricultural Water Management, 97 (4): 543-550.

Rodriguez Iturbe I. 2000. Ecohydrology: a hydrological perspective of climate-soil-vegetation dynamics. Water Resources Research, 36: 3-9.

Rodríguez J P, Beard T D, Bennett E M, et al. 2006. Trade-offs across space, time, and ecosystem services. Ecology and society, 11 (1): 28.

Rodwell J S, Schaminée J H J, Mucina L, et al. 2002. The diversity of European vegetation. An overview of phytosociological alliances and their relationships to EUNIS habitats. Wageningen: National Reference Centre for Agriculture, Nature and Fisheries.

Roozbahani R, Abbasi B, Schreider S, et al. 2014. A multi-objective approach for transboundary river water allocation. Water Resources Management, 28 (15): 5447-5463.

Rossatto D R, Silva L C R, Villalobos-Vega R, et al. 2012. Depth of water uptake in woody plants relates to groundwater level and vegetation structure along a topographic gradient in a neotropical savanna. Environmental and Experimental Botany, 77: 259-266.

Rossatto D R, da Silveira Lobo Sternberg L, Franco A C. 2013. The partitioning of water uptake between growth forms in a Neotropical savanna: do herbs exploit a third water source niche? . Plant Biology (Stuttgart, Germany), 15 (1): 84-92.

Rossiter D G, Zeng R, Zhang G L. 2017. Accounting for taxonomic distance in accuracy assessment of soil class predictions. Geoderma, 292: 118-127.

Rost S, Gerten D, Bondeau A, et al. 2008. Agricultural green and blue water consumption and its influence on the global water system. Water Resources. Research, 44: W09405.

Roy P S, Behera M D, Murthy M S R et al. 2015. New vegetation type map of India prepared using satellite remote sensing: Comparison with global vegetation maps and utilities. International Journal of Applied Earth Observation and Geoinformation, 39: 142-159.

Ruhoff A L, Paz A R, Aragao L E O C, et al. 2013. Assessment of the MODIS global evapotranspiration algorithm using eddy covariance measurements and hydrological modelling in the Rio Grande basin. Hydrological Sciences Journal, 58 (8): 1658-1676.

Ruiz-Sinoga J D, Martinezmurillo J F, Gabarrongaleote M A, et al. 2011. The effects of soil moisture variability on the vegetation pattern in Mediterranean abandoned fields (Southern Spain). Catena, 85 (1): 1-11.

Ryan M G. 1991. A simple method for estimating gross carbon budgets for vegetation in forest ecosystems. Tree Physiology, 9 (1/2): 255-266.

Salathe E P. 2003. Comparison of various precipitation downscaling methods for the simulation of streamflow in a rainshadow river basin. International Journal of Climatology, 23 (8): 887-901.

Samir K, Lutz W. 2014. The human core of the shared socioeconomic pathways: Population scenarios by age, sex and level of education for all countries to 2100. Global Environmental Change, 42: 181-192.

Sampson R N. 1997. Forest management, wildfire and climate change policy issues in the 11 western states. American Forests.

Sanchez P A, Ahamed S, Carré F, et al. 2009. Environmental science. Digital soil map of the world. Science, 325 (5941): 680-681.

Sand K, Kane D L, 1986. Effects of seasonally frozen ground on snowmelt modeling //Proceedings, Cold Regins Hydrology symposium. Bethesda: American Water Resources Assosication, MD. Hydrogeology Journal, 321-327.

Scanlon B R, Keese K E, Flint A L, et al. 2006. Global synthesis of groundwater recharge in semiarid and arid regions. Hydrological Processes, 20 (15): 3335-3370.

Schneider F D, Morsdorf F, Schmid B, et al. 2017. Mapping functional diversity from remotely sensed morphological and physiological forest traits. Nature Communications, 8 (1): 1441.

Schroeder L, Sjoquist D L. 1976. "investigation of population density gradients using trend surface analysis": reply. Land Economics, 52 (2): 251-252.

SchulzeE D, Galdwell M M, Galdwell J, et al. 1998. Downward flux of water through roots (i. e. inverse hydraulic lift) in dry Kalahari sands. Oecologia, 115 (4): 460-462.

Schuol J, Abbaspour K C, Yang H, et al. 2008. Modeling blue and green water availability in Africa. Water Resources Research, 44 (7): WR006609.

Schwinning S, Starr B I, Ehleringer J R. 2003. Dominant cold desert plants do not partition warm season precipitation by event size. Oecologia 136 (2): 252-260.

Schwinning S, Sala O E, Loik M E, et al. 2004. Thresholds, memory, and seasonality: understanding pulse dynamics in arid/semi-arid ecosystems. Oecologia, 141 (2): 191-193.

Sellers P J, Hall F G, Ranson K J. 1995. The Boreal Ecosystem- Atmosphere Study (BOREAS): An overview and early results from the 1994 field year. Bull Amer Meteorol Soc, 76: 1549-1577.

Sellers P J Hall F G, Asrar G, et al. 1988. The First ISLSCP Field Experiment (FIFE). Bulletin of American Meteorological Society, 69 (1): 22-27.

Semmartin M, Garibaldi L A, Chaneton E J. 2008. Grazing history effects on above- and below- ground litter decomposition and nutrient cycling in two co-occurring grasses. Plant and Soil, 303 (1/2): 177-189.

Shackleton C M, Scholes R J. 2011. Above ground woody community attributes, biomass and carbon stocks along a rainfall gradient in the savannas of the central lowveld, South Africa. South African Journal of Botany, 77: 184-192.

Shakesby R A, Doerr S H. 2006. Wildfire as a hydrological and geomorphological agent. Earth Science Reviews, 74 (3): 269-307.

Shangguan D H, Liu S Y, Ding Y J, et al. 2007. Glacier changes in the west Kunlun Shan from 1970 to 2001 derived from Landsat TM/ETM+ and Chinese glacier inventory data. Annals of Glaciology, 46: 204-208.

Shangguan W, Dai Y, Liu B, et al. 2013. A China data set of soil properties for land surface modeling. Journal of Advances in Modeling Earth Systems, 5 (2): 212-224.

Sharp J M, Gilbert R B. 2005. A geographic data model for groundwater systems.

Shen M G, Piao S L, Cong N, et al. 2015. Precipitation impacts on vegetation spring phenology on the Tibetan Plateau. Global Change Biology, 21 (10): 3647-3656.

Shen Q, Gao G Y, Fu B J, et al. 2014. Soil water content variations and hydrological relations of the cropland-treebelt-desert land use pattern in an oasis-desert ecotone of the Heihe River Basin, China. Catena, 123 (1): 52-61.

Shen Q, Gao G Y, Lu Y H, et al. 2017. River flow is critical for vegetation dynamics: Lessons from multi-scale analysis in a hyper-arid endorheic basin. Science of the Total Environment, 603 (3): 290-298.

Sheng M Y, Lei H M, Jiao Y, et al. 2017. Evaluation of the runoff and river routing schemes in the community land model of the Yellow River Basin. Journal of Advances in Modeling Earth Systems, 9 (8): 2993-3018.

Sher A A, Goldberg D E, Novoplansky A. 2004. The effect of mean and variance in resource supply on survival of annuals from Mediterranean and desert environments. Oecologia, 141 (2): 353-362.

Shi J C, Du Y, Du J Y, et al. 2012. Progresses on microwave remote sensing of land surface parameters. Science China Earth Sciences, 55 (7): 1052-1078.

Shi W Z, Li Q Q, Zhu C Q. 2005. Estimating the propagation error of DEM from higher-order interpolation algorithms. International Journal of Remote Sensing, 26 (14): 3069-3084.

Shi Y C, Wang J D, Qin J, et al. 2015. An upscaling algorithm to obtain the representative ground truth of LAI time series in heterogeneous land surface. Remote Sensing, 7 (10): 12887-12908.

Shi M J, Wang X J, Yang H, et al. 2014. Pricing or quota? A solution to water scarcity in oasis regions in China: a case study in the Heihe river basin. Sustainability, 6 (11): 1-20.

Shiklomanov I A. 1991. The world's water resources. In: Proceedings of the International Symposium to Commemorate 25 Years of the IHP. Paris: UNESCO/IHP.

Shuttlewotth W J, Wallace J S. 1985. Evaporation from sparse crops- an energy combination theory. Quarterly Journal of the Royal Meteorological Society, 111 (469): 839-855.

Si J H, Feng Q, Cao S K, et al. 2014. Water use sources of desert riparian Populus euphratica forests. Environmental Monitoring and Assessment, 186 (9): 5469-5477.

Siderius C, Biemans H, Wiltshire A, et al. 2013. Snowmelt Contributions to Discharge of the Ganges. Science of the Total Environment 468- 469, Supplement: S93- S101. doi: http://dx. doi. org/10. 1016/j. scitotenv. 2013. 05. 084.

Silburn D M, Hunter H M. 2009. Management practices for control of runoff losses from cotton furrows under storm rainfall. III. Cover and wheel traffic effects on nutrients (N and P) in runoff from a black Vertosol. Soil Research, 47 (2): 221-233.

Sinoga J D R, Diaz A R, Bueno E F, et al. 2010. The role of soil surface conditions in regulating runoff and erosion processes on a metamorphic hillslope (Southern Spain): Soil surface conditions, runoff and erosion in Southern Spain. Catena, 80 (2): 131-139.

Sitch S, Smith B, Prentice I C, et al. 2003. Evaluation of ecosystem dynamics, plant geography and terrestrial carbon cycling in the LPJ dynamic global vegetation model. Global Change Biology, 9 (2): 161-185.

Sjöberg Y, Frampton A, Lyon S W. 2013. Using streamflow characteristics to explore permafrost thawing in northern Swedish catchments. Hydrogeology Journal, 21 (1): 121-131.

Sklar F H, Costanza R, Day J W. 1985. Dynamic spatial simulation modeling of coastal wetland habitat succession. Ecological Modelling, 29: 261-281.

Smedley M P, Dawson T E, Comstock J P, et al. 1991. Seasonal carbon isotope discrimination in a grassland community. Oecologia, 85 (3): 314-320.

Smolander S, Stenberg P. 2005. Simple parameterizations of the radiation budget of uniform broadleaved and coniferous canopies. Remote Sensing of Environment, 94 (3): 355-363.

Somasundaram D. 2005. Differential Geometry. Harrow: Alpha Science International Ltd.

Song C Y, Jia L. 2016. A method for downscaling FengYun-3B soil moisture based on apparent thermal inertia. Remote Sensing, 8 (9): 703.

Song L, Liu S, Zhang X, et al. 2015. Estimating and validating soil evaporation and crop transpiration during the HiWATER-MUSOEXE. IEEE Geoscience and Remote Sensing Letters, 12 (2): 334-338.

Song L, Liu S, Kustas W P, et al. 2016. Application of remote sensing-based two-source energy balance model for mapping field surface fluxes with composite and component surface temperatures. Agricultural and Forest Meteorology, 230: 8-19.

Song Y, et al. 2016. Parameter estimation for a simple two-source evapotranspiration model using Bayesian inference and its application to remotely sensed estimations of latent heat flux at the regional scale. Agricultural and Forest Meteorology, 230-231: 20-32.

Song X, Brus D J, Liu F, et al. 2016. Mapping soil organic carbon content by geographically weighted regression: a case study in the Heihe River Basin, China. Geoderma, 261: 11-22.

Sophocleous M, Sammuel P P. 2000. Methodology and application of combined watershed and ground-water models in Kansas. Journal of Hydrology, 236 (3-4): 185-201.

Sparks JP, Ehleringer J R. 1997. Leaf carbon isotope discrimination and nitrogen content for riparian trees along elevational transects. Oecologia, 109 (3): 362-367.

Sperry J S, Venturas M, Anderegg W R L, et al. 2017. Predicting stomatal responses to the environment from the optimization of photosynthetic gain and hydraulic cost. Plant Cell and Environment, 40 (6): 816-830.

Sponseller R A. 2007. Precipitation pulses and soil CO_2 flux in a Sonoran Desert ecosystem. Global Change Biology, 13 (2): 426-436.

Sprague R H. 1980. A Framework for the Development of Decision Support Systems. MIS Quarterly, 4 (4): 1-26.

St. Jacques J M, Sauchyn D J. 2009. Increasing winter baseflow and mean annual streamflow from possible permafrost thawing in the Northwest Territories, Canada. Geophysical Research Letters, 36 (1): 329-342.

Stednick J D. 2008. Long-term streamflow changes following timber harvesting//Stednick J D. Hydrological and Biological Responses to Forest Practices: The Alsea Watershed Study. New York: Springer: 139-155.

Stott J P. 1977. Review of surface modelling// Proceedings of Surface Modelling by Computer, a conference jointly sponsored by the Royal Institution of Chartered Surveyors and the Institution of Civil Engineers, held in London on 6 October, 1976. 1-8.

Strasser U, Bernhardt M, Weber M, et al. 2008. Is snow sublimation important in the alpine water balance? The Cryosphere, 2 (1): 53-66.

Streletskiy D, Tananaev N, Opel T, et al. 2015. Permafrost hydrology in changing climatic conditions: seasonal variability of stable isotope composition in rivers in discontinuous permafrost. Environmental Research Letters, 10 (9): 095003.

Su F, Zhang L, Ou T, et al. 2016. Hydrological response to future climate changes for the major upstream river basins in the Tibetan Plateau. Global and Planetary Change, 136（136）: 82-95.

Su P, Du M, Zhao A, et al. 2002. Study on water requirement law of some crops and different planting mode in oasis. Agricultural Research in the Arid Areas, 20（2）: 79-85.

Su P X, Liu X M, Zhang L X. 2004. Comparison of 13δC values and gas exchange of assimilating shoots of desert plants Haloxylon ammodendron and Calligonum mongolicum with other plants. Israel Journal of Plant Sciences, 52: 87-97.

Su Y J, Ma Q, Guo Q H. 2017. Fine-resolution forest tree height estimation across the Sierra Nevada through the integration of spaceborne LiDAR, airborne LiDAR, and optical imagery . International Journal of Digital

Su Z. 2002. The Surface Energy Balance System（SEBS）for estimation of turbulent heat fluxes. Hydrology and Earth System Sciences, 6（1）: 85-99.

Su P, Du M, Zhao A, et al. 2002. Study on water requirement law of some crops and different planting mode in oasis. Agricultural Research in the Arid Areas, 20（2）: 79-85.

Suding K N, Goldstein L J. 2008. Testing the Holy Grail framework: using functional traits to predict ecosystem change. New Phytologist, 180（3）: 559-562.

Sun G, Zhou G Y, Zhang Z Q, et al. 2006. Potential water yield reduction due to forestation across China. Journal of Hydrology, 328（3-4）: 548-558.

Sun N, Yeh W W G. 1985. Identification of parameter structure in groundwater inverse problem. Water Resources Research, 21（6）: 869-883.

Sun Z, Zheng Y, Li X. 2018. The water-ecosystem-food nexus in endorheic river basins: a system analysis based on integrated ecohydrological modeling. Water Resources Research, 54（10）: 7534-7556.

Sun T H, Wang J X, Huang Q Q, et al. 2016. Assessment of water rights and irrigation pricing reforms in Heihe river basin in China. Water, 8（8）: 333.

Tabacchi E, Lambs L, Guilloy H, et al. 2000. Impacts of riparian vegetation on hydrological processes. Hydrological Processes, 14（1617）: 2959-2976.

Takle E S, Roads J, Rockel B, et al. 2007. Transferability intercomparsion: An opportunity for new insight on the global water cycle and energy budget. Bull Amer Meteor Soc, 88: 375-384.

Tang J, Niu X, Wang S. 2016. Statistical downscaling and dynamical downscaling of regional climate in China: Present climate evaluations and future climate projections. Journal of Geophysical Research Atmospheres, 121（5）: 2110-2129.

Tang R L, Li Z L, Tang B H. 2010. An application of the Ts-VI triangle method with enhanced edges determination for evapotranspiration estimation from MODIS data in arid and semi-arid regions: Implementation and validation. Remote Sensing of Environment, 114（3）: 540-551.

Tao X, Liang S, Wang D. 2015. Assessment of five global satellite products of fraction of absorbed photosynthetically active radiation: intercomparison and direct validation against ground-based data. Remote Sensing of Environment, 163: 270-285.

Tarboton D G, Bras R L, Rodriguez-lturbe I. 1991. On the extraction of channel networks from digital elevation data. Hydrological Processes, 5（1）: 81-100.

Te Chow V. 1959. Open-channel Hydraulics. New York: McGraw-Hill.

Thompson J A, Pena-Yewtukhiw E M, Grove J H. 2006. Soil-landscape modeling across a physiographic region: Topographic patterns and model transportability. Geoderma, 133（1）: 57-70.

Tian J, Su H B, Sun X M, et al. 2013. Impact of the spatial domain size on the performance of the T- s- VI triangle method in terrestrial evapotranspiration estimation. Remote Sensing, 5 (4): 1998-2013.

Tian Y, Zheng Y, Zheng C M, et al. 2015. Exploring scale - dependent ecohydrological responses in a large endorheic river basin through integrated surface water - groundwater modeling. Water Resources Research, 51 (6): 4065-4085.

Tian Y, Zheng Y, Zheng C M. 2016. Development of a visualization tool for integrated surface water- groundwater modeling. Computers and Geosciences, 86: 1-14.

Tian Y, Zheng Y, Han F, et al. 2018. A comprehensive graphical modeling platform designed for integrated hydrological simulation. Environmental Modellingand Software, 108: 154-173.

Toon O B, McKay C P, Ackerman T P, et al. 1989. Rapid calculation of radiative heating rates and photodissociation rates in inhomogeneous multiple scattering atmospheres. Journal of Geophysical Research, 94 (13): 16287-16301.

Toth J. 1963. A theoretical analysis of groundwater flow in small drainage basins. Journal of Geophysical Research, 68 (16): 4795-4812.

Tsvetsinskaya E A, Schaaf C B, Gao F, et al. 2006. Spatial and temporal variability in Moderate Resolution Imaging Spectroradiometer- derived surface albedo over global arid regions. Journal of Geophysical Research: Atmospheres (1984-2012), 111 (D20): 1-10.

Turban E A J L T. 2007. Decision support and business intelligence systems. Upper Saddle River NJ: 8th Edition Prentice Hall.

Turnbull L, Wainwright J, Brazier R E, etal. 2010. Biotic and abiotic changes in ecosystem structure over a shrub- encroachment gradient in the southwestern USA. Ecosystems, 13 (8): 1239-1255.

Turner B L, Lambin E F, Reenberg A. 2007. The emergence of land change science for global environmental change and sustainability. Proceedings of the National Academy of Sciences of the United States of America, 104 (52): 20666-20671.

Turner D P, Cohen W B, Kennedy R E, et al. 1999. Relationships between leaf area index and Landsat TM spectral vegetation indices across three temperate zone sites. Remote Sensing of Environment, 70 (1): 52-68.

Turner M G, Costanza R, Sklar F H. 1989. Methods to evaluate the performance of spatial simulation models. Ecological Modelling, 48: 1-18.

Twarakavi N K C, Simunek J, Seo S. 2008. Evaluating interactions between groundwater and vadose zone using the HYDRUS- based flow package for MODFLOW. Vadose Zone Journal, 7 (2): 757-768.

UNESCO. 2003. Jean Burton: Integrated water resources management on a basin level, a training manual.

Unwin D J. 1995. Geographical information systems and the problems of "error and uncertainty". Progress in Human Geography, 19 (4): 549-558.

Valentin C, D'Herbès J M, Poesen J, et al. 1999. Soil and water components of banded vegetation patterns. Catena, 37 (1): 1-24.

van Alphen B J, Stoorvogel J J. 2001. A methodology for precision nitrogen fertilization in high- input farming systems. Precision agriculture, 2: 319-332.

van Bodegom P M, Douma J C, Verheijen L M. 2014. A fully traits- based approach to modeling global vegetation distribution. Proceedings of the National Academy of Sciences of the United States of America (PNAS), 111 (38): 13733-13738.

van de Wal R S W, Wild M. 2001. Modelling the response of glaciers to climate change by applying volume-area scaling in combination with a high resolution GCM. Climate Dynamics, 18 (3/4): 359-366.

van Gaelen H, Vanuytrecht E, Willems P, et al. 2017. Bridging rigorous assessment of water availability from field to catchment scale with a parsimonious agro-hydrological model. Environmental Modelling and Software, 94: 140-156.

Van Genuchten M. T. 1980. A Closed-Form Equation for Predicting the Hydraulic Conductivity of Unsaturated Soils. Soil Science Society of America Journal. 44 (5): 892-898.

van Vuuren D P, Riahi K, Moss R, et al. 2012. A proposal for a new scenario framework to support research and assessment in different climate research communities. Global Environmental Change, 22 (1): 21-35.

van Vuuren D P, Riahi K, Calvin K, et al. 2017. The Shared Socio-economic Pathways: Trajectories for human development and global environmental change. Global Environmental Change, 42: 148-152.

Varhola A, Coops N C, Weiler M, et al. 2010. Forest canopy effects on snow accumulation and ablation: an integrative review of empirical results. Journal of Hydrology, 392 (3): 219-233.

Velpuri N M, Senay G B. 2017. Partitioning evapotranspiration into green and blue water sources in the conterminous United States. Scientific Reports, 7 (1): 6191.

Velpuri N M, Senay G B, Singh R K, et al. 2013. A comprehensive evaluation of two MODIS evapotranspiration products over the conterminous United States: Using point and gridded FLUXNET and water balance ET. Remote Sensing of Environment, 139: 35-49.

Vendramini F, Díaz S, Gurvich D E, et al. 2002. Leaf traits as indicators of resource - use strategy in floras with succulent species. New Phytologist, 154 (1): 147-157.

Venkatesh B, Nandagiri L, Purandara B K, et al. 2011. Modelling soil moisture under different land covers in a sub-humid environment of Western Ghats, India. Journal of Earth System Science, 120 (3): 387-398.

Vereecken H, Huisman J A, Hendricks Franssen H J, et al. 2015. Soil hydrology: Recent methodological advances, challenges, and perspectives. Water Resources Research, 51 (4): 2616-2633.

Verhoef W. 1984. Light scattering by leaf layers with application to canopy reflectance modeling: The SAIL model. Remote Sensing of Environment, 16 (2): 125-141.

Verstraeten W W, Veroustraete F, Feyen J. 2008. Assessment of evapotranspiration and soil moisture content across different scales of observation. Sensors (Basel, Switzerland), 8 (1): 70-117.

Vertessy R A, Zhang L, Dawes W R. 2003. Plantations, river flows and river salinity. Australian Forestry, 66 (1): 55-61.

Vertessy R. 2001. Integrated catchment science. CSIRO land and water, technical report 21/01.

Violle C, Reich P B, Pacala S W, et al. 2014. The emergence and promise of functional biogeography. Proceedings of the National Academy of Sciences of the United States of America, 111 (38): 13690-13696.

Vionnet V, Brun E, Morin S, et al. 2012. The Detailed Snowpack Scheme Crocus and Its Implementation in SURFEX v7. 2. Geoscientific Model Development, 5 (3): 773-791.

Volkov I, BanavarJ R, Hubbell S P, et al. 2003. Neutral theory and relative species abundance in ecology. Nature, 424 (6952): 1035-1037.

Vörösmarty C J, Hoekstra A Y, Bunn S E, et al. 2015. Fresh water goes global. Science, 349 (6247): 478-479.

Walker G K. 1987. CERES- maize (Book Review). Bulletin of the American Meteorological Society, 68: 513-514.

Walsh S J, Lightfoot D R, Bulter D R. 1987. Recognition and assessment of error in geographical information systems. Photogrammetric Engineering and Remote Sensing, 53: 1423-1430.

Walvoord M A, Striegl R G. 2007. Increased groundwater to stream discharge from permafrost thawing in the Yukon River basin: Potential impacts on lateral export of carbon and nitrogen. Geophysical Research Letters, 34 (12): 123-134.

Walvoord M A, Kurylyk B L. 2016. Hydrologic impacts of thawing permafrost- A review. Vadose Zone Journal, 15 (6): vzj2016. 01. 0010.

Wang C, Zhao C Y, Xu Z L, et al. 2013. Effect of vegetation on soil water retention and storage in a semi-arid alpine forest catchment. Journal of Arid Land, 5 (2): 207-219.

Wang C T, Wang G X, Liu W, et al. 2013. Comparison of soil mechanical composition and soil fertility at different grassland types in alpine meadow. Journal of Arid Land Resources and Environment, 27 (9): 160-165.

Wang D C, Zhang G L, Pan X Z, et al. 2012. Mapping soil texture of a plain area using fuzzy-c-means clustering method based on land surface diurnal temperature difference. Pedosphere, 22 (3): 394-403.

Wang G X, Liu G S, Li C J. 2012. Effects of changes in alpine grassland vegetation cover on hillslope hydrological processes in a permafrost watershed. Journal of Hydrology, 444: 22-33.

Wang H, Harrison S P, Colin Prentice I, et al. 2017. The China Plant Trait Database: towards a comprehensive regional compilation of functional traits for land plants. Ecology.

Wang J H, Ge Y, Heuvelink G B M, et al. 2014a. Spatial sampling design for estimating regional GPP with spatial heterogeneities. IEEE Geoscience and Remote Sensing Letters, 11 (2): 539-543.

Wang J H, Ge Y, Song Y Z, et al. 2014b. A geostatistical approach to upscale soil moisture with unequal precision observations. IEEE Geoscience and Remote Sensing Letters, 11 (12): 2125-2129.

Wang J H, Ge Y, Heuvelink G B M, et al. 2015. Upscaling in situ soil moisture observations to pixel averages with spatio-temporal geostatistics. Remote Sensing, 7 (9): 11372-11388.

Wang J X, Zhong M Y, Wu R X, et al. 2016. Response of plant functional traits to grazing for three dominant species in alpine steppe habitat of the Qinghai-Tibet Plateau, China. Ecological Research, 31 (4): 515-524.

WangJ, Li H, Hao X, 2010. Responses of snowmelt runoff to climatic change in an inland river basin, Northwestern China, over the past 50 years. Hydrology and Earth System Sciences, 14 (10): 1979-1987.

WangJ, Li S. 2006. Effect of climatic change on snowmelt runoffs in mountainous regions of inland rivers in Northwestern China. Science in China Series D: Earth Sciences, 49 (8): 881-888.

Wang J, Li X, Lu L, et al. 2013. Estimating near future regional corn yields by integrating multi-source observations into a crop growth model. European Journal of Agronomy, 49: 126-140.

Wang K C, Liang S L. 2008. An improved method for estimating global evapotranspiration based on satellite determination of surface net radiation, vegetation index, temperature, and soil moisture. Journal of Hydrometeorology, 9 (4): 712-727.

Wang L, Koike T, Yang K, et al. 2010. Frozen soil parameterization in a distributed biosphere hydrological model. Hydrology and Earth System Sciences Discussions, 6 (6): 6895-6928.

Wang Q F, Zhang T J, Jin H J, et al. 2017. Observational study on the active layer freeze-thaw cycle in the upper reaches of the Heihe River of the north-eastern Qinghai-Tibet Plateau. Quaternary International, 440: 13-22.

Wang Q, Tenhunen J, Dinh N Q, et al. 2005. Evaluation of seasonal variation of MODIS derived leaf area index at two European deciduous broadleaf forest sites. Remote Sensing of Environment, 96 (3): 475-484.

Wang Q, Yang Q, Guo H, et al. 2019. Hydrothermal variations in soils resulting from the freezing and thawing processes in the active layer of an alpine grassland in the Qilian Mountains, northeastern Tibetan Plateau. Theoretical and Applied Climatology, 136: 929-994.

Wang R R, Zimmerman J. 2016. Hybrid analysis of blue water consumption and water scarcity implications at the global, national, and basin levels in an increasingly globalized world. Environmental Science & Technology, 50 (10): 5143-5153.

Wang S, Pu J C, Wang N L. 2012. Study on mass balance and sensitivity to climate change in summer on the Qiyi Glacier, Qilian Mountains. Sciences in Cold and Arid Regions, 4 (4): 281.

Wang S G, Li X, Ge Y, et al. 2016. Validation of regional-scale remote sensing products in China: from site to network. Remote Sensing, 8 (12): 980.

Wang X P, Wang Z N, Berndtsson R, et al. 2011. Desert shrub stemflow and its significance in soil moisture replenishment. Hydrologyand Earth System Sciences 15 (2): 561-567.

Wang X Y, Wang J, Jiang Z Y, et al. 2015. An effective method for snow-cover mapping of dense coniferous forests in the upper Heihe river basin using landsat operational land imager data. Remote Sensing, 7 (12): 17246-17257.

Wang X, Zhang Y F, Hu R, et al. 2012. Canopy storage capacity of xerophytic shrubs in northwestern China. Journal of Hydrology, 454: 152-159.

Wang X, Chen R, Yang Y. 2017. Effects of permafrost degradation on the hydrological regime in the source regions of the Yangtze and Yellow rivers, China. Water, 9 (11): 897.

Wang Y H, Yu P T, FegerK H, et al. 2011. Annual runoff and evapotranspiration of forestlands and non-forestlands in selected basins of the Loess Plateau of China. Ecohydrology, 4 (2): 277-287.

Wang Y H, Yang H B, Gao B, et al. 2018a. Frozen ground degradation may reduce future runoff in the headwaters of an inland river on the northeastern Tibetan Plateau. Journal of Hydrology, 564: 1153-1164.

Wang Y Q, Xiong Y J, Qiu G Y, et al. 2016. Is scale really a challenge in evapotranspiration estimation? A multi-scale study in the Heihe oasis using thermal remote sensing and the three-temperature model. Agricultural and Forest Meteorology, 230/231: 128-141.

WangZ S, Huang N. 2017. The effect of mountain wind on the falling snow deposition. Journal of Physics: Conference Series, 822: 012050.

Wang Z, Shi W J. 2017. Mapping soil particle-size fractions: a comparison of compositional kriging and log-ratio kriging. Journal of Hydrology, 546: 526-541.

Wang Z, Shi W J, 2018b. Robust variogram estimation combined with isometric log-ratio transformation for improved accuracy of soil particle-size fraction mapping. Geoderma, 324: 56-66.

Washington W M, Parkinson C L. 2005. An introduction to three dimensional climate modeling. Sausalito, Calif.: University Science Books.

Watson V, Kooi H, Bense V, 2013. Potential controls on cold-season river flow behavior in subarctic river basins of Siberia. Journal of Hydrology, 489 (8): 214-226.

Wei X H, Zhang M F. 2010. Quantifying streamflow change caused by forest disturbance at a large spatial scale: A single watershed study. Water Resources Research, 46 (12): W12525.

Wellman T P, Voss C I, Walvoord M A, 2013. Impacts of climate, lake size, and supra- and sub-permafrost groundwater flow on lake-talik evolution, Yukon Flats, Alaska (USA). Hydrogeology Journal, 21 (1): 281-298.

Wen J G, Zhao X J, Liu Q, et al. 2014. An improved land- surface albedo algorithm with DEM in rugged terrain. IEEE Geoscience and Remote Sensing Letters, 11 (4): 883-887.

Wen J G, Liu Q, Tang Y, et al. 2015. Modeling land surface reflectance coupled BRDF for HJ-1/CCD data of rugged terrain in Heihe river basin, China. IEEE Journal of Selected Topics in Applied Earth Observations and Remote Sensing, 8 (4): 1506-1518.

Wen J G, Liu Q, Xiao Q, et al. 2018. Characterizing land surface anisotropic reflectance over rugged terrain: a review of concepts and recent developments. Remote Sensing, 10 (3): 370.

Wen X H, Si J H, He Z B, et al. 2015. Support-vector-machine-based models for modeling daily reference evapotranspiration with limited climatic data in extreme arid regions. Water Resources Management, 29 (9): 3195-3209.

Weng E S, Luo Y Q. 2008. Soil hydrological properties regulate grassland ecosystem responses to multifactor global change: a modeling analysis. Journal of Geophysical Research Atmospheres, 113 (G3): G03003.

Went FW. 1975. Water vapor absorption inProsopis// Physiological adaptation to the environment (F. J. Vernberg, ed.), New York: Intext Educational Publishers, 67-75.

Wetzel P J, Chang J T. 1987. Concerning the relationship between evapotranspiration and soil moisture. Journal of Climate and Applied Meteorology, 26 (1): 18-27.

Wetzel K. 1924. Die Wasseraufnahme der h heren Pflanzen gem igter Klimate durch oberirdische Organe. Flora, 117: 221-269.

White J W C, Cook E R, Lawrence J R, et al. 1985. The ratios of Sap in trees: Implications for water sources and tree ring ratios. Geochimica et Cosmochimica Acta, 49 (1): 237-246.

WhittakerR H. 1972. Evolution and measurement of species diversity. Taxon, 21 (2/3): 213-251.

Wigmosta M S, Vail L W, Lettenmaier D P. 1994. A distributed hydrology- vegetation model for complex terrain. Water Resources Research, 30 (6): 1665-1679.

Wilby R L, Wigley T M L. 1997. Downscaling general circulation model output: a review of methods and limitations. Progress in Physical Geography: Earth and Environment, 21 (4): 530-548.

Wilcox B P, Newman B D. 2005. Ecohydrology of semiarid Landscapes1. Ecology, 86 (2): 275-276.

Williams A P, Allen C D, Millar C I, et al. 2010. Forest responses to increasing aridity and warmth in the southwestern United States. PNAS, 107 (50): 21289-21294.

Williams D G, Ehleringer J R. 2000. Intra - and interspecific variation for summer precipitation use in pinyon-juniper woodlands. Ecological Monographs, 70 (4): 517-537.

Williams P, Smith M. 1989. The Frozen Earth. Cambridg: Cambridge University Press.

Wilk J, Andersson L, Plermkamon V. 2001. Hydrological impacts of forest conversion to agriculture in a large river basin in northeast Thailand. Hydrological Processes, 15 (14): 2729-2748.

Wise S. 2000. GIS data modelling- lessons from the analysis of DTMs. International Journal of Geographical Information Science, 14 (4): 313-318.

Woo M K. 2012. Permafrost Hydrology. Berlin, Heidelberg: Springer Berlin Heidelberg.

Woo M, Kane D L, Carey S K, et al. 2010. Progress in permafrost hydrology in the new millennium. Permafrost and Periglacial Processes, 19 (2): 237-254.

Woody J A, Martin D A. 2001. Post- fire, rainfall intensity- peak discharge relations for three mountainous watersheds in the western USA. Hydrological Processes, 15: 2981-2993.

Wright I J, Reich P B, Westoby M, et al. 2004. The worldwide leaf economics spectrum. Nature, 428 (6985): 821-827.

Wu B F, Xiong J, Yan N N. 2011. ETWatch: models and methods. Journal of Remote Sensing, 15 (2): 224-230.

Wu B F, Zhu W W, Yan N N, et al. 2016. An improved method for deriving daily evapotranspiration estimates from satellite estimates on cloud-free days. IEEE Journal of Selected Topics in Applied Earth Observations and Remote Sensing, 9 (4): 1323-1330.

Wu B, Zheng Y, Wu X, et al. 2015a. Optimizing water resources management in large river basins with integrated surface water- groundwater modeling: a surrogate- based approach. Water Resources Research, 51 (4): 2153-2173.

Wu F, ZhanJ Y, Zhang Q, et al. 2014. Evaluating impacts of industrial transformation on water consumption in the Heihe river basin of northwest China. Sustainability, 6 (11): 8283-8296.

Wu F, Zhan J Y, Güneralp İ. 2015b. Present and future of urban water balance in the rapidly urbanizing Heihe River Basin, Northwest China. Ecological Modelling, 318: 254-264.

Wu F, Bai Y P, Zhang Y L, et al. 2017. Balancing water demand for the Heihe river basin in northwest China. Physics And Chemistry Earth, Parts A/B/C, 101: 178-184.

Wu L Y, You W B, Ji Z R, et al. 2018. Ecosystem health assessment of Dongshan Island based on its ability to provide ecological services that regulate heavy rainfall. Ecological Indicators, 84: 393-403.

Wu Q B, Zhang T J, Liu Y Z. 2010. Permafrost temperatures and thickness on the Qinghai-Tibet Plateau. Global and Planetary Change, 72 (1/2): 32-38.

Wu X D, Zhao L, Chen M J, et al. 2012. Soil organic carbon and its relationship to vegetation communities and soil properties in permafrost areas of the central western Qinghai-Tibet plateau, China. Permafrost and Periglacial Processes, 23 (2): 162-169.

Wu X J, Zhou J, Wang H J, et al. 2015b. Evaluation of irrigation water use efficiency using remote sensing in the middle reach of the Heihe river, in the semi- arid Northwestern China. Hydrological Processes, 29 (9): 2243-2257.

Wu X J, He J Q, Jiang X, et al. 2016a. Analysis of surface energy and mass balance in the accumulation zone of Qiyi Glacier, Tibetan Plateau in an ablation season. Environmental Earth Sciences, 75 (9): 1-13.

Wu X, Zheng Y, Wu B, et al. 2016b. Optimizing conjunctive use of surface water and groundwater for irrigation to address human- nature water conflicts: a surrogate modeling approach. Agricultural Water Management, 163 (163): 380-392.

Xia J, Tackeuchi K. 1999. Barriers to sustainable management of water quantity and quality, guest editors for special lssue. Hydrological Science Journal, 44 (4): 503-505.

Xia J, Wang Z G. 2001. Eco-environment quality assessment: a quantifying method and case study in Ning Xia, arid and semi arid region in China, No. 272. IAHS Press.

Xiao S C, Xiao H L, Peng X M, et al. 2014. Daily and seasonal stem radial activity of Populus euphratica and its association with hydroclimatic factors in the lower reaches of China's Heihe River basin. Environmental Earth Sciences, 72 (2): 609-621.

Xie Y, Sha Z, Yu M. 2008. Remote sensing imagery in vegetation mapping: a review. Journal of Plant Ecology, 1 (1): 9-23.

Xiong J, et al. 2011. ETWatch: calibration methods. Journal of Remote Sensing, 15 (2): 240-246.

Xiong L Y, Tang G A, Yan S J, et al. 2014. Landform-oriented flow-routing algorithm for the dual-structure loess terrain based on digital elevation models. Hydrological Processes, 28 (4): 1756-1766.

Xiong Y J, Zhao S H, Tian F, et al. 2015. An evapotranspiration product for arid regions based on the three-temperature model and thermal remote sensing. Journal of Hydrology, 530: 392-404.

Xiong Z, Yan X. 2013. Building a high-resolution regional climate model for the Heihe River Basin and simulating precipitation over this region. Chinese Science Bulletin, 58 (36): 4670-4678.

Xiong Z, Fu C B, Yan X D. 2009. Regional integrated environmental model system and its simulation of East Asia summer monsoon. Chinese Science Bulletin, 54 (22): 4253-4261.

Xu H, Li Y. 2006. Water-use strategy of three central Asian desert shrubs and their responses to rain pulse events. Plant and Soil, 285 (1/2): 5-17.

Xu T R, Guo Z X, Liu S M, et al. 2018. Evaluating different machine learning methods for upscaling evapotranspiration from flux towers to the regional scale. Journal of Geophysical Research: Atmospheres, 123 (16): 8674-8690.

Xu X R. 2005. Physics of Remote Sensing. Beijing: Peking University Press.

Xu X R, Fan W J, Li J C, et al. 2017. A unified model of bidirectional reflectance distribution function for the vegetation canopy. Science China Earth Sciences, 60 (3): 463-477.

Xu X, Huang G H, Zhan H B, et al. 2012. Integration of SWAP and MODFLOW-2000 for modeling groundwater dynamics in shallow water table areas. Journal of Hydrology, 412/413: 170-181.

Xu Z W, Liu S M, Li X, et al. 2013. Intercomparison of surface energy flux measurement systems used during the HiWATER-MUSOEXE. Journal of Geophysical Research: Atmospheres, 118 (23): 13140-13157.

Xu Z W, Liu S M, Zhu Z L, et al. 2020. Exploring evapotranspiration changes in a typical endorheic basin through the integrated observatory network. Agricultural and Forest Meteorology, 290: 108010.

Xue B L, Wang L, Li X P, et al. 2013. Evaluation of evapotranspiration estimates for two river basins on the Tibetan Plateau by a water balance method. Journal of Hydrology, 492: 290-297.

Yamazaki Y, Kubota J, Ohata T, et al. 2006. Seasonal changes in runoff characteristics on a permafrost watershed in the southern mountainous region of eastern Siberia. Hydrological Processes, 20 (3): 453-467.

Yang D W, Herath S, Musiake K. 1998. Development of a geomorphology-based hydrological model for large catchments. Proceedings of Hydraulic Engineering, 42: 169-174.

Yang D W, Gao B, Jiao Y, et al. 2015. A distributed scheme developed for eco-hydrological modeling in the upper Heihe River. Science China Earth Sciences, 58 (1): 36-45.

Yang D, Herath S, Musiake K. 2000. Comparison of different distributed hydrological models for characterization of catchment spatial variability. Hydrological Processes, 14 (3): 403-416.

Yang D, Herath S, Musiake K. 2002. A hillslope-based hydrological model using catchment area and width functions. Hydrological Sciences Journal, 47 (1): 49-65.

Yang D, Ye B, Kane D L. 2004. Streamflow changes over Siberian yenisei river basin. Journal of Hydrology, 296 (1): 59-80.

Yang H, Zehnder A J B. 2002. Water scarcity and food import: a case study for southern Mediterranean countries. World Development, 30 (8): 1413-1430.

Yang H, Zehnder A J B. 2007. "Virtual water": An unfolding concept in integrated water resources management. Water Resources Research, 43 (12): W12301.

Yang H, Auerswald K, Bai Y F, et al. 2011. Complementarity in water sources among dominant species in typical steppe ecosystems of Inner Mongolia, China. Plant and Soil, 340 (1/2): 303-313.

Yang L, Zhu A X, Qi F, et al. 2013. An integrative hierarchical stepwise sampling strategy for spatial sampling and its application in digital soil mapping. International Journal of Geographical Information Science, 27 (1): 1-23.

Yang R M, Zhang G L, Liu F, et al. 2016. Comparison of boosted regression tree and random forest models for mapping topsoil organic carbon concentration in an alpine ecosystem. Ecological Indicators, 60: 870-878.

Yang R M, Yang F, Yang F, et al. 2017. Pedogenic knowledge-aided modelling of soil inorganic carbon stocks in an alpine environment. Science of the Total Environment, 599/600: 1445-1453.

Yang W J, Wang Y H, Wang S L, et al. 2017. Spatial distribution of Qinghai spruce forests and the thresholds of influencing factors in a small catchment, Qilian Mountains, northwest China. Scientific Reports, 7: 5561.

Yang W J, Wang Y H, Webb A A, et al. 2018. Influence of climatic and geographic factors on the spatial distribution of Qinghai spruce forests in the dryland Qilian Mountains of Northwest China. The Science of the Total Environment, 612: 1007-1017.

Yang Y G, Xiao H L, Wei Y P, et al. 2011. Hydrologic processes in the different landscape zones of Mafengou River basin in the alpine cold region during the melting period. Journal of Hydrology, 409 (1): 149-156.

Yang Y M, Su H B, Zhang R H, et al. 2012. Estimation of regional evapotranspiration based on remote sensing: case study in the Heihe River Basin. Journal of Applied Remote Sensing, 6 (1): 061701.

Yang Z, Mao X, Zhao X, et al. 2012. Ecological network analysis on global virtual water trade. Environmental Science and Technology, 46 (3): 1796-1803.

Yang Z N. 1989. An Analysis of the Water Balance and Water Resources in the Mountainous Heihe River Basin. Snow Cover and Glacier Variations (Proceedings of the Baltimore Symposium Maryland, May), IAHS Publication 183. IAHS Publication: 53-59.

Yao T D, Thompson L, Yang W, et al. 2012. Different glacier status with atmospheric circulations in Tibetan Plateau and surroundings. Nature Climate Change, 2 (9): 663-667.

Yao Y Y, Zheng C M, Liu J, et al. 2015. Conceptual and numerical models for groundwater flow in an arid inland river basin. Hydrological Processes, 29 (6): 1480-1492.

Yao Y Y, Tian Y, Andrews C, et al. 2018. Role of groundwater in the dryland ecohydrological system: a case study of the Heihe river basin. Journal of Geophysical Research: Atmospheres, 123 (13): 6760-6776.

Yao Y, Zheng C, Tian Y, et al. 2014. Numerical modeling of regional groundwater flow in the Heihe River Basin, China: Advances and new insights. Science China Earth Sciences.

Ye B S, Yang D Q, Zhang Z L, et al. 2009. Variation of hydrological regime with permafrost coverage over Lena Basin in Siberia. Journal of Geophysical Research Atmospheres, 114 (D7): D07102.

Yi Y, Gibson J J, Cooper L W, et al. 2012. Isotopic signals ($^{18}O, ^{2}H, ^{3}H$) of six major rivers draining the pan-Arctic watershed, Global Biogeochem. Cycles, 26: GB1027.

Yin Z L, Xiao H L, Zou S B, et al. 2014. Simulation of hydrological processes of mountainous watersheds in inland river basins: taking the Heihe Mainstream River as an example. Journal of Arid Land, 6 (1): 16-26.

Yin Z L, Feng Q, Zou S B, et al. 2016. Assessing variation in water balance components in mountainous inland river basin experiencing climate change. Water, 8 (10): 472.

Yu G R, Wen X F, Sun X M, et al. 2006. Overview of ChinaFLUX and evaluation of its eddy covariance measurement. Agricultural and Forest Meteorology, 137 (3/4): 125-137.

Yu W，Ma M. 2015. Scale mismatch between in situ and remote sensing observations of land surface temperature：Implications for the validation of remote sensing LST products. IEEE Geoscience and Remote Sensing Letters，12（3）：497-501.

Yu T F，Feng Q，Si J H，et al. 2018. Depressed hydraulic redistribution of roots more by stem refilling than by nocturnal transpiration for Populus euphratica Oliv. in situ measurement. Ecology and Evolution，8（5）：2607-2616.

Yue T X. 2011. Surface Modelling，High Accuracy and High Speed Methods. New York：CRC Press.

Yue T X，Du Z P，Song D J，et al. 2007. A new method of surface modeling and its application to DEM construction. Geomorphology，91（1）：161-172.

Yue T X，Zhang L L，Zhao N，et al. 2015. A review of recent developments in HASM. Environmental Earth Sciences，74（8）：6541-6549.

Yue T X，Zhao N，Du Z P. 2016a. Chapter 5，Earth's surface modelling// Sven Erik Jorgensen. Ecological Model Types，pp 61-62. Elsevier B. V.，England.

Yue T X，Zhao N，Fan Z M，et al. 2016b. CMIP5 Downscaling and Its Uncertainty in China. Global and Planetary Change，146：30-37.

Zacharias S，Bogena H，Samaniego L，et al. 2011. A network of terrestrial environmental observatories in Germany. Vadose Zone Journal，10（3）：955-973.

Zagona E A，Fulp T J，Shane R，et al. 2001. RiverWare. Journal of the American Water Resources Association，37：913-929.

Zang C F，Liu J G，Jiang L，et al. 2013. Impacts of human activities and climate variability on green and blue water flows in the Heihe River Basin in Northwest China. Hydrology and Earth System Sciences Discussions，10（7）：9477-9504.

Zaslavsky I，Valentine D，Maidment D，et al. 2009. The evolution of the CUAHSI water markup language（water ML）. Geophysical Research Abstracts，11 EGU2009-6824-3.

Zeng C，Zhu A，Liu F，et al. 2017. The impact of rainfall magnitude on the performance of digital soil mapping over low-relief areas using a land surface dynamic feedback method. Ecological Indicators，72：297-309.

Zeng Z，Liu J，Koeneman P H，et al. 2012. Assessing water footprint at river basin level：a case study for the Heihe River Basin in northwest China. Hydrology and Earth System Sciences，16（8）：2771-2781.

Zeng X，Decker M. 2009. Improving the numerical solution of soil moisture based Richards equation for land models with a deep or shallow water table. Journal of Hydrometeorology，10：308-319.

Zeng X D，Zeng X B，Barlage M. 2008. Growing temperate shrubs over arid and semiarid regions in the Community Land Model-Dynamic Global Vegetation Model. Global Biogeochemical Cycles，22（3）：GB3003.

Zhang C C，Li X Y，Wu H W，et al. 2017. Differences in water-use strategies along an aridity gradient between two coexisting desert shrubs（Reaumuria soongorica and Nitraria sphaerocarpa）：isotopic approaches with physiological evidence. Plant and Soil，419（1/2）：169-187.

Zhang G L，Brus D，Liu F，et al. 2016. Digital Soil Mapping across Paradigms，Scales and Boundaries. Singapore：Springer Singapore.

Zhang G L，Liu F，Song X D. 2017. Recent progress and future prospect of digital soil mapping：a review. Journal of Integrative Agriculture，16（12）：2871-2885.

Zhang G Q，Xie H J，Yao T D，et al. 2014. Quantitative water resources assessment of Qinghai Lake basin using Snowmelt Runoff Model（SRM）. Journal of Hydrology，519：976-987.

Zhang L, Nan Z T, Xu Y, et al. 2016. Hydrological impacts of land use change and climate variability in the headwater region of the Heihe river basin, northwest China. PLoS One, 11 (6): e0158394.

Zhang M F, Wei X H, Sun P S, et al. 2012. The effect of forest harvesting and climatic variability on runoff in a large watershed: The case study in the Upper Minjiang River of Yangtze River basin. Journal of Hydrology, 464: 1-11.

Zhang M F, Liu N, Harper R, et al. 2017. A global review on hydrological responses to forest change across multiple spatial scales: Importance of scale, climate, forest type and hydrological regime. Journal of Hydrology, 546: 44-59.

Zhang Q, LiL J. 2009. Development and application of an integrated surface runoff and groundwater flow model for a catchment of Lake Taihu watershed, China. Quaternary International, 208 (1): 102-108.

Zhang Q, Werner A D. 2009. Integrated surface-subsurface modeling of Fuxianhu lake catchment, southwest China. Water Resources Management, 23 (11): 2205.

Zhang T J, Oliver W F, Mark C S, et al. 2005. Spatial and temporal variability in active layer thickness over the Russian Arctic drainage basin. Journal of Geophysical Research Atmospheres, 110 (D16): 2227-2252.

Zhang Y L, Cheng G D, Li X, et al. 2013. Coupling of a simultaneous heat and water model with a distributed hydrological model and evaluation of the combined model in a cold region watershed. Hydrological Processes, 27 (25): 3762-3776.

Zhang Y L, Cheng G D, Li X, et al. 2017a. Influences of frozen ground and climate change on hydrological processes in an alpine watershed: a case study in the upstream area of the hei'he river, northwest China. Permafrost and Periglacial Processes, 28 (2): 420-432.

Zhang Y L, Zhou Q, Wu F. 2017b. Virtual water flows at the County level in the Heihe river basin, China. Water, 9 (9): 687.

Zhang Y, Hou J L, Gu J, et al. 2017. SWAT - based hydrological data assimilation system (SWAT - HDAS): description and case application to river basin - scale hydrological predictions. Journal of Advances in Modeling Earth Systems, 9 (8): 2863-2882.

Zhang Y, Yu J, Wang P, et al. 2011. Vegetation responses to integrated water management in the Ejina basin, northwest China. Hydrological Processes, 25 (22): 3448-3461.

Zhang Y, Li X, Cheng G D, et al. 2018. Influences of topographic shadows on the thermal and hydrological processes in a cold region mountainous watershed in northwest China. Journal of Advances in Modeling Earth Systems, 10 (7): 1439-1457.

Zhao A Z, Zhu X F, Liu X F, et al. 2016. Impacts of land use change and climate variability on green and blue water resources in the Weihe River Basin of northwest China. Catena, 137: 318-327.

Zhao C Y, Nan Z G, Cheng G D, et al. 2006. GIS-assisted modelling of the spatial distribution of Qinghai spruce (Picea crassifolia) in the Qilian Mountains, northwestern China based on biophysical parameters. Ecological Modelling, 191 (3): 487-500.

Zhao D S, Wu S H. 2013. Responses of vegetation distribution to climate change in China. Theoretical and Applied Climatology, 117 (1): 15-28.

Zhao L T, Gray D M. 1999. Estimating snowmelt infiltration into frozen soils. Hydrological Processes, 13 (12/13): 1827-1842.

Zhao M S, Rossiter D G, Li D C, et al. 2014. Mapping soil organic matter in low-relief areas based on land surface diurnal temperature difference and a vegetation index. Ecological Indicators, 39: 120-133.

Zhao N, Chen C F, Zhou X, et al. 2015. A comparison of two downscaling methods for precipitation in China. Environmental Earth Sciences, 74 (8): 6563-6569.

Zhao N, Yue T X, Zhou X, et al. 2016. Statistical downscaling of precipitation using local regression and high accuracy surface modeling method. Theoretical and Applied Climatology. 129 (1-2): 281-292.

Zhao P, Fan W J, Liu Y, et al. 2016. Study of the remote sensing model of FAPAR over rugged terrains. Remote Sensing, 8 (4): 309.

Zhao W Z, Chang X L, He Z B, et al. 2007. Study on vegetation ecological water requirement in Ejina Oasis. Science in China Series D: Earth Sciences, 50 (1): 121-129.

Zhao W Z, Liu B. 2010. The response of Sap flow in shrubs to rainfall pulses in the desert region of China. Agricultural and Forest Meteorology, 150 (9): 1297-1306.

Zhao W, Liu B, Chang X X, et al. 2016. Evapotranspiration partitioning, stomatal conductance, and components of the water balance: a special case of a desert ecosystem in China. Journal of Hydrology, 538: 374-386.

Zhao X, Chen B, Yang Z. 2009. National water footprint in an input-output framework- a case study of China 2002. Ecological Modelling, 220 (2): 245-253.

Zhao X, Yang H, Yang Z F, et al. 2010. Applying the input-output method to account for water footprint and virtual water trade in the Haihe River basin in China. Environmental Science & Technology, 44 (23): 9150-9156.

Zhao X, Liu J G, Liu Q Y, et al. 2015. Physical and virtual water transfers for regional water stress alleviation in China. Proceedings of the National Academy of Sciences of the United States of America, 112 (4): 1031-1035.

Zhao X, Tillotson M R, Yang Z, et al. 2016. Reduction and reallocation of water use of products in Beijing. Ecological Indicators, 61: 893-898.

Zhao X, Tillotson M R, Liu Y W, et al. 2017. Index decomposition analysis of urban crop water footprint. Ecological Modelling, 348: 25-32.

Zhi J J, Zhang G L, Yang F, et al. 2017. Predicting mattic epipedons in the northeastern Qinghai-Tibetan Plateau using Random Forest. Geoderma Regional, 10: 1-10.

Zhi J J, Zhang G L, Yang R M, et al. 2018. An insight into machine learning algorithms to map the occurrence of the soil mattic horizon in the northeastern Qinghai-Tibetan Plateau. Pedosphere, 28 (5): 739-750.

Zheng C L, Jia L, Hu G C, et al. 2016. Global evapotranspiration derived by ETMonitor model based on earth observations. IEEE International Geoscience and Remote Sensing Symposium (IGARSS): 222-225.

Zheng C L, Jia L, Hu G C, et al. 2019. Earth observations- based evapotranspiration in northeastern Thailand. Remote Sensing, 11 (2): 138.

Zhong B, Ma P, Nie A H, et al. 2014. Land cover mapping using time series HJ-1/CCD data. Science China Earth Sciences, 57 (8): 1790-1799.

Zhong B, Yang A X, Nie A H, et al. 2015. Finer resolution land-cover mapping using multiple classifiers and multisource remotely sensed data in the Heihe river basin. IEEE Journal of Selected Topics in Applied Earth Observations and Remote Sensing, 8 (10): 4973-4992.

Zhou D Y, Wang X J, Shi M J. 2017. Human Driving Forces of Oasis Expansion in Northwestern China During the Last Decade- A Case Study of the Heihe River Basin. Land Degradation and Development, 28 (2): 412-420.

Zhou G Y, Wei X, Chen X, et al. 2015. Global pattern for the effect of climate and land cover on water yield. Nature Communications, 6: 5918.

Zhou J H, Lai L M, Guan T, et al. 2016. Comparison modeling for alpine vegetation distribution in an arid area. Environmental Monitoring and Assessment, 188 (7): 408.

Zhou J, Pomeroy J W, Zhang W, et al. 2014. Simulating cold regions hydrological processes using a modular model in the west of China. Journal of Hydrology, 509: 13-24.

Zhou J, Jia L, Menenti M. 2015. Reconstruction of global modis ndvi time series: performance of harmonic ANalysis of time series (hants). Remote Sensing of Environment, 163: 217-228.

Zhou Q, Deng X Z, Wu F. 2017a. Impacts of water scarcity on socio-economic development: a case study of Gaotai County, China. Physics and Chemistry of the Earth, Parts A/B/C, 101: 204-213.

Zhou Q, Deng X Z, Wu F, et al. 2017b. Participatory irrigation management and irrigation water use efficiency in maize production: evidence from Zhangye City, northwestern China. Water, 9 (11): 822.

Zhou S X, Medlyn B E, Prentice I C. 2016. Long-term water stress leads to acclimation of drought sensitivity of photosynthetic capacity in xeric but not riparian Eucalyptus species. Annals of Botany, 117 (1): 133-144.

Zhou S, Huang Y F, Yu B F, et al. 2015. Effects of human activities on the eco-environment in the middle Heihe River Basin based on an extended environmental Kuznets curve model. Ecological Engineering, 76: 14-26.

Zhou Y X. 2009. A critical review of groundwater budget myth, safe yield and sustainability. Journal of Hydrology, 370 (1): 207-213.

Zhou Y Z, Li D, Liu H P, et al. 2018a. Diurnal variations of the flux imbalance over homogeneous and heterogeneous landscapes. Boundary-Layer Meteorology, 168 (3): 417-442.

Zhou Y Z, Li D, Li X. 2018b. The effects of surface heterogeneity on flux imbalance. Journal of Geophysical Research: Atmospheres.

Zhou Y Z, Li D, Li X. 2019. The effects of surface heterogeneity scale on the flux imbalance under free convection. Journal of Geophysical Research: Atmospheres, 124: 8424-8448.

Zhu A X, Band L E. 1994. A knowledge-based approach to data integration for soil mapping. Canadian Journal of Remote Sensing, 20 (4): 408-418.

Zhu A X, Liu F, Li B L, et al. 2010. Differentiation of soilconditions over flat areas using land surface feedback-dynamic patterns extracted from MODIS. Soil ScienceSociety of America Journal, 74: 861-869.

Zimmermann D, Westhoff M, Zimmermann G, et al. 2007. Foliar water supply of tall trees: evidence for mucilage-facilitated moisture uptake from the atmosphere and the impact on pressure bomb measurements. Protoplasma, 232 (1-2): 11-34.

Zobayed S M A, Afreen F, Kozai T. 2007. Phytochemical and physiological changes in the leaves of St. John's wort plants under a water stress condition. Environmental and Experimental Botany, 59 (2): 109-116.

索　引